lesclésdubac

Tout pour réussir l'année

T^{le}S

NOUVEAU PROGRAMME

Maths

enseignement spécifique et spécialité

Pierre-Henri Pin

Professeur de Mathématiques
Lycée Hector Berlioz, Vincennes

Rhydwen Volsik

Professeur de Mathématiques
Lycée Hector Berlioz, Vincennes

8, rue Férou 75278 Paris cedex 06
www.editions-belin.com

Belin

Optimisez vos révisions avec des compléments numériques

- Le site www.clesdubac.com vous propose des compléments numériques pour optimiser vos révisions :
  - ✔ des **quiz** pour vérifier vos acquis
  - ✔ des **cours audio mp3** accessibles par le site ou par les QR-codes qui figurent dans le sommaire. Les QR-codes permettent d'écouter les cours audio directement. Pour les conserver, il suffit de les télécharger sur le site www.clesdubac.com
  - ✔ une base d'**annales** actualisée avec les sujets de l'année
  - ✔ les **corrigés** détaillés des annales
- **Gratuit**, quelle que soit la matière : l'accès aux quiz et aux annales et sujets type bac.
- En plus, avec l'achat de cet ouvrage, **gratuit** : les corrigés des annales et les cours audio.

ISBN 978-2-7011-9458-5

Mode d'emploi

COURS

- **L'essentiel à retenir** dans des cours synthétiques et complets.
- Des aides placées au bon endroit : **Rappel**, **Définitions, Pièges à éviter**.

MÉTHODE

- Des méthodes concrètes pour **acquérir les savoir-faire** nécessaires.
- Des rubriques **Conseils** et des **Points Méthode** pour suivre la bonne démarche.
- Un corrigé commenté et guidé.

EXERCICES

- Des quiz **« Testez vos connaissances »** pour vérifier rapidement les connaissances acquises.
- De nombreux exercices **« Entraînez-vous »** pour travailler sur tous les types de sujets.

CORRIGÉS

- Tous les exercices **intégralement corrigés.**
- Des **Conseils** et des **Astuces** pour progresser.

ANNALES

- Des sujets de type Bac, présentés exactement comme l'épreuve, pour s'entraîner dans les conditions de l'examen.
- Les corrigés de chaque annale pour **se préparer au Bac et réussir.**
- Et, en plus, l'accès gratuit sur le site à la base d'annales actualisée avec les sujets de l'année.

Sommaire

Enseignement de spécialité

Suites numériques

POUR DÉMARRER

- Une suite (u_n) de nombres réels est définie :

  a. soit par une formule explicite de la forme $u_n = f(n)$.

  Pour ces suites, u_n ne dépend que de n. u_n peut donc être calculé directement ;

  b. soit par une **relation de récurrence** de la forme $\begin{cases} u_0 = a \\ u_n = f(u_{n-1}) \end{cases}$.

  Pour ces suites, chaque terme dépend du précédent, donc le calcul de u_n nécessite le calcul de tous les termes précédents, depuis le premier.

- Les suites **arithmétiques** et **géométriques** sont des cas particuliers de suites définies par récurrence :

  a. pour les suites arithmétiques, la formule de récurrence est $u_n = u_{n-1} + r$.

  La différence entre deux termes consécutifs est donc constante ;

  b. pour les suites géométriques, la formule de récurrence est $u_n = q \times u_{n-1}$.

  Le rapport entre deux termes consécutifs est donc constant.

  Les nombres r et q sont appelés la raison de la suite.

1 Raisonnement par récurrence

A. Définition

Une proposition est une affirmation mathématique qui peut être vraie ou fausse.

Certaines propositions dépendent d'un entier n. On les note P_n.

EXEMPLES

n est un entier naturel.

Soit P_n la proposition « l'entier $2n$ est pair ». Cette proposition est vraie pour tout n.

Soit Q_n la proposition « l'entier $2n + 1$ est pair ». Cette proposition est fausse pour tout n.

Soit R_n la proposition « l'entier $(-1)^n$ est positif ». Cette proposition est vraie pour les entiers pairs et fausse pour les entiers impairs.

B. Démonstration par récurrence

Une démonstration par **récurrence** consiste à démontrer qu'une proposition P_n est vraie **pour tout *n*** en deux étapes.

1. Étape d'*initialisation* : on montre que la première proposition (en général, c'est P_0) est vraie.

2. Étape d'*hérédité* : on montre que si une proposition P_n est vraie, alors la suivante, P_{n+1}, l'est aussi.

Si ces deux étapes sont bien démontrées, on peut affirmer que toutes les propositions P_n sont vraies.

REMARQUE

Le **PRINCIPE DE LA RÉCURRENCE** *est celui du jeu qui consiste à faire tomber des dominos les uns après les autres en les disposant de telle façon que le fait de pousser le premier domino fasse tomber le deuxième, qui à son tour fait tomber le troisième, etc. Le $n^{\text{ième}}$ domino fait tomber le $n+1^{\text{ième}}$.*

2 Limite d'une suite numérique

A. Définitions

• Une **suite** (u_n) **tend** vers un réel L lorsque tous les termes de la suite sont aussi proches de L que l'on veut à partir d'un certain rang. On dit alors que la suite **converge vers** la **limite** L et on écrit $\lim\limits_{n \to +\infty} u_n = L$.

Remarque : cette limite est nécessairement unique.

• Si la suite (u_n) ne converge pas, alors elle **diverge**.

En particulier, elle peut **diverger vers** $+\infty$ lorsque les termes de la suite sont aussi grands que l'on veut à partir d'un certain rang. On note $\lim\limits_{n \to +\infty} u_n = +\infty$.

Remarque : on définit de manière analogue $\lim\limits_{n \to +\infty} u_n = -\infty$.

Certaines suites n'ont **aucune limite**.

EXEMPLES

$u_n = (-1)^n$ ou $u_n = \cos(n)$.

B. Propriétés

1. Soit (u_n) une suite numérique qui converge vers un réel L. Tout intervalle ouvert contenant L contient toutes les valeurs de (u_n) à partir d'un certain rang.

2. Soit (u_n) une suite numérique qui diverge vers $+\infty$. Tout intervalle de la forme $]A\ ;\ +\infty[$ contient toutes les valeurs de (u_n) à partir d'un certain rang.

CONSEILS

Ces propriétés servent le plus souvent à démontrer d'autres théorèmes, plus rarement à calculer la limite d'une suite donnée.

En particulier, il est souvent plus facile de comparer une suite à d'autres suites dont on connaît déjà les limites.

Exemple

(u_n) est la suite définie pour tout $n \geqslant 0$ par $u_n = 2n - 5$.

Montrons que (u_n) diverge vers $+\infty$.

D'après la propriété précédente, il faut montrer que pour tout réel A, il existe un entier N tel que $u_n \geqslant A$ pour tout $n \geqslant N$.

$$2n - 5 \geqslant A \Leftrightarrow n \geqslant \frac{A+5}{2}.$$

Il suffit donc de prendre le plus petit entier supérieur ou égal à $\frac{A+5}{2}$ comme valeur de N.

C. Limites de suites usuelles

$\lim\limits_{n \to +\infty} \frac{1}{n} = 0$; $\lim\limits_{n \to +\infty} n = +\infty$; $\lim\limits_{n \to +\infty} n^2 = +\infty$;

si $k \geqslant 1$, alors $\lim\limits_{n \to +\infty} n^k = +\infty$; $\lim\limits_{n \to +\infty} \sqrt{n} = +\infty$.

3 Comparaisons de limites

A. Théorème (des gendarmes)

Soient (u_n), (v_n) et (w_n) trois suites telles que $u_n \leqslant v_n \leqslant w_n$ pour tout n à partir d'un certain rang.

Si $\lim\limits_{n \to +\infty} u_n = \lim\limits_{n \to +\infty} w_n = L$, alors (v_n) converge aussi vers L.

Remarque : l'expression « à partir d'un certain rang » veut dire que l'encadrement peut ne pas être vrai pour les premiers termes de ces suites.

Exemple

(u_n) est la suite définie pour tout $n \geqslant 1$ par $u_n = \dfrac{(-1)^n}{n}$.

Montrons que (u_n) converge vers 0.

Pour tout $n \geqslant 1$, $-1 \leqslant (-1)^n \leqslant 1$.

On peut diviser chacun des membres de l'inégalité par un nombre strictement positif, donc, pour tout $n \geqslant 1$, $\dfrac{-1}{n} \leqslant \dfrac{(-1)^n}{n} \leqslant \dfrac{1}{n}$, soit $\dfrac{-1}{n} \leqslant u_n \leqslant \dfrac{1}{n}$.

$\lim\limits_{n \to +\infty} \dfrac{1}{n} = \lim\limits_{n \to +\infty} \dfrac{-1}{n} = 0$, donc, d'après le théorème des gendarmes, $\lim\limits_{n \to +\infty} \dfrac{(-1)^n}{n} = 0$: la suite (u_n) converge bien vers 0.

B. Comparaison et divergence vers $+\infty$

Soient (u_n) et (v_n) deux suites telles que $u_n \leqslant v_n$ pour tout n à partir d'un certain rang.

Si $\lim\limits_{n \to +\infty} u_n = +\infty$, alors (v_n) diverge aussi vers $+\infty$.

4 Opérations sur les limites

A. Somme de limites

Si $\lim\limits_{n \to +\infty} u_n = L$ et $\lim\limits_{n \to +\infty} v_n = L'$, alors $\lim\limits_{n \to +\infty} u_n + v_n = L + L'$.

Sur ce modèle, on a le tableau suivant :

$\lim\limits_{n \to +\infty} u_n =$	L	L	L	$+\infty$	$-\infty$	$+\infty$
$\lim\limits_{n \to +\infty} v_n =$	L'	$+\infty$	$-\infty$	$+\infty$	$-\infty$	$-\infty$
$\lim\limits_{n \to +\infty} u_n + v_n =$	$L + L'$	$+\infty$	$-\infty$	$+\infty$	$-\infty$	F.I.

Par exemple, si $\lim\limits_{n \to +\infty} u_n = L$ et $\lim\limits_{n \to +\infty} v_n = +\infty$, alors $\lim\limits_{n \to +\infty} u_n + v_n = +\infty$.
Dans le dernier cas ($\lim\limits_{n \to +\infty} u_n = +\infty$ et $\lim\limits_{n \to +\infty} v_n = -\infty$), la connaissance des limites des suites (u_n) et (v_n) ne suffit pas à déterminer la limite de la somme $(u_n + v_n)$. On parle de **forme indéterminée** (F.I.).

Exemple

(u_n) est la suite définie pour tout $n \geqslant 0$ par $u_n = n^2 + n$.
(u_n) est la somme des suites (v_n) et (w_n) définies par $v_n = n^2$ et $w_n = n$.
$\lim\limits_{n \to +\infty} v_n = +\infty$ et $\lim\limits_{n \to +\infty} w_n = +\infty$ donc $\lim\limits_{n \to +\infty} u_n = +\infty$.

B. Produit de limites

Si $\lim\limits_{n \to +\infty} u_n = L$ et $\lim\limits_{n \to +\infty} v_n = L'$, alors $\lim\limits_{n \to +\infty} u_n \times v_n = L \times L'$.

Sur ce modèle, on a le tableau suivant :

$\lim\limits_{n \to +\infty} u_n =$	L	$L \neq 0$	$+\infty$ ou $-\infty$	0
$\lim\limits_{n \to +\infty} v_n =$	L'	$+\infty$ ou $-\infty$	$+\infty$ ou $-\infty$	$+\infty$ ou $-\infty$
$\lim\limits_{n \to +\infty} u_n \times v_n =$	$L \times L'$	$+\infty$ ou $-\infty$ selon les signes	$+\infty$ ou $-\infty$ selon les signes	F.I.

Par exemple, si $\lim\limits_{n \to +\infty} u_n = -2$ et $\lim\limits_{n \to +\infty} v_n = +\infty$, alors $\lim\limits_{n \to +\infty} u_n \times v_n = -\infty$.

Exemple

(u_n) est la suite définie pour tout $n \geqslant 0$ par $u_n = (n + 5)(n - 4)$.
(u_n) est le produit des suites (v_n) et (w_n) définies par $v_n = n + 5$ et $w_n = n - 4$.
$\lim\limits_{n \to +\infty} v_n = +\infty$ et $\lim\limits_{n \to +\infty} w_n = +\infty$, donc $\lim\limits_{n \to +\infty} u_n = +\infty$.

C. Quotient de limites

Si $\lim\limits_{n \to +\infty} u_n = L$ et $\lim\limits_{n \to +\infty} v_n = L'$ avec $L' \neq 0$, alors $\lim\limits_{n \to +\infty} \dfrac{u_n}{v_n} = \dfrac{L}{L'}$.

Sur ce modèle, on a le tableau suivant :

$\lim_{n\to+\infty} u_n =$	L	L	$+\infty$ ou $-\infty$	$L \neq 0$	0	$+\infty$ ou $-\infty$
$\lim_{n\to+\infty} v_n =$	$L' \neq 0$	$+\infty$ ou $-\infty$	L'	0	0	$+\infty$ ou $-\infty$
$\lim_{n\to+\infty} \frac{u_n}{v_n} =$	$\frac{L}{L'}$	0	$+\infty$ ou $-\infty$ selon les signes	$+\infty$ ou $-\infty$ selon les signes	F.I.	F.I.

Exemple

(u_n) est la suite définie pour tout $n \geqslant 0$ par $u_n = \dfrac{3 + \frac{1}{n}}{n+5}$.

(u_n) est le quotient des suites (v_n) et (w_n) définies par $v_n = 3 + \dfrac{1}{n}$ et $w_n = n + 5$.

$\lim_{n\to+\infty} v_n = 3$ et $\lim_{n\to+\infty} w_n = +\infty$, donc $\lim_{n\to+\infty} u_n = 0$.

5 Cas des suites géométriques

A. Propriétés

Si $q > 1$, alors $\lim_{n\to+\infty} q^n = +\infty$.

Si $q = 1$, alors $\lim_{n\to+\infty} q^n = 1$.

Si $-1 < q < 1$, alors $\lim_{n\to+\infty} q^n = 0$.

Si $q \leqslant -1$, alors la suite (q^n) n'admet pas de limite.

B. Propriété

Si (u_n) est une suite **géométrique** de **raison** q,

alors, pour tout n, $u_n = u_0 \times q^n$, ou encore $u_n = u_1 \times q^{n-1}$.

Exemples

Si (u_n) est une suite géométrique de premier terme $u_0 = 2$ et de raison $q = 3$, alors, pour tout $n \geqslant 0$, $u_n = 2 \times 3^n$ et $\lim_{n\to+\infty} u_n = +\infty$.

Si (v_n) est une suite géométrique de premier terme $v_0 = -3$ et de raison $q = 4$, alors, pour tout $n \geqslant 0$, $v_n = -3 \times 4^n$ et $\lim\limits_{n \to +\infty} v_n = -\infty$.
Si (w_n) est une suite géométrique de premier terme $w_0 = 4$ et de raison $q = 0{,}5$, alors, pour tout $n \geqslant 0$, $w_n = 4 \times 0{,}5^n$ et $\lim\limits_{n \to +\infty} w_n = 0$.

6 Cas des suites monotones bornées

A. Définitions

Une suite (u_n) est dite **majorée** par un réel M lorsque, pour tout n, $u_n \leqslant M$.

Une suite (u_n) est dite **minorée** par un réel m lorsque, pour tout n, $u_n \geqslant m$.

Une suite (u_n) est dite **bornée** lorsqu'elle est à la fois minorée et majorée.

B. Propriétés

Si (u_n) est une suite croissante majorée, alors elle converge.

Si (u_n) est une suite décroissante minorée, alors elle converge.

Si (u_n) une suite croissante non majorée, alors elle diverge vers $+\infty$.

Si (u_n) une suite décroissante non minorée, alors elle diverge vers $-\infty$.

PIÈGES À ÉVITER

- Dans les raisonnements par récurrence, certaines propriétés ne sont vraies qu'à partir du rang 1, ou 2, ou plus. Il faut alors initialiser la démonstration à ce rang là.

- L'étape d'hérédité consiste à dire que **SI** une des propositions est vraie, **ALORS** la suivante l'est aussi. Il faut clairement montrer dans votre rédaction que vous ne pensez pas que la proposition P_n est forcément vraie.

- Respectez scrupuleusement les notations : u_{n+1} désigne le terme de rang $(n + 1)$, c'est-à-dire le terme qui suit u_n, alors que $u_n + 1$ est égal à la somme de u_n et de 1.

1 Calculer directement la limite d'une suite

CONSEILS

- **Utiliser votre calculatrice ou un tableur pour formuler des conjectures (variations, limite éventuelle, etc.) ou pour vérifier la validité de vos résultats.**
- **Si une méthode ne semble pas permettre d'obtenir la limite d'une suite, ne pas hésiter à changer de méthode.**

Exercice

Dans chacun des cas suivants, déterminer la limite de la suite.

1 **Soit la suite (u_n) définie pour tout n de $\mathbb{N}$ par $u_n = n^2 + 2n - 5$.**

2 **Soit la suite (v_n) définie pour tout n de $\mathbb{N}$ par $v_n = 1{,}1^n + \cos(n)$.**

POINT MÉTHODE

✓ ***Dans les cas les plus simples (certaines suites du type $u_n = f(n)$, suites géométriques), il est possible d'utiliser les théorèmes sur les sommes, produits et quotients de limites (cf. §4), ou les théorèmes de comparaison (cf. §3) pour déterminer directement une limite.***

Comment répondre ?

On utilise les propriétés des opérations sur les limites.

1 La suite (u_n) est la somme des deux suites $(n^2)_{n\in\mathbb{N}}$ et $(2n-5)_{n\in\mathbb{N}}$, deux suites qui ont pour limite $+\infty$. (u_n) diverge donc vers $+\infty$.

2 On peut calculer quelques termes à l'aide d'un tableur.

Dans la case A2, on met une valeur initiale de n, par exemple 1.

Dans la case A3, on entre la formule « =A1*10 » que l'on recopie vers le bas.

Dans la case B2, on entre la formule « =1,1^A2+cos(A2) » que l'on recopie vers le bas.

On obtient le tableau ci-contre :

	A	B
1	n	v_n
2	1	1,640 302 31
3	10	1,754 670 93
4	100	13 781,474 7
5	1 000	2,469 9E+41

$v_{1\,000}$ vaut environ $2{,}5 \times 10^{41}$, on peut donc penser que $\lim\limits_{n\to+\infty} v_n = +\infty$.

D'une part, $\lim\limits_{n\to+\infty} 1{,}1^n = +\infty$ car $1{,}1 > 1$, mais d'autre part $\cos(n)$ n'admet pas de limite en $+\infty$. On ne peut donc pas utiliser la règle sur la somme de limites.

Une autre méthode possible est de comparer cette suite à une autre suite ou à deux autres suites (théorème des gendarmes).

Comme $\cos(n) \geqslant -1$ pour tout n, on a $v_n \geqslant 1{,}1^n - 1$ pour tout n.

De $\lim\limits_{n \to +\infty} 1{,}1^n = +\infty$ on déduit que $\lim\limits_{n \to +\infty} 1{,}1^n - 1 = +\infty$ d'après le théorème sur les sommes de limites. On peut donc conclure que $\lim\limits_{n \to +\infty} v_n = +\infty$.

2 Lever une indétermination

CONSEILS

▪ Dans le cas où l'on obtient une forme indéterminée qui ne nous permet pas de conclure immédiatement quant à la limite d'une suite, on peut chercher à transformer la suite afin d'obtenir une forme différente dans laquelle cette indétermination n'existe plus. On dit alors qu'on a levé l'indétermination.

Exercice

Dans chacun des cas suivants, vérifier qu'il y a bien une indétermination et proposer une transformation qui permette de la lever.

1 $u_n = n^3 - 4n^2 + 5n - 1$;

2 $v_n = 2^n - 3^n$.

3 $w_n = \dfrac{n^2 + 3n}{2n^2 + 5}$.

POINT MÉTHODE

✓ *Lorsqu'il y a une indétermination, avec un peu d'expérience, l'intuition peut nous faire penser que l'un des termes de la somme ou l'un des facteurs du produit « pèse plus » que les autres dans la balance. Par exemple, n^2 tend plus vite vers $+\infty$ que n. C'est souvent ce terme là que l'on va chercher à isoler (à mettre en valeur), par exemple à l'aide d'une factorisation.*

Comment répondre ?

1 $\lim\limits_{n \to +\infty} n^3 = +\infty$, $\lim\limits_{n \to +\infty} -4n^2 = -\infty$ et $\lim\limits_{n \to +\infty} 5n - 1 = +\infty$. On ne peut donc pas déterminer directement la limite de (u_n) en utilisant les sommes de limites. Pour lever l'indétermination, on peut factoriser l'expression par le terme de plus haut degré :

$$u_n = n^3 - 4n^2 + 5n - 1 = n^3\left(1 - \frac{4n^2}{n^3} + \frac{5n}{n^3} - \frac{1}{n^3}\right) = n^3\left(1 - \frac{4}{n} + \frac{5}{n^2} - \frac{1}{n^3}\right).$$

$\lim\limits_{n \to +\infty} \dfrac{4}{n} = 0$, $\lim\limits_{n \to +\infty} \dfrac{5}{n^2} = 0$ et $\lim\limits_{n \to +\infty} \dfrac{1}{n^3} = 0$ donc $\lim\limits_{n \to +\infty} 1 - \dfrac{4}{n} + \dfrac{5}{n^2} - \dfrac{1}{n^3} = 1$.

Comme $\lim_{n\to+\infty} n^3 = +\infty$, le produit des limites donne $\lim_{n\to+\infty} u_n = +\infty$.

2 $2 > 1$ et $3 > 1$, donc $\lim_{n\to+\infty} 2^n = \lim_{n\to+\infty} 3^n = +\infty$. On ne peut donc pas utiliser directement le théorème sur les sommes de limites. Reprenons l'idée de la factorisation, par exemple par 2^n. $v_n = 2^n - 3^n = 2^n\left(1 - \frac{3^n}{2^n}\right) = 2^n\left(1 - \left(\frac{3}{2}\right)^n\right)$.

$\frac{3}{2} > 1$, donc $\lim_{n\to+\infty}\left(\frac{3}{2}\right)^n = +\infty$ et $\lim_{n\to+\infty} 1 - \left(\frac{3}{2}\right)^n = -\infty$.

Comme $\lim_{n\to+\infty} 2^n = +\infty$, d'après le théorème sur le produit de limites :

$$\lim_{n\to+\infty} v_n = \lim_{n\to+\infty} 2^n\left(1 - \left(\frac{3}{2}\right)^n\right) = -\infty.$$

3 $w_n = \dfrac{n^2 + 3n}{2n^2 + 5} = \dfrac{n^2\left(1 + \frac{3}{n}\right)}{n^2\left(2 + \frac{5}{n^2}\right)} = \dfrac{1 + \frac{3}{n}}{2 + \frac{5}{n^2}}$.

Or, $\lim_{n\to+\infty} 1 + \frac{3}{n} = 1$ et $\lim_{n\to+\infty} 2 + \frac{5}{n^2} = 2$. Donc, par quotient, $\lim_{n\to+\infty} w_n = \frac{1}{2}$.

3 Utiliser les variations de la suite

CONSEILS

- **Si aucune des méthodes précédentes ne marche, on peut penser à utiliser le théorème sur la croissance majorée (ou la décroissance minorée) (cf. *§6B*).**

Exercice

(u_n) est définie pour tout n de $\mathbb{N}$ par $u_0 = 1$ et $u_{n+1} = 1 + \frac{u_n}{2}$.

1 **Montrer que, pour tout entier n, $u_n \leqslant 2$.**

2 **Montrer que la suite (u_n) est croissante.**

3 **Que peut-on en déduire en ce qui concerne la limite de (u_n) ?**

POINT MÉTHODE

✓ *Contrairement aux méthodes utilisées précédemment, le théorème de la croissance majorée nous donne un moyen de prouver la convergence d'une suite sans toutefois nous donner la valeur de cette limite.*

Comment répondre ?

1 On reconnaît un raisonnement par récurrence.

Pour tout entier n, soit P_n la proposition « $u_n \leqslant 2$ ».

Initialisation : P_0 est vraie car $u_0 = 1$.

Hérédité : soit n un entier fixé. Si P_n est vraie, alors $u_n \leqslant 2$. Montrons qu'alors on aura aussi $u_{n+1} \leqslant 2$.

$$u_n \leqslant 2 \Rightarrow \frac{u_n}{2} \leqslant 1 \Rightarrow 1 + \frac{u_n}{2} \leqslant 2.$$

On a montré que $u_{n+1} \leqslant 2$, autrement dit que P_{n+1} est vraie.

Conclusion : la proposition P_n est vraie pour $n = 0$ et est héréditaire donc : $u_n \leqslant 2$ pour tout entier n.

2 Pour tout entier n, $u_{n+1} - u_n = 1 + \frac{u_n}{2} - u_n = 1 - \frac{u_n}{2}$.

Or, d'après la question précédente, $u_n \leqslant 2$.

$$u_n \leqslant 2 \Rightarrow \frac{u_n}{2} \leqslant 1 \Rightarrow -\frac{u_n}{2} \geqslant -1 \Rightarrow 1 - \frac{u_n}{2} \geqslant -1 + 1 \Rightarrow u_{n+1} - u_n \geqslant 0.$$

La suite (u_n) est bien croissante.

3 La suite (u_n) est croissante et majorée (par 2). Elle converge donc.

Attention : on a montré que la suite (u_n) converge, mais pas qu'elle converge vers 2. Comme (u_n) est majorée par 2, elle admet une infinité de majorants (tous les réels supérieurs à 2). Cependant sa limite est unique, et tout ce que l'on peut affirmer est que cette limite est inférieure ou égale au plus petit des majorants que l'on a trouvé, c'est-à-dire 2. Une expérimentation sur la calculatrice ou le tableur peut néanmoins faire penser que la limite est bien égale à 2. Une méthode classique pour démontrer cela est d'étudier la suite (v_n) définie par $v_n = 2 - u_n$ et de montrer que (v_n) converge vers 0. (cf. *exercice 11*.)

TESTEZ VOS CONNAISSANCES

CORRIGÉ p. 26

1. Si $\lim_{n\to+\infty} u_n = -\infty$, alors :

a. (u_n) est décroissante. **b.** pour tout n, $u_n < 0$. **c.** $\lim_{n\to+\infty} u_n^2 = +\infty$.

2. Pour tout n, $u_n \geqslant 1\,000$.

a. $\lim_{n\to+\infty} u_n = +\infty$. **b.** $\lim_{n\to+\infty} u_n = 1\,000$. **c.** (u_n) peut ne pas avoir de limite.

3. La suite (u_n) est géométrique de premier terme $u_0 = -2$ et de raison 0,1.

a. $\lim_{n\to+\infty} u_n = 0$. **b.** $\lim_{n\to+\infty} u_n = -\infty$. **c.** (u_n) n'admet pas de limite.

4. La suite (u_n) est géométrique de premier terme $u_0 = 0{,}1$ et de raison -2.

a. $\lim_{n\to+\infty} u_n = 0$. **b.** $\lim_{n\to+\infty} u_n = -\infty$. **c.** (u_n) n'admet pas de limite.

5. La suite (v_n) est arithmétique premier terme $v_1 = 3$ de raison $r = 5$. La plus petite valeur de n pour laquelle $v_n \geqslant 160$ est :

a. $n = 31$. **b.** $n = 32$. **c.** $n = 33$.

6. La suite (w_n) est définie par $w_n = \cos(n)$ pour tout $n \geqslant 0$.

a. (w_n) converge. **b.** (w_n) est bornée. **c.** (w_n) est géométrique.

7. Pour tout $n > 0$, on a $n^2 \leqslant u_n \leqslant n^2 + \dfrac{1}{n}$. Alors :

a. $\lim_{n\to+\infty} u_n = +\infty$. **b.** $\lim_{n\to+\infty} u_n = 0$. **c.** (u_n) peut ne pas avoir de limite.

8. La suite (v_n) est définie pour $n \geqslant 0$ par : $\begin{cases} u_n = 1 \text{ si } n \text{ est pair} \\ u_n = n \text{ si } n \text{ est impair} \end{cases}$. Alors :

a. $\lim_{n\to+\infty} u_n = +\infty$. **b.** $\lim_{n\to+\infty} u_n = 1$. **c.** (u_n) n'admet pas de limite.

9. La suite (u_n) est définie pour $n \geqslant 0$ par $u_n = n + (-1)^n$. Alors :

a. (u_n) converge. **b.** (u_n) est croissante. **c.** (u_n) est minorée.

10. La suite (u_n) est décroissante, alors :

a. (u_n) admet forcément une limite.
b. (u_n) n'admet pas forcément de limite.
c. (u_n) ne peut pas admettre de limite.

11. La suite (u_n) est strictement croissante, alors :

a. (u_n) admet forcément une limite.
b. (u_n) admet forcément une limite égale à $+\infty$.
c. (u_n) admet forcément une limite réelle.

ENTRAÎNEZ-VOUS

CORRIGÉ p. 28

Utiliser le raisonnement par récurrence

1 Soit la suite (u_n) définie par son premier terme $u_0 = 3$ et, pour tout n de $\mathbb{N}$, par $u_{n+1} = 3u_n - 4$. 20 min

a. Montrer par récurrence que, pour tout entier n, $u_n \geqslant 3$. Que peut-on en déduire ?

b. Montrer que, pour tout entier n, $u_{n+1} > u_n$. Que peut-on en déduire ?

c. On suppose maintenant que $u_0 = 1$. La suite (u_n) est-elle toujours croissante ?

2 Les questions suivantes sont indépendantes. 30 min

a. On suppose qu'une suite (u_n) vérifie : $u_0 = 3$ et, pour tout entier naturel n, $u_{n+1} \leqslant \frac{1}{2}u_n$.

Démontrer que, pour tout entier naturel n, $u_n \leqslant \frac{3}{2^n}$.

b. On considère la suite (u_n) définie par $u_0 = 2$ et, pour tout entier naturel n, $u_{n+1} = u_n + 2n + 3$.

Démontrer que, pour tout entier naturel n, $u_n = n^2 + 2n + 2$.

c. Soit n un entier supérieur à 1. Démontrer que la somme des n premiers entiers impairs vaut n^2.

3 **a.** Pour tout entier n, on considère la proposition P_n : « l'entier $4^n - 1$ est un multiple de 3 ». 20 min

En remarquant que $4 = 3 + 1$, montrer que si P_n est vraie, alors P_{n+1} est vraie.

b. Pour tout entier n, on considère la proposition Q_n : « l'entier $4^n + 1$ est un multiple de 3 ».

Montrer que si Q_n est vraie, alors Q_{n+1} est vraie.

c. Les propositions P_n et Q_n sont-elles vraies pour tout n ?

4 Soit la suite (u_n) définie par $u_0 = 1$ et $u_{n+1} = \sqrt{u_n^2 + 1}$. 15 min

a. Déterminer la valeur des quatre termes suivants de cette suite.

Conjecturer une expression de u_n en fonction de n.

b. Démontrer cette conjecture à l'aide d'un raisonnement par récurrence.

c. En déduire la limite de la suite (u_n).

Calculer des limites de suites

5 Dans chacun des cas suivants, étudier la convergence de la suite. 10 min

a. La suite (u_n) est définie pour tout n de $\mathbb{N}$ par $u_n = \frac{2n + 3}{n + 5}$.

b. La suite (v_n) définie pour tout n de $\mathbb{N}$ par $v_n = n^2 + 1{,}4^n$.

c. La suite (w_n) définie pour tout n de $\mathbb{N}$ par $w_n = 5 \times 4^{-n}$.

6 Dans chacun des cas suivants, étudier la convergence de la suite. ●●○ 15 min

a. La suite (u_n) définie pour tout n de $\mathbb{N}$ par $u_n = 2^n - 3^n + 4^n$.

b. La suite (v_n) définie pour tout n de $\mathbb{N}^*$ par $v_n = \dfrac{1}{n^2}\displaystyle\sum_{k=1}^{n} k$.

c. La suite (w_n) définie pour tout entier $n \geqslant 2$ par $w_n = \dfrac{1}{n + \cos(n)}$.

7 On considère les suites (x_n), (y_n) et (z_n) définies, ●●○ 25 min
pour $n \geqslant 1$, par $x_n = n$; $y_n = n^2$; $z_n = n^3$.

De plus on considère les suites (S_n), (T_n) et (U_n) définies, pour $n \geqslant 1$,

par $S_n = \displaystyle\sum_{k=1}^{n} x_k$; $T_n = \displaystyle\sum_{k=1}^{n} y_k$; $U_n = \displaystyle\sum_{k=1}^{n} z_k$.

L'algorithme suivant, mis en œuvre avec le logiciel Algobox, permet de calculer le n-ième terme de la suite (T_n).

```
1  VARIABLES
2    k EST_DU_TYPE NOMBRE
3    n EST_DU_TYPE NOMBRE
4    T EST_DU_TYPE NOMBRE
5  DEBUT_ALGORITHME
6    T PREND_LA_VALEUR 0
7    LIRE n
8    POUR k ALLANT_DE 1 A n
9      DEBUT_POUR
10       T PREND_LA_VALEUR T +pow(k,2)
11       FIN_POUR
12   AFFICHER «Valeur de Tn :»
13   AFFICHER T
14 FIN_ALGORITHME
```

a. À quoi correspond l'expression « pow(k,2) » de la ligne 10 ?

b. Modifier cet algorithme pour faire calculer les n-ième termes des suites (S_n) et (U_n).

c. Utiliser cet algorithme (ou un autre outil) afin d'obtenir les valeurs de S_n et de U_n pour k allant de 1 à 5.

Que remarque-t-on ?

d. Démontrer que, pour tout entier n, $U_n = S_n^2$.

8 La suite (u_n) est définie par $u_0 = 2$ et, pour $n \geqslant 1$, par $u_n = u_{n-1} + n$. 10 min

a. Montrer que la suite (u_n) est croissante, positive et qu'elle tend vers $+\infty$.

b. La copie d'écran ci-contre montre le calcul des premiers termes de cette suite à l'aide d'un tableur. Quelle formule a-t-on saisie dans la cellule B3 ?

	A	B
1	n	U_n
2	0	2
3	1	3
4	2	5

c. L'algorithme suivant, mis en œuvre avec le logiciel Algobox, doit permettre de déterminer le rang à partir duquel u_n est supérieur à un réel A choisi par l'utilisateur. Complétez les pointillés.

```
VARIABLES
  n EST_DU_TYPE NOMBRE
  A EST_DU_TYPE NOMBRE
  U EST_DU_TYPE NOMBRE
DEBUT_ALGORITHME
  LIRE A
  n PREND_LA_VALEUR ...............
  U PREND_LA_VALEUR ...............
  TANT_QUE (U<A) FAIRE
    DEBUT_TANT_QUE
    n PREND_LA_VALEUR ..................
    U PREND_LA_VALEUR ..................
    FIN_TANT_QUE
  AFFICHER «U»
  AFFICHER n
  AFFICHER «est le premier terme supérieur à A.»
  AFFICHER «Il est égal à»
  AFFICHER U
FIN_ALGORITHME
```

9 Déterminer la limite des suites suivantes : 15 min

a. $u_n = \dfrac{n^2 + 2n - 5}{3n^4 + 6n - 1}$;

b. $v_n = \sqrt{n+1} - \sqrt{n}$.

10 Soit n un entier supérieur ou égal à 1. 20 min

a. Démontrer que $\displaystyle\sum_{k=2}^{n+1} \frac{1}{10^k} = \frac{1}{90}\left(1 - \frac{1}{10^n}\right)$.

b. La suite (u_n) est définie par $u_n = 1,3555\cdots5$ avec n décimales consécutives égales à 5.
Ainsi $u_0 = 1,3$, $u_1 = 1,35$, $u_2 = 1,355$, etc.
Démontrer que la limite de la suite (u_n) est un nombre rationnel.

11 Soit la suite (u_n) définie par son premier terme $u_0 = 1$ et, pour tout n de $\mathbb{N}$ par $u_{n+1} = 3u_n - 4$. ●○○ 20 min

a. Calculer les quatre termes suivants de cette suite.
(u_n) est-elle arithmétique ? Géométrique ?

b. Pour tout entier n, on pose $v_n = u_n - 2$.
Montrer que la suite (v_n) est géométrique.

c. Exprimer v_n en fonction de n, puis u_n en fonction de n.

d. En déduire la limite de la suite (u_n).

12 **a.** Donner la nature (convergence ou divergence) de chacune des suites ci-dessous : ●○○ 15 min

$u_n = n$; $v_n = n^2$; $w_n = \dfrac{1}{n}$ (avec $n > 1$) ; $x_n = (-1)^n$.

b. Donner la nature des suites $(u_n \times w_n)$, $(v_n \times w_n)$, $(x_n \times x_{n+1})$ et $(x_n + x_{n+1})$.

c. Les affirmations suivantes sont-elles vraies ou fausses ?
- le produit de deux suites convergentes est une suite convergente ;
- le produit de deux suites divergentes est une suite divergente.

Questions de cours

13 Démontrer le théorème suivant (théorème 3B du cours) : ●●○ 10 min

(u_n) et (v_n) sont deux suites telles que :
- $v_n \geqslant u_n$ pour tout entier n
- $\lim\limits_{n\to+\infty} u_n = +\infty$

Alors la suite (v_n) diverge aussi vers $+\infty$.

14 **a.** Soit a un réel strictement positif. Montrer que, pour tout entier n, $(1 + a)^n \geqslant 1 + na$. ●○○ 20 min

b. En déduire que si q est un réel strictement supérieur à 1, alors $\lim\limits_{n\to+\infty} q^n = +\infty$.

15 Soit (u_n) une suite croissante non majorée. ●●○ 10 min
Montrer que $\lim\limits_{n\to+\infty} u_n = +\infty$.

16 Soit $(u_n)_{n\in\mathbb{N}}$ une suite croissante qui converge vers un réel L. ●●● 10 min
Montrer que pour tout entier n, $u_n \leqslant L$.

Problèmes

17 Dans tout l'exercice on suppose que n est un entier strictement positif. ●●○ 30 min

Si (u_n) est une suite numérique, on considère la suite (v_n) définie pour tout $n > 0$ par $v_n = \dfrac{u_1 + u_2 + \cdots + u_n}{n}$.

a. Montrer que si (u_n) est constante, égale à L, alors la suite (v_n) l'est aussi.

b. Montrer que si (u_n) est majorée, alors (v_n) l'est aussi.

c. Montrer que si (u_n) est croissante, alors (v_n) l'est aussi.

d. On suppose que (u_n) est croissante et majorée. Que peut-on en déduire concernant les suites (u_n) et (v_n) ?

Pour les deux exercices suivants, vous pourrez utiliser le théorème suivant :
Soit (u_n) une suite définie par son premier terme et, pour tout entier n, la relation $u_{n+1} = f(u_n)$.
Si (u_n) converge vers un réel L et si f est continue en L, alors $L = f(L)$.
Voir le chapitre ***2 §6*** pour la notion de ***continuité*** pour les fonctions. Si vous ne l'avez pas encore étudié, vous pouvez imaginer une fonction dont la représentation graphique peut se tracer ***sans lever le crayon***.

18 Soit la suite (u_n) définie par $u_0 = 1$ et $u_{n+1} = u_n + \dfrac{1}{u_n}$. ●○○ 20 min

a. Calculer les quatre termes suivants de cette suite.

b. Justifier que tous les termes de la suite bien définis et strictement positifs.

c. Démontrer que (u_n) est strictement croissante.

d. On suppose que (u_n) converge vers un réel L. En déduire une équation qui doit être vérifiée par L.

e. Que peut-on en déduire ?

19 Soit (u_n) la suite définie par $u_0 = 10$ et $u_{n+1} = \dfrac{1}{2}\left(u_n + \dfrac{2}{u_n}\right)$. ●●● 40 min

a. Conjecturer à l'aide d'un tableur ou d'une calculatrice les variations et la convergence de la suite (u_n).

b. Justifier que tous les termes de la suite sont strictement positifs.

c. Montrer que, pour tout entier n, $u_{n+1} - \sqrt{2} = \dfrac{1}{2}\left(\dfrac{(u_n - \sqrt{2})^2}{u_n}\right)$, puis que $u_n \geqslant \sqrt{2}$.

d. Démontrer que (u_n) est décroissante.

e. Montrer que (u_n) converge vers $\sqrt{2}$.

Corrigés de *TESTEZ VOS CONNAISSANCES*

1. Réponse c. Si $\lim_{n \to +\infty} u_n = -\infty$, alors $\lim_{n \to +\infty} u_n^2 = \lim_{n \to +\infty} u_n \times u_n = +\infty$ d'après la règle des produits de limites.

Les autres réponses ne sont pas valables, comme le montrent les contre-exemples suivants.

Pour la **réponse a** : si, pour tout entier n, on pose $u_n = (-1)^n - n$, alors la suite (u_n) tend bien vers $-\infty$. En effet, pour tout entier n, $(-1)^n \leqslant 1$, donc $(-1)^n - n \leqslant 1 - n$, soit $u_n \leqslant 1 - n$. Comme $\lim_{n \to +\infty} 1 - n = -\infty$, par théorème de comparaison des limites, $\lim_{n \to +\infty} u_n = -\infty$.

De plus, cette suite n'est pas décroissante, comme on peut le **constater** en **observant** les premières valeurs de cette suite dans le tableau ci-contre.

	$u_n = (-1)^n - n$
0	1
1	–2
2	–1
3	–4
4	–3
5	–6
6	–5

ASTUCE

Une suite qui n'est pas décroissante n'est pas nécessairement croissante !

Remarque : si l'on souhaite démontrer qu'il n'existe pas de rang à partir duquel la suite (u_n) est décroissante, l'observation du tableau des premières valeurs de la suite (u_n) nous donne l'idée de comparer u_{2n-1} et u_{2n} pour tout entier n :

$u_{2n-1} = (-1)^{2n-1} - (2n-1) = -1 - 2n + 1 = -2n$ et $u_{2n} = (-1)^{2n} - 2n = 1 - 2n = -2n + 1$.

On constate donc que $u_{2n-1} < u_{2n}$ pour tout entier n, ce qui serait impossible si la suite était décroissante.

Pour la **réponse b** : si $\lim_{n \to +\infty} u_n = -\infty$ alors on peut bien dire que la suite est négative à partir d'un certain rang, mais les premiers termes peuvent être positifs. Par exemple, la suite (u_n) définie pour tout entier n par $u_n = 10 - n$ est strictement négative seulement à partir de u_{11}.

2. Réponse c. (u_n) peut ne pas avoir de limite, comme c'est le cas par exemple de la suite définie pour tout entier n par $u_n = 1010 + (-1)^n$.

3. Réponse a. Si (u_n) est géométrique de premier terme –2 et de raison 0,1, alors pour tout n, $u_n = -2 \times (0,1)^n$.

D'après le *§5A*, $\lim_{n \to +\infty} (0,1)^n = 0$ car $-1 < 0,1 < 1$, donc $\lim_{n \to +\infty} -2 \times (0,1)^n = 0$.

4. Réponse c. Si (u_n) est géométrique de premier terme 0,1 et de raison −2, alors pour tout n, $u_n = 0{,}1 \times (-2)^n$.

D'après le *§5A*, $(-2)^n$ n'admet pas de limite car $-2 \leqslant -1$, donc la suite (u_n) n'admet pas de limite.

5. Réponse b. La suite (v_n) est arithmétique premier terme $v_1 = 3$ de raison $r = 5$, donc pour tout entier n, $v_n = v_1 + (n-1)r = 3 + 5(n-1) = 3 + 5n - 5 = 5n - 2$. Pour trouver la plus petite valeur de n pour laquelle $v_n \geqslant 160$ il s'agit de résoudre l'inéquation $v_n \geqslant 160$.

$$v_n \geqslant 160 \Rightarrow 5n - 2 \geqslant 160 \Rightarrow 5n \geqslant 162 \Rightarrow n \geqslant \frac{162}{5}.$$

Comme n est un entier, n doit être supérieur à 33.

ASTUCE

Lorsqu'on utilise les formules pour les suites arithmétiques et géométriques, il faut bien faire attention au rang initial. Pour les suites arithmétiques, il faut en général choisir entre $u_n = u_0 + nr$ et $u_n = u_1 + (n-1)r$.
*Voir le **§5B** pour les formules concernant les suites géométriques.*

6. Réponse b. La suite $(w_n)_{n\in\mathbb{N}}$ définie par $w_n = \cos(n)$ est bornée, car pour tout entier n, $-1 \leqslant \cos(n) \leqslant 1$.

Cette suite ne converge pas et n'est pas géométrique, mais la démonstration dépasse le cadre de cet ouvrage.

7. Réponse a. Pour tout $n > 0$ on a $n^2 \leqslant u_n \leqslant n^2 + \frac{1}{n}$. D'après le théorème de comparaison des limites, l'inégalité $n^2 \leqslant u_n$ et le fait que $\lim\limits_{n\to+\infty} n^2 = +\infty$ nous disent que la suite (u_n) diverge vers $+\infty$.

8. Réponse c. La suite (v_n) définie pour $n \geqslant 0$ par : $\begin{cases} u_n = 1 \text{ si } n \text{ est pair} \\ u_n = n \text{ si } n \text{ est impair} \end{cases}$ n'admet pas de limite.

D'un côté, il existe une infinité d'entiers n pour lesquels $u_n \leqslant 10$ (tous les entiers pairs). Donc la limite de la suite (u_n) ne peut pas être $+\infty$.

De l'autre, il existe une infinité d'entiers n pour lesquels $u_n \geqslant 10$ (tous les entiers impairs supérieurs à 10). Donc la limite de la suite (u_n) ne peut pas être 1.

9. Réponse c. La suite (u_n), définie pour $n \geqslant 0$ par $u_n = n + (-1)^n$, est minorée par 0.

En effet, $u_0 = 1$, $u_1 = 0$, et, pour $n \geqslant 2$, $u_n \geqslant n - 1 \geqslant 2 - 1$, donc $u_n \geqslant 1$.

ASTUCE

Comme on l'a vu à plusieurs reprises, la suite des $(-1)^n$ est souvent utilisée dans les contre-exemples, et est donc particulièrement pratique pour les QCM.

On peut montrer qu'elle n'est pas croissante et qu'elle diverge (vers $+\infty$) à l'aide du théorème de comparaison comme on l'a fait dans la question 1.

	$u_n = n + (-1)^n$
0	1
1	0
2	3
3	2
4	5
5	4
6	7

10. Réponse a. Si la suite (u_n) est minorée, alors, étant décroissante, elle admet une limite d'après le théorème sur les suites décroissantes minorées.

Si elle n'est pas minorée, alors elle tend vers $-\infty$ (cf. *§6B*).

Dans tous les cas, cette suite admet une limite.

11. Réponse a. De même que dans la question précédente, la suite (u_n), strictement croissante, peut tendre vers $+\infty$ si elle n'est pas majorée, ou tendre vers un réel si elle l'est.

Corrigés de *ENTRAÎNEZ-VOUS*

Utiliser le raisonnement par récurrence

1 a. ***La première étape de ce genre de raisonnement est d'énoncer clairement la proposition que l'on va démontrer.***

Étape 1 : l'énoncé. Pour tout entier n, soit P_n la proposition « $u_n \geqslant 3$ ».

Ensuite, il s'agit de vérifier qu'une première proposition est vraie, celle qui va entraîner toutes les autres.

Étape 2 : l'initialisation. Vérifions que P_0 est vraie.

REMARQUE

On ne suppose pas que cette proposition est vraie pour tout entier n, sinon on aurait supposé le résultat demandé, et toute cette démonstration n'aurait aucun sens.

P_0 s'énonce de la façon suivante : « $u_0 \geqslant 3$ ».

$u_0 = 3$, ce qui prouve que P_0 est vraie.

Enfin il faut démontrer que si une proposition est vraie alors la suivante l'est aussi.

Étape 3 : l'hérédité. Soit n un entier. Démontrons que si P_n est vraie alors P_{n+1} l'est aussi.

Dire que P_n est vraie **pour un certain entier n**, c'est dire que, pour cet entier, on a $u_n \geqslant 3$.

Si P_n est vraie, alors $u_n \geqslant 3$.

Montrons qu'alors P_{n+1} est vraie, c'est-à-dire que $u_{n+1} \geqslant 3$.

$u_{n+1} = 3u_n - 4$ et $u_n \geqslant 3$ donc $u_{n+1} \geqslant 3 \times 3 - 4 \geqslant 3$.

On a bien montré que si P_n est vraie alors P_{n+1} l'est aussi.

CONSEIL

Arrivé à cette étape de la démonstration, on a fini le raisonnement, mais il n'est pas inutile, ni pour vous, ni pour toute personne qui doit vous relire, de conclure votre réponse.

Étape 4 : la conclusion. La proposition P_n est vraie pour $n = 0$ et est héréditaire donc : pour tout entier n, $u_n \geqslant 3$.

On a donc prouvé que la suite (u_n) était minorée (par 3).

b. $u_{n+1} - u_n = (3u_n - 4) - u_n = 2u_n - 4$.

Or, $u_n \geqslant 3$, donc $2u_n - 4 \geqslant 2 \times 3 - 4 > 0$ et $u_{n+1} - u_n > 0$.

Ceci prouve que la suite (u_n) est strictement croissante.

REMARQUE

Remarquez qu'un raisonnement par récurrence n'était pas nécessaire ici : c'est un type de raisonnement qui s'ajoute à toutes les méthodes de démonstration que vous connaissez déjà, il ne les remplace pas !

c. Si $u_0 = 1$, alors tout le raisonnement par récurrence est faux car l'initialisation n'est plus vraie. En revanche, en calculant les premiers termes de cette suite, on obtient $u_1 = -1$, $u_2 = -7$, $u_3 = -25$...

On peut donc penser que c'est plutôt l'inégalité $u_n \leqslant 1$ qui est vraie. Montrons-le.

Étape 1 : l'énoncé. Pour tout entier n, soit P_n la proposition « $u_n \leqslant 1$ ».

Étape 2 : l'initialisation. Vérifions que P_0 est vraie.
$u_0 = 1$, ce qui prouve que P_0 est vraie.

Étape 3 : l'hérédité. Soit $n \in \mathbb{N}$. Démontrons que si P_n est vraie, alors P_{n+1} l'est aussi.

Si P_n est vraie, alors $u_n \leqslant 1$.
Montrons qu'alors P_{n+1} est vraie, c'est-à-dire que $u_{n+1} \leqslant 1$.
$u_{n+1} = 3u_n - 4$ et $u_n \leqslant 1$ donc $u_{n+1} \leqslant 3 \times 1 - 4 \leqslant 1$
On a bien montré que si P_n est vraie alors P_{n+1} l'est aussi.

Étape 4 : la conclusion. La proposition « $u_n \leqslant 1$ » est vraie pour $n = 0$ et est héréditaire donc : pour tout entier n, $u_n \leqslant 1$.

Pour étudier les variations de la suite (u_n), on peut reprendre la même méthode que précédemment : $u_{n+1} - u_n = 2\,u_n - 4$ et $u_n \leqslant 1$, donc $u_{n+1} - u_n \leqslant 2 \times 1 - 4 < 0$.

Ceci prouve que la suite (u_n) est strictement décroissante.

2 **a.** Pour tout entier n, soit P_n la proposition « $u_n \leqslant \frac{3}{2^n}$ ».

Initialisation : montrons que P_0 est vraie.

$u_0 = 3$ et $\frac{3}{2^0} = 3$, donc $u_0 \leqslant \frac{3}{2^0}$ et P_0 est vraie.

Hérédité : soit $n \in \mathbb{N}$. Montrons que si P_n est vraie alors P_{n+1} est vraie.

On suppose donc que, pour un certain entier n, $u_n \leqslant \frac{3}{2^n}$.

Il s'agit de montrer que P_{n+1} est vraie, c'est-à-dire que $u_{n+1} \leqslant \frac{3}{2^{n+1}}$.

Par hypothèse $u_{n+1} \leqslant \frac{1}{2}u_n \leqslant \frac{1}{2} \times \frac{3}{2^n}$.

Comme $2 \times 2^n = 2^1 \times 2^n = 2^{n+1}$ on obtient $u_{n+1} \leqslant \frac{3}{2^{n+1}}$.

Conclusion : la proposition P_n est vraie pour $n = 0$ et est héréditaire donc : P_n est vraie pour tout entier n.

b. Pour tout entier n, soit P_n la proposition « $u_n = n^2 + 2n + 2$ ».

Initialisation : montrons que P_0 est vraie.

$u_0 = 2$ et $0^2 + 2 \times 0 + 2 = 2$, donc $u_0 = 0^2 + 2 \times 0 + 2$ et P_0 est vraie.

Hérédité : soit $n \in \mathbb{N}^*$. Montrons que si P_n est vraie alors P_{n+1} est vraie.
On suppose donc que, pour un certain entier n, $u_n = n^2 + 2n + 2$.
Il s'agit de montrer que P_{n+1} est vraie, c'est-à-dire que $u_{n+1} = (n + 1)^2 + 2(n + 1) + 2$.

D'une part, $u_{n+1} = u_n + 2n + 3 = \underbrace{n^2 + 2n + 2}_{u_n} + 2n + 3 = n^2 + 4n + 5$.

D'autre part, $(n + 1)^2 + 2(n + 1) + 2 = n^2 + 2n + 1 + 2n + 2 + 2 = n^2 + 4n + 5$.
On a bien démontré $u_{n+1} = (n + 1)^2 + 2(n + 1) + 2$.

Conclusion : la proposition P_n est vraie pour $n = 0$ et est héréditaire donc : P_n est vraie pour tout entier n.

c. Pour tout entier n supérieur à 1, soit P_n la proposition « la somme des n premiers entiers impairs vaut n^2 ».

Initialisation : montrons que P_1 est vraie.
Le premier entier impair est 1, qui vaut bien 1^2. Donc P_1 est vraie.

Hérédité : soit $n \in \mathbb{N}^*$. Montrons que si P_n est vraie alors P_{n+1} est vraie.
On suppose donc que, pour un certain entier n, la somme S des n premiers entiers impairs vaut n^2.

Tous les entiers impairs peuvent s'écrire sous la forme $2n - 1$, avec $n > 0$:
le premier entier impair est $2 \times 1 - 1 = 1$;
le deuxième entier impair est $2 \times 2 - 1 = 3$;
...
le n-ième entier impair est $2 \times n - 1$;
le suivant est $2 \times (n + 1) - 1 = 2n + 2 - 1 = 2n + 1$.

Si la somme des n premiers entiers impairs est S, alors la somme des $n + 1$ premiers entiers impairs est $S + (2n + 1)$.
Or, $S + (2n + 1) = n^2 + 2n + 1 = (n + 1)^2$.

On a bien démontré que si la somme S des n premiers entiers impairs vaut n^2, alors la somme des $n + 1$ premiers entiers impairs vaut $(n + 1)^2$.

Conclusion : la proposition P_n est vraie pour $n = 1$ et est héréditaire donc : pour tout n, P_n est vraie et la somme des n premiers entiers impairs vaut n^2.

> **ASTUCE**
>
> *Il y a plusieurs façons de noter les entiers impairs, en particulier $2n + 1$ et $2n - 1$. Selon les problèmes, choisir l'une ou l'autre de ces écritures peut simplifier la résolution.*

3 **a.** Si P_n est vraie, alors $4^n - 1$ est un multiple de 3.
Montrons qu'alors $4^{n+1} - 1$ est aussi un multiple de 3.
$4^{n+1} - 1 = 4 \times 4^n - 1 = (3 + 1) \times 4^n - 1 = 3 \times 4^n + 4^n - 1$.
3×4^n est un multiple de 3, et $4^n - 1$ l'est aussi par hypothèse de récurrence.
Puisque $4^{n+1} - 1$ est la somme de deux multiples de 3, c'est aussi un multiple de 3.

b. Si Q_n est vraie, alors $4^n + 1$ est un multiple de 3.
Montrons qu'alors $4^{n+1} + 1$ est aussi un multiple de 3.
De même que dans la question précédente, $4^{n+1} + 1 = 4 \times 4^n + 1 = 3 \times 4^n + 4^n + 1$.
3×4^n est un multiple de 3, et $4^n + 1$ l'est aussi par hypothèse de récurrence.
Puisque $4^{n+1} + 1$ est la somme de deux multiples de 3, c'est aussi un multiple de 3.

c. P_0 est vraie, car $4^0 - 1 = 1 - 1 = 0$ et 0 est bien un multiple de 3.
Donc, on peut utiliser un raisonnement par récurrence et conclure que P_n est vraie pour tout n.

En revanche, Q_0 n'est pas vraie, car $4^0 + 1 = 1 + 1 = 2$ et 2 n'est pas un multiple de 3. De même, Q_1 n'est pas vraie, car $4^1 + 1 = 4 + 1 = 5$ et 5 n'est pas un multiple de 3. En fait on peut montrer que Q_n n'est jamais vraie en modifiant légèrement notre proposition originale :

Soit R_n la proposition : « l'entier $4^n + 1$ n'est **pas** un multiple de 3 ».

Initialisation : on vient de vérifier que R_0 est vraie.

Hérédité : soit n un entier. Si $4^n + 1$ n'est pas un multiple de 3, alors $4^{n+1} + 1$ ne l'est pas non plus.

En effet $4^{n+1} + 1 = 3 \times 4^n + 4^n + 1$, donc $4^n + 1 = 4^{n+1} + 1 - 3 \times 4^n$.

Donc si $4^{n+1} + 1$ était un multiple de 3, alors $4^n + 1$ le serait (différence de deux multiples de 3). Ceci est contraire à notre hypothèse.

Conclusion : R_n est vraie pour tout entier n : $4^n + 1$ n'est jamais un multiple de 3.

4 **a.** $u_1 = \sqrt{u_0^2 + 1} = \sqrt{1^2 + 1} = \sqrt{2}$; $u_2 = \sqrt{u_1^2 + 1} = \sqrt{\sqrt{2}^2 + 1} = \sqrt{2 + 1} = \sqrt{3}$;

$u_3 = \sqrt{u_2^2 + 1} = \sqrt{3 + 1} = \sqrt{4} = 2$; $u_4 = \sqrt{u_3^2 + 1} = \sqrt{4 + 1} = \sqrt{5}$.

On peut conjecturer l'expression suivante de u_n en fonction de n : $u_n = \sqrt{n + 1}$.

b. Pour tout entier n, soit P_n la proposition « $u_n = \sqrt{n + 1}$ ».

Initialisation : montrons que P_0 est vraie.

$u_0 = 1$ et $\sqrt{0 + 1} = 1$ donc $u_0 = \sqrt{0 + 1}$ et P_0 est vraie.

Hérédité : soit $n \in \mathbb{N}$. Montrons que si P_n est vraie, alors P_{n+1} est vraie.

On suppose donc que, pour un certain entier n, $u_n = \sqrt{n + 1}$.

Il s'agit de montrer que P_{n+1} est vraie, c'est-à-dire que $u_{n+1} = \sqrt{(n + 1) + 1}$.

Ceci est bien le cas puisque $u_{n+1} = \sqrt{{u_n}^2 + 1} = \sqrt{(\sqrt{n + 1})^2 + 1} = \sqrt{(n + 1) + 1}$.

Conclusion : la proposition « $u_n = \sqrt{n + 1}$ » est vraie pour $n = 0$ et est héréditaire donc : pour tout entier n, $u_n = \sqrt{n + 1}$.

c. $\lim\limits_{n \to +\infty} n + 1 = +\infty$, donc $\lim\limits_{n \to +\infty} \sqrt{n + 1} = +\infty$ et la suite (u_n) diverge vers $+\infty$.

Calculer des limites de suites

À RETENIR

$\lim\limits_{n \to +\infty} \frac{1}{n} = 0.$

5 **a.** Pour $n > 0$, $u_n = \dfrac{2n + 3}{n + 5} = \dfrac{n\left(2 + \frac{3}{n}\right)}{n\left(1 + \frac{5}{n}\right)} = \dfrac{2 + \frac{3}{n}}{1 + \frac{5}{n}}$.

Or, $\lim\limits_{n \to +\infty} \frac{3}{n} = 0$, donc $\lim\limits_{n \to +\infty} 2 + \frac{3}{n} = 2$. De même, $\lim\limits_{n \to +\infty} 1 + \frac{5}{n} = 1$.

D'après le théorème sur le quotient de limites, $\lim\limits_{n \to +\infty} u_n = 2$.

b. $v_n = n^2 + 1{,}4^n$.

$\lim\limits_{n \to +\infty} n^2 = +\infty$ et $\lim\limits_{n \to +\infty} 1{,}4^n = +\infty$ car $1{,}4 > 1$. D'après le théorème sur la somme des limites, $\lim\limits_{n \to +\infty} v_n = +\infty$.

c. $w_n = 5 \times 4^{-n} = 5 \times \left(\frac{1}{4}\right)^n$.

Or, $-1 < \frac{1}{4} < 1$, donc $\lim\limits_{n \to +\infty} \left(\frac{1}{4}\right)^n = 0$ et $\lim\limits_{n \to +\infty} w_n = 0$.

À RETENIR

Si $-1 < q < 1$, alors $\lim\limits_{n \to +\infty} q^n = 0$.

6 a. $u_n = 2^n - 3^n + 4^n = 4^n \left[\frac{2^n}{4^n} - \frac{3^n}{4^n} + 1\right] = 4^n \left[\left(\frac{2}{4}\right)^n - \left(\frac{3}{4}\right)^n + 1\right]$.

Ainsi, $u_n = 4^n \left[\left(\frac{1}{2}\right)^n - \left(\frac{3}{4}\right)^n + 1\right]$.

$-1 < \frac{1}{2} < 1$ et $-1 < \frac{3}{4} < 1$, donc $\lim\limits_{n \to +\infty} \left(\frac{1}{2}\right)^n = 0$ et $\lim\limits_{n \to +\infty} \left(\frac{3}{4}\right)^n = 0$.

D'où, $\lim\limits_{n \to +\infty} \left(\frac{1}{2}\right)^n - \left(\frac{3}{4}\right)^n + 1 = 1$.

Par ailleurs, $4 > 1$, donc $\lim\limits_{n \to +\infty} 4^n = +\infty$.

Ainsi, $\lim\limits_{n \to +\infty} u_n = +\infty$.

b. $\sum\limits_{k=1}^{n} k = 1 + 2 + 3 + \cdots + (n-1) + n$ est la somme des n premiers entiers.

$\sum\limits_{k=1}^{n} k = \frac{n(n+1)}{2}$.

ASTUCE

Cette somme est la somme de n termes consécutifs d'une suite arithmétique. La formule générale pour ce genre de somme est $\sum\limits_{k=1}^{n} u_n = n \times \frac{u_1 + u_n}{2}$.

Ainsi, $v_n = \frac{1}{n^2} \sum\limits_{k=1}^{n} k = \frac{1}{n^2} \times \frac{n(n+1)}{2} = \frac{n+1}{2n} = \frac{n}{2n} + \frac{1}{2n} = \frac{1}{2} + \frac{1}{2n}$.

Or, $\lim\limits_{n \to +\infty} \frac{1}{2n} = 0$, donc d'après le théorème sur la somme des limites, $\lim\limits_{n \to +\infty} v_n = \frac{1}{2}$.

c. $w_n = \frac{1}{n + \cos(n)}$. La suite $(\cos(n))_{n \geqslant 2}$ n'admet pas de limite, on ne peut donc pas utiliser simplement les théorèmes sur les sommes, produits... de limites. En revanche, on connaît un encadrement de cette suite, donc on peut penser au théorème des gendarmes.

Pour tout n, $-1 \leqslant \cos(n) \leqslant 1$.

Ainsi, $n-1 \leqslant n + \cos(n) \leqslant n + 1$, et comme $n \geqslant 2$, on a $0 < n - 1 \leqslant n + \cos(n) \leqslant n + 1$.

La fonction inverse étant décroissante sur $]0; +\infty[$, $\dfrac{1}{n-1} \geqslant \dfrac{1}{n+\cos(n)} \geqslant \dfrac{1}{n+1}$.

$\lim\limits_{n \to +\infty} \dfrac{1}{n+1} = 0$ et $\lim\limits_{n \to +\infty} \dfrac{1}{n-1} = 0$, donc d'après le théorème des gendarmes, $\lim\limits_{n \to +\infty} w_n = 0$.

7 **a.** (T_n) est la somme des n premiers carrés. À chaque étape de la boucle POUR de cet algorithme, Algobox doit donc rajouter k^2. Algobox rajoute pow(k,2) à la valeur déjà calculée de T puisque « T PREND_LA_VALEUR T+pow(k,2) ». C'est donc que pow(k,2) signifie k^2.

b. Algorithme modifié pour calculer les n-ième termes des suites (S_n) et (U_n) :

```
VARIABLES
  k EST_DU_TYPE NOMBRE
  n EST_DU_TYPE NOMBRE
  S EST_DU_TYPE NOMBRE
  U EST_DU_TYPE NOMBRE
DEBUT_ALGORITHME
  S PREND_LA_VALEUR 0
  U PREND_LA_VALEUR 0
  LIRE n
  POUR k ALLANT_DE 1 A n
    DEBUT_POUR
    S PREND_LA_VALEUR S+k
    U PREND_LA_VALEUR U+pow(k,3)
    FIN_POUR
  AFFICHER «Valeur de Sn :»
  AFFICHER S
  AFFICHER «Valeur de Un :»
  AFFICHER U
FIN_ALGORITHME
```

c. On obtient les résultats ci-contre :

	S_n	U_n
1	1	1
2	3	9
3	6	36
4	10	100
5	15	225

On remarque que, pour tout n entre 1 et 5, U_n est le carré de S_n.

d. Pour tout entier $n \geqslant 1$, soit P_n la proposition « $U_n = S_n^{\,2}$ ».

Montrons par récurrence que cette proposition est toujours vraie.

Initialisation : P_1 est vraie car $U_1 = S_1 = 1$.

Hérédité : soit $n \in \mathbb{N}$. Supposons que P_n est vraie et montrons qu'alors P_{n+1} est vraie.

$$U_{n+1} = \sum_{k=1}^{n+1} k^3 = 1^3 + 2^3 + 3^3 + \cdots + n^3 + (n+1)^3 = \sum_{k=1}^{n} k^3 + (n+1)^3 = U_n + (n+1)^3.$$

Or, par hypothèse de récurrence, $U_n = S_n^{\,2}$.

De plus, comme S_n est la somme des n premiers entiers, $S_n = \dfrac{n(n+1)}{2}$.

À RETENIR

Pour tout $n \geqslant 1$,

$1+2+3+\ldots\ldots+n = \dfrac{n(n+1)}{2}$.

On a donc démontré que :

$$U_{n+1} = U_n + (n+1)^3 = S_n^2 + (n+1)^3 = \left[\frac{n(n+1)}{2}\right]^2 + (n+1)^3 = \frac{n^2(n+1)^2 + 4(n+1)^3}{4}.$$

On peut factoriser le numérateur par $(n+1)^2$, ce qui donne :

$$U_{n+1} = \frac{(n+1)^2\,(n^2 + 4(n+1))}{4} = \frac{(n+1)^2(n^2 + 4n + 4)}{4} = \frac{(n+1)^2(n+2)^2}{4}.$$

$$U_{n+1} = \left[\frac{(n+1)(n+2)}{2}\right]^2.$$

Or on reconnaît $S_{n+1} = \dfrac{(n+1)(n+2)}{2}$, c'est la somme des $n+1$ premiers entiers.

Donc, on a bien $U_{n+1} = S_{n+1}^2$: P_{n+1} est bien vraie.

Conclusion : la proposition P_n est vraie pour $n = 1$ et est héréditaire donc : P_n est vraie pour tout entier $n \geqslant 1$, autrement dit, la somme des n premiers cubes est le carré de la somme des n premiers entiers.

8 **a.** Pour tout entier $n \geqslant 1$, $u_n - u_{n-1} = n$, donc $u_n - u_{n-1} > 0$.

La suite (u_n) est donc croissante.

Comme $u_0 = 2$ et que (u_n) est croissante, tous les termes de cette suite sont positifs.

Pour tout entier $n \geqslant 1$, $u_{n-1} \geqslant 0$ et $u_n = u_{n-1} + n$, donc $u_n \geqslant n$.
Or $\lim\limits_{n \to +\infty} n = +\infty$ donc $\lim\limits_{n \to +\infty} u_n = +\infty$ par comparaison.

b. La formule à saisir en B3 est « =B2+A3 ».

c. Dans la ligne 7 il s'agit d'initialiser la variable n à 0 car la suite (u_n) est définie pour $n \geqslant 0$.
Ligne 7 : n PREND_LA_VALEUR 0

Dans la ligne 8 il s'agit d'initialiser la variable U à 2 car $u_0 = 2$.
Ligne 8 : U PREND_LA_VALEUR 2

Dans la ligne 11 il s'agit d'incrémenter la valeur de n (c'est-à-dire augmenter n de 1).
Ligne 11 : n PREND_LA_VALEUR n + 1

Puis dans la ligne 12 il s'agit de calculer le terme suivant de la suite (u_n) en utilisant la formule $u_n = u_{n-1} + n$.

Ligne 12 : U PREND_LA_VALEUR U+n

9 **a.** $\lim\limits_{n \to +\infty} n^2 + 2n - 5 = +\infty$ (voir exercice résolu dans la partie « méthode ») et $\lim\limits_{n \to +\infty} 3n^4 + 6n - 1 = +\infty$ (les limites de n^4 et de $6n - 1$ en $+\infty$ sont toutes deux égales à $+\infty$, leur somme diverge donc vers $+\infty$). Puisque le numérateur et le dénominateur du quotient ont tous les deux des limites égales à $+\infty$ on est face à une forme indéterminée. Pour lever l'indétermination on peut factoriser par les termes de plus haut degré au numérateur et au dénominateur :

ASTUCE
Pour « lever » une indétermination dans un polynôme ou un quotient de polynômes, on doit penser à factoriser par les termes de plus haut degré.

$$u_n = \frac{n^2 + 2n - 5}{3n^4 + 6n - 1} = \frac{n^2\left(1 + \frac{2n}{n^2} - \frac{5}{n^2}\right)}{n^4\left(3 + \frac{6n}{n^4} - \frac{1}{n^4}\right)} = \frac{\left(1 + \frac{2}{n} - \frac{5}{n^2}\right)}{n^2\left(3 + \frac{6}{n^3} - \frac{1}{n^4}\right)}.$$

$$\lim_{n \to +\infty} 1 + \frac{2}{n} - \frac{5}{n^2} = 1 \text{ et } \lim_{n \to +\infty} 3 + \frac{6}{n^3} - \frac{1}{n^4} = 3 \text{ et } \lim_{n \to +\infty} n^2 = +\infty.$$

D'après le théorème sur les produits et quotients de limites, $\lim\limits_{n \to +\infty} u_n = 0$.

b. $\lim\limits_{n \to +\infty} \sqrt{n+1} = +\infty$ et $\lim\limits_{n \to +\infty} \sqrt{n} = +\infty$. On a encore une forme indéterminée. Une idée déjà utilisée est de factoriser cette expression, par exemple par $\sqrt{n}$.

$$v_n = \sqrt{n+1} - \sqrt{n} = \sqrt{n}\left(\frac{\sqrt{n+1}}{\sqrt{n}} - 1\right) = \sqrt{n}\left(\sqrt{1 + \frac{1}{n}} - 1\right).$$

Or, $\lim_{n\to+\infty} \sqrt{n} = +\infty$ et $\lim_{n\to+\infty} \sqrt{1+\frac{1}{n}} = \sqrt{1} = 1$ donc la forme est toujours indéterminée (du type $+\infty \times 0$). Une autre méthode à explorer est l'utilisation de la quantité conjuguée.

$$v_n = \sqrt{n+1} - \sqrt{n} = \frac{(\sqrt{n+1}-\sqrt{n})(\sqrt{n+1}+\sqrt{n})}{\sqrt{n+1}+\sqrt{n}}$$

$$= \frac{\sqrt{n+1}^2 - \sqrt{n}^2}{\sqrt{n+1}+\sqrt{n}}$$

$$v_n = \frac{(n+1)-n}{\sqrt{n+1}+\sqrt{n}} = \frac{1}{\sqrt{n+1}+\sqrt{n}}.$$

$\lim_{n\to+\infty} \sqrt{n+1} = +\infty$ et $\lim_{n\to+\infty} \sqrt{n} = +\infty$ donc

$\lim_{n\to+\infty} \sqrt{n+1}+\sqrt{n} = +\infty$ et $\lim_{n\to+\infty} \frac{1}{\sqrt{n+1}+\sqrt{n}} = 0.$

La suite (v_n) converge donc vers 0.

REMARQUE

C'est la même idée que celle évoquée dans le chapitre sur les nombres complexes. La quantité conjuguée d'un nombre complexe $z = a + ib$ est $\bar{z} = a - ib$. Ici, la quantité conjuguée d'une expression du type $a + b\sqrt{n}$ est $a - b\sqrt{n}$. L'intérêt de cette quantité se trouve dans le résultat du produit

$$(a+b\sqrt{n})(a-b\sqrt{n}) = a^2 - (b\sqrt{n})^2,$$
$$= a^2 - b^2 n$$

résultat qui ne contient plus de racine.

10 **a.** $\sum_{k=2}^{n+1} \frac{1}{10^k}$ est la somme des termes d'une suite géométrique de premier terme $\frac{1}{10^2}$, de raison $\frac{1}{10}$.

Il y a n termes dans cette somme (entre $k = 2$ et $k = n + 1$). Ainsi :

RAPPEL

Si (u_n) est une suite géométrique de premier terme u_1 et de raison q, alors la somme des n premiers termes de cette suite est $u_1 \times \frac{1-q^n}{1-q}$.

$$\sum_{k=2}^{n+1} \frac{1}{10^k} = \frac{1}{10^2} \times \frac{1-\frac{1}{10^n}}{1-\frac{1}{10}} = \frac{1}{100} \times \frac{1-\frac{1}{10^n}}{\frac{9}{10}} = \frac{1}{100} \times \frac{10}{9} \times \left(1-\frac{1}{10^n}\right) = \frac{1}{90}\left(1-\frac{1}{10^n}\right).$$

b. $u_0 = 1{,}3$, $\quad u_1 = 1{,}3 + 5 \times \frac{1}{10^2}$, $\quad u_2 = 1{,}3 + 5 \times \frac{1}{10^2} + 5 \times \frac{1}{10^3}, \dots,$

$$u_n = 1{,}3 + 5 \times \frac{1}{10^2} + 5 \times \frac{1}{10^3} + \dots + 5 \times \frac{1}{10^{n+1}}.$$

Donc, $u_n = 1{,}3 + 5 \times \left(\frac{1}{10^2} + \frac{1}{10^3} + \dots + \frac{1}{10^{n+1}}\right) = 1{,}3 + 5 \times \sum_{k=2}^{n+1} \frac{1}{10^k}.$

D'après la question précédente,

$$u_n = 1{,}3 + 5 \times \frac{1}{90}\left(1-\frac{1}{10^n}\right) = 1{,}3 + \frac{5}{90} - \frac{5}{10^n} \times \frac{1}{90}$$

$$= \frac{117+5}{90} - \frac{5}{10^n} \times \frac{1}{90} = \frac{122}{90} - \frac{5}{10^n} \times \frac{1}{90}.$$

REMARQUE
Cette limite de la suite (u_n) est le nombre que l'on écrit traditionnellement 1,355 55…

$\lim\limits_{n \to +\infty} 10^n = +\infty$ donc $\lim\limits_{n \to +\infty} \frac{5}{10^n} \times \frac{1}{90} = 0$ et $\lim\limits_{n \to +\infty} u_n = \frac{122}{90}$.

La limite de la suite (u_n) est bien un nombre rationnel.

11 **a.** $u_1 = 3 \times u_0 - 4 = 3 \times 1 - 4 = -1$; $u_2 = 3 \times u_1 - 4 = 3 \times (-1) - 4 = -7$;
$u_3 = -25$; $u_4 = -79$.

$u_1 - u_0 = -1 - 1 = -2$ et $u_2 - u_1 = -7 - (-1) = -6$.

Donc, $u_2 - u_1 \neq u_1 - u_0$ et (u_n) n'est pas arithmétique.

$\frac{u_1}{u_0} = \frac{-1}{1} = -1$ et $\frac{u_2}{u_1} = \frac{-7}{-1} = 7$. Donc, $\frac{u_1}{u_0} \neq \frac{u_2}{u_1}$ et (u_n) n'est pas géométrique.

REMARQUE
On dit que (v_n) est une suite auxiliaire.

b. Pour tout entier n, $v_n = u_n - 2$, donc $v_{n+1} = u_{n+1} - 2$.

Ainsi, $v_{n+1} = u_{n+1} - 2 = \underbrace{3u_n - 4}_{u_{n+1}} - 2 = 3u_n - 6 = 3(u_n - 2) = 3v_n$.

La suite (v_n) est donc géométrique de raison $q = 3$, et de premier terme $v_0 = u_0 - 2 = 1 - 2 = -1$.

c. Pour tout entier n, $v_n = v_0 \times q^n = -1 \times 3^n = -3^n$.

$v_n = u_n - 2$ donc $u_n = 2 + v_n = 2 - 3^n$.

d. $\lim\limits_{n \to +\infty} 3^n = +\infty$ car $3 > 1$.

D'après le théorème sur les sommes de limites, $\lim\limits_{n \to +\infty} 2 - 3^n = -\infty$.

Donc, $\lim\limits_{n \to +\infty} u_n = -\infty$.

12 **a.** Les suites (u_n) et (v_n) divergent vers $+\infty$. La suite (w_n) converge vers 0. La suite (x_n) diverge sans limite.

b. Pour tout entier $n > 1$:

$u_n \times w_n = n \times \frac{1}{n} = 1$: $(u_n \times w_n)$ est constante et égale à 1. Elle converge donc vers 1.

$v_n \times w_n = n^2 \times \frac{1}{n} = n$: $(v_n \times w_n)$ diverge donc vers $+\infty$.

Des deux nombres $(-1)^n$ et $(-1)^{n+1}$, l'un est égal à -1 et l'autre à 1, puisque n et $n + 1$ sont deux entiers consécutifs. Ainsi :

$x_n \times x_{n+1} = (-1)^n \times (-1)^{n+1} = -1$: $(x_n \times x_{n+1})$ est constante et égale à -1. Elle converge donc vers -1.

$x_n + x_{n+1} = (-1)^n + (-1)^{n+1} = 0$: $(x_n + x_{n+1})$ est constante et égale à 0. Elle converge donc vers 0.

c. La première affirmation est vraie, c'est le théorème sur le produit des limites, selon lequel si deux suites convergent respectivement vers L et L', alors leur produit converge vers $L \times L'$.

La seconde affirmation est fausse. Le produit de la suite (x_n) par elle-même est un contre-exemple. En effet la suite (x_n) est divergente, mais tous les termes de la suite $(x_n \times x_n)$ sont égaux à 1, donc cette suite converge.

Questions de cours

13 $\lim\limits_{n \to +\infty} u_n = +\infty$ donc d'après la propriété 2 du ***§2B***, pour tout réel A, il existe un entier N tel que pout tout $n \geqslant N$ on ait $u_n \geqslant A$.

Pour démontrer que l'on a aussi $\lim\limits_{n \to +\infty} v_n = +\infty$, il faut démontrer que cette propriété est aussi vérifiée pour la suite (v_n).

Or, par hypothèse, $v_n \geqslant u_n$ pour tout entier n. Donc, pout tout $n \geqslant N$, on a $v_n \geqslant u_n \geqslant A$.

La propriété 2 du ***§B2*** est vérifiée : quel que soit le réel A, il existe un entier N tel que pour tout $n \geqslant N$ on ait $v_n \geqslant A$.

La suite (v_n) diverge bien vers $+\infty$.

REMARQUE

Ce théorème fonctionne aussi bien si l'inégalité $v_n \geqslant u_n$ n'est vraie qu'à partir d'un certain rang, c'est-à-dire si l'on sait seulement qu'il existe un entier N_0 tel que $v_n \geqslant u_n$ pour tout entier $n \geqslant N_0$. En effet, il suffit de prendre au début de la démonstration un entier N' supérieur à N_0 et à N (par exemple le maximum de ces deux nombres).

14 **a.** Montrons par récurrence que, pour tout entier n, $(1 + a)^n \geqslant 1 + na$.

Soit P_n la proposition « $(1 + a)^n \geqslant 1 + na$ ».

Initialisation : $(1 + a)^0 = 1$ et $1 + 0 \times a = 1$ donc on a bien $(1 + a)^0 \geqslant 1 + 0 \times a$.

La proposition P_0 est vraie.

Hérédité : soit $n \in \mathbb{N}$. Montrons que si la proposition P_n est vraie alors la proposition P_{n+1} est aussi vraie, autrement dit que $(1 + a)^{n+1} \geqslant 1 + (n + 1)a$.

Supposons que $(1 + a)^n \geqslant 1 + na$.

En multipliant à gauche et à droite par le réel strictement positif $(1 + a)$ on obtient :
$(1 + a)^n (1 + a) \geqslant (1 + na)(1 + a)$.

ASTUCE

L'idée de multiplier l'inégalité membre à membre par $(1 + a)$ vient du fait que, pour tout réel x, $x^{n+1} = x^n \times x$.

Or, $(1 + a)^n (1 + a) = (1 + a)^{n+1}$ et $(1 + na)(1 + a) = 1 + a + na + na^2 = 1 + (n + 1)a + na^2$.

On a obtenu l'inégalité $(1 + a)^{n+1} \geqslant 1 + (n + 1)a + na^2$.

De plus, $1 + (n + 1)a + na^2 \geqslant 1 + (n + 1)a$ car na^2 est positif.

On a ainsi démontré l'inégalité $(1 + a)^{n+1} \geqslant 1 + (n + 1)a$.

Conclusion : la proposition P_n est vraie pour $n = 0$ et est héréditaire donc : pour tout entier n, $(1 + a)^n \geqslant 1 + na$.

> **À RETENIR**
>
> *Si $q > 1$, alors $\lim\limits_{n \to +\infty} q^n = +\infty$.*

b. $q > 1$ donc il existe un réel $a > 0$ tel que $q = 1 + a$.

$q^n = (1 + a)^n$ donc d'après la question précédente, $q^n \geqslant 1 + na$.

Pour tout entier n, posons $v_n = 1 + na$.

$a > 0$ donc $\lim\limits_{n \to +\infty} v_n = +\infty$. Par comparaison, on a $\lim\limits_{n \to +\infty} q^n = +\infty$.

15 D'après la propriété 2 du *§2B*, il s'agit de montrer que pour tout réel A, il existe un entier N tel que **pour tout** $n \geqslant N$ on ait $u_n \geqslant A$.

Considérons un réel A.

Il existe un entier N tel que $u_N \geqslant A$. En effet si cet entier n'existait pas, alors la suite (u_n) serait majorée par A.

De plus, comme (u_n) est croissante, **pour tout** $n \geqslant N$, $u_n \geqslant u_N$.

On a donc bien $u_n \geqslant A$ pour tout $n \geqslant N$. Donc, $\lim\limits_{n \to +\infty} u_n = +\infty$.

16 Faisons l'hypothèse qu'il existe un entier N tel que $u_N > L$.

Il existe alors un $\varepsilon > 0$ tel que $L + \varepsilon < u_N$.

Soit I l'intervalle ouvert $]L - \varepsilon\ ;\ L + \varepsilon[$. Par définition de ε, u_N n'appartient pas à cet intervalle.

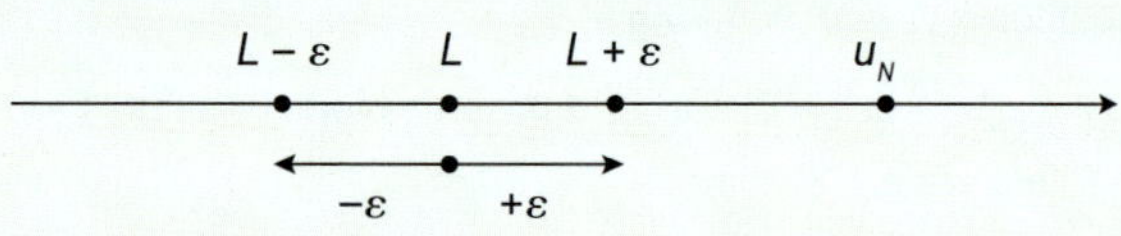

De plus, puisque la suite (u_n) est croissante, tous les termes de cette suite qui sont après u_N ne seront pas non plus dans l'intervalle I. Si notre hypothèse est vraie, il n'y aurait donc qu'un nombre **fini** de termes de la suite (u_n) qui seraient dans l'intervalle I (au maximum tous ceux qui sont avant u_N).

Or, d'après la propriété 1 du *§2B* du cours, une suite converge vers L si tout intervalle ouvert contenant L contient tous les termes de la suite à partir d'un certain rang. L'intervalle I doit donc obligatoirement contenir une infinité de termes de la suite (u_n).

Notre hypothèse initiale est donc forcément fausse : il n'existe aucun entier N tel que $u_N > L$, autrement dit : pour tout entier n, $u_n \leqslant L$.

Remarque : cette démonstration est un exemple de **raisonnement par l'absurde**, tel que vous en avez peut-être déjà rencontré. Le principe de ce type de raisonnement est de supposer le contraire de ce qu'on espère démontrer, et d'aboutir, dans l'hypothèse où ceci serait vrai, à une « absurdité », c'est-à-dire à une affirmation manifestement fausse ou à une contradiction avec une autre hypothèse de l'énoncé.

Problèmes

17 **a.** Si pour tout entier n on a $u_n = L$, alors pour tout n,

$$v_n = \frac{u_1 + u_2 + \cdots + u_n}{n} = \frac{L + L + \cdots + L}{n} = \frac{nL}{n} = L.$$

(v_n) est donc elle aussi une suite constante.

b. Supposons que (u_n) est majorée par un réel M : pour tout entier $n > 0$, $u_n \leqslant M$.

Alors $u_1 + u_2 + \ldots + u_n \leqslant M + M + \ldots + M$ donc $v_n \leqslant \frac{nM}{n}$ et $v_n \leqslant M$: (v_n) est elle aussi majorée, par le même réel M que la suite (u_n).

> **À RETENIR**
> (u_n) est majorée lorsqu'il existe un réel M tel que, pour tout n, $u_n \leqslant M$.

c. Supposons que (u_n) est croissante.

$$v_{n+1} - v_n = \frac{u_1 + \cdots + u_n + u_{n+1}}{n+1} - \frac{u_1 + \cdots + u_n}{n}$$

$$v_{n+1} - v_n = \frac{n(u_1 + \cdots + u_n + u_{n+1}) - (n+1)(u_1 + \cdots + u_n)}{(n+1)n}.$$

Après avoir mis les deux fractions au même dénominateur, on peut développer (partiellement) le numérateur :

$$v_{n+1} - v_n = \frac{[n(u_1 + \cdots + u_n) + nu_{n+1}] - [n(u_1 + \cdots + u_n) + (u_1 + \cdots + u_n)]}{(n+1)n}.$$

Après simplification du numérateur, on obtient :

$$v_{n+1} - v_n = \frac{nu_{n+1} - (u_1 + \cdots + u_n)}{(n+1)n}.$$

Or (u_n) est croissante, donc pour tout entier k inférieur à $n + 1$, $u_{n+1} \geqslant u_k$.

On en déduit que $nu_{n+1} \geqslant u_1 + u_2 + ... + u_n$, puis que $\dfrac{nu_{n+1} - (u_1 + \cdots + u_n)}{(n+1)n} \geqslant 0$.

On a donc montré que, pour tout n, $v_{n+1} - v_n \geqslant 0$: la suite (v_n) est croissante.

d. Si (u_n) est croissante et majorée, alors elle converge vers un réel L.
De plus on a montré dans les questions précédentes que la suite (v_n) est elle aussi croissante et majorée. Elle converge donc elle aussi vers un réel, L'.

Remarque : en fait, on peut démontrer que le réel L' vers lequel converge la suite (v_n) est le même que le réel L vers lequel converge la suite (u_n), mais cette démonstration dépasse le cadre de cet ouvrage.

18 **a.** $u_1 = 2$; $u_2 = 2{,}5$; $u_3 = 2{,}9$; $u_4 \approx 3{,}24$ à 10^{-2} près.
b. Pour que tous les termes soient bien définis il faut qu'ils soient tous non nuls : en effet si l'un d'entre eux était nul alors le suivant ne pourrait pas être calculé. Montrons que tous les termes de cette suite sont strictement positifs, ce qui justifiera que la suite est bien définie.

Pour tout entier n, soit P_n la proposition « $u_n > 0$ ».

Montrons par récurrence que P_n est vraie pour tout entier n.

Initialisation : P_0 est vraie car $u_0 = 1$.

Hérédité : si P_n est vraie pour un entier n fixé, alors $u_n > 0$ puis $u_n + \dfrac{1}{u_n} > 0$, autrement dit $u_{n+1} > 0$ et la proposition P_{n+1} est vraie.

Conclusion : P_n est vraie pour $n = 0$ et est héréditaire donc : pour tout entier n, $u_n > 0$.

c. $u_{n+1} - u_n = \dfrac{1}{u_n}$. Comme $u_n > 0$ pour tout n, (u_n) est strictement croissante.

d. Si (u_n) converge vers un réel L, alors on aura $L = L + \dfrac{1}{L}$.

e. $L = L + \dfrac{1}{L} \Leftrightarrow 0 = \dfrac{1}{L}$. Cette équation n'admet pas de solution donc (u_n) ne converge pas, et comme elle est strictement croissante on peut même affirmer qu'elle tend vers $+\infty$ (sinon elle serait majorée, et donc convergerait).

19 **a.** La suite (u_n) semble être décroissante et converger vers un réel environ égal à 1,414 213 6.

	A	B
1	n	U_n
2	0	10
3	1	5,1
4	2	2,746 078 4
5	3	1,737 194 9
6	4	1,444 238 1
7	5	1,414 525 7
8	6	1,414 213 6
9	7	1,414 213 6

b. Soit P_n la proposition « $u_n > 0$ ».

Initialisation : P_0 est vraie car $u_0 = 10$.

Hérédité : soit n un entier. Montrons que si P_n est vraie alors P_{n+1} l'est aussi.

Si on a $u_n > 0$ alors on a aussi $\frac{2}{u_n} > 0$ donc $\frac{1}{2}\left(u_n + \frac{2}{u_n}\right) > 0$ ce qui veut dire que $u_{n+1} > 0$.

Conclusion : pour tout entier n, P_n est vraie : $u_n > 0$.

c. $u_{n+1} - \sqrt{2} = \frac{1}{2}\left(u_n + \frac{2}{u_n}\right) - \sqrt{2} = \frac{1}{2}\left(u_n - 2\sqrt{2} + \frac{2}{u_n}\right) = \frac{1}{2}\left(\frac{u_n^2 - 2u_n\sqrt{2} + 2}{u_n}\right)$,

donc : $u_{n+1} - \sqrt{2} = \frac{1}{2}\left(\frac{(u_n - \sqrt{2})^2}{u_n}\right)$.

Soit P_n la proposition « $u_n \geqslant \sqrt{2}$ ».

Initialisation : P_0 est vraie car $u_0 = 10$

Hérédité : montrons que si P_n est vraie alors P_{n+1} l'est aussi.

Supposons donc que $u_n \geqslant \sqrt{2}$. Il s'agit de montrer qu'on a alors $u_{n+1} \geqslant \sqrt{2}$. Comme souvent, pour comparer deux nombres nous allons comparer leur différence à 0.

On a vu que : $u_{n+1} - \sqrt{2} = \frac{1}{2}\left(\frac{\left(u_n - \sqrt{2}\right)^2}{u_n}\right)$.

Or $u_n > 0$ (d'après la question précédente) et $(u_n - \sqrt{2})^2 \geqslant 0$, puisque c'est le carré d'un nombre réel.

Donc $u_{n+1} - \sqrt{2} \geqslant 0$, autrement dit $u_{n+1} \geqslant \sqrt{2}$.

Conclusion : P_n est vraie pour $n = 0$ et est héréditaire donc : pour tout entier n, P_n est vraie et $u_n \geqslant \sqrt{2}$.

d. Pour tout n, $u_{n+1} - u_n = \frac{1}{2}\left(u_n + \frac{2}{u_n}\right) - u_n = \frac{1}{2}\left(u_n + \frac{2}{u_n} - 2u_n\right)$

$$= \frac{1}{2}\left(\frac{2}{u_n} - u_n\right) = \frac{1}{2}\frac{2 - u_n^2}{u_n}.$$

D'après la question précédente, $u_n \geqslant \sqrt{2}$, donc $u_n{}^2 \geqslant 2$ et $2 - u_n{}^2 \leqslant 0$.

De plus, d'après la question **b.**, $u_n > 0$ pour tout entier n.

Donc $u_{n+1} - u_n \leqslant 0$ pour tout entier n, autrement dit la suite (u_n) est décroissante.

e. On a donc démontré que la suite (u_n) est décroissante et minorée (par $\sqrt{2}$). Elle converge donc, vers un réel supérieur ou égal à $\sqrt{2}$. Soit L cette limite.

RAPPEL
Toute suite décroissante et minorée converge.

$\lim\limits_{n \to +\infty} u_{n+1} = L$ et $\lim\limits_{n \to +\infty} \frac{1}{2}\left(u_n + \frac{2}{u_n}\right) = \frac{1}{2}\left(L + \frac{2}{L}\right)$, donc L est une solution, supérieure ou égale à $\sqrt{2}$, de l'équation $L = \frac{1}{2}\left(L + \frac{2}{L}\right)$.

$$L = \frac{1}{2}\left(L + \frac{2}{L}\right) \Leftrightarrow 2L^2 = L^2 + 2 \Leftrightarrow L^2 = 2.$$

Cette équation n'admet qu'une seule solution positive, qui est $\sqrt{2}$.

$\sqrt{2}$ est donc **la** limite de la suite (u_n).

Remarque : on peut démontrer par récurrence que tous les termes de la suite (u_n) sont des nombres rationnels (faites-le !). La suite (u_n) est donc une suite de rationnels qui converge vers un nombre irrationnel.

Limites de fonctions

POUR DÉMARRER

- **L'étude du comportement d'une fonction aux bornes de son domaine de définition vient compléter les études menées sur ses variations. En particulier, elle doit nous permettre de compléter toutes les extrémités des flèches des tableaux de variation.**

1 Composée de deux fonctions

Définition

- Soient u une fonction définie sur un intervalle I, à valeurs dans un intervalle J, et v une fonction définie sur J. On note $v \circ u$ la fonction définie par $v \circ u : x \mapsto v(u(x))$.
- La fonction « v rond u », ou encore « u suivie de v », est appelée **la composée de u et de v**.

> **EXEMPLE**
>
> Soient u et v les fonctions définies sur $\mathbb{R}$ par $u(x) = 3x + 1$ et $v(x) = x^2$.
>
> Pour déterminer la fonction $v \circ u$, on applique d'abord la fonction u à la variable x, puis on applique la fonction v à $u(x)$.
>
> On écrit : $v \circ u : x \overset{u}{\mapsto} 3x + 1 \overset{v}{\mapsto} (3x + 1)^2$. Ainsi $v \circ u(x) = (3x + 1)^2$.

2 Limite finie à l'infini

REMARQUE

Toutes les définitions et propriétés énoncées dans ce chapitre pour l'étude des fonctions en $+\infty$ peuvent aussi bien s'énoncer pour l'étude en $-\infty$.

A. Définition

Soit f une fonction définie sur un intervalle allant jusqu'à $+\infty$.

On dit que **f tend vers un réel L** en $+\infty$ lorsque tout intervalle ouvert contenant L contient toutes les valeurs de $f(x)$ pour x assez grand.

On écrit $\lim\limits_{x \to +\infty} f(x) = L$.

B. Propriété

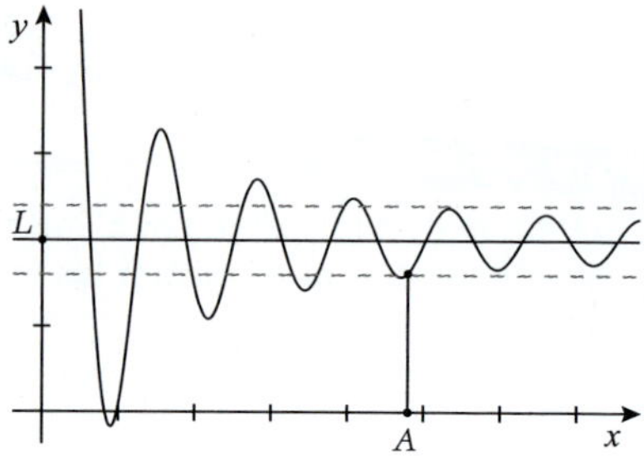

$\lim\limits_{x \to +\infty} f(x) = L$ si pour tout intervalle ouvert I contenant L, il existe un réel A tel que, pour tout $x \geqslant A$, $f(x) \in$ I.

C. Interprétation graphique

Si f tend vers L en $+\infty$, alors la droite d'équation $y = L$ est dite **asymptote** à la courbe représentative de f en $+\infty$.

Exemple

La fonction $f : x \mapsto \dfrac{1}{x}$ tend vers 0 en $+\infty$ et en $-\infty$.

Plus x se rapproche de $+\infty$, plus $f(x)$ se rapproche de 0.

Plus x se rapproche de $-\infty$, plus $f(x)$ se rapproche de 0.

On écrit $\lim\limits_{x \to +\infty} \dfrac{1}{x} = 0$ et $\lim\limits_{x \to -\infty} \dfrac{1}{x} = 0$.

On dit que la droite d'équation $y = 0$ (l'axe des abscisses) est asymptote à la courbe représentative de f en $+\infty$ et en $-\infty$.

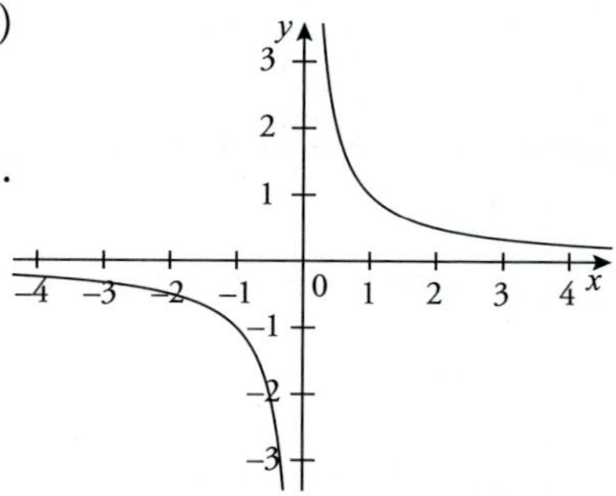

3 Limite infinie à l'infini

A. Définition

Soit f une fonction définie sur un intervalle allant jusqu'à $+\infty$.

Si, pour tout réel M, l'intervalle $[M\,;\,+\infty[$ contient toutes les valeurs de $f(x)$ pour x assez grand, on dit que **f tend vers $+\infty$ en $+\infty$**.

On écrit $\lim\limits_{x \to +\infty} f(x) = +\infty$.

B. Propriété

$\lim\limits_{x \to +\infty} f(x) = +\infty$ si pour tout réel M, il existe un réel A tel que, pour tout $x \geqslant A$, $f(x) \geqslant M$.

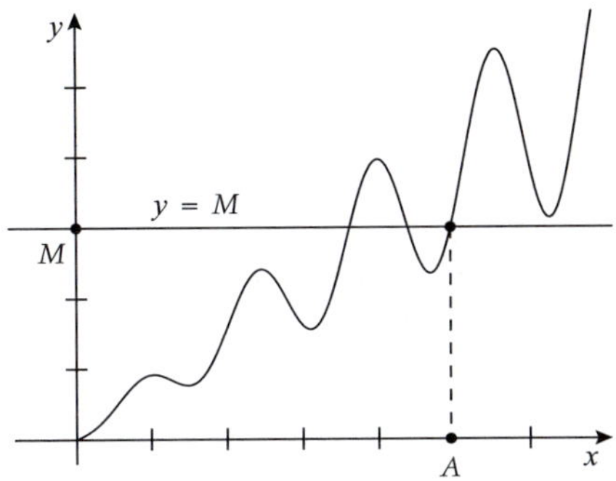

Exemple

La fonction $f : x \mapsto x^2$ tend vers $+\infty$ en $+\infty$ et en $-\infty$.

On écrit que $\lim\limits_{x \to +\infty} x^2 = +\infty$ et que $\lim\limits_{x \to -\infty} x^2 = +\infty$.

4 Limite infinie en un point

A. Définition

Soit f une fonction définie au voisinage d'un réel a.

- Si, pour tout réel M, l'intervalle $[M\,;\,+\infty[$ contient toutes les valeurs de $f(x)$ pour x assez proche de a avec $x < a$, on dit que **$f(x)$ tend vers $+\infty$ lorsque x tend vers a par valeurs inférieures à a**.

On écrit $\lim\limits_{\substack{x \to a \\ x < a}} f(x) = +\infty$ ou encore $\lim\limits_{x \to a^-} f(x) = +\infty$.

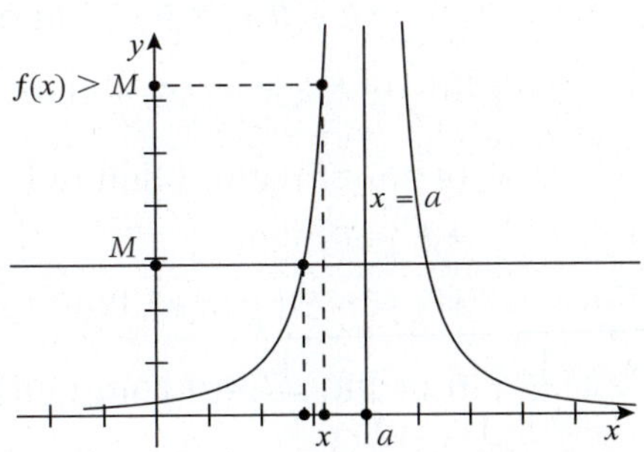

- De même, si $[M\,;\,+\infty[$ contient toutes les valeurs de $f(x)$ pour x

assez proche de a avec $x > a$, on dit que $f(x)$ tend vers $+\infty$ lorsque x tend vers a par valeurs supérieures à a.

On écrit $\lim\limits_{\substack{x \to a \\ x > a}} f(x) = +\infty$ ou encore $\lim\limits_{x \to a^+} f(x) = +\infty$.

B. Interprétation graphique

Si f tend vers $+\infty$ en a, alors on dit que la droite d'équation $x = a$ est **asymptote verticale** à la courbe en a.

EXEMPLE

La fonction $f : x \mapsto \dfrac{1}{x-2}$ n'est pas définie en 2.

Cette fonction tend vers $+\infty$ si x tend vers 2 par valeurs supérieures à 2 et vers $-\infty$ si x tend vers 2 par valeurs inférieures à 2.

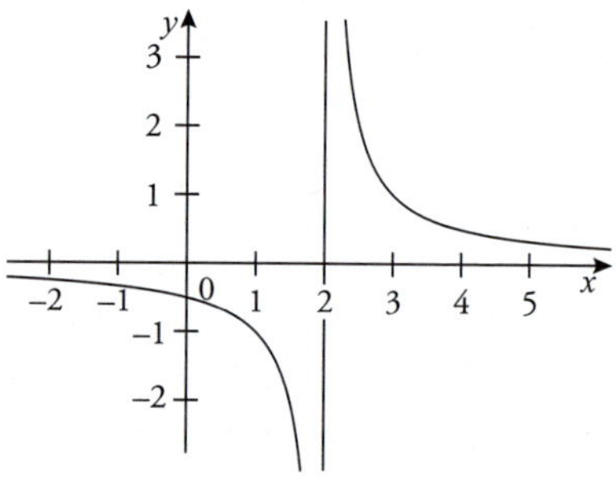

On écrit $\lim\limits_{x \to 2^+} \dfrac{1}{x-2} = +\infty$ et $\lim\limits_{x \to 2^-} \dfrac{1}{x-2} = -\infty$.

5 Calculs de limites

A. Fonctions usuelles

- Si $a > 0$, $\lim\limits_{x \to +\infty} ax + b = +\infty$ et $\lim\limits_{x \to -\infty} ax + b = -\infty$.

Si $a < 0$, $\lim\limits_{x \to +\infty} ax + b = -\infty$ et $\lim\limits_{x \to -\infty} ax + b = +\infty$.

- Si n est un entier naturel non nul :

$\lim\limits_{x \to +\infty} x^n = +\infty$ pour tout n.

$\lim\limits_{x \to -\infty} x^n = +\infty$ si n est pair et $\lim\limits_{x \to -\infty} x^n = -\infty$ si n est impair.

$\lim\limits_{x \to +\infty} \dfrac{1}{x^n} = 0$ et $\lim\limits_{x \to -\infty} \dfrac{1}{x^n} = 0$ pour tout n.

$\lim\limits_{x \to 0^+} \frac{1}{x^n} = +\infty$ pour tout n.

$\lim\limits_{x \to 0^-} \frac{1}{x^n} = +\infty$ si n est pair et $\lim\limits_{x \to 0^-} \frac{1}{x^n} = -\infty$ si n est impair.

- $\lim\limits_{x \to +\infty} \sqrt{x} = +\infty$.

B. Théorèmes

- Les théorèmes sur les sommes, produits et quotients de limites vus dans le chapitre sur les suites sont valables pour l'étude des limites de fonctions, que ce soit en $+\infty$, en $-\infty$ ou en un réel a.
- De même, les théorèmes de comparaison ainsi que le théorème des gendarmes ont leur équivalent dans ce chapitre.

C. Fonctions composées

Les lettres a, b et c désignent soit des réels soit $+\infty$ soit $-\infty$.

Si $\lim\limits_{x \to a} u(x) = b$ et $\lim\limits_{x \to b} v(x) = c$, alors

$\lim\limits_{x \to a} v o u(x) = \lim\limits_{x \to a} v(u(x)) = c$.

Exemple

$\lim\limits_{x \to 5^-} \left(\frac{1}{x-5}\right)^2 = +\infty$, car

$\lim\limits_{x \to 5^-} \frac{1}{x-5} = -\infty$ et que $\lim\limits_{x \to -\infty} x^2 = +\infty$.

CONSEIL

Pour chacune des fonctions usuelles que vous avez vu ou que vous allez rencontrer (fonctions affines, fonction carré, fonction inverse, etc.), nous vous conseillons de faire une fiche sur laquelle vous porterez toutes les informations à votre disposition concernant cette fonction : domaine de définition, tableau de valeurs, courbe représentative, tableau de variation avec es limites aux bornes du domaine de définition, tableau de signe, dérivée, etc.

6 Limite finie en un point et continuité

A. Définitions

Si $\lim\limits_{x \to a^+} f(x) = \lim\limits_{x \to a^-} f(x) = L$ où L est un réel, on dit que f **admet une limite en a**, égale à L, et on écrit $\lim\limits_{x \to a} f(x) = L$.

De plus, si f est définie en a et que $\lim_{x \to a} f(x) = f(a)$, alors on dit que ***f* est continue en *a***.

Si f est continue en chaque point d'un intervalle I, alors on dit que f est continue sur I.

B. Interprétation graphique

Si on peut tracer la courbe représentative d'une fonction sur un intervalle sans « lever le crayon », alors cette fonction est continue sur cet intervalle.

Remarque : toutes les fonctions usuelles sont continues par intervalle, c'est-à-dire qu'elles sont continues sur $\mathbb{R}$, sauf éventuellement en quelques points particuliers. De plus, les flèches dans les tableaux de variation traduisent la continuité de la fonction étudiée sur chacun des intervalles considérés.

EXEMPLES

Toutes les fonctions usuelles (fonctions affines, carré, inverse, racine carré, polynômes, fractions rationnelles, etc.) sont continues sur leurs domaines de définition.

La fonction définie par $\begin{cases} f(x) = -1 \text{ si } x < 0 \\ f(x) = 1 \text{ si } x \geqslant 0 \end{cases}$ est continue sur $]-\infty\,;0[$ et sur $[0\,;+\infty[$, mais n'est pas continue en 0, puisque $\lim_{x \to 0^-} f(x) = -1$ alors que $\lim_{x \to 0^+} f(x) = 1$.

PIÈGES À ÉVITER

- De même qu'il faut bien faire la différence entre les notions d'images et d'antécédents, il faut aussi faire la différence entre une limite égale à L et une limite en L.
- Une des règles d'or du calcul de limites d'une fonction est de vérifier la cohérence de vos résultats avec les autres informations que vous avez sur cette fonction, en particulier sa courbe représentative, ses variations, son signe, etc.

1 Déterminer la composée de deux fonctions

CONSEILS

- Il faut bien faire attention à l'ordre des fonctions. Sauf cas particulier, $u \circ v \neq v \circ u$.

Exercice

POINT MÉTHODE

✓ *Utiliser un schéma comme celui vu dans le cours (cf. §1.) permet de bien visualiser la fonction $v \circ u$ comme « u suivie de v ».*

Déterminer les composées suivantes :

1 $f = v \circ u$ et $g = u \circ v$, avec u et v deux fonctions définies sur $\mathbb{R}$ par $u(x) = 7 - 2x$ et $v(x) = x^3$.

2 $f = v \circ u$ et $g = u \circ v$, avec u et v deux fonctions définies respectivement sur $\mathbb{R}$ et sur $\mathbb{R}^+$ par $u(x) = x^2 + 1$ et $v(x) = \sqrt{x}$.

Comment répondre ?

1 f et g sont définies sur $\mathbb{R}$.

$f = v \circ u : x \overset{u}{\mapsto} 7 - 2x \overset{v}{\mapsto} (7 - 2x)^3$, donc $f(x) = (7 - 2x)^3$.

$g = u \circ v : x \overset{v}{\mapsto} x^3 \overset{u}{\mapsto} 7 - 2x^3$, donc $g(x) = 7 - 2x^3$.

2 $f = v \circ u : x \overset{u}{\mapsto} x^2 + 1 \overset{v}{\mapsto} \sqrt{x^2 + 1}$, donc $f(x) = \sqrt{x^2 + 1}$.

On peut remarquer que f est définie sur $\mathbb{R}$, car pour tout réel x, $x^2 + 1$ est positif, donc $f(x)$ existe pour tout réel x.

$g = u \circ v : x \overset{v}{\mapsto} \sqrt{x} \overset{u}{\mapsto} (\sqrt{x})^2 + 1$, donc $g(x) = x + ,1$ car, pour tout réel positif x, $(\sqrt{x})^2 = x$.

Contrairement au cas de la fonction f, la fonction g n'est définie que sur $\mathbb{R}^+$, car $\sqrt{x}$ n'existe que si x est positif.

2 Déterminer graphiquement les limites et asymptotes

CONSEILS

- Le domaine de définition d'une fonction a toujours au moins deux bornes, parfois plus si la fonction n'est pas continue, par exemple s'il existe une valeur interdite.

Exercice

On a tracé dans le repère ci-dessous la courbe $\mathscr{C}_f$ représentative d'une fonction f définie sur $\mathbb{R}^*$.

1 Déterminer graphiquement toutes les limites aux bornes de son domaine de définition.

2 Quelles sont les asymptotes à cette courbe ?

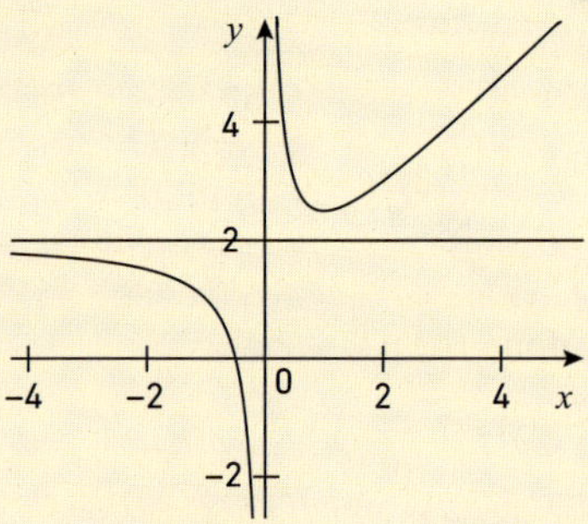

POINT MÉTHODE

✓ *Partir de la borne inférieure du domaine de définition de f (souvent $-\infty$) et « remonter » vers la borne supérieure du domaine de définition de f sans oublier qu'en chaque réel, il peut y avoir deux limites différentes, l'une à gauche et l'autre à droite.*

Comment répondre ?

1 Graphiquement, il semble que $\lim\limits_{x \to -\infty} f(x) = 2$, que $\lim\limits_{x \to 0^-} f(x) = -\infty$, que $\lim\limits_{x \to 0^+} f(x) = +\infty$ et que $\lim\limits_{x \to +\infty} f(x) = +\infty$.

2 Les limites finies en $-\infty$ et en $+\infty$ correspondent à des asymptotes horizontales, et les limites infinies en un point correspondent à des asymptotes verticales.

COURS | MÉTHODE | EXERCICES | CORRIGÉS | ANNALES

$\lim_{x \to -\infty} f(x) = 2$, donc la droite d'équation $y = 2$ est asymptote horizontale à la courbe $\mathscr{C}_f$ en $-\infty$.

$\lim_{x \to 0^-} f(x) = -\infty$ et $\lim_{x \to 0^+} f(x) = +\infty$, donc la droite d'équation $x = 0$ (l'axe des ordonnées) est asymptote verticale à la courbe $\mathscr{C}_f$ en 0, par valeurs inférieures et par valeurs supérieures.

3 Déterminer les limites de polynômes en $+\infty$ et en $-\infty$

CONSEILS

- **Le cas des polynômes est très classique, et il faut connaître à la fois la méthode et le résultat énoncés dans cet exercice.**

Exercice

Déterminer les limites suivantes :

1 $\lim_{x \to +\infty} f(x)$, avec $f(x) = x^3 + 4x^2 - 3x + 5$.

2 $\lim_{x \to +\infty} f(x)$, avec $g(x) = \dfrac{x^2 + 7x - 1}{x - 4}$.

POINT MÉTHODE

✓ *Il faut factoriser chacun des polynômes par la plus grande puissance de x, puis utiliser les théorèmes sur les sommes, produits et quotients de limites.*

Comment répondre ?

1 $f(x) = x^3 + 4x^2 - 3x + 5 = x^3\left(1 + \dfrac{4x^2}{x^3} - \dfrac{3x}{x^3} + \dfrac{5}{x^3}\right)$.

Ainsi, $f(x) = x^3\left(1 + \dfrac{4}{x} - \dfrac{3}{x^2} + \dfrac{5}{x^3}\right)$.

$\lim_{x \to +\infty} \dfrac{4}{x} = \lim_{x \to +\infty} -\dfrac{3}{x^2} = \lim_{x \to +\infty} \dfrac{5}{x^3} = 0$, donc, par somme des limites, $\lim_{x \to +\infty} 1 + \dfrac{4}{x} - \dfrac{3}{x^2} + \dfrac{5}{x^3} = 1$.

Or $\lim_{x \to +\infty} x^3 = +\infty$, donc, par produit des limites, $\lim_{x \to +\infty} f(x) = +\infty$.

b. $g(x) = \dfrac{x^2\left(1+\dfrac{7x}{x^2}-\dfrac{1}{x^2}\right)}{x\left(1-\dfrac{4}{x}\right)} = \dfrac{x^2}{x} \times \dfrac{\left(1+\dfrac{7}{x}-\dfrac{1}{x^2}\right)}{\left(1-\dfrac{4}{x}\right)}$.

Ainsi, $g(x) = x \times \dfrac{1+\dfrac{7}{x}-\dfrac{1}{x^2}}{1-\dfrac{4}{x}}$.

Or, $\lim\limits_{x\to+\infty} \dfrac{7}{x} = \lim\limits_{x\to+\infty} -\dfrac{1}{x^2} = \lim\limits_{x\to+\infty} -\dfrac{4}{x} = 0$,

donc $\lim\limits_{x\to+\infty} 1+\dfrac{7}{x}-\dfrac{1}{x^2} = 1$ et $\lim\limits_{x\to+\infty} 1-\dfrac{4}{x} = 1$.

D'après le théorème sur les quotients de limites, $\lim\limits_{x\to+\infty} \dfrac{1+\dfrac{7}{x}-\dfrac{1}{x^2}}{1-\dfrac{4}{x}} = \dfrac{1}{1} = 1$.

De plus $\lim\limits_{x\to+\infty} x = +\infty$, donc avec $g(x) = x \times \dfrac{1+\dfrac{7}{x}-\dfrac{1}{x^2}}{1-\dfrac{4}{x}}$, on peut conclure que $\lim\limits_{x\to+\infty} g(x) = +\infty$.

Remarque : avec cette méthode, on peut démontrer que si P est un polynôme de monôme de plus haut degré ax^n, c'est-à-dire si $P(x) = ax^n + bx^{n-1} + \ldots + d$, alors $\lim\limits_{x\to+\infty} P(x) = \lim\limits_{x\to+\infty} ax^n$.

De même, si Q est une fraction rationnelle, c'est-à-dire le quotient de deux polynômes, $Q(x) = \dfrac{ax^n + bx^{n-1} + \cdots + d}{a'x^m + b'x^{m-1} + \cdots + d'}$,

alors $\lim\limits_{x\to+\infty} Q(x) = \lim\limits_{x\to+\infty} \dfrac{ax^n}{a'x^m}$.

Ces théorèmes ne sont pas au programme, mais sont bien utiles pour vérifier vos résultats.

TESTEZ VOS CONNAISSANCES

CORRIGÉ p. 60

1. On pose $u(x) = x^2$ et $v(x) = x + \frac{1}{x}$. L'expression de $v o u(x)$ est :

a. $\left(x + \frac{1}{x}\right)^2$. **b.** $x^2 + \frac{1}{x^2}$. **c.** $x^3 + x$.

2. « Si $\lim_{x \to +\infty} f(x) = +\infty$ et $\lim_{x \to +\infty} g(x) = -\infty$, alors $\lim_{x \to +\infty} \frac{f(x)}{g(x)} = -1$ ». Cette affirmation est :

a. toujours vraie. **b.** toujours fausse. **c.** vraie ou fausse selon les cas.

*Dans les questions **3.** à **5.**, on considère une fonction f dont la courbe est représentée dans le repère ci-contre :*

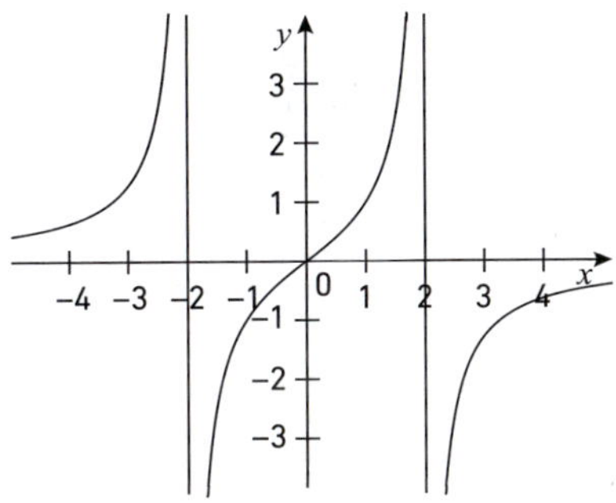

3. La fonction f est :

a. croissante sur $\mathbb{R}$.

b. décroissante sur $\mathbb{R}$.

c. ni l'un ni l'autre.

4. Laquelle des équations suivantes est-elle celle d'une asymptote à la courbe représentative de f ?

a. $x = 0$. **b.** $y = 0$. **c.** $y = 2$.

5. Combien cette courbe admet-elle d'asymptotes ?

a. 1. **b.** 2. **c.** 3.

*Dans les questions **6.** à **9.**, on considère le tableau de variation suivant :*

x	$-\infty$		-5			5		$+\infty$
f	2	↘	$-\infty$ ‖ $+\infty$	↘		-3	↗	4

6. Laquelle des équations suivantes est-elle celle d'une asymptote à la courbe représentative de f ?

a. $x = 2$. **b.** $y = 2$. **c.** $y = -5$.

7. On a :

a. $\lim_{x\to 2} f(x) = -\infty$. **b.** $\lim_{x\to -5} f(x) = +\infty$. **c.** $\lim_{x\to 5} f(x) = -3$.

8. La limite de l'inverse de la fonction f lorsque x tend vers $+\infty$ est :

a. 0. **b.** $\frac{1}{4}$. **c.** $-\infty$.

9. La limite de f^3 (le cube de la fonction f) lorsque x tend vers -5 par valeurs inférieures à -5 est :

a. $-\infty$. **b.** $+\infty$. **c.** on ne peut pas savoir.

ENTRAÎNEZ-VOUS

CORRIGÉ p. 61

Composer et décomposer des fonctions

1 Sans tenir compte des domaines de définition, déterminer les composées suivantes : ●○○ 5 min

a. $f = v \circ u$ et $g = u \circ v$, avec $u(x) = \frac{1}{x}$ et $v(x) = x - 3$.

b. $f = v \circ u$ et $g = u \circ v$, avec $u(x) = x^3$ et $v(x) = \sin(x)$.

c. $f = v \circ u$ et $g = u \circ v$, avec $u(x) = \sqrt{x}$ et $v(x) = 3x - 10$.

2 Décomposer les fonctions suivantes, c'est-à-dire trouver deux fonctions u et v telles que $f = v \circ u$. ●○○ 5 min

a. $f(x) = \frac{2}{x+3}$. **b.** $g(x) = \sqrt{x^2 + 10}$. **c.** $h(x) = (x-3)^5$.

Utiliser les définitions des limites

3 On considère la fonction f définie sur par $f(x) = x^2$. ●○○ 5 min

a. Montrer que, pour tout réel positif M, il existe un réel A tel que si $x > A$, alors $f(x) > M$.

b. Que peut-on en déduire ?

4 ●●○ 15 min

a. Démontrer que $\lim_{x\to -\infty} x^2 = +\infty$. **b.** Démontrer que $\lim_{x\to +\infty} \sqrt{x} = +\infty$.

c. Démontrer que $\lim_{x\to +\infty} \frac{1}{x} = 0$.

Déterminer des limites de fonctions

5 Déterminer les limites suivantes : ●○○ 15 min

a. $\lim\limits_{x \to -\infty} x(x+1)$.

b. $\lim\limits_{x \to 9} x + \sqrt{x}$.

c. $\lim\limits_{x \to 0^+} \frac{\sqrt{x}}{x^2+1}$.

d. $\lim\limits_{x \to +\infty} \frac{1}{x+1} - \frac{1}{x-1}$.

e. $\lim\limits_{\substack{x \to 1 \\ x<1}} 3 + \frac{2}{(x-1)^2}$.

f. $\lim\limits_{x \to -\infty} \sqrt{4 + \frac{1}{x^2}}$.

6 On considère la fonction f définie sur $]0\,;+\infty[$ par ●○○ 15 min

$f(x) = \frac{3x^2+1}{x^2}$.

a. Déterminer la limite de f en 0.

b. Pourquoi ne peut-on pas déterminer la limite de f en $+\infty$ en utilisant le théorème sur les sommes, produits et quotients de limites ?

c. On cherche à conjecturer la limite de cette fonction en $+\infty$ grâce à un tableur.

Quelles formules a-t-on saisi dans les cellules A3 et B2 pour obtenir le tableau ci-contre ?

Quelle conjecture peut-on faire ?

	A	B
1	x	$f(x)$
2	1	4
3	10	3.01
4	100	3.000 1
5	1 000	3.000 001

d. Déterminer la limite de f en $+\infty$ par le calcul.

e. Dresser le tableau de variation de f.

7 Déterminer les limites suivantes : ●○○ 15 min

a. $\lim\limits_{x \to +\infty} -4x^3 - 2x + 7$.

b. $\lim\limits_{x \to -\infty} x^5 + 4x^3 - x + 2$.

c. $\lim\limits_{x \to +\infty} \frac{x+2}{3x+4}$.

d. $\lim\limits_{x \to -\infty} \frac{4x^2-5x+3}{3x+7}$.

e. $\lim\limits_{x \to +\infty} \frac{x^2+3}{5x^4-6x}$.

f. $\lim\limits_{x \to 2^+} \frac{x^2+3x+11}{x+5}$.

8 On a tracé dans le repère ci-dessous la courbe représentative d'une fonction f définie sur $\mathbb{R} - \{-2\}$. ●○○ 10 min

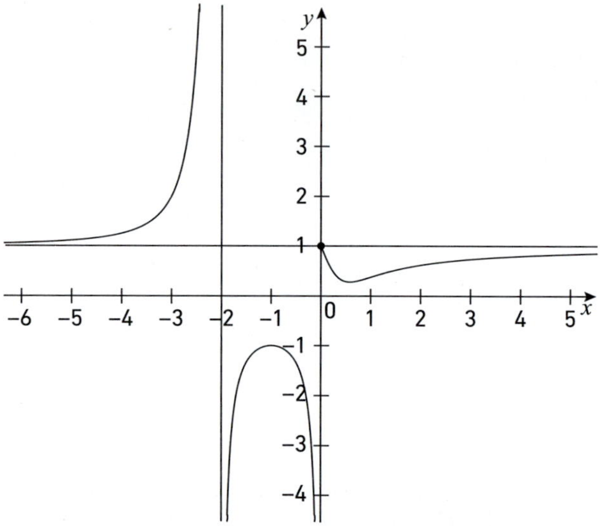

a. Déterminer graphiquement toutes les limites aux bornes de son domaine de définition.

b. Quelles sont les asymptotes à cette courbe ?

c. Dresser le tableau de variation de f.

9 Déterminer les limites suivantes : ●○○ 15 min

a. $\lim\limits_{x \to 3^+} \dfrac{x^2 + 2x + 5}{x + 7}$.   **b.** $\lim\limits_{x \to 2^+} \dfrac{x - 2}{x^2 - 4}$.   **c.** $\lim\limits_{x \to 3^+} \dfrac{\sqrt{x} - \sqrt{3}}{x - 3}$.

10 Les fonctions $f : x \mapsto \sqrt{x + 1} + \sqrt{x - 1}$ ●●○ 15 min

et $g : x \mapsto \sqrt{x + 1} - \sqrt{x - 1}$ sont définies sur $[1 ; +\infty[$. On cherche à déterminer les limites de f et de g en $+\infty$.

a. Laquelle de ces deux limites peut-on obtenir à l'aide du théorème sur les sommes, produits et quotients de limites ?

b. Montrer que si a et b sont deux réels strictement positifs, alors $\sqrt{a} - \sqrt{b} = \dfrac{a - b}{\sqrt{a} + \sqrt{b}}$.

c. En déduire une méthode pour lever l'indétermination rencontrée dans la question **a.**

11 On cherche à déterminer les deux limites suivantes : ●●○ 15 min

$\lim\limits_{x \to +\infty} \sqrt{4x^2 + 1} - 2x$ et $\lim\limits_{x \to -\infty} \sqrt{4x^2 + 1} - 2x$.

a. Laquelle de ces deux limites peut-on obtenir à l'aide du théorème sur les sommes, produits et quotients de limites ?

b. Lever l'indétermination pour déterminer l'autre limite.

Limites et continuité

●○○ 10 min

12 Que pensez-vous de la continuité des fonctions suivantes sur leur domaine de définition ?

a. $f : x \mapsto |x|$.

b. $f : x \mapsto \sqrt{x}$.

c. $f : x \mapsto \dfrac{1}{x}$.

d. $f : x \mapsto \dfrac{x^2}{x}$.

●●○ 10 min

13 (u_n) est une suite définie par récurrence qui converge vers un réel L.

On suppose que $u_{n+1} = f(u_n)$ où f est une fonction continue sur $\mathbb{R}$.
Montrer qu'on a alors $f(L) = L$.

●●○ 25 min

14 On considère la fonction définie sur $\mathbb{R}$ par :

$$\begin{cases} f(x) = \dfrac{x^3 + x^2 - 11x + 10}{x - 2} & \text{pour } x \neq 2. \\ f(2) = 5 & \end{cases}$$

a. Tracer la courbe représentative de f et conjecturer les variations et les limites de cette fonction.

b. Déterminer les limites de f en $+\infty$ et en $-\infty$.

c. Montrer que $x^3 + x^2 - 11x + 10 = (x - 2)(x^2 + 3x - 5)$.

d. En déduire la limite de f lorsque x tend vers 2.

e. f est-elle continue sur $\mathbb{R}$?

Corrigés de *TESTEZ VOS CONNAISSANCES*

À RETENIR $v o u(x) = v(u(x))$.

1. Réponse b. $v o u : x \overset{u}{\mapsto} x^2 \overset{v}{\mapsto} x^2 + \dfrac{1}{x^2}$.

La réponse **a.** correspond à la fonction $u o v$ et la réponse **c.** correspond au produit $u \times v$.

2. Réponse c.

Si $f(x) = x^2$ et $g(x) = -x$, alors $\dfrac{f(x)}{g(x)} = \dfrac{x^2}{-x} = -x$, donc $\lim\limits_{x \to +\infty} \dfrac{f(x)}{g(x)} = -\infty$.

Si $f(x) = x$ et $g(x) = -x^2$, alors $\dfrac{f(x)}{g(x)} = \dfrac{x}{-x^2} = -\dfrac{1}{x}$, donc $\lim\limits_{x \to +\infty} \dfrac{f(x)}{g(x)} = 0$.

Si $f(x) = x$ et $g(x) = -x$, alors $\dfrac{f(x)}{g(x)} = \dfrac{x}{-x} = -1$, donc $\lim\limits_{x \to +\infty} \dfrac{f(x)}{g(x)} = -1$.

3. Réponse c. La fonction n'est pas définie sur $\mathbb{R}$, donc elle ne peut pas être croissante sur $\mathbb{R}$. Par contre, il semble qu'elle soit croissante sur chacun des intervalles sur lesquels elle est définie.

4. Réponse b. La droite d'équation $y = 0$ (l'axe des abscisses) est asymptote horizontale à la courbe en $+\infty$ et en $-\infty$.

5. Réponse c. La courbe admet trois asymptotes, une horizontale (celle vue à la question précédente) et deux asymptotes verticales, d'équations respectives $x = -2$ et $x = 2$.

6. Réponse b. $\lim\limits_{x \to -\infty} f(x) = 2$, donc la droite d'équation $y = 2$ est asymptote horizontale à la courbe en $-\infty$.

7. Réponse c. En effet, on ne connaît pas la limite de f lorsque x tend vers 2, mais comme la flèche du tableau nous indique que f est continue sur $]-5\ ;\ 5]$, on sait que cette limite est un nombre réel et vaut $f(2)$.

Par ailleurs $\lim\limits_{x \to -5^-} f(x) = -\infty$ et $\lim\limits_{x \to -5^+} f(x) = +\infty$. Les limites par valeurs inférieures et supérieures à -5 sont différentes, la limite de $f(x)$ en -5 n'existe donc pas.

Par contre f est continue en 5, donc $\lim\limits_{x \to 5} f(x) = f(5) = -3$.

8. Réponse b. $\lim\limits_{x \to +\infty} f(x) = 4$, donc d'après le théorème sur les quotients de limites, $\lim\limits_{x \to +\infty} \dfrac{1}{f(x)} = \dfrac{1}{4}$.

9. Réponse a. $\lim\limits_{x \to -5^-} f(x) = -\infty$, donc d'après le théorème sur les produits de limites, $\lim\limits_{x \to -5^-} [f(x)]^3 = -\infty$.

Corrigés de *ENTRAÎNEZ-VOUS*

1 **a.** $v \circ u : x \overset{u}{\mapsto} \dfrac{1}{x} \overset{v}{\mapsto} \dfrac{1}{x} - 3$, donc $f(x) = \dfrac{1}{x} - 3$.

$u \circ v : x \overset{v}{\mapsto} x - 3 \overset{u}{\mapsto} \dfrac{1}{x-3}$, donc $g(x) = \dfrac{1}{x-3}$.

b. $v \circ u : x \overset{u}{\mapsto} x^3 \overset{v}{\mapsto} \sin(x^3)$, donc $f(x) = \sin(x^3)$.

$u \circ v : x \overset{v}{\mapsto} \sin(x) \overset{u}{\mapsto} (\sin(x))^3$, donc $g(x) = \sin^3(x)$.

c. $v \circ u : x \overset{u}{\mapsto} \sqrt{x} \overset{v}{\mapsto} 3\sqrt{x} - 10$, donc $f(x) = 3\sqrt{x} - 10$.

$u \circ v : x \overset{v}{\mapsto} 3x - 10 \overset{u}{\mapsto} \sqrt{3x-10}$, donc $g(x) = \sqrt{3x-10}$.

2 **a.** $f = v \circ u$, avec $u(x) = x + 3$ et $v(x) = \dfrac{2}{x}$.

b. $f = v \circ u$, avec $u(x) = x^2 + 10$ et $v(x) = \sqrt{x}$.

c. $f = v \circ u$, avec $u(x) = x - 3$ et $v(x) = x^5$.

> **ASTUCE**
>
> *Pour trouver les fonctions u et v, il faut se poser la question de quelle opération on effectue en premier lorsque l'on calcule l'image d'un réel x par f. Dans la question a., on calcule d'abord x + 3, puis on calcule l'inverse du résultat obtenu.*

3 **a.** Soit M un réel positif. Posons $A = \sqrt{M}$.

Si $x > A$, alors $x^2 > A^2$, car la fonction carré est croissante sur $\mathbb{R}^+$.

Or $f(x) = x^2$ et $A^2 = (\sqrt{M})^2 = M$.

On a donc bien montré qu'il existe un réel A tel que si $x > A$, alors $f(x) > M$.

> **ASTUCE**
>
> *Trouver une valeur de A qui convienne n'est pas toujours facile. Mais si la fonction est monotone sur l'intervalle étudié, alors il suffit en général de chercher un antécédent de M pour trouver A.*

b. D'après la propriété énoncée au *§3.B*, on a démontré dans la question précédente que la limite de $f(x) = x^2$ lorsque x tend vers $+\infty$ est égale à $+\infty$.

4 **a.** De même que dans l'exercice précédent, il s'agit de trouver, pour tout réel M positif, un réel A tel que si $x < A$, alors $f(x) > M$, où f est la fonction carré.

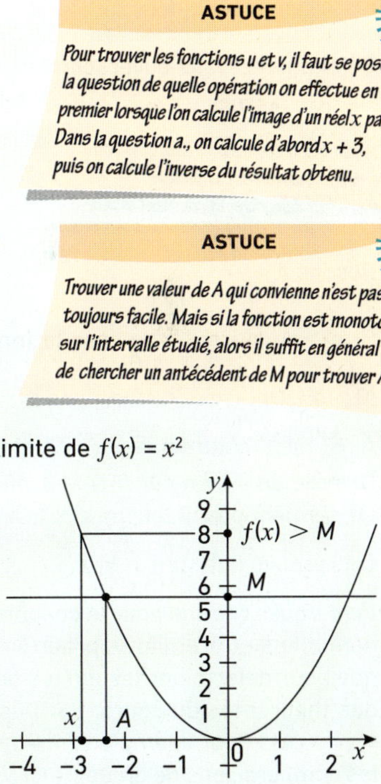

Posons $A = -\sqrt{M}$.

A est négatif donc si $x < A$, alors $x^2 > A^2$, car la fonction carré est décroissante sur $\mathbb{R}^-$.

ASTUCE

Il faut penser à adapter le théorème du cours dans le cas où la limite recherchée est demandée en $-\infty$ et non pas en $+\infty$.

Or $A^2 = (-\sqrt{M})^2 = M$, on a donc montré qu'il existe un réel A tel que si $x < A$, alors $f(x) > M$.

Ceci prouve que $\lim\limits_{x \to -\infty} x^2 = +\infty$.

b. On considère la fonction $g : x \mapsto \sqrt{x}$.

Soit M un réel positif. Il s'agit de montrer qu'il existe alors un réel A tel que, pour tout $x > A$ on a $g(x) > M$.

ASTUCE

La limite de $\sqrt{x}$ en $-\infty$ n'existe pas car $\sqrt{x}$ n'existe pas si x est négatif ! Par contre $\lim\limits_{x \to 0^+} \sqrt{x} = \sqrt{0} = 0$.

Posons $A = M^2$.

Si $x > A$, alors $\sqrt{x} > \sqrt{A}$, car la fonction racine carré est strictement croissante sur $\mathbb{R}^+$.

Or $\sqrt{A} = \sqrt{M^2} = M$, car M est un réel positif.

Ainsi on a montré que si $x > A$, alors $g(x) > M$.

Ceci prouve que $\lim\limits_{x \to +\infty} \sqrt{x} = +\infty$.

c. On considère la fonction $h : x \mapsto \dfrac{1}{x}$.

Soit I un intervalle ouvert contenant 0. Il s'agit de montrer qu'il existe alors un réel A tel que, pour tout $x > A$, on a $h(x) \in$ I.

ASTUCE

*Faire un dessin comme celui de la question **a.** permet de bien voir et comprendre ce qu'il faut démontrer et comment le faire.*

Puisque l'on étudie la fonction h sur l'intervalle $]0\,;+\infty[$, $h(x) > 0$, donc il s'agit de montrer que pour tout $\varepsilon > 0$, il existe un réel A strictement positif tel que si $x > A$, alors $h(x) \in\,]0\,;\varepsilon[$.

Posons $A = \dfrac{1}{\varepsilon}$.

Si $x > A$, alors $\dfrac{1}{x} < \dfrac{1}{A}$, car la fonction inverse est strictement décroissante sur $]0\,;+\infty[$. Or $\dfrac{1}{A} = \varepsilon$.

Ainsi, on a montré que si $x > A$, alors $h(x) < \varepsilon$.

Comme on a bien sûr $h(x) > 0$, on a montré que pour tout $\varepsilon > 0$, il existe un réel A strictement positif tel que si $x > A$ alors $h(x) \in\,]0\,;\varepsilon[$.

Ceci prouve que $\lim\limits_{x \to +\infty} \dfrac{1}{x} = 0$.

Remarque : comme pour le chapitre des limites de suites, en pratique, on n'utilise les définitions et premières propriétés des limites (celles des parties B des *§2* et *§3*) que pour déterminer les limites des fonctions usuelles ou dans les démonstrations des théorèmes du cours. Par la suite, nous pourrons utiliser les théorèmes plus « avancés », par exemple concernant la somme ou le produit des limites, ou encore les comparaisons de limites, etc.

5 **a.** $\left.\begin{array}{l}\lim\limits_{x\to-\infty} x = -\infty \\ \lim\limits_{x\to-\infty} x+1 = -\infty\end{array}\right\}$, donc, par produit, $\lim\limits_{x\to-\infty} x(x+1) = +\infty$.

b. $\left.\begin{array}{l}\lim\limits_{x\to9} x = 9 \\ \lim\limits_{x\to9} \sqrt{x} = 3\end{array}\right\}$, donc, par somme, $\lim\limits_{x\to-\infty} x + \sqrt{x} = 12$.

c. $\left.\begin{array}{l}\lim\limits_{x\to0^+} \sqrt{x} = 0 \\ \lim\limits_{x\to0^+} x^2+1 = 1\end{array}\right\}$, donc, par quotient, $\lim\limits_{x\to0^+} \dfrac{\sqrt{x}}{x^2+1} = 0$.

d. $\left.\begin{array}{l}\lim\limits_{x\to+\infty} \dfrac{1}{x+1} = 0 \\ \lim\limits_{x\to+\infty} \dfrac{1}{x-1} = 0\end{array}\right\}$, donc, par différence, $\lim\limits_{x\to+\infty} \dfrac{1}{x+1} - \dfrac{1}{x-1} = 0$.

e. $\lim\limits_{\substack{x\to1\\x<1}}(x-1)^2 = 0^+$, donc $\lim\limits_{\substack{x\to1\\x<1}}\dfrac{2}{(x-1)^2} = +\infty$, car le numérateur et le dénominateur de cette fonction sont positifs. Ainsi $\lim\limits_{\substack{x\to1\\x<1}} 3 + \dfrac{2}{(x-1)^2} = +\infty$.

> **ASTUCE**
>
> *On trouve exactement la même limite lorsque x tend vers 1 par valeurs supérieures à 1. En effet $(x-1)^2$ tend là aussi vers 0 par valeurs positives : on écrit $\lim\limits_{x\to1^+}(x-1)^2 = \lim\limits_{x\to1^-}(x-1)^2 = 0^+$.*

f. On peut d'abord vérifier que $\sqrt{4+\dfrac{1}{x^2}}$ existe bien pour tout réel x non nul, puisque $\dfrac{1}{x^2}$ est positif. Le calcul de la limite de cette expression en $-\infty$ (et en $+\infty$) a donc bien un sens.

D'une part $\lim\limits_{x\to-\infty} 4 + \dfrac{1}{x^2} = 4$, puisque $\lim\limits_{x\to-\infty} \dfrac{1}{x^2} = 0$.

D'autre part la fonction racine carré est continue sur $\mathbb{R}^+$, donc en particulier en 4.

Ainsi, $\lim\limits_{x\to-\infty} \sqrt{4+\dfrac{1}{x^2}} = \sqrt{4} = 2$.

6 **a.** $\left.\begin{array}{l}\lim\limits_{x\to0^+} 3x^2+1 = 1 \\ \lim\limits_{x\to0^+} x^2 = 0\end{array}\right\}$, par quotient, $\lim\limits_{x\to0^+} \dfrac{3x^2+1}{x^2} = +\infty$, car le dénominateur tend vers 0 par valeurs positives.

> **ASTUCE**
>
> *La fonction f étant définie sur $]0\,;+\infty[$, il n'y a qu'une limite en 0 à déterminer, celle en 0^+.*

b. $\lim\limits_{x \to +\infty} 3x^2 + 1 = +\infty$ et $\lim\limits_{x \to +\infty} x^2 = +\infty$. Donc on ne peut pas déterminer la limite du quotient simplement à l'aide des règles sur les quotients de limites car on est dans le cas d'une forme indéterminée.

c. Formule en A3 : «=10*A2».
Formule en B2 : «=(3*A2^2+1)/A2^2».
On peut conjecturer que $f(x)$ tend vers 3 lorsque x tend vers $+\infty$.

d. $f(x) = \dfrac{3x^2 + 1}{x^2} = \dfrac{3x^2}{x^2} + \dfrac{1}{x^2} = 3 + \dfrac{1}{x^2}$.

$\lim\limits_{x \to +\infty} \dfrac{1}{x^2} = 0$, donc $\lim\limits_{x \to +\infty} 3 + \dfrac{1}{x^2} = 3$, soit $\lim\limits_{x \to +\infty} f(x) = 3$.

e. Variations de $f : x \mapsto 3 + \dfrac{1}{x^2}$. La fonction $x \mapsto \dfrac{1}{x^2}$ est strictement décroissante sur $]0\,;+\infty[$ donc f l'est aussi. Son tableau de variation est donc :

x	0	$+\infty$
f	$+\infty$ ↘	3

7 **a.** $-4x^3 - 2x + 7 = x^3\left(-4 - \dfrac{2x}{x^3} + \dfrac{7}{x^3}\right) = x^3\left(-4 - \dfrac{2}{x^2} + \dfrac{7}{x^3}\right)$.

$\left.\begin{array}{l} \lim\limits_{x \to +\infty} x^3 = +\infty \\ \lim\limits_{x \to +\infty} -4 - \dfrac{2}{x^2} + \dfrac{7}{x^3} = -4 \end{array}\right\}$, donc, par produit, $\lim\limits_{x \to +\infty} x^3\left(-4 - \dfrac{2}{x^2} + \dfrac{7}{x^3}\right) = -\infty$.

Ainsi $\lim\limits_{x \to +\infty} -4x^3 - 2x + 7 = -\infty$.

b. $x^5 + 4x^3 - x + 2 = x^5\left(1 + \dfrac{4x^3}{x^5} - \dfrac{x}{x^5} + \dfrac{2}{x^5}\right) = x^5\left(1 + \dfrac{4}{x^2} - \dfrac{1}{x^4} + \dfrac{2}{x^5}\right)$.

$\left.\begin{array}{l} \lim\limits_{x \to -\infty} x^5 = -\infty \\ \lim\limits_{x \to -\infty} 1 + \dfrac{4}{x^2} - \dfrac{1}{x^4} + \dfrac{2}{x^5} = 1 \end{array}\right\}$, donc, par produit, $\lim\limits_{x \to -\infty} x^5\left(1 + \dfrac{4}{x^2} - \dfrac{1}{x^4} + \dfrac{2}{x^5}\right) = -\infty$.

Ainsi $\lim\limits_{x \to -\infty} x^5 + 4x^3 - x + 2 = -\infty$.

c. $\dfrac{x+2}{3x+4} = \dfrac{x\left(1+\dfrac{2}{x}\right)}{x\left(3+\dfrac{4}{x}\right)} = \dfrac{1+\dfrac{2}{x}}{3+\dfrac{4}{x}}$.

$\left.\begin{array}{l}\lim\limits_{x\to+\infty} 1+\dfrac{2}{x} = 1 \\ \lim\limits_{x\to+\infty} 3+\dfrac{4}{x} = 3\end{array}\right\}$, donc, par quotient, $\lim\limits_{x\to+\infty} \dfrac{1+\dfrac{2}{x}}{3+\dfrac{4}{x}} = \dfrac{1}{3}$.

Ainsi $\lim\limits_{x\to+\infty} \dfrac{x+2}{3x+4} = \dfrac{1}{3}$.

d. $\dfrac{4x^2-5x+3}{3x+7} = \dfrac{x^2\left(4-\dfrac{5x}{x^2}+\dfrac{3}{x^2}\right)}{x\left(3+\dfrac{7}{x}\right)} = x \times \dfrac{4-\dfrac{5}{x}+\dfrac{3}{x^2}}{3+\dfrac{7}{x}}$.

$\left.\begin{array}{l}\lim\limits_{x\to-\infty} 4-\dfrac{5}{x}+\dfrac{3}{x^2} = 4 \\ \lim\limits_{x\to-\infty} 3+\dfrac{7}{x} = 3\end{array}\right\}$, donc, par quotient, $\lim\limits_{x\to-\infty} \dfrac{4-\dfrac{5}{x}+\dfrac{3}{x^2}}{3+\dfrac{7}{x}} = \dfrac{4}{3}$.

Par ailleurs $\lim\limits_{x\to-\infty} x = -\infty$ donc, par produit des limites, $\lim\limits_{x\to-\infty} x \times \dfrac{4-\dfrac{5}{x}+\dfrac{3}{x^2}}{3+\dfrac{7}{x}} = -\infty$.

Ainsi $\lim\limits_{x\to-\infty} \dfrac{4x^2-5x+3}{3x+7} = -\infty$.

e. Si on connaît le théorème sur les termes de plus haut degré dans les fractions rationnelles, on peut directement écrire les égalités suivantes :

$\lim\limits_{x\to+\infty} \dfrac{x^2+3}{5x^4-6x} = \lim\limits_{x\to+\infty} \dfrac{x^2}{5x^4} = \lim\limits_{x\to+\infty} \dfrac{1}{5x^2} = 0$.

> **ATTENTION**
>
> *Le théorème utilisé à la question e. n'est pas applicable à la question f. : il n'est valable qu'en $+\infty$!*

f. $\left.\begin{array}{l}\lim\limits_{x\to2^+} x^2+3x+11 = 4+6+11 = 21 \\ \lim\limits_{x\to2^+} x+5 = 7\end{array}\right\}$, donc, par quotient, $\lim\limits_{x\to2^+} \dfrac{x^2+3x+11}{x+5} = \dfrac{21}{7} = 3$.

8 **a.** $\lim\limits_{x\to-\infty} f(x) = 1$. $\lim\limits_{x\to-2^-} f(x) = +\infty$. $\lim\limits_{x\to-2^+} f(x) = -\infty$. $\lim\limits_{x\to0^-} f(x) = -\infty$.

$\lim\limits_{x\to+\infty} f(x) = 1$. De plus $\lim\limits_{x\to0^+} f(x) = f(0) = 1$.

b. Les droites suivantes sont asymptotes à la courbe :

- $y = 1$ est asymptote horizontale en $+\infty$ et en $-\infty$;
- $x = -2$ est asymptote verticale à gauche et à droite en -2 ;
- $x = 0$ est asymptote verticale à gauche en 0.

c. Tableau de variation de f :

x	$-\infty$		-2		-1		0		$0{,}5$		$+\infty$
f	1	↗	$+\infty$ ‖ $-\infty$	↗	-1	↘	$-\infty$ ‖ 1	↘	0,2	↗	1

9 **a.** La fraction $\dfrac{x^2+2x+5}{x+7}$ est définie en 3, donc

$$\lim_{x\to3^+}\frac{x^2+2x+5}{x+7} = \lim_{x\to3^-}\frac{x^2+2x+5}{x+7} = \frac{3^2+2\times3+5}{3+7} = \frac{20}{10} = 2.$$

b. La fraction $\dfrac{x-2}{x^2-4}$ n'est pas définie en 2. Mais on remarque qu'il est possible de factoriser x^2-4. Pour $x \neq 2$, on a $\dfrac{x-2}{x^2-4} = \dfrac{x-2}{(x-2)(x+2)} = \dfrac{1}{x+2}$.

Ainsi $\lim\limits_{x\to2^+}\dfrac{x-2}{x^2-4} = \lim\limits_{x\to2^+}\dfrac{1}{x+2} = \dfrac{1}{4}$.

c. De même, la fraction $\dfrac{\sqrt{x}-\sqrt{3}}{x-3}$ n'est pas définie en 3. On peut néanmoins utiliser la même méthode que dans la question précédente en écrivant que, pour tout réel x positif et différent de 3, on a $\dfrac{\sqrt{x}-\sqrt{3}}{x-3} = \dfrac{\sqrt{x}-\sqrt{3}}{(\sqrt{x}-\sqrt{3})(\sqrt{x}+\sqrt{3})} = \dfrac{1}{\sqrt{x}+\sqrt{3}}$.

Ainsi $\lim\limits_{x\to3^+}\dfrac{\sqrt{x}-\sqrt{3}}{x-3} = \lim\limits_{x\to3^+}\dfrac{1}{\sqrt{x}+\sqrt{3}} = \dfrac{1}{\sqrt{3}+\sqrt{3}} = \dfrac{1}{2\sqrt{3}} = \dfrac{\sqrt{3}}{2(\sqrt{3})^2} = \dfrac{\sqrt{3}}{6}$.

10 a. $\left.\begin{array}{l}\lim\limits_{x\to+\infty}\sqrt{x+1}=+\infty\\ \lim\limits_{x\to+\infty}\sqrt{x-1}=+\infty\end{array}\right\}$, donc, par somme, $\lim\limits_{x\to+\infty}\sqrt{x+1}+\sqrt{x-1}=+\infty$.

C'est la limite de f en $+\infty$ qu'il est facile d'obtenir à l'aide du théorème sur la somme des limites : $\lim\limits_{x\to+\infty}f(x)=+\infty$.

b. On peut multiplier et diviser $\sqrt{a}-\sqrt{b}$ par sa quantité conjuguée $\sqrt{a}+\sqrt{b}$.

$$\sqrt{a}-\sqrt{b}=\frac{(\sqrt{a}-\sqrt{b})\times(\sqrt{a}+\sqrt{b})}{\sqrt{a}+\sqrt{b}}=\frac{(\sqrt{a})^2-(\sqrt{b})^2}{\sqrt{a}+\sqrt{b}}=\frac{a-b}{\sqrt{a}+\sqrt{b}}.$$

c. Appliquons cette identité à $x+1$ et à $x-1$ qui sont des réels strictement positifs dès que x est assez grand, ce qui est le cas puisque l'on cherche à déterminer une limite en $+\infty$.

$$\sqrt{x+1}-\sqrt{x-1}=\frac{(x+1)-(x-1)}{\sqrt{x+1}+\sqrt{x-1}}=\frac{2}{\sqrt{x+1}+\sqrt{x-1}}.$$

Or on a démontré dans la question a. que $\lim\limits_{x\to+\infty}\sqrt{x+1}+\sqrt{x-1}=+\infty$.

Donc, par quotient des limites, $\lim\limits_{x\to+\infty}\dfrac{2}{\sqrt{x+1}+\sqrt{x-1}}=0$.

On a donc obtenu : $\lim\limits_{x\to+\infty}f(x)=0$.

ASTUCE

Encore une fois, c'est une quantité conjuguée qui nous permet de lever une indétermination.

11 a. $\lim\limits_{x\to-\infty}4x^2+1=+\infty$ et $\lim\limits_{x\to+\infty}\sqrt{x}=+\infty$, donc d'après le

théorème sur les limites de fonctions composées, $\lim\limits_{x\to-\infty}\sqrt{4x^2+1}=+\infty$.

Ainsi on a : $\left.\begin{array}{l}\lim\limits_{x\to-\infty}\sqrt{4x^2+1}=+\infty\\ \lim\limits_{x\to-\infty}-2x=+\infty\end{array}\right\}$, donc, par somme, $\lim\limits_{x\to-\infty}\sqrt{4x^2+1}-2x=+\infty$.

Par contre $\lim\limits_{x\to+\infty}\sqrt{4x^2+1}=+\infty$ et $\lim\limits_{x\to+\infty}-2x=-\infty$, donc en $+\infty$ il y a une indétermination du type « $+\infty-\infty$ » à lever.

b. Ici encore on peut penser à la quantité conjuguée pour lever cette indétermination :

$$\sqrt{4x^2+1}-2x=\frac{(\sqrt{4x^2+1}-2x)(\sqrt{4x^2+1}+2x)}{\sqrt{4x^2+1}+2x}=\frac{\sqrt{4x^2+1}^2-(2x)^2}{\sqrt{4x^2+1}+2x}$$

$$=\frac{4x^2+1-4x^2}{\sqrt{4x^2+1}+2x}.$$

On a donc obtenu l'égalité $\sqrt{4x^2+1}-2x=\dfrac{1}{\sqrt{4x^2+1}+2x}$.

De même que dans la question **a.**, on a $\lim\limits_{x\to+\infty}\sqrt{4x^2+1}+2x=+\infty$.

Donc, par quotient des limites, $\lim\limits_{x\to+\infty}\dfrac{1}{\sqrt{4x^2+1}+2x}=0$, et ainsi $\lim\limits_{x\to+\infty}\sqrt{4x^2+1}-2x=0$.

12 **a.** La fonction valeur absolue est continue sur $\mathbb{R}$.

b. La fonction racine carré est continue sur son domaine de définition, c'est-à-dire $\mathbb{R}^+$.

c. La fonction inverse est continue sur chaque intervalle de son domaine de définition, donc sur $]-\infty\,;0[$ et sur $]0\,;+\infty[$.

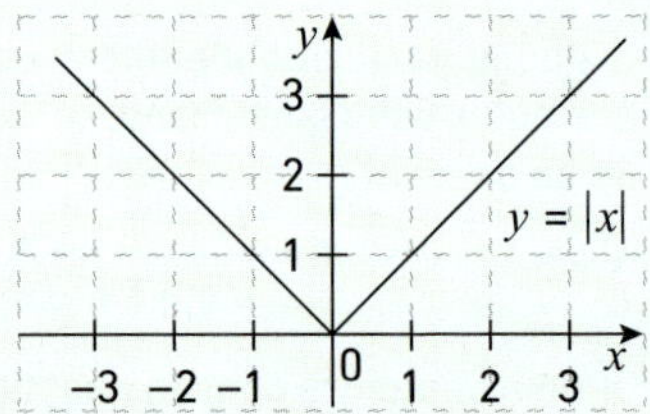

d. Pour $x\neq 0$, $\dfrac{x^2}{x}=x$. Donc, la fonction $f : x \mapsto \dfrac{x^2}{x}$ est continue en tout réel différent de 0, donc elle est continue sur $]-\infty\,;0[$ et sur $]0\,;+\infty[$. De plus $\lim\limits_{x\to0^+}\dfrac{x^2}{x}=\lim\limits_{x\to0^-}\dfrac{x^2}{x}=\lim\limits_{x\to0}x=0$. Donc contrairement à la fonction inverse (question précédente), il suffirait de définir l'image de 0 par la fonction f en choisissant $f(0)=0$ pour faire de f une fonction continue sur $\mathbb{R}$.

REMARQUE

Lorsque l'on complète ainsi le domaine de définition d'une fonction de façon à rendre cette fonction continue, on dit que l'on a prolongé la fonction par continuité.

13 On sait que $\lim\limits_{n\to+\infty}u_n=L$ et que pour tout entier n, $u_{n+1}=f(u_n)$.

Comme f est continue sur $\mathbb{R}$, $\lim\limits_{n\to+\infty}f(u_n)=f(\lim\limits_{n\to+\infty}u_n)=f(L)$.

ASTUCE

La continuité de f assure que la limite de f en L existe et vaut $f(L)$.

Or si $\lim\limits_{n\to+\infty}u_n=L$ on a aussi $\lim\limits_{n\to+\infty}u_{n+1}=L$.

L'égalité $u_{n+1}=f(u_n)$ nous permet donc d'affirmer, par passage aux limites, que $L=f(L)$.

14 **a.** Si on demande à la calculatrice, ou à un grapheur (ici GeoGebra), de tracer la courbe représentative de la fonction $x\mapsto\dfrac{x^3+x^2-11x+10}{x-2}$, on obtient une courbe qui ressemble à une parabole.

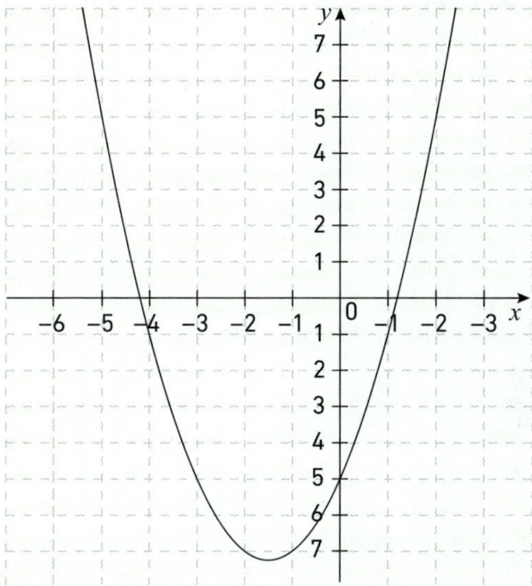

Ce qui nous donnerait un tableau de variation comme ceci :

x	$-\infty$		$-1{,}5$		$+\infty$
f	$+\infty$	↘	$-7{,}25$	↗	$+\infty$

Néanmoins la fonction telle qu'elle est écrite ci-dessus n'est pas définie en 2. On peut donc aussi penser que le tableau de variation ressemble plutôt au suivant :

x	$-\infty$		$-1{,}5$		2		$+\infty$
f	$+\infty$	↘	$-7{,}25$	↗	5 ‖ 5	↗	$+\infty$

b. $\dfrac{x^3 + x^2 - 11x + 10}{x - 2} = \dfrac{x^3\left(1 + \dfrac{x^2}{x^3} - \dfrac{11x}{x^3} + \dfrac{10}{x^3}\right)}{x\left(1 - \dfrac{2}{x}\right)} = x^2 \times \dfrac{1 + \dfrac{1}{x} - \dfrac{11}{x^2} + \dfrac{10}{x^3}}{1 - \dfrac{2}{x}}$.

$$\left.\begin{array}{l}\lim\limits_{x\to+\infty} 1 + \dfrac{1}{x} - \dfrac{11}{x^2} + \dfrac{10}{x^3} = 1 \\ \lim\limits_{x\to+\infty} 1 - \dfrac{2}{x} = 1\end{array}\right\}\text{, donc, par quotient, } \lim_{x\to+\infty} \frac{1 + \dfrac{1}{x} - \dfrac{11}{x^2} + \dfrac{10}{x^3}}{1 + \dfrac{2}{x}} = 1.$$

Ainsi, comme $\lim\limits_{x\to+\infty} x^2 = +\infty$, on a $\lim\limits_{x\to+\infty} f(x) = +\infty$.

De même :

$$\left.\begin{array}{l}\lim\limits_{x\to-\infty} 1 + \dfrac{1}{x} - \dfrac{11}{x^2} + \dfrac{10}{x^3} = 1 \\ \lim\limits_{x\to-\infty} 1 - \dfrac{2}{x} = 1\end{array}\right\}\text{, donc, par quotient, } \lim_{x\to-\infty} \frac{1 + \dfrac{1}{x} - \dfrac{11}{x^2} + \dfrac{10}{x^3}}{1 - \dfrac{2}{x}} = 1.$$

Ainsi, comme $\lim\limits_{x\to-\infty} x^2 = +\infty$, on a $\lim\limits_{x\to-\infty} f(x) = +\infty$.

c. On développe le second membre de notre égalité :

$(x - 2)(x^2 + 3x - 5) = x^3 + 3x^2 - 5x - 2x^2 - 6x + 10 = x^3 + x^2 - 11x + 10$.

d. Ainsi, pour $x \neq 2$, on a :

$$\frac{x^3 + x^2 - 11x + 10}{x - 2} = \frac{(x - 2)(x^2 + 3x - 5)}{x - 2} = x^2 + 3x - 5.$$

La fonction $x \mapsto x^2 + 3x - 5$ est continue sur $\mathbb{R}$, donc
$\lim\limits_{x\to2} x^2 + 3x - 5 = 2^2 + 3 \times 2 - 5 = 5$.

Ainsi, $\lim\limits_{x\to2} \dfrac{x^3 + x^2 - 11x + 10}{x - 2} = 5$.

e. f est continue sur $\mathbb{R}$, car elle est continue en tout réel différent de 2 (c'est une fraction rationnelle) et car $\lim\limits_{x\to2} f(x) = 5 = f(2)$.

Remarque : de même que dans l'exercice précédent, on a prolongé la fonction $f : x \mapsto \dfrac{x^3 + x^2 - 11x + 10}{x - 2}$ en 2, en rajoutant la condition $f(2) = 5$. On a prouvé dans la réponse à la question **d.** que ce prolongement était un prolongement par continuité.

Trigonométrie

POUR DÉMARRER

- On considère le **cercle trigonométrique** de centre O et de rayon OA = 1 orienté dans le sens inverse des aiguilles d'une montre (figure 1).
- La mesure d'un angle en radians est en fait une mesure de longueur : celle de l'arc de cercle orienté $\overset{\frown}{AM}$. Le périmètre d'un cercle de rayon 1 étant égal à 2π, les principaux angles en radians à connaître sont ceux de la figure 2.

Figure 1

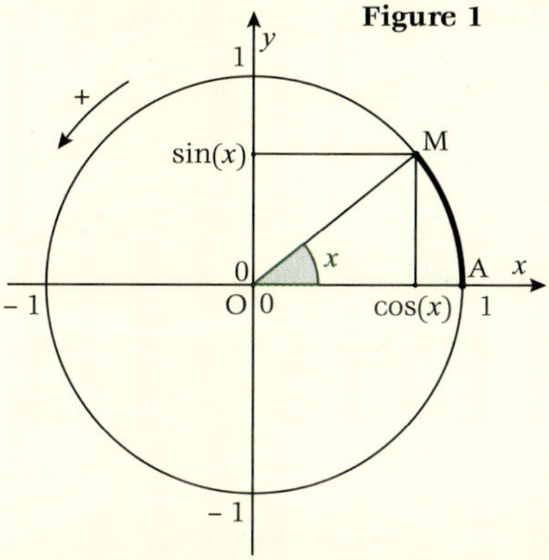

Figure 2

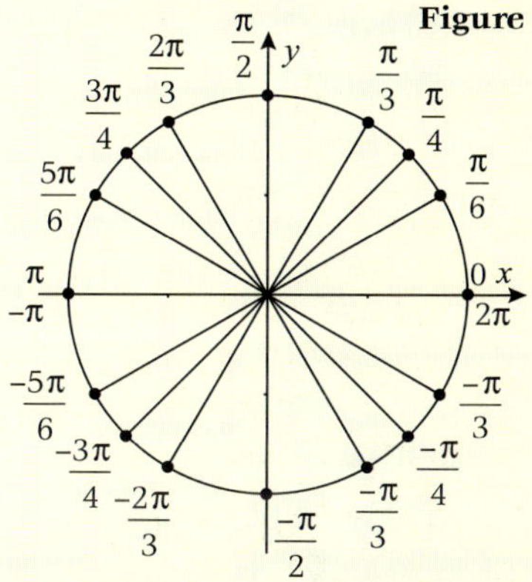

- Si x est la mesure d'un angle en radians, alors **$\cos(x)$ est l'abscisse de M** et **$\sin(x)$ est l'ordonnée de M** (figure 1).
- Pour tout réel x : $-1 \leqslant \cos(x) \leqslant 1$; $-1 \leqslant \sin(x) \leqslant 1$; $\cos^2(x) + \sin^2(x) = 1$.

1 Parité et périodicité de fonctions

A. Parité

- Une fonction f définie sur $\mathbb{R}$ est **paire** si, pour tout $x \in \mathbb{R}$, $f(-x) = f(x)$.

Graphiquement, dans un repère orthogonal, la courbe représentative d'une fonction paire est symétrique par rapport à l'axe des ordonnées.

- Une fonction f définie sur $\mathbb{R}$ est **impaire** si, pour tout $x \in \mathbb{R}$, $f(-x) = -f(x)$.

Graphiquement, la courbe représentative d'une fonction impaire est symétrique par rapport à l'origine du repère.

B. Fonctions périodiques

- Une fonction f définie sur $\mathbb{R}$ est **périodique de période T** si, pour tout $x \in \mathbb{R}$, $f(x + T) = f(x)$.

2 Fonction cosinus

A. Définition

- La fonction $x \mapsto \cos(x)$ est définie sur $\mathbb{R}$ et à valeur dans $[-1 ; 1]$.

x	$-\pi$	$-\frac{\pi}{2}$	0	$\frac{\pi}{6}$	$\frac{\pi}{4}$	$\frac{\pi}{3}$	$\frac{\pi}{2}$	π
$\cos(x)$	-1	0	1	$\frac{\sqrt{3}}{2}$	$\frac{\sqrt{2}}{2}$	$\frac{1}{2}$	0	-1

B. Propriété

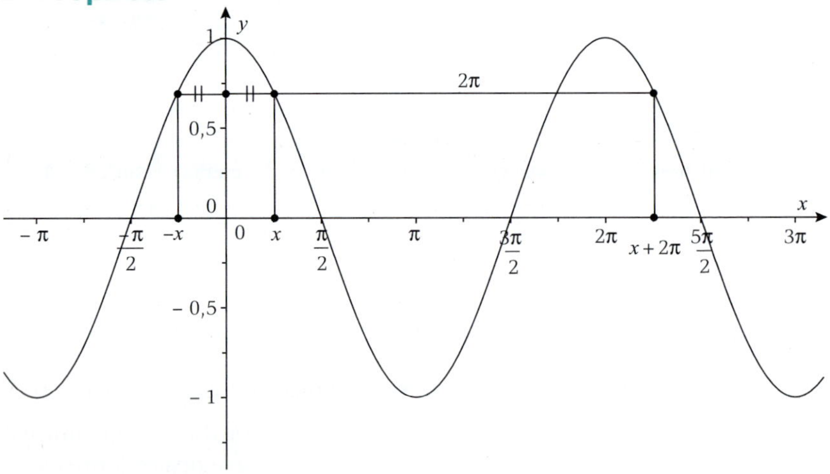

- Pour tout $x \in \mathbb{R}$, $\cos(-x) = \cos(x)$. On dit que la fonction cos est paire.

- La courbe représentative de la fonction cos est symétrique par rapport à l'axe des ordonnées.
- Pour tout $x \in \mathbb{R}$, $\cos(x + 2\pi) = \cos(x)$. On dit que la fonction cos est périodique de période 2π.

3 Fonction sinus

A. Définition

- La fonction $x \mapsto \sin(x)$ est définie sur $\mathbb{R}$ et à valeur dans $[-1 ; 1]$.

x	$-\pi$	$-\frac{\pi}{2}$	0	$\frac{\pi}{6}$	$\frac{\pi}{4}$	$\frac{\pi}{3}$	$\frac{\pi}{2}$	π
$\sin(x)$	0	-1	0	$\frac{1}{2}$	$\frac{\sqrt{2}}{2}$	$\frac{\sqrt{3}}{2}$	1	0

B. Propriété

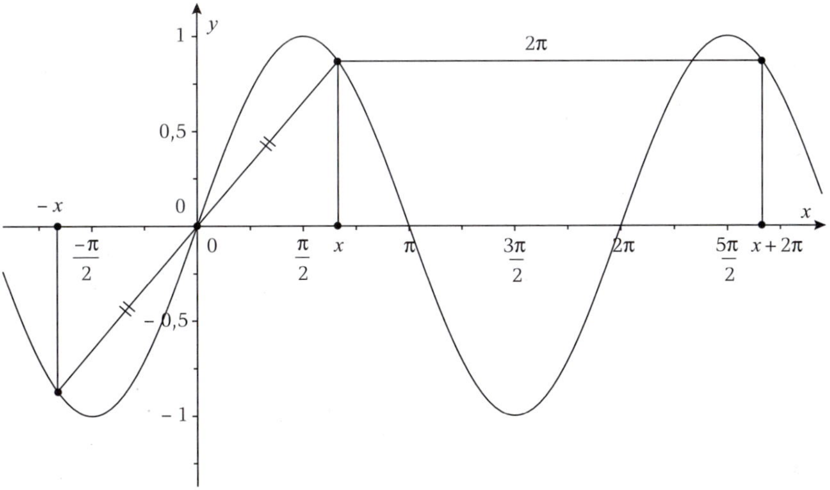

- Pour tout $x \in \mathbb{R}$, $\sin(-x) = -\sin(x)$. On dit que la fonction sin est impaire.

- La courbe représentative de la fonction sin est symétrique par rapport à l'origine O du repère.
- Pour tout $x \in \mathbb{R}$, $\sin(x + 2\pi) = \sin(x)$. On dit que la fonction sin est périodique de période 2π.

4 Dérivation

Les fonction sinus et cosinus sont dérivables sur $\mathbb{R}$.

Si $f(x) = \cos(x)$, alors $f'(x) = -\sin(x)$.

Si $f(x) = \sin(x)$, alors $f'(x) = \cos(x)$.

Remarque : pour se souvenir de ces dérivées, on peur retenir la figure ci-contre, dans laquelle le fait de tourner dans le sens des aiguilles d'une montre correspond à une dérivation.

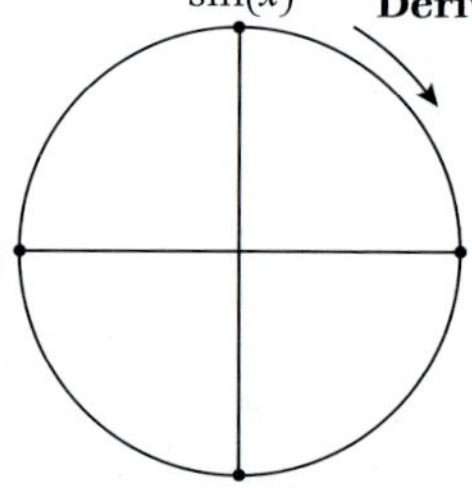

5 Angles associés

$\cos(\pi - t) = -\cos(t)$; $\sin(\pi - t) = \sin(t)$;

$\cos(\pi + t) = -\cos(t)$; $\sin(\pi + t) = -\sin(t)$;

$\cos\left(\frac{\pi}{2} - t\right) = \sin(t)$; $\sin\left(\frac{\pi}{2} - t\right) = \cos(t)$;

$\cos\left(\frac{\pi}{2} + t\right) = -\sin(t)$; $\sin\left(\frac{\pi}{2} + t\right) = \cos(t)$.

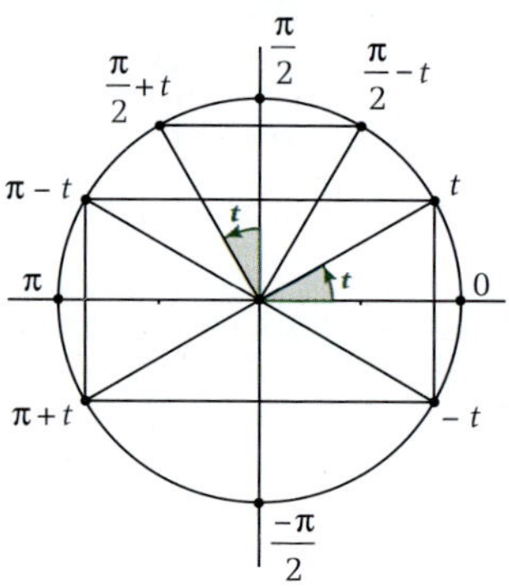

PIÈGES À ÉVITER

- Attention à vérifier que votre calculatrice est bien paramétrée en mode « radians » et non pas en mode degrés.

1 Déterminer le sinus ou le cosinus d'un réel

CONSEIL

- **N'hésitez pas à dessiner un cercle trigonométrique sur lequel vous pourrez placer tous les angles en radians et les angles associés dont vous pourriez avoir besoin.**

Exercice

Simplifier les expressions suivantes :

1 $\sin\left(-\frac{\pi}{2}\right)+\cos\left(\frac{3\pi}{4}\right)-\cos\left(\frac{\pi}{3}\right)+\sin\left(\frac{9\pi}{4}\right).$

2 $\cos\left(\frac{7\pi}{6}\right)+\cos(\pi)-\sin\left(\frac{\pi}{3}\right)+\sin\left(\frac{5\pi}{6}\right).$

POINT MÉTHODE

✓ *Il faut connaître sans hésitation les tableaux de valeurs des fonctions cosinus et sinus (§2 et §3), ainsi que les égalités du §5 (angles associés).*

Comment répondre ?

1 $\sin\left(-\frac{\pi}{2}\right)=-1$; $\cos\left(\frac{3\pi}{4}\right)=-\cos\left(\frac{\pi}{4}\right)=-\frac{\sqrt{2}}{2}$;

$\cos\left(\frac{\pi}{3}\right)=\frac{1}{2}$; $\sin\left(\frac{9\pi}{4}\right)=\sin\left(\frac{\pi}{4}+2\pi\right)=\sin\left(\frac{\pi}{4}\right)=\frac{\sqrt{2}}{2}$.

Ainsi, $\sin\left(-\frac{\pi}{2}\right)+\cos\left(\frac{3\pi}{4}\right)-\cos\left(\frac{\pi}{3}\right)+\sin\left(\frac{9\pi}{4}\right)=-1-\frac{\sqrt{2}}{2}-\frac{1}{2}+\frac{\sqrt{2}}{2}=-\frac{3}{2}$.

2 $\cos\left(\frac{7\pi}{6}\right)=\cos\left(\frac{\pi}{6}+\pi\right)=-\cos\left(\frac{\pi}{6}\right)=-\frac{\sqrt{3}}{2}$; $\cos(\pi)=-1$;

$\sin\left(\frac{\pi}{3}\right)=\frac{\sqrt{3}}{2}$; $\sin\left(\frac{5\pi}{6}\right)=\sin\left(\pi-\frac{\pi}{6}\right)=\sin\left(\frac{\pi}{6}\right)=\frac{1}{2}$.

Ainsi, $\cos\left(\frac{7\pi}{6}\right)+\cos(\pi)-\sin\left(\frac{\pi}{3}\right)+\sin\left(\frac{5\pi}{6}\right)=-\frac{\sqrt{3}}{2}-1-\frac{\sqrt{3}}{2}+\frac{1}{2}=-\frac{1}{2}-\sqrt{3}$.

2 Résoudre une équation trigonométrique

CONSEILS

- **Si on connaît uniquement le cosinus d'un angle, deux valeurs de cet angle sont possibles, à $2k\pi$ près. De même si on ne connaît que le sinus de cet angle.**
- **Lorsqu'une fonction trigonométrique est élevée à une puissance, la règle d'écriture est de placer l'exposant avant le x afin de réduire le nombre de parenthèses utilisées : $\sin^3(x) = (\sin(x))^3$.**

Exercice

On note (E) l'équation $\sin^2(x) - \sin(x) + \frac{1}{4} = 0$.

1 Résoudre l'équation (E) dans $\mathbb{R}$.

2 En déduire les solutions éventuelles de (E) appartenant à l'intervalle $]-\pi\ ;\ \pi]$.

POINT MÉTHODE

✓ *Il faut combiner les méthodes de résolution d'équations trigonométriques vues en classe de Première avec toutes les autres méthodes de résolution d'équations que vous connaissez, en particulier la résolution des équations de degré 2.*

Comment répondre ?

REMARQUE

Remplacer sin (x) par X s'appelle effectuer un changement de variable. Cette opération permet de travailler dans un cadre connu, et il suffira de revenir à l'équation initiale une fois la nouvelle équation résolue.

1 Posons $X = \sin(x)$.

$$\sin^2(x) - \sin(x) + \frac{1}{4} = 0 \Leftrightarrow X^2 - X + \frac{1}{4} = 0.$$

Résolvons l'équation $X^2 - X + \frac{1}{4} = 0$:

$X^2 - X + \frac{1}{4}$ est un polynôme de degré 2, de coefficients $a = 1$, $b = -1$, $c = \frac{1}{4}$ et de discriminant $\Delta = b^2 - 4ac = (-1)^2 - 4 \times 1 \times \frac{1}{4} = 1 - 1 = 0$.

Le discriminant est nul, l'équation $X^2 - X + \frac{1}{4} = 0$ admet une unique solution :

$$X_0 = \frac{-b}{2a} = \frac{-(-1)}{2 \times 1} = \frac{1}{2}.$$

Pour résoudre l'équation $\sin^2(x) - \sin(x) + \frac{1}{4} = 0$,

il faut donc résoudre l'équation $\sin(x) = \frac{1}{2}$.

RAPPEL

$\cos x = \cos a$ si, et seulement si, $x = a + 2k\pi$, $k \in \mathbb{Z}$ ou $x = -a + 2k\pi$, $k \in \mathbb{Z}$;

$\sin x = \sin a$ si, et seulement si, $x = a + 2k\pi$, $k \in \mathbb{Z}$ ou $x = \pi - a + 2k\pi$, $k \in \mathbb{Z}$.

On se souvient que $\sin\left(\frac{\pi}{3}\right) = \frac{1}{2}$.

Donc, $\sin(x) = \frac{1}{2} \Leftrightarrow \sin x = \sin\left(\frac{\pi}{3}\right)$

$$\Leftrightarrow x = \frac{\pi}{3} + 2k\pi \text{ ou } x = \pi - \frac{\pi}{3} + 2k\pi, \text{ avec } k \in \mathbb{Z}$$

$$\Leftrightarrow x = \frac{\pi}{3} + 2k\pi \text{ ou } x = \frac{2\pi}{3} + 2k\pi, \text{ avec } k \in \mathbb{Z}.$$

Donc, dans $\mathbb{R}$, l'ensemble des solutions de l'équation (*E*) est $S = \left\{\frac{\pi}{3} + 2k\pi \,;\, \frac{2\pi}{3} + 2k\pi \,/\, k \in \mathbb{Z}\right\}$.

RAPPEL

La notation « $/ k \in \mathbb{Z}$ » dans un ensemble de solutions doit être lue « avec $k \in \mathbb{Z}$ ». Elle permet d'indiquer l'existence d'une infinité de solutions, à $2k\pi$ près.

2 Cherchons, parmi les solutions précédentes, celles qui appartiennent à l'intervalle $]-\pi \,;\, \pi]$.

$\frac{\pi}{3}$ et $\frac{2\pi}{3}$ sont deux solutions appartenant à cet intervalle.

En ajoutant un multiple de 2π, on sort de l'intervalle $]-\pi \,;\, \pi]$, ce sont donc les seules solutions de l'équation (*E*) appartenant à $]-\pi \,;\, \pi]$.

3 Trouver la période minimale d'une fonction périodique

CONSEILS

- **Si une fonction admet une période *T*, alors tous les multiples de *T* sont aussi des périodes. Trouver la plus petite période (strictement positive) d'une fonction périodique nécessite une méthode efficace et rigoureuse. En pratique on vous demandera plus souvent de vérifier qu'une valeur donnée est bien une période.**

Exercices

1 **Vérifier que la fonction f définie sur $\mathbb{R}$ par $f(x) = \cos(x) + \sin(x)$ est périodique de période 2π .**

2 **Déterminer la période minimale de la fonction g définie sur $\mathbb{R}$ par $g : x \mapsto \sin\left(2x + \dfrac{\pi}{6}\right)$.**

POINT MÉTHODE

✓ *Une fonction f définie sur $\mathbb{R}$ est périodique de période T si, pour tout $x \in \mathbb{R}$, $f(x + T) = f(x)$.*

Comment répondre ?

1 $f(x + 2\pi) = \cos(x + 2\pi) + \sin(x + 2\pi) = \cos(x) + \sin(x) = f(x)$.

f est donc bien périodique de période 2π.

2 On peut commencer par calculer $g(x + 2\pi)$.

$$g(x + 2\pi) = \sin\left(2(x + 2\pi) + \frac{\pi}{6}\right) = \sin\left(2x + \frac{\pi}{6} + 4\pi\right) = \sin\left(2x + \frac{\pi}{6}\right).$$

La fonction g est donc périodique de période 2π, mais nous n'avons pas démontré que c'est la plus petite période de cette fonction.

Soit T une période de g.

$$g(x + T) = \sin\left(2(x + T) + \frac{\pi}{6}\right) = \sin\left(2x + 2T + \frac{\pi}{6}\right).$$

Donc $g(x + T) = g(x) \Leftrightarrow \sin\left(2x + \dfrac{\pi}{6} + 2T\right) = \sin\left(2x + \dfrac{\pi}{6}\right)$.

Comme la fonction sin est périodique de période (minimale) 2π, on en déduit que $2T = 2\pi$, autrement dit $T = \pi$.

La plus petite période de la fonction g est donc égale à π.

TESTEZ VOS CONNAISSANCES

CORRIGÉ p. 83

1. Dans $\mathbb{R}$, l'équation $\sin(x) = 0$ admet :

a. 0 solution. b. 1 solution. c. une infinité de solutions.

2. Dans $\mathbb{R}$, l'équation $\sin(x) = \pi$ admet :

a. 0 solution. b. 1 solution. c. une infinité de solutions.

3. Dans $[0 ; \pi]$, l'équation $\cos(x) = 0$ admet :

a. 0 solution. b. 1 solution. c. 2 solutions ou plus.

4. Dans $[0 ; \pi]$, l'équation $\cos(x) \times \sin(x) = 0$ admet :

a. 0 solution. b. 1 solution. c. 2 solutions ou plus.

5. Dans $[0 ; \pi]$, l'équation $\cos(x) = \sin(x)$ admet :

a. 0 solution. b. 1 solution. c. 2 solutions ou plus.

6. La fonction $x \mapsto \sin(2x)$ est périodique de période :

a. $\frac{\pi}{2}$. b. π. c. 2π.

7. La plus petite période de la fonction $x \mapsto \cos(x + \pi)$ est :

a. π. b. 2π. c. 4π.

8. La fonction $x \mapsto \sin(x)$ est croissante sur :

a. $[0 ; \pi]$. b. $\left[-\frac{\pi}{2} ; \frac{\pi}{2}\right]$. c. ni l'un ni l'autre.

9. La fonction $x \mapsto \cos(x) + \sin(x)$ est croissante sur :

a. $\left[-\frac{\pi}{2} ; 0\right]$. b. $\left[0 ; \frac{\pi}{2}\right]$. c. ni l'un ni l'autre.

10. Pour tout réel x, $\sin(x + \pi)$ est égal à :

a. $\sin(x + 2\pi)$. b. $\sin(\pi - x)$. c. $\cos\left(x + \frac{\pi}{2}\right)$.

ENTRAÎNEZ-VOUS

CORRIGÉ p. 85

Connaître les fonctions cosinus et sinus

●○○ 5 min

1 Recopier et compléter le tableau suivant, en plaçant chaque point correspondant sur un cercle trigonométrique.

t	$-\pi$	$-\frac{5\pi}{6}$	$-\frac{3\pi}{4}$	$-\frac{2\pi}{3}$	$-\frac{\pi}{2}$	$-\frac{\pi}{3}$	$-\frac{\pi}{4}$	$-\frac{\pi}{6}$	0
$\cos t$									
$\sin t$									
t	$\frac{\pi}{6}$	$\frac{\pi}{4}$	$\frac{\pi}{3}$	$\frac{\pi}{2}$	$\frac{2\pi}{3}$	$\frac{3\pi}{4}$	$\frac{5\pi}{6}$	π	2π
$\cos t$									
$\sin t$									

2 Simplifier les expressions suivantes : ●○○ 5 min

a. $A(x) = \sin(x+\pi) \times \cos(-x) + \sin(\pi - x) \times \sin\left(x + \frac{\pi}{2}\right)$.

b. $B(x) = \sin(-x) \times \cos\left(\frac{\pi}{2} - x\right) + \sin\left(\frac{\pi}{2} + x\right) \times \cos(x+\pi)$.

3 Montrer que, pour tout réel $x \neq \frac{\pi}{2} + k\pi$ (avec $k \in \mathbb{Z}$), on a : ●○○ 5 min

$1 + \tan^2(x) = \frac{1}{\cos^2(x)}$. On rappelle que, pour tout $x \neq \frac{\pi}{2} + k\pi$, $\tan(x) = \frac{\sin(x)}{\cos(x)}$.

4 **a.** Sachant que $\sin\left(\frac{\pi}{12}\right) = \frac{\sqrt{6} - \sqrt{2}}{4}$, démontrer que ●●○ 25 min

$\cos\left(\frac{\pi}{12}\right) = \frac{\sqrt{6} + \sqrt{2}}{4}$.

b. En déduire que $\tan\left(\frac{\pi}{12}\right) = 2 - \sqrt{3}$.

c. En déduire aussi les valeurs de $\cos\left(\frac{11\pi}{12}\right)$ et de $\sin\left(\frac{11\pi}{12}\right)$.

5 Pour chacune des fonctions suivantes, étudier leur parité, puis leur périodicité. ●●○ 15 min

a. $f : x \mapsto \cos(3x)$.

b. $g : x \mapsto \cos(x) \times \sin(x)$.

6 On considère les fonctions f et g définies sur $\mathbb{R}$ par $f(x) = |\cos(x)|$ et $g(x) = \cos(x) + |\cos(x)|$.

●●○ 15 min

a. Tracer les courbes représentatives de ces fonctions.

b. Étudier la parité de ces fonctions.

c. Étudier la périodicité de ces fonctions.

7 Calculer :

●●○ 20 min

a. $\lim\limits_{x \to +\infty} \dfrac{\sin(x)}{x}$.

b. $\lim\limits_{x \to 0} \dfrac{\sin(x)}{x}$.

c. $\lim\limits_{x \to +\infty} 1 + x + \sin(x)$.

d. $\lim\limits_{x \to 0^+} \dfrac{\cos(x)}{x}$.

e. $\lim\limits_{x \to 0} \dfrac{\cos(x) - 1}{x}$.

f. $\lim\limits_{x \to +\infty} 1 + \dfrac{1}{x} + \sin\left(\dfrac{1}{x}\right)$.

8 Un oscillateur mécanique est constitué d'un solide mobile sur un axe relié par un ressort à un point fixe. En l'absence de frottement, l'équation du mouvement de cet oscillateur non amorti, est $x(t) = x_0 \cos(\omega t + \varphi)$ où x_0, ω et φ sont des réels fixés.

●●○ 15 min

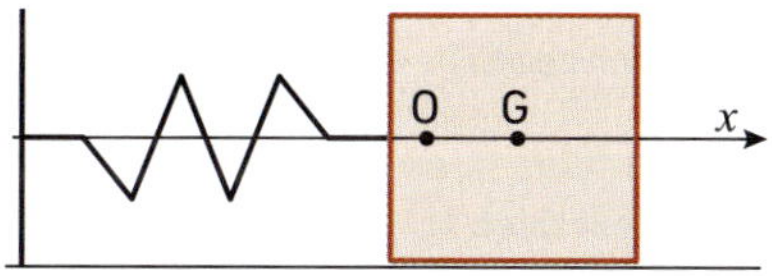

a. Calculer la dérivée x' de x par rapport à t.

b. Calculer la dérivée x'' de x' par rapport à t.

c. Déterminer une relation entre les fonctions x'' et x.

Équations trigonométriques

9 Résoudre les équations suivantes dans $\mathbb{R}$:

●●○ 20 min

a. $2\cos^2(x) + 3\cos(x) - 5 = 0$.

b. $\sin^2(x) + \dfrac{1}{\sqrt{2}}\sin(x) - 1 = 0$.

10 Le but de ce problème est de résoudre sur $]-\pi\,;\,\pi]$ l'équation (E) : $\cos(x) + \sin(x) = \sqrt{2}$.

●●● 40 min

a. Si on pose $X = \cos(x)$ et $Y = \sin(x)$, quelle équation peut-on écrire avec X et Y ?

b. Quelle autre égalité relie forcément X et Y ?

c. Déduire des questions précédentes l'égalité $XY = \dfrac{1}{2}$.

d. Montrer que X est solution d'une équation de degré 2 que vous résoudrez.

e. En déduire les valeurs de X et Y, puis les solutions éventuelles de l'équation (E).

11 a. Résoudre dans $]-\pi\,;\,\pi]$ l'inéquation $\sin(x) \geqslant \frac{\sqrt{2}}{2}$. ●○○ 15 min

b. Résoudre dans $\left[-\frac{\pi}{2}\,;\,\frac{\pi}{2}\right]$ l'inéquation $\cos^2(x) - \frac{1}{4} \geqslant 0$.

Formules d'addition et de duplication

Vous pourrez traiter l'exercice **12** une fois que vous aurez étudié le chapitre 7 sur les nombres complexes. Pour pouvoir traiter les exercices **13** à **15**, il suffit de retenir les formules de « duplication » vues en Première S et redémontrées dans l'exercice **12**.

12 a. Soient a et b deux réels. En calculant le produit $e^{ia} \times e^{ib}$ de deux façons différentes, démontrer les *formules d'addition* suivantes : ●○○ 5 min

$\cos(a + b) = \cos(a)\cos(b) - \sin(a)\sin(b)$

et $\sin(a + b) = \sin(a)\cos(b) + \cos(a)\sin(b)$.

b. En déduire les *formules de duplication* suivantes :

$\cos(2x) = \cos^2(x) - \sin^2(x)$ et $\sin(2x) = 2\cos(x)\sin(x)$.

13 En utilisant les formules de duplication démontrées dans l'exercice **12**, démontrer les égalités suivantes : ●●○ 15 min

a. $(\sin x + \cos x)^2 = 1 + \sin(2x)$.

b. $\cos(2x) = 2\cos^2(x) - 1 = 1 - 2\sin^2(x)$.

c. $\frac{1}{\tan(2x)} = \frac{1}{2\tan(x)} - \frac{\tan(x)}{2}$, pour $x \in \left]0\,;\,\frac{\pi}{4}\right[$.

13 On note x le réel de l'intervalle $\left[0\,;\,\frac{\pi}{2}\right]$ tel que ●●○ 20 min

$\cos(x) = \frac{\sqrt{2+\sqrt{3}}}{2}$.

a. Justifier que ce réel existe et qu'il est unique.

b. Calculer $\cos(2x)$.

c. En déduire la valeur de x.

14 Résoudre les équations suivantes dans $\mathbb{R}$: ●●○ 30 min

a. $\cos(2x) + \cos(x) + 1 = 0$.

b. $\sin(2x) = \sin(x)$.

c. $\cos(2x) = \sin(x)$.

d. $\cos(x)\sin(x) = \frac{1}{4}$.

Corrigés de *TESTEZ VOS CONNAISSANCES*

1. Réponse c. Dans $\mathbb{R}$, l'équation $\sin(x) = 0$ admet une infinité de solutions, tous les multiples de π.

2. Réponse a. Dans $\mathbb{R}$, l'équation $\sin(x) = \pi$ n'admet aucune solution, car $\sin(x) \in [-1 ; 1]$ pour tout réel x et $\pi > 1$.

3. Réponse b. Dans $[0 ; \pi]$, l'équation $\cos(x) = 0$ admet une seule solution : $\frac{\pi}{2}$.

4. Réponse c. Dans $[0 ; \pi]$, l'équation $\cos(x) \times \sin(x) = 0$ admet 3 solutions.
$\cos(x) \times \sin(x) = 0 \Leftrightarrow \cos(x) = 0$ ou $\sin(x) = 0$.
$\cos(x) = 0$ pour $x = \frac{\pi}{2}$ et $\sin(x) = 0$ pour $x = 0$ et pour $x = \pi$.

RAPPEL

$\cos\left(\frac{\pi}{4}\right) = \sin\left(\frac{\pi}{4}\right) = \frac{\sqrt{2}}{2}$.

5. Réponse b. Dans $[0 ; \pi]$, l'équation $\cos(x) = \sin(x)$ admet une unique solution, $\frac{\pi}{4}$.

En traçant les courbes représentatives de ces deux fonctions dans le même repère, on peut voir un unique point d'intersection entre les deux courbes sur l'intervalle $[0 ; \pi]$, c'est le point d'abscisse $\frac{\pi}{4}$.

REMARQUE

On observe aussi sur ce graphique que la courbe représentative de la fonction sinus est obtenue en translatant la courbe représentative de la fonction cosinus selon le vecteur $\frac{\pi}{2}\vec{i}$.

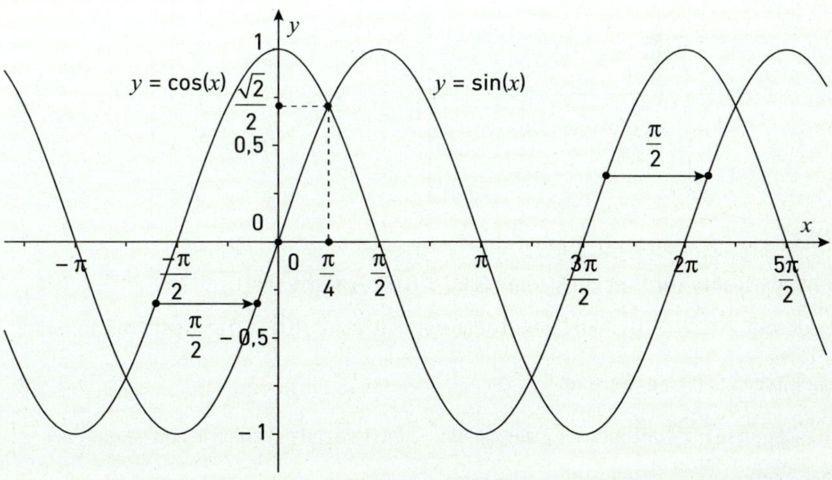

6. Réponse b (et c). La fonction $x \mapsto \sin(2x)$ est périodique de période π, car $\sin(2(x+\pi)) = \sin(2x+2\pi) = \sin(2x)$. Elle est donc aussi périodique de période 2π. En revanche, elle n'est pas périodique de période $\frac{\pi}{2}$, car $\sin\left(2\left(x+\frac{\pi}{2}\right)\right) = \sin(2x+\pi) = -\sin(2x)$.

7. Réponse b. La plus petite période de la fonction $x \mapsto \cos(x+\pi)$ est 2π, car $\cos(x+\pi) = -\cos(x)$ et que cette fonction a la même période que son opposé (la fonction cosinus).

8. Réponse b. La fonction $x \mapsto \sin(x)$ est croissante sur $\left[-\frac{\pi}{2} ; \frac{\pi}{2}\right]$. Elle n'est pas croissante sur $[0 ; \pi]$, car elle est décroissante sur $\left[\frac{\pi}{2} ; \pi\right]$.

9. Réponse a. La fonction $x \mapsto \cos(x) + \sin(x)$ est croissante sur $\left[-\frac{\pi}{2} ; 0\right]$.

Soit $f : x \mapsto \cos(x) + \sin(x)$, dont on a tracé la courbe représentative dans le repère ci-dessous :

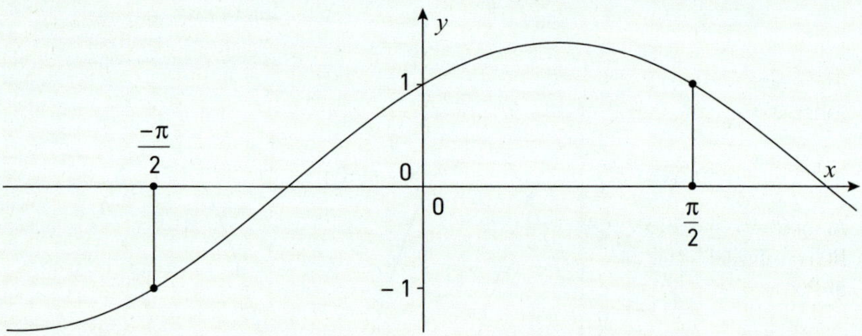

f est dérivable sur $\mathbb{R}$ et, pour tout réel x, $f'(x) = -\sin(x) + \cos(x)$.

Pour tout $x \in \left[-\frac{\pi}{2} ; 0\right]$, $-\sin(x) \geqslant 0$ et $\cos(x) \geqslant 0$, donc $f'(x) \geqslant 0$ et f est croissante sur cet intervalle (cf. chapitre 4).

10. Réponse c. Pour tout réel x, $\sin(x+\pi) = -\sin(x)$, ce qui est aussi le cas de $\cos\left(x+\frac{\pi}{2}\right)$. Par contre, $\sin(x+2\pi) = \sin(\pi - x) = \sin(x)$.

Corrigés de *ENTRAÎNEZ-VOUS*

Connaître les fonctions cosinus et sinus

1

t	$-\pi$	$-\frac{5\pi}{6}$	$-\frac{3\pi}{4}$	$-\frac{2\pi}{3}$	$-\frac{\pi}{2}$	$-\frac{\pi}{3}$	$-\frac{\pi}{4}$	$-\frac{\pi}{6}$	0
$\cos t$	-1	$-\frac{\sqrt{3}}{2}$	$-\frac{\sqrt{2}}{2}$	$-\frac{1}{2}$	0	$\frac{1}{2}$	$\frac{\sqrt{2}}{2}$	$\frac{\sqrt{3}}{2}$	1
$\sin t$	0	$-\frac{1}{2}$	$-\frac{\sqrt{2}}{2}$	$-\frac{\sqrt{3}}{2}$	-1	$-\frac{\sqrt{3}}{2}$	$-\frac{\sqrt{2}}{2}$	$-\frac{1}{2}$	0

t	$\frac{\pi}{6}$	$\frac{\pi}{4}$	$\frac{\pi}{3}$	$\frac{\pi}{2}$	$\frac{2\pi}{3}$	$\frac{3\pi}{4}$	$\frac{5\pi}{6}$	π	2π
$\cos t$	$\frac{\sqrt{3}}{2}$	$\frac{\sqrt{2}}{2}$	$\frac{1}{2}$	0	$-\frac{1}{2}$	$-\frac{\sqrt{2}}{2}$	$-\frac{\sqrt{3}}{2}$	-1	1
$\sin t$	$\frac{1}{2}$	$\frac{\sqrt{2}}{2}$	$\frac{\sqrt{3}}{2}$	1	$\frac{\sqrt{3}}{2}$	$\frac{\sqrt{2}}{2}$	$\frac{1}{2}$	0	0

2 **a.** $\sin(x+\pi) = -\sin(x)$; $\cos(-x) = \cos(x)$; $\sin(\pi - x) = \sin(x)$ et $\sin\left(x + \frac{\pi}{2}\right) = \cos(x)$.
Ainsi $A(x) = -\sin(x)\cos(x) + \sin(x)\cos(x) = 0$ pour tout réel x.

b. $\sin(-x) = -\sin(x)$; $\cos\left(\frac{\pi}{2} - x\right) = \sin(x)$; $\sin\left(\frac{\pi}{2} + x\right) = \cos(x)$ et $\cos(x+\pi) = -\cos(x)$.

Ainsi $B(x) = -\sin(x) \times \sin(x) + \cos(x) \times (-\cos(x))$.
$B(x) = -\sin^2(x) - \cos^2(x) = -(\sin^2(x) + \cos^2(x))$
et $B(x) = -1$ pour tout réel x.

3 $$1 + \tan^2(x) = 1 + \left(\frac{\sin(x)}{\cos(x)}\right)^2$$
$$= \frac{\cos^2(x)}{\cos^2(x)} + \frac{\sin^2(x)}{\cos^2(x)}$$
$$= \frac{\cos^2(x) + \sin^2(x)}{\cos^2(x)}.$$

Donc : $1 + \tan^2(x) = \dfrac{1}{\cos^2(x)}$.

RAPPEL

$\cos(x) = 0$ pour tout $x = \frac{\pi}{2} + 2k\pi$ et pour tout $x = -\frac{\pi}{2} + 2k\pi$ où k est un entier relatif, c'est-à-dire pour tout $x = \frac{\pi}{2} + k\pi$. Comme $\tan(x) = \frac{\sin(x)}{\cos(x)}$, la fonction tan est définie pour tout $x \neq \frac{\pi}{2} + k\pi$ (avec $k \in \mathbb{Z}$).

4 **a.** Pour tout réel x, on a $\cos^2(x) = 1 - \sin^2(x)$.

Donc, $\cos^2\left(\frac{\pi}{12}\right) = 1 - \sin^2\left(\frac{\pi}{12}\right) = 1 - \left(\frac{\sqrt{6}-\sqrt{2}}{4}\right)^2 = \frac{16}{16} - \frac{\sqrt{6}^2 - 2\sqrt{6}\sqrt{2} + \sqrt{2}^2}{16}$.

D'où, $\cos^2\left(\frac{\pi}{12}\right) = \frac{16 - 6 + 2\sqrt{12} - 2}{16} = \frac{8 + 2 \times 2\sqrt{3}}{16} = \frac{2+\sqrt{3}}{4}$.

Ainsi, $\cos\left(\frac{\pi}{12}\right) = \sqrt{\frac{2+\sqrt{3}}{4}}$ ou $\cos\left(\frac{\pi}{12}\right) = -\sqrt{\frac{2+\sqrt{3}}{4}}$.

Or, $\cos\left(\frac{\pi}{12}\right) > 0$ car $\frac{\pi}{12} \in \left[0\,;\frac{\pi}{2}\right]$, donc $\cos\left(\frac{\pi}{12}\right) = \sqrt{\frac{2+\sqrt{3}}{4}}$.

Pour démontrer que $\cos\left(\frac{\pi}{12}\right) = \frac{\sqrt{6}+\sqrt{2}}{4}$, on peut alors remarquer que :

$$\left(\frac{\sqrt{6}+\sqrt{2}}{4}\right)^2 = \frac{\sqrt{6}^2 + 2\sqrt{6}\sqrt{2} + \sqrt{2}^2}{16} = \frac{8+4\sqrt{3}}{16} = \frac{2+\sqrt{3}}{4}$$

et que $\frac{\sqrt{6}+\sqrt{2}}{4} > 0$.

$\frac{\sqrt{6}+\sqrt{2}}{4}$ est donc bien la racine carrée de $\frac{2+\sqrt{3}}{4}$,

et $\cos\left(\frac{\pi}{12}\right) = \frac{\sqrt{6}+\sqrt{2}}{4}$.

ASTUCE

De la même façon qu'il est en général plus simple de développer une expression algébrique que de la factoriser, il peut être plus simple de vérifier qu'un nombre donné est bien la racine carrée d'un autre nombre plutôt que de chercher à calculer cette racine.

b. $\tan\left(\frac{\pi}{12}\right) = \frac{\sin\frac{\pi}{12}}{\cos\frac{\pi}{12}} = \frac{\frac{\sqrt{6}-\sqrt{2}}{4}}{\frac{\sqrt{6}+\sqrt{2}}{4}} = \frac{\sqrt{6}-\sqrt{2}}{\sqrt{6}+\sqrt{2}} = \frac{(\sqrt{6}-\sqrt{2})\times(\sqrt{6}-\sqrt{2})}{(\sqrt{6}+\sqrt{2})\times(\sqrt{6}-\sqrt{2})}$,

$$\tan\left(\frac{\pi}{12}\right) = \frac{(\sqrt{6}-\sqrt{2})^2}{\sqrt{6}^2 - \sqrt{2}^2} = \frac{6 - 2\sqrt{6}\sqrt{2} + 2}{6-2}$$

$$= \frac{8 - 2\sqrt{12}}{4} = \frac{8 - 4\sqrt{3}}{4}$$

$$= 2 - \sqrt{3}.$$

ASTUCE

La multiplication du dénominateur par sa quantité conjuguée nous permet (encore une fois !) de supprimer les racines au dénominateur.

c. $\cos\left(\frac{11\pi}{12}\right) = \cos\left(\pi - \frac{\pi}{12}\right) = -\cos\left(\frac{\pi}{12}\right) = -\frac{\sqrt{6}+\sqrt{2}}{4}$ (cf. §5).

et $\sin\left(\frac{11\pi}{12}\right) = \sin\left(\pi - \frac{\pi}{12}\right) = \sin\left(\frac{\pi}{12}\right) = \frac{\sqrt{6}-\sqrt{2}}{4}$ (cf. §5).

RAPPEL

$\cos(\pi - t) = -\cos(t)$; $\sin(\pi - t) = \sin(t)$.

5 **a.** f est définie sur $\mathbb{R}$. Pour tout réel x, $f(-x) = \cos(-3x) = \cos(3x) = f(x)$.
Donc f est une fonction paire.
Par ailleurs, soit T un nombre réel.
$f(x + T) = \cos(3(x + T)) = \cos(3x + 3T)$.
f est périodique de période T si $f(x + T) = f(x)$ pour tout réel x.
La plus petite période de la fonction cosinus est 2π.
Ainsi, $3T = 2\pi$ et $T = \frac{2\pi}{3}$, donc f est périodique de période $\frac{2\pi}{3}$.

À RETENIR

f est paire lorsque pour tout x, $f(-x) = f(x)$.

f est impaire lorsque pour tout x, $f(-x) = -f(x)$.

b. g est définie sur $\mathbb{R}$. Pour tout réel x,
$g(-x) = \cos(-x) \times \sin(-x) = \cos(x) \times (-\sin(x)) = -\cos(x) \times \sin(x) = -g(x)$.
Donc g est une fonction impaire.
g est périodique de période 2π, puisque les fonctions cosinus et sinus le sont. Pour chercher une plus petite période, observons la courbe représentative de cette fonction.

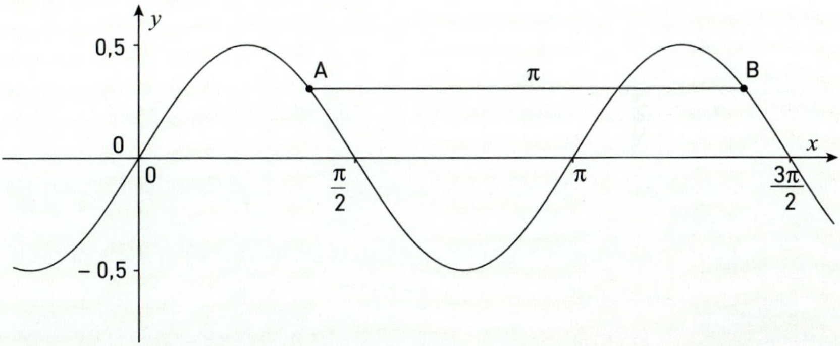

Il semblerait que la période recherchée soit égale à π.

$g(x + \pi) = \cos(x + \pi) \times \sin(x + \pi)$
$= (-\cos(x)) \times (-\sin(x))$
$= \cos(x) \times \sin(x)$.

Ainsi $g(x + \pi) = g(x)$ et g est bien périodique de période π.

REMARQUE

Une fois démontré les formules de duplication dans l'exercice 12, il sera possible d'utiliser l'égalité $\sin(2x) = 2\cos(x) \times \sin(x)$ pour démontrer que la fonction g n'a pas de plus petite période que π.

6 **a.** Courbe représentative de f :

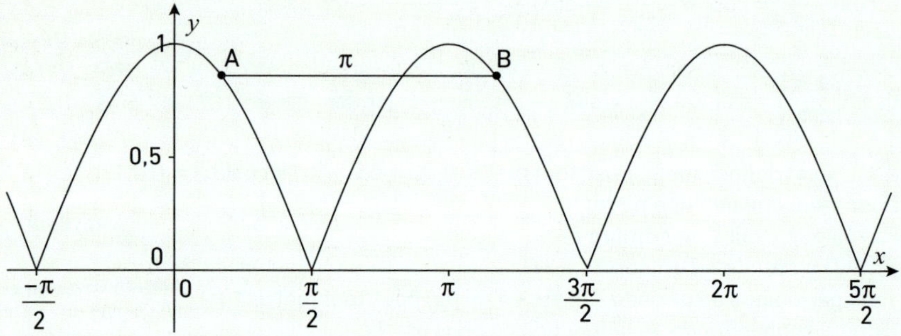

Courbe représentative de g :

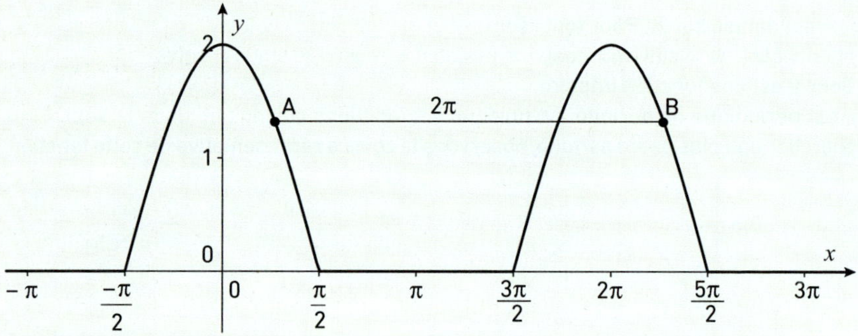

On remarque que $g(x)$ est égal soit à $2\cos(x)$, lorsque $\cos(x)$ est positif, soit à 0, lorsque $\cos(x)$ est négatif.

REMARQUE

La somme de deux fonctions paires est paire.

b. Comme la fonction cos est paire, les fonctions f et g le sont aussi :

$f(-x) = |\cos(-x)| = |\cos(x)| = f(x)$

et $g(-x) = \cos(-x) + |\cos(-x)| = \cos(x) + |\cos(x)| = g(x)$.

c. La fonction cosinus est périodique de période 2π, donc les fonctions f et g le sont aussi.

Montrons que la fonction f est même périodique de période π.

Pour tout réel x, $f(x+\pi) = |\cos(x+\pi)| = |-\cos(x)| = |\cos(x)| = f(x)$.

f est donc bien périodique de période π.

7 a. Pour tout $x > 0$, on a $-\frac{1}{x} \leqslant \frac{\sin(x)}{x} \leqslant \frac{1}{x}$, car $\sin(x) \in [-1\ ;\ 1]$.

$\lim\limits_{x \to +\infty} \frac{1}{x} = \lim\limits_{x \to +\infty} -\frac{1}{x} = 0$, donc, d'après le théorème des gendarmes,

$\lim\limits_{x \to +\infty} \frac{\sin(x)}{x} = 0$.

À RETENIR

Les fonctions cos et sin n'ont pas de limite en $+\infty$.

b. $\lim\limits_{x \to 0^+} \sin(x) = 0$ et $\lim\limits_{x \to 0} x = 0$, il s'agit donc d'une forme indéterminée.

Pour lever cette indétermination, remarquons que $\frac{\sin(x)}{x} = \frac{\sin(x) - \sin(0)}{x - 0}$.

Ainsi, $\lim\limits_{x \to 0} \frac{\sin(x)}{x}$ est une limite de taux d'accroissement.

Elle est donc égale au nombre dérivé de la fonction sinus en 0.

$\lim\limits_{x \to 0} \frac{\sin(x)}{x} = \cos(0) = 1$.

À RETENIR

$\sin'(x) = \cos(x)$ et $\cos'(x) = -\sin(x)$.

c. $1 + x + \sin(x) = x\left(\frac{1}{x} + 1 + \frac{\sin(x)}{x}\right)$.

On a démontré que $\lim\limits_{x \to +\infty} \frac{\sin(x)}{x} = 0$ à la question a.

Or $\lim\limits_{x \to +\infty} \frac{1}{x} + 1 = 1$, donc $\lim\limits_{x \to +\infty} \frac{1}{x} + 1 + \frac{\sin(x)}{x} = 1$ d'après le théorème sur les sommes de limites.

Ainsi, $\lim\limits_{x \to +\infty} x\left(\frac{1}{x} + 1 + \frac{\sin(x)}{x}\right) = +\infty$ d'après le théorème sur le produit de limites.

Donc : $\lim\limits_{x \to +\infty} 1 + x + \sin(x) = +\infty$.

d. $\lim\limits_{x \to 0^+} \cos(x) = 1$ et $\lim\limits_{x \to 0^+} x = 0^+$, donc $\lim\limits_{x \to 0^+} \frac{\cos(x)}{x} = +\infty$ d'après le théorème sur le quotient de limites.

e. $\lim\limits_{x \to 0} \cos(x) - 1 = 0$ et $\lim\limits_{x \to 0} x = 0$, il s'agit donc d'une forme indéterminée.

Pour lever cette indétermination, remarquons que $\frac{\cos(x) - 1}{x} = \frac{\cos(x) - \cos(0)}{x - 0}$.

Ainsi $\lim\limits_{x\to 0}\dfrac{\cos(x)-1}{x}$ est une limite de taux d'accroissement.

Elle est donc égale au nombre dérivé de la fonction cosinus en 0.

$\lim\limits_{x\to 0}\dfrac{\cos(x)-1}{x} = -\sin(0) = 0.$

f. $\lim\limits_{x\to+\infty}\dfrac{1}{x} = 0$ donc $\lim\limits_{x\to+\infty}\sin\left(\dfrac{1}{x}\right) = \sin(0) = 0$, puisque la fonction sinus est continue en 0 (cf. chapitre 2).

Ainsi $\lim\limits_{x\to+\infty} 1 + \dfrac{1}{x} + \sin\left(\dfrac{1}{x}\right) = 1$ d'après le théorème sur la somme de limites.

À RETENIR

La dérivée de la fonction composée $g : t \mapsto f(at+b)$ est $g' : t \mapsto af'(at+b)$.

8 **a.** $x(t) = x_0 f(\omega t + \varphi)$, avec $f(t) = \cos t$. $f'(t) = -\sin t$, donc on a $x'(t) = -\omega x_0 \sin(\omega t + \varphi)$.

b. De même que dans la question précédente, on a $x''(t) = -\omega x_0 \times \omega \times \cos(\omega t + \varphi) = -\omega^2 x_0 \cos(\omega t + \varphi)$.

c. On en déduit donc que $x''(t) = -\omega^2 x(t)$ ou encore $x''(t) + \omega^2 x(t) = 0$.

REMARQUE

*L'équation trouvée à la question **c**, qui relie une fonction avec ses dérivées (première, seconde, etc.) s'appelle une* **équation différentielle**.

Équations trigonométriques

9 **a.** Posons $X = \cos(x)$ et résolvons l'équation $2X^2 + 3X - 5 = 0$.
$\Delta = 3^2 - 4 \times 2 \times (-5) = 9 + 40 = 49$, donc cette équation admet deux racines réelles :

$$X_1 = \frac{-3-\sqrt{49}}{2\times 2} = \frac{-3-7}{4} = -\frac{5}{2} \text{ et } X_2 = \frac{-3+\sqrt{49}}{2\times 2} = \frac{-3+7}{4} = 1.$$

Il s'agit donc de résoudre les équations $\cos(x) = -\dfrac{5}{2}$ et $\cos(x) = 1$.

Or $\cos(x) \in [-1 ; 1]$ pour tout réel x, donc seule la deuxième équation admet des solutions, qui sont les multiples de 2π. Ainsi les solutions de l'équation $2\cos^2(x) + 3\cos(x) - 5 = 0$ sont tous les réels de la forme $2k\pi$ avec $k \in \mathbb{Z}$.

b. Posons $X = \sin(x)$ et résolvons l'équation $X^2 + \dfrac{1}{\sqrt{2}}X - 1 = 0$.

$\Delta = \left(\dfrac{1}{\sqrt{2}}\right)^2 - 4 \times 1 \times (-1) = \dfrac{1}{2} + 4 = \dfrac{9}{2}$, donc cette équation admet deux racines réelles :

$$X_1 = \frac{-\frac{1}{\sqrt{2}} - \sqrt{\frac{9}{2}}}{2\times 1} = \frac{-\frac{1}{\sqrt{2}} - \frac{3}{\sqrt{2}}}{2} = -\frac{4}{2\sqrt{2}} = -\frac{2}{\sqrt{2}} = -\sqrt{2}$$

et $X_2 = \dfrac{-\frac{1}{\sqrt{2}} + \sqrt{\frac{9}{2}}}{2\times 1} = \dfrac{-\frac{1}{\sqrt{2}} + \frac{3}{\sqrt{2}}}{2} = \dfrac{2}{2\sqrt{2}} = \dfrac{1}{\sqrt{2}}$.

Il s'agit donc de résoudre les équations $\sin(x) = -\sqrt{2}$ et $\sin(x) = \dfrac{1}{\sqrt{2}}$.

Or $\sin(x) \in [-1 ; 1]$ pour tout réel x, et $\sqrt{2} > 1$, donc seule la deuxième équation admet des solutions.

On sait que $\dfrac{1}{\sqrt{2}} = \dfrac{\sqrt{2}}{2}$ et que $\sin\left(\dfrac{\pi}{4}\right) = \dfrac{\sqrt{2}}{2}$ et que $\sin\left(\dfrac{3\pi}{4}\right) = \dfrac{\sqrt{2}}{2}$.

L'équation $\sin(x) = \dfrac{1}{\sqrt{2}}$ admet donc deux solutions dans l'intervalle $]-\pi ; \pi]$, qui sont $\dfrac{\pi}{4}$ et $\dfrac{3\pi}{4}$.

Ainsi les solutions de l'équation $\sin^2(x) + \dfrac{1}{\sqrt{2}}\sin(x) - 1 = 0$ sont

$$S = \left\{\frac{\pi}{4} + 2k\pi ; \frac{3\pi}{4} + 2k\pi \,/\, k \in \mathbb{Z}\right\}.$$

10 **a.** Si on pose $X = \cos(x)$ et $Y = \sin(x)$, alors l'équation (E) peut s'écrire $X + Y = \sqrt{2}$.

b. Par ailleurs, $X^2 + Y^2 = \cos^2(x) + \sin^2(x) = 1$.

c. Il s'agit donc de résoudre le système $\begin{cases} X + Y = \sqrt{2} \\ X^2 + Y^2 = 1 \end{cases}$.

> **RAPPEL**
> *Pour tout réel x, $\cos^2(x) + \sin^2(x) = 1$.*

La première égalité nous donne $(X + Y)^2 = \sqrt{2}^2 = 2$.

La seconde nous dit que $(X + Y)^2 = X^2 + 2XY + Y^2 = 1 + 2XY$.

En combinant ces égalités, on obtient $1 + 2XY = 2$ soit $XY = \dfrac{1}{2}$.

d. On a donc obtenu les égalités suivantes : $\begin{cases} X + Y = \sqrt{2} \\ XY = \dfrac{1}{2} \end{cases}$.

Ainsi $Y = \sqrt{2} - X$ et $X(\sqrt{2} - X) = \frac{1}{2}$.

X est donc solution de l'équation du seconde degré $-X^2 + \sqrt{2}X = \frac{1}{2}$.

Cette équation peut aussi s'écrire $2X^2 - 2\sqrt{2}X + 1 = 0$.

Pour résoudre cette équation, calculons son discriminant :

$\Delta = b^2 - 4ac = (-2\sqrt{2})^2 - 4 \times 2 \times 1 = 8 - 8 = 0$.

Cette équation admet une solution unique dans $\mathbb{R}$: $X = \frac{-b}{2a} = \frac{2\sqrt{2}}{2 \times 2} = \frac{\sqrt{2}}{2}$.

e. De l'égalité $XY = \frac{1}{2}$, on tire $Y = \frac{1}{2X} = \frac{1}{2\frac{\sqrt{2}}{2}} = \frac{1}{\sqrt{2}} = \frac{\sqrt{2}}{(\sqrt{2})^2} = \frac{\sqrt{2}}{2}$.

Ainsi, on a montré que si x est une solution de l'équation (E), alors $\begin{cases} \cos(x) = \frac{\sqrt{2}}{2} \\ \sin(x) = \frac{\sqrt{2}}{2} \end{cases}$.

Ce système admet une et une seule solution dans l'intervalle $]-\pi ; \pi]$: $x = \frac{\pi}{4}$.

Réciproquement, $\frac{\pi}{4}$ étant bien une solution de l'équation $\cos(x) + \sin(x) = \sqrt{2}$, on peut affirmer que l'équation (E) admet une et une seule solution dans l'intervalle $]-\pi ; \pi]$:

$S = \left\{\frac{\pi}{4}\right\}$.

11 **a.** L'ensemble des solutions de l'inéquation $\sin(x) \geqslant \frac{\sqrt{2}}{2}$ correspond aux points du cercle trigonométrique dont l'ordonnée est supérieure ou égale à $\frac{\sqrt{2}}{2}$.

On a représenté ces points sur le dessin ci-contre.

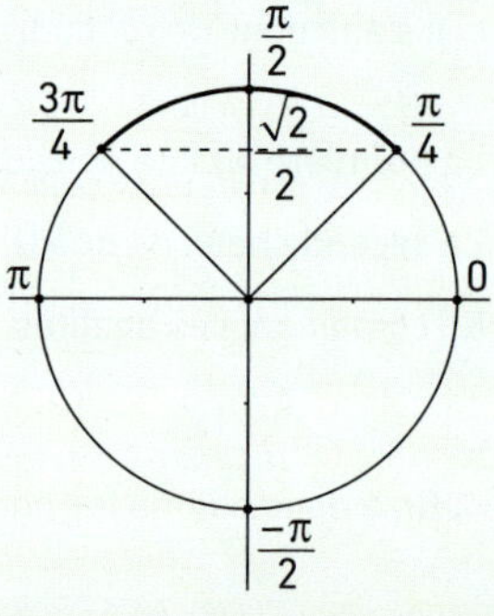

$S = \left[\frac{\pi}{4} ; \frac{3\pi}{4}\right]$.

b. $\cos^2(x) - \frac{1}{4} \geqslant 0 \Leftrightarrow \left(\cos(x) - \frac{1}{2}\right)\left(\cos(x) + \frac{1}{2}\right) \geqslant 0.$

Pour tout réel $x \in \left[-\frac{\pi}{2} ; \frac{\pi}{2}\right]$, $\cos(x)$ est positif,

donc $\cos(x) + \frac{1}{2}$ est strictement positif.

REMARQUE

Pour déterminer l'ensemble des solutions, on se déplace sur le cercle dans le sens positif, en partant du point correspondant à $-\pi$ pour aller jusqu'au point correspondant à π. On effectue ainsi un tour complet. Les solutions correspondent aux points qui vérifient la condition imposée par l'inéquation.

Sur l'intervalle $\left[-\frac{\pi}{2} ; \frac{\pi}{2}\right]$,

l'inéquation initiale est donc équivalente à l'inéquation

$\cos(x) - \frac{1}{2} \geqslant 0.$

L'ensemble des solutions de l'inéquation $\cos(x) \geqslant \frac{1}{2}$ correspond aux points du cercle trigonométrique dont l'abscisse est supérieure à $\frac{1}{2}$. On a représenté ces points sur le dessin ci-contre. $S = \left[-\frac{\pi}{3} ; \frac{\pi}{3}\right]$.

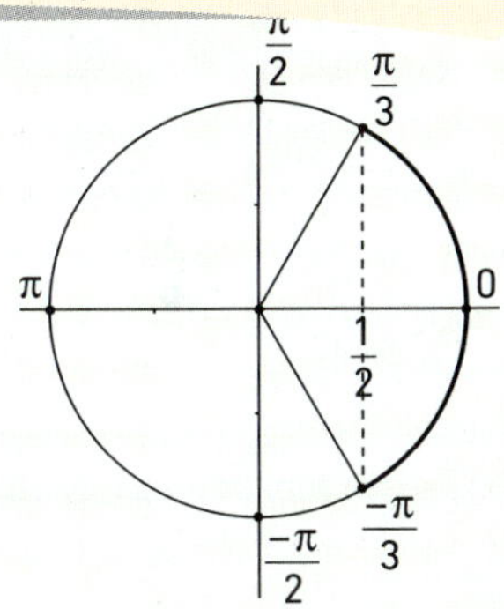

Formules d'addition et de duplication

12 **a.** D'une part, $e^{ia} \times e^{ib} = e^{i \times (a+b)} = \cos(a+b) + i\sin(a+b)$.
D'autre part, $e^{ia} \times e^{ib} = (\cos(a) + i\sin(a)) \times (\cos(b) + i\sin(b))$, donc

$e^{ia} \times e^{ib} = \cos(a)\cos(b) - \sin(a)\sin(b) + i(\cos(a)\sin(b) + \sin(a)\cos(b))$.

En identifiant les parties réelles et imaginaires on obtient bien les égalités demandées :
$\cos(a+b) = \cos(a)\cos(b) - \sin(a)\sin(b)$
et $\sin(a+b) = \sin(a)\cos(b) + \cos(a)\sin(b)$.

b. En prenant $a = b = x$, on obtient
$\cos(x+x) = \cos(2x) = \cos^2(x) - \sin^2(x)$
et $\sin(x+x) = \sin(2x) = 2\cos(x)\sin(x)$.

À RETENIR

Pour tout $\theta \in \mathbb{R}$, $e^{i\theta} = \cos\theta + i\sin\theta$.

REMARQUE

Dans les exercices suivants, vous pourrez utiliser ces deux formules de duplication : $\cos(2x) = \cos^2(x) - \sin^2(x)$ et $\sin(2x) = 2\cos(x)\sin(x)$.

13 **a.** $(\sin x + \cos x)^2 = \sin^2(x) + \cos^2(x) + 2\sin(x)\cos(x)$

$= 1 + \sin(2x)$.

b. $\cos^2(x) + \sin^2(x) = 1$, donc

$\cos(2x) = \cos^2(x) - \sin^2(x) = \cos^2(x) - (1 - \cos^2(x)) = 2\cos^2(x) - 1$

et $\cos(2x) = \cos^2(x) - \sin^2(x) = (1 - \sin^2(x)) - \sin^2(x) = 1 - 2\sin^2(x)$.

c. $\tan(2x) = \dfrac{\sin(2x)}{\cos(2x)} = \dfrac{2\sin(x)\cos(x)}{\cos^2(x) - \sin^2(x)}$, donc

$$\frac{1}{\tan(2x)} = \frac{\cos^2(x) - \sin^2(x)}{2\sin(x)\cos(x)} = \frac{\cos^2(x)}{2\sin(x)\cos(x)} - \frac{\sin^2(x)}{2\sin(x)\cos(x)},$$

donc $\dfrac{1}{\tan(2x)} = \dfrac{\cos(x)}{2\sin(x)} - \dfrac{\sin(x)}{2\cos(x)} = \dfrac{1}{2\tan(x)} - \dfrac{\tan(x)}{2}$.

14 **a.** La fonction cos définie sur l'intervalle $\left[0\,;\dfrac{\pi}{2}\right]$ est strictement décroissante, continue, et à valeur dans l'intervalle [0 ; 1].

Il s'agit donc de montrer que le réel $\dfrac{\sqrt{2+\sqrt{3}}}{2}$ appartient à l'intervalle [0 ; 1].

$1 < \sqrt{3} < 2$, donc $3 < 2 + \sqrt{3} < 4$ et $\sqrt{3} < \sqrt{2+\sqrt{3}} < \sqrt{4}$, car la fonction racine carrée est strictement croissante sur $\mathbb{R}^+$.

Ainsi, $1 < \sqrt{2+\sqrt{3}} < 2$ et $\dfrac{1}{2} < \dfrac{\sqrt{2+\sqrt{3}}}{2} < 1$.

> **À RETENIR**
> *La fonction cos est strictement décroissante sur $[0\,;\pi]$.*
> *La fonction sin est strictement croissante sur $\left[-\dfrac{\pi}{2};\dfrac{\pi}{2}\right]$.*

D'après le théorème de la bijection, il existe donc bien un unique réel x dans l'intervalle $\left[0\,;\dfrac{\pi}{2}\right]$ tel que $\cos(x) = \dfrac{\sqrt{2+\sqrt{3}}}{2}$.

Remarque : comme $\cos\left(\dfrac{\pi}{3}\right) = \dfrac{1}{2}$ et que la fonction cos est décroissante sur $\left[0\,;\dfrac{\pi}{2}\right]$, on a même démontré que $x \in \left[0\,;\dfrac{\pi}{3}\right]$.

b. $\cos(2x) = 2\cos^2(x) - 1 = 2 \times \left(\dfrac{\sqrt{2+\sqrt{3}}}{2}\right)^2 - 1 = 2 \times \dfrac{2+\sqrt{3}}{4} - 1 = \dfrac{2+\sqrt{3}}{2} - \dfrac{2}{2}.$

On a donc $\cos(2x) = \dfrac{\sqrt{3}}{2}.$

c. Ainsi $2x = \dfrac{\pi}{6} + 2k\pi$ ou $2x = -\dfrac{\pi}{6} + 2k\pi$ avec $k \in \mathbb{Z}$.

On en déduit que $x = \dfrac{\pi}{12} + k\pi$ ou $x = -\dfrac{\pi}{12} + k\pi$ avec $k \in \mathbb{Z}$.

Puisque $x \in \left[0\,; \dfrac{\pi}{2}\right]$, on a nécessairement $k = 0$ et $x = \dfrac{\pi}{12}.$

15 **a.** $\cos(2x) + \cos(x) + 1 = 2\cos^2(x) - 1 + \cos(x) + 1$
$= 2\cos^2(x) + \cos(x).$

Il s'agit donc de résoudre l'équation $2\cos^2(x) + \cos(x) = 0$.

$2\cos^2(x) + \cos(x) = 0 \Leftrightarrow \cos(x)(2\cos(x) + 1) = 0$
$\Leftrightarrow \cos(x) = 0$ ou $2\cos(x) + 1 = 0.$

$\cos(x) = 0 \Leftrightarrow x = \dfrac{\pi}{2} + k\pi$ avec $k \in \mathbb{Z}$.

$2\cos(x) + 1 = 0 \Leftrightarrow \cos(x) = -\dfrac{1}{2} \Leftrightarrow x = \dfrac{2\pi}{3} + 2k\pi$ ou $x = -\dfrac{2\pi}{3} + 2k\pi$ avec $k \in \mathbb{Z}$.

> **REMARQUE**
>
> *On peut aussi écrire $x = \dfrac{\pi}{2} + 2k\pi$ ou $x = -\dfrac{\pi}{2} + 2k\pi$ avec $k \in \mathbb{Z}$.*

L'ensemble des solutions est donc $S = \left\{\dfrac{\pi}{2} + k\pi\,; \dfrac{2\pi}{3} + 2k\pi\,; -\dfrac{2\pi}{3} + 2k\pi \,/\, k \in \mathbb{Z}\right\}.$

b. $\sin(2x) = \sin(x) \Leftrightarrow 2\sin(x)\cos(x) = \sin(x) \Leftrightarrow \sin(x)(2\cos(x) - 1) = 0.$

Ainsi $\sin(2x) = \sin(x) \Leftrightarrow \sin(x) = 0$ ou $2\cos(x) - 1 = 0.$

$\sin(x) = 0 \Leftrightarrow x = k\pi$ avec $k \in \mathbb{Z}$.

$2\cos(x) - 1 = 0 \Leftrightarrow \cos(x) = \dfrac{1}{2} \Leftrightarrow x = \dfrac{\pi}{3} + 2k\pi$ ou $x = -\dfrac{\pi}{3} + 2k\pi.$

L'ensemble des solutions est donc $S=\left\{k\pi\,;\frac{\pi}{3}+2k\pi\,;-\frac{\pi}{3}+2k\pi\,/\,k\in\mathbb{Z}\right\}$.

c. $\cos(2x)=\sin(x)\Leftrightarrow 1-2\sin^2(x)=\sin(x)\Leftrightarrow 2\sin^2(x)+\sin(x)-1=0$.

Posons $X=\sin(x)$ et résolvons l'équation $2X^2+X-1=0$.

$\Delta=1^2-4\times 2\times(-1)=9$, donc cette équation admet deux solutions :

$X_1=\frac{-1-\sqrt{9}}{2\times 2}=-1$ et $X_2=\frac{-1+\sqrt{9}}{2\times 2}=\frac{1}{2}$.

Il s'agit donc de résoudre les équations $\sin(x)=-1$ et $\sin(x)=-\frac{1}{2}$.

$\sin(x)=-1\Leftrightarrow x=-\frac{\pi}{2}+2k\pi$ avec $k\in\mathbb{Z}$.

$\sin(x)=-\frac{1}{2}\Leftrightarrow x=-\frac{\pi}{6}+2k\pi$ ou $x=-\frac{5\pi}{6}+2k\pi$.

L'ensemble des solutions est donc $S=\left\{-\frac{\pi}{2}+2k\pi\,;-\frac{\pi}{6}+2k\pi\,;-\frac{5\pi}{6}+2k\pi\,/\,k\in\mathbb{Z}\right\}$.

d. $\cos(x)\sin(x)=\frac{1}{4}\Leftrightarrow 2\cos(x)\sin(x)=\frac{2}{4}\Leftrightarrow\sin(2x)=\frac{1}{2}$.

Ainsi $\cos(x)\sin(x)=\frac{1}{4}\Leftrightarrow 2x=\frac{\pi}{6}+2k\pi$ ou $2x=\frac{5\pi}{6}+2k\pi$.

L'ensemble des solutions est donc $S=\left\{\frac{\pi}{12}+k\pi\,;\frac{5\pi}{12}+k\pi\,/\,k\in\mathbb{Z}\right\}$.

Dérivation

POUR DÉMARRER

- Revoir le chapitre sur les limites et la continuité.
- Revoir les études de signe et le second degré.

1 Nombre dérivé et tangente

A. Fonction dérivable en un point

Définitions

Soit f une fonction définie sur un intervalle I et x_0 un réel de I.

On note $\mathscr{C}_f$ sa courbe représentative dans un repère orthogonal $(O; \vec{i}, \vec{j})$.

- Dire que f est **dérivable** en x_0 signifie que le rapport $\dfrac{f(x_0+h)-f(x_0)}{h}$ admet une limite finie l quand h tend vers zéro.

Ce réel l est appelé le **nombre dérivé** de f en x_0, et est noté $f'(x_0)$.

- $\dfrac{f(x_0+h)-f(x_0)}{h}$ est le **taux d'accroissement** de f entre x_0 et x_0+h.

B. Autre expression du taux d'accroissement

En posant $x = x_0 + h$, le taux d'accroissement s'écrit $\dfrac{f(x)-f(x_0)}{x-x_0}$.

f est dérivable en x_0 signifie que ce rapport admet une limite finie l quand x tend vers x_0.

Dans ce cas : $\lim\limits_{x \to x_0} \dfrac{f(x)-f(x_0)}{x-x_0} = f'(x_0)$.

C. Meilleure approximation affine

Propriété

Lorsque h est proche de 0, on a : $f(x_0 + h) \approx f(x_0) + f'(x_0)\,h$

ou encore, en posant $x = x_0 + h$, $f(x) \approx f(x_0) + f'(x_0)(x - x_0)$.

La fonction $x \mapsto f(x_0) + f'(x_0)(x - x_0)$ est la meilleure **approximation affine** de f au voisinage de x_0 et sa courbe est la **tangente** à $\mathscr{C}_f$ au point d'abscisse x_0.

D. Équation de la tangente en un point

Lorsque f est une fonction dérivable en x_0, alors $f'(x_0)$ est le **coefficient directeur** de la tangente T à la courbe $\mathscr{C}_f$ au point A d'abscisse x_0.

La tangente T à $\mathscr{C}_f$ en A admet alors pour équation réduite : $y = f'(x_0)(x - x_0) + f(x_0)$.

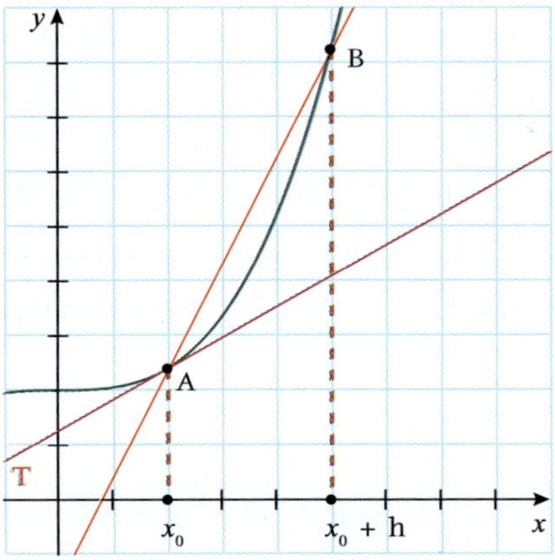

Remarques

• Le taux d'accroissement de f entre deux points A et B d'abscisses x_0 et $x_0 + h$ est le coefficient directeur de la droite (AB).

• La courbe peut admettre en un point une tangente verticale. Dans ce cas, elle n'est pas dérivable en ce point.

2 Fonction dérivée d'une fonction

A. Définition

Soit f une fonction définie sur un intervalle I.

Lorsque f est dérivable en tout point x de I, on dit que f est dérivable sur I.

On appelle **fonction dérivée** de f la fonction, notée f', définie sur I par : $f' : x \mapsto f'(x)$.

Remarque : certaines fonctions sont définies sur un intervalle, mais ne sont pas dérivables sur cet intervalle. C'est le cas de la fonction racine carrée qui est définie sur $[0\ ;\ +\infty[$ et dérivable sur $]0\ ;\ +\infty[$.

B. Dérivées de fonctions usuelles

$f(x)$	c, $c \in \mathbb{R}$	$ax + b$	x^2	x^n, $n \geqslant 2$	$\frac{1}{x}$	$\sqrt{x}$	$\frac{1}{x^n}$ $n \in \mathbb{N}^*$	$\sin x$	$\cos x$
D_f	$\mathbb{R}$	$\mathbb{R}$	$\mathbb{R}$	$\mathbb{R}$	$\mathbb{R}^*$	$[0\ ;\ +\infty[$	$\mathbb{R}^*$	$\mathbb{R}$	$\mathbb{R}$
$f'(x)$	0	a	$2x$	nx^{n-1}	$-\frac{1}{x^2}$	$\frac{1}{2\sqrt{x}}$	$-\frac{n}{x^{n+1}}$	$\cos x$	$-\sin x$
$D_{f'}$	$\mathbb{R}$	$\mathbb{R}$	$\mathbb{R}$	$\mathbb{R}$	$\mathbb{R}^*$	$]0\ ;\ +\infty[$	$\mathbb{R}^*$	$\mathbb{R}$	$\mathbb{R}$

3 Fonctions dérivées et opérations

A. Propriétés

Soient u et v deux fonctions dérivables sur un intervalle I et k un réel.

- Les fonctions $u + v$, ku et uv, sont dérivables sur I et on a :

$(u + v)' = u' + v'$; $(ku)' = ku'$; $(uv)' = u'v + uv'$.

- Si, de plus, v ne s'annule pas sur I, alors $\frac{u}{v}$ est dérivable sur I et $\left(\frac{u}{v}\right)' = \frac{u'v - uv'}{v^2}$.

En particulier : $\left(\frac{1}{v}\right)' = -\frac{v'}{v^2}$.

B. Conséquences

Les fonctions **polynômes** sont dérivables sur $\mathbb{R}$.

Les fonctions **rationnelles** sont dérivables sur chaque intervalle de leur ensemble de définition.

4 Dérivées de fonctions composées

Propriété

Si u est une fonction dérivable sur un intervalle I et à valeurs dans un intervalle J et v une fonction dérivable sur J, alors la fonction f définie sur I par : $f(x) = v(u(x))$ est dérivable sur I et $f'(x) = v'(u(x)) \times u'(x)$.

On retiendra la formule : $(v\text{o}u)' = v'\text{o}u \times u'$.

5 Signe de la dérivée et variation de la fonction

Soit f une fonction dérivable sur un intervalle ouvert I.

CONSEIL

On étudiera avec soin le signe de $f'(x)$. On donnera généralement un tableau des signes de $f'(x)$.

- f est strictement croissante sur I si, et seulement si, f' est strictement positive sur I, sauf éventuellement en des points isolés où elle s'annule.
- f est strictement décroissante sur I si, et seulement si, f' est strictement négative sur I, sauf éventuellement en des points isolés où elle s'annule.
- f est constante sur I si, et seulement si, f' est nulle sur I.

6 Dérivabilité et continuité

Théorème : Toute fonction dérivable sur un intervalle I est continue sur cet intervalle.

Remarque : La réciproque est fausse. La fonction racine carrée est continue sur $[0\ ;\ +\infty[$ mais n'est dérivable que sur $]0\ ;\ +\infty[$.

7 Théorème des valeurs intermédiaires

A. Théorème

Soient f une fonction définie sur I, et a et b deux réels de I.

Si f est continue sur I, alors pour tout réel λ compris entre $f(a)$ et $f(b)$, il existe (au moins) un réel c compris entre a et b tel que $f(c) = \lambda$.

B. Illustration graphique

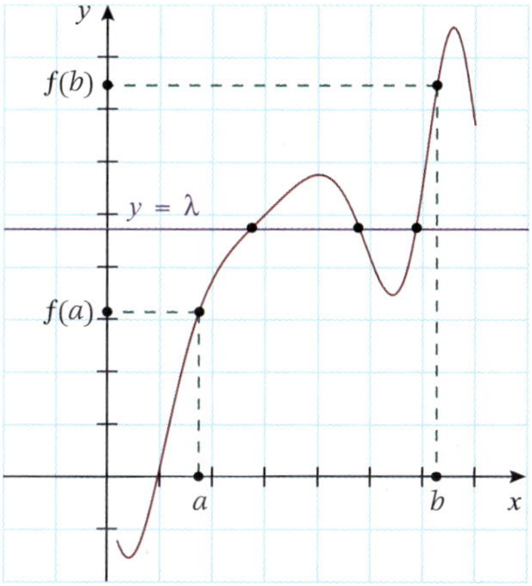

La courbe ci-contre représente une fonction continue.

Pour aller du point de coordonnées $(a\ ;\ f(a))$ au point de coordonnées $(b\ ;\ f(b))$ *sans lever le crayon*, car la fonction f est continue sur I, on doit forcément couper au moins une fois la droite horizontale d'équation $y = \lambda$ si λ est compris entre $f(a)$ et $f(b)$.

C. Remarque

Lorsque f est continue sur un intervalle ouvert $]a\ ;\ b[$, on remplace $f(a)$ par $\lim\limits_{x \to a} f(x)$ et $f(b)$ par $\lim\limits_{x \to b} f(x)$.

8 Théorème de la bijection

A. Théorème

Soient f une fonction définie sur I, et a et b deux réels de I.

Si f est continue et strictement monotone sur I, alors pour tout réel λ compris entre $f(a)$ et $f(b)$, il existe un unique réel c compris entre a et b tel que $f(c) = \lambda$.

B. Illustration graphique

Dans ce cas, la fonction étant strictement monotone (décroissante ici), la droite horizontale d'équation $y = \lambda$ coupe une fois et une seule la courbe.

On remarque que si f est strictement décroissante, l'image de l'intervalle $[a\ ;\ b]$ est $[f(b)\ ;\ f(a)]$.

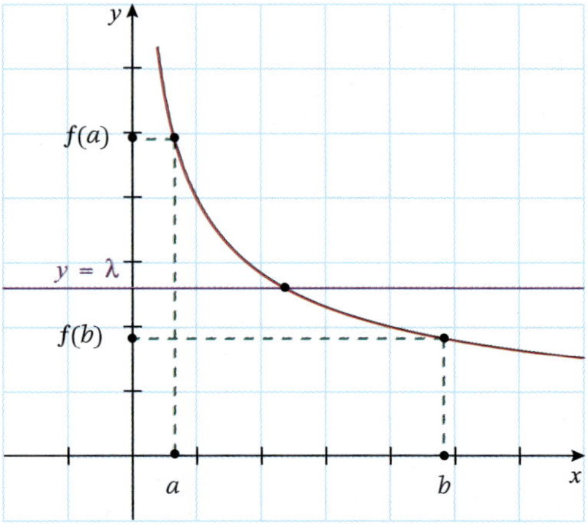

C. Remarque

Lorsque f est continue sur un intervalle ouvert $]a\ ;\ b[$, l'intervalle d'arrivée est $]\lim\limits_{x \to a} f(x)\ ;\ \lim\limits_{x \to b} f(x)[$ (f croissante) ou $]\lim\limits_{x \to b} f(x)\ ;\ \lim\limits_{x \to a} f(x)[$ (f décroissante).

PIÈGES À ÉVITER

- Les formules de dérivation doivent être connues parfaitement et sans hésitation.
- On s'appliquera, lors de l'étude de fonctions, à ce que cette étude soit parfaitement cohérente. Une calculatrice graphique sera particulièrement utile pour vérifier que le tableau de variation correspond bien à la courbe représentative de la fonction étudiée.
- On fera un effort particulier également pour rédiger les réponses qui utilisent le théorème des valeurs intermédiaires. Quel est l'ensemble de départ ? D'arrivée ? La fonction est-elle bien continue et strictement monotone sur l'intervalle ? La simple lecture d'un tableau de variations n'est pas une justification suffisante.

1 Calculer des fonctions dérivées

CONSEILS

- **Il faut analyser clairement la fonction dont on cherche la dérivée. Ce travail d'analyse est important également lorsqu'on cherche des limites.**
- **On doit parfaitement connaître les dérivées des fonctions usuelles, ainsi que les différentes formules du cours.**

Exercice

Calculer les dérivées des fonctions suivantes :

1 $f(x) = x^2\sqrt{x}$, définie sur $]0\,;+\infty[$.

2 $g(x) = \dfrac{5x-3}{x^2+1}$, définie sur $\mathbb{R}$.

3 $h(x) = \sqrt{x^2+3x+4}$, définie sur $\mathbb{R}$.

POINT MÉTHODE

✓ *On utilise les formules du §3 lorsque la fonction est une somme, un produit ou un quotient de fonctions dérivables, ou du §4 lorsqu'elle est la composée de fonctions dérivables.*

Comment répondre ?

1 La fonction f est le produit de fonctions dérivables sur $]0\,;+\infty[$.

En posant : $u(x) = x^2$ et $v(x) = \sqrt{x}$, on a $f(x) = u(x)\,v(x)$.

Et $f'(x) = u'(x)\,v(x) + u(x)\,v'(x) = 2x\sqrt{x} + x^2 \times \dfrac{1}{2\sqrt{x}}$.

En simplifiant : $f'(x) = 2x\sqrt{x} + \dfrac{x^2\times\sqrt{x}}{2\sqrt{x}^2} = 2x\sqrt{x} + \dfrac{x\sqrt{x}}{2} = \dfrac{5}{2}x\sqrt{x}$.

2 La fonction g est le quotient de fonctions dérivables sur $\mathbb{R}$ dont le dénominateur ne s'annule jamais.

En posant : $u(x) = 5x - 3$ et $v(x) = x^2 + 1$, on a $g(x) = \dfrac{u(x)}{v(x)}$.

Et $g'(x) = \dfrac{u'(x)\,v(x) - u(x)\,v'(x)}{(v(x))^2} = \dfrac{5\times(x^2+1) - (5x+3)\times 2x}{(x^2+1)^2}$.

On développe le numérateur et on simplifie :

$$g'(x) = \frac{5x^2 + 5 - 10x^2 - 6x}{(x^2 + 1)^2} = \frac{-5x^2 - 6x + 5}{(x^2 + 1)^2}.$$

3 La fonction h est la composée de fonctions dérivables. On peut vérifier que le polynôme $x^2 + 3x + 4$ ne s'annule jamais et est toujours strictement positif. En effet, $\Delta = 3^2 - 4 \times 1 \times 4 = -7 < 0$ et le coefficient de x^2 est égal à 1, donc est positif.

En posant : $u(x) = x^2 + 3x + 4$ et $v(x) = \sqrt{x}$, $h(x) = v(u(x)) = v o u(x)$.

Donc, $h'(x) = v'(u(x)) \times u'(x) = \dfrac{1}{2\sqrt{x^2 + 3x + 4}} \times (2x + 3) = \dfrac{2x + 3}{2\sqrt{x^2 + 3x + 4}}$.

2 Étudier la dérivabilité d'une fonction en un point

CONSEILS

- **On étudie la dérivabilité en un point lorsque le calcul de la fonction dérivée est impossible en ce point. C'est le cas de certaines fonctions composées avec la racine carrée ou la valeur absolue (non dérivables en 0).**
- **On étudie aussi souvent la dérivabilité en certains points particuliers dans le cas de fonctions définie par morceaux.**

Exercice

Soit f la fonction définie sur [0 ; 4] par $f(x) = (2 - x)\sqrt{x^2 - 4}$.

Étudier la dérivabilité de f en -2 et en 2.

POINT MÉTHODE

✓ *Pour étudier la dérivabilité en un point, on doit en général revenir à la définition d'une fonction dérivable en un point (§1).*

On cherche la limite du taux d'accroissement $\dfrac{f(x) - f(x_0)}{x - x_0}$ quand x tend vers x_0. Si cette limite est finie, la fonction est dérivable, sinon, la fonction n'est pas dérivable. On doit systématiquement « lever » une indétermination du type « $\dfrac{0}{0}$ ».

Comment répondre ?

Dans ce cas, f est le produit de deux fonctions. L'une d'elle, $x \mapsto \sqrt{x^2-4}$ est la composée d'une fonction polynôme $x \mapsto x^2-4$ et de la fonction racine carrée. Or, x^2-4 s'annule pour $x=-2$ ou $x=2$ et la fonction racine carrée n'est pas dérivable en 0. Les théorèmes concernant les opérations sur les fonctions dérivables ne s'appliquent donc pas.

On doit donc revenir à la définition.

On préfère, en général, utiliser le taux d'accroissement sous la forme $\dfrac{f(x)-f(x_0)}{x-x_0}$ (cf. **§1B**), car les calculs sont souvent plus simples, mais l'autre forme $\dfrac{f(x_0+h)-f(x_0)}{h}$ peut convenir également.

Dérivabilité en -2 : $\dfrac{f(x)-f(-2)}{x-(-2)} = \dfrac{(2-x)\sqrt{x^2-4}-0}{x+2} = \dfrac{(2-x)\sqrt{x^2-4}}{x+2}$.

Pour « lever » l'indétermination, on multiplie par $\sqrt{x^2-4}$ le numérateur et le dénominateur : $\dfrac{f(x)-f(-2)}{x-(-2)} = \dfrac{(2-x)\left(\sqrt{x^2-4}\right)^2}{(x+2)\left(\sqrt{x^2-4}\right)} = \dfrac{(2-x)(x+2)(x-2)}{(x+2)\left(\sqrt{x^2-4}\right)}$.

Ainsi, en simplifiant : $\dfrac{f(x)-f(-2)}{x-(-2)} = \dfrac{(2-x)(x-2)}{\sqrt{x^2-4}}$.

Or, $\lim\limits_{x\to-2^+}(2-x)(x-2) = -16$ et $\lim\limits_{x\to-2^+}\sqrt{x^2-4} = 0^+$.

Donc, par quotient, $\lim\limits_{x\to-2^+}\dfrac{f(x)-f(-2)}{x-(-2)} = -\infty$.

Par conséquent, f n'est pas dérivable en -2.

> **RAPPEL**
>
> $\left(\sqrt{x}\right)^2 = x$ *pour tout* $x \geqslant 0$, *mais* $\sqrt{x^2} = |x|$, *donc* $\sqrt{x^2} = x$ *si* $x \geqslant 0$, $\sqrt{x^2} = -x$ *si* $x \leqslant 0$.

Dérivabilité en 2 : $\dfrac{f(x)-f(2)}{x-2} = \dfrac{(2-x)\sqrt{x^2-4}}{x-2} = \dfrac{-(x-2)\sqrt{x^2-4}}{x-2}$.

Ainsi, en simplifiant : $\dfrac{f(x)-f(2)}{x-2} = -\sqrt{x^2-4}$.

Donc, $\lim\limits_{x\to2^-}\dfrac{f(x)-f(2)}{x-2} = -\sqrt{2^2-4} = 0$.

Par conséquent, f est dérivable en 2 et $f'(2)=0$.

3 Utiliser le théorème de la bijection

CONSEILS

▪ Le théorème de la bijection concerne des fonctions continues et strictement monotones sur un intervalle. On a souvent à étudier préalablement les limites et les variations d'une fonction avant d'utiliser ce théorème.

▶ Exercice

Soit la fonction f définie sur $[0\ ;+\infty[$ par $f(x) = \cos x - x$.

1 **Étudier la limite de f en $+\infty$.**

2 **Étudier les variations de f.**

3 **Démontrer que l'équation $f(x) = 0$ possède une unique solution dans $[0\ ;+\infty[$.**

POINT MÉTHODE

On met en application le théorème du §8A. On doit étudier les variations de la fonction (cf. §5), ses limites éventuelles et vérifier que, sur chaque intervalle considéré, la fonction est bien strictement monotone et continue.

On doit s'assurer que 0 appartient bien à l'ensemble d'arrivée puisqu'on cherche les antécédents de 0 dans cet exercice.

▶ Comment répondre ?

1 Pour étudier la limite en $+\infty$, on doit utiliser un théorème de comparaison.

Pour tout réel x de $[0\ ;+\infty[$, $\cos x \leqslant 1$, donc $\cos x - x \leqslant 1 - x$.

Or, $\lim\limits_{x\to+\infty} 1 - x = -\infty$, donc, par comparaison, $\lim\limits_{x\to+\infty} f(x) = -\infty$.

2 La fonction f est dérivable sur $[0\ ;+\infty[$ comme somme de fonctions dérivables et $f'(x) = -\sin x - 1$.

Étude du signe de la dérivée :

$f'(x) = 0 \Leftrightarrow -\sin x - 1 = 0 \Leftrightarrow \sin x = -1 \Leftrightarrow x = \dfrac{3\pi}{2} + 2k\pi,\ k \in \mathbb{Z}$.

De plus, pour tout réel x de $[0\ ;+\infty[$, $-\sin x \leqslant 1$, donc $-\sin x - 1 \leqslant 0$.

Ainsi, $f'(x) < 0$ pour tout réel x de $[0\ ;+\infty[$, sauf en des points isolés où la dérivée s'annule (cf. *§5*).

Donc f est strictement décroissante sur $[0\ ;+\infty[$.

3 La fonction f est dérivable, donc continue, et strictement décroissante de $[0\ ;+\infty[$ vers $\left]\lim\limits_{x\to+\infty} f(x)\ ; f(0)\right]$, c'est-à-dire $]-\infty\ ; 1]$. Or, 0 appartient à $]-\infty\ ; 1]$.

Ainsi, d'après le théorème de la bijection, l'équation $f(x) = 0$ possède une unique solution dans $[0\ ;+\infty[$.

TESTEZ VOS CONNAISSANCES

CORRIGÉ p. 113

1. La fonction dérivée sur $\mathbb{R}$ de $x \mapsto x^2$ est :

a. $x \mapsto x$. b. $x \mapsto 2x$. c. $x \mapsto \frac{1}{x}$.

2. La fonction dérivée sur $]0\,;+\infty[$ de $x \mapsto \frac{1}{x}$ est :

a. $x \mapsto -\frac{1}{x^2}$. b. $x \mapsto -\frac{1}{x}$. c. $x \mapsto \frac{1}{x^2}$.

3. La fonction racine carrée est dérivable sur : a. $]0\,;+\infty[$. b. $[0\,;+\infty[$. c. $\mathbb{R}$.

4. Le nombre dérivé de la fonction racine carrée au point 9 est :

a. 3. b. $\frac{1}{3}$. c. $\frac{1}{6}$.

5. L'équation de la tangente à la courbe représentative de la fonction carré au point d'abscisse (-2) est :

a. $y = -4x - 4$. b. $y = -4x$. c. $y = x^2$.

6. $\left(\frac{u}{v}\right)' =$ a. $\frac{u'v + uv'}{v^2}$. b. $\frac{uv' - u'v}{v^2}$. c. $\frac{u'v - uv'}{v^2}$.

7. $(v \circ u)' =$ a. $(v' \circ u') \times u'$. b. $(v' \circ u) \times u'$. c. $(v \circ u) \times u'$.

8. $(\sqrt{u})' =$ a. $\frac{1}{2\sqrt{u}}$. b. $-\frac{1}{2\sqrt{u}}$. c. $\frac{u'}{2\sqrt{u}}$.

9. $(u^n)' =$ a. $nu^{n-1}u'$. b. $(u')^{n-1}$. c. nu^{n-1}.

10. Si f est continue sur l'intervalle $[0\,;5]$ avec $f(0) = 4$ et $f(5) = -4$, alors

a. $f(2{,}5) = 0$. b. l'équation $f(x) = 0$ possède une solution unique dans $[0\,;5]$.

c. 0 admet au moins un antécédent par f sur $[0\,;5]$.

ENTRAÎNEZ-VOUS

CORRIGÉ p. 114

Calculer des fonctions dérivées

1 Calculer les dérivées des fonctions suivantes sur l'intervalle I : ●○○ 20 min

a. $f(x) = x\cos(x) - \sin(x)$, $I = \mathbb{R}$.

b. $f(x) = \frac{\sin x}{x}$, $I =]0\,;+\infty[$.

c. $f(x) = \frac{\sin x}{\cos x}$, $I = \left]-\frac{\pi}{2}\,;\frac{\pi}{2}\right[$.

d. $f(x) = \frac{1-x^2}{3x^2+x}$, $I = \left]-\frac{1}{3}\,;0\right[$.

e. $f(x) = \frac{1}{3}x^3 - x^2 + 3x - 5$, $I = \mathbb{R}$.

f. $f(x) = (x^2 - 3x)\sqrt{x}$, $I =]0\,;+\infty[$.

2 Calculer les dérivées des fonctions suivantes sur l'intervalle I : ●○○ 25 min

a. $f(x) = (x^2 + 4x)^5$, $I = \mathbb{R}$.

b. $f(x) = \cos\left(\dfrac{1}{x}\right)$, $I =]0 ; +\infty[$.

c. $f(x) = \sqrt{x^2 + 4}$, $I = \mathbb{R}$.

d. $f(x) = \sqrt{3 + \dfrac{1}{2x + 1}}$, $I = \left]-\dfrac{1}{2} ; +\infty\right[$.

e. $f(x) = (2x + 5)(3x + 1)^6$, $I = \mathbb{R}$.

f. $f(x) = x \times \sqrt{x^2 + 4}$, $I = \mathbb{R}$.

Étudier la dérivabilité d'une fonction en un point

3 Soit f la fonction définie sur [0 ; 2] par ●●● 20 min

$f(x) = \dfrac{1}{2}x + x\sqrt{2x - x^2}$.

Étudier la dérivabilité de f en 0 et en 2.

4 **Question de cours** ●○○ 15 min

Le but de cet exercice est d'étudier la dérivabilité de la fonction racine carrée.

Soit f la fonction définie sur $[0 ; +\infty[$ par $f(x) = \sqrt{x}$.

a. Soit x_0 un réel strictement positif.

Démontrer que f est dérivable en x_0 et que $f'(x_0) = \dfrac{1}{2\sqrt{x_0}}$.

b. Démontrer que f n'est pas dérivable en 0.

Que peut-on en déduire pour la tangente en 0 à la courbe représentative de f ?

5 Soit f la fonction définie sur $[0 ; +\infty[$ par ●●○ 30 min

$f(x) = x\sqrt{x^3 - 2x^2 + x} - x$.

1. Représenter la fonction f sur l'écran d'une calculatrice ou en utilisant un logiciel spécifique. Quelles conjectures peut-on faire quant à la dérivabilité de f en 0 et en 1 ?

2. Étudier la dérivabilité de f en 0.

3. a. Démontrer que pour tout x de $[0 ; +\infty[$, $f(x) = |x - 1|x\sqrt{x} - x$.

b. Étudier la dérivabilité de f en 1.

6 1. Déterminer les limites suivantes : ●○○ 20 min

a. $\lim\limits_{x \to 0} \dfrac{\sin x}{x}$.

b. $\lim\limits_{x \to 0} \dfrac{\cos x - 1}{x}$.

c. $\lim\limits_{x \to 1} \dfrac{\sqrt{x} - 1}{x - 1}$.

d. $\lim\limits_{x \to \frac{\pi}{2}} \dfrac{\cos x}{2x - \pi}$.

2. Démontrer que, lorsque h est proche de zéro :

a. $\sin(h) \approx h$ **b.** $\sqrt{1+h} \approx 1 + \frac{h}{2}$ **c.** $\frac{1}{1+h} \approx 1 - h$.

Utiliser le théorème des valeurs intermédiaires

7 Soit f la fonction définie sur $]0\,;+\infty[$ par

●○○ 20 min

$f(x) = \frac{10x\sin(x) + 1}{x^2}$.

a. Étudier les limites de f en 0 et en $+\infty$. Que peut-on en déduire pour la courbe représentative de f ?

b. Démontrer que l'équation $f(x) = 1$ admet au moins une solution dans $]0\,;+\infty[$.

8 Soit f une fonction continue sur $[0\,;1]$ et telle que $f(0) = 1$ et $f(1) = 0$.

●●● 15 min

Démontrer que l'équation $f(x) = x$ possède au moins une solution dans $[0\,;1]$.

Utiliser le théorème de la bijection

9 Soit f la fonction définie sur $[0\,;+\infty[$ par

●○○ 20 min

$f(x) = -\frac{1}{2}x^3 - x + 4$.

a. Étudier la limite de f en $+\infty$.

b. Étudier les variations de f.

c. Démontrer que l'équation $f(x) = 0$ possède une solution et une seule dans $[0\,;+\infty[$.

d. Déterminer un encadrement de cette solution à 10^{-3} près, à la calculatrice.

10 Algorythmique

●●○ 30 min

On souhaite réaliser un algorithme de recherche d'un encadrement de la solution de l'équation de l'exercice **9** (à traiter préalablement) par dichotomie.
On a écrit l'algorithme suivant sous AlgoBox.

```
1  VARIABLES
2    a EST_DU_TYPE NOMBRE
3    b EST_DU_TYPE NOMBRE
4    precision EST_DU_TYPE NOMBRE
5    x EST_DU_TYPE NOMBRE
6    image_de_a EST_DU_TYPE NOMBRE
7    image_de_x EST_DU_TYPE NOMBRE
8  DEBUT_ALGORITHME
9    LIRE a
10   LIRE b
11   LIRE precision
12   TANT_QUE (b-a>precision) FAIRE
13     DEBUT_TANT_QUE
14     x PREND_LA_VALEUR (b+a)/2
15     image_de_x PREND_LA_VALEUR -1/2*pow(x,3)-x+4
16     image_de_a PREND_LA_VALEUR -1/2*pow(a,3)-a+4
17     SI (image_de_a*image_de_x<0) ALORS
18       DEBUT_SI
19       b PREND_LA_VALEUR x
20       FIN_SI
21       SINON
22         DEBUT_SINON
23         a PREND_LA_VALEUR x
24         FIN_SINON
25     FIN_TANT_QUE
26   AFFICHER "Borne inférieure :"
27   AFFICHER a
28   AFFICHER "Borne supérieure :"
29   AFFICHER b
30 FIN_ALGORITHME
```

1. Ligne 15 : que signifie l'instruction « pow(x,3) » ? Quelle est l'équation dont on cherche un encadrement de la solution ?

2. On a répondu 0 à l'instruction « LIRE a » en ligne 9 et 2 à l'instruction « LIRE b » en ligne 10, puis 1/10 à l'instruction « LIRE precision » en ligne 11.

a. La condition de la ligne 12 est-elle vérifiée ?

b. Combien vaut x en ligne 14 ?

c. La condition de la ligne 17 est-elle vérifiée ?

d. Quelle ligne est alors exécutée ?

e. Quel encadrement obtient-on en arrivant à la ligne 25 pour la première fois ?

f. Après être arrivé en ligne 25 pour la première fois, continue-t-on en ligne 26 ? Pourquoi ?

g. À l'issue du 2e passage dans le bloc « TANT QUE » (lignes 12 à 25), combien valent a et b ?

h. À l'issue du 3e passage dans le bloc « TANT QUE » (lignes 12 à 25), combien valent a et b ?

i. Combien faudra-t-il de passages dans le bloc « TANT QUE » pour arriver à l'encadrement avec la précision désirée ?

3. On a répondu 0 à l'instruction « LIRE a » en ligne 9 et 2 à l'instruction « LIRE b » en ligne 10 puis 1/1000 à l'instruction « LIRE precision » en ligne 11.
Combien faudra-t-il de passages dans le bloc « TANT QUE » pour arriver à l'encadrement avec la précision désirée ?

11 Soit f la fonction définie sur $]0\,;+\infty[$ par $f(x)=\dfrac{-10}{\sin(x)+x}$. ●●○ 30 min

a. Étudier les limites de f en 0 et en $+\infty$.

b. Étudier les variations de f.

c. Démontrer que l'équation $f(x)=-1$ possède une solution et une seule dans $]0\,;+\infty[$.

d. Déterminer un encadrement de cette solution à 10^{-6} près, à la calculatrice.

12 Question de cours ●○○ 15 min

On se propose de démontrer le théorème de la bijection à partir du théorème des valeurs intermédiaires.

a. Rappeler le théorème des valeurs intermédiaires dans le cas d'une fonction f continue et strictement monotone sur un intervalle $[a\,;b]$.

b. Soit f une fonction continue et strictement croissante sur un intervalle $[a\,;b]$.
Pour tout réel λ compris entre $f(a)$ et $f(b)$, on admet ***l'existence*** d'un antécédent *c de* λ dans $[a\,;b]$.
Démontrer que ce nombre est unique.

Problème

13 Soit f la fonction définie sur $[0\,;3]$ par ●●● 30 min
$f(x)=(3-x)\sqrt{3x-x^2}$ et $\mathscr{C}_f$ sa courbe représentative dans un repère orthonormal $(O\,;\vec{i},\vec{j})$.

a. Tracer la courbe représentative $\mathcal{C}_f$ sur l'écran d'une calculatrice et faire une conjecture quant à la dérivabilité de la fonction f en 0 et en 3. Justifier sommairement la conjecture (on pourra faire un tracé rapide à main levée de l'allure de la courbe $\mathcal{C}_f$).

b. Étudier la dérivabilité de $\mathcal{C}_f$ en 0.
Donner une équation de la tangente au point d'abscisse 0.

c. Étudier la dérivabilité de $\mathcal{C}_f$ en 3.
Donner une équation de la tangente au point d'abscisse 3.

d. Calculer $f'(x)$ et démontrer que pour tout x de $]0\ ;\ 3[$: $f'(x) = \dfrac{(3-x)(3-4x)}{2\sqrt{3x-x^2}}$.
Étudier son signe.

En déduire le tableau de variation de f.

e. Démontrer que l'équation $f(x) = 2$ possède exactement deux solutions dans $[0\ ;\ 3]$ et donner un encadrement à 0,01 près de chacune d'elle.

14 Soit f la fonction définie sur $\mathbb{R} \setminus \{-1\ ;\ 1\}$ ●○○ 40 min

par $f(x) = \dfrac{x^3 + 2x^2}{x^2 - 1}$ et g la fonction définie sur $\mathbb{R}$ par $g(x) = x^3 - 3x - 4$.

1. a. Étudier les limites de g.

b. Étudier les variations de g et dresser son tableau de variations.

c. Démontrer que l'équation $g(x) = 0$ possède une unique solution α dans $\mathbb{R}$ puis donner un encadrement de α d'amplitude 0,1.

d. En déduire le tableau de signe de $g(x)$.

2. Étudier les limites de f aux bornes de son ensemble de définition.

3. Calculer $f'(x)$ et démontrer que que pour tout x de $\mathbb{R} \setminus \{-1\ ;\ 1\}$, $f'(x) = \dfrac{x \times g(x)}{(x^2-1)^2}$.
En déduire le signe de $f'(x)$.

4. Dresser le tableau de variation de f.

Corrigés de *TESTEZ VOS CONNAISSANCES*

1. Réponse **b.** Voir le tableau du *§2B*.
2. Réponse **a.** Voir le tableau du *§2B*.
3. Réponse **a.** Voir le tableau du *§2B*.

À RETENIR

La fonction racine carrée n'est pas dérivable en 0. cf. exercice 4.

4. Réponse **c.** La fonction racine carrée est dérivable sur]0 ; +∞[(cf. *§2B*) et $f'(x) = \dfrac{1}{2\sqrt{x}}$.

Ici $x = 9$, donc $f'(9) = \dfrac{1}{2\sqrt{9}} = \dfrac{1}{6}$.

5. Réponse **a.** D'après le *§1D*, l'équation de la tangente en (−2) est :
$y = f'(-2)(x-(-2)) + f(-2)$. Or, $f'(x) = 2x$, donc $f'(-2) = -4$ et $f(-2) = (-2)^2 = 4$.
Ainsi l'équation est : $y = -4(x+2)+4$. Donc l'équation est : $y = -4x-4$.

6. Réponse **c.** $\left(\dfrac{u}{v}\right)' = \dfrac{u'v - uv'}{v^2}$, (cf. *§3A*). Attention à ne pas intervertir les membres de la différence.

7. Réponse **b.** $(v \circ u)' = (v' \circ u) \times u'$, (cf. *§4*).

8. Réponse **c.** $(\sqrt{u})' = \dfrac{u'}{2\sqrt{u}}$, d'après le *§4*. Ici, on a une fonction composée de la forme $v \circ u$ avec $v(x) = \sqrt{x}$ et u une fonction strictement positive et dérivable sur son ensemble de définition.

$v'(x) = \dfrac{1}{2\sqrt{x}}$ et $(v \circ u)'(x) = (v' \circ u)(x) \times u'(x) = \dfrac{1}{2\sqrt{u(x)}} \times u'(x) = \dfrac{u'(x)}{2\sqrt{u(x)}}$.

9. Réponse **a.** $(u^n)' = nu^{n-1}u'$, d'après le *§4*. Ici, on a une fonction composée de la forme $(v \circ u)$ avec $v(x) = x^n$ et u une fonction dérivable sur son ensemble de définition.
$v'(x) = nx^{n-1}$ et $(v \circ u)'(x) = (v' \circ u)(x) \times u'(x) = n(u(x))^{n-1} \times u'(x)$.

À RETENIR

$(\sqrt{u})' = \dfrac{u'}{2\sqrt{u}}$

$(u^n)' = nu^{n-1}u'$.

10. Réponse **c.** D'après le *§7*. Il s'agit du théorème des valeurs intermédiaires. En effet, f est continue sur [0 ; 5] et 0 est compris entre $f(0) = 4$ et $f(5) = -4$. Cette solution n'est pas nécessairement unique.

Corrigés de *ENTRAÎNEZ-VOUS*

1 **a.** La fonction f est dérivable sur $\mathbb{R}$ comme produit et somme de fonctions dérivables.
On identifie clairement les fonctions et les opérations qui ont permis d'obtenir la fonction f.
Dans le détail des calculs, on fait apparaître de manière implicite les formules du *§3*.
$f'(x) = 1 \times \cos(x) + x \times (-\sin(x)) - \cos(x) = \cos(x) - x\sin(x) - \cos(x) = -x\sin(x)$.

À RETENIR

$(uv)' = u'v + uv'$ et

$\left(\dfrac{u}{v}\right)' = \dfrac{u'v - uv'}{v^2}$.

b. La fonction f est dérivable sur $]0\,;+\infty[$ comme quotient de fonctions dérivables dont le dénominateur ne s'annule pas.

$$f'(x) = \frac{\cos x \times x - \sin x \times 1}{x^2} = \frac{x\cos x - \sin x}{x^2}.$$

c. La fonction f est dérivable sur $\left]-\dfrac{\pi}{2}\,;\dfrac{\pi}{2}\right[$ comme quotient de fonctions dérivables dont le dénominateur ne s'annule pas.

$$f'(x) = \frac{\cos x \times \cos x - \sin x \times (-\sin x)}{(\cos x)^2} = \frac{\cos^2 x + \sin^2 x}{\cos^2 x}.$$

On peut simplifier cette expression en utilisant la propriété : $\cos^2 x + \sin^2 x = 1$.

Ainsi, $f'(x) = \dfrac{1}{\cos^2 x}$.

Remarque :
La fonction f s'appelle fonction tangente : $\tan(x) = \dfrac{\sin x}{\cos x}$. Elle est définie pour tout réel différent de $\dfrac{\pi}{2} + k\pi$, $k \in \mathbb{Z}$ et $\tan'(x) = \dfrac{1}{\cos^2 x}$.

ASTUCE

Lorsqu'une fonction trigonométrique est élevée à une puissance, la règle d'écriture est de placer l'exposant avant le x afin de réduire le nombre de parenthèses utilisées : $\cos^2 x = (\cos x)^2$.

Cette dérivée peut s'écrire différemment :

$$\tan'(x) = \frac{\cos^2 x + \sin^2 x}{\cos^2 x} = 1 + \frac{\sin^2 x}{\cos^2 x} = 1 + \tan^2 x.$$

d. La fonction f est dérivable sur $\left]-\dfrac{1}{3}\,;0\right[$ comme quotient de fonctions dérivables dont le dénominateur ne s'annule pas.

$$f'(x) = \frac{(-2x)(3x^2 + x) - (1 - x^2)(6x + 1)}{(3x^2 + x)^2}.$$

On développe et on simplifie le numérateur, mais on ne développe jamais le dénominateur.

$$f'(x) = \frac{-6x^3 - 2x^2 - (6x - 6x^3 + 1 - x^2)}{(3x^2 + x)^2} = \frac{-6x^3 - 2x^2 - 6x + 6x^3 - 1 + x^2}{(3x^2 + x)^2}.$$

Donc, $f'(x) = \dfrac{-x^2 - 6x - 1}{(3x^2 + x)^2}$.

e. La fonction f est dérivable sur $\mathbb{R}$ comme produit et somme de fonctions dérivables.

$f'(x) = \dfrac{1}{3} \times 3x^2 - 2x + 3 = x^2 - 2x + 3$.

À RETENIR

$\dfrac{1}{2\sqrt{x}} = \dfrac{\sqrt{x}}{2x}$.

f. La fonction f est dérivable sur $]0\,;+\infty[$ comme produit de fonctions dérivables.

$f'(x) = (2x - 3)\sqrt{x} + (x^2 - 3x) \times \dfrac{1}{2\sqrt{x}}$.

D'où : $f'(x) = (2x - 3)\sqrt{x} + \dfrac{(x^2 - 3x)\sqrt{x}}{2x} = \dfrac{(4x - 6)\sqrt{x}}{2} + \dfrac{(x - 3)\sqrt{x}}{2} = \dfrac{(5x - 9)\sqrt{x}}{2}$.

2 **a.** La fonction f est dérivable sur $\mathbb{R}$ comme composée de fonctions dérivables.
On reconnaît ici une fonction de la forme u^n avec $n = 5$.
Or $(u^n)' = nu^{n-1}u'$ (voir question **9.** de « testez vos connaissances »).
Donc $f'(x) = 5(x^2 + 4x)^4 \times (2x + 4) = (10x + 20)(x^2 + 4x)^4$.

b. La fonction f est dérivable sur $]0\,;+\infty[$ comme composée de fonctions dérivables.

f est de la forme $v o u$ avec $v(x) = \cos x$ et $u(x) = \dfrac{1}{x}$.

Donc, $f'(x) = v'(u(x)) \times u'(x) = -\sin\left(\dfrac{1}{x}\right) \times \left(-\dfrac{1}{x^2}\right)$. (cf. §4).

Ainsi, $f'(x) = \dfrac{1}{x^2}\sin\left(\dfrac{1}{x}\right)$.

c. La fonction f est dérivable sur $\mathbb{R}$ comme composée de fonctions dérivables.
On vérifie que l'expression qui est sous le radical est strictement positive, car la fonction racine carrée n'est pas dérivable en 0.

On reconnaît une fonction de la forme $\sqrt{u}$ et $\left(\sqrt{u}\right)' = \dfrac{u'}{2\sqrt{u}}$ (cf. question **8** de « testez vos connaissances »).

Donc, $f(x) = \dfrac{2x}{2\sqrt{x^2 + 4}} = \dfrac{x}{\sqrt{x^2 + 4}}$.

À RETENIR

$(v \circ u)' = v' \circ u \times u'$.

d. La fonction f est dérivable sur $\left]-\frac{1}{2}\ ;+\infty\right[$ comme composée de fonctions dérivables.

On vérifie que l'expression qui est sous le radical est strictement positive, car la fonction racine carrée n'est pas dérivable en 0.

Comme dans la question précédente, on utilise le résultat $(\sqrt{u})' = \dfrac{u'}{2\sqrt{u}}$.

À RETENIR

$\left(\dfrac{1}{v}\right)' = -\dfrac{v'}{v^2}$.

Dans ce cas, $u(x) = 3 + \dfrac{1}{2x+1}$ et $u'(x) = -\dfrac{2}{(2x+1)^2}$.

On reconnaît la formule $\left(\dfrac{1}{v}\right)' = -\dfrac{v'}{v^2}$ du *§3A*.

Donc, $f'(x) = \dfrac{1}{2\sqrt{3+\dfrac{1}{2x+1}}} \times \left(-\dfrac{2}{(2x+1)^2}\right)$.

Ainsi, $f'(x) = -\dfrac{1}{(2x+1)^2\sqrt{3+\dfrac{1}{2x+1}}}$.

e. La fonction f est dérivable sur $\mathbb{R}$ comme composée et produit de fonctions dérivables.
La dérivée de $x \mapsto (3x+1)^6$ est $x \mapsto 6(3x+1)^5 \times 3$.
Donc, $f'(x) = 2 \times (3x+1)^6 + (2x+5) \times 18(3x+1)^5$.
On factorise : $f'(x) = (3x+1)^5 \times [2 \times (3x+1) + (2x+5) \times 18]$.
Ainsi, $f'(x) = (3x+1)^5 \times (6x+2+36x+90) = (3x+1)^5 \times (42x+92)$.

f. La fonction f est dérivable sur $\mathbb{R}$ comme composée et produit de fonctions dérivables.

La dérivée de $x \mapsto \sqrt{x^2+4}$ est $x \mapsto \dfrac{1}{2\sqrt{x^2+4}} \times 2x$.

Donc, $f'(x) = 1 \times \sqrt{x^2+4} + x \times \dfrac{1}{2\sqrt{x^2+4}} \times 2x = \sqrt{x^2+4} + \dfrac{x^2}{\sqrt{x^2+4}}$.

En réduisant au même dénominateur : $f'(x) = \dfrac{x^2+4}{\sqrt{x^2+4}} + \dfrac{x^2}{\sqrt{x^2+4}} = \dfrac{2x^2+4}{\sqrt{x^2+4}}$.

RAPPEL

La fonction f est dérivable en x_0 lorsque le taux d'accroissement $\dfrac{f(x)-f(x_0)}{x-x_0}$ admet une limite finie quand x tend vers x_0.

3 Dans ce cas, f est la somme et le produit de fonctions. L'une d'elle, $x \mapsto \sqrt{2x-x^2}$, est la composée d'une fonction polynôme $x \mapsto 2x - x^2$ et de la fonction racine carrée. Or, $2x - x^2$ s'annule pour $x = 0$ ou $x = 2$ et la fonction racine carrée n'est pas dérivable en 0. Les théorèmes concernant les opérations sur les fonctions dérivables ne s'appliquent donc pas.

On doit donc revenir à la définition du *§1*.

Dérivabilité en 0 : le taux d'accroissement en 0 s'écrit $\dfrac{f(x)-f(0)}{x-0}$.

Or, $\dfrac{f(x)-f(0)}{x-0} = \dfrac{\frac{1}{2}x + x\sqrt{2x-x^2} - 0}{x-0} = \dfrac{\frac{1}{2}x + x\sqrt{2x-x^2}}{x} = \dfrac{1}{2} + \sqrt{2x-x^2}$.

Donc, $\lim\limits_{x\to 0^+} \dfrac{f(x)-f(0)}{x-0} = \lim\limits_{x\to 0^+} \dfrac{1}{2} + \sqrt{2x-x^2} = \dfrac{1}{2} + \sqrt{2\times 0 - 0^2} = \dfrac{1}{2}$.

Ainsi, la fonction f est dérivable en 0 et $f'(0) = \dfrac{1}{2}$.

REMARQUE

Le nombre dérivé est égal à $\frac{1}{2}$. La tangente au point $(0\,;0)$ a donc pour coefficient directeur $\frac{1}{2}$.

Dérivabilité en 2 : le taux d'accroissement en 2 s'écrit $\dfrac{f(x)-f(2)}{x-2}$.

Or, $\dfrac{f(x)-f(2)}{x-2} = \dfrac{\frac{1}{2}x + x\sqrt{2x-x^2} - 1}{x-2} = \dfrac{\frac{1}{2}x - 1}{x-2} + \dfrac{x\sqrt{2x-x^2}}{x-2} = \dfrac{1}{2} + \dfrac{x\sqrt{2x-x^2}}{x-2}$.

Pour « lever » l'indétermination « $\dfrac{0}{0}$ », on multiplie le numérateur et le dénominateur par $\sqrt{2x-x^2}$.

Donc, $\dfrac{f(x)-f(2)}{x-2} = \dfrac{1}{2} + \dfrac{x\left(\sqrt{2x-x^2}\right)^2}{(x-2)\sqrt{2x-x^2}} = \dfrac{1}{2} + \dfrac{x(2x-x^2)}{(x-2)\sqrt{2x-x^2}}$.

Ainsi, $\dfrac{f(x)-f(2)}{x-2} = \dfrac{1}{2} + \dfrac{x(2-x)\times x}{(x-2)\sqrt{2x-x^2}} = \dfrac{1}{2} + \dfrac{-x^2}{\sqrt{2x-x^2}}$.

Or, $\lim\limits_{x\to 2^-} -x^2 = -4$ et $\lim\limits_{x\to 2^-} \sqrt{2x-x^2} = 0^+$. Donc, $\lim\limits_{x\to 2^-} \dfrac{f(x)-f(2)}{x-2} = -\infty$ par quotient et somme. Le taux d'accroissement n'a pas une limite finie.
La fonction n'est donc pas dérivable en 2.

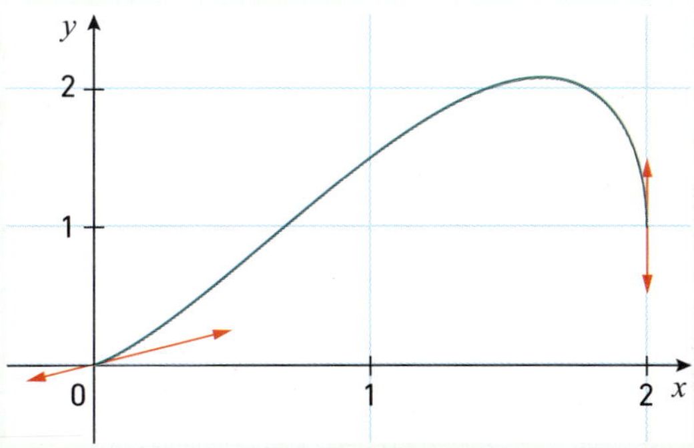

On peut remarquer que la courbe représentative de f admet en 2 une tangente verticale. En effet, le taux d'accroissement tend vers $-\infty$, donc les sécantes passant par le point (2 ; 1) se rapprochent de la verticale lorsque le 2e point se rapproche du point (2 ; 1).
On peut voir également la tangente en (0 ; 0) qui a pour coefficient directeur $\frac{1}{2}$.

4 Question de cours

a. Soit x_0 un réel strictement positif. Montrons que f est dérivable en x_0.

Calculons le taux d'accroissement $\frac{f(x)-f(x_0)}{x-x_0}$:

$\frac{f(x)-f(x_0)}{x-x_0} = \frac{\sqrt{x}-\sqrt{x_0}}{x-x_0}$. Pour « lever » l'indétermination « $\frac{0}{0}$ », on multiplie le numérateur et le dénominateur par l'expression conjuguée du numérateur $\sqrt{x}+\sqrt{x_0}$.

Donc, $\frac{f(x)-f(x_0)}{x-x_0} = \frac{(\sqrt{x}-\sqrt{x_0})(\sqrt{x}+\sqrt{x_0})}{(x-x_0)(\sqrt{x}+\sqrt{x_0})} = \frac{\sqrt{x}^2-\sqrt{x_0}^2}{(x-x_0)(\sqrt{x}+\sqrt{x_0})}$.

> **RAPPEL**
> *Si la fonction f est dérivable en x_0, alors $\lim\limits_{x \to x_0} \frac{f(x)-f(x_0)}{x-x_0} = f'(x_0)$.*

Ainsi, $\frac{f(x)-f(x_0)}{x-x_0} = \frac{x-x_0}{(x-x_0)(\sqrt{x}+\sqrt{x_0})} = \frac{1}{\sqrt{x}+\sqrt{x_0}}$.

D'où $\lim\limits_{x \to x_0} \frac{f(x)-f(x_0)}{x-x_0} = \lim\limits_{x \to x_0} \frac{1}{\sqrt{x}+\sqrt{x_0}} = \frac{1}{\sqrt{x_0}+\sqrt{x_0}} = \frac{1}{2\sqrt{x_0}}$.

f est donc dérivable en x_0 et $f'(x_0) = \frac{1}{2\sqrt{x_0}}$.

b. Montrons que f n'est pas dérivable en 0.

$\frac{f(x)-f(0)}{x-0} = \frac{\sqrt{x}-0}{x-0} = \frac{\sqrt{x}}{x}$.

Pour « lever » l'indétermination « $\frac{0}{0}$ », on multiplie le numérateur et le dénominateur par $\sqrt{x}$:

$\frac{f(x)-f(0)}{x-0} = \frac{\sqrt{x}\times\sqrt{x}}{x\sqrt{x}} = \frac{x}{x\sqrt{x}} = \frac{1}{\sqrt{x}}$.

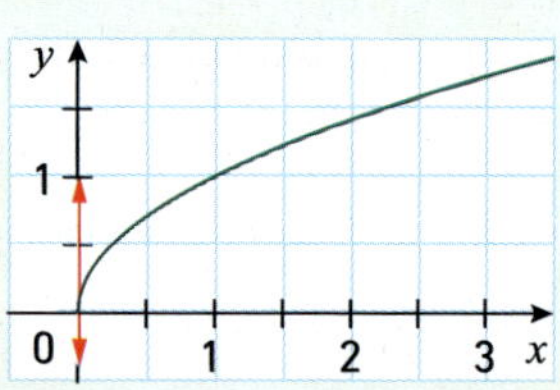

Or, $\lim\limits_{x \to 0^+} \frac{1}{\sqrt{x}} = +\infty$, donc $\lim\limits_{x \to 0^+} \frac{f(x)-f(0)}{x-0} = +\infty$.

La fonction racine carrée n'est donc pas dérivable en 0.
La limite du taux d'accroissement est infinie, donc la tangente en (0 ; 0) est verticale.

5 **1.**

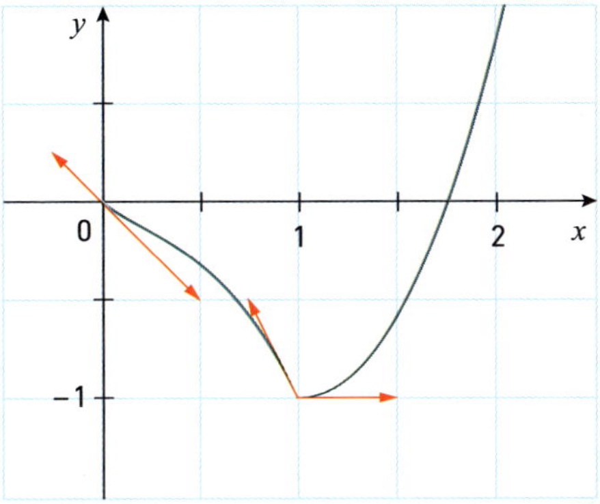

En représentant f dans un repère, il semblerait que sa courbe admette une tangente oblique en 0, donc que f soit dérivable en 0.
En 1, il semble impossible de tracer une tangente. En effet, à gauche et à droite du point (1 ; −1), les directions prises par les tangentes sont différentes. f ne semble pas être dérivable en 1.

2. Étudions la dérivabilité de f en 0.
Dans ce cas, f est le produit et la somme de plusieurs fonctions. L'une d'elle, $x \mapsto \sqrt{x^3 - 2x^2 + x}$ est la composée d'une fonction polynôme $x \mapsto x^3 - 2x^2 + x$ et de la fonction racine carrée. Or, $x^3 - 2x^2 + x$ s'annule pour $x = 0$ et la fonction racine carrée n'est pas dérivable en 0. Les théorèmes concernant les opérations sur les fonctions dérivables ne s'appliquent donc pas.
On doit donc revenir à la définition du ***§1***.

Le taux d'accroissement en 0 s'écrit $\dfrac{f(x) - f(0)}{x - 0}$.

Or, $\dfrac{f(x) - f(0)}{x - 0} = \dfrac{x\sqrt{x^3 - 2x^2 + x} - x - 0}{x} = \dfrac{x(\sqrt{x^3 - 2x^2 + x} - 1)}{x}$.

Donc : $\dfrac{f(x) - f(0)}{x - 0} = \sqrt{x^3 - 2x^2 + x} - 1$.

Ainsi, $\lim\limits_{x \to 0^+} \dfrac{f(x) - f(0)}{x - 0} = \lim\limits_{x \to 0^+} \sqrt{x^3 - 2x^2 + x} - 1$

$= \sqrt{0^3 - 2 \times 0^2 + 0} - 1 = -1$.

Donc f est dérivable en 0 et $f'(0) = -1$.

REMARQUE

Ce résultat confirme la conjecture faite en question 1. La tangente en (0 ; 0) a pour coefficient directeur − 1.

RAPPEL

Pour tout réel x
$|x| = \sqrt{x^2}$ *et*
$|x| = \begin{cases} -x, \text{ si } x \leqslant 0 \\ x, \text{ si } x \geqslant 0 \end{cases}$.

3.a. Pour tout réel x, $|x| = \sqrt{x^2}$, donc pour tout x de $[0\,;+\infty[$,

$$|x-1|x\sqrt{x} - x = \sqrt{(x-1)^2} \times x\sqrt{x} - x = x\sqrt{x(x-1)^2} - x.$$

Donc, $|x-1|x\sqrt{x} - x = x\sqrt{x(x^2-2x+1)} - x = x\sqrt{x^3-2x^2+x} - x$.

Ainsi, pour tout x de $[0\,;+\infty[$, $|x-1|x\sqrt{x} - x = f(x)$.

b. Pour étudier la dérivabilité de f en 1, on étudie séparément la limite à gauche et la limite à droite du taux d'accroissement de f en 1.

À gauche : pour tout réel x de $[0\,;1[$, $x-1<0$, donc $|x-1| = -x+1$

Donc, pour tout x de $[0\,;1[$, $f(x) = (-x+1)x\sqrt{x} - x$.

Ainsi, pour tout x de $[0\,;1[$, $\dfrac{f(x)-f(1)}{x-1} = \dfrac{(-x+1)x\sqrt{x} - x - (-1)}{x-1}$.

D'où, pour tout x de $[0\,;1[$, $\dfrac{f(x)-f(1)}{x-1} = \dfrac{(x-1)(-x\sqrt{x}-1)}{x-1} = -x\sqrt{x} - 1$.

Donc, $\lim\limits_{x\to 1^-} \dfrac{f(x)-f(1)}{x-1} = \lim\limits_{x\to 1^-}(-x\sqrt{x}-1) = -2$.

À droite : pour tout réel x de $[1\,;+\infty[$, $x-1 \geqslant 0$, donc $|x-1| = x-1$.

Donc, pour tout x de $[1\,;+\infty[$, $f(x) = (x-1)x\sqrt{x} - x$.

Donc, pour tout x de $[1\,;+\infty[$, $\dfrac{f(x)-f(1)}{x-1} = \dfrac{(x-1)x\sqrt{x} - x - (-1)}{x-1}$.

Ainsi, pour tout x de $[1\,;+\infty[$, $\dfrac{f(x)-f(1)}{x-1} = \dfrac{(x-1)(x\sqrt{x}-1)}{x-1} = x\sqrt{x} - 1$.

D'où, $\lim\limits_{x\to 1^+} \dfrac{f(x)-f(1)}{x-1} = \lim\limits_{x\to 1^+}(x\sqrt{x}-1) = 0$.

RAPPEL

Si f est dérivable en x_0, alors $f'(x_0)$ est le coefficient directeur de la tangente à la courbe au point de coordonnées $(x_0\,;f(x_0))$.

La limite à gauche n'est donc pas égale à la limite à droite. La fonction f n'est pas dérivable en 1.

Graphiquement, on peut considérer qu'il y a une demi-tangente à gauche de coefficient directeur -2 et une demi-tangente à droite de coefficient directeur 0.

6 **1. a.** La fonction sin est dérivable en 0 et $\sin'(0) = \cos(0) = 1$.

Donc, $\lim\limits_{x \to 0} \frac{\sin x}{x} = \lim\limits_{x \to 0} \frac{\sin x - \sin(0)}{x - 0} = \cos(0) = 1$.

b. La fonction cos est dérivable en 0 et $\cos'(0) = -\sin(0) = 0$.

Donc, $\lim\limits_{x \to 0} \frac{\cos x - 1}{x} = \lim\limits_{x \to 0} \frac{\cos x - \cos(0)}{x - 0} = -\sin(0) = 0$.

ASTUCE

Pour déterminer les limites demandées, on utilise le résultat suivant :
« si la fonction f est dérivable en x_0, alors $\lim\limits_{x \to x_0} \frac{f(x) - f(x_0)}{x - x_0} = f'(x_0)$ ».

c. La fonction $x \mapsto \sqrt{x}$ est dérivable en 1 et le nombre dérivé est égal à $\frac{1}{2\sqrt{1}} = \frac{1}{2}$.

Donc, $\lim\limits_{x \to 1} \frac{\sqrt{x} - 1}{x - 1} = \lim\limits_{x \to 1} \frac{\sqrt{x} - \sqrt{1}}{x - 1} = \frac{1}{2\sqrt{1}} = \frac{1}{2}$.

d. La fonction cos est dérivable en $\frac{\pi}{2}$ et $\cos'\left(\frac{\pi}{2}\right) = -\sin\left(\frac{\pi}{2}\right) = -1$.

Donc, $\lim\limits_{x \to \frac{\pi}{2}} \frac{\cos x}{2x - \pi} = \lim\limits_{x \to \frac{\pi}{2}} \frac{1}{2} \times \frac{\cos x - \cos\left(\frac{\pi}{2}\right)}{x - \frac{\pi}{2}} = -\frac{1}{2}\sin\left(\frac{\pi}{2}\right) = -\frac{1}{2}$.

2. a. On vient de montrer que $\lim\limits_{h \to 0} \frac{\sin h}{h} = 1$.

Donc, lorsque h est proche de zéro, $\frac{\sin h}{h} \approx 1$, ainsi $\sin h \approx h$.

b. On vient de montrer que $\lim\limits_{x \to 1} \frac{\sqrt{x} - 1}{x - 1} = \frac{1}{2}$, donc, en posant $h = x - 1$, $\lim\limits_{h \to 0} \frac{\sqrt{1 + h} - 1}{h} = \frac{1}{2}$.

Alors, lorsque h est proche de zéro, $\frac{\sqrt{1 + h} - 1}{h} \approx \frac{1}{2}$, et $\sqrt{1 + h} - 1 \approx \frac{1}{2}h$, ou encore $\sqrt{1 + h} \approx 1 + \frac{1}{2}h$.

c. Étudions la limite suivante : $\lim\limits_{h \to 0} \frac{\frac{1}{1 + h} - \frac{1}{1}}{h}$. On reconnaît la limite du taux d'accroissement en 1 de la fonction inverse $x \mapsto \frac{1}{x}$.

Or cette fonction est dérivable sur]0 ; +∞[et sa dérivée est $x \mapsto -\frac{1}{x^2}$.

RAPPEL

Si la fonction f est dérivable en x_0 alors $\lim\limits_{h \to 0} \frac{f(x_0+h)-f(x_0)}{h} = f'(x_0)$.

Donc, $\lim\limits_{h \to 0} \frac{\frac{1}{1+h} - \frac{1}{1}}{h} = -\frac{1}{1^2} = -1$.

Alors, lorsque h est proche de zéro, $\frac{\frac{1}{1+h} - 1}{h} \approx -1$, et $\frac{1}{1+h} - 1 \approx -h$, encore $\frac{1}{1+h} \approx 1 - h$.

7 **a.** Limite en 0 : $\lim\limits_{x \to 0^+} (10x\sin(x) + 1) = 10 \times 0 \times \sin(0) + 1 = 1$ et $\lim\limits_{x \to 0^+} x^2 = 0^+$.

Donc par quotient : $\lim\limits_{x \to 0^+} f(x) = +\infty$.

Donc la courbe représentative de f admet une asymptote verticale en 0.
Limite en +∞ : pour étudier cette limite, on est obligé d'utiliser un théorème de comparaison. En effet, la fonction sin n'a pas de limite en +∞.
Pour tout x de]0 ; +∞[, $-1 \leqslant \sin x \leqslant 1$.
Donc, pour tout x de]0 ; +∞[, $-10x \leqslant 10x \sin x \leqslant 10x$.
Ainsi, pour tout x de]0 ; +∞[, $-10x + 1 \leqslant 10x \sin x + 1 \leqslant 10x + 1$.

D'où, pour tout x de]0 ; +∞[, $\frac{-10x+1}{x^2} \leqslant \frac{10x\sin x + 1}{x^2} \leqslant \frac{10x+1}{x^2}$, car $x^2 > 0$.

Donc, pour tout x de]0 ; +∞[, $-\frac{10}{x} + \frac{1}{x^2} \leqslant f(x) \leqslant \frac{10}{x} + \frac{1}{x^2}$.

Or, $\lim\limits_{x \to +\infty} -\frac{10}{x} + \frac{1}{x^2} = 0$ et $\lim\limits_{x \to +\infty} \frac{10}{x} + \frac{1}{x^2} = 0$.

Donc, d'après le théorème des gendarmes, $\lim\limits_{x \to +\infty} f(x) = 0$. Donc, la courbe représentative de f admet une asymptote horizontale en +∞ d'équation $y = 0$.

RAPPEL

Théorème des valeurs intermédiaires : Si f est continue sur]a ; b[, alors pour tout réel λ strictement compris entre $\lim\limits_{x \to a} f(x)$ et $\lim\limits_{x \to b} f(x)$, il existe, au moins, un réel c dans]a ; b[tel que $f(c) = \lambda$.

b. La fonction f est continue sur]0 ; +∞[car elle est définie sur]0 ; +∞[par le produit, la somme et le quotient de fonctions continues dont le dénominateur ne s'annule pas.

Or, 1 est compris entre $\lim\limits_{x \to 0^+} f(x)$ et $\lim\limits_{x \to +\infty} f(x)$. Donc, d'après le théorème des valeurs intermédiaires (cf. **§7**), il existe au moins un réel c dans]0 ; +∞[tel que $f(c) = 1$.

Donc l'équation $f(x) = 1$ admet au moins une solution dans]0 ; +∞[.

8 Soit g la fonction définie sur [0 ; 1], par $g(x) = f(x) - x$.
Cette fonction est continue sur [0 ; 1], car c'est la somme de deux fonctions continues.
De plus $g(0) = f(0) - 0 = 1$ et $g(1) = f(1) - 1 = -1$.
g est continue sur [0 ; 1], donc, d'après le théorème des valeurs intermédiaires (cf. **§7**), pour tout réel λ compris entre $g(0)$ et $g(1)$, il existe, au moins, un réel c dans [0 ; 1] tel que $g(c) = \lambda$. Or 0 est compris entre $g(0)$ et $g(1)$. Donc l'équation $g(x) = 0$ possède au moins une solution dans [0 ; 1].
Or $g(x) = 0 \Leftrightarrow f(x) - x = 0 \Leftrightarrow f(x) = x$.
L'équation $f(x) = x$ possède donc au moins une solution dans [0 ; 1].
Graphiquement, pour aller du point A(0 ; 1) au point B(1 ; 0) sans lever le crayon, on est obligé de croiser au moins une fois la droite d'équation $y = x$.

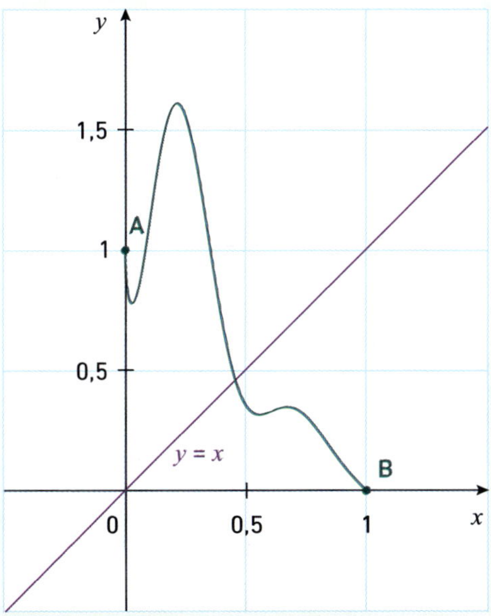

REMARQUE

Le théorème des valeurs intermédiaires permet de montrer l'existence d'une solution mais pas l'unicité.

9 **a.** En $+\infty$, $\lim\limits_{x \to +\infty} -\frac{1}{2}x^3 = -\infty$ et $\lim\limits_{x \to +\infty} -x + 4 = -\infty$, donc par somme $\lim\limits_{x \to +\infty} f(x) = -\infty$.

ASTUCE

On remarque qu'il n'y a pas de forme indéterminée ici.

b. La fonction f est dérivable sur $[0 ; +\infty[$, car c'est un polynôme.

$f'(x) = -\frac{1}{2} \times 3x^2 - 1 = -\frac{3}{2}x^2 - 1$.

Étudions le signe de $f'(x)$.

Pour tout réel x, $x^2 \geqslant 0$, donc $-\frac{3}{2}x^2 - 1 \leqslant -1$.

Ainsi, pour tout x de $[0\ ;+\infty[$, $f'(x) < 0$.
La fonction f est donc strictement décroissante sur $[0\ ;+\infty[$.
On a donc le tableau de variation suivant :

x	0		$+\infty$
$f'(x)$		$-$	
f	4	↘	$-\infty$

c. Démontrons que l'équation $f(x) = 0$ possède une solution et une seule dans $[0\ ;+\infty[$.
La fonction f est dérivable, donc continue, et strictement décroissante de $[0\ ;+\infty[$ vers $]-\infty\ ; 4]$.

Or, 0 appartient à $]-\infty\ ; 4]$.

Donc, d'après le théorème de la bijection (cf. *§8*), l'équation $f(x) = 0$ possède une solution et une seule dans $[0\ ;+\infty[$.

ASTUCE

On fera très attention à l'ordre des bornes dans l'intervalle d'arrivée, en particulier lorsqu'on étudie une fonction décroissante. L'intervalle $[4\ ;-\infty[$, par exemple, n'existe pas.

d. Pour déterminer un encadrement de cette solution, on utilise une méthode de balayage à la calculatrice. On utilise le menu « Table » de la calculatrice pour obtenir un tableau de valeurs.

Notons α cette solution.
On cherche d'abord à encadrer α entre deux entiers consécutifs.

$f(1) = 2{,}5 > 0$ et $f(2) = -2 < 0$. Donc $1 < \alpha < 2$.
Puis, on réalise un tableau avec un pas de 0,1 sur $[1\ ; 2]$
On trouve $f(1{,}6) \approx 0{,}35 > 0$ et $f(1{,}7) \approx -0{,}16 < 0$.
Donc $1{,}6 < \alpha < 1{,}7$.
Puis, on réalise un tableau avec un pas de 0,01 sur $[1{,}6\ ; 1{,}7]$
On trouve $f(1{,}67) \approx 0{,}0013 > 0$ et $f(1{,}68) \approx -0{,}05 < 0$. Donc $1{,}67 < \alpha < 1{,}68$.
Et ainsi de suite. On arrive à $f(1{,}670) \approx 0{,}0013 > 0$ et $f(1{,}671) \approx -0{,}004 < 0$. Donc $1{,}670 < \alpha < 1{,}671$.

ASTUCE

On retiendra cette méthode du balayage qui permet d'arriver rapidement à une grande précision.

La plupart des calculatrices permettent de résoudre rapidement des équations de manière approchée. Vous vous référerez au manuel de la calculatrice que vous possédez.

10 **1.** La fonction considérée est définie sur [0 ; +∞[par $f(x) = -\frac{1}{2}x^3 - x + 4$.

L'instruction « pow(x,3) » permet d'obtenir le résultat x^3.

L'équation dont on cherche un encadrement de la solution est $-\frac{1}{2}x^3 - x + 4 = 0$. Elle a été étudiée dans l'exercice précédent.

2.a. La variable *a* vaut 0 et la variable *b* vaut 2. Donc *b* – *a* vaut 2. Or la variable *precision* vaut 0,1. Donc *b* – *a* > *precision*. La condition de la ligne 12 est donc vérifiée.

b. x prend la valeur $\frac{a+b}{2}$, donc x vaut 1.

c. Les variables *image_de_a* et *image_de_x* sont respectivement égales à $f(a)$ et à $f(x)$. Or $f(a) = f(0) = 4$ et $f(x) = f(1) = 2,5$.
Donc *image_de_a*image_de_x* vaut $f(0) \times f(1)$ donc 10.
Or 10 > 0. Donc la condition de la ligne 17 n'est pas vérifiée.

ASTUCE

Si f est continue sur [a ; b] et $f(a) \times f(b) < 0$, alors f (a) et f (b) sont de signes contraires.

Donc f prend au moins une fois la valeur 0 sur [a ; b] d'après le théorème des valeurs intermédiaires.

d. Puisque la condition du bloc « Si…Alors…Sinon… » n'est pas vérifiée, c'est la ligne 23 qui est exécutée (bloc « Sinon »).

e. Quand on arrive en ligne 25, *a* vaut 1 et *b* vaut 2.

f. Arrivé à la ligne 25, on remonte en ligne 12 pour effectuer à nouveau le test « *b* – *a* > *precision* ». Si ce test n'est pas vérifié, alors on continue en ligne 26, sinon, on exécute à nouveau les instructions du bloc « tant que ». Ici, *b* – *a* vaut 1, donc la condition de la ligne 12 est vérifiée. On continue en ligne 13, pas en ligne 26.

g. Lors du 2e passage dans le bloc « tant que », x prend la valeur 1,5. *image_de_a* prend la valeur 2,5 et *image_de_x* prend la valeur 0,8125. Donc la condition de la ligne 17 n'est pas vérifiée. Donc, à l'issue du 2e passage, *a* vaut 1,5 et *b* vaut 2.

h. Lors du 3e passage dans le bloc « tant que », x prend la valeur 1,75. *image_de_a* prend la valeur 0,8125 et *image_de_x* prend la valeur d'environ –0,4297. Donc la condition de la ligne 17 est vérifiée. Donc, à l'issue du 3e passage, *a* vaut 1,5 et *b* vaut 1,75.

REMARQUE

Le test de la ligne 17 permet de déterminer si la fonction f change de signe entre a et x ou entre x et b. On divise à chaque passage la longueur de l'intervalle par 2. La solution est donc entre 1,5 et 1,75 au bout du 3e passage.

i. À chaque passage, la longueur de l'intervalle est divisée par 2. À l'état initial, cette longueur est 2. Donc, au bout de *n* passages, la longueur est $\frac{2}{2^n}$.

Pour $n = 4$, $\frac{2}{2^4} = 0,125 > 0,1$. Pour $n = 5$, $\frac{2}{2^5} = 0,0625 < 0,1$.

REMARQUE

On doit toujours indiquer la précision obtenue à l'avant-dernier passage puis au dernier pour justifier le nombre minimal de passages nécessaires.

On remarque que cette méthode, appelée dichotomie, permet d'obtenir rapidement un encadrement précis.

Donc, à l'issue du 5e passage, on a atteint la précision souhaitée.

3. Comme précédemment, pour $n = 10$,

$\frac{2}{2^{10}} \approx 0{,}00195 > 0{,}001$.

Et pour $n = 11$, $\frac{2}{2^{11}} \approx 0{,}0009766 < 0{,}001$.

Donc, à l'issue du 11e passage, on a atteint la précision souhaitée de 0,001.

11 **a.** Limite en 0 : pour tout x de $]0\,;\pi[$, $\sin(x) > 0$. Donc : $\lim\limits_{x\to 0^+} \sin(x) = 0^+$.

Ainsi, en sommant : $\lim\limits_{x\to 0^+} \sin(x) + x = 0^+$. Donc, par passage au quotient : $\lim\limits_{x\to 0^+} f(x) = -\infty$.

ASTUCE

On doit trouver un intervalle sur lequel les trois fonctions sont strictement positives afin de pouvoir calculer leurs inverses.

ATTENTION

Attention à l'ordre des fonctions.

Limite en $+\infty$: la fonction sin n'a pas de limite en $+\infty$. Pour étudier la limite de f en $+\infty$, on utilise un théorème de comparaison.

Pour tout x de $]0\,;+\infty[$, $-1 \leqslant \sin(x) \leqslant 1$.

Donc, pour tout x de $]0\,;+\infty[$, $x - 1 \leqslant \sin(x) + x \leqslant 1 + x$.

Ainsi, pour tout x de $]1\,;+\infty[$, $0 < x - 1 \leqslant \sin(x) + x \leqslant 1 + x$.

Alors, pour tout x de $]1\,;+\infty[$, $\frac{1}{x-1} \geqslant \frac{1}{\sin(x)+x} \geqslant \frac{1}{x+1}$.

D'où, pour tout x de $]1\,;+\infty[$, $\frac{-10}{x-1} \leqslant f(x) \leqslant \frac{-10}{x+1}$.

Or, $\lim\limits_{x\to+\infty} \frac{-10}{x-1} = 0$ et $\lim\limits_{x\to+\infty} \frac{-10}{x+1} = 0$.

Donc, d'après le théorème des gendarmes : $\lim\limits_{x\to+\infty} f(x) = 0$.

À RETENIR

Théorème des gendarmes pour les fonctions :

Si, pour tout x de $[a\,;+\infty[$, $g(x) \leqslant f(x) \leqslant h(x)$ et $\lim\limits_{x\to+\infty} g(x) = \lim\limits_{x\to+\infty} h(x) = l$, alors $\lim\limits_{x\to+\infty} f(x) = l$

b. Étude des variations : f est dérivable sur $]0\,;+\infty[$ comme somme et quotient de fonctions dérivables.

$$f'(x) = \frac{10(\cos(x)+1)}{(\sin(x)+x)^2}.$$

Pour tout x de $]0\,;+\infty[$, $(\sin(x)+x)^2 > 0$ et $10 > 0$.

Étudions le signe de $\cos(x) + 1$:

$\cos(x) + 1 = 0 \Leftrightarrow \cos(x) = -1 \Leftrightarrow x = \pi + 2k\pi$, $k \in \mathbb{Z}$.

Et, pour tout $x \neq \pi + 2k\pi$, $k \in \mathbb{Z}$, $\cos(x) > -1$, donc $\cos(x) + 1 > 0$.

Donc, f' est strictement positive sur $]0\,;+\infty[$ sauf en des points isolés où elle s'annule. Donc, f est strictement croissante sur $]0\,;+\infty[$.

À RETENIR

$$\left(\frac{k}{v}\right)' = -\frac{kv'}{v^2}$$

c. La fonction f est continue sur $]0\,;+\infty[$, car elle est dérivable sur $]0\,;+\infty[$, et strictement croissante de $]0\,;+\infty[$ vers $]-\infty\,;0[$.

Or, (-1) appartient à $]-\infty\,;0[$.

Donc, d'après le théorème de la bijection, l'équation $f(x)=-1$ possède une unique solution dans $]0\,;+\infty[$.

REMARQUE

On doit vérifier trois points : que f est continue, qu'elle est strictement monotone sur l'intervalle de départ et que le nombre dont on cherche l'antécédent appartient bien à l'ensemble d'arrivée.

d. Utilisons la méthode du balayage décrite dans l'exercice 10.

Après 7 balayages successifs, on arrive à :

$f(10{,}999990)\approx-1{,}000000025<-1$ et $f(10{,}999991)\approx-0{,}999999925>-1$.

Donc, la solution est dans l'intervalle $[10{,}999990\,;10{,}999991]$.

12 Question de cours

a. D'après le **§8** : soit f une fonction définie sur un intervalle $[a\,;b]$.
Si f est continue et strictement monotone sur $[a\,;b]$, alors pour tout réel λ compris entre $f(a)$ et $f(b)$, il existe un unique réel c dans $[a\,;b]$ tel que $f(c)=\lambda$.

b. Soit λ un réel compris entre $f(a)$ et $f(b)$. On admet qu'il existe au moins un réel c dans $[a\,;b]$ tel que $f(c)=\lambda$. Pour démontrer que ce réel est unique, on suppose qu'il en existe deux distincts.

Soit c_1 et c_2 deux réels de $[a\,;b]$ tels que $f(c_1)=\lambda$ et $f(c_2)=\lambda$.

Supposons que $c_1<c_2$.

La fonction f est strictement croissante sur $[a\,;b]$, donc $f(c_1)<f(c_2)$.

Or $f(c_1)=f(c_2)=\lambda$.

On arrive à une contradiction : $f(c_1)<f(c_2)$ et $f(c_1)=f(c_2)$.

Donc, cela signifie que l'hypothèse de départ « $c_1<c_2$ » est fausse.

On arriverait à une contradiction similaire en supposant $c_1>c_2$.

Donc, nécessairement $c_1=c_2$.

Donc, il existe un unique réel c dans $[a\,;b]$ tel que $f(c)=\lambda$.

REMARQUE

Ce type de démonstration s'appelle « démonstration par l'absurde ». Vous en rencontrerez souvent. L'idée est de supposer le contraire de ce que l'on veut démontrer et d'arriver à une contradiction.

13 **a.** Lorsqu'on représente la courbe de f, il semblerait que la tangente en 0 soit verticale et la tangente en 3 soit horizontale. On peut donc faire la conjecture que f n'est pas dérivable en 0, qu'elle est dérivable en 3 et que $f'(3)=0$.

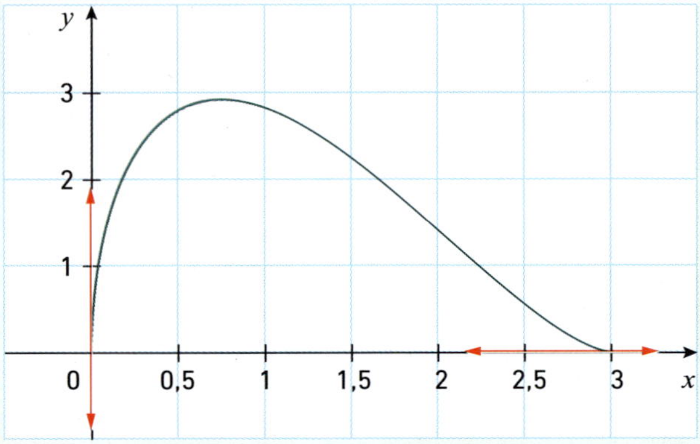

REMARQUE

Lorsque la limite du taux d'accroissement en un point est $-\infty$ ou $+\infty$, la fonction n'est pas dérivable, mais sa courbe admet une tangente verticale en ce point.

b. En 0, calculons le taux d'accroissement :

$$\frac{f(x)-f(0)}{x-0}=\frac{(3-x)\sqrt{3x-x^2}}{x}=\frac{(3-x)\left(\sqrt{3x-x^2}\right)^2}{x\sqrt{3x-x^2}}.$$

Donc :

$$\frac{f(x)-f(0)}{x-0}=\frac{(3-x)(3x-x^2)}{x\sqrt{3x-x^2}}=\frac{(3-x)(3-x)}{\sqrt{3x-x^2}}=\frac{(3-x)^2}{\sqrt{3x-x^2}}.$$

Or, $\lim\limits_{x\to0^+}(3-x)^2=9$ et $\lim\limits_{x\to0^+}\sqrt{3x-x^2}=0^+$.

Donc, par passage au quotient : $\lim\limits_{x\to0^+}\dfrac{f(x)-f(0)}{x-0}=+\infty$.

Donc, la fonction n'est pas dérivable en 0. Le taux d'accroissement tend vers $+\infty$, donc la tangente est verticale. Son équation est $x=0$.

c. En 3, calculons le taux d'accroissement : $\dfrac{f(x)-f(3)}{x-3}=\dfrac{(3-x)\sqrt{3x-x^2}}{x-3}=-\sqrt{3x-x^2}$.

Donc, $\lim\limits_{x\to3^-}\dfrac{f(x)-f(3)}{x-3}=\lim\limits_{x\to3^-}-\sqrt{3x-x^2}=-\sqrt{3\times3-3^2}=0$.

À RETENIR

$(\sqrt{u})'=\dfrac{u'}{2\sqrt{u}}$ et

$(uv)'=u'v+uv'$.

f est donc dérivable en 3 et $f'(3)=0$.

Alors la tangente est horizontale. Son équation est $y=0$.

d. La fonction f est dérivable sur $]0\,;\,3[$ comme composée et produit de fonctions dérivables.

La fonction $x\mapsto\sqrt{3x-x^2}$ est de la forme $\sqrt{u}$ et $(\sqrt{u})'=\dfrac{u'}{2\sqrt{u}}$.

Donc, la dérivée de $x \mapsto \sqrt{3x - x^2}$ est $x \mapsto \dfrac{3 - 2x}{2\sqrt{3x - x^2}}$.

Donc $f'(x) = -1 \times \sqrt{3x - x^2} + (3 - x) \times \dfrac{3 - 2x}{2\sqrt{3x - x^2}}$

$$f'(x) = -\frac{3x - x^2}{\sqrt{3x - x^2}} + \frac{(3 - x)(3 - 2x)}{2\sqrt{3x - x^2}}$$

$$f'(x) = \frac{-2(3x - x^2) + (3 - x)(3 - 2x)}{2\sqrt{3x - x^2}} = \frac{(3 - x)[-2x + (3 - 2x)]}{2\sqrt{3x - x^2}}$$

$$f'(x) = \frac{(3 - x)(3 - 4x)}{2\sqrt{3x - x^2}}.$$

Le dénominateur est strictement positif pour tout x de $]0 ; 3[$.

Donc, $f'(x)$ est du signe de $(3 - x)(3 - 4x)$.

Or, pour tout x de $]0 ; 3[$, $3 - x > 0$, ainsi $f'(x)$ est du signe de $3 - 4x$.

On a donc le tableau de variation suivant :

x	0		$\frac{3}{4}$		3
$f'(x)$	$\|\|$	$+$	0	$-$	
$f(x)$	0	↗	$\frac{27\sqrt{3}}{16}$	↘	0

REMARQUE

On remarque une double barre verticale dans le tableau sur la ligne de la dérivée uniquement. En effet, f est définie et continue en 0, mais f n'est pas dérivable en 0.

Le maximum se calcule ainsi :

$$f\left(\frac{3}{4}\right) = \left(3 - \frac{3}{4}\right)\sqrt{3 \times \frac{3}{4} - \left(\frac{3}{4}\right)^2} = \frac{9}{4}\sqrt{\frac{27}{16}} = \frac{9}{4} \times \frac{3\sqrt{3}}{4} = \frac{27\sqrt{3}}{16}.$$

e. La fonction f est continue et strictement croissante de $\left[0 ; \frac{3}{4}\right]$ vers $\left[0 ; \frac{27\sqrt{3}}{16}\right]$.

Or, 2 appartient à $\left[0 ; \frac{27\sqrt{3}}{16}\right]$.

Donc, d'après le théorème de la bijection, l'équation $f(x) = 2$ possède une unique solution dans $\left[0 ; \frac{3}{4}\right]$.

La fonction f est continue et strictement décroissante de $\left[\frac{3}{4} ; 3\right]$ vers $\left[0 ; \frac{27\sqrt{3}}{16}\right]$.

REMARQUE

Il y a deux solutions. On doit utiliser deux fois le théorème de la bijection.

Or, 2 appartient à $\left[0 ; \frac{27\sqrt{3}}{16}\right]$.

Donc, d'après le théorème de la bijection, l'équation $f(x) = 2$ possède une unique solution dans $\left[\frac{3}{4} ; 3\right]$.

Conclusion : l'équation $f(x) = 2$ possède exactement deux solutions dans [0 ; 3].
Le balayage permet d'obtenir les résultats suivants :
$f(0{,}177) \approx 1{,}9955 < 2$ et $f(0{,}178) \approx 2{,}00007 > 2$.
Donc la première solution appartient à [0,177 ; 0,178].
Et $f(1{,}659) \approx 2{,}0002 > 2$ et $f(1{,}660) \approx 1{,}9985 < 2$.
Donc la deuxième solution appartient à [1,659 ; 1,660].

14 **1.a.** g est un polynôme. Pour déterminer ses limites, on factorise par le terme de plus haut degré. $g(x) = x^3 - 3x - 4 = x^3\left(1 - \frac{3}{x^2} - \frac{4}{x^3}\right)$.

RAPPEL

Le polynôme $ax^2 + bx + c$ est du signe de a sauf entre ses racines, si elles existent.

Or, $\lim\limits_{x \to +\infty} 1 - \frac{3}{x^2} - \frac{4}{x^3} = 1$ par somme et $\lim\limits_{x \to +\infty} g(x) = +\infty$.

Donc, par produit, $\lim\limits_{x \to +\infty} g(x) = +\infty$. De même, $\lim\limits_{x \to -\infty} g(x) = -\infty$.

b. g est un polynôme, donc g est dérivable sur $\mathbb{R}$ et $g'(x) = 3x^2 - 3$.
$g'(x) = 0 \Leftrightarrow x^2 = 1 \Leftrightarrow x = -1$ ou $x = 1$.
Et $g'(x)$ est positif, car $3 > 0$, sauf entre ses racines.
On a donc le tableau suivant :

x	$-\infty$		-1		1		$+\infty$
$g'(x)$		+	0	–	0	+	
g	$-\infty$	↗	-2	↘	-6	↗	$+\infty$

c. Démontrons que l'équation $g(x) = 0$ possède une unique solution dans $\mathbb{R}$.

• Sur $]-\infty\,;1]$, le maximum de la fonction est -2. Donc, pour tout x de $]-\infty\,;1]$, $g(x) < 0$. Ainsi l'équation $g(x) = 0$ n'a aucune solution dans $]-\infty\,;1]$.

• Sur $[1\,;+\infty[$: la fonction g est continue, car dérivable, et strictement croissante de $[1\,;+\infty[$ vers $[-6\,;+\infty[$. Or, 0 appartient à $[-6\,;+\infty[$.

Ainsi, d'après le théorème de la bijection, l'équation $g(x) = 0$ possède une unique solution α dans $[1\,;+\infty[$.

En conclusion : l'équation $g(x) = 0$ possède une unique solution α dans $\mathbb{R}$.

De plus : $g(2{,}1) \approx -1{,}039 < 0$ et $g(2{,}2) \approx 0{,}048 > 0$. D'où $2{,}1 < \alpha < 2{,}2$.

d. On en déduit le tableau de signes de $g(x)$:

x	$-\infty$		α		$+\infty$
$g(x)$		$-$	0	$+$	

2. Pour étudier les limites à l'infini, la méthode est analogue à celle utilisée à la question **1.a.**

$$f(x) = \frac{x^3 + 2x^2}{x^2 - 1} = \frac{x^3\left(1 + \frac{2}{x}\right)}{x^2\left(1 - \frac{1}{x^2}\right)} = \frac{x\left(1 + \frac{2}{x}\right)}{\left(1 - \frac{1}{x^2}\right)}.$$

Donc, par somme, produit et quotient : $\lim\limits_{x \to -\infty} f(x) = -\infty$ et $\lim\limits_{x \to +\infty} f(x) = +\infty$.

Pour étudier les limites en -1 et en 1, on doit d'abord remarquer que $x^2 - 1$ est positif sauf entre ses racines -1 et 1.

Donc, $\lim\limits_{x \to -1^-} x^2 - 1 = 0^+$ et $\lim\limits_{x \to -1^+} x^2 - 1 = 0^-$.

De plus, $\lim\limits_{x \to -1} x^3 + 2x^2 = 1$. Donc, par quotient : $\lim\limits_{x \to -1^-} f(x) = +\infty$

et $\lim\limits_{x \to -1^+} f(x) = -\infty$.

On montre de même que : $\lim\limits_{x \to 1^-} f(x) = -\infty$ et $\lim\limits_{x \to 1^+} f(x) = +\infty$.

La courbe $\mathscr{C}_f$ possède deux asymptotes verticales d'équations $x = 1$ et $x = -1$.

3. f est une fonction rationnelle, elle est donc dérivable sur chaque intervalle de son ensemble de définition.

$$f'(x) = \frac{(3x^2 + 4x) \times (x^2 - 1) - (x^3 + 2x^2) \times 2x}{(x^2 - 1)^2} = \frac{3x^4 + 4x^3 - 3x^2 - 4x - 2x^4 - 4x^3}{(x^2 - 1)^2}.$$

REMARQUE

L'étude du signe de $g(x)$ permet de connaître le signe de $f'(x)$. La fonction g est une fonction AUXILIAIRE pour l'étude de la fonction f.

Donc $f'(x) = \dfrac{x^4 - 3x^2 - 4x}{(x^2 - 1)^2} = \dfrac{x \times g(x)}{(x^2 - 1)^2}$.

On a donc le tableau de signes suivant :

x	$-\infty$		-1		0		1		α		$+\infty$
x		$-$	|	$-$	0	$+$	|	$+$	|	$+$	
$g(x)$		$-$	|	$-$	|	$-$	|	$-$	0	$+$	
$(x^2 - 1)^2$		$+$	0	$+$	|	$+$	0	$+$	|	$+$	
$f'(x)$		$+$	||	$+$	0	$-$	||	$-$	0	$+$	

4. D'après l'étude précédente :

x	$-\infty$		-1		0		1		α		$+\infty$
$f'(x)$		$+$	||	$+$	0	$-$	||	$-$	0	$+$	
f	$-\infty$	↗	$+\infty$ || $-\infty$	↗	0	↘	$-\infty$ || $+\infty$	↘	$f(\alpha)$	↗	$+\infty$

Exponentielle et logarithme

POUR DÉMARRER

- Revoir les cours sur limites et dérivation. Les fonctions exponentielle et logarithme viennent s'ajouter aux fonctions usuelles que nous connaissons déjà, et la plupart des exercices font intervenir les connaissances des chapitres précédents.

1 Fonction exponentielle

A. Théorème fondamental

Il existe une unique fonction f dérivable sur $\mathbb{R}$ telle que $f' = f$ et $f(0) = 1$.

B. Définition

La **fonction exponentielle**, notée exp, est l'unique fonction dérivable sur $\mathbb{R}$ telle que :

Pour tout réel x, $\exp'(x) = \exp(x)$ et $\exp(0) = 1$.

C. Signe de la fonction exp

Pour tout réel x, $\exp(x) \times \exp(-x) = 1$ et $\exp(x) > 0$.

D. Propriétés algébriques

Pour tous réels a et b : $\exp(a + b) = \exp(a) \times \exp(b)$, $\exp(a - b) = \dfrac{\exp(a)}{\exp(b)}$.

Pour tout réel a et pour tout entier naturel n, $\exp(na) = (\exp(a))^n$.

E. Notation e^x

- En posant $\exp(1) = e$, on note, pour tout réel x : $\exp(x) = e^x$.
- Avec ces notations, les propriétés précédentes s'écrivent :

pour tous réels a et b, $e^{a+b} = e^a \times e^b$, $e^{-b} = \dfrac{1}{e^b}$ et $e^{a-b} = \dfrac{e^a}{e^b}$.

- Pour tout réel a et pour tout entier naturel n, $e^{na} = (e^a)^n$.

2 Étude de la fonction exponentielle

A. Variations

Pour tout réel x, $\exp'(x) = \exp(x) = e^x$, donc $\exp'(x) > 0$.

La fonction exp est strictement croissante sur $\mathbb{R}$.

B. Limites

$\lim\limits_{x \to +\infty} e^x = +\infty$ et $\lim\limits_{x \to -\infty} e^x = 0$.

C. Courbe

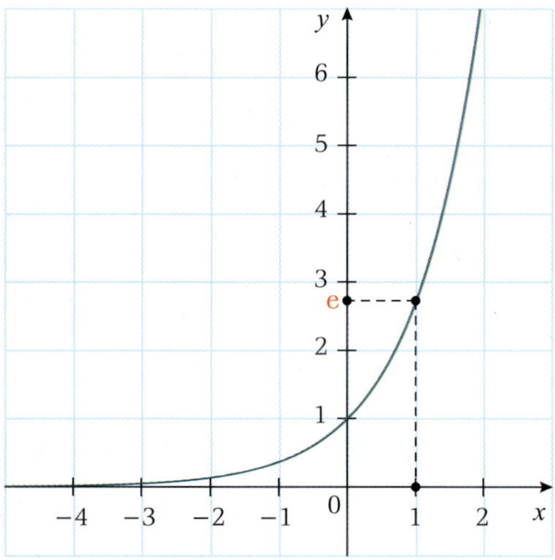

D. Croissances comparées

Pour tout entier naturel n, $\lim\limits_{x \to +\infty} \dfrac{e^x}{x^n} = +\infty$ et $\lim\limits_{x \to -\infty} x^n e^x = 0$.

E. Taux d'accroissement en 0

$\lim\limits_{x \to 0} \dfrac{e^x - 1}{x} = 1$.

3 Fonctions e^u

Propriété

Soit u une fonction dérivable sur un intervalle I.

La fonction f définie sur I par $f(x) = e^{u(x)}$ est dérivable sur I et $f'(x) = u'(x) \times e^{u(x)}$. On retiendra : $(e^u)' = u'e^u$.

EXEMPLE
La fonction f définie sur $\mathbb{R}$ par $f(x) = e^{-3x^2 + 12x}$ est dérivable sur $\mathbb{R}$ comme composée de fonctions dérivables et $f'(x) = (-6x + 12)e^{-3x^2 + 12x}$.

4 Fonction logarithme népérien

A. Équation $e^x = a$

Pour tout réel a strictement positif, l'équation $e^x = a$ possède une solution et une seule. On la note $\ln(a)$.

B. Définition

La fonction logarithme népérien est définie sur $]0\ ;\ +\infty[$ par $x \mapsto \ln(x)$ où $\ln(x)$ est l'unique réel tel que $e^{\ln(x)} = x$.

REMARQUE
Les fonctions exp et ln sont deux fonctions réciproques.

C. Relations fondamentales

Pour tout x de $]0\ ;\ +\infty[$ et pour tout réel y :

$e^y = x \Leftrightarrow y = \ln(x), \quad e^{\ln(x)} = x, \quad \ln(e^y) = y.$

En particulier : $\ln(1) = 0$ et $\ln(e) = 1$.

D. Propriétés algébriques

Pour tous a et b de $]0\ ;\ +\infty[$, $\ln(ab) = \ln(a) + \ln(b)$, $\ln\left(\frac{1}{b}\right) = -\ln(b)$ et $\ln\left(\frac{a}{b}\right) = \ln(a) - \ln(b)$.

Pour tout a de $]0\ ;\ +\infty[$, et pour tout entier naturel n, $\ln(a^n) = n\ln(a)$.

5 Étude de la fonction logarithme népérien

A. Limites

$\lim_{x \to +\infty} \ln(x) = +\infty$ et $\lim_{x \to 0^+} \ln(x) = -\infty$.

B. Dérivée – Variations

Pour tout x de $]0 ; +\infty[$, $\ln'(x) = \dfrac{1}{x}$, donc $\ln'(x) > 0$.

La fonction ln est strictement croissante sur $]0 ; +\infty[$.

C. Courbe

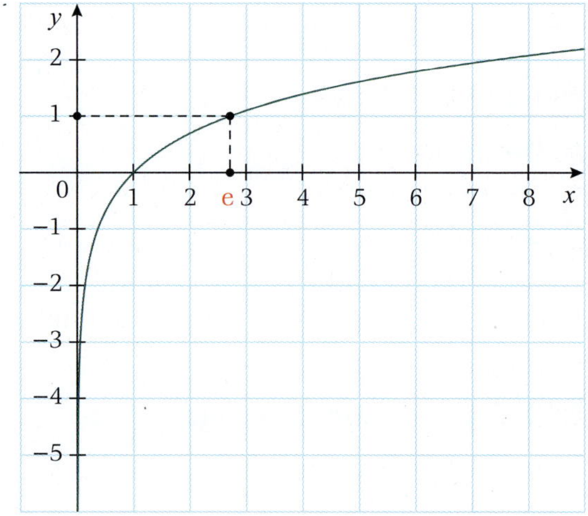

REMARQUE

La courbe de exp et celle de ln sont symétriques par rapport à la droite d'équation $y = x$.

D. Croissances comparées

Pour tout entier naturel non nul n, $\lim_{x \to +\infty} \dfrac{\ln(x)}{x^n} = 0$ et $\lim_{x \to 0^+} x^n \ln(x) = 0$.

E. Taux d'accroissement en 1

$\lim_{x \to 0} \dfrac{\ln(1 + x)}{x} = 1$.

6 Fonctions ln(*u*)

Propriété

Soit u une fonction dérivable sur un intervalle I telle que u soit strictement positive sur I.

La fonction f définie sur I par $f(x) = \ln(u(x))$ est dérivable sur I et $f'(x) = \dfrac{u'(x)}{u(x)}$. On retiendra : $(\ln u)' = \dfrac{u'}{u}$.

EXEMPLE

La fonction f définie sur $\mathbb{R}$ par $f(x) = \ln(3x^2 + 12)$ est dérivable sur $\mathbb{R}$ comme composée de fonctions dérivables et $f'(x) = \dfrac{6x}{3x^2 + 12} = \dfrac{2x}{x^2 + 4}$.

7 Fonction logarithme décimal

A. Définition

La fonction logarithme décimal, notée log, est définie sur $]0\,;\,+\infty[$ par $\log(x) = \dfrac{\ln(x)}{\ln(10)}$.

B. Propriété

Pour tout entier relatif n, $\log(10^n) = n$ et $\log(x) = n \Leftrightarrow x = 10^n$.

REMARQUE

On pourra généraliser cette propriété à l'ensemble des réels strictement positifs :
Pour tout réel a de $]0\,;+\infty[$, $\log(x) = a \Leftrightarrow x = 10^a$.

EXEMPLE

L'étiquette d'une eau minérale gazeuse indique pH = 6,5. Quelle est la concentration en ion H_3O^+ de cette solution sachant que $pH = -\log[H_3O^+]$?

Réponse : $[H_3O^+] = 10^{-6,5}$ mol·L^{-1}, donc $[H_3O^+] \approx 3,2 \times 10^{-7}$ mol·L^{-1} à l'aide de la calculatrice.

PIÈGES À ÉVITER

- Quand on écrit ln(x), on doit toujours s'assurer que $x > 0$.
- Dans les études de signe, on doit toujours penser que, pour tout réel x, $e^x > 0$.

1 Étudier une fonction avec l'exponentielle

CONSEILS

- **Les propriétés concernant les limites et le calcul des fonctions dérivées doivent être parfaitement connues.**

Exercice

Soit f la fonction définie sur $\mathbb{R}$ par $f(x) = (x^2 + 3x + 1)e^{-x}$.

1 **Étudier les limites de f.**

2 **Déterminer $f'(x)$ et étudier son signe.**

3 **En déduire les variations de f.**

POINT MÉTHODE

✓ *Pour étudier les limites, on utilise souvent les croissances comparées du §2D.*

✓ *Pour le calcul des dérivées, on utilise la propriété du §3 : $(e^u)' = u'e^u$.*

✓ *Dans l'étude de signe, on a souvent à utiliser le fait que la fonction exp est strictement positive sur $\mathbb{R}$.*

Comment répondre ?

1 En $-\infty$: $x^2 + 3x + 1 = x^2\left(1 + \frac{3}{x} + \frac{1}{x^2}\right)$.

Or $\lim\limits_{x \to -\infty} x^2 = +\infty$ et $\lim\limits_{x \to -\infty}\left(1 + \frac{3}{x} + \frac{1}{x^2}\right) = 1$.

La fonction $x \mapsto e^{-x}$ la composée de la fonction $x \mapsto -x$ suivie de la fonction exponentielle. On peut effectuer le changement de variable $X = -x$.

Quand x tend vers $-\infty$, X tend vers $+\infty$ et $e^{-x} = e^X$. Donc, $\lim\limits_{x \to -\infty} e^{-x} = \lim\limits_{X \to +\infty} e^X = +\infty$.

Donc, par produit : $\lim\limits_{x \to -\infty} f(x) = +\infty$.

En $+\infty$: $f(x) = (x^2 + 3x + 1)e^{-x} = x^2 e^{-x} + 3xe^{-x} + e^{-x}$.

Or $\lim\limits_{x \to +\infty} x^2 e^{-x} = 0$, car $x^2 e^{-x} = \frac{x^2}{e^x} = \frac{1}{\frac{e^x}{x^2}}$ et $\lim\limits_{x \to +\infty} \frac{e^x}{x^2} = +\infty$ d'après le ***§2D***.

De même $\lim\limits_{x \to +\infty} 3xe^{-x} = 0$ et $\lim\limits_{x \to +\infty} e^{-x} = 0$. Donc, par somme $\lim\limits_{x \to +\infty} f(x) = 0$.

2 La fonction f est le produit et la composée de fonctions dérivables sur $\mathbb{R}$. La fonction $x \mapsto e^{-x}$ est de la forme e^u, donc sa dérivée est $u'e^u$, donc $x \mapsto -e^{-x}$.

Donc $f'(x) = (2x + 3)e^{-x} + (x^2 + 3x + 1)(-e^{-x})$.

Donc $f'(x) = (2x + 3 - x^2 - 3x - 1)e^{-x} = (-x^2 - x + 2)e^{-x}$.

Pour étudier le signe, on remarque que pour tout réel x, e^{-x} est strictement positif (**§1C**). Donc $f'(x)$ a le signe de $-x^2 - x + 2$.

Le discriminant est : $\Delta = (-1)^2 - 4 \times (-1) \times 2 = 9$.

$\Delta > 0$, donc le polynôme a deux racines réelles : $x_1 = 1$ et $x_2 = -2$.

Or le coefficient de x^2 est négatif, donc le polynôme est négatif sauf entre ses racines.

3 On en déduit le tableau de variations :

x	$-\infty$		-2		1		$+\infty$
$f'(x)$		$-$	0	$+$	0	$-$	
f	$+\infty$	↘	$-e^{-2}$	↗	$5e^{-1}$	↘	0

2 Résoudre des équations et inéquations avec l'exponentielle et le logarithme

CONSEILS

- **Toujours essayer de se ramener à une équation du type $e^x = a$ ou $\ln(x) = b$ ou à une inéquation analogue.**

Exercice

Résoudre les équations et inéquations suivantes :

1 $2\ln(x) + 3 = 0$;

2 $5e^{-x} - 12 = 0$;

3 $\ln(x + 3) \leqslant 0$;

4 $(e^x - 2)(e^x + 1) \geqslant 0$.

POINT MÉTHODE

✓ *Pour résoudre ce type d'équation on utilise les résultats fondamentaux du §4C. Pour tout x de $]0\,;+\infty[$ et pour tout réel y : $e^y = x \Leftrightarrow y = \ln(x)$, $e^{\ln(x)} = x$, $\ln(e^y) = y$.*

✓ *Pour les inéquations, on utilise le fait que exp et ln sont deux fonctions strictement croissantes sur leurs ensembles de définition respectifs.*

Comment répondre ?

1 $2\ln(x) + 3 = 0 \Leftrightarrow \ln(x) = -\frac{3}{2} \Leftrightarrow x = e^{-\frac{3}{2}}$.

2 $5e^{-x} - 12 = 0 \Leftrightarrow e^{-x} = \frac{12}{5}$.

On vérifie que $\frac{12}{5} > 0$, donc $e^{-x} = \frac{12}{5} \Leftrightarrow -x = \ln\left(\frac{12}{5}\right) \Leftrightarrow x = -\ln\left(\frac{12}{5}\right)$.

En utilisant la propriété du *§4D*, $\ln\left(\frac{1}{b}\right) = -\ln(b)$, on obtient comme solution : $x = \ln\left(\frac{5}{12}\right)$.

3 L'inéquation $\ln(x + 3) \leqslant 0$ a un sens si, et seulement si, $x + 3 > 0$, car la fonction ln est définie sur $]0\,;+\infty[$, donc si, et seulement si, $x > -3$.

Donc $\ln(x + 3) \leqslant 0 \Leftrightarrow \begin{cases} x > -3 \\ \ln(x+3) \leqslant \ln(1) \end{cases} \Leftrightarrow \begin{cases} x > -3 \\ x + 3 \leqslant 1 \end{cases}$ car la fonction ln est strictement croissante sur $]0\,;+\infty[$. Donc, $\ln(x + 3) \leqslant 0 \Leftrightarrow \begin{cases} x > -3 \\ x \leqslant -2 \end{cases}$.

Donc, l'ensemble des solutions est $S =]-3\,;-2]$.

4 Pour résoudre l'inéquation $(e^x - 2)(e^x + 1) \geqslant 0$, on doit étudier le signe de chacun des facteurs.

$e^x - 2 = 0 \Leftrightarrow e^x = 2 \Leftrightarrow x = \ln(2)$.

$e^x - 2 > 0 \Leftrightarrow e^x > e^{\ln 2} \Leftrightarrow x > \ln(2)$, car la fonction exp est strictement croissante sur $\mathbb{R}$.

$e^x + 1 = 0 \Leftrightarrow e^x = -1$. Cette équation n'a aucune solution, car pour tout réel x, $e^x > 0$. De plus, pour tout réel x, $e^x + 1 > 0$.

On peut donc résumer cette étude dans le tableau de signe suivant :

x	$-\infty$		$\ln(2)$		$+\infty$
$e^x - 2$		$-$	0	$+$	
$e^x + 1$		$+$		$+$	
$(e^x - 2)(e^x + 1)$		$-$	0	$+$	

Donc, l'ensemble des solutions est $S = [\ln(2)\,;+\infty[$.

3 Étudier une fonction avec le logarithme

CONSEILS

- De même que précédemment, les propriétés concernant les limites et le calcul des fonctions dérivées doivent être parfaitement connues.

Exercice

Soit la fonction f définie sur $]0\,;+\infty[$ par $f(x) = x\ln(x) - 2x - 1$.

1 Étudier les limites de f en $+\infty$ et en 0.

2 Déterminer $f'(x)$ et étudier son signe.

3 En déduire les variations de f.

POINT MÉTHODE

✓ *Pour étudier les limites, on utilise souvent les croissances comparées du §5D.*

✓ *On utilise la dérivée $\ln'(x) = \frac{1}{x}$.*

✓ *Pour l'étude de signe, on doit savoir résoudre les équations et inéquations du type de l'exercice résolu 2.*

Comment répondre ?

1 En $+\infty$: $f(x) = x\ln(x) - 2x - 1 = x\left(\ln(x) - 2 - \frac{1}{x}\right)$.

Or $\lim_{x\to+\infty} \ln(x) = +\infty$ et $\lim_{x\to+\infty} -2 - \frac{1}{x} = -2$, donc $\lim_{x\to+\infty}\left(\ln(x) - 2 - \frac{1}{x}\right) = +\infty$ par somme.

De plus, $\lim_{x\to+\infty} x = +\infty$, donc, par produit, $\lim_{x\to+\infty} f(x) = +\infty$.

En 0 : $\lim_{x\to0^+} x\ln(x) = 0$, limite de référence du *§5D*.

Et $\lim_{x\to0^+} -2x - 1 = -1$. Donc, par somme, $\lim_{x\to0^+} f(x) = -1$.

2 La fonction f est le produit et la somme de fonctions dérivables sur $]0\,;+\infty[$.

$f'(x) = 1 \times \ln(x) + x \times \frac{1}{x} - 2 = \ln(x) + 1 - 2$. Donc $f'(x) = \ln(x) - 1$.

Étudions le signe de $f'(x)$.

Pour cela on résout l'équation $f'(x) = 0$ puis l'inéquation $f'(x) > 0$.

$f'(x) = 0 \Leftrightarrow \ln(x) = 1 \Leftrightarrow x = e$, d'après le *§4C*.

$f'(x) > 0 \Leftrightarrow \ln(x) > 1 \Leftrightarrow x > e$, car ln est strictement croissante sur $\mathbb{R}$.

3 On en déduit le tableau de variation :

x	0		e		$+\infty$
$f'(x)$		$-$	0	$+$	
f	1	↘	$-e-1$	↗	$+\infty$

TESTEZ VOS CONNAISSANCES

CORRIGÉ p. 146

1. La fonction dérivée sur $\mathbb{R}$ de $x \mapsto e^x$ est :

a. $x \mapsto e^{x-1}$. **b.** $x \mapsto \ln(x)$. **c.** $x \mapsto e^x$.

2. Lesquelles de ces égalités sont-elles vraies ?

a. $e^1 = 0$. **b.** $e^0 = 1$. **c.** $e^1 = e$.

3. L'ensemble de définition de la fonction $x \mapsto e^x$ est

a. $[0\,;+\infty[$. **b.** $\mathbb{R}$. **c.** $]0\,;+\infty[$.

4. L'ensemble de définition de la fonction $x \mapsto \ln(x)$ est

a. $]0\,;+\infty[$. **b.** $\mathbb{R}$. **c.** $[0\,;+\infty[$.

5. L'équation $e^x = a$ possède une solution dans $\mathbb{R}$ si, et seulement si :

a. $x > 0$. **b.** $x = \ln(a)$. **c.** $a > 0$.

6. $\lim\limits_{x \to -\infty} e^x =$ **a.** 0. **b.** $+\infty$. **c.** n'existe pas.

7. $\lim\limits_{x \to 0} \ln(x) =$ **a.** 0. **b.** $+\infty$. **c.** $-\infty$.

8. $\lim\limits_{x \to +\infty} \dfrac{e^x}{x} =$ **a.** 0. **b.** 1. **c.** $+\infty$.

9. $\lim\limits_{x \to +\infty} \dfrac{\ln(x)}{x} =$ **a.** 0. **b.** 1. **c.** $+\infty$.

10. $(e^u)' =$ **a.** $u \times e^{u'}$. **b.** $u' \times e^{u'}$. **c.** $u' \times e^u$.

11. $(\ln u)' =$ **a.** $\dfrac{u'}{u}$ **b.** $\dfrac{u'}{u^2}$ **c.** $-\dfrac{u'}{u}$

12. Dans un repère orthonormal, les courbes représentatives des fonctions exp et ln sont symétrique par rapport :

a. à l'axe (Ox). **b.** à l'axe (Oy). **c.** à la droite d'équation $y = x$.

ENTRAÎNEZ-VOUS

CORRIGÉ p. 147

Notions de bases sur les fonctions exp et ln

1 Déterminer les limites suivantes : ●○○ 20 min

a. $\lim\limits_{x \to +\infty} x^2 - e^x$; **b.** $\lim\limits_{x \to -\infty} x^2 - e^x$; **c.** $\lim\limits_{x \to +\infty} (-5x + 3)e^x$; **d.** $\lim\limits_{x \to -\infty} (-5x + 3)e^x$;

e. $\lim\limits_{x \to +\infty} 4 + e^{-x}$; **f.** $\lim\limits_{x \to +\infty} (3 - x)e^{-x}$; **g.** $\lim\limits_{x \to +\infty} \dfrac{5e^{x} + 4}{2e^{x} + 12}$; **h.** $\lim\limits_{x \to -\infty} \dfrac{5e^{x} + 4}{2e^{x} + 12}$.

2 Déterminer les limites suivantes : ●○○ 25 min

a. $\lim\limits_{x \to +\infty} 3x - 1 + \ln(x)$; **b.** $\lim\limits_{x \to 0^+} 2x + 1 + \ln(x)$; **c.** $\lim\limits_{x \to +\infty} (-2x + 7)\ln(x)$;

d. $\lim\limits_{x \to 0^+} (-2x + 7)\ln(x)$; **e.** $\lim\limits_{x \to +\infty} -x + 1 + \dfrac{\ln(x)}{x}$; **f.** $\lim\limits_{x \to 0^+} -x + 1 + \dfrac{\ln(x)}{x}$;

g. $\lim\limits_{x \to 0^+} 3 - x\ln(x)$; **h.** $\lim\limits_{x \to +\infty} 3 - x\ln(x)$; **i.** $\lim\limits_{x \to +\infty} 4x - \ln(x)$.

3 Calculer les dérivées des fonctions suivantes sur l'intervalle I : ●○○ 25 min

a. $f(x) = (-3x^2 + 2)e^x$, $I = \mathbb{R}$. **b.** $f(x) = (5x + 1)e^{3x}$, $I = \mathbb{R}$.

c. $f(x) = \dfrac{e^x + 4}{e^x + 12}$, $I = \mathbb{R}$. **d.** $f(x) = (3x + x^2)e^{-x}$, $I = \mathbb{R}$.

e. $f(x) = x\ln x - x$, $I =]0 ; +\infty[$. **f.** $f(x) = \ln(4x^2 + 20)$, $I = \mathbb{R}$.

g. $f(x) = (3x + 6)\ln(3x + 6)$, $I =]-2 ; +\infty[$.

4 **Question de cours** ●●● 30 min

On se propose de démontrer l'unicité d'une fonction dérivable sur $\mathbb{R}$, égale à sa dérivée et qui vaut 1 en 0.

Soient f et g deux fonctions dérivables sur $\mathbb{R}$ telles que $f(0) = g(0) = 1$ et, pour tout réel x, $f'(x) = f(x)$ et $g'(x) = g(x)$.

1. a. Soit h la fonction définie sur $\mathbb{R}$ par $h(x) = f(x) \times f(-x)$.

Calculer $h'(x)$ puis $h(0)$.

b. En déduire que pour tout réel x, $f(x) \times f(-x) = 1$, puis que $f(x) > 0$.

2. a. Soit k la fonction définie sur $\mathbb{R}$ par $k(x) = \dfrac{g(x)}{f(x)}$.

Calculer $k'(x)$ puis démontrer que k est une fonction constante sur $\mathbb{R}$.

b. En déduire que pour tout réel x, $f(x) = g(x)$.

5 **Question de cours** ●●○ 30 min

On se propose de démontrer que $\lim\limits_{x \to +\infty} e^x = +\infty$ et $\lim\limits_{x \to -\infty} e^x = 0$.

On suppose acquis les résultats suivants :

(1) $\exp(0) = e^0 = 1$.

(2) Pour tout réel x, $\exp'(x) = \exp(x) = e^x$.

(3) La fonction exp est strictement croissante sur $\mathbb{R}$.

(4) Pour tout réel x, $e^{-x} = \dfrac{1}{e^x}$.

1. Soit f la fonction définie sur $\mathbb{R}$ par $f(x) = e^x - x$.

a. Déterminer $f'(x)$, puis étudier son signe.

b. En déduire les variations de f, puis en déduire que pour tout réel x, $e^x \geqslant x$.

c. En déduire que $\lim\limits_{x \to +\infty} e^x = +\infty$.

2. Utiliser le résultat de **1.c.** pour démontrer que $\lim\limits_{x \to -\infty} e^x = 0$.

Étudier une fonction avec l'exponentielle

6 Soit f la fonction définie sur $\mathbb{R}$ par $f(x) = (x^2 - 4x + 4)e^x$. ●○○ 25 min

a. Étudier les limites de f.

b. Déterminer $f'(x)$ et étudier son signe.

c. En déduire les variations de f.

7 **1.** Soit g la fonction g définie sur $\mathbb{R}$ par $g(x) = e^x + x + 1$. ●●○ 40 min

a. Déterminer les limites de g aux bornes de son ensemble de définition.

b. Étudier les variations de g.

c. Montrer que l'équation $g(x) = 0$ possède une unique solution réelle notée α. En déduire le tableau de signe de $g(x)$.

d. Donner un encadrement de α d'amplitude 10^{-2}.

2. Soit f la fonction g définie sur $\mathbb{R}$ par $f(x) = \dfrac{xe^x}{1 + e^x}$.

a. Déterminer la limite de f en $-\infty$ et en $+\infty$.

b. Calculer $f'(x)$ et démontrer que $f'(x) = \dfrac{g(x)\, e^x}{(1 + e^x)^2}$.

c. En déduire le tableau de variation de f.

d. Démontrer que $f(\alpha) = \alpha + 1$.

Résoudre des équations et inéquations avec l'exponentielle et le logarithme

8 Résoudre les équations et inéquations suivantes : ●○○ 20 min

a. $\ln(x + 1) = 1$; **b.** $(\ln x + 3)(\ln x - 1) = 0$; **c.** $(x - 2)\ln(x) \leqslant 0$;

d. $(\ln x)^2 \geqslant 1$; **e.** $e^{x-3} = 0$; **f.** $e^x - e = 1$;

g. $e^{2x} + e^x - 2 \geqslant 0$; **h.** $xe^{-x} < 0$; **i.** $e^{x+1} \leqslant 3$.

Étudier une fonction avec le logarithme

9 Soit f la fonction définie sur $]-2\,;+\infty[$ par $f(x) = x - \ln(4x+8)$. ●●○ 30 min

a. Étudier la limite de f en -2.

b. Démontrer que, pour tout $x > 0$, $f(x) = x - \ln(x) - \ln\left(4 + \frac{8}{x}\right)$.
En déduire la limite de f en $+\infty$.

c. Déterminer $f'(x)$ et étudier son signe. En déduire les variations de f.

10 Soit f la fonction définie sur $]0\,;+\infty[$ par $f(x) = (\ln x)^2$. ●○○ 15 min

a. Étudier les limites de f en 0 et en $+\infty$.

b. Déterminer $f'(x)$ et étudier son signe. En déduire les variations de f.

11 Soit f la fonction définie sur $]0\,;+\infty[$ par ●●○ 30 min

$$f(x) = \begin{cases} 0, \text{ si } x = 0 \\ x\ln x - 2x \text{ , si } x > 0 \end{cases}.$$

a. La fonction f est-elle continue en 0 ?

b. Étudier la limite de f en $+\infty$.

c. La fonction f est-elle dérivable en 0 ?

d. Déterminer $f'(x)$ pour tout $x > 0$ et étudier son signe. En déduire le tableau de variation de f.

12 **1.** Soit g la fonction définie sur $\mathbb{R}$ par $g(x) = e^x - 2x$. ●●○ 30 min

a. Déterminer $g'(x)$, puis étudier son signe. En déduire les variations de g.

b. En déduire que pour tout réel x, $g(x) > 0$.

2. Soit f la fonction définie sur $\mathbb{R}$ par $f(x) = \ln(e^x - 2x) - x$.

a. Étudier la limite de f en $-\infty$.

b. Démontrer que pour tout réel x, $f(x) = \ln(1 - 2xe^{-x})$.
En déduire la limite de f en $+\infty$.

c. Déterminer $f'(x)$ et étudier son signe. En déduire le tableau de variation de f.

d. Démontrer que $f(x) = 0$ si, et seulement si, $x = 0$.

Corrigés de *TESTEZ VOS CONNAISSANCES*

1. Réponse **c**. Cf. *§1B* ou *§ 2A*.

2. Réponses **b** et **c**. $e^0 = \exp(0) = 1$ et $e^1 = \exp(1) = e$ (Cf. *§1B* et *§1E*).

3. Réponse **b**. La fonction exponentielle est définie sur $\mathbb{R}$ (Cf. *§1B*).

4. Réponse **a**. La fonction ln est définie sur $]0\,;+\infty[$ (Cf. *§4B*).

5. Réponse **c**. Pour tout réel x, $e^x > 0$, donc si $a \leqslant 0$, l'équation $e^x = a$ n'a aucune solution. Et, d'après le *§4C*, pour tout a de $]0\,;+\infty[$ et pour tout réel x : $e^x = a \Leftrightarrow x = \ln(a)$.

6. Réponse **a**. Cf. *§2B*.

7. Réponse **c**. Cf. *§5A*.

8. Réponse **c**. Cf. *§2D*. Il s'agit de **croissances comparées**. La fonction exp « l'emporte » sur la fonction $x \mapsto x$ lorsque x tend vers $+\infty$.

9. Réponse **a**. Cf. *§5D*. Il s'agit de **croissances comparées**. La fonction $x \mapsto x$ « l'emporte » sur la fonction ln lorsque x tend vers $+\infty$.

10. Réponse **c**. Cf. *§3A*.

11. Réponse **a**. Cf. *§6A*.

12. Réponse **c**. Cf. *§5A*.

À RETENIR

Dans un repère orthonormal, les courbes représentatives des fonctions exp et ln sont symétrique par rapport à la droite d'équation $y = x$.

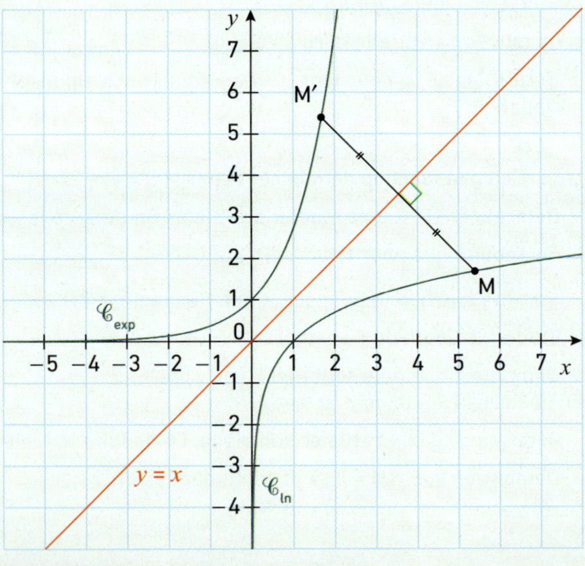

Corrigés de *ENTRAÎNEZ-VOUS*

1 **a.** En $+\infty$, l'expression $x^2 - e^x$ est une forme indéterminée de la forme « $\infty - \infty$ ».

Pour pouvoir déterminer la limite, on factorise par x^2.

$x^2 - e^x = x^2\left(1 - \frac{e^x}{x^2}\right)$. Or, $\lim\limits_{x \to +\infty} \frac{e^x}{x^2} = +\infty$, d'après les croissances comparées du *§2D*.

Donc, $\lim\limits_{x \to +\infty} \left(1 - \frac{e^x}{x^2}\right) = -\infty$ et $\lim\limits_{x \to +\infty} x^2 = +\infty$.

Donc, par produit : $\lim\limits_{x \to +\infty} x^2 - e^x = -\infty$.

À RETENIR

Pour tout entier naturel n,

$\lim\limits_{x \to +\infty} \frac{e^x}{x^n} = +\infty$ *et* $\lim\limits_{x \to -\infty} x^n e^x = 0$.

Les croissances comparées traduisent que la fonction exponentielle croit infiniment plus vite que toutes les fonctions puissances de la forme : $x \mapsto x^n$.

b. En $-\infty$, l'expression $x^2 - e^x$ n'est pas une forme indéterminée.

En effet : $\lim\limits_{x \to -\infty} x^2 = +\infty$ et $\lim\limits_{x \to -\infty} e^x = 0$. Donc, par somme : $\lim\limits_{x \to -\infty} x^2 - e^x = +\infty$.

c. En $+\infty$, l'expression $(-5x + 3)e^x$ n'est pas une forme indéterminée.

En effet, $\lim\limits_{x \to +\infty} (-5x + 3) = -\infty$ et $\lim\limits_{x \to +\infty} e^x = +\infty$.

Donc, par produit : $\lim\limits_{x \to +\infty} (-5x + 3)e^x = -\infty$.

d. En $-\infty$, l'expression $(-5x + 3)e^x$ est une forme indéterminée de la forme « $\infty \times 0$ ».

Pour pouvoir déterminer la limite, on développe :

$(-5x + 3)e^x = -5xe^x + 3e^x$.

Or, $\lim\limits_{x \to -\infty} xe^x = 0$ d'après les croissances comparées du *§2D*.

Donc $\lim\limits_{x \to -\infty} -5xe^x = 0$.

De plus, $\lim\limits_{x \to -\infty} e^x = 0$, d'après le *§2B*.

Donc, par produit et somme, $\lim\limits_{x \to -\infty} (-5x + 3)e^x = 0$.

REMARQUE

On peut remarquer que, par produit, l'exponentielle « l'emporte » sur la fonction affine. C'est sa limite en $-\infty$ *qui est la limite du produit.*

e. La fonction $x \mapsto e^{-x}$ est la composée de la fonction $x \mapsto -x$ suivie de la fonction exponentielle.

On peut effectuer le changement de variables $X = -x$.

Quand x tend vers $+\infty$, X tend vers $-\infty$ et $e^{-x} = e^X$.

Donc, $\lim\limits_{x \to +\infty} e^{-x} = \lim\limits_{X \to -\infty} e^X = 0$.

Donc, par somme, $\lim\limits_{x \to +\infty} 4 + e^{-x} = 4$.

REMARQUE

On peut démontrer de la même manière que, pour tout entier naturel n, $\lim_{x\to+\infty} x^n e^{-x} = 0$.

À RETENIR

$\lim_{x\to+\infty} e^{-x} = 0$, $\lim_{x\to-\infty} e^{-x} = +\infty$.

Pour tout entier naturel n, $\lim_{x\to+\infty} x^n e^{-x} = 0$.

f. On vient de voir que $\lim_{x\to+\infty} e^{-x} = \lim_{X\to-\infty} e^{X} = 0$.

Pour déterminer la limite cherchée, on développe :
$(3-x)e^{-x} = 3e^{-x} - xe^{-x}$.

Or $xe^{-x} = \dfrac{x}{e^x} = \dfrac{1}{\frac{e^x}{x}}$ et $\lim_{x\to+\infty} \dfrac{e^x}{x} = +\infty$ d'après les croissances comparées du *§2D*.

Donc, par quotient, $\lim_{x\to+\infty} xe^{-x} = 0$.

Donc, par somme $\lim_{x\to+\infty} 3e^{-x} - xe^{-x} = 0$.

Donc $\lim_{x\to+\infty} (3-x)e^{-x} = 0$.

g. En $+\infty$, l'expression $\dfrac{5e^x + 4}{2e^x + 12}$ est une forme indéterminée de la forme « $\dfrac{\infty}{\infty}$ ».

Pour déterminer la limite, on factorise par e^x au numérateur et au dénominateur.

$$\frac{5e^x + 4}{2e^x + 12} = \frac{e^x\left(5 + \frac{4}{e^x}\right)}{e^x\left(2 + \frac{12}{e^x}\right)} = \frac{5 + 4e^{-x}}{2 + 12e^{-x}}$$. Or, $\lim_{x\to+\infty} e^{-x} = \lim_{X\to-\infty} e^{X} = 0$.

Donc, par somme $\lim_{x\to+\infty} 5 + 4e^{-x} = 5$ et $\lim_{x\to+\infty} 2 + 12e^{-x} = 2$.

Donc, par quotient, $\lim_{x\to+\infty} \dfrac{5e^x + 4}{2e^x + 12} = \dfrac{5}{2}$.

h. $\lim_{x\to-\infty} e^x = 0$, donc $\lim_{x\to-\infty} 5e^x + 4 = 4$ et $\lim_{x\to-\infty} 2e^x + 12 = 12$ par produit et somme.

Donc, par quotient, $\lim_{x\to-\infty} \dfrac{5e^x + 4}{2e^x + 12} = \dfrac{4}{12} = \dfrac{1}{3}$.

2 **a.** $\lim_{x\to+\infty} 3x - 1 = +\infty$ et $\lim_{x\to+\infty} \ln(x) = +\infty$ d'après le *§5A*.

Donc, par somme, $\lim_{x\to+\infty} 3x - 1 + \ln(x) = +\infty$.

À RETENIR

$\lim_{x\to+\infty} \ln(x) = +\infty$

$\lim_{x\to0^+} \ln(x) = -\infty$

b. $\lim_{x\to0^+} 2x + 1 = 1$ et $\lim_{x\to0^+} \ln(x) = -\infty$ d'après le *§5A*.

Donc, par somme $\lim_{x\to0^+} 2x + 1 + \ln(x) = -\infty$.

c. $\lim_{x\to+\infty} (-2x + 7) = -\infty$ et $\lim_{x\to+\infty} \ln(x) = +\infty$ d'après le *§5A*.

Donc, par produit, $\lim_{x\to+\infty} (-2x + 7)\ln(x) = -\infty$.

d. $\lim\limits_{x \to 0^+} (-2x + 7) = -2 \times 0 + 7 = 7$ et $\lim\limits_{x \to 0^+} \ln(x) = -\infty$ d'après le ***§5A***.

Donc, par produit : $\lim\limits_{x \to 0^+} (-2x + 7)\ln(x) = -\infty$.

e. $\lim\limits_{x \to +\infty} -x + 1 = -\infty$ et $\lim\limits_{x \to +\infty} \dfrac{\ln(x)}{x} = 0$ d'après les croissances comparées du ***§5D***.

Donc, par somme, $\lim\limits_{x \to +\infty} -x + 1 + \dfrac{\ln(x)}{x} = -\infty$.

f. $\lim\limits_{x \to 0^+} -x + 1 = -0 + 1 = 1$.

De plus, $\dfrac{\ln(x)}{x} = \ln(x) \times \dfrac{1}{x}$.

Or $\lim\limits_{x \to 0^+} \ln(x) = -\infty$ et $\lim\limits_{x \to 0^+} \dfrac{1}{x} = +\infty$.

Donc, par produit, $\lim\limits_{x \to 0^+} \dfrac{\ln(x)}{x} = -\infty$.

Donc, par somme, $\lim\limits_{x \to 0^+} -x + 1 + \dfrac{\ln(x)}{x} = -\infty$.

ASTUCE

En 0, la limite de $x \mapsto \dfrac{\ln(x)}{x}$ n'est pas une forme indéterminée. Elle s'étudie simplement comme le produit de deux limites infinies.

REMARQUE

On peut remarquer que, par produit, en 0, x « l'emporte » sur $\ln(x)$.

g. $\lim\limits_{x \to 0^+} x\ln(x) = 0$ d'après les croissances comparées du ***§5D***.

Donc, par somme, $\lim\limits_{x \to 0^+} 3 - x\ln(x) = 3$.

h. $\lim\limits_{x \to +\infty} \ln(x) = +\infty$ et $\lim\limits_{x \to +\infty} -x = -\infty$, donc, par produit, $\lim\limits_{x \to +\infty} -x\ln(x) = -\infty$.

Donc, par somme $\lim\limits_{x \to +\infty} 3 - x\ln(x) = -\infty$.

ASTUCE

En $+\infty$, la limite de $x \mapsto x\ln(x)$ n'est pas une forme indéterminée. Elle s'étudie simplement comme le produit de deux limites infinies.

i. En $+\infty$, l'expression $4x - \ln(x)$ est une forme indéterminée de la forme « $\infty - \infty$ ».
Pour déterminer cette limite, on factorise par x.

$4x - \ln(x) = x\left(4 - \dfrac{\ln(x)}{x}\right)$.

ASTUCE

On peut remarquer que, par quotient, en $+\infty$, x « l'emporte » sur $\ln(x)$.
De même, par somme, $4x$ « l'emporte » sur $\ln(x)$, en $+\infty$.

Or, $\lim\limits_{x \to +\infty} \dfrac{\ln(x)}{x} = 0$ d'après les croissances comparées du ***§5D***.

Donc $\lim\limits_{x \to +\infty} 4 - \dfrac{\ln(x)}{x} = 4$, par somme. De plus, $\lim\limits_{x \to +\infty} x = +\infty$.

Donc, par produit, $\lim\limits_{x \to +\infty} x\left(4 - \dfrac{\ln(x)}{x}\right) = +\infty$.

Donc, $\lim\limits_{x \to +\infty} 4x - \ln(x) = +\infty$.

À RETENIR

$\lim\limits_{x \to +\infty} \dfrac{\ln(x)}{x} = 0$.

$\lim\limits_{x \to 0^+} x\ln(x) = 0$.

ASTUCE

On factorise par e^x afin de faciliter l'étude de signe éventuelle.

3 **a.** La fonction f est dérivable sur $\mathbb{R}$ comme produit de fonctions dérivables.

$f'(x) = (-3 \times 2x) \times e^x + (-3x^2 + 2) \times e^x = (-3x^2 - 6x + 2) \times e^x$.

b. La fonction f est dérivable sur $\mathbb{R}$ comme composée et produit de fonctions dérivables.

ASTUCE

On factorise par e^{3x} afin de faciliter l'étude de signe éventuelle.

En effet, $x \mapsto e^{3x}$ est une fonction de la forme e^u où u est la fonction affine $x \mapsto 3x$. Sa dérivée est $x \mapsto 3e^{3x}$, d'après le ***§3A***.

Donc, $f'(x) = 5 \times e^{3x} + (5x + 1) \times 3e^{3x} = (15x + 8)e^{3x}$.

c. La fonction f est dérivable sur $\mathbb{R}$ comme quotient de fonctions dérivables dont le dénominateur ne s'annule pas.

$$f'(x) = \frac{e^x \times (e^x + 12) - (e^x + 4) \times e^x}{(e^x + 12)^2} = \frac{(e^x)^2 + 12e^x - (e^x)^2 - 4e^x}{(e^x + 12)^2}.$$

Donc, $f'(x) = \dfrac{8e^x}{(e^x + 12)^2}$.

d. La fonction f est dérivable sur $\mathbb{R}$ comme composée et produit de fonctions dérivables.
En effet, $x \mapsto e^{-x}$ est une fonction de la forme e^u où u est la fonction affine $x \mapsto -x$.
Sa dérivée est $x \mapsto -e^{-x}$, d'après le ***§3A***.
Donc $f'(x) = (3 + 2x) \times e^{-x} + (3x + x^2) \times (-e^{-x})$.
Donc $f'(x) = (3 + 2x - 3x - x^2) \times e^{-x} = (-x^2 - x + 3) \times e^{-x}$.

e. La fonction f est dérivable sur $]0\,;+\infty[$ comme produit et somme de fonctions dérivables.

$f'(x) = 1 \times \ln(x) + x \times \dfrac{1}{x} - 1$, donc $f'(x) = \ln(x) + 1 - 1$, donc $f'(x) = \ln(x)$.

f. La fonction f est dérivable sur $\mathbb{R}$ comme composée de fonctions dérivables.
On vérifie que pour tout réel x, $4x^2 + 20 > 0$.
f est de la forme $\ln u$ où u est la fonction $x \mapsto 4x^2 + 20$.

À RETENIR

$(e^u)' = u'e^u$.

$(\ln u)' = \dfrac{u'}{u}$.

Donc, sa dérivée est de la forme $\dfrac{u'}{u}$.

Donc, $f'(x) = \dfrac{8x}{4x^2 + 20}$.

En simplifiant par 4 le numérateur et le dénominateur, $f'(x) = \dfrac{2x}{x^2 + 5}$.

g. La fonction f est dérivable sur $]-2\,;+\infty[$ comme composée et produit de fonctions dérivables.

En effet, $x \mapsto \ln(3x + 6)$ est une fonction de la forme ln u où u est la fonction définie sur $]-2\,;+\infty[$ par $x \mapsto 3x + 6$. Sa dérivée est $x \mapsto \dfrac{3}{3x+6}$, d'après le **§6A**.

On vérifie que pour tout x de $]-2\,;+\infty[$, $3x + 6 > 0$.

Donc $f'(x) = 3 \times \ln(3x + 6) + (3x + 6) \times \dfrac{3}{3x+6}$.

Donc, $f'(x) = 3\ln(3x + 6) + 3$.

4 **1.a.** La fonction h est dérivable sur $\mathbb{R}$ comme composée et produit de fonctions dérivables.

En effet, $x \mapsto f(-x)$ est la composée de la fonction affine $x \mapsto -x$ suivie de la fonction f. Donc, sa dérivée est $x \mapsto -f(-x)$.

Donc, $h'(x) = f'(x) \times f(-x) + f(x) \times (-f'(-x))$.

Donc $h'(x) = f'(x) \times f(-x) - f(x) \times f'(-x)$.

Or, $f'(x) = f(x)$ et $f'(-x) = f(-x)$.

Donc $h'(x) = f(x) \times f(-x) - f(x) \times f(-x) = 0$ pour tout réel x.

De plus $h(0) = f(0) \times f(0) = 1 \times 1 = 1$.

> **À RETENIR**
>
> $(v \circ u)' = (v' \circ u) \times u'$.
>
> La dérivée de $x \mapsto v(ax + b)$ est $x \mapsto a \times v'(ax + b)$.

b. La fonction h est constante sur $\mathbb{R}$ car sa dérivée est nulle. Or $h(0) = 1$, donc pour tout réel x, $h(x) = 1$.

Donc, pour tout réel x, $f(x) \times f(-x) = 1$.

On en déduit que, pour tout réel x, $f(x) \neq 0$.

En effet, s'il existait une valeur x telle que $f(x) = 0$, alors $f(x) \times f(-x)$ serait égal à 0, ce qui est contradiction avec le résultat précédent.

De plus $f(0) = 1 > 0$. Puisque f ne s'annule jamais et que f est une fonction continue, elle ne peut pas changer de signe. Sinon, d'après le théorème des valeurs intermédiaires, il existerait une valeur c telle que $f(c) = 0$.

Donc, pour tout réel x, $f(x) > 0$.

> **REMARQUE**
>
> *Ce dernier résultat est assez difficile à démontrer puisqu'il fait intervenir des notions de différents chapitres du cours : dérivabilité, continuité, étude des variations, valeurs intermédiaires.*
>
> *Il est cependant important de retenir la démarche suivie.*

2.a. La fonction k est dérivable sur $\mathbb{R}$ comme quotient de fonctions dérivables dont le dénominateur ne s'annule pas (d'après la question précédente).

$k'(x) = \dfrac{g'(x)f(x) - g(x)f'(x)}{(f(x))^2}$.

Or, pour tout réel x, $f'(x) = f(x)$ et $g'(x) = g(x)$.

Donc $k'(x) = \dfrac{g(x)f(x) - g(x)f(x)}{(f(x))^2} = 0$.

Donc la fonction k est constante sur $\mathbb{R}$ car sa dérivée est nulle.

b. $k(0) = \dfrac{g(0)}{f(0)} = \dfrac{1}{1} = 1$.

Donc, pour tout réel x, $k(x) = 1$. Donc, pour tout réel x, $\dfrac{g(x)}{f(x)} = 1$.

Donc, pour tout réel x, $g(x) = f(x)$.

Donc les fonction f et g sont égales.

Donc, il existe une unique fonction f dérivable sur $\mathbb{R}$ telle que $f(0) = 1$ et pour tout réel x, $f'(x) = f(x)$.

La fonction f est donc la fonction exponentielle telle qu'elle a été définie dans le ***§1B***.

5 **1.a.** La fonction f est dérivable sur $\mathbb{R}$ comme somme de fonctions dérivables.

Donc $f'(x) = e^x - 1$.

Étudions le signe de $f'(x)$:

$f'(x) = 0 \Leftrightarrow e^x - 1 = 0 \Leftrightarrow e^x = 1 \Leftrightarrow x = 0$, car $e^0 = 1$ et exp est strictement croissante sur $\mathbb{R}$.

$f'(x) > 0 \Leftrightarrow e^x - 1 > 0 \Leftrightarrow e^x > 1 \Leftrightarrow x > 0$, car $e^0 = 1$ et exp est strictement croissante sur $\mathbb{R}$.

Donc f' est positive sur $]0 ; +\infty[$, s'annule en 0 et est négative sur $]-\infty ; 0[$.

b. D'après l'étude de signe, f est strictement décroissante sur $]-\infty ; 0]$ et strictement croissante sur $[0 ; +\infty[$.

Donc, le minimum de f sur $\mathbb{R}$ est $f(0)$. Or $f(0) = e^0 - 0 = 1$.

Donc, pour tout réel x, $f(x) \geqslant 1$. Donc, pour tout réel x, $f(x) \geqslant 0$.

Donc, pour tout réel x, $e^x - x \geqslant 0$. Donc, pour tout réel x, $e^x \geqslant x$.

c. Pour tout réel x, $e^x \geqslant x$ et $\lim\limits_{x \to +\infty} x = +\infty$.

Donc, par comparaison, $\lim\limits_{x \to +\infty} e^x = +\infty$.

2. Montrons que $\lim\limits_{x \to -\infty} e^x = 0$.

Posons $X = -x$. Quand x tend vers $-\infty$, alors X tend vers $+\infty$. Et $e^x = e^{-X} = \dfrac{1}{e^X}$.

Donc $\lim\limits_{x \to -\infty} e^x = \lim\limits_{X \to +\infty} \dfrac{1}{e^X} = 0$, par quotient, car $\lim\limits_{X \to +\infty} e^X = +\infty$.

Conclusion : $\lim\limits_{x \to +\infty} e^x = +\infty$ et $\lim\limits_{x \to -\infty} e^x = 0$.

À RETENIR

$e^{-x} = \dfrac{1}{e^x}$.

6 **a.** En $+\infty$, l'expression $(x^2 - 4x + 4)e^x$ est le produit de deux fonctions qui tendent vers $+\infty$.

En effet, $x^2 - 4x + 4 = x^2\left(1 - \dfrac{4}{x} + \dfrac{4}{x^2}\right)$.

Or, $\lim\limits_{x \to +\infty} x^2 = +\infty$ et $\lim\limits_{x \to +\infty}\left(1 - \dfrac{4}{x} + \dfrac{4}{x^2}\right) = 1$ par somme.

Donc, $\lim\limits_{x \to +\infty} x^2 - 4x + 4 = +\infty$ par produit.

De plus, $\lim\limits_{x \to +\infty} e^x = +\infty$.

Donc, par produit : $\lim\limits_{x \to +\infty} f(x) = +\infty$.

En $-\infty$, l'expression $(x^2 - 4x + 4)e^x$ est une forme indéterminée de la forme « $\infty \times 0$ ».

Pour déterminer la limite, on développe et on utilise les croissances comparées du *§2D*.

$(x^2 - 4x + 4)e^x = x^2e^x - 4xe^x + 4e^x$.

Or, $\lim\limits_{x \to -\infty} x^2e^x = 0$, $\lim\limits_{x \to -\infty} xe^x = 0$ et $\lim\limits_{x \to -\infty} e^x = 0$.

Donc, par somme, $\lim\limits_{x \to -\infty} f(x) = 0$.

> **ASTUCE**
> *On peut remarquer que, par produit, l'exponentielle « l'emporte » sur la fonction polynôme. C'est sa limite en $-\infty$ qui est la limite du produit.*

b. La fonction f est dérivable sur $\mathbb{R}$ comme produit de fonctions dérivables.

$f'(x) = (2x - 4) \times e^x + (x^2 - 4x + 4) \times e^x$
$= (x^2 - 2x) \times e^x$.

Or, pour tout réel x, $e^x > 0$. Donc $f'(x)$ est du signe de $(x^2 - 2x)$.

$x^2 - 2x = 0 \Leftrightarrow (x - 2)x = 0$
$\Leftrightarrow x = 2$ ou $x = 0$.

Et le coefficient de x^2 est positif. Donc $f'(x)$ est positif sauf entre les racines 0 et 2.

> **À RETENIR**
> $\lim\limits_{x \to -\infty} e^x = 0$.
> *Pour tout entier naturel n,*
> $\lim\limits_{x \to -\infty} x^n e^x = 0$.

c. On a donc le tableau de variation suivant :

x	$-\infty$		0		2		$+\infty$
$f'(x)$		$+$	0	$-$	0	$+$	
f	0	↗	4	↘	0	↗	$+\infty$

7 **1.a.** En $+\infty$, $\lim\limits_{x\to+\infty} e^x = +\infty$ et $\lim\limits_{x\to+\infty} x+1 = +\infty$. Donc, par somme $\lim\limits_{x\to+\infty} g(x) = +\infty$.

En $-\infty$, $\lim\limits_{x\to-\infty} e^x = 0$ et $\lim\limits_{x\to-\infty} x+1 = -\infty$. Donc, par somme $\lim\limits_{x\to-\infty} g(x) = -\infty$.

À RETENIR

Pour tout réel x, $e^x > 0$.

b. La fonction g est dérivable sur $\mathbb{R}$ comme somme de fonctions dérivables et $g'(x) = e^x + 1$.

Or, pour tout réel x, $e^x > 0$. Donc, pour tout réel x, $g'(x) > 0$.

Donc g est strictement croissante sur $\mathbb{R}$.

c. La fonction g est strictement croissante et continue de $\mathbb{R}$ vers $\left]\lim\limits_{x\to-\infty} f(x)\,;\,\lim\limits_{x\to+\infty} f(x)\right[$, c'est-à-dire $]-\infty\,;+\infty[$, c'est-à-dire $\mathbb{R}$.

Or 0 appartient à $\mathbb{R}$.

Donc, d'après le théorème de la bijection, l'équation $g(x) = 0$ possède une unique solution dans $\mathbb{R}$.

Puisque g est strictement croissante sur $\mathbb{R}$, le tableau de signe de $g(x)$ est :

x	$-\infty$		α		$+\infty$
$g(x)$		$-$	0	$+$	

d. La calculatrice nous donne $g(-1{,}28) \approx -0{,}002 < 0$ et $g(-1{,}27) \approx 0{,}010 > 0$.
Donc $-1{,}28 < \alpha < -1{,}27$.

2.a. En $-\infty$, $\lim\limits_{x\to-\infty} xe^x = 0$ (croissances comparées du *§2D*) et $\lim\limits_{x\to-\infty} 1 + e^x = 1$.

Donc, par quotient $\lim\limits_{x\to-\infty} f(x) = 0$.

En $+\infty$, l'expression $\dfrac{xe^x}{1+e^x}$ est une forme indéterminée de la forme « $\dfrac{\infty}{\infty}$ ».

Pour déterminer la limite, on factorise par e^x au numérateur et au dénominateur.

$$f(x) = \frac{xe^x}{1+e^x} = \frac{xe^x}{\left(\frac{1}{e^x}+1\right)e^x} = \frac{x}{\frac{1}{e^x}+1}.$$

Or, $\lim\limits_{x\to+\infty} e^x = +\infty$, donc $\lim\limits_{x\to+\infty} \dfrac{1}{e^x} = 0$. Donc $\lim\limits_{x\to+\infty} \dfrac{1}{e^x} + 1 = 1$ par somme.

De plus, $\lim\limits_{x\to+\infty} x = +\infty$. Donc, par quotient $\lim\limits_{x\to+\infty} f(x) = +\infty$

b. La fonction f est dérivable sur $\mathbb{R}$ comme quotient de fonctions dérivables et

$$f'(x) = \frac{(1\times e^x + x\times e^x)\times(1+e^x) - (xe^x)\times e^x}{(1+e^x)^2}.$$

$$f'(x) = \frac{e^x + xe^x + (e^x)^2 + x(e^x)^2 - x(e^x)^2}{(1+e^x)^2} = \frac{e^x(1 + x + e^x)}{(1+e^x)^2}.$$

Donc, $f'(x) = \dfrac{g(x)\, e^x}{(1+e^x)^2}$.

À RETENIR

$$\left(\frac{u}{v}\right)' = \frac{u'v - uv'}{v^2}.$$

c. Pour tout réel x, $e^x > 0$, et $(1 + e^x)^2 > 0$. Donc, $f'(x)$ est du signe de $g(x)$.

D'après le **1.c.**, on a le tableau de variation suivant :

x	$-\infty$		α		$+\infty$
$f'(x)$		$-$	0	$+$	
f	0	↘	$f(\alpha)$	↗	$+\infty$

d. Montrons que $f(\alpha) = \alpha + 1$.

On sait que $g(\alpha) = 0$, donc $e^\alpha + \alpha + 1 = 0$, donc $e^\alpha = -\alpha - 1$.

Donc $f(\alpha) = \dfrac{\alpha e^\alpha}{1 + e^\alpha} = \dfrac{\alpha(-\alpha - 1)}{1 - \alpha - 1} = \dfrac{\alpha(-\alpha-1)}{-\alpha} = \alpha + 1$.

8 **a.** $\ln(x + 1) = 1 \Leftrightarrow \ln(x + 1) = \ln(e) \Leftrightarrow x + 1 = e \Leftrightarrow x = e - 1$. Donc $S = \{e - 1\}$.

b. $(\ln x + 3)(\ln x - 1) = 0 \quad \Leftrightarrow \ln x + 3 = 0$ ou $\ln x - 1 = 0$

$\Leftrightarrow \ln x = -3$ ou $\ln x = 1$

$\Leftrightarrow x = e^{-3}$ ou $x = e$. Donc $S = \{e^{-3} ; e\}$.

c. Pour résoudre $(x - 2)\ln(x) \leqslant 0$, on a besoin d'un tableau de signe.

On remarque que cette inéquation a un sens seulement si $x > 0$, car la fonction ln est définie sur $]0 ; +\infty[$.

De plus, $\ln(x) = 0 \Leftrightarrow x = 1$ et $\ln(x) > 0 \Leftrightarrow x > 1$, car la fonction ln est strictement croissante sur $]0 ; +\infty[$.

On a donc le tableau suivant :

x	0		1		2		$+\infty$
$x - 2$		$-$		$-$	0	$+$	
$\ln x$		$-$	0	$+$		$+$	
$(x-2)\ln(x)$		$+$	0	$-$	0	$+$	

À RETENIR

Pour tout x de $]0 ; 1[$, $\ln(x) < 0$, pour tout x de $]1 ; +\infty[$, $\ln(x) > 0$ et $\ln(1) = 0$.

Donc $(x - 2)\ln(x) \leqslant 0 \Leftrightarrow x \in [1 ; 2]$. Donc $S = [1 ; 2]$.

d. $(\ln x)^2 \geqslant 1 \Leftrightarrow (\ln x)^2 - 1 \geqslant 0 \Leftrightarrow (\ln x - 1)(\ln x + 1) \geqslant 0$.

On remarque que cette inéquation a un sens seulement si $x > 0$, car la fonction ln est définie sur $]0\,;+\infty[$.

Pour résoudre $(\ln x - 1)(\ln x + 1) \geqslant 0$, on a besoin d'un tableau de signe.

$\ln x - 1 = 0 \Leftrightarrow \ln x = 1 \Leftrightarrow x = e$ et $\ln x - 1 > 0 \Leftrightarrow \ln x > 1 \Leftrightarrow x > e$, car la fonction ln est strictement croissante sur $]0\,;+\infty[$.

De même : $\ln x + 1 = 0 \Leftrightarrow \ln x = -1 \Leftrightarrow x = e^{-1}$ et $\ln x + 1 > 0 \Leftrightarrow \ln x > -1 \Leftrightarrow x > e^{-1}$.

On a donc le tableau suivant :

x	0		e^{-1}		e		$+\infty$
$\ln x - 1$		$-$		$-$	0	$+$	
$\ln x + 1$		$-$	0	$+$		$+$	
$(\ln x - 1)(\ln x + 1)$		$+$	0	$-$	0	$+$	

Donc $S =]0\,; e^{-1}] \cup [e\,;+\infty[$.

e. $e^{x-3} = 0$ n'a aucune solution réelle. En effet, pour tout réel x, $e^x > 0$.

Donc, pour tout réel x, $e^{x-3} > 0$. Donc $S = \varnothing$.

f. $e^x - e = 1 \Leftrightarrow e^x = e + 1 \Leftrightarrow x = \ln(e+1)$.

Donc $S = \{\ln(e+1)\}$.

g. $e^{2x} + e^x - 2 \geqslant 0 \Leftrightarrow (e^x)^2 + e^x - 2 \geqslant 0$.

Pour résoudre cette inéquation, factorisons le polynôme $X^2 + X - 2 = 0$.

$\Delta = 9$, donc le polynôme a deux racines réelles, 1 et -2.

Donc $X^2 + X - 2 = (X-1)(X+2)$.

Donc, $(e^x)^2 + e^x - 2 = (e^x - 1)(e^x + 2)$.

Or, pour tout réel x, $e^x > 0$, donc $e^x + 2 > 0$. Donc $(e^x)^2 + e^x - 2$ est du signe de $(e^x - 1)$.

Donc $e^{2x} + e^x - 2 \geqslant 0 \Leftrightarrow e^x - 1 \geqslant 0 \Leftrightarrow e^x \geqslant 1 \Leftrightarrow x \geqslant 0$. Donc, $S = [0\,;+\infty[$.

h. $xe^{-x} < 0 \Leftrightarrow x < 0$ car $e^{-x} > 0$. Donc $S =]-\infty\,;0[$.

i. $e^{x+1} \leqslant 3 \Leftrightarrow e^{x+1} \leqslant e^{\ln 3} \Leftrightarrow x + 1 \leqslant \ln 3$ car exp est strictement croissante sur $\mathbb{R}$.

Donc, $e^{x+1} \leqslant 3 \Leftrightarrow x \leqslant -1 + \ln 3$. Donc $S =]-\infty\,;-1+\ln 3]$.

9 **a.** Limite en -2 : la fonction f est la composée et la somme de plusieurs fonctions.

En effet, $x \mapsto \ln(4x+8)$ est la composée de la fonction affine $x \mapsto 4x + 8$ suivie de la fonction ln.

Or, $\lim\limits_{x \to -2^+} 4x + 8 = 0^+$ et $\lim\limits_{X \to 0^+} \ln(X) = -\infty$.

Donc, par composée : $\lim\limits_{x \to -2^+} \ln(4x+8) = -\infty$.

Donc, par produit, $\lim\limits_{x \to -2^+} -\ln(4x+8) = +\infty$.

De plus, $\lim\limits_{x \to -2^+} x = -2$. Donc, par somme $\lim\limits_{x \to -2^+} f(x) = +\infty$.

À RETENIR

Si $\lim\limits_{x \to a} u(x) = b$ et $\lim\limits_{x \to b} v(x) = c$, alors $\lim\limits_{x \to a} v \circ u(x) = c$.

b. Montrons que, pour tout $x > 0$, $f(x) = x - \ln(x) - \ln\left(4 + \frac{8}{x}\right)$.

Pour tout $x > 0$, $x - \ln(x) - \ln\left(4 + \frac{8}{x}\right) = x - \left[\ln(x) + \ln\left(4 + \frac{8}{x}\right)\right] = x - \ln\left[x\left(4 + \frac{8}{x}\right)\right]$.

Donc, pour tout $x > 0$,

$x - \ln(x) - \ln\left(4 + \frac{8}{x}\right) = x - \ln(4x+8) = f(x)$.

À RETENIR

Pour tous a et b de $]0\,;+\infty[$, $\ln(a) + \ln(b) = \ln(ab)$.

En $+\infty$, $\lim\limits_{x \to +\infty} 4 + \frac{8}{x} = 4$ et $\lim\limits_{X \to 4} \ln(X) = \ln(4)$.

Donc, par composée : $\lim\limits_{x \to +\infty} \ln\left(4 + \frac{8}{x}\right) = \ln(4)$.

De plus, $x - \ln(x) = x\left(1 - \frac{\ln(x)}{x}\right)$.

Or, $\lim\limits_{x \to +\infty} \frac{\ln(x)}{x} = 0$, d'après les croissances comparées du *§5D*.

Donc, par somme $\lim\limits_{x \to +\infty} 1 - \frac{\ln(x)}{x} = 1$ et par produit $\lim\limits_{x \to +\infty} x\left(1 - \frac{\ln(x)}{x}\right) = +\infty$.

Donc, par somme $\lim\limits_{x \to +\infty} f(x) = +\infty$.

c. La fonction f est dérivable sur $]-2\,;+\infty[$ comme somme et composée de fonctions dérivables. $f'(x) = 1 - \frac{4}{4x+8} = 1 - \frac{1}{x+2} = \frac{x+2}{x+2} - \frac{1}{x+2} = \frac{x+1}{x+2}$.

À RETENIR

$(\ln u)' = \frac{u'}{u}$.

Or, pour tout x de $]-2\,;+\infty[$, $x + 2 > 0$, donc $f'(x)$ est du signe $x + 1$.
On a donc le tableau de variation suivant :

x	-2		-1		$+\infty$
$f'(x)$	‖	$-$	0	$+$	
f	‖ $+\infty$	↘	$-1-\ln 4$	↗	$+\infty$

10 **a.** Limite en 0 : la fonction f est la composée de deux fonctions.

$\lim\limits_{x \to 0^+} \ln(x) = -\infty$ et $\lim\limits_{X \to -\infty} X^2 = +\infty$, donc par composée : $\lim\limits_{x \to 0^+} (\ln x)^2 = +\infty$.

De même, en $+\infty$:

$\lim\limits_{x \to +\infty} \ln(x) = +\infty$ et $\lim\limits_{X \to +\infty} X^2 = +\infty$, donc par composée : $\lim\limits_{x \to +\infty} (\ln x)^2 = +\infty$.

À RETENIR
$(u^2)' = 2u \times u'$.

b. La fonction f est dérivable sur $]0\,;+\infty[$ comme composée de fonctions dérivables. $f'(x) = 2 \times \ln(x) \times \dfrac{1}{x} = \dfrac{2\ln(x)}{x}$.

Or, pour tout x de $]0\,;+\infty[$, $x > 0$, donc $f'(x)$ est du signe de $\ln(x)$.
Or, ln est strictement croissante sur $]0\,;+\infty[$ et $\ln(1) = 0$.
On a donc le tableau de variation suivant :

x	0		1		$+\infty$
$f'(x)$	‖	$-$	0	$+$	
f	‖ $+\infty$	↘	0	↗	$+\infty$

11 **a.** Étudions la continuité de f en 0.

$\lim\limits_{x \to 0^+} x\ln x = 0$, d'après les croissances comparées du ***§5D*** et $\lim\limits_{x \to 0^+} -2x = 0$.

Donc, par somme $\lim\limits_{x \to 0^+} f(x) = 0$.

Donc, $\lim\limits_{x \to 0^+} f(x) = f(0)$. Donc f est continue en 0.

b. $x\ln x - 2x = x \times (\ln x - 2)$.

Or, $\lim\limits_{x \to +\infty} x = +\infty$ et $\lim\limits_{x \to +\infty} \ln x - 2 = +\infty$ donc $\lim\limits_{x \to +\infty} f(x) = +\infty$ par produit.

c. Étudions la dérivabilité de f en 0.

Pour étudier cette dérivabilité, on cherche la limite du taux d'accroissement de f entre 0 et x quand x tend vers 0.

$\dfrac{f(x) - f(0)}{x - 0} = \dfrac{(x\ln x - 2x) - 0}{x} = \dfrac{x\ln x - 2x}{x} = \ln x - 2$.

Or, $\lim\limits_{x \to 0^+} \ln x - 2 = -\infty$ par somme. Donc $\lim\limits_{x \to 0^+} \dfrac{f(x) - f(0)}{x - 0} = -\infty$.

La limite est infinie, donc la fonction f n'est pas dérivable en 0.
La tangente à la courbe $\mathscr{C}_f$ en 0 est verticale.

d. La fonction f est dérivable sur $]0\,;+\infty[$ comme somme et produit de fonctions dérivables. $f'(x) = 1 \times \ln(x) + x \times \dfrac{1}{x} - 2 = \ln(x) + 1 - 2 = \ln(x) - 1$.

Étudions son signe :

$f'(x) = 0 \Leftrightarrow \ln(x) - 1 = 0 \Leftrightarrow \ln(x) = 1 \Leftrightarrow x = e$.

$f'(x) > 0 \Leftrightarrow \ln(x) - 1 > 0 \Leftrightarrow \ln(x) > 1 \Leftrightarrow x > e$, car la fonction ln est strictement croissante sur $]0\,;+\infty[$.

On a donc le tableau de variation suivant :

x	0		e		$+\infty$
$f'(x)$	‖	$-$	0	$+$	
f	0	↘	$-e$	↗	$+\infty$

À RETENIR

$\ln x = 1 \Leftrightarrow x = e$.

REMARQUE

On a indiqué le fait que f n'est pas dérivable en 0 par une double barre verticale uniquement sur la ligne de $f'(x)$. En effet, f est définie et continue en 0.

$f(e) = e\ln e - 2e = e \times 1 - 2e = -e$.

12 **1.a.** La fonction g est dérivable sur $\mathbb{R}$ comme somme de fonctions dérivables.

$g'(x) = e^x - 2$.

Étudions son signe :

$g'(x) = 0 \Leftrightarrow e^x - 2 = 0 \Leftrightarrow e^x = 2 \Leftrightarrow x = \ln 2$.

$g'(x) > 0 \Leftrightarrow e^x > 2 \Leftrightarrow x > \ln 2$ car la fonction exp est strictement croissante sur $\mathbb{R}$.

Donc, la fonction g est strictement décroissante sur $]-\infty\,;\ln 2]$ et strictement croissante sur $[\ln 2\,;+\infty[$.

b. $g(\ln 2) = e^{\ln 2} - 2\ln 2 = 2 - 2\ln 2 \approx 0{,}6$. Donc $g(\ln 2) > 0$.

Or, d'après les variations de g, $g(\ln 2)$ est le minimum de g sur $\mathbb{R}$.

Donc, pour tout réel x, $g(x) > 0$.

2.a. La fonction f est la composée et la somme de plusieurs fonctions.

En effet, $x \mapsto \ln(e^x - 2x)$ est la composée de la fonction g suivie de la fonction ln. La fonction f est bien définie sur $\mathbb{R}$ car $e^x - 2x > 0$ pour tout réel x, d'après la question précédente.

Or, $\lim\limits_{x\to-\infty} e^x = 0$ et $\lim\limits_{x\to-\infty} -2x = +\infty$. Donc par somme $\lim\limits_{x\to-\infty} e^x - 2x = +\infty$.

De plus, $\lim\limits_{X\to+\infty} \ln(X) = +\infty$. Donc, par composée $\lim\limits_{x\to-\infty} \ln(e^x - 2x) = +\infty$.

De plus, $\lim\limits_{x\to-\infty} -x = +\infty$. Donc, par somme $\lim\limits_{x\to-\infty} f(x) = +\infty$.

b. Montrons que pour tout réel x, $f(x) = \ln(1 - 2xe^{-x})$.

Pour tout réel x, $x = \ln(e^x)$, donc $f(x) = \ln(e^x - 2x) - \ln(e^x) = \ln\left(\dfrac{e^x - 2x}{e^x}\right)$.

Donc, pour tout réel x, $f(x) = \ln\left(1 - \dfrac{2x}{e^x}\right) = \ln(1 - 2xe^{-x})$.

À RETENIR

$\lim\limits_{x\to+\infty} xe^{-x} = \lim\limits_{x\to+\infty} \dfrac{x}{e^x} = 0$.

Or, $\lim\limits_{x\to+\infty} xe^{-x} = \lim\limits_{x\to+\infty} \dfrac{x}{e^x} = 0$, car $\lim\limits_{x\to+\infty} \dfrac{e^x}{x} = +\infty$ d'après les croissances comparées du ***§2D***.

Donc $\lim\limits_{x\to+\infty} 1 - 2xe^{-x} = 1$ par somme et $\lim\limits_{X\to1} \ln(X) = \ln(1) = 0$.

Donc, par composée $\lim\limits_{x\to+\infty} f(x) = 0$.

c. La fonction f est dérivable sur $\mathbb{R}$ comme somme et composée de fonctions dérivables. $f'(x) = \dfrac{e^x - 2}{e^x - 2x} - 1 = \dfrac{e^x - 2}{e^x - 2x} - \dfrac{e^x - 2x}{e^x - 2x} = \dfrac{2x - 2}{e^x - 2x}$.

Or, d'après le **1.** pour tout réel x, $e^x - 2x > 0$.

Donc, $f'(x)$ est du signe de $2x - 2$.

On a donc le tableau de variation suivant :

x	$-\infty$		1		$+\infty$
$f'(x)$		$-$	0	$+$	
f	$+\infty$	↘	$f(1)$	↗	0

Avec $f(1) = \ln(e - 2) - 1$.

d. Montrons que $f(x) = 0$ si, et seulement si, $x = 0$.

La fonction f est dérivable, donc continue, de $]-\infty\,;1]$ vers $[\ln(e-2) - 1\,;+\infty[$.

Or, 0 appartient à $[\ln(e-2) - 1\,;+\infty[$. Donc, d'après le théorème de la bijection, l'équation $f(x) = 0$ possède une unique solution dans $]-\infty\,;1]$.

ASTUCE

Dans cet exercice, on cherche à résoudre l'équation $f(x) = 0$. On ne se contente pas de simplement vérifier que $f(0) = 0$.

Sur $[1\,;+\infty[$, f est strictement croissante et $\lim\limits_{x\to+\infty} f(x) = 0$.

Donc pour tout réel x de $[1\,;+\infty[$, $f(x) < 0$.

Donc, l'équation $f(x) = 0$ possède une unique solution dans $\mathbb{R}$.

De plus $f(0) = 0$. Donc $f(x) = 0$ si, et seulement si, $x = 0$.

Intégration

POUR DÉMARRER

- Revoir les formules de calcul d'aires.
- Revoir les propriétés des fonctions trigonométriques, exponentielle et logarithme.

1 Intégrales et aires

A. Cas des fonctions positives

• Soit f une fonction continue et positive sur un intervalle $[a\ ;\ b]$ avec $a < b$.

On note $\mathscr{C}_f$ sa courbe représentative dans un repère du plan.

On appelle **intégrale de la fonction f sur $[a\ ;\ b]$** l'aire, en unités d'aire, de la partie du plan limitée par la courbe $\mathscr{C}_f$, l'axe des abscisses, et les droites d'équations $x = a$ et $x = b$.

On note $\int_a^b f(x)\mathrm{d}x$ cette aire.

EXEMPLE

Dans le repère ci-contre on a tracé la courbe représentative d'une fonction f définie sur l'intervalle $[2\ ;\ 6]$.

Le carré de côté 1 a une aire égale à 1 unité d'aire.

L'aire « sous le courbe » est environ égale à 10,08 unités d'aire.

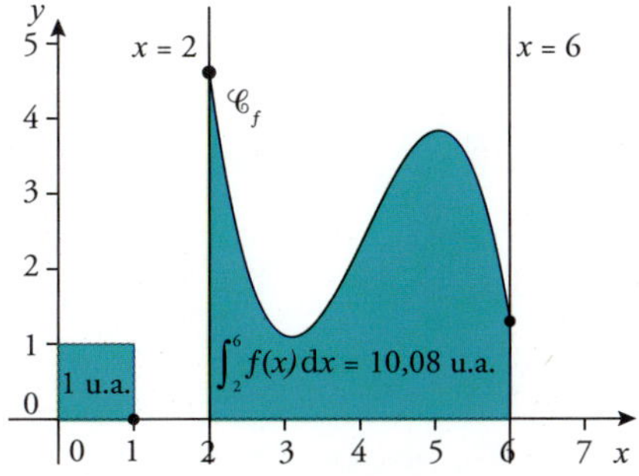

B. Notations

• On peut écrire $\int_a^b f(t)\mathrm{d}t$ aussi bien que $\int_a^b f(x)\mathrm{d}x$: on dit que x est une *variable muette*.

• La notation $f(x)\mathrm{d}x$ doit faire penser à l'aire d'un « petit » rectangle de largeur $\mathrm{d}x$ et de hauteur $f(x)$. Le symbole $\int$ correspond à une **somme**, celle des aires de tous ces « petits » rectangles.

C. Cas général

• Si f est négative sur l'intervalle $\mathrm{I} = [a\,;\,b]$, alors $\int_a^b f(x)\mathrm{d}x$ est définie comme l'opposé de l'aire « sous la courbe ».

• Si f change de signe sur I, on « découpe » I en intervalles sur lesquels f garde un signe constant et on ajoute les aires algébriques (avec leur signe).

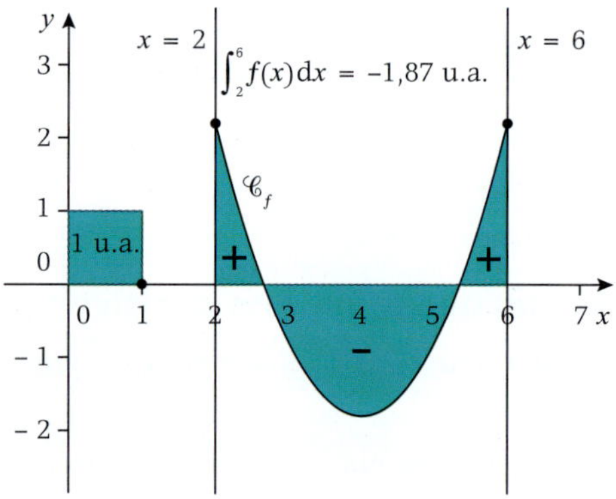

2 Primitives

A. Définition

On dit que F est **une primitive d'une fonction f** si f est la dérivée de F.

B. Primitives des fonctions usuelles

$f(x)$	0	$k \in \mathbb{R}$	x	x^n $n \in \mathbb{Z} - \{-1\}$	$\frac{1}{x}$	e^x	$\cos(x)$	$\sin(x)$
D_f	$\mathbb{R}$	$\mathbb{R}$	$\mathbb{R}$	$\mathbb{R}$ ou $\mathbb{R}^*$ si $n < 0$	$]0\,;\,+\infty[$	$\mathbb{R}$	$\mathbb{R}$	$\mathbb{R}$
$F(x)$	0	kx	$\frac{x^2}{2}$	$\frac{x^{n+1}}{n+1}$	$\ln(x)$	e^x	$\sin(x)$	$-\cos(x)$

C. Théorème

- Si u est une fonction dérivable sur un intervalle I, et n est un entier relatif différent de -1, alors e^u et une primitive de $u'e^u$ et $\frac{1}{n+1}u^{n+1}$ est une primitive de $u'u^n$.
- De plus, si u est strictement positive sur I, alors $2\sqrt{u}$ et une primitive de $\frac{u'}{\sqrt{u}}$ et $\ln(u)$ est une primitive de $\frac{u'}{u}$.

3 Primitives et intégrales

A. Existence des primitives

- Si f est une fonction continue sur un intervalle I et si a est un réel de I, alors la fonction F, définie sur I par $F(x) = \int_a^x f(t)\mathrm{d}t$, est dérivable sur I et a pour dérivée la fonction f. De plus, $F(a) = 0$ et F est l'unique primitive de f qui s'annule en a.
- Ainsi toute fonction f continue sur un intervalle admet des primitives. De plus si F est une primitive de f, alors les primitives de f sont les fonctions de la forme $F + k$ où k est un réel.

B. Théorème et notation

Si F est une primitive d'une fonction f définie sur un intervalle $[a ; b]$, alors $\int_a^b f(x)\mathrm{d}x = \left[F(x)\right]_a^b = F(b) - F(a)$.

C. Exemple fondamental

Si k est un réel, alors la fonction $F : x \mapsto kx$ est une primitive de la fonction constante $f : x \mapsto k$ et :

$$\int_a^b f(x)\mathrm{d}x = \int_a^b k\mathrm{d}x = \left[F(x)\right]_a^b = \left[kx\right]_a^b = kb - ka = k(b - a).$$

4 Propriétés de l'intégrale

Soient f et g sont deux fonctions continues sur un intervalle $[a ; b]$ et α est un réel.

A. Linéarité

$\int_a^b \alpha f(x)\mathrm{d}x = \alpha\int_a^b f(x)\mathrm{d}x$ et $\int_a^b f(x) + g(x)\mathrm{d}x = \int_a^b f(x)\mathrm{d}x + \int_a^b g(x)\mathrm{d}x$.

B. Conservation de l'ordre

Si $f(x) \geqslant g(x)$ pour tout $x \in [a ; b]$, alors $\int_a^b f(x)\mathrm{d}x \geqslant \int_a^b g(x)\mathrm{d}x$.

En particulier, si f est positive sur $[a ; b]$, alors $\int_a^b f(x)\mathrm{d}x \geqslant 0$.

C. Relation de Chasles

Pour tous réels a, b et c : $\int_a^b f(x)\mathrm{d}x = \int_a^c f(x)\mathrm{d}x + \int_c^b f(x)\mathrm{d}x$.

D. Cas a > b

$\int_a^b f(x)\mathrm{d}x = -\int_b^a f(x)\mathrm{d}x$.

5 Valeur moyenne

A. Définition

La valeur moyenne d'une fonction f sur un intervalle $[a ; b]$ avec $a < b$ est le réel μ défini par $\mu = \dfrac{1}{b-a}\int_a^b f(x)\mathrm{d}x$.

B. Inégalité de la moyenne

Si $m \leqslant f(x) \leqslant M$ pour tout $x \in [a ; b]$, alors $m \leqslant \dfrac{1}{b-a}\int_a^b f(x)\mathrm{d}x \leqslant M$.

PIÈGES À ÉVITER

- Attention à bien interpréter les aires négativement lorsque la fonction à intégrer est négative.

1 Calculer une intégrale en utilisant une aire

CONSEIL

Cette méthode demande un peu d'astuce et d'attention. Si elle ne permet que rarement d'aller plus vite que la méthode du 2, elle est néanmoins utile pour bien comprendre le principe du calcul intégral et pour vérifier graphiquement qu'un résultat trouvé par une autre méthode n'est pas incohérent.

Exercice

À l'aide d'un calcul d'aire, déterminer :

1 $\int_2^5 4\mathrm{d}x$. **2** $\int_2^5 4x\mathrm{d}x$. **3** $\int_{-\pi}^{\pi} \sin(x)\mathrm{d}x$.

POINT MÉTHODE

Dans le cas de certaines fonctions ou configurations simples, il est possible de calculer une intégrale en utilisant sa définition en terme d'aire. La seule difficulté est de bien faire attention au signe de l'intégrale, selon que la fonction est positive ou négative.

Comment répondre ?

1 La surface comprise entre les droites d'équations $x = 2$ et $x = 5$, l'axe des abscisses, et la courbe représentative de la fonction constante $f : x \mapsto 4$ est un rectangle de largeur 3 et de longueur 4.

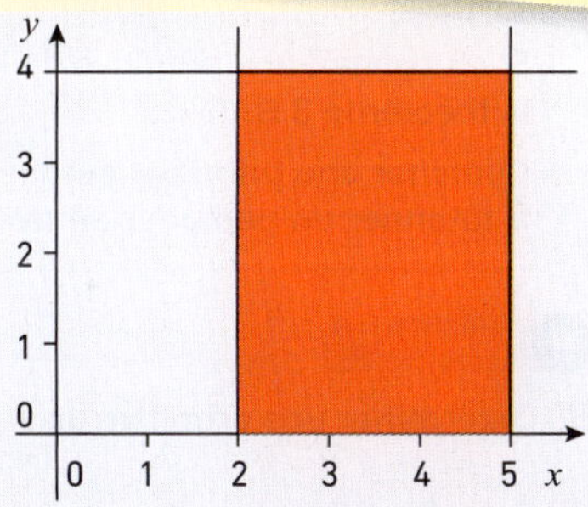

La fonction f étant positive, on a :

$\int_2^5 4\mathrm{d}x = 4 \times 3 = 12$.

Remarque : on retrouve ici le résultat énoncé dans le *§3C* : $\int_2^5 4\mathrm{d}x = 4 \times (5-2) = 12$.

2 La surface comprise entre les droites d'équations $x = 2$ et $x = 5$, l'axe des abscisses, et la courbe représentative de la fonction affine $f : x \mapsto 4x$ est un trapèze de hauteur 3 et de bases $f(2) = 8$ et $f(5) = 20$.

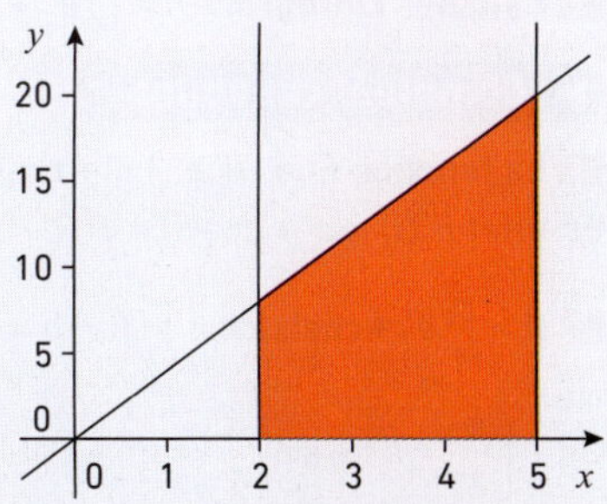

La fonction f étant positive sur l'intervalle [2 ; 5],

on a : $\int_2^5 4x\mathrm{d}x = \dfrac{3 \times (8+20)}{2} = 42$.

3 La fonction sin étant impaire, les surfaces indiquées par les signes + et – sur la figure ci-contre ont même aire. La fonction sin étant positive sur l'intervalle [0 ; π] l'aire sous la courbe est comptée positivement sur cet intervalle.

La fonction sin étant négative sur l'intervalle [–π ; 0] l'aire sous la courbe est comptée négativement sur cet intervalle.

Ainsi, d'après la relation de Chasles :

$$\int_{-\pi}^{\pi} \sin(x)\mathrm{d}x = \int_{-\pi}^{0} \sin(x)\mathrm{d}x + \int_{0}^{\pi} \sin(x)\mathrm{d}x = 0.$$

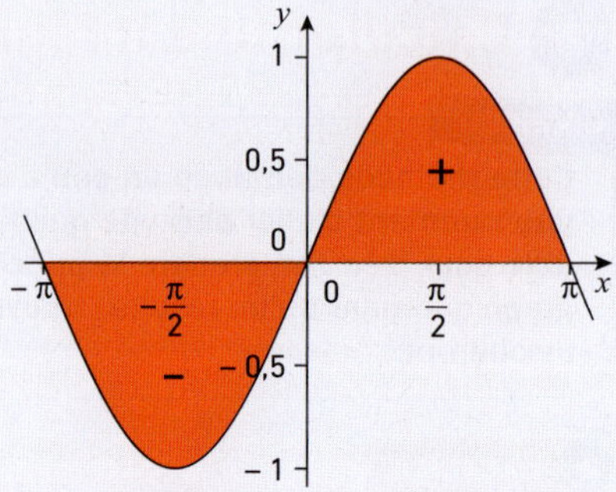

2 Calculer une intégrale en utilisant une primitive

CONSEILS

- **Si on connaît une primitive de la fonction à intégrer, alors il suffit d'appliquer le théorème 3.B.**
- **Chercher une primitive demande un peu d'imagination, n'hésitez pas à tâtonner un peu pour en trouver une.**

Exercice

1 **Déterminer une primitive de la fonction $f : x \mapsto e^x + \cos(x)$.**

2 **Calculer l'intégrale $A = \int_0^{\frac{\pi}{2}} e^x + \cos(x)\mathrm{d}x$.**

POINT MÉTHODE

✓ *Il faut avoir bien en tête les résultats du §2.*

Comment répondre ?

1 La fonction $F : x \mapsto e^x + \sin(x)$ est une primitive de f.
En effet $F'(x) = e^x + \cos(x) = f(x)$.

2 $A = \int_0^{\frac{\pi}{2}} e^x + \cos(x)\mathrm{d}x = \int_0^{\frac{\pi}{2}} f(x)\mathrm{d}x = \left[F(x)\right]_0^{\frac{\pi}{2}} = F\left(\frac{\pi}{2}\right) - F(0)$.

Or, $F\left(\frac{\pi}{2}\right) = e^{\frac{\pi}{2}} + \sin\left(\frac{\pi}{2}\right) = e^{\frac{\pi}{2}} + 1$ et $F(0) = e^0 + \sin(0) = 1$.

Donc, $A = e^{\frac{\pi}{2}} + 1 - 1 = e^{\frac{\pi}{2}}$.

3 Encadrer une intégrale

CONSEILS

Toutes les fonctions continues admettent une primitive, néanmoins obtenir une expression algébrique de cette primitive est parfois difficile, voire impossible. Un encadrement est alors un bon moyen pour obtenir une valeur approchée d'une intégrale.

Exercice

1 **Montrer que $1 \leqslant \int_0^1 e^{x^2}\,dx \leqslant e$.**

2 **Montre que $\dfrac{e^2 - e}{2} \leqslant \int_e^{e^2} \dfrac{1}{\ln x}\,dx \leqslant e^2 - e$.**

POINT MÉTHODE

✓ *La méthode la plus simple est de chercher à encadrer la fonction dans l'intégrale et à utiliser le théorème de comparaison (§4B.).*

Comment répondre ?

1 La fonction $f: x \mapsto e^{x^2}$ est croissante sur I = [0 ; 1].

En effet elle est dérivable sur I et sa dérivée est $f'(x) = 2xe^{x^2}$, qui est positive sur cet intervalle.

Ainsi, pour tout $x \in$ I, on a $e^{0^2} \leqslant e^{x^2} \leqslant e^{1^2}$, soit $1 \leqslant e^{x^2} \leqslant e$.

D'après le théorème de comparaison, on a $\int_0^1 1\,dx \leqslant \int_0^1 e^{x^2}\,dx \leqslant \int_0^1 e\,dx$.

Or $\int_0^1 1\,dx = 1 \times (1-0) = 1$ et $\int_0^1 e\,dx = e(1-0) = e$ d'après le théorème du *§3C.*

On a donc bien obtenu l'encadrement demandé : $1 \leqslant \int_0^1 e^{x^2}\,dx \leqslant e$.

2 La fonction ln est strictement croissante sur $]0\,;+\infty[$, donc, pour tout x de $[e\,;e^2]$, $\ln(e) \leqslant \ln(n) \leqslant \ln(e^2)$, donc $1 \leqslant \ln(x) \leqslant 2$.

D'où, pour tout x de $[e\,;e^2]$, $\dfrac{1}{2} \leqslant \dfrac{1}{\ln x} \leqslant 1$.

D'après le théorème de comparaison, $\int_e^{e^2} \dfrac{1}{2}\,dx \leqslant \int_e^{e^2} \dfrac{1}{\ln x}\,dx \leqslant \int_e^{e^2} 1\,dx$.

Donc, $\dfrac{e^2 - e}{2} \leqslant \int_e^{e^2} \dfrac{1}{\ln x}\,dx \leqslant e^2 - e$.

TESTEZ VOS CONNAISSANCES

CORRIGÉ p. 176

1. Si f est une fonction définie en a, alors $\int_a^a f(x)\mathrm{d}x$:

a. n'existe pas. **b.** vaut 0. **c.** est égal à $f(a)$.

2. $\int_3^7 2\mathrm{d}x =$

a. 6. **b.** 8. **c.** 14.

3. Parmi les affirmations suivantes, lesquelles sont vraies ? :

a. Toute fonction dérivable admet des primitives.

b. Si f est positive sur $\mathbb{R}$ alors $\int_a^b f(x)\mathrm{d}x \geqslant 0$ pour tous réels a et b.

c. $\int_a^b (f(x))^2\mathrm{d}x = \left(\int_a^b f(x)\mathrm{d}x\right)^2$.

4. $x \mapsto e^{2x}$ est une primitive de :

a. $x \mapsto \frac{1}{2}e^{2x}$. **b.** $x \mapsto e^{2x}$. **c.** $x \mapsto 2e^{2x}$.

5. Une primitive de $x \mapsto e^{2x}$ est :

a. $x \mapsto \frac{1}{2}e^{2x}$. **b.** $x \mapsto e^{2x}$. **c.** $x \mapsto 2e^{2x}$.

6. $x \mapsto \cos(x) + \sin(x)$ est une primitive de :

a. $x \mapsto -\cos(x) - \sin(x)$. **b.** $x \mapsto \cos(x) - \sin(x)$. **c.** $x \mapsto -\cos(x) + \sin(x)$.

7. Une primitive de $x \mapsto \cos(x) + \sin(x)$ est :

a. $x \mapsto -\cos(x) - \sin(x)$. **b.** $x \mapsto \cos(x) - \sin(x)$. **c.** $x \mapsto -\cos(x) + \sin(x)$.

8. Si F est une primitive de f alors $\int_a^b f(x)\mathrm{d}x =$:

a. $F(b) - F(a)$. **b.** $F(a) + F(b)$. **c.** $\frac{F(a)+F(b)}{2}$.

9. $\int_a^b -f(x)\mathrm{d}x =$:

a. $-\int_a^b f(x)\mathrm{d}x$. **b.** $\int_b^a f(x)\mathrm{d}x$. **c.** $-\int_b^a f(x)\mathrm{d}x$.

ENTRAÎNEZ-VOUS

CORRIGÉ p. 176

Intégrales et aires

1 La fonction f est une fonction affine par morceaux dont la représentation graphique est donnée dans le repère ci-dessous. 10 min

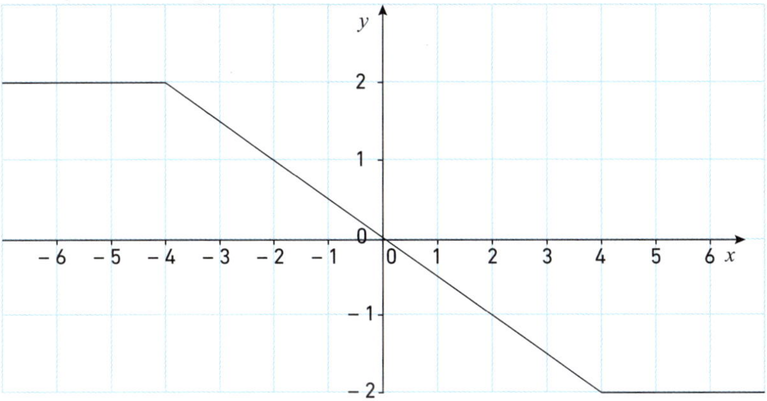

En utilisant ce graphique, déterminer les valeurs des intégrales suivantes :

a. $\int_{-6}^{-4} f(x)\mathrm{d}x$. **b.** $\int_{-2}^{2} f(x)\mathrm{d}x$. **c.** $\int_{3}^{5} f(x)\mathrm{d}x$.

2 On considère la fonction f définie sur l'intervalle [0 ; 1] par $f(x)=\sqrt{1-x^2}$. 15 min

a. Tracer la courbe $\mathscr{C}$ représentative de la fonction f dans un repère orthonormé.

b. Quelle est la nature de cette courbe ?

c. En déduire la valeur de l'intégrale $\int_{0}^{1} f(x)\mathrm{d}x$.

Intégrales et primitives

3 Recopier et compléter le tableau suivant, où F est une primitive de f. 5 min

$f(x)$	5	$2x$	x^3	$\frac{1}{x}$ $(x>0)$	$-\frac{1}{x}$ $(x>0)$	e^x	$\cos(x)$	$\sin(x)$
$F(x)$								

4 Déterminer une primitive de chacune des fonctions suivantes sur l'intervalle I. ●●○ 20 min

a. $f : x \mapsto x^3 - 3x^2 - 1$, $I = \mathbb{R}$.

b. $f : x \mapsto 3\cos(x) + \sin(2x)$, $I = \mathbb{R}$.

c. $f : x \mapsto \dfrac{1}{4\sqrt{x}} + \dfrac{5}{x} + \dfrac{6}{x^3}$, $I =]0\ ;+\infty[$.

d. $f : x \mapsto e^{6x+7}$, $I = \mathbb{R}$.

5 Calculer les intégrales suivantes : ●●○ 30 min

a. $I_1 = \int_{-1}^{4} 2x \, dx$.

b. $I_2 = \int_{0}^{1} x^5 - 4x^2 + 8 \, dx$.

c. $I_3 = \int_{0}^{\frac{\pi}{3}} \cos(2x) + \sin\left(x + \frac{\pi}{6}\right) dx$.

d. $I_4 = \int_{0}^{8} \dfrac{2x+7}{x^2+7x+1} \, dx$.

e. $I_5 = \int_{\frac{\pi}{6}}^{\frac{\pi}{2}} \dfrac{\cos(x)}{\sin(x)} \, dx$.

f. $I_6 = \int_{-2}^{2} x e^{x^2+3} \, dx$.

6 Calculer la valeur moyenne des fonctions suivantes sur l'intervalle donné. ●○○ 15 min

a. $f(x) = x$ sur $I = [0\ ; 3]$.

b. $f(x) = x^2$ sur $I = [-2\ ; 2]$.

c. $f(x) = \cos(x)$ sur $I = \left[0 ; \frac{\pi}{2}\right]$.

d. $f(x) = e^x$ sur $I = [0\ ; 1]$.

7 Dans chacun des cas suivants, calculer l'aire du domaine colorié sur la figure. ●●○ 20 min

a. $f(x) = x^3 - 6x^2 + 9x + 2$.

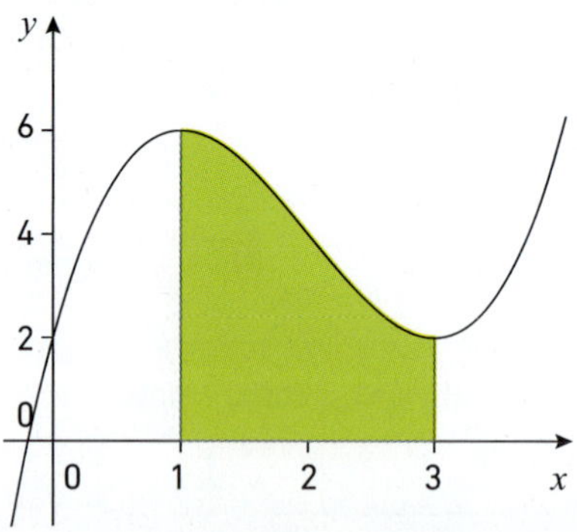

b. $f(x) = 2x - e^{1,5x}$.

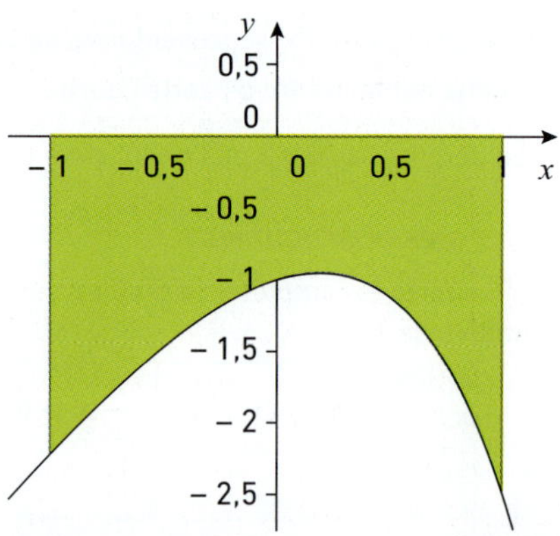

c. $f(x) = x^2 - 6x + 11$.

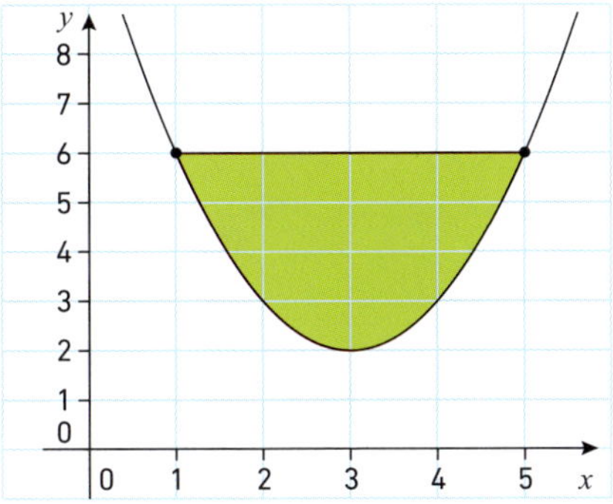

d. $f(x) = -x^2 + 8x - 5$.

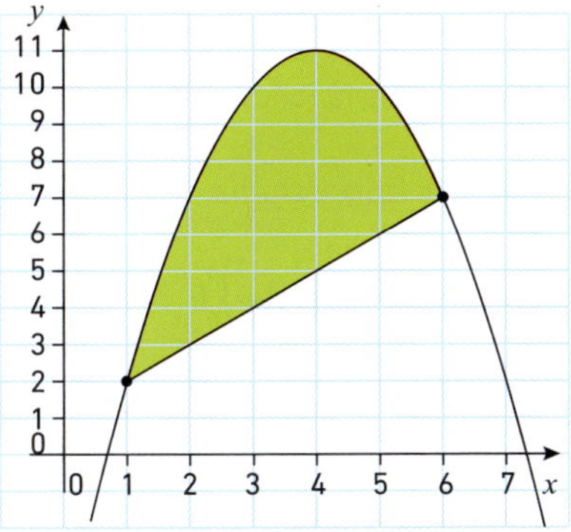

8 On considère les fonctions f et g définies sur $\mathbb{R}$ par $f(x) = e^x$ et $g(x) = 2e^{-x} + 1$ et on note $\mathscr{C}_f$ et $\mathscr{C}_g$ leurs courbes représentatives dans un repère du plan. ●●○ 30 min

a. Décrire les variations des fonctions f et g.

b. Résoudre l'équation $f(x) = g(x)$.

En déduire les coordonnées du point d'intersection A entre les deux courbes $\mathscr{C}_f$ et $\mathscr{C}_g$.

c. Déterminer la position relative des courbes $\mathscr{C}_f$ et $\mathscr{C}_g$.

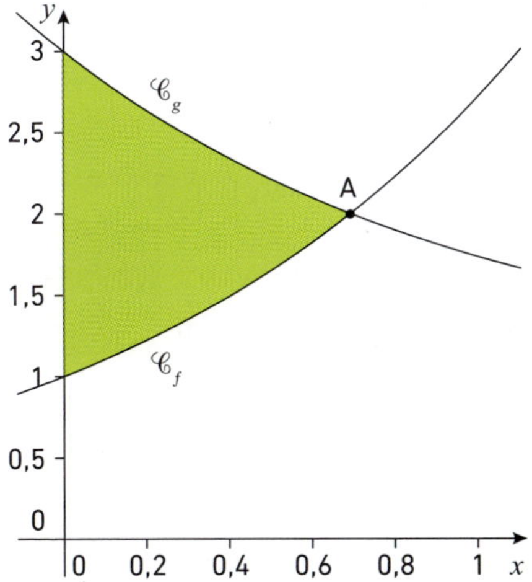

d. Calculer l'aire de domaine colorié sur la figure ci-dessus.

9 Soit f une fonction croissante et continue sur un intervalle I = [a ; b]. ●●● 30 min

Montrer que la fonction définie sur I par $F : x \mapsto \int_a^x f(t)\mathrm{d}t$ est une primitive de f.

Valeurs approchées

10 **Algorithme** ●●● 40 min

On note A l'intégrale $\int_0^1 e^{x^2}\mathrm{d}x$.

1. a. Quel est le signe de la fonction f définie sur $\mathbb{R}$ par $f(x) = e^{x^2}$?

b. Exprimer l'intégrale A en termes d'aire.

2. Dans la « méthode 3 » du cours nous avons obtenu un encadrement de l'intégrale A : $1 \leqslant A \leqslant e$. Afin d'obtenir une meilleure valeur approchée de cette intégrale nous allons utiliser la « méthode des rectangles ».

Principe de la méthode :

- on découpe l'intervalle [0 ; 1] en n « petits » intervalles de même amplitude $\frac{1}{n}$, chacun de ces intervalles étant alors de la forme $\left[\frac{i}{n};\frac{i+1}{n}\right]$ où i est un entier compris entre 0 et $n-1$;
- sur chacun de ces « petits » intervalles on peut prendre comme approximation de l'intégrale $\int_{\frac{i}{n}}^{\frac{i+1}{n}} f(x)\mathrm{d}x$ l'aire du rectangle formé par les points de l'axe des abscisses d'abscisses $\frac{i}{n}$ et $\frac{i+1}{n}$ et par les points ayant ces mêmes abscisses et une ordonnée égale à $f\left(\frac{i}{n}\right)$ (voir schéma ci-contre) ;

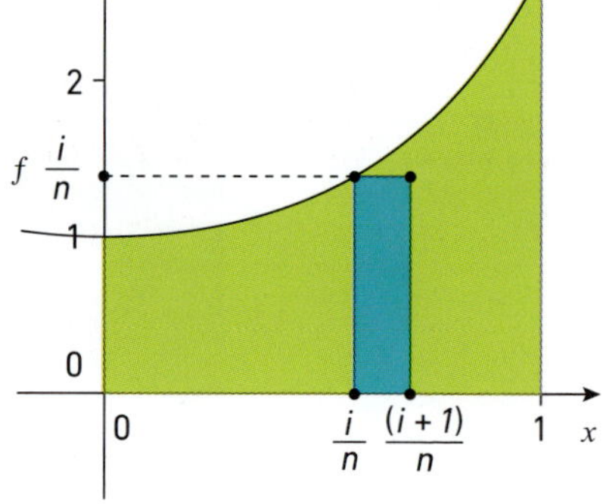

- on utilise la relation de Chasles pour estimer A à partir de l'aire des « petits rectangles ».

On a mis en œuvre sur AlgoBox l'algorithme suivant permettant d'obtenir une valeur approchée de l'intégrale A. La fonction F1 de l'algorithme est la fonction $f : x \mapsto e^{x^2}$.

```
1 VARIABLES
2   n EST_DU_TYPE NOMBRE
3     EST_DU_TYPE NOMBRE
4   L EST_DU_TYPE NOMBRE
5   H EST_DU_TYPE NOMBRE
6   approx_integrale EST_DU_TYPE NOMBRE
7 DEBUT_ALGORITHME
8   LIRE n
9   L PREND_LA_VALEUR 1/n
10  approx_integrale PREND_LA_VALEUR 0
11  POUR i ALLANT_DE 0 A n-1
12    DEBUT_POUR
13    H PREND_LA_VALEUR F1(i/n)
14    approx_integrale PREND_LA_VALEUR approx_integrale+L*H
15    FIN_POUR
16  AFFICHER approx_integrale
17 FIN_ALGORITHME
```

a. Il manque le nom d'une variable à la ligne 3. Laquelle ?

b. À quoi le produit L*H de la ligne 14 correspond-il ?

c. À l'aide du logiciel AlgoBox ou d'un autre, obtenir une valeur approchée de l'intégrale A lorsque $n = 100$.
Quelle valeur peut-on donner à n pour obtenir une valeur approchée de A à 10^{-3} près ?

d. Que doit-on modifier à cet algorithme pour obtenir une valeur approchée de l'intégrale $B = \int_a^b e^{x^2}\,dx$ où a et b sont deux réels tels que $a < b$.

11 ●●○ 30 min

1. Calculer l'intégrale $I = \int_1^2 \frac{t+1}{t^2}\,dt$, après avoir vérifié que cette intégrale est définie.

2. a. Montrer que, pour tout $t \in [1 \,;\, 2]$, $\frac{t^2}{3} \leqslant \frac{t^2}{t+1} \leqslant \frac{t^2}{2}$.

b. En déduire un encadrement de l'intégrale $J = \int_1^2 \frac{t^2}{t+1}\,dt$.

c. Vérifier que $\frac{t^2}{t+1} = t - 1 + \frac{1}{t+1}$ et en déduire la valeur exacte de J.

Problèmes

12 $(O;\vec{i},\vec{j},\vec{k})$ est un repère orthonormé de l'espace. ●○○ 20 min

On note S la sphère de centre O et de rayon R ($R > 0$).

Pour tout réel z tel que $-R \leqslant z \leqslant R$, le plan P parallèle au plan (OIJ) de cote z coupe la sphère S suivant le cercle C.

a. Déterminer l'aire $A(z)$ de C en fonction de z.

b. Le volume V de la sphère S est donné par l'intégrale $V = \int_{-R}^{R} A(z)\mathrm{d}z$.

Retrouver la formule du volume d'une sphère en calculant cette intégrale.

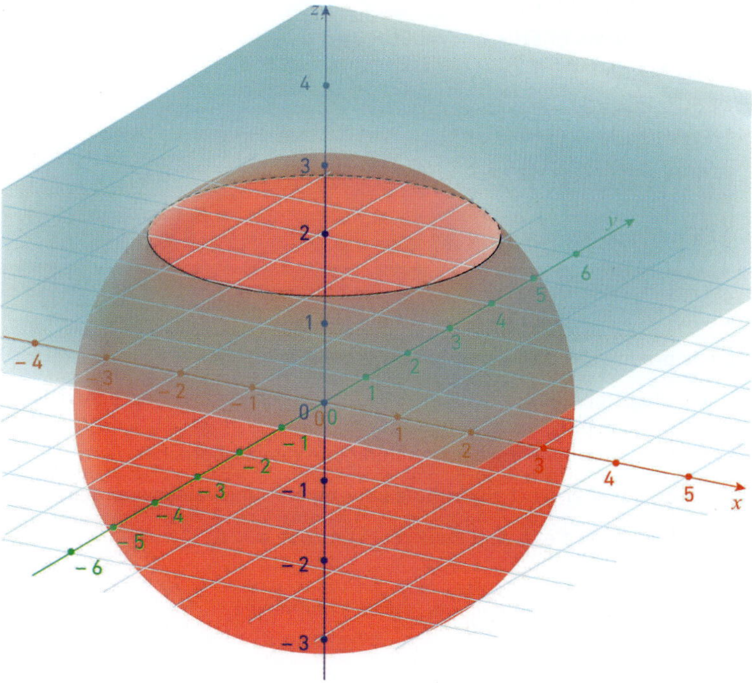

13 Une résistance est traversée par un courant électrique d'intensité $i(t) = I_0 \sin(\omega t)$, où I_0 et ω sont des constantes strictement positives. ●●● 20 min

La puissance thermique dissipée à chaque instant par ce dipôle est $P(t) = R \times i(t)^2$, où R est la résistance du dipôle, exprimée en ohm.

L'énergie fournie par ce dipôle entre les temps t_1 et t_2 est égale à $\int_{t_1}^{t_2} P(t)\mathrm{d}t$.

a. Déterminer une primitive de la fonction $t \mapsto \cos(2\omega t)$.

En déduire une primitive de la fonction $t \mapsto \sin^2(\omega t)$.

b. Calculer la valeur de l'énergie $W = \int_0^T P(t)\mathrm{d}t$ fournie par cette résistance pendant une période $T = \frac{2\pi}{\omega}$.

14 On note (u_n) la suite définie pour tout entier non nul n par $u_n = \int_1^n \ln(x)\mathrm{d}x$.

●○○ 20 min

a. Montrer que la suite (u_n) est positive et croissante.

b. Démontrer que la fonction F définie sur $]0\,;+\infty]$ par $F(x) = x\ln(x) - x$ est une primitive de la fonction ln.

c. En déduire la valeur u_n pour tout entier non nul n.

d. Déterminer la limite de la suite (u_n) lorsque n tend vers $+\infty$.

15 On considère la suite (u_n) définie pour tout entier naturel n non nul par $u_n = \int_0^1 (1-x)^n e^{-x}dx$.

●●○ 40 min

1. Démontrer que la fonction $x \mapsto xe^{-x}$ est une primitive sur $\mathbb{R}$ de la fonction $x \mapsto (1-x)e^{-x}$. En déduire la valeur de u_1.

2. Pour tout entier naturel n non nul, on définit la fonction f_n sur $\mathbb{R}$ par $f_n(x) = (1-x)^n e^{-x}$.

a. Vérifier que, pour tout entier naturel n non nul, $f'_{n+1}(x) = -f_{n+1}(x) - (n+1)f_n(x)$.

b. En déduire que, pour tout entier naturel n non nul, $u_{n+1} = 1 - (n+1)u_n$.

c. Calculer u_2, u_3 et u_4.

3. a. Démontrer que la suite (u_n) est décroissante.

b. Démontrer que, pour tout entier naturel n non nul, $0 \leqslant u_n \leqslant \int_0^1 (1-x)^n dx$.

c. En déduire la limite de la suite (u_n).

Corrigés de *TESTEZ VOS CONNAISSANCES*

1. Réponse b. D'après le théorème 3.B. : $\int_a^a f(x)\mathrm{d}x = \left[F(x)\right]_a^a = F(a) - F(a) = 0$.

2. Réponse b. D'après l'exemple 3.C. : $\int_3^7 2\mathrm{d}x = 2(7-3) = 8$.

3. Réponse a. Toute fonction dérivable est continue donc admet des primitives (cf. *§3A*). La réponse **b** n'est vraie que si l'on suppose que $a \leqslant b$, et en général $\int_a^b f(x) \times g(x)\mathrm{d}x \neq \int_a^b f(x)\mathrm{d}x \times \int_a^b g(x)\mathrm{d}x$, donc la réponse **c** aussi est fausse.

4. Réponse c. Si $F : x \mapsto e^{2x}$ alors $F' : x \mapsto 2e^{2x}$.

5. Réponse a. Si $F : x \mapsto \frac{1}{2}e^{2x}$ alors $F' : x \mapsto \frac{1}{2} \times 2e^{2x}$, donc $x \mapsto e^{2x}$ est bien la dérivée de $x \mapsto \frac{1}{2}e^{2x}$.

6. Réponse b. Si $F : x \mapsto \cos(x) + \sin(x)$, alors $F' : x \mapsto -\sin(x) + \cos(x)$.

7. Réponse c. Si $F : x \mapsto -\cos(x) + \sin(x)$, alors $F' : x \mapsto \sin(x) + \cos(x)$ donc $x \mapsto \cos(x) + \sin(x)$ est bien la dérivée de $x \mapsto -\cos(x) + \sin(x)$.

8. Réponse a. C'est le théorème **3.B.**

9. Réponse a et b. Cf. les *§4A* et *§4D*.

Corrigés de *ENTRAÎNEZ-VOUS*

Connaître les fonctions cosinus et sinus

1

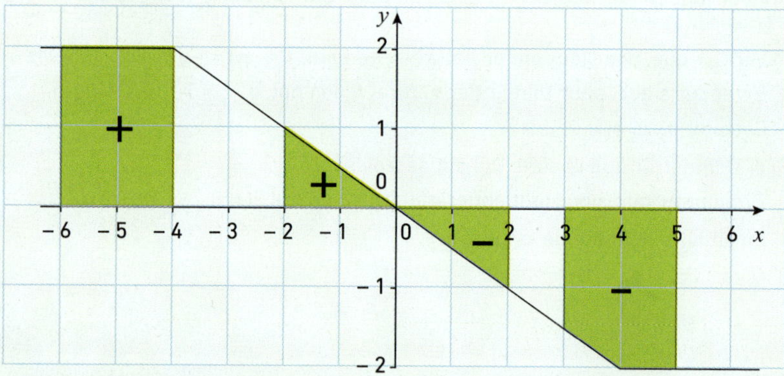

a. $\int_{-6}^{-4} f(x)\mathrm{d}x = 2 \times 2 = 4$: la fonction f est positive sur l'intervalle $[-6\,;-4]$, donc l'intégrale est l'aire d'un carré de côté 2.

b. $\int_{-2}^{2} f(x)\mathrm{d}x = 0$: sur l'intervalle [– 2 ; 2] la fonction f est impaire, les aires des surfaces marquées par un + et un – s'annulent.

c. $\int_{3}^{5} f(x)\mathrm{d}x = -\frac{(1{,}5+2)\times 1}{2} - 2\times 1 = -3{,}75$: c'est l'opposé de la somme des aires d'un trapèze et d'un rectangle, car la fonction f est négative sur l'intervalle [3 ; 5].

> **À RETENIR**
>
> *Les aires sont comptées négativement lorsque la fonction à intégrer est négative.*

2 **a.** Courbe représentative de la fonction f ci-contre.

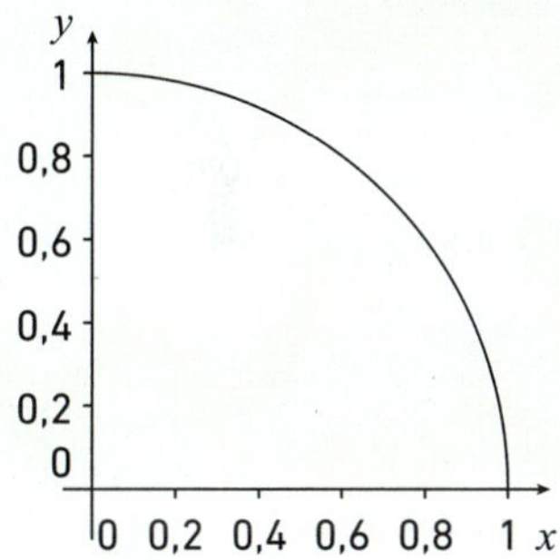

b. $x \in [0\,;1]$ et $y = \sqrt{1-x^2}$, donc $y \geqslant 0$. Puisque x et y sont positifs, on a $y = \sqrt{1-x^2} \Leftrightarrow x^2 + y^2 = 1$.

La courbe $\mathscr{C}$ est donc le quart du cercle de centre O et de rayon 1 qui se trouve dans le premier quadrant (l'ensemble des points d'abscisse et d'ordonnée positives).

c. L'aire du cercle de rayon 1 est $\pi \times 1^2 = \pi$, donc l'aire du quart de cercle est $\frac{\pi}{4}$. La fonction f étant positive sur l'intervalle [0 ; 1], on en déduit que $\int_{0}^{1} f(x)\mathrm{d}x = \frac{\pi}{4}$.

3

$f(x)$	5	$2x$	x^3	$\frac{1}{x}$ $(x>0)$	$-\frac{1}{x}$ $(x>0)$	e^x	$\cos(x)$	$\sin(x)$
$F(x)$	$5x$	x^2	$\frac{x^4}{4}$	$\ln(x)$	$-\ln(x)$	e^x	$\sin(x)$	$-\cos(x)$

> **À RETENIR**
>
> $x \mapsto \frac{x^{n+1}}{n+1}$ *est une primitive de* $x \mapsto x^n$.

4 **a.** $F : x \mapsto \frac{x^4}{4} - x^3 - x$ est une primitive de $f : x \mapsto x^3 - 3x^2 - 1$.

b. $F : x \mapsto 3\sin(x) - \frac{1}{2}\cos(2x)$ est une primitive de $f : x \mapsto 3\cos(x) + \sin(2x)$.

> **À RETENIR**
>
> *cos(u) est une primitive de u' sin(u).*

ASTUCE
$x^{-n} = \frac{1}{x^n}$.

c. $f(x) = \frac{1}{4\sqrt{x}} + \frac{5}{x} + 6x^{-3}$. $x \mapsto \sqrt{x}$ est une primitive de $x \mapsto \frac{1}{2\sqrt{x}}$,

$x \mapsto \ln(x)$ est une primitive de $x \mapsto \frac{1}{x}$ et $x \mapsto \frac{x^{-3+1}}{-3+1}$ est une primitive de $x \mapsto x^{-3}$.

Donc $F : x \mapsto \frac{1}{2}\sqrt{x} + 5\ln(x) - \frac{3}{x^2}$ est une primitive de $f : x \mapsto \frac{1}{4\sqrt{x}} + \frac{5}{x} + \frac{6}{x^3}$.

À RETENIR
e^u est une primitive de $u'e^u$.

d. $F : x \mapsto \frac{1}{6}e^{6x+7}$ est une primitive de $f : x \mapsto e^{6x+7}$.

5 **a.** $x \mapsto x^2$ est une primitive de $x \mapsto 2x$, donc

À RETENIR
$\int_a^b f(x)dx = F(b) - F(a)$.

$$I_1 = \int_{-1}^{4} 2x\,dx = \left[x^2\right]_{-1}^{4} = 4^2 - (-1)^2 = 16 - 1 = 15.$$

b. $x \mapsto \frac{x^6}{6} - 4\frac{x^3}{3} + 8x$ est une primitive de $x \mapsto x^5 - 4x^2 + 8$, donc

$$I_2 = \int_0^1 x^5 - 4x^2 + 8\,dx = \left[\frac{x^6}{6} - 4\frac{x^3}{3} + 8x\right]_0^1 = \left(\frac{1}{6} - 4\frac{1}{3} + 8\right) - 0 = \frac{41}{6}.$$

c. $x \mapsto \frac{1}{2}\sin(2x) - \cos\left(x + \frac{\pi}{6}\right)$ est une primitive de $x \mapsto \cos(2x) + \sin\left(x + \frac{\pi}{6}\right)$, donc

$$I_3 = \int_0^{\frac{\pi}{3}} \cos(2x) + \sin\left(x + \frac{\pi}{6}\right)\,dx = \left[\frac{1}{2}\sin(2x) - \cos\left(x + \frac{\pi}{6}\right)\right]_0^{\frac{\pi}{3}}$$

$$I_3 = \left(\frac{1}{2}\sin\left(2\frac{\pi}{3}\right) - \cos\left(\frac{\pi}{3} + \frac{\pi}{6}\right)\right) - \left(\frac{1}{2}\sin(2 \times 0) - \cos\left(0 + \frac{\pi}{6}\right)\right)$$

$$I_3 = \left(\frac{1}{2} \times \frac{\sqrt{3}}{2} - 0\right) - \left(0 - \frac{\sqrt{3}}{2}\right) = \frac{3\sqrt{3}}{4}.$$

d. Posons $u(x) = x^2 + 7x + 1$.
u est strictement positive sur l'intervalle $[0 ; 8]$ et $u'(x) = 2x + 7$.

$\ln(u)$ est donc une primitive de $\frac{u'}{u}$.

Ainsi $x \mapsto \ln(x^2 + 7x + 1)$ est une primitive de $x \mapsto \frac{2x+7}{x^2+7x+1}$, donc :

$$I_4 = \int_0^8 \frac{2x+7}{x^2+7x+1}\,dx = \left[\ln(x^2+7x+1)\right]_0^8 = \ln(121) - \ln(1) = \ln(11^2) = 2\ln(11).$$

RAPPEL

$\ln(a^n) = n\ln a$.

$\ln ab = \ln a + \ln b$.

$\ln\left(\frac{a}{b}\right) = \ln a - \ln b$.

e. Posons $u(x) = \sin(x)$.

u est strictement positive sur l'intervalle $\left[\frac{\pi}{6};\frac{\pi}{2}\right]$ et $u'(x) = \cos(x)$.

$\ln(u)$ est donc une primitive de $\frac{u'}{u}$.

Ainsi $x \mapsto \ln(\sin(x))$ est une primitive de $x \mapsto \frac{\cos(x)}{\sin(x)}$, donc :

$$I_5 = \int_{\frac{\pi}{6}}^{\frac{\pi}{2}} \frac{\cos(x)}{\sin(x)}\,dx = \left[\ln(\sin(x))\right]_{\frac{\pi}{6}}^{\frac{\pi}{2}} = \ln\left(\sin\left(\frac{\pi}{2}\right)\right) - \ln\left(\sin\left(\frac{\pi}{6}\right)\right) = \ln(1) - \ln\left(\frac{1}{2}\right) = \ln(2).$$

f. Posons $u(x) = x^2 + 3$. $u'(x) = 2x$.

e^u est une primitive de $u'e^u$.

Ainsi $x \mapsto e^{x^2+3}$ est une primitive de $x \mapsto 2xe^{x^2+3}$,

donc :

$$I_6 = \int_{-2}^{2} xe^{x^2+3}dx = \left[\frac{1}{2}e^{x^2+3}\right]_{-2}^{2} = \frac{1}{2}e^7 - \frac{1}{2}e^7 = 0.$$

REMARQUE

*La fonction $f : x \mapsto xe^{x^2+3}$ est impaire car $f(-x) = -xe^{(-x)^2+3} = -f(x)$. L'intervalle $[-2 ; 2]$ sur lequel on intègre cette fonction étant symétrique par rapport à O, il était prévisible que l'intégrale demandée est nulle, les surfaces au-dessus et en dessous de l'axe des abscisses ayant même aire. Voir l'exemple **c** de la méthode 1.*

6 **a.** La valeur moyenne de $f : x \mapsto x$ sur l'intervalle $[0 ; 3]$ est

$$\mu = \frac{1}{3-0}\int_0^3 x\,dx = \frac{1}{3}\left[\frac{x^2}{2}\right]_0^3 = \frac{1}{3}\left(\frac{3^2}{2} - \frac{0^2}{2}\right) = \frac{3}{2}.$$

RAPPEL

$\mu = \frac{1}{b-a}\int_a^b f(x)dx$ est la valeur moyenne de la fonction f sur l'intervalle $[a ; b]$.

b. La valeur moyenne de $f(x) = x^2$ sur l'intervalle $[-2 ; 2]$ est

$$\mu = \frac{1}{2-(-2)}\int_{-2}^{2} x^2dx = \frac{1}{4}\left[\frac{x^3}{3}\right]_{-2}^{2} = \frac{1}{4}\left(\frac{2^3}{3} - \frac{(-2)^3}{3}\right) = \frac{4}{3}.$$

c. La valeur moyenne de $f(x) = \cos(x)$ sur l'intervalle $\left[0;\frac{\pi}{2}\right]$ est

$$\mu = \frac{1}{\frac{\pi}{2}-0}\int_0^{\frac{\pi}{2}} \cos(x)dx = \frac{2}{\pi}\left[\sin(x)\right]_0^{\frac{\pi}{2}} = \frac{2}{\pi}\left(\sin\left(\frac{\pi}{2}\right) - \sin(0)\right) = \frac{2}{\pi}.$$

d. La valeur moyenne de $f(x) = e^x$ sur l'intervalle [0 ; 1] est

$$\mu = \frac{1}{1-0}\int_0^1 e^x \mathrm{d}x = \left[e^x\right]_0^1 = e^1 - e^0 = e - 1.$$

7 **a.** f est positive sur l'intervalle [1 ; 3], donc l'aire recherchée est

ASTUCE

Cette aire doit s'exprimer en unités d'aires, car elle dépend de l'échelle du graphique.

$$A_1 = \int_1^3 x^3 - 6x^2 + 9x + 2\,\mathrm{d}x.$$

$$A_1 = \left[\frac{x^4}{4} - 2x^3 + 9\frac{x^2}{2} + 2x\right]_1^3 = 12{,}75 - 4{,}75 = 8 \text{ u.a.}.$$

b. f est négative sur l'intervalle [– 1 ; 1], donc l'aire recherchée est $A_2 = -\int_{-1}^1 2x - e^{1{,}5x}\,\mathrm{d}x$.

$$A_2 = -\left[x^2 - \frac{1}{1{,}5}e^{1{,}5x}\right]_{-1}^1 = -\left(1 - \frac{2}{3}e^{1{,}5}\right) + \left(1 - \frac{2}{3}e^{-1{,}5}\right) = \frac{2}{3}(e^{1{,}5} - e^{-1{,}5}) \text{ u.a.}.$$

c. $f(x) \leqslant 6$ sur l'intervalle [1 ; 5], donc l'aire recherchée est $A_3 = \int_1^5 6\mathrm{d}x - \int_1^5 x^2 - 6x + 11\mathrm{d}x$.

À RETENIR

L'aire comprise entre les courbes représentatives de deux fonctions f et g est $\int_a^b f(x) - g(x)dx$ si la courbe représentative de f est au-dessus de celle de g sur l'intervalle $[a;b]$.

$$A_3 = \int_1^5 6 - (x^2 - 6x + 11)\mathrm{d}x = \int_1^5 -x^2 + 6x - 5\,\mathrm{d}x$$

$$= \left[-\frac{x^3}{3} + 3x^2 - 5x\right]_1^5 = \frac{25}{3} - \left(-\frac{7}{3}\right) = \frac{32}{3} \text{ u.a.}.$$

d. $f(x) \geqslant g(x)$ sur l'intervalle [1 ; 6], donc l'aire recherchée est

$$A_4 = \int_1^6 -x^2 + 8x - 5\mathrm{d}x - \int_1^6 x + 1\mathrm{d}x = \int_1^6 (-x^2 + 8x - 5) - (x+1)\mathrm{d}x = \int_1^6 -x^2 + 7x - 6\mathrm{d}x$$

$$A_4 = \left[-\frac{x^3}{3} + 7\frac{x^2}{2} - 6x\right]_1^6 = 18 + \frac{17}{6} = \frac{125}{6} \text{ u.a.}$$

8 **a.** f est la fonction exponentielle : elle est strictement croissante sur $\mathbb{R}$.
g est dérivable sur $\mathbb{R}$ et $g'(x) = -2e^{-x}$. $e^{-x} > 0$ pour tout réel x donc $g'(x) < 0$ pour tout réel x. g est donc strictement décroissante sur $\mathbb{R}$.

b. $f(x) = g(x) \Leftrightarrow e^x = 2e^{-x} + 1 \Leftrightarrow e^x = \frac{2}{e^x} + 1.$

Pour résoudre cette équation, posons $X = e^x$.

Il s'agit alors de résoudre l'équation $X = \frac{2}{X} + 1$ dans $\mathbb{R}_+^*$ puisque $X > 0$.

Avec $X > 0$ on a $X = \frac{2}{X} + 1 \Leftrightarrow X^2 = 2 + X \Leftrightarrow X^2 - X - 2 = 0 \Leftrightarrow (X-2)(X+1) = 0.$

L'équation $X^2 - X - 2 = 0$ admet une et une seule solution positive : $X = 2$.
Il reste donc à résoudre l'équation $e^x = 2$.

Cette équation admet une unique solution : $x = \ln(2)$.
Le point d'intersection A entre les deux courbes $\mathcal{C}_f$ et $\mathcal{C}_g$ a donc pour abscisse ln(2) et pour ordonnée $f(\ln(2)) = e^{\ln(2)} = 2$.

A a pour coordonnées $\left(\ln(2);2\right)$.

RAPPEL

$a = \ln b$

$\Updownarrow$

$b = e^a$

c. D'après les questions **a** et **b**, la courbe $\mathcal{C}_f$ est en dessous de $\mathcal{C}_g$ jusqu'au point A, puis au-dessus après le point A.

d. Lorsque $x \in [0 ; \ln(2)]$ la courbe $\mathcal{C}_g$ est donc au-dessus de $\mathcal{C}_f$.

L'aire demandée est donc $A = \int_0^{\ln(2)} g(x)\mathrm{d}x - \int_0^{\ln(2)} f(x)\mathrm{d}x$.

$$A = \int_0^{\ln(2)} g(x) - f(x)\mathrm{d}x = \int_0^{\ln(2)} 2e^{-x} + 1 - e^x\mathrm{d}x.$$

$$\text{Donc } A = \left[-2e^{-x} + x - e^x\right]_0^{\ln(2)} = (-2e^{-\ln(2)} + \ln(2) - e^{\ln(2)}) - (-2e^{-0} + 0 - e^0)$$

$$A = \left(-\frac{2}{e^{\ln(2)}} + \ln(2) - 2\right) - (-2 - 1) = -\frac{2}{2} + \ln(2) - 2 + 3 = \ln(2) \text{ u.a..}$$

9 Il s'agit de démontrer que la fonction F est dérivable en tout point de I et que cette dérivée est égale à $f(x)$.

Il faut donc démontrer que, pour tout réel x de I, $\lim\limits_{h \to 0} \frac{F(x+h) - F(x)}{h} = f(x)$.

Soit $x \in I$. Montrons ce résultat lorsque h tend vers 0 par valeurs supérieures.
On suppose donc que $h > 0$.

$$F(x+h) - F(x) = \int_a^{x+h} f(t)\mathrm{d}t - \int_a^{x} f(t)\mathrm{d}t = \int_a^{x+h} f(t)\mathrm{d}t + \int_x^{a} f(t)\mathrm{d}t$$

$$F(x+h) - F(x) = \int_x^{a} f(t)\mathrm{d}t + \int_a^{x+h} f(t)\mathrm{d}t = \int_x^{x+h} f(t)\mathrm{d}t \text{ d'après la relation de Chasles.}$$

f étant croissante sur I, pour tout $t \in [x ; x+h]$ on a $f(x) \leqslant f(t) \leqslant f(x+h)$.
D'après le théorème de comparaison, on en déduit que

$$\int_x^{x+h} f(x)\mathrm{d}t \leqslant \int_x^{x+h} f(t)\mathrm{d}t \leqslant \int_x^{x+h} f(x+h)\mathrm{d}t.$$

$f(x)$ et $f(x+h)$ ne dépendent pas de la variable t, donc

$$\int_x^{x+h} f(x)\mathrm{d}t = f(x) \times \left[(x+h) - x\right] = hf(x) \text{ et}$$

$$\int_x^{x+h} f(x+h)\mathrm{d}t = f(x+h) \times \left[(x+h) - x\right] = hf(x+h).$$

Ainsi on a obtenu l'encadrement $hf(x) \leqslant F(x+h) - F(x) \leqslant hf(x+h)$.

RAPPEL

Si $\lim\limits_{x \to a^-} f(x) = \lim\limits_{x \to a^+} f(x) = f(a)$, alors $\lim\limits_{x \to a} f(x) = f(a)$ et f est continue en a.

Comme $h > 0$ on peut diviser les trois membres de l'encadrement par h :

$$f(x) \leqslant \frac{F(x+h) - F(x)}{h} \leqslant f(x+h).$$

Enfin f étant une fonction continue, $\lim_{h \to 0} f(x+h) = f(x)$.

L'encadrement précédent nous permet de conclure : $\lim_{h \to 0^+} \frac{F(x+h) - F(x)}{h} = f(x)$.

De même on montre que $\lim_{h \to 0^-} \frac{F(x+h) - F(x)}{h} = f(x)$.

On a donc démontré que $\lim_{h \to 0} \frac{F(x+h) - F(x)}{h} = f(x)$.

F est donc bien dérivable en x, et sa dérivée est $F'(x) = f(x)$.

Valeurs approchées

10 **1. a.** f est positive sur $\mathbb{R}$.

b. L'intégrale A est donc l'aire, en unités d'aire, de la surface comprise entre les droites d'équation $x = 0$ et $x = 1$, l'axe des abscisses, et la courbe représentative de la fonction f.

2. a. Il manque le nom de la variable i à la ligne 3. Cette variable est un entier entre 0 et $n - 1$ qui sert à indiquer le rang de chacun des rectangles.

b. L correspond à la largeur de chacun des rectangles, qui est fixe et égale à $\frac{1}{n}$.

H correspond à la hauteur de chacun des rectangles, qui est variable et égale à $f\left(\frac{i}{n}\right)$.
Le produit L*H correspond donc à l'aire de chacun des rectangles.

c. En choisissant $n = 100$ AlgoBox nous donne la valeur $I = 1.4541056$.
En choisissant $n = 1500$ par exemple, AlgoBox nous donne la valeur $I = 1.4620792$. Les trois premières décimales de ce nombre ne changent pas lorsque l'on augmente la valeur de n. On peut penser que 1,462 est une valeur approchée à 10^{-3} près de l'intégrale A.

d. Pour obtenir une valeur approchée de l'intégrale $B = \int_a^b e^{x^2} \mathrm{d}x$ $(a < b)$ il faut :
- déclarer les variables a et b :
a EST_DU_TYPE NOMBRE et *b* EST_DU_TYPE NOMBRE ;
- demander à l'utilisateur de saisir les valeurs de ces variables :
LIRE *a* et LIRE *b* ;
- modifier les valeurs de L et H, puisque l'intervalle $[a ; b]$ est d'amplitude $b - a$:
L PREND_LA_VALEUR (*b* – *a*)/*n*
H PREND_LA_VALEUR F1(*a* + *i**(*b* – *a*)/*n*).

11 **1.** La fonction $f : t \mapsto \frac{t+1}{t^2}$ est définie et continue sur l'intervalle [1 ; 2], elle admet donc des primitives et l'intégrale I est définie.

$I = \int_1^2 \frac{t}{t^2} + \frac{1}{t^2} \mathrm{d}t = \int_1^2 \frac{1}{t} \mathrm{d}t + \int_1^2 \frac{1}{t^2} \mathrm{d}t$ d'après la linéarité de l'intégrale.

$\int_1^2 \frac{1}{t}dt = [\ln(t)]_1^2 = \ln(2) - \ln(1) = \ln(2)$ et $\int_1^2 \frac{1}{t^2}dt = \left[-\frac{1}{t}\right]_1^2 = -\frac{1}{2} - \left(-\frac{1}{1}\right) = \frac{1}{2}$.

Donc, $I = \ln(2) + \frac{1}{2}$.

2. a. Si $1 \leqslant t \leqslant 2$, alors $2 \leqslant t + 1 \leqslant 3$.

La fonction inverse étant décroissante, $\frac{1}{2} \geqslant \frac{1}{t+1} \geqslant \frac{1}{3}$.

On peut multiplier chacun des membres de cet encadrement par le nombre positif t^2.

On obtient l'encadrement $\frac{t^2}{2} \geqslant \frac{t^2}{t+1} \geqslant \frac{t^2}{3}$, qui est bien celui demandé.

b. $\frac{t^2}{3} \leqslant \frac{t^2}{t+1} \leqslant \frac{t^2}{2}$ donc d'après le théorème de conservation de l'ordre (*§4B*) on a :

$\int_1^2 \frac{t^2}{3}dt \leqslant \int_1^2 \frac{t^2}{t+1}dt \leqslant \int_1^2 \frac{t^2}{2}dt$ soit $\frac{1}{3}\int_1^2 t^2dt \leqslant J \leqslant \frac{1}{2}\int_1^2 t^2dt$.

> **À RETENIR**
>
> *Si $f(x) \leqslant g(x)$ pour tout $x \in [a\,;b]$, alors $\int_a^b f(x)dx \leqslant \int_a^b g(x)dx$.*

La fonction $t \mapsto \frac{1}{3}t^3$ étant une primitive de la fonction $t \mapsto t^2$, on a :

$$\int_1^2 t^2dt = \left[\frac{1}{3}t^3\right]_1^2 = \frac{1}{3}\left[t^3\right]_1^2 = \frac{1}{3}(2^3 - 1^3) = \frac{7}{3}.$$

Donc $\frac{1}{3} \times \frac{7}{3} \leqslant J \leqslant \frac{1}{2} \times \frac{7}{3}$ et $J \in \left[\frac{7}{9}; \frac{7}{6}\right]$.

c. $\frac{t^2}{t+1} = \frac{t^2 - 1 + 1}{t+1} = \frac{t^2 - 1}{t+1} + \frac{1}{t+1} = \frac{(t+1)(t-1)}{t+1} + \frac{1}{t+1} = t - 1 + \frac{1}{t+1}$.

On en déduit que $J = \int_1^2 t - 1 + \frac{1}{t+1}dt = \int_1^2 (t-1)dt + \int_1^2 \frac{1}{t+1}dt$.

$t \mapsto \frac{1}{2}t^2 - t$ est une primitive de $t \mapsto t - 1$ et $t \mapsto \ln(t+1)$ est une primitive de $t \mapsto \frac{1}{t+1}$.

Donc $J = \left[\frac{1}{2}t^2 - t\right]_1^2 + [\ln(t+1)]_1^2$

$$= \left[\left(\frac{1}{2}2^2 - 2\right) - \left(\frac{1}{2}1^2 - 1\right)\right] + [\ln(2+1) - \ln(1+1)]$$

Conclusion : $J = \frac{1}{2} + \ln(3) - \ln(2) = \frac{1}{2} + \ln\left(\frac{3}{2}\right)$.

> **ASTUCE**
>
> *$\frac{1}{2} + \ln\left(\frac{3}{2}\right) \approx 0{,}9$ à 10^{-1} près, donc on a bien $\frac{1}{2} + \ln\left(\frac{3}{2}\right) \in \left[\frac{7}{9}; \frac{7}{6}\right]$.*

Problèmes

12 **a.** On note H le point (0 ; 0 ; z) sur l'axe $(O ; \vec{k})$ et M un point du cercle C.

D'après le théorème de Pythagore appliqué au triangle OHM, rectangle en H, on a $OH^2 + HM^2 = OM^2$.

$OH = z$ et $OM = R$, donc $HM^2 = R^2 - z^2$.

L'aire $A(z)$ du cercle C est donc $A(z) = \pi \times HM^2 = \pi(R^2 - z^2)$.

b. Pour déterminer le volume de la sphère, il s'agit donc de calculer l'intégrale $V = \int_{-R}^{R} \pi(R^2 - z^2)\mathrm{d}z$.

D'après le théorème de linéarité de l'intégrale $V = \pi\int_{-R}^{R} R^2 - z^2\mathrm{d}z = \pi\left(\int_{-R}^{R} R^2\mathrm{d}z - \int_{-R}^{R} z^2\mathrm{d}z\right)$.

> **RAPPEL**
>
> $\int \alpha f(x)\,dx = \alpha \int f(x)\,dx.$
>
> $\int f(x) + g(x)\,dx = \int f(x)\,dx + \int g(x)\,dx.$

R^2 est une constante donc

$$\int_{-R}^{R} R^2\mathrm{d}z = R^2(R - (-R)) = R^2 \times 2R = 2R^3.$$

$z \mapsto \frac{1}{3}z^3$ est une primitive de $z \mapsto z^2$.

Donc

$$\int_{-R}^{R} z^2\mathrm{d}z = \left[\frac{1}{3}z^3\right]_{-R}^{R} = \frac{1}{3}\left[z^3\right]_{-R}^{R} = \frac{1}{3}(R^3 - (-R)^3) = \frac{1}{3}2R^3 = \frac{2}{3}R^3.$$

Conclusion : $V = \pi\left(\int_{-R}^{R} R^2\mathrm{d}z - \int_{-R}^{R} z^2\mathrm{d}z\right) = \pi\left(2R^3 - \frac{2}{3}R^3\right) = \pi \times \frac{4}{3}R^3 = \frac{4}{3}\pi R^3.$

On retrouve bien la formule du volume de la sphère.

13 **a.** $t \mapsto \frac{1}{2\omega}\sin(2\omega t)$ est une primitive de la fonction $t \mapsto \cos(2\omega t)$.

> **RAPPEL**
>
> $\cos(2a) = \cos^2(a) - \sin^2(a) = 2\cos^2(a) - 1 = 1 - 2\sin^2(a).$

Or, d'après la formule de duplication du cosinus, $\cos(2\omega t) = 1 - 2\sin^2(\omega t)$, donc

$$\sin^2(\omega t) = \frac{1}{2} - \frac{1}{2}\cos(2\omega t).$$

Ainsi $t \mapsto \frac{1}{2}t - \frac{1}{4\omega}\sin(2\omega t)$ est une primitive de la fonction $t \mapsto \sin^2(\omega t)$.

b. Il s'agit de calculer $W = \int_0^T P(t)\mathrm{d}t$, avec $T = \frac{2\pi}{\omega}$, $P(t) = R \times i(t)^2$, $i(t) = I_0 \sin(\omega t)$.

R et I_0 sont deux constantes, donc $W = RI_0{}^2 \times \int_0^T \sin^2(\omega t)\mathrm{d}t$.

D'après la question **a** :

$$\int_0^T \sin^2(\omega t)\mathrm{d}t = \left[\frac{1}{2}t - \frac{1}{4\omega}\sin(2\omega t)\right]_0^T = \frac{1}{2}T - \frac{1}{4\omega}\sin(2\omega T) = \frac{\pi}{\omega} - \frac{1}{4\omega}\sin(4\pi) = \frac{\pi}{\omega}.$$

Ainsi $W = RI_0^{\,2} \times \dfrac{\pi}{\omega} = \dfrac{\pi R I_0^{\,2}}{\omega}$.

14 **a.** La fonction ln est positive sur l'intervalle $[1\ ;+\infty[$. Comme n est un entier non nul, on a $n \geqslant 1$ et $\int_1^n \ln(x)\mathrm{d}x \geqslant 0$. On a donc bien $u_n \geqslant 0$ pour tout entier n non nul.

Montrons que (u_n) est croissante.

$$u_{n+1} - u_n = \int_1^{n+1} \ln(x)\mathrm{d}x - \int_1^{n} \ln(x)\mathrm{d}x$$

$$= \int_1^{n+1} \ln(x)\mathrm{d}x + \int_n^{1} \ln(x)\mathrm{d}x = \int_n^{1} \ln(x)\mathrm{d}x + \int_1^{n+1} \ln(x)\mathrm{d}x$$

D'après la relation de Chasles, on a donc $u_{n+1} - u_n = \int_n^{n+1} \ln(x)\mathrm{d}x$.

Or la fonction ln est positive sur l'intervalle $[n\ ;n+1]$, donc $\int_n^{n+1} \ln(x)\mathrm{d}x \geqslant 0$ et $u_{n+1} - u_n \geqslant 0$ pour tout entier n non nul.

On a bien montré que la suite (u_n) est positive et croissante.

b. F est définie et dérivable sur $]0\ ;+\infty]$ en tant que somme et produit de fonctions dérivables.

$F'(x) = 1 \times \ln(x) + x \times \dfrac{1}{x} - 1 = \ln(x)$.

F est donc bien une primitive de f.

> **À RETENIR**
>
> $x \mapsto x\ln(x) - x$ est une primitive de ln sur $\mathbb{R}_+^*$.

c. Ainsi $u_n = \int_1^n \ln(x)\mathrm{d}x = \left[x\ln(x) - x\right]_1^n = \left[(n\ln(n) - n) - (1\ln(1) - 1)\right]$.

Et, pour tout $n > 0$, $u_n = n\ln(n) - n + 1$.

d. $\lim\limits_{n\to+\infty} n\ln(n) = +\infty$ et $\lim\limits_{n\to+\infty} n = +\infty$. On doit donc lever une indétermination du type « $\infty - \infty$ ». Pour cela factorisons par n. $u_n = n(\ln(n) - 1) + 1$.

$\lim\limits_{n\to+\infty} n = +\infty$ et $\lim\limits_{n\to+\infty} \ln(n) - 1 = +\infty$, donc, par produit et somme, on a $\lim\limits_{n\to+\infty} u_n = +\infty$.

15 **1.** La fonction $x \mapsto xe^{-x}$ est dérivable sur $\mathbb{R}$ comme composée et produit de fonctions dérivables et sa dérivée est $x \mapsto 1 \times e^{-x} + x \times (-e^{-x})$, soit $x \mapsto (1-x) \times e^{-x}$.

Donc la fonction $x \mapsto xe^{-x}$ est une primitive sur $\mathbb{R}$ de la fonction $x \mapsto (1-x)e^{-x}$.

Donc $u_1 = \int_0^1 (1-x)e^{-x}dx = [xe^{-x}]_0^1 = 1e^{-1} - 0$. Donc $u_1 = e^{-1}$.

2. a. Pour tout entier naturel n non nul, la fonction f_{n+1} est définie sur $\mathbb{R}$ par $f_{n+1}(x) = (1-x)^{n+1}e^{-x}$. Elle est dérivable sur $\mathbb{R}$ comme composée et produit de fonctions dérivables et sa dérivée est

$f'_{n+1}(x) = -(1-x)^{n+1} \times (e^{-x}) + (n+1)(1-x)^n \times (-1) \times e^{-x}$.

Donc $f'_{n+1}(x) = -(1-x)^{n+1} \times e^{-x} - (n+1)(1-x)^n e^{-x}$.

> **RAPPELS**
>
> $(uv)' = u'v + uv'$
>
> $(e^u)' = u'e^u$
>
> $(u^n)' = nu^{n-1} \times u'$

Donc $f'_{n+1}(x) = -f_{n+1}(x) - (n+1)f_n(x)$.

b. Pour tout entier naturel n non nul, $\int_0^1 f'_{n+1}(x)dx = \int_0^1 -f_{n+1}(x) - (n+1)f_n(x)\mathrm{d}x$,

REMARQUE

f' est la dérivée de f, donc f est une primitive de f'.

donc $\int_0^1 f'_{n+1}(x)\mathrm{d}x = -\int_0^1 f_{n+1}(x)\mathrm{d}x - (n+1)\int_0^1 f_n(x)\mathrm{d}x$ par linéarité de l'intégrale (**§4A**).

Or $\int_0^1 f'_{n+1}(x)\mathrm{d}x = [f_{n+1}(x)]_0^1 = f_{n+1}(1) - f_{n+1}(0) = 0 - 1 = -1$.

$\int_0^1 f_{n+1}(x)\mathrm{d}x = \int_0^1 (1-x)^{n+1}e^{-x}\mathrm{d}x = u_{n+1}$ et $\int_0^1 f_{n+1}(x)\mathrm{d}x = \int_0^1 (1-x)^n e^{-x}\mathrm{d}x = u_n$.

Donc $-1 = -u_{n+1} - (n+1)u_n$.

Conclusion : pour tout entier naturel n non nul, $u_{n+1} = 1 - (n+1)u_n$.

c. $u_1 = e^{-1}$. Donc $u_2 = 1 - 2u_1 = 1 - 2e^{-1}$. Ainsi : $u_3 = 1 - 3u_2 = 1 - 3(1 - 2e^{-1}) = -2 + 6e^{-1}$.
Et $u_4 = 1 - 4u_3 = 1 - 4(-2 + 6e^{-1}) = 9 - 24e^{-1}$.

3. a. Soit un entier naturel n non nul.

$u_{n+1} - u_n = \int_0^1 (1-x)^{n+1}e^{-x}\mathrm{d}x - \int_0^1 (1-x)^n e^{-x}\mathrm{d}x$.

Par linéarité : $u_{n+1} - u_n = \int_0^1 [(1-x)^{n+1}e^{-x} - (1-x)^n e^{-x}]\mathrm{d}x$.

Donc : $u_{n+1} - u_n = \int_0^1 (1-x-1)(1-x)^n e^{-x}\mathrm{d}x = \int_0^1 -x(1-x)^n e^{-x}\mathrm{d}x$.

Or, pour tout $x \in [0;1]$, $-x \leqslant 0$ et $(1-x)^n \geqslant 0$ et $e^{-x} > 0$

Donc, pour tout $x \in [0;1]$, $-x(1-x)^n e^{-x} \leqslant 0$, donc $u_{n+1} - u_n = \int_0^1 -x(1-x)^n e^{-x}\mathrm{d}x \leqslant 0$.

Donc $u_{n+1} - u_n \leqslant 0$. Donc (u_n) est décroissante.

b. Soit un entier naturel n non nul.

Pour tout réel $x \in [0;1]$, $0 \leqslant e^{-x} \leqslant 1$, car la fonction exponentielle est positive et décroissante sur $\mathbb{R}$ et $e^0 = 1$.

Donc, pour tout réel $x \in [0;1]$, $0 \leqslant (1-x)^n e^{-x} \leqslant (1-x)^n$, car $(1-x)^n \geqslant 0$.

Donc $0 \leqslant \int_0^1 (1-x)^n e^{-x}\mathrm{d}x \leqslant \int_0^1 (1-x)^n\mathrm{d}x$.

Donc, pour tout entier naturel n non nul, $0 \leqslant u_n \leqslant \int_0^1 (1-x)^n\mathrm{d}x$.

RAPPEL

Théorème des gendarmes :

Si, pour tout entier naturel n, $v_n \leqslant u_n \leqslant w_n$ et $\lim\limits_{n\to+\infty} v_n = \lim\limits_{n\to+\infty} w_n = l$ alors $\lim\limits_{n\to+\infty} u_n = l$

c. $\int_0^1 (1-x)^n\mathrm{d}x = \left[-\frac{(1-x)^{n+1}}{n+1}\right]_0^1 = 0 - \left(-\frac{1}{n+1}\right) = \frac{1}{n+1}$.

Donc, pour tout entier naturel n non nul $0, \leqslant u_n \leqslant \frac{1}{n+1}$.

Or $\lim\limits_{n\to+\infty} \frac{1}{n+1} = 0$.

Donc, d'après le théorème des gendarmes, $\lim\limits_{n\to+\infty} u_n = 0$.

Nombres complexes

POUR DÉMARRER

- Il faut connaître parfaitement les valeurs remarquables sur le cercle trigonométrique.

t	0	$\frac{\pi}{6}$	$\frac{\pi}{4}$	$\frac{\pi}{3}$	$\frac{\pi}{2}$
$\cos t$	1	$\frac{\sqrt{3}}{2}$	$\frac{\sqrt{2}}{2}$	$\frac{1}{2}$	0
$\sin t$	0	$\frac{1}{2}$	$\frac{\sqrt{2}}{2}$	$\frac{\sqrt{3}}{2}$	1

- **Équations trigonométriques** Pour tous réels x et a :
- $\cos x = \cos a$ si, et seulement si, $x = a + 2k\pi$ ou $x = -a + 2k\pi$, $k \in \mathbb{Z}$;
- $\sin x = \sin a$ si, et seulement si, $x = a + 2k\pi$ ou $x = \pi - a + 2k\pi$, $k \in \mathbb{Z}$.
- **Formules d'addition et de duplication**
- $\cos(a + b) = \cos a \cos b - \sin a \sin b$;
  $\cos(a - b) = \cos a \cos b + \sin a \sin b$.
- $\sin(a + b) = \sin a \cos b + \sin b \cos a$;
  $\sin(a - b) = \sin a \cos b - \sin b \cos a$.
- $\cos(2a) = \cos^2 a - \sin^2 a = 2\cos^2 a - 1 = 1 - 2\sin^2 a$.
- $\sin(2a) = 2 \sin a \cos a$.

Dans tout le chapitre, le plan est rapporté à un repère orthonormal direct $(\mathrm{O} ; \vec{u}, \vec{v})$.

1 Le nombre *i*

Définition

On note i un nombre non réel, tel que $i^2 = -1$.

VOCABULAIRE

i est un nombre imaginaire.

2 L'ensemble $\mathbb{C}$ des nombres complexes

Définitions

- On note $\mathbb{C}$ l'ensemble contenant l'ensemble $\mathbb{R}$ des nombres réels et tel que tout élément z de $\mathbb{C}$ puisse s'écrire de manière unique sous la forme $x + iy$ dans laquelle x et y sont deux nombres réels et i est tel que $i^2 = -1$.
- Le nombre x est la **partie réelle** de z. On note $x = \text{Re}(z)$.
- Le nombre y est la **partie imaginaire** de z. On note $y = \text{Im}(z)$.
- L'écriture $z = x + iy$ est la **forme algébrique** du nombre complexe z.

3 Affixe d'un point ou d'un vecteur du plan

A. Définition

- Le point M de coordonnées $(x\,;\,y)$ a pour **affixe** le complexe $z = x + iy$ (x et y réels).
- Le vecteur $\vec{u}$ de coordonnées $(x\,;\,y)$ a pour **affixe** le complexe $z = x + iy$ (x et y réels).

B. Vecteur défini par deux points

Soient A et B deux points d'affixes respectifs z_A et z_B.

Le vecteur $\overrightarrow{AB}$ a pour affixe $z_B - z_A$.

C. Propriétés

Soient z un nombre complexe et M le point d'affixe z.

M appartient à l'axe des abscisses si, et seulement si, $\text{Im}(z) = 0$ (z est un **réel**).

M appartient à l'axe des ordonnées si, et seulement si, $\text{Re}(z) = 0$ (z est un **imaginaire pur**).

4 Règles de calculs dans $\mathbb{C}$

Propriétés

- Les règles de calculs dans $\mathbb{C}$ prolongent celles connues dans $\mathbb{R}$.
- Soient z et z' deux nombres complexes tels que $z = x + iy$ et $z' = x' + iy'$ avec x, y, x' et y' réels.

On a, en particulier :

$z + z' = (x + x') + i(y + y')$ et $zz' = (xx' - yy') + i(xy' + yx')$.

5 Conjugué d'un nombre complexe

A. Définition

Soit z un nombre complexe tel que $z = x + iy$ (x et y réels).

Le **conjugué** de z est le nombre $\overline{z} = x - iy$.

B. Interprétation géométrique

Les points M et M′ d'affixes respectives z et $\overline{z}$ sont symétriques par rapport à l'axe des abscisses.

C. Premières propriétés

Soit z un nombre complexe tel que $z = x + iy$ (x et y réels).

- $z + \overline{z} = 2x = 2\mathrm{Re}(z)$; $z - \overline{z} = 2iy = 2i\,\mathrm{Im}(z)$; $z\overline{z} = x^2 + y^2$.
- $\overline{z} = z$ si, et seulement si, z est un réel.
- $\overline{z} = -z$ si, et seulement si, z est un imaginaire pur.

D. Propriétés algébriques

Soient z et z', deux nombres complexes.

$\overline{(z + z')} = \overline{z} + \overline{z'}$; $\overline{(z z')} = \overline{z}\,\overline{z'}$; si $z' \neq 0$, alors $\overline{\left(\dfrac{z}{z'}\right)} = \dfrac{\overline{z}}{\overline{z'}}$;

pour tout entier n, $\overline{(z^n)} = \left(\overline{z}\right)^n$.

6 Module et argument d'un nombre complexe

A. Définitions

• Soient z un complexe non nul tel que $z = x + iy$ (x et y réels) et M le point d'affixe z.

REMARQUE

$z\bar{z} = |z|^2 = x^2 + y^2$.

REMARQUE

$\arg(z) = (\vec{u}, \overrightarrow{OM}) + 2k\pi$, $k \in \mathbb{Z}$.

• Le **module** de z est le réel $|z|$ strictement positif tel que $|z| = \text{OM} = \sqrt{x^2 + y^2}$.

• Un **argument** de z est une mesure en radian de l'angle $(\vec{u}, \overrightarrow{\text{OM}})$.

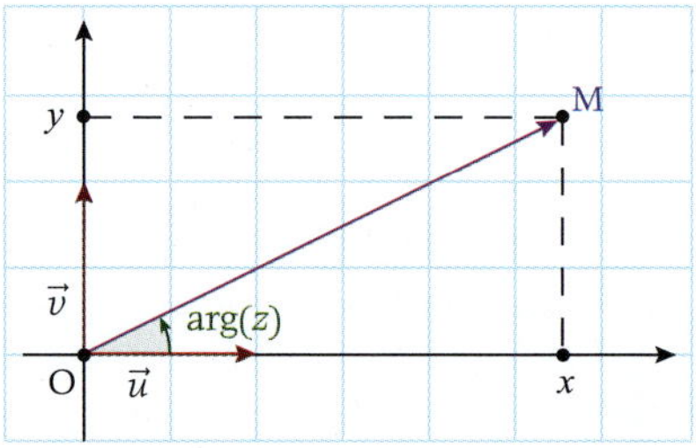

B. Propriétés géométriques

Soient A, B, C et D quatre points d'affixes respectifs z_A, z_B, z_C et z_D avec $z_B \neq z_A$ et $z_D \neq z_C$.

$$\text{AB} = |z_B - z_A| \text{ et } (\overrightarrow{\text{AB}}, \overrightarrow{\text{CD}}) = \arg\left(\frac{z_D - z_C}{z_B - z_A}\right) + 2k\pi,\ k \in \mathbb{Z}.$$

C. Propriétés algébriques du module

Soient z et z', deux nombres complexes.

$|zz'| = |z||z'|$; si $z' \neq 0$, alors $\left|\frac{z}{z'}\right| = \frac{|z|}{|z'|}$; $|\bar{z}| = |z|$; pour tout n de $\mathbb{Z}$, $|z^n| = |z|^n$.

Inégalité triangulaire : $|z + z'| \leqslant |z| + |z'|$.

D. Propriétés algébriques de l'argument

Soient z et z', deux nombres complexes non nuls.

- $\arg(zz') = \arg(z) + \arg(z') + 2k\pi$, $k \in \mathbb{Z}$;

$\arg\left(\dfrac{z}{z'}\right) = \arg(z) - \arg(z') + 2k\pi$, $k \in \mathbb{Z}$;

$\arg(\overline{z}) = -\arg(z) + 2k\pi$, $k \in \mathbb{Z}$.

- Pour tout entier naturel n, $\arg(z^n) = n\arg(z) + 2k\pi$, $k \in \mathbb{Z}$.

7 Formes trigonométrique et exponentielle

A. Propriété : forme trigonométrique

- Tout nombre complexe non nul z peut s'écrire de manière unique sous la forme :

$z = r(\cos\theta + i\sin\theta)$ avec $r = |z|$ et
$\theta = \arg(z) + 2k\pi$, $k \in \mathbb{Z}$.

- Cette écriture est la **forme trigonométrique** de z.

REMARQUE

$\cos\theta = \dfrac{Re(z)}{|z|}$ et

$\sin\theta = \dfrac{Im(z)}{|z|}$.

B. Définition : forme exponentielle

- Pour tout réel θ, on note $e^{i\theta} = \cos\theta + i\sin\theta$.
- Ainsi, tout nombre complexe non nul z peut s'écrire de manière unique sous la forme :

$z = re^{i\theta}$, avec $r = |z|$ et $\theta = \arg(z) + 2k\pi$, $k \in \mathbb{Z}$.

C. Propriétés algébriques de l'exponentielle complexe

Soient θ et θ' deux nombres réels.

$e^{i\theta} \times e^{i\theta'} = e^{i(\theta+\theta')}$; $\dfrac{e^{i\theta}}{e^{i\theta'}} = e^{i(\theta-\theta')}$;
pour tout entier n, $(e^{i\theta})^n = e^{in\theta}$.

REMARQUE

Les propriétés algébriques de l'exponentielle complexe sont analogues à celles de la fonction exponentielle réelle.

D. Complexes de module 1

Pour tout réel θ, $|e^{i\theta}| = 1$ et tout complexe de module égal à 1 peut s'écrire sous la forme $e^{i\theta}$, avec $\theta \in \mathbb{R}$.

8 Équation du second degré à coefficients réels

Soient a, b et c trois réels. On considère l'équation du second degré d'inconnue z : $az^2 + bz + c = 0$, où $a \neq 0$.

On appelle **discriminant** le nombre $\Delta = b^2 - 4ac$.

- Si $\Delta > 0$, l'équation admet deux solutions réelles :

$$z_1 = \frac{-b+\sqrt{\Delta}}{2a} \text{ et } z_2 = \frac{-b-\sqrt{\Delta}}{2a}.$$

- Si $\Delta = 0$, l'équation admet une seule solution réelle : $z_0 = \dfrac{-b}{2a}$.

- Si $\Delta < 0$, l'équation admet deux solutions complexes conjuguées :

$$z_1 = \frac{-b+i\sqrt{-\Delta}}{2a} \text{ et } z_2 = \frac{-b-i\sqrt{-\Delta}}{2a}.$$

PIÈGES À ÉVITER

- Les calculs dans $\mathbb{C}$ sont analogues à ceux dans $\mathbb{R}$, mais il faut penser à remplacer i^2 par (-1).
- La recherche d'un argument revient simplement à déterminer un angle sur le cercle trigonométrique.

1 Calculer avec des nombres complexes

CONSEILS

- Les règles de calculs dans $\mathbb{C}$ prolongent celles connues dans $\mathbb{R}$.
- Il faut ajouter le résultat fondamental : $i^2 = -1$.
- Lorsque le résultat est demandé sous forme algébrique, on doit l'écrire : $x + iy$ (x et y réels).

Exercice

Soient $z_1 = 1 + i$, $z_2 = 2\sqrt{3} - 2i$ et $z_3 = -4 + 4i\sqrt{3}$.

Effectuer les calculs suivants et donner le résultat sous forme algébrique :

$z_4 = z_1 + z_2 - z_3$; $z_5 = z_2 z_3$; $z_6 = \dfrac{z_2}{z_3}$;

$z_7 = z_1 \overline{z_1}$; $z_8 = z_1^{\,4}$.

POINT MÉTHODE

✓ *Les additions, les multiplications et les calculs de puissances sont élémentaires à condition de les mener avec rigueur.*

✓ *Les divisions font intervenir une méthode particulière : on multiplie le numérateur et le dénominateur du quotient par le conjugué du dénominateur. Le dénominateur devient alors un réel strictement positif.*

Comment répondre ?

- $z_4 = 1 + i + 2\sqrt{3} - 2i + 4 - 4i\sqrt{3} = (5 + 2\sqrt{3}) + (-1 - 4\sqrt{3})i.$

On sépare clairement la partie réelle et la partie imaginaire.

- $z_5 = (2\sqrt{3} - 2i)(-4 + 4i\sqrt{3})$

$= (2\sqrt{3} \times (-4) - (-2) \times 4\sqrt{3}) + (2\sqrt{3} \times 4\sqrt{3} + (-2) \times (-4))i = 0 + (24 + 8)i = 32i.$

Dans ce cas, la partie réelle est nulle. Le résultat est un imaginaire pur.

- $z_6 = \dfrac{2\sqrt{3} - 2i}{-4 + 4i\sqrt{3}} = \dfrac{(2\sqrt{3} - 2i)(-4 - 4i\sqrt{3})}{(-4 + 4i\sqrt{3})(-4 - 4i\sqrt{3})}$

$= \dfrac{(2\sqrt{3} \times (-4) - (-2) \times (-4\sqrt{3})) + (2\sqrt{3} \times (-4\sqrt{3}) + (-2) \times (-4))i}{(-4)^2 + (-4\sqrt{3})^2}$

$= \dfrac{-16\sqrt{3} - 16i}{64} = -\dfrac{\sqrt{3}}{4} - \dfrac{1}{4}i.$

• $z_7 = (1+i)\overline{(1+i)} = (1+i)(1-i) = 1^2 + 1^2 = 2.$

On se souvient que $z_1\overline{z_1} = |z_1|^2$. Le résultat est un réel positif.

• $z_8 = (1+i)^4 = [(1+i)^2]^2 = [1^2 - 1^2 + 2i]^2 = 2^2 i^2 = -4.$

Dans ce cas, la partie imaginaire est nulle. Le résultat est un réel.

2 Forme trigonométrique et forme exponentielle

CONSEILS

- **Pour passer de la forme algébrique à la forme exponentielle, il faut savoir placer sans hésitation les points remarquables sur le cercle trigonométrique.**

Exercice

Le plan est rapporté à un repère orthonormal direct (O ; $\vec{u}$, $\vec{v}$) d'unité 1 cm.

On considère les points A, B et C d'affixes respectifs : $z_A = 2\sqrt{3} + 2i$, $z_B = 3\sqrt{2} - 3i\sqrt{2}$ et $z_C = 2e^{i\frac{2\pi}{3}}$.

Déterminer la forme trigonométrique et exponentielle de z_A et z_B. Déterminer la forme algébrique de z_C. Placer précisément les points dans le repère.

POINT MÉTHODE

✓ *On utilise les résultats des §6 et §7 pour déterminer le module et l'argument de chaque nombre.*

Si z est un complexe non nul tel que $z = x + iy$ (x et y réels), alors $|z| = OM = \sqrt{x^2 + y^2}$.

Et en notant $\theta = \arg(z) + 2k\pi$, $k \in \mathbb{Z}$, on a : $\cos\theta = \frac{x}{|z|}$ et $\sin\theta = \frac{y}{|z|}$.

Comment répondre ?

$z_A = 2\sqrt{3} + 2i$, donc $|z_A| = \sqrt{(2\sqrt{3})^2 + 2^2} = \sqrt{16} = 4.$

Posons $\theta = \arg(z_A) + 2k\pi$, $k \in \mathbb{Z}$. $\cos\theta = \dfrac{x_A}{|z_A|} = \dfrac{2\sqrt{3}}{4} = \dfrac{\sqrt{3}}{2}$ et $\sin\theta = \dfrac{y_A}{|z_A|} = \dfrac{2}{4} = \dfrac{1}{2}$.

Sur le cercle trigonométrique, le point de coordonnées $\left(\dfrac{\sqrt{3}}{2};\dfrac{1}{2}\right)$ correspond à $\theta = \dfrac{\pi}{6}$.

Donc : $\arg(z_A) = \dfrac{\pi}{6} + 2k\pi$, $k \in \mathbb{Z}$. Donc $z_A = 4\left(\cos\dfrac{\pi}{6} + i\sin\dfrac{\pi}{6}\right) = 4e^{i\frac{\pi}{6}}$.

Pour placer précisément A sur le graphique, on trace le cercle de centre O et de rayon 4, car $OA = |z_A| = 4$ et on trace la demi-droite d'équation $y = 2$ située dans le demi-plan d'inéquation $x \geqslant 0$, car $\text{Re}(z_A) \geqslant 0$ et $\text{Im}(z_A) = 2$.

$z_B = 3\sqrt{2} - 3i\sqrt{2}$, donc $|z_B| = \sqrt{(3\sqrt{2})^2 + (-3\sqrt{2})^2} = \sqrt{36} = 6$.

Posons $\theta = \arg(z_B) + 2k\pi$, $k \in \mathbb{Z}$. $\cos\theta = \dfrac{x_B}{|z_B|} = \dfrac{3\sqrt{2}}{6} = \dfrac{\sqrt{2}}{2}$ et $\sin\theta = \dfrac{y_B}{|z_B|} = -\dfrac{\sqrt{2}}{2}$.

Sur le cercle trigonométrique, le point de coordonnées $\left(\dfrac{\sqrt{2}}{2};-\dfrac{\sqrt{2}}{2}\right)$ correspond à $\theta = -\dfrac{\pi}{4}$. Donc : $\arg(z_A) = -\dfrac{\pi}{4} + 2k\pi$, $k \in \mathbb{Z}$.

Donc : $z_B = 6\left(\cos\left(-\dfrac{\pi}{4}\right) + i\sin\left(-\dfrac{\pi}{4}\right)\right) = 6e^{-i\frac{\pi}{4}}$.

Pour placer précisément B sur le graphique, on trace le cercle de centre O et de rayon 6, car $OB = |z_B| = 6$ et on trace la demi-droite d'équation $y = -x$ située dans le demi-plan d'inéquation $x \geqslant 0$ car $\text{Re}(z_B) \geqslant 0$ et $\text{Im}(z_B) = -\text{Re}(z_B)$.

$z_C = 2e^{i\frac{2\pi}{3}} = 2\left(\cos\dfrac{2\pi}{3} + i\sin\dfrac{2\pi}{3}\right)$.

Or, $\cos\dfrac{2\pi}{3} = -\dfrac{1}{2}$ et $\sin\dfrac{2\pi}{3} = \dfrac{\sqrt{3}}{2}$.

Donc : $z_C = 2\left(-\dfrac{1}{2} + i\dfrac{\sqrt{3}}{2}\right) = -1 + i\sqrt{3}$.

Pour placer précisément C sur le graphique, on trace le cercle de centre O et de rayon 2, car $OC = |z_C| = 2$ et on trace la demi-droite d'équation $x = -1$ située dans le demi-plan d'inéquation $y \geqslant 0$, car $\text{Im}(z_C) \geqslant 0$ et $\text{Re}(z_A) = -1$.

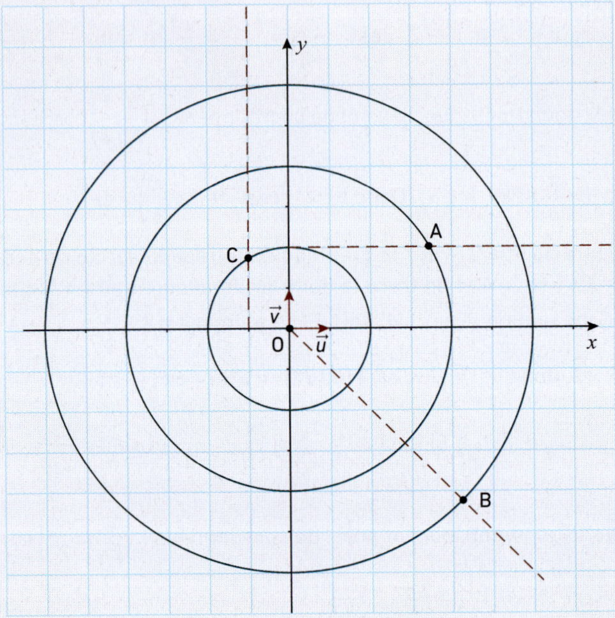

3 Résoudre une équation du second degré dans $\mathbb{C}$

CONSEILS

- On utilise les résultats du *§8*. Lorsque $\Delta \geqslant 0$, la ou les solutions sont réelles, lorsque $\Delta < 0$, les deux solutions sont des complexes conjugués.

Exercice

1 Résoudre dans $\mathbb{C}$ l'équation suivante, donner les solutions sous forme exponentielle et les représenter dans un repère orthonormal : $z^2\sqrt{3} + 6z + 4\sqrt{3} = 0$.

2 Résoudre dans $\mathbb{C}$ l'équation suivante : $z^4 - 81 = 0$.

Comment répondre ?

1 L'équation est $z^2\sqrt{3}+6z+4\sqrt{3}=0$. Les coefficients sont réels et valent : $a=\sqrt{3}$, $b=6$ et $c=4\sqrt{3}$. Donc, $\Delta=b^2-4ac=6^2-4\times\sqrt{3}\times4\sqrt{3}=-12$.

$\Delta<0$, donc l'équation admet deux solutions complexes conjuguées :

$$z_1=\frac{-b+i\sqrt{-\Delta}}{2a}=\frac{-6+i\sqrt{12}}{2\times\sqrt{3}} \text{ et } z_2=\overline{z_1}.$$

Pour simplifier z_1, on multiplie le dénominateur et le numérateur par $\sqrt{3}$.

$$z_1=\frac{-6\sqrt{3}+i\sqrt{36}}{2\times\sqrt{3}\times\sqrt{3}}=\frac{-6\sqrt{3}+6i}{6}=-\sqrt{3}+i.$$

On sait que les solutions sont conjuguées, donc : $z_2=\overline{z_1}=-\sqrt{3}-i$.

Déterminons le module et l'argument de z_1.

$z_1=-\sqrt{3}+i$ donc $|z_1|=\sqrt{(-\sqrt{3})^2+1^2}=\sqrt{4}=2$.

Posons $\theta=\arg(z_1)+2k\pi$, $k\in\mathbb{Z}$. $\cos\theta=\frac{x_1}{|z_1|}=\frac{-\sqrt{3}}{2}$ et $\sin\theta=\frac{y_1}{|z_1|}=\frac{1}{2}$.

Sur le cercle trigonométrique, le point de coordonnées $\left(-\frac{\sqrt{3}}{2};\frac{1}{2}\right)$ correspond à $\theta=\frac{5\pi}{6}$.

Donc $\arg(z_1)=\frac{5\pi}{6}+2k\pi$, $k\in\mathbb{Z}$. Donc $z_1=2e^{i\frac{5\pi}{6}}$.

$z_2=\overline{z_1}$, donc $|z_2|=|z_1|=2$ (cf. *§6B*) et $\arg(z_2)=-\arg(z_1)+2k\pi$, $k\in\mathbb{Z}$ (cf. *§6D*).

Donc : $\arg(z_2)=-\frac{5\pi}{6}+2k\pi$, $k\in\mathbb{Z}$.

Donc $z_1=2e^{-i\frac{5\pi}{6}}$.

Pour placer précisément les points sur le graphique, on trace le cercle de centre O et de rayon 2 car $|z_1|=|z_2|=2$ et on trace les demi-droites d'équation $y=1$ et $y=-1$ situées le demi-plan d'inéquation $x\leqslant0$. Ces demi-droites coupent le cercle en deux points correspondant aux deux solutions.

POINT MÉTHODE

On utilise les résultats du §8 . On calcule le discriminant $\Delta=b^2-4ac$.

Si $\Delta<0$, l'équation admet deux solutions complexes conjuguées :

$$z_1=\frac{-b+i\sqrt{-\Delta}}{2a} \text{ et}$$

$$z_2=\frac{-b-i\sqrt{-\Delta}}{2a}.$$

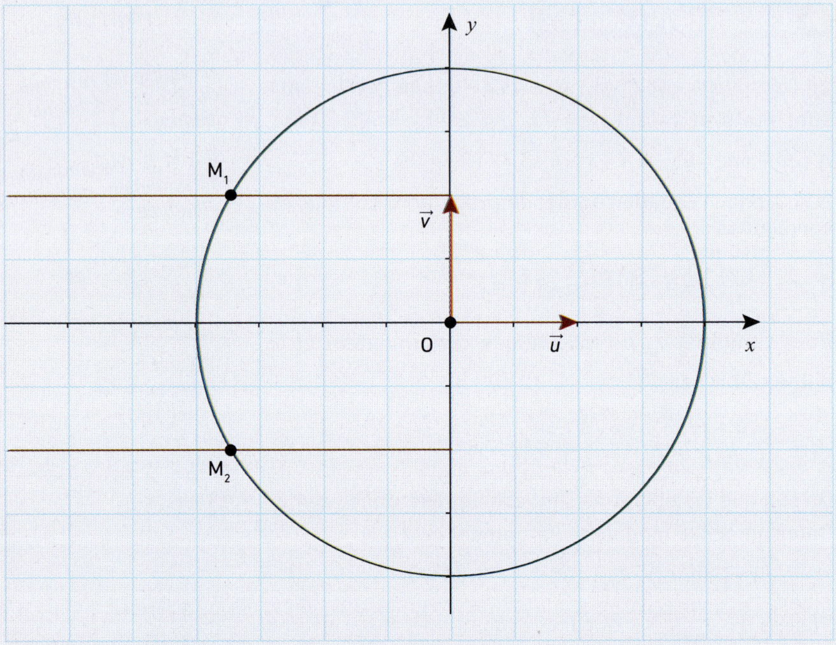

On se souviendra que les solutions conjuguées sont représentées par des points symétriques par rapport à l'axe des abscisses.

2 $z^4 - 81 = 0 \Leftrightarrow (z^2)^2 = 81$

$\Leftrightarrow z^2 = 9$ ou $z^2 = -9$.

Or $z^2 = 9 \Leftrightarrow z = 3$ ou $z = -3$,

et, en remarquant que $(-9) = (3i)^2$,

$z^2 = -9 \Leftrightarrow z^2 - (3i)^2 = 0$

$\Leftrightarrow (z - 3i)(z + 3i) = 0$

$\Leftrightarrow z = 3i$ ou $z = -3i$.

Donc l'équation $z^4 - 81 = 0$ possède quatre solutions :

$S = \{-3 ; 3 ; -3i ; 3i\}$.

REMARQUE

On peut constater que, dans certains cas, le calcul du discriminant Δ n'est pas nécessaire.

TESTEZ VOS CONNAISSANCES

CORRIGÉ p. 203

1. La lettre i désigne un nombre imaginaire tel que:

a. $i^2 - 1 = 0$. **b.** $i^2 + 1 = 0$. **c.** $i^2 = 0$.

2. $(2 + i)^2 =$

a. $4 + i$. **b.** 3. **c.** $3 + 4i$.

3. La partie imaginaire de $6 - 4i$ est égale à :

a. $4i$. **b.** -4. **c.** $-4i$.

4. Le conjugué de $-7 - 12i$ est égal à :

a. $7 - 12i$. **b.** $12i - 7$. **c.** $7 + 12i$.

5. Le module de $3 + 4i$ est égal à :

a. 5. **b.** $\sqrt{(3)^2 + (4i)^2}$. **c.** 7.

6. Un argument de $4 + 4i$ est égal à :

a. 4. **b.** $\frac{\pi}{2}$. **c.** $\frac{\pi}{4}$.

7. Un argument de $8e^{i\frac{5\pi}{3}}$ est égal à :

a. $i\frac{5\pi}{3}$. **b.** $\frac{5\pi}{3}$. **c.** $\cos\frac{5\pi}{3} + i\sin\frac{5\pi}{3}$.

8. La forme exponentielle de $-2 - 2i$ est

a. $-2\sqrt{2}e^{i\frac{\pi}{4}}$. **b.** $2\sqrt{2}e^{-i\frac{3\pi}{4}}$. **c.** $-2\sqrt{2}\left(\cos\frac{\pi}{4} + i\sin\frac{\pi}{4}\right)$.

9. La forme trigonométrique de $1 - i\sqrt{3}$ est

a. $2\left(\cos\left(-\frac{\pi}{3}\right) + i\sin\left(-\frac{\pi}{3}\right)\right)$. **b.** $2e^{-i\frac{\pi}{3}}$. **c.** $2\left(\cos\frac{\pi}{3} - i\sin\frac{\pi}{3}\right)$.

10. Dans $\mathbb{C}$, l'équation $z^2 + z + 1 = 0$:

a. admet deux solutions réelles.

b. admet deux solutions complexes conjuguées.

c. n'a aucune solution.

ENTRAÎNEZ-VOUS

CORRIGÉ p. 204

Calculer avec des nombres complexes

1 Soit $z_1 = 4 + 2i$, $z_2 = 1 - 2i$, $z_3 = 4i$. ●○○ 20 min

Effectuer les calculs suivants et donner le résultat sous forme algébrique.

$z_4 = z_1 + \overline{z_2} + \overline{z_3}$; $z_5 = z_1 z_2$; $z_6 = \dfrac{z_1}{z_2}$; $z_7 = \dfrac{z_3}{z_1}$; $z_8 = z_2^{\,3}$.

2 Effectuer les calculs suivants et donner le résultat sous forme algébrique : ●○○ 30 min

a. $z_1 = (2 + 2i\sqrt{3})(-\sqrt{3} + i)$. b. $z_2 = \dfrac{2 + 2i\sqrt{3}}{-\sqrt{3} + i}$. c. $z_3 = (2\sqrt{3} + 2i)(4 - 4i)$.

d. $z_4 = \dfrac{4 - 4i}{2\sqrt{3} + 2i}$. e. $z_5 = \dfrac{1 + i\sqrt{3}}{4 - 4i\sqrt{3}}$. f. $z_6 = \left(\dfrac{1}{2} + i\dfrac{\sqrt{3}}{2}\right)^4$.

3 Résoudre les équations suivantes et donner les solutions sous forme algébrique : ●○○ 20 min

a. $iz = 4 + 3i$. b. $2z + i = iz + 3$. c. $\dfrac{1}{z} = 1 + i$. d. $iz + 2 - i = z$.

4 Soit z un nombre complexe non nul. Soit $z' = \dfrac{z}{\overline{z}}$. ●●○ 30 min

a. Calculer z' dans les cas suivants : $z = 4 + 2i$; $z = 3 - 3i$; $z = 4 + 4i$; $z = -5i$.

b. En posant $z = x + iy$, avec x et y réels, exprimer z' sous forme algébrique en fonction de x et y.

c. Démontrer que z' est un imaginaire pur si, et seulement si, les parties réelles et imaginaires de z sont égales ou opposées.

d. Démontrer que z' est un réel si, et seulement si, z est un réel ou un imaginaire pur.

Forme trigonométrique et forme exponentielle

5 Le plan est rapporté à un repère orthonormal direct $(O ; \vec{u}, \vec{v})$ d'unité 1 cm. ●○○ 25 min

On considère les points A, B et C d'affixes respectifs : $z_A = -\sqrt{3} + i$, $z_B = 2\sqrt{3} - 2i$ et $z_C = 3e^{-i\frac{3\pi}{4}}$.

Déterminer la forme trigonométrique et exponentielle de z_A et z_B. Déterminer la forme algébrique de z_C. Placer précisément les points dans le repère.

6 Écrire chacun des nombres suivants sous forme algébrique : ●○○ 25 min

a. $z_1 = 3\sqrt{2}e^{i\frac{\pi}{4}}$; b. $z_2 = 4e^{i\frac{\pi}{2}}$; c. $z_3 = 2e^{i\frac{2\pi}{3}}$; d. $z_4 = \sqrt{3}e^{i\frac{5\pi}{6}}$.

e. $z_5 = e^{i\frac{4\pi}{3}}$; f. $z_6 = 2e^{i\frac{19\pi}{6}}$; g. $z_6 = 4e^{3i\pi}$; h. $z_8 = \dfrac{\sqrt{3}}{3}e^{-i\frac{\pi}{6}}$.

7 Écrire chacun des nombres suivants sous forme exponentielle : ●○○ 25 min

a. $z_1 = 5$ b. $z_2 = -3$ c. $z_3 = 2i$ d. $z_4 = -4i$

e. $z_5 = -3 + 3i$ f. $z_6 = 5 - 5i\sqrt{3}$ g. $z_7 = -6\sqrt{6} + 6i\sqrt{2}$ h. $z_8 = -2e^{i\frac{\pi}{3}}$

8 **Restitution Organisée de Connaissances** ●○○ 10 min

On se propose de démontrer que, pour tous réels θ et θ', $e^{i(\theta+\theta')} = e^{i\theta} \times e^{i\theta'}$.
Soit f la fonction définie sur $\mathbb{R}$ par $f(\theta) = \cos\theta + i\sin\theta$.
Démontrer, en utilisant les formules d'addition des cosinus et sinus que, pour tous réels θ et θ', $f(\theta + \theta') = f(\theta) \times f(\theta')$.
Conclure.

9 On considère les nombres suivants : $z_1 = e^{i\frac{\pi}{3}}$ et $z_2 = e^{i\frac{\pi}{4}}$. ●●○ 15 min

a. Écrire z_1 et z_2 sous forme algébrique.

b. Calculer le quotient $\dfrac{z_1}{z_2}$ sous forme exponentielle et sous forme algébrique.

c. En déduire les valeurs exactes de $\cos\dfrac{\pi}{12}$ et $\sin\dfrac{\pi}{12}$.

10 Pour tout entier naturel n, on appelle M_n le point d'affixe $z_n = (1 + i)^n$. ●●● 25 min

a. Calculer les valeurs de z_n, sous forme algébrique, pour chaque valeur de n entre 0 et 8.

b. Placer les points M_n dans un repère, pour chaque valeur de n entre 0 et 8.

c. Démontrer que si n est un multiple de 4, alors M_n appartient à l'axe des abscisses.

d. Pour tout entier naturel n, écrire z_n sous forme exponentielle. En déduire que si M_n appartient à l'axe des abscisses, alors n est un multiple de 4.

Résoudre une équation du second degré dans $\mathbb{C}$

11 Résoudre dans $\mathbb{C}$ l'équation suivante, donner les solutions sous forme exponentielle et les représenter dans un repère orthonormal : $3z^2 + 12z + 24 = 0$. ●○○ 20 min

12 Résoudre dans $\mathbb{C}$ les équations suivantes : ●●○ 40 min

a. $z^2 - 3z + 5 = 0$. **b.** $z^2 - 4z + 29 = 0$. **c.** $z^2 + 16 = 0$.

d. $\frac{13}{z} = 36 - 36z$. **e.** $z - 2i = \frac{1}{z + 2i}$. **f.** $\frac{13}{z} = 36 + 36z$. **g.** $z^3 - 8 = 0$.

13 **1.** On considère l'équation (E) suivante : ●●● 40 min
$z^3 + (1 - i)z^2 + (1 - i)z - i = 0$.

a. Démontrer que i est une solution de (E).

b. En factorisant le polynôme par $(z - i)$, résoudre l'équation (E).

c. Montrer que les points dont les affixes sont solutions de (E) sont sur un même cercle dont on déterminera le centre et le rayon.

2. On considère l'équation (E′) : $z^3 + (-6 - i)z^2 + (13 + 6i)z - 13i = 0$.

Reprendre les questions précédentes avec l'équation (E′).

14 La figure ci-dessous est une capture d'écran du logiciel GeoGebra. ●●○ 30 min

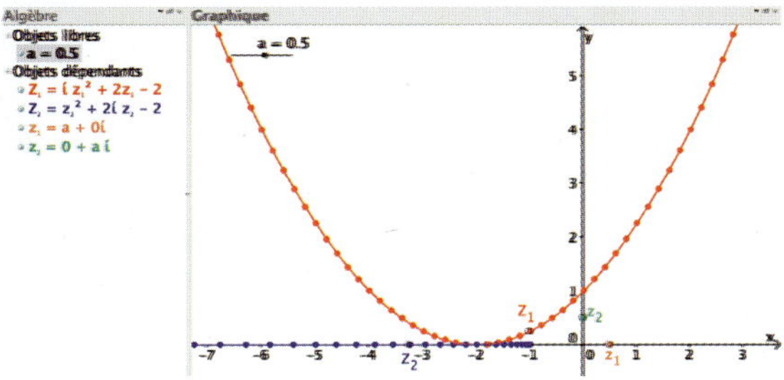

La lettre **a** désigne un curseur qui peut prendre des valeurs réelles variables.
Le nombre z_1 prend la valeur **a** + $0i$, donc z_1 = **a**. De même, $z_2 = 0 +$ **a**i = **a**i.
Les points d'affixes z_1 et z_2 sont représentés sur la figure respectivement en orange et en vert.
Le point d'affixe Z_1 est représenté en rouge. Le nombre Z_1 est égal à $iz_1^2 + 2z_1 - 2$.
Le point d'affixe Z_2 est représenté en bleu. Le nombre Z_2 est égal à $z_2^2 + 2iz_2 - 2$.
Le logiciel permet d'afficher la trace, en rouge, du point d'affixe Z_1 lorsque le nombre **a** varie ainsi que la trace, en bleu, du point d'affixe Z_2.

1. a. Que peut-on dire du point d'affixe z_1 ?

b. Quel semble être le lieu des points d'affixe Z_1 lorsque a varie ?

c. En posant $z_1 = a$ et $Z_1 = X + iY$, déterminer Y en fonction de X et démontrer la conjecture proposée à la question précédente.

2. Reprendre la même question avec $Z_2 = z_2^2 + 2iz_2 - 2$ et le point d'affixe $z_2 = ai$.

Corrigés de *TESTEZ VOS CONNAISSANCES*

1. Réponse **b**. La lettre i désigne un nombre imaginaire tel que $i^2 + 1 = 0$.
En effet, le nombre i est un **nombre imaginaire** qui vérifie : $i^2 = -1$ (Cf. *§1*).

2. Réponse **c**. $(2 + i)^2 = 2^2 + 2 \times 2 \times i + i^2 = 4 + 4i - 1 = 3 + 4i$.
On remarque que les règles de calculs dans $\mathbb{C}$ sont semblables à celles dans $\mathbb{R}$. Ici, on utilise l'identité remarquable : $(a + b) = a^2 + 2ab + b^2$ et la propriété fondamentale des nombres complexes (Cf. *§1*) : $i^2 = -1$.

3. Réponse **b**. La partie imaginaire de $6 - 4i$ est égale à : -4. (Cf. *§2*).

REMARQUE

Attention, la partie imaginaire d'un nombre complexe est un nombre réel.

4. Réponse **b**. Le conjugué de $-7 - 12i$ est égal à : $-7 + 12i$ donc à $12i - 7$. (Cf. *§5*).

5. Réponse **a**. Le module de $3 + 4i$ est égal à : $\sqrt{3^2 + 4^2}$ (Cf. *§6A*), donc à 5.

6. Réponse **c.** : L'argument de $4 + 4i$ est égal à $\frac{\pi}{4}$.

On peut faire une figure : le point M a pour affixe $4 + 4i$, le point H a pour affixe 4. Le triangle OMH est isocèle et rectangle en H.

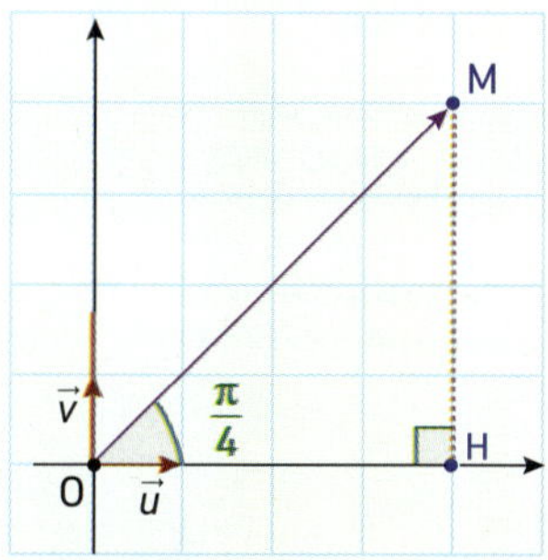

Dans ce cas, l'angle $(\vec{u}, \overrightarrow{OM}) = \frac{\pi}{4} + 2k\pi,\ k \in \mathbb{Z}$.

Donc, $\arg(z) = \frac{\pi}{4} + 2k\pi,\ k \in \mathbb{Z}$ (Cf. *§6A*).

7. Réponse **b**. L'argument de $8e^{i\frac{5\pi}{3}}$ est égal à : $\frac{5\pi}{3}$. (Cf. *§7B*).

8. Réponse **b**. La forme exponentielle (Cf. *§7B*) de $-2 - 2i$ est $2\sqrt{2}e^{-i\frac{3\pi}{4}}$.

En effet, le module est : $|-2 - 2i| = \sqrt{(-2)^2 + (-2)^2} = 2\sqrt{2}$.

Et $2\sqrt{2}e^{-i\frac{3\pi}{4}} = 2\sqrt{2}\left(\cos\left(-\frac{3\pi}{4}\right) + i\sin\left(-\frac{3\pi}{4}\right)\right)$

$= 2\sqrt{2}\left(-\frac{\sqrt{2}}{2} - i\frac{\sqrt{2}}{2}\right) = -2 - 2i$.

REMARQUE

*On remarquera que la réponse **a.** ne convient pas, car le nombre réel devant l'exponentielle complexe étant négatif, il ne peut être égal au module.*

9. Réponse **a**. La forme trigonométrique (Cf. *§7A*) de $1 - i\sqrt{3}$ est $2\left(\cos\left(-\frac{\pi}{3}\right) + i\sin\left(-\frac{\pi}{3}\right)\right)$.

En effet, le module est : $\left|1-i\sqrt{3}\right| = \sqrt{1^2+(-\sqrt{3})^2} = 2$ et

$$2\left(\cos\left(-\frac{\pi}{3}\right)+i\sin\left(-\frac{\pi}{3}\right)\right) = 2\left(\frac{1}{2}-i\frac{\sqrt{3}}{2}\right) = 1-i\sqrt{3}.$$

10. Réponse **b**. Dans $\mathbb{C}$, l'équation $z^2 + z + 1 = 0$ admet deux solutions complexes conjuguées.
En effet (Cf. *§8*), le discrimant est : $\Delta = 1^2 - 4 \times 1 \times 1 = -3$. Donc, $\Delta < 0$ et l'équation possède deux solutions complexes conjuguées.

Corrigés de *ENTRAÎNEZ-VOUS*

CONSEIL

On retiendra la méthode utilisée pour calculer un quotient. En multipliant le dénominateur et le numérateur par le conjugué du dénominateur, on obtient un quotient dont le dénominateur est un réel strictement positif.

1 $z_4 = (4 + 2i) + (\overline{1 - 2i}) + (\overline{4i}) = 4 + 2i + 1 + 2i - 4i = 5.$

$z_5 = (4 + 2i)(1 - 2i) = 4 \times 1 - 2 \times (-2) + i[4 \times (-2) + 2 \times 1]$
$= 8 - 6i.$

$$z_6 = \frac{4+2i}{1-2i} = \frac{(4+2i)(1+2i)}{(1-2i)(1+2i)}$$

$$= \frac{(4\times1-2\times2)+i(4\times2+2\times1)}{1^2+(-2)^2} = \frac{0+10i}{5} = 2i.$$

$$z_7 = \frac{4i}{4+2i} = \frac{4i(4-2i)}{(4+2i)(4-2i)} = \frac{16i-8i^2}{4^2+2^2} = \frac{8+16i}{20} = \frac{2}{5}+\frac{4}{5}i.$$

RAPPEL

$(a+b)^3 = a^3+3a^2b+3ab^2+b^3$ et
$(a-b)^3 = a^3-3a^2b+3ab^2-b^3$.

On remarque que
$i^3 = i^2 \times i = -1 \times i = -i$.

$z_8 = (1 - 2i)^3 = 1^3 - 3 \times 1^2 \times 2i + 3 \times 1 \times (2i)^2 - (2i)^3$
$= 1 - 6i - 12 + 8i = -11 + 2i.$

2 On utilise les règles de calculs du *§4*.

a. $z_1 = (2+2i\sqrt{3})(-\sqrt{3}+i)$
$= (2\times(-\sqrt{3})-2\sqrt{3}\times1)+i(2\times1+2\sqrt{3}\times(-\sqrt{3}))$
$= -4\sqrt{3}-4i.$

b. $$z_2 = \frac{2+2i\sqrt{3}}{-\sqrt{3}+i} = \frac{(2+2i\sqrt{3})(-\sqrt{3}-i)}{(-\sqrt{3}+i)(-\sqrt{3}-i)}$$

$$= \frac{(2\times(-\sqrt{3})-2\sqrt{3}\times(-1))+i(2\times(-1)+2\sqrt{3}\times(-\sqrt{3}))}{(-\sqrt{3})^2+(-1)^2}$$

$$= \frac{0-8i}{4} = -2i.$$

c. $z_3 = (2\sqrt{3} + 2i)(4 - 4i)$

$= 2\sqrt{3} \times 4 + 2i \times (-4i) + 2\sqrt{3} \times (-4i) + 2i \times 4$

$= 8\sqrt{3} + 8 - 8i\sqrt{3} + 8i = (8 + 8\sqrt{3}) + (8 - 8\sqrt{3})i.$

> **CONSEIL**
>
> *Dans la rédaction de ce calcul, à la différence du **a.**, on a utilisé les règles habituelles de calcul dans $\mathbb{R}$ et le fait que $i^2 = -1$. Vous pouvez choisir la méthode que vous préférez.*

d. $z_4 = \dfrac{4 - 4i}{2\sqrt{3} + 2i} = \dfrac{(4 - 4i)(2\sqrt{3} - 2i)}{(2\sqrt{3} + 2i)(2\sqrt{3} - 2i)}$

$= \dfrac{4 \times 2\sqrt{3} - 4i \times (-2i) + 4 \times (-2i) - 4i \times 2\sqrt{3}}{(2\sqrt{3})^2 + (2)^2}$

$= \dfrac{8\sqrt{3} - 8 - 8i - 8i\sqrt{3}}{16} = \dfrac{\sqrt{3} - 1}{2} + \dfrac{-\sqrt{3} - 1}{2}i.$

> **CONSEIL**
>
> *Toujours séparer la partie réelle et la partie imaginaire.*

e. $z_5 = \dfrac{1 + i\sqrt{3}}{4 - 4i\sqrt{3}} = \dfrac{(1 + i\sqrt{3})(4 + 4i\sqrt{3})}{(4 - 4i\sqrt{3})(4 + 4i\sqrt{3})}$

$= \dfrac{1 \times 4 + i\sqrt{3} \times 4i\sqrt{3} + 1 \times 4i\sqrt{3} + i\sqrt{3} \times 4}{(4)^2 + (-4\sqrt{3})^2}$

$= \dfrac{4 - 12 + 8i\sqrt{3}}{64} = -\dfrac{1}{8} + \dfrac{\sqrt{3}}{8}i.$

f. $z_6 = \left(\dfrac{1}{2} + i\dfrac{\sqrt{3}}{2}\right)^4 = \left[\left(\dfrac{1}{2} + i\dfrac{\sqrt{3}}{2}\right)^2\right]^2$

$= \left[\left(\dfrac{1}{2}\right)^2 + 2\left(\dfrac{1}{2}\right)\left(i\dfrac{\sqrt{3}}{2}\right) + \left(i\dfrac{\sqrt{3}}{2}\right)^2\right]^2 = \left[\dfrac{1}{4} + i\dfrac{\sqrt{3}}{2} - \dfrac{3}{4}\right]^2$

$= \left[-\dfrac{1}{2} + i\dfrac{\sqrt{3}}{2}\right]^2 = \left(-\dfrac{1}{2}\right)^2 + 2\left(-\dfrac{1}{2}\right)\left(i\dfrac{\sqrt{3}}{2}\right) + \left(i\dfrac{\sqrt{3}}{2}\right)^2$

$= \dfrac{1}{4} - i\dfrac{\sqrt{3}}{2} - \dfrac{3}{4} = -\dfrac{1}{2} - i\dfrac{\sqrt{3}}{2}.$

> **CONSEIL**
>
> *On utilise ici deux fois l'identité remarquable $(a + b)^2 = a^2 + 2ab + b^2$. Dans le cas d'un complexe écrit sous forme algébrique*
>
> $(x + iy)^2 = x^2 + 2ixy + (iy)^2$
> $= x^2 - y^2 + 2ixy.$

3 **a.** $iz = 4 + 3i \Leftrightarrow z = \dfrac{4 + 3i}{i} \Leftrightarrow z = \dfrac{(4 + 3i) \times (-i)}{i \times (-i)}$

$\Leftrightarrow z = \dfrac{-4i - 3i^2}{1} \Leftrightarrow z = 3 - 4i.$

> **CONSEIL**
>
> *On résout une équation du premier degré de la même manière que dans $\mathbb{R}$ en utilisant les règles de calcul du **§4A**.*

b. $2z+i=iz+3 \Leftrightarrow 2z-iz=3-i \Leftrightarrow (2-i)z=3-i \Leftrightarrow z=\dfrac{3-i}{2-i}$

$$\Leftrightarrow z=\frac{(3-i)(2+i)}{(2-i)(2+i)} \Leftrightarrow z=\frac{3\times 2-i\times i+3\times i-i\times 2}{(2)^2+(-1)^2}$$

$$\Leftrightarrow z=\frac{6-(-1)+i}{5} \Leftrightarrow z=\frac{7}{5}+\frac{1}{5}i.$$

c. $\dfrac{1}{z}=1+i \Leftrightarrow z=\dfrac{1}{1+i} \Leftrightarrow z=\dfrac{1\times(1-i)}{(1+i)(1-i)} \Leftrightarrow z=\dfrac{1-i}{1^2+1^2} \Leftrightarrow z=\dfrac{1}{2}-\dfrac{1}{2}i.$

d. $iz+2-i=z \Leftrightarrow iz-z=-2+i \Leftrightarrow (-1+i)z=-2+i \Leftrightarrow z=\dfrac{-2+i}{-1+i}$

$$\Leftrightarrow z=\frac{(-2+i)(-1-i)}{(-1+i)(-1-i)}$$

$$\Leftrightarrow z=\frac{-2\times(-1)+i\times(-i)-2\times(-i)+i\times(-1)}{(-1)^2+1^2}$$

$$\Leftrightarrow z=\frac{3+i}{2} \Leftrightarrow z=\frac{3}{2}+\frac{1}{2}i.$$

CONSEIL

On retiendra la méthode utilisée pour calculer un quotient. En multipliant le dénominateur et le numérateur par le conjugué du dénominateur, on obtient un quotient dont le dénominateur est un réel strictement positif.

4 **a.** Si $z=4+2i$, alors $z'=\dfrac{z}{\overline{z}}=\dfrac{4+2i}{4-2i}=\dfrac{(4+2i)(4+2i)}{(4-2i)(4+2i)}$.

Donc : $z'=\dfrac{4^2+2\times 4\times 2i+(2i)^2}{4^2+(-2)^2}$

$$=\frac{16+16i-4}{20}=\frac{12}{20}+\frac{16}{20}i=\frac{3}{5}+\frac{4}{5}i.$$

Donc, si $z=4+2i$, alors $z'=\dfrac{3}{5}+\dfrac{4}{5}i$.

Si $z=3-3i$, alors $z'=\dfrac{z}{\overline{z}}=\dfrac{3-3i}{3+3i}=\dfrac{(3-3i)(3-3i)}{(3+3i)(3-3i)}$.

Donc : $z'=\dfrac{3^2-2\times 3\times 3i+(3i)^2}{3^2+3^2}=\dfrac{9-18i-9}{18}=-i.$

Donc, si $z=3-3i$, alors $z'=-i$.

Si $z = 4 + 4i$, alors $z' = \dfrac{z}{\overline{z}} = \dfrac{4+4i}{4-4i} = \dfrac{(4+4i)(4+4i)}{(4-4i)(4+4i)}$.

Donc : $z' = \dfrac{4^2 + 2 \times 4 \times 4i + (4i)^2}{4^2 + (-4)^2} = \dfrac{16 + 32i - 16}{32} = i$.

Donc, si $z = 4 + 4i$, alors $z' = i$. Si $z = -5i$, alors $z' = \dfrac{z}{\overline{z}} = \dfrac{-5i}{5i} = -1$.

b. Posons $z = x + iy$, avec x et y réels.

$$z' = \frac{z}{\overline{z}} = \frac{x+iy}{x-iy} = \frac{(x+iy)(x+iy)}{(x-iy)(x+iy)} = \frac{x^2 + 2ixy + (iy)^2}{x^2+y^2}$$
$$= \frac{x^2 - y^2}{x^2+y^2} + \frac{2xy}{x^2+y^2}i.$$

> **CONSEIL**
>
> *On sépare clairement partie réelle et partie imaginaire.*

c. Démontrons que z' est un imaginaire pur si, et seulement si, les parties réelles et imaginaires de z sont égales ou opposées.

z' est un imaginaire pur si, et seulement si, $\text{Re}(z') = 0$,
si, et seulement si, $\dfrac{x^2 - y^2}{x^2 + y^2} = 0$,
si, et seulement si, $x^2 - y^2 = 0$,
si, et seulement si, $(x - y)(x - y) = 0$,
si, et seulement si, $x - y = 0$ ou $x + y = 0$,
si, et seulement si, $x = y$ ou $x = -y$,
si, et seulement si, les parties réelles et imaginaires de z sont égales ou opposées.

Donc : z' est un imaginaire pur si, et seulement si, les parties réelles et imaginaires de z sont égales ou opposées.

> **CONSEIL**
>
> *On doit démontrer une équivalence. Dans cette démonstration, on va utiliser une chaîne ininterrompue d'équivalences.*

> **RAPPEL**
>
> *z est un imaginaire pur si, et seulement si, $\text{Re}(z) = 0$.*

d. Démontrons que z' est un réel si, et seulement si, z est un réel ou un imaginaire pur.

z' est un réel si, et seulement si, $\text{Im}(z') = 0$,
si, et seulement si, $\dfrac{2xy}{x^2 + y^2} = 0$,
si, et seulement si, $2xy = 0$,
si, et seulement si, $x = 0$ ou $y = 0$,
si, et seulement si, z est un réel ou un imaginaire pur.

Donc : z' est un réel si, et seulement si, z est un réel ou un imaginaire pur.

> **À RETENIR**
>
> *z est réel si, et seulement si, $\text{Im}(z) = 0$.*

CONSEIL

On utilise les résultats des §6 et §7 pour déterminer le module et l'argument de chaque nombre.

5 $z_A = -\sqrt{3} + i$. Calculons le module puis l'argument de z_A.

$|z_A| = |-\sqrt{3} + i| = \sqrt{(-\sqrt{3})^2 + 1^2} = 2.$

Posons $\theta = \arg(z_A) + 2k\pi,\ k \in \mathbb{Z}$.

$$\cos\theta = \frac{x_A}{|z_A|} = -\frac{\sqrt{3}}{2} \text{ et } \sin\theta = \frac{y_A}{|z_A|} = \frac{1}{2}.$$

Sur le cercle trigonométrique, le point de coordonnées $\left(-\frac{\sqrt{3}}{2};\frac{1}{2}\right)$ correspond à $\theta = \frac{5\pi}{6}$.

Donc $\arg(z_A) = \frac{5\pi}{6} + 2k\pi,\ k \in \mathbb{Z}$. Donc $z_A = 2\left(\cos\frac{5\pi}{6} + i\sin\frac{5\pi}{6}\right) = 2e^{i\frac{5\pi}{6}}$.

Pour placer précisément A sur le graphique, on trace le cercle de centre O et de rayon 2 car $OA = |z_A| = 2$ et on trace la demi-droite d'équation $y = 1$ située dans le demi-plan d'inéquation $x \leqslant 0$ car $\mathrm{Re}(z_A) \leqslant 0$ et $\mathrm{Im}(z_A) = 1$.

$z_B = 2\sqrt{3} - 2i$. Calculons le module puis l'argument de z_B.

$|z_B| = |2\sqrt{3} - 2i| = \sqrt{(2\sqrt{3})^2 + (-2)^2} = 4.$

Posons $\theta = \arg(z_B) + 2k\pi,\ k \in \mathbb{Z}$. $\cos\theta = \frac{x_B}{|z_B|} = \frac{\sqrt{3}}{2}$ et $\sin\theta = \frac{y_B}{|z_B|} = -\frac{1}{2}$.

Sur le cercle trigonométrique, le point de coordonnées $\left(\frac{\sqrt{3}}{2};-\frac{1}{2}\right)$ correspond à $\theta = -\frac{\pi}{6}$.

Donc , $\arg(z_B) = -\frac{\pi}{6} + 2k\pi,\ k \in \mathbb{Z}$. Donc, $z_B = 4\left(\cos\left(-\frac{\pi}{6}\right) + i\sin\left(-\frac{\pi}{6}\right)\right) = 4e^{-i\frac{\pi}{6}}$.

Pour placer précisément B sur le graphique, on trace le cercle de centre O et de rayon 4 car $OB = |z_B| = 4$ et on trace la demi-droite d'équation $y = -2$ située dans le demi-plan d'inéquation $x \geqslant 0$, car $\mathrm{Re}(z_B) \geqslant 0$ et $\mathrm{Im}(z_B) = -2$.

$z_C = 3e^{-i\frac{3\pi}{4}}$. Déterminons la forme algébrique de z_C.

$$z_C = 3e^{-i\frac{3\pi}{4}} = 3\left(\cos\left(-\frac{3\pi}{4}\right) + i\sin\left(-\frac{3\pi}{4}\right)\right).$$

Donc, $z_C = 3\left(-\frac{\sqrt{2}}{2} - i\frac{\sqrt{2}}{2}\right) = -\frac{3\sqrt{2}}{2} - i\frac{3\sqrt{2}}{2}$.

Pour placer précisément C sur le graphique, on trace le cercle de centre O et de rayon 3 car $OC = |z_C| = 3$ et on trace la demi-droite d'équation $y = x$ située dans le demi-plan d'inéquation $x \leqslant 0$, car $\text{Re}(z_C) \leqslant 0$ et $\text{Im}(z_C) = \text{Re}(z_C)$.

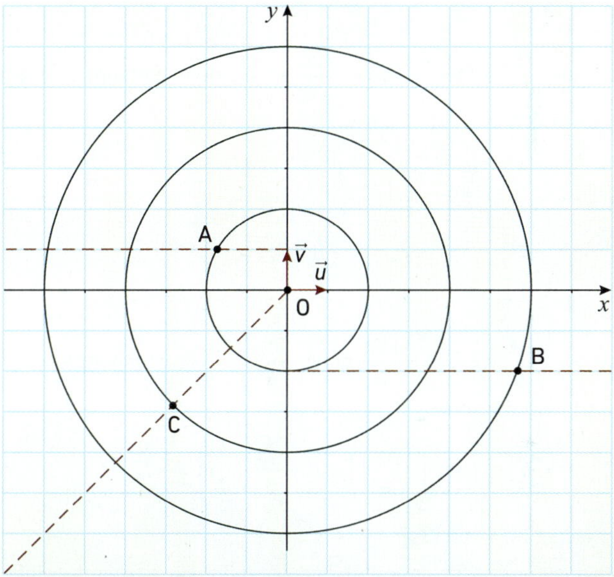

6 **a.** $z_1 = 3\sqrt{2}e^{i\frac{\pi}{4}} = 3\sqrt{2}\left(\cos\frac{\pi}{4} + i\sin\frac{\pi}{4}\right)$

$= 3\sqrt{2}\left(\frac{\sqrt{2}}{2} + i\frac{\sqrt{2}}{2}\right) = 3 + 3i.$

b. $z_2 = 4e^{i\frac{\pi}{2}} = 4\left(\cos\frac{\pi}{2} + i\sin\frac{\pi}{2}\right) = 4(0 + i \times 1) = 4i.$

CONSEIL

On utilise les résultats des §6 et §7 pour déterminer la forme algébrique : $re^{i\theta} = r(\cos\theta + i\sin\theta)$.

c. $z_3 = 2e^{i\frac{2\pi}{3}} = 2\left(\cos\frac{2\pi}{3} + i\sin\frac{2\pi}{3}\right) = 2\left(-\frac{1}{2} + i\frac{\sqrt{3}}{2}\right) = -1 + i\sqrt{3}.$

d. $z_4 = \sqrt{3}e^{i\frac{5\pi}{6}} = \sqrt{3}\left(\cos\frac{5\pi}{6} + i\sin\frac{5\pi}{6}\right) = \sqrt{3}\left(-\frac{\sqrt{3}}{2} + \frac{1}{2}i\right) = -\frac{3}{2} + \frac{\sqrt{3}}{2}i.$

e. $z_5 = e^{i\frac{4\pi}{3}} = \cos\frac{4\pi}{3} + i\sin\frac{4\pi}{3}.$

On remarque que $-\frac{2\pi}{3} + 2\pi = \frac{4\pi}{3}$, donc $-\frac{2\pi}{3}$ et $\frac{4\pi}{3}$ correspondent au même point sur le cercle trigonométrique.

Donc : $z_5 = \cos\left(-\frac{2\pi}{3}\right) + i\sin\left(-\frac{2\pi}{3}\right) = -\frac{1}{2} - i\frac{\sqrt{3}}{2}.$

f. $z_6 = 2e^{i\frac{19\pi}{6}} = 2\left(\cos\frac{19\pi}{6} + i\sin\frac{19\pi}{6}\right).$

On remarque que $-\frac{5\pi}{6} + 2\times 2\pi = \frac{19\pi}{6}$, donc $-\frac{5\pi}{6}$ et $\frac{19\pi}{6}$ correspondent au même point sur le cercle trigonométrique.

Donc : $z_6 = 2\left(\cos\left(-\frac{5\pi}{6}\right) + i\sin\left(-\frac{5\pi}{6}\right)\right) = 2\left(-\frac{\sqrt{3}}{2} - \frac{1}{2}i\right) = -\sqrt{3} - i.$

g. $z_7 = 4e^{3i\pi} = 4(\cos(3\pi) + i\sin(3\pi)).$
On remarque que $\pi + 2\pi = 3\pi$, donc π et 3π correspondent au même point sur le cercle trigonométrique.
Donc : $z_7 = 4(\cos\pi + i\sin\pi) = 4(-1 + i \times 0) = -4.$

h. $z_8 = \frac{\sqrt{3}}{3}e^{-i\frac{\pi}{6}} = \frac{\sqrt{3}}{3}\left(\cos\left(-\frac{\pi}{6}\right) + i\sin\left(-\frac{\pi}{6}\right)\right) = \frac{\sqrt{3}}{3}\left(\frac{\sqrt{3}}{2} - \frac{1}{2}i\right) = \frac{1}{2} - \frac{\sqrt{3}}{6}i.$

7 **a.** $z_1 = 5$, donc $|z_1| = \sqrt{5^2 + 0^2} = 5.$

Posons $\theta = \arg(z_1) + 2k\pi,\ k \in \mathbb{Z}.$

$\cos\theta = \dfrac{x_1}{|z_1|} = 1$ et $\sin\theta = \dfrac{y_1}{|z_1|} = 0$.

Donc, $\theta = 0 + 2k\pi$, $k \in \mathbb{Z}$. Alors, $z_1 = 5e^{0i}$.

b. $z_2 = -3$, donc $|z_2| = \sqrt{(-3)^2 + 0} = 3$.

Posons $\theta = \arg(z_2) + 2k\pi$, $k \in \mathbb{Z}$.

$\cos\theta = \dfrac{x_2}{|z_2|} = -1$ et $\sin\theta = \dfrac{y_2}{|z_2|} = 0$.

Donc, $\theta = \pi + 2k\pi$, $k \in \mathbb{Z}$. Alors, $z_2 = 3e^{i\pi}$.

c. $z_3 = 2i$, donc $|z_3| = \sqrt{0^2 + 2^2} = 2$.

Posons $\theta = \arg(z_3) + 2k\pi$, $k \in \mathbb{Z}$. $\cos\theta = \dfrac{x_3}{|z_3|} = 0$ et $\sin\theta = \dfrac{y_3}{|z_3|} = 1$.

Donc , $\theta = \dfrac{\pi}{2} + 2k\pi$, $k \in \mathbb{Z}$. Alors, $z_3 = 2e^{i\frac{\pi}{2}}$.

d. $z_4 = -4i$, donc $|z_4| = \sqrt{0 + (-4)^2} = 4$.

Posons $\theta = \arg(z_4) + 2k\pi$, $k \in \mathbb{Z}$.

$\cos\theta = \dfrac{x_4}{|z_4|} = 0$ et $\sin\theta = \dfrac{y_4}{|z_4|} = -1$.

Donc, $\theta = -\dfrac{\pi}{2} + 2k\pi$, $k \in \mathbb{Z}$. Alors, $z_4 = 4e^{-i\frac{\pi}{2}}$.

e. $z_5 = -3 + 3i$, donc $|z_5| = \sqrt{(-3)^2 + 3^2} = 3\sqrt{2}$.

Posons $\theta = \arg(z_5) + 2k\pi$, $k \in \mathbb{Z}$. $\cos\theta = \dfrac{x_5}{|z_5|} = -\dfrac{\sqrt{2}}{2}$ et $\sin\theta = \dfrac{y_5}{|z_5|} = \dfrac{\sqrt{2}}{2}$.

Donc $\theta = \dfrac{3\pi}{4} + 2k\pi$, $k \in \mathbb{Z}$. Donc $z_5 = 3\sqrt{2}e^{i\frac{3\pi}{4}}$.

CONSEIL

On utilise les résultats des §6 et §7 pour déterminer la forme exponentielle. Pour cela, on détermine auparavant le module et l'argument de chaque nombre.

Si z est un complexe non nul tel que $z = x + iy$ (x et y réels) alors $|z| = \sqrt{x^2 + y^2}$.

Et en notant $\theta = \arg(z) + 2k\pi$, $k \in \mathbb{Z}$, on a :

$\cos\theta = \dfrac{x}{|z|}$ et $\sin\theta = \dfrac{y}{|z|}$.

CONSEIL

*Pour les questions **a.** à **d.**, on a appliqué la méthode générale. Malgré tout, on peut arriver rapidement au résultat en mémorisant les valeurs remarquables suivantes : $e^{i0} = 1$, $e^{i\frac{\pi}{2}} = i$, $e^{-i\frac{\pi}{2}} = -i$ et $e^{i\pi} = -1$.*

f. $z_6 = 5 - 5i\sqrt{3}$, donc $|z_6| = \sqrt{5^2 + (-5\sqrt{3})^2} = 10$.

Posons $\theta = \arg(z_6) + 2k\pi$, $k \in \mathbb{Z}$. $\cos\theta = \dfrac{x_6}{|z_6|} = \dfrac{1}{2}$ et $\sin\theta = \dfrac{y_6}{|z_6|} = -\dfrac{\sqrt{3}}{2}$.

Donc $\theta = -\dfrac{\pi}{3} + 2k\pi$, $k \in \mathbb{Z}$. Donc $z_6 = 10e^{-i\frac{\pi}{3}}$.

g. $z_7 = -6\sqrt{6} + 6i\sqrt{2}$, donc $|z_7| = \sqrt{(-6\sqrt{6})^2 + (6\sqrt{2})^2} = \sqrt{288} = 12\sqrt{2}$.

Posons $\theta = \arg(z_7) + 2k\pi$, $k \in \mathbb{Z}$. $\cos\theta = \dfrac{x_7}{|z_7|} = -\dfrac{\sqrt{3}}{2}$ et $\sin\theta = \dfrac{y_7}{|z_7|} = \dfrac{1}{2}$.

Donc $\theta = \dfrac{5\pi}{6} + 2k\pi$, $k \in \mathbb{Z}$. Donc $z_7 = 12\sqrt{2}e^{i\frac{5\pi}{6}}$.

À RETENIR

On retiendra le résultat du §7D : pour tout réel θ, $\left|e^{i\theta}\right| = 1$.

h. $z_8 = -2e^{i\frac{\pi}{3}}$. Ce nombre n'est pas écrit sous forme exponentielle. En effet, le réel devant l'exponentielle est négatif, et ne peut donc pas être égal au module de z_8.

$$|z_8| = \left|-2e^{i\frac{\pi}{3}}\right| = |-2| \times \left|e^{i\frac{\pi}{3}}\right| = 2 \times 1 = 2.$$

Écrivons z_8 sous forme algébrique :

$$z_8 = -2\left(\cos\frac{\pi}{3} + i\sin\frac{\pi}{3}\right) = -2\left(\frac{1}{2} + i\frac{\sqrt{3}}{2}\right) = -1 - i\sqrt{3}.$$

REMARQUE

On aurait pu aussi utiliser les résultats du §7C pour arriver plus rapidement au résultat :

$$z_8 = -2e^{i\frac{\pi}{3}} = -1 \times 2e^{i\frac{\pi}{3}} = e^{i\pi} \times 2e^{i\frac{\pi}{3}}$$
$$= 2e^{i\left(\frac{\pi}{3} + \pi\right)} = 2e^{i\frac{4\pi}{3}} = 2e^{-i\frac{2\pi}{3}}.$$

Posons $\theta = \arg(z_8) + 2k\pi$, $k \in \mathbb{Z}$.

$\cos\theta = \dfrac{x_8}{|z_8|} = -\dfrac{1}{2}$ et $\sin\theta = \dfrac{y_8}{|z_8|} = -\dfrac{\sqrt{3}}{2}$.

Donc, $\theta = -\dfrac{2\pi}{3} + 2k\pi$, $k \in \mathbb{Z}$. Alors, $z_8 = 2e^{-i\frac{2\pi}{3}}$.

8 Montrons que, pour tous réels θ et θ', $f(\theta + \theta') = f(\theta) \times f(\theta')$.
Soient θ et θ', deux réels.
$f(\theta + \theta') = \cos(\theta + \theta') + i\sin(\theta + \theta')$.
Or, $\cos(\theta + \theta') = \cos\theta\cos\theta' - \sin\theta\sin\theta'$ et $\sin(\theta + \theta') = \sin\theta\cos\theta' + \sin\theta'\cos\theta$.
Donc :
$f(\theta + \theta') = [\cos\theta\cos\theta' - \sin\theta\sin\theta'] + i[\sin\theta\cos\theta' + \sin\theta'\cos\theta]$.

De plus, $f(\theta) \times f(\theta') = [\cos\theta + i\sin\theta] \times [\cos\theta' + i\sin\theta']$
$= [\cos\theta\cos\theta' - \sin\theta\sin\theta']$
$+ i[\sin\theta\cos\theta' + \sin\theta'\cos\theta]$.

Donc $f(\theta + \theta') = f(\theta) \times f(\theta')$.

Donc, pour tous réels θ et θ', $f(\theta + \theta') = f(\theta) \times f(\theta')$.
Or, $\cos\theta + i\sin\theta = e^{i\theta}$ par définition.
Donc, $f(\theta) = e^{i\theta}$.
Donc, pour tous réels θ et θ', $e^{i(\theta+\theta')} = e^{i\theta} \times e^{i\theta'}$.

CONSEIL

Pour démontrer cette égalité, on a montré que le premier et le deuxième membre de l'égalité pouvaient s'écrire de la même manière.

9 **a.** $z_1 = e^{i\frac{\pi}{3}} = \cos\frac{\pi}{3} + i\sin\frac{\pi}{3} = \frac{1}{2} + i\frac{\sqrt{3}}{2}$.

$z_2 = e^{i\frac{\pi}{4}} = \cos\frac{\pi}{4} + i\sin\frac{\pi}{4} = \frac{\sqrt{2}}{2} + i\frac{\sqrt{2}}{2}$.

b. $\frac{z_1}{z_2} = \frac{e^{i\frac{\pi}{3}}}{e^{i\frac{\pi}{4}}} = e^{i\left(\frac{\pi}{3} - \frac{\pi}{4}\right)} = e^{i\frac{\pi}{12}}$.

RAPPEL

$\frac{e^{i\theta}}{e^{i\theta'}} = e^{i(\theta - \theta')}$.

Et $\frac{z_1}{z_2} = \frac{\frac{1}{2} + i\frac{\sqrt{3}}{2}}{\frac{\sqrt{2}}{2} + i\frac{\sqrt{2}}{2}} = \frac{\left(\frac{1}{2} + i\frac{\sqrt{3}}{2}\right)\left(\frac{\sqrt{2}}{2} - i\frac{\sqrt{2}}{2}\right)}{\left(\frac{\sqrt{2}}{2} + i\frac{\sqrt{2}}{2}\right)\left(\frac{\sqrt{2}}{2} - i\frac{\sqrt{2}}{2}\right)}$.

Donc, $\frac{z_1}{z_2} = \frac{\frac{1}{2} \times \frac{\sqrt{2}}{2} + \frac{\sqrt{3}}{2} \times \frac{\sqrt{2}}{2} + i\frac{\sqrt{3}}{2} \times \frac{\sqrt{2}}{2} - i\frac{\sqrt{2}}{2} \times \frac{1}{2}}{\left(\frac{\sqrt{2}}{2}\right)^2 + \left(\frac{\sqrt{2}}{2}\right)^2}$.

Donc, $\frac{z_1}{z_2} = \frac{\frac{\sqrt{2}+\sqrt{6}}{4} + i\frac{\sqrt{6}-\sqrt{2}}{4}}{1}$. Donc, $\frac{z_1}{z_2} = \frac{\sqrt{6}+\sqrt{2}}{4} + i\frac{\sqrt{6}-\sqrt{2}}{4}$.

c. D'après la question précédente, $e^{i\frac{\pi}{12}} = \frac{\sqrt{6}+\sqrt{2}}{4} + i\frac{\sqrt{6}-\sqrt{2}}{4}$.

Or $e^{i\frac{\pi}{12}} = \cos\frac{\pi}{12} + i\sin\frac{\pi}{12}$.

Donc, $\cos\frac{\pi}{12} = \frac{\sqrt{6}+\sqrt{2}}{4}$ et $\sin\frac{\pi}{12} = \frac{\sqrt{6}-\sqrt{2}}{4}$.

10 **a.** $z_n = (1 + i)^n$. Donc : $z_0 = (1 + i)^0 = 1$; $z_1 = (1 + i)^1 = 1 + i$;
$z_2 = (1 + i)^2 = 1^2 + 2i + i^2 = 1 + 2i - 1 = 2i$;
$z_3 = (1 + i)^3 = (1 + i)(1 + i)^2 = (1 + i) \times 2i = -2 + 2i$;
$z_4 = (1 + i)^4 = (1 + i)^2(1 + i)^2 = 2i \times 2i = -4$;
$z_5 = (1 + i)^5 = (1 + i)^4(1 + i) = -4(1 + i) = -4 - 4i$;
$z_6 = (1+i)^6 = [(1 + i)^2]^3 = (2i)^3 = -8i$;
$z_7 = (1 + i)^7 = (1 + i)^6 \times (1 + i) = -8i \times (1 + i) = 8 - 8i$;
$z_8 = (1+i)^8 = [(1+i)^4]^2 = (-4)^2 = 16$.

b.

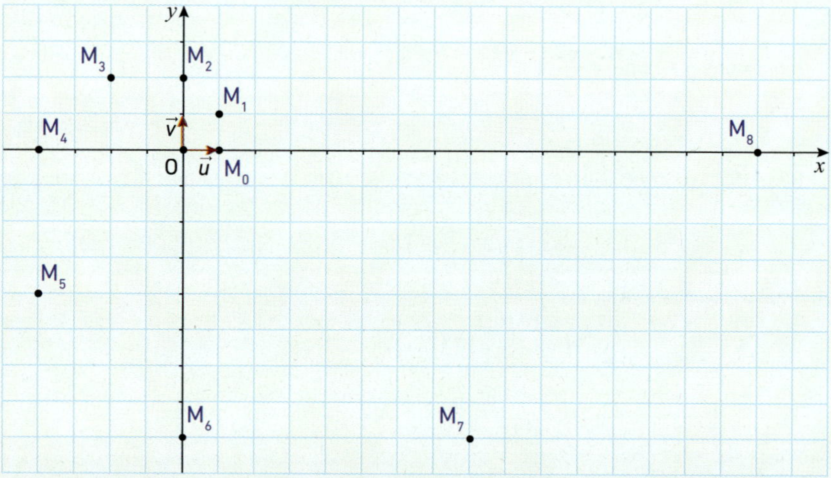

c. Montrons que si n est un multiple de 4, alors M_n appartient à l'axe des abscisses.
Soit n un entier naturel multiple de 4.
n est multiple de 4, donc il existe un entier k tel que $n = 4k$.
Donc $z_n = (1+i)^n = (1+i)^{4k} = [(1+i)^4]^k$.
Or, $(1 + i)^4 = -4$. Donc, $z_n = (-4)^k$. Pour tout entier naturel k, $(-4)^k$ est réel. Donc le point M_n appartient à l'axe des abscisses.
Donc, si n est un multiple de 4, alors M_n appartient à l'axe des abscisses.

d. Écrivons $(1 + i)$ sous forme exponentielle : $|1+i| = \sqrt{1^2 + 1^2} = \sqrt{2}$.
Posons $\theta = \arg(1 + i) + 2k\pi$, $k \in \mathbb{Z}$.
$\cos\theta = \frac{1}{\sqrt{2}} = \frac{\sqrt{2}}{2}$ et $\sin\theta = \frac{1}{\sqrt{2}} = \frac{\sqrt{2}}{2}$. Donc $\theta = \frac{\pi}{4} + 2k\pi$, $k \in \mathbb{Z}$.

Donc : $1+i=\sqrt{2}e^{i\frac{\pi}{4}}$.

Donc, pour tout n de $\mathbb{N}$, $z_n=(1+i)^n=\left(\sqrt{2}e^{i\frac{\pi}{4}}\right)^n=\left(\sqrt{2}\right)^n e^{i\frac{n\pi}{4}}$.

Montrons que si M_n appartient à l'axe des abscisses, alors n est un multiple de 4.
Si M_n appartient à l'axe des abscisses,
alors $\arg(z_n)=k\pi$, $k\in\mathbb{Z}$.
Donc, si M_n appartient à l'axe des abscisses,
alors $\frac{n\pi}{4}=k\pi$, $k\in\mathbb{Z}$,
Donc si M_n appartient à l'axe des abscisses,
alors $n=4k$, $k\in\mathbb{Z}$.

REMARQUE

Si un point est sur l'axe des abscisses, alors son affixe est réel. Il est égal à $0+2k\pi$, $k\in\mathbb{Z}$ si c'est un réel positif, ou à $\pi+2k\pi$, $k\in\mathbb{Z}$ si c'est un réel négatif. Donc, c'est toujours un multiple de π.

Donc, si M_n appartient à l'axe des abscisses, alors n est un multiple de 4.
On a démontré deux propriétés réciproques l'une de l'autre :
« si n est un multiple de 4, alors M_n appartient à l'axe des abscisses » et « si M_n appartient à l'axe des abscisses, alors n est un multiple de 4 ».
On a donc démontré une ÉQUIVALENCE :
« n est un multiple de 4, si, et seulement si, M_n appartient à l'axe des abscisses ».

11 L'équation est : $3z^2+12z+24=0$.
Calculons le discriminant :
$\Delta=12^2-4\times3\times24=-144$.
$\Delta<0$, donc l'équation admet deux solutions complexes conjuguées.

$z_1=\frac{-12-i\sqrt{144}}{2\times3}=-2-2i$ et $z_2=\overline{z_1}=-2+2i$.

RAPPEL

On utilise les résultats du §8. On calcule le discriminant $\Delta=b^2-4ac$.
Si $\Delta<0$, l'équation admet deux solutions complexes conjuguées :

$z_1=\frac{-b+i\sqrt{-\Delta}}{2a}$ et $z_2=\frac{-b-i\sqrt{-\Delta}}{2a}$.

Écrivons les solutions sous forme exponentielle :

$|z_1|=|-2-2i|=\sqrt{(-2)^2+(-2)^2}=2\sqrt{2}$.

Posons $\theta=\arg(z_1)+2k\pi$, $k\in\mathbb{Z}$.

$\cos\theta=\frac{-2}{2\sqrt{2}}=-\frac{\sqrt{2}}{2}$ et $\sin\theta=\frac{-2}{2\sqrt{2}}=-\frac{\sqrt{2}}{2}$.

Sur le cercle trigonométrique, le point de coordonnées $\left(-\frac{\sqrt{2}}{2};-\frac{\sqrt{2}}{2}\right)$ correspond à $\theta=-\frac{3\pi}{4}$. Donc $\arg(z_1)=-\frac{3\pi}{4}+2k\pi$, $k\in\mathbb{Z}$.

Donc $z_1=2\sqrt{2}e^{-i\frac{3\pi}{4}}$. Et $z_2=\overline{z_1}=2\sqrt{2}e^{i\frac{3\pi}{4}}$

À RETENIR

$\overline{e^{i\theta}}=e^{-i\theta}$.

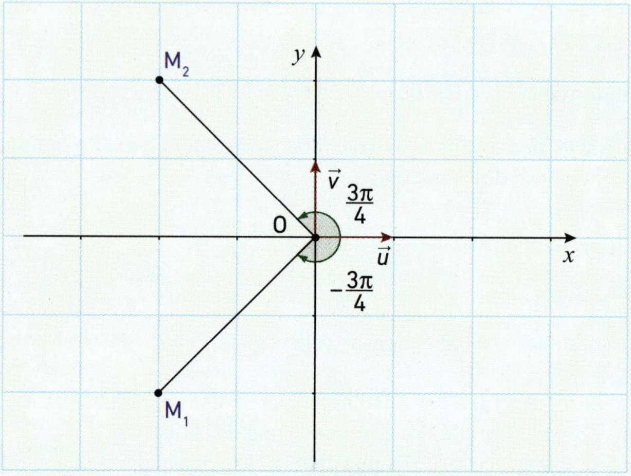

12 **a.** $z^2 - 3z + 5 = 0$. Donc $\Delta = (-3)^2 - 4 \times 1 \times 5 = -11$.

$\Delta < 0$, donc l'équation admet deux solutions complexes conjuguées.

$z_1 = \dfrac{3 - i\sqrt{11}}{2\times1} = \dfrac{3}{2} - \dfrac{\sqrt{11}}{2}i$ et $z_2 = \overline{z_1} = \dfrac{3}{2} + \dfrac{\sqrt{11}}{2}i$.

Donc, $S = \left\{\dfrac{3}{2} - \dfrac{\sqrt{11}}{2}i ; \dfrac{3}{2} + \dfrac{\sqrt{11}}{2}i\right\}$.

b. $z^2 - 4z + 29 = 0$. Donc $\Delta = (-4)^2 - 4 \times 1 \times 29 = -100$.

$\Delta < 0$, donc l'équation admet deux solutions complexes conjuguées.

$z_1 = \dfrac{4 - i\sqrt{100}}{2\times1} = 2 - 5i$ et $z_2 = \overline{z_1} = 2 + 5i$. Donc, $S = \{2 - 5i ; 2 + 5i\}$.

c. $z^2 + 16 = 0$. Donc : $z^2 = 0^2 - 4 \times 1 \times 16 = -64$.

$\Delta < 0$, donc l'équation admet deux solutions complexes conjuguées.

$z_1 = \dfrac{0 - i\sqrt{64}}{2\times1} = -4i$ et $z_2 = \overline{z_1} = 4i$.

On aurait pu aussi la résoudre ainsi :

$$z^2 + 16 = 0 \Leftrightarrow z^2 - (4i)^2 = 0 \Leftrightarrow (z - 4i)(z + 4i) = 0 \Leftrightarrow z - 4i = 0 \text{ ou } z + 4i = 0$$
$$\Leftrightarrow z = 4i \text{ ou } z = -4i.$$

Donc, $S = \{4i ; -4i\}$.

d. $\dfrac{13}{z} = 36 - 36z \Leftrightarrow 13 = 36z - 36z^2$ et $z \neq 0$

$\Leftrightarrow 36z^2 - 36z + 13 = 0$ et $z \neq 0$.

Résolvons $36z^2 - 36z + 13 = 0$. $z^2 = (-36)^2 - 4 \times 36 \times 13 = -576$.
$\Delta < 0$, donc l'équation admet deux solutions complexes conjuguées.

$z_1 = \dfrac{36 - i\sqrt{576}}{2 \times 36} = \dfrac{1}{2} - \dfrac{1}{3}i$ et $z_2 = \overline{z_1} = \dfrac{1}{2} + \dfrac{1}{3}i$.

Donc, $S = \left\{\dfrac{1}{2} - \dfrac{1}{3}i ; \dfrac{1}{2} + \dfrac{1}{3}i\right\}$.

REMARQUE

On vérifie qu'aucune des solutions n'est égale à 0.

e. $z - 2i = \dfrac{1}{z + 2i} \Leftrightarrow (z - 2i)(z + 2i) = 1$ et $z \neq -2i$

$\Leftrightarrow z^2 + 4 = 1$ et $z \neq -2i$

$\Leftrightarrow z^2 + 3 = 0$ et $z \neq -2i$

$\Leftrightarrow (z - i\sqrt{3})(z + i\sqrt{3}) = 0$ et $z \neq -2i$

$\Leftrightarrow z = i\sqrt{3}$ ou $z = -i\sqrt{3}$ et $z \neq -2i$.

Donc, $S = \left\{-i\sqrt{3};\ i\sqrt{3}\right\}$.

f. $\dfrac{13}{z} = 36 + 36z \Leftrightarrow 13 = 36z + 36z^2$ et $z \neq 0$

$\Leftrightarrow 36z^2 + 36z - 13 = 0$ et $z \neq 0$

Résolvons $36z^2 + 36z - 13 = 0$. $z^2 = 36^2 - 4 \times 36 \times (-13) = 3168$.
$\Delta > 0$, donc l'équation admet deux solutions réelles.

$z_1 = \dfrac{-36 - \sqrt{3168}}{2 \times 36} = -\dfrac{1}{2} - \dfrac{\sqrt{3168}}{72}$ et $z_2 = -\dfrac{1}{2} + \dfrac{\sqrt{3168}}{72}$.

Or, $3168 = 144 \times 22$, donc $\sqrt{3168} = 12\sqrt{22}$

Donc, $z_1 = -\dfrac{1}{2} - \dfrac{\sqrt{22}}{6}$ et $z_2 = -\dfrac{1}{2} + \dfrac{\sqrt{22}}{6}$

Donc, $S = \left\{-\dfrac{1}{2} - \dfrac{\sqrt{22}}{6};\ -\dfrac{1}{2} + \dfrac{\sqrt{22}}{6}\right\}$.

REMARQUE

On vérifie qu'aucune des solutions n'est égale à 0.

RAPPEL

Si un polynôme P(z) s'annule en a alors il peut se factoriser par (z – a).

f. Résolvons $z^3 - 8 = 0$.

On remarque que 2 est une racine de $z^3 - 8$.

Donc $(z^3 - 8)$ est factorisable par $(z - 2)$.

Donc, $z^3 - 8 = (z - 2)(az^2 + bz + c)$.

Or, $(z - 2)(az^2 + bz + c) = az^3 + (b - 2a)z^2 + (c - 2b)z - 2c$.

Par identification des coefficients :

$a = 1$; $b - 2a = 0$; $c - 2b = 0$; $-2c = -8$.

Donc : $a = 1$; $b = 2$; $c = 4$.

Donc : $z^3 - 8 = 0 \Leftrightarrow (z - 2)(z^2 + 2z + 4) = 0$.

Résolvons $z^2 + 2z + 4 = 0$. $\Delta = 2^2 - 4 \times 1 \times 4 = -12$.

$\Delta < 0$, donc l'équation admet deux solutions complexes conjuguées.

$$z_1 = \frac{-2 - i\sqrt{12}}{2 \times 1} = -1 - i\sqrt{3} \text{ et } z_2 = \overline{z_1} = -1 + i\sqrt{3}.$$

Donc, $S = \left\{-1 - i\sqrt{3};\ -1 + i\sqrt{3};\ 2\right\}$.

REMARQUE

Lorsque l'on factorise un polynôme de degré 3 par un polynôme de degré 1, on obtient un polynôme de degré 2.

13 **1. a.** Montrons que i est une solution de (E) :

$i^3 + (1 - i) \times i^2 + (1 - i) \times i - i = -i + (1 - i) \times (-1) + i + 1 - i$

$= -i - 1 + i + i + 1 - i = 0$.

Donc i est une solution de (E).

b. Factorisons $z^3 + (1 - i)z^2 + (1 - i)z - i$ par $(z - i)$.

$(z - i)(az^2 + bz + c) = az^3 + (b - ia)z^2 + (c - ib)z - ic$.

Par identification des coefficients :

$a = 1$; $b - ia = 1 - i$; $c - ib = 1 - i$; $-ic = -i$.

Donc $a = 1$; $b = 1$; $c = 1$.

Donc, $z^3 + (1 - i)z^2 + (1 - i)z - i = (z - i)(z^2 + z + 1)$.

Donc, $z^3 + (1 - i)z^2 + (1 - i)z - i = 0 \Leftrightarrow (z - i)(z^2 + z + 1) = 0$

$\Leftrightarrow z - i = 0$ ou $z^2 + z + 1 = 0$.

Résolvons $z^2 + z + 1 = 0$. $\Delta = 1^2 - 4 \times 1 \times 1 = -3$.

$\Delta < 0$, donc l'équation admet deux solutions complexes conjuguées.

$$z_1 = \frac{-1 - i\sqrt{3}}{2 \times 1} = -\frac{1}{2} - i\frac{\sqrt{3}}{2} \text{ et } z_2 = \overline{z_1} = -\frac{1}{2} + i\frac{\sqrt{3}}{2}.$$

Donc, l'ensemble des solutions de (E) est : $S = \left\{i;\ -\frac{1}{2} - i\frac{\sqrt{3}}{2};\ -\frac{1}{2} + i\frac{\sqrt{3}}{2}\right\}$.

c. Calculons le module de chacune des solutions :

$$|i| = 1\,;\ \left|-\frac{1}{2} - i\frac{\sqrt{3}}{2}\right| = \sqrt{\left(-\frac{1}{2}\right)^2 + \left(-\frac{\sqrt{3}}{2}\right)^2} = 1\,;\ \left|-\frac{1}{2} + i\frac{\sqrt{3}}{2}\right| = \sqrt{\left(-\frac{1}{2}\right)^2 + \left(\frac{\sqrt{3}}{2}\right)^2} = 1.$$

Donc, les trois solutions sont sur le cercle de centre O et de rayon 1.

2. a. Montrons que i est une solution de (E′) :
$i^3 + (-6 - i) \times i^2 + (13 + 6i) \times i - 13i = -i + 6 + i + 13i - 6 - 13i = 0.$
Donc i est une solution de (E′).

b. Factorisons $z^3 + (-6 - i)z^2 + (13 + 6i)z - 13i$ par $(z - i)$.
$(z - i)(az^2 + bz + c) = az^3 + (b - ia)z^2 + (c - ib)z - ic.$

Par identification des coefficients :
$a = 1$; $b - ia = -6 - i$; $c - ib = 13 + 6i$; $-ic = -13i$.
Donc $a = 1$; $b = -6$; $c = 13$.
Donc, $z^3 + (-6 - i)z^2 + (13 + 6i)z - 13i = (z - i)(z^2 - 6z + 13) = 0.$

Donc $z^3 + (-6 - i)z^2 + (13 + 6i)z - 13i = 0 \Leftrightarrow (z - i)(z^2 - 6z + 13) = 0.$
$\Leftrightarrow z - i = 0$ ou $z^2 - 6z + 13 = 0.$

Résolvons $z^2 - 6z + 13 = 0$. $\Delta = (-6)^2 - 4 \times 1 \times 13 = -16.$
$\Delta < 0$, donc l'équation admet deux solutions complexes conjuguées.

$$z_1 = \frac{6 - i\sqrt{16}}{2 \times 1} = 3 - 2i \text{ et } z_2 = \overline{z_1} = 3 + 2i.$$

Donc, l'ensemble des solutions de (E) est : $S = \{i; 3 - 2i;\ 3 + 2i\}$.

c. Représentons les solutions dans un repère :

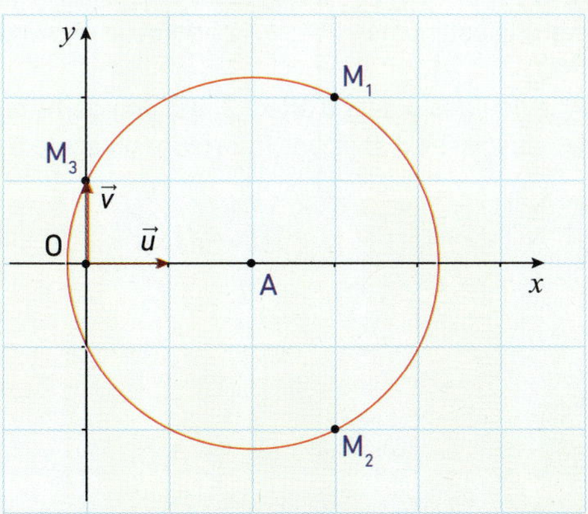

On note $z_1 = 3 + 2i$, $z_2 = 3 - 2i$, $z_3 = i$ et $z_A = 2$.
Il semblerait que les trois points soient sur un cercle de centre A d'affixe 2.
Calculons les distances :

$AM_1 = |z_1 - z_A| = |3 + 2i - 2| = |1 + 2i| = \sqrt{1^2 + 2^2} = \sqrt{5}$.

$AM_2 = |z_2 - z_A| = |3 - 2i - 2| = |1 - 2i| = \sqrt{1^2 + (-2)^2} = \sqrt{5}$.

$AM_3 = |z_3 - z_A| = |i - 2| = \sqrt{(-2)^2 + 1^2} = \sqrt{5}$.

Donc les trois points sont équidistants de A.
Donc les trois points sont sur le cercle de centre A de rayon $\sqrt{5}$.

14 **1. a.** L'affixe z_1 est définie à partir du nombre a variable par $z_1 = a + 0i$. Donc z_1 est un nombre réel. Donc, le point d'affixe z_1 appartient à l'axe des abscisses.
b. Les points d'affixe Z_1 semblent appartenir à une parabole lorsque a varie.
c. $Z_1 = iz_1^2 + 2z_1 - 2$, donc $Z_1 = ia^2 + 2a - 2$. Donc $Z_1 = (2a - 2) + i(a^2)$.
Donc $X = 2a - 2$ et $Y = a^2$.

Donc $a = \dfrac{X+2}{2}$ et $Y = \left(\dfrac{X+2}{2}\right)^2$, donc $Y = \dfrac{1}{4}X^2 + X + 1$.

Donc, on obtient bien l'équation d'une parabole.

2. Dans ce cas, le point d'affixe z_2 appartient à l'axe des ordonnées et le lieu des points d'affixe Z_2 semblent appartenir à une demi-droite lorsque a varie.
En posant $z_2 = ai$, on trouve $Z_2 = (ai)^2 + 2i \times ai - 2 = -a^2 - 2a - 2$.
Donc $X + iY = -a^2 - 2a - 2$.
Donc $X = -a^2 - 2a - 2$ et $Y = 0$. Ainsi Z_2 est un réel.
De plus on remarque que le polynôme $-a^2 - 2a - 2$ admet un maximum en $-\dfrac{-2}{2\times(-1)} = -1$ égal à $-(-1)^2 - 2 \times (-1) - 2 = -1$.
Donc on a $X \leqslant -1$, et le lieu des points d'affixe Z_2 est une demi-droite contenant tous les points de l'axe des abscisses d'abscisse inférieure ou égale à -1.

Droites et plans de l'espace

POUR DÉMARRER

- Revoir les solides étudiés les années précédentes, en particulier le cube et le tétraèdre.
- Revoir les représentations en perspective cavalière.

1 Parallélisme dans l'espace

Propriétés

- Deux plans sont sécants en une droite ou sont parallèles.
- Deux droites parallèles sont coplanaires.
- Deux droites sécantes sont coplanaires.
- Une droite D est parallèle à un plan P si, et seulement si, elle appartient à un plan parallèle à P.

À SAVOIR

On retiendra que, dans l'espace, deux droites sont coplanaires ou non.

Si elles ne sont pas coplanaires, alors elles n'ont aucun point commun, mais ne sont pas parallèles.

Si elles sont coplanaires, alors elles sont parallèles ou sécantes.

2 Intersection de plan

Propriété

Si deux plans sont parallèles, tout plan qui coupe l'un coupe l'autre, et les droites d'intersection sont parallèles.

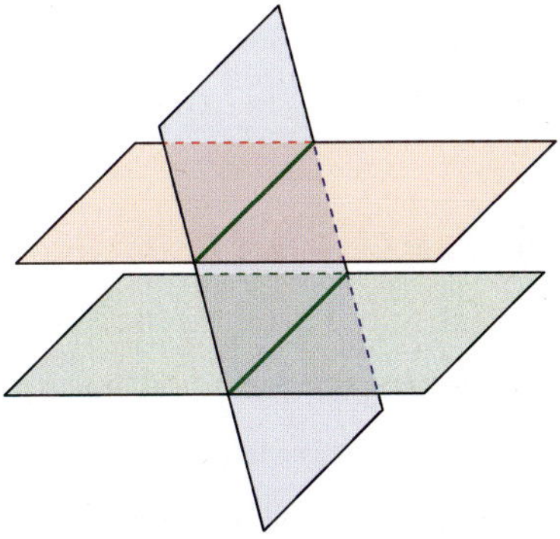

3 Théorème du toit

Propriété

Si deux plans sécants P et P′ contiennent respectivement deux droites parallèles D et D′, alors leur intersection Δ est parallèle à ces deux droites.

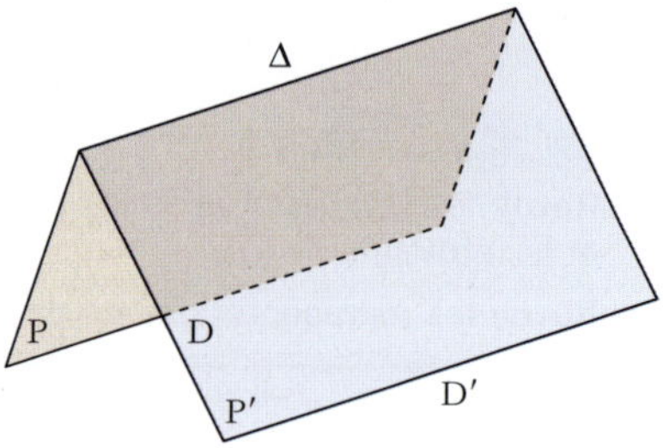

4 Droite orthogonale à un plan

Propriété

- Si une droite est orthogonale à deux droites sécantes d'un plan, alors elle est orthogonale à ce plan.

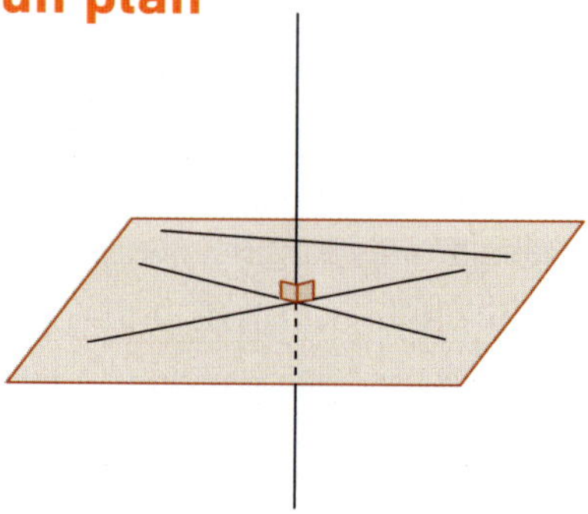

ATTENTION

Dans l'espace, les termes « orthogonaux » et « perpendiculaires » ne sont pas équivalent lorsqu'il s'agit de droites. Si deux droites sont perpendiculaires, alors elles sont coplanaires et orthogonales, donc sécantes. Mais si deux droites sont orthogonales, elles peuvent n'avoir aucun point commun et n'être pas perpendiculaires.

- Si une droite est orthogonale à un plan, alors elle est orthogonale à toutes les droites de ce plan.

5 Sections planes d'un cube

- La section d'un cube par un plan P est :
- un **carré** lorsque P est parallèle à une face du cube,
- un **segment** ou un **rectangle** lorsque P est parallèle à une arête du cube,
- un **point**, un **triangle**, un **trapèze**, un **pentagone** ou un **hexagone** dans les autres situations.

EXEMPLES

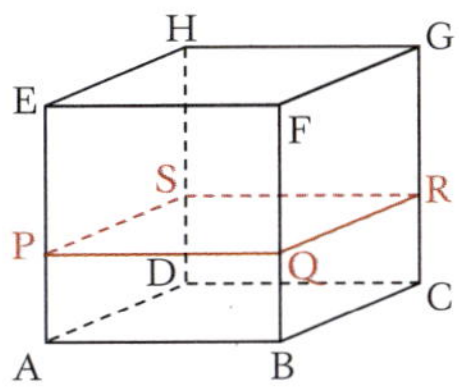

(PQR), parallèle à la face ABCD, coupe le cube suivant le carré PQRS.

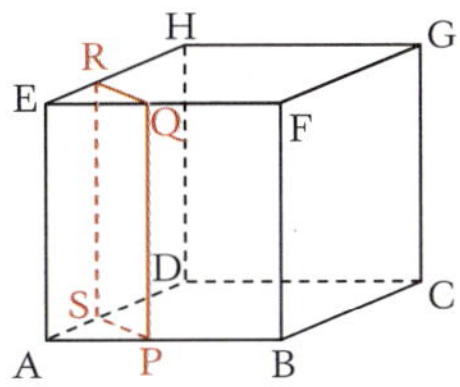

(PQR), parallèle à l'arête [AE], coupe le cube suivant le rectangle PQRS.

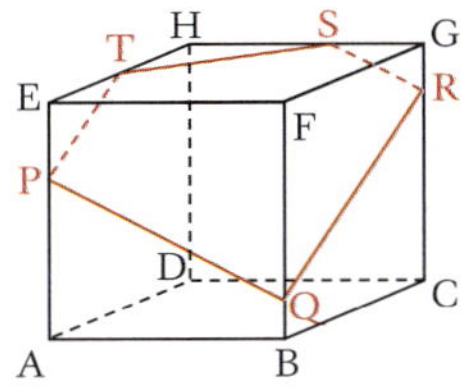

Le plan (PQR) coupe le cube suivant le pentagone PQRST.

Remarque : pour représenter une section, on représente les segments d'intersection du plan avec les faces du cube.

PIÈGES À ÉVITER

- La principale difficulté dans ce chapitre est liée à la vision dans l'espace.
- On doit s'efforcer de faire des représentations des situations en perspective cavalière afin de se familiariser avec les positions relatives des différents éléments qui composent le problème étudié.
- On doit s'habituer à visualiser mentalement les différentes situations. Par exemple, on peut se représenter la pièce dans laquelle on travaille par un parallélépipède rectangle, le sol et un mur sont deux plans orthogonaux et sont sécants suivant une droite parallèle au plan du plafond.

1 Étudier des positions relatives et des intersections

CONSEILS

- On essaiera de faire une figure chaque fois que cela est possible.

Exercice

ABCDEFGH est un cube, représenté ci-dessous.
M est le milieu du segment [BF].

1 Démontrer que la droite (HF) est orthogonale au plan (ACE). En déduire que les droites (HF) et (AG) sont orthogonales.

2 Déterminer l'intersection du plan (EGM) et du plan (ABC).

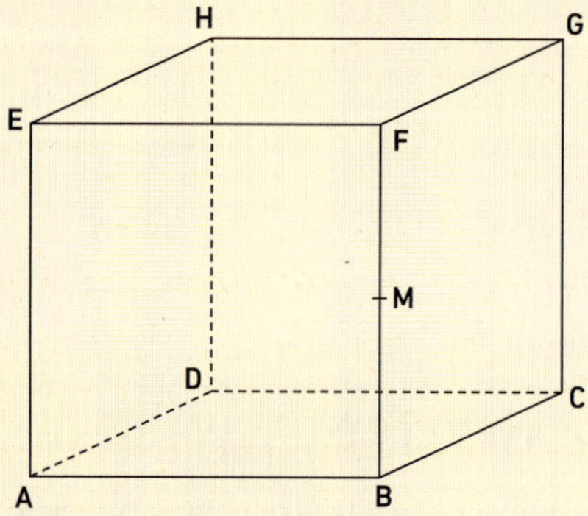

POINT MÉTHODE

✓ *Pour montrer qu'une droite est orthogonale à un plan, il suffit de montrer qu'elle est orthogonale à deux droites sécantes du plan (cf. §4).*

✓ *L'intersection de deux plans sécants est une droite. Pour la déterminer, il suffit de déterminer deux points appartenant aux deux plans, si cela est possible.*

3 Démontrer que l'intersection des plans (EGM) et (ABC) est parallèle à la droite (AC).

Comment répondre ?

1 La droite (EA) est orthogonale au plan (EFG), donc (EA) est orthogonale à (HF), car (HF) est une droite de (EFG) (cf. *§4*).

Les droites (HF) et (EG) sont les deux diagonales du carré EFGH, donc elles sont orthogonales.

(HF) est orthogonale aux droites (EA) et (EG) du plan (ACE). Ces droites sont sécantes. D'après le *§4*, (HF) est orthogonale à (ACE).

La droite (HF) est orthogonale au plan (ACE), donc elle est orthogonale à toute droite contenue dans (ACE). (AG) est contenue dans (ACE), donc les droites (HF) et (AG) sont orthogonales.

2 •(EM) et (AB) sont coplanaires. Si on trace ces deux droites, on peut représenter leur point d'intersection P.

P appartient à (EM), donc à (EMG), et appartient à (AB), donc à (ABC).

•(GM) et (BC) sont coplanaires. Si on trace ces deux droites, on peut représenter leur point d'intersection Q.

Q appartient à (GM), donc à (EMG), et appartient à (BC), donc à (ABC).

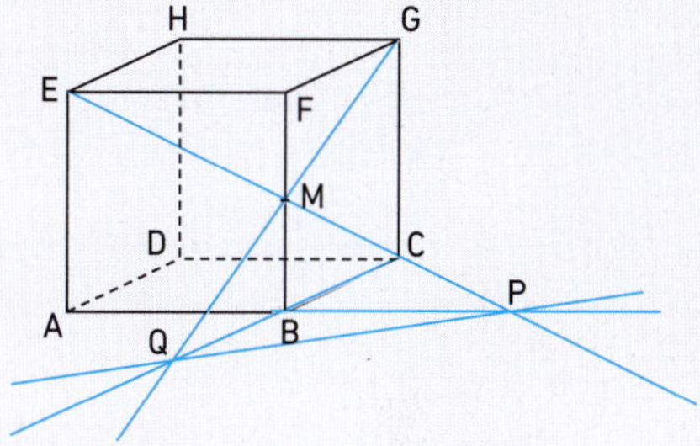

Conclusion : l'intersection du plan (EGM) et du plan (ABC) est la droite (PQ).

3 Le plan (EGM) coupe (EFG) en (EG) et (ABC) en (PQ).

Or, (EFG) et (ABC) sont parallèles. Donc (EG) et (PQ) sont parallèles (cf. *§2*).

Or, (EG) et (AC) sont parallèles. Donc (AC) et (PQ) sont parallèles.

2 Déterminer des sections de cubes

CONSEILS

- **Dans les figures, on s'appliquera à repérer les objets et leurs positions relatives et à les coder correctement, en particulier en utilisant les pointillés.**

Exercice

Reproduire la figure ci-dessous et représenter la section du cube ABCDEFGH par le plan (MNP).

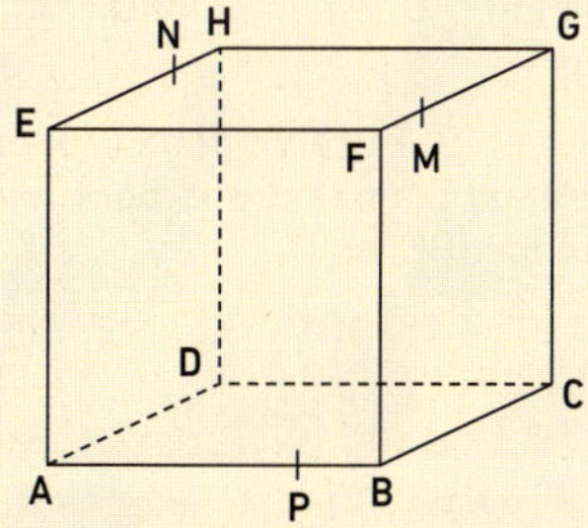

POINT MÉTHODE

✓ *Pour déterminer la section d'un solide par un plan, on représente l'intersection de ce plan avec chaque face par des segments.*

✓ *Si la situation est une des situations particulières décrites au §5, il faut pouvoir la reconnaître.*

Comment répondre ?

On peut tracer le segment [MN], puisque M et N appartiennent à la face EFGH.

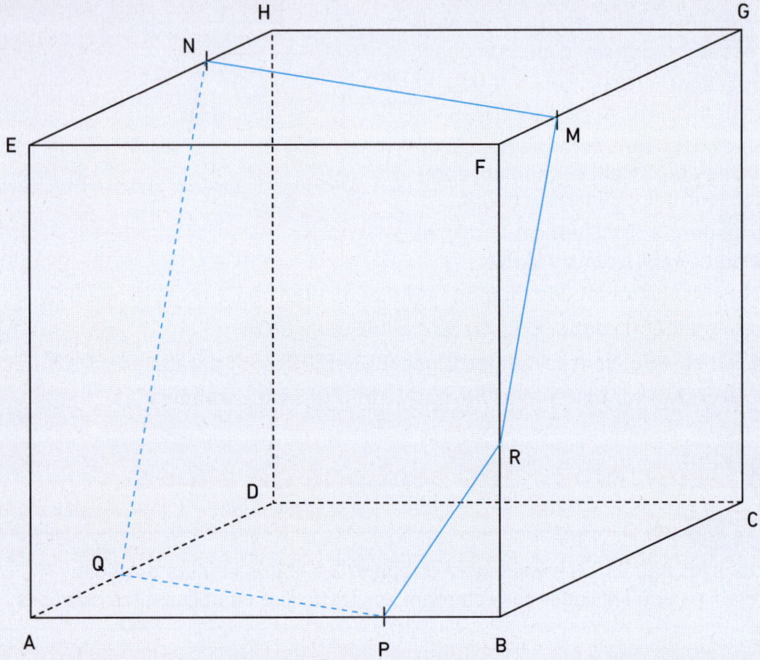

Le plan (MNP) coupe les plans (EFG) et (ABC). Or, ces plans contiennent respectivement les faces EFGH et ABCD. Ils sont donc parallèles. D'après le *§2*, les droites d'intersections sont parallèles. Donc, la droite (MN) est parallèle à la droite passant par P. On trace cette droite. Elle coupe le segment [AD] en un point Q.

On peut donc tracer les segments [NQ] et [QP].

Le plan (MNP) coupe les plans parallèles (ADE) et (BCF) selon deux droites parallèles. L'une des deux droites est (NQ), et l'autre est donc la droite parallèle à (NQ) et passant par M. On trace cette droite. Elle coupe [BF] en R.

On trace les segments [MR] et [RP].

La section cherchée est donc le pentagone MNQPR.

TESTEZ VOS CONNAISSANCES

CORRIGÉ p. 231

1. Si deux droites ne sont pas coplanaires, alors :

a. elles peuvent être parallèles.
b. elles peuvent être sécantes.
c. elles n'ont aucun point commun.

2. Si deux droites sont orthogonales, alors :

a. elles sont coplanaires.
b. elles sont perpendiculaires.
c. elles ne sont pas nécessairement sécantes.

3. Si deux droites sont perpendiculaires, alors :

a. elles ne sont pas nécessairement sécantes.
b. elles sont orthogonales.
c. toute perpendiculaire à l'une est parallèle à l'autre.

4. Si deux plans sont sécants, alors leur intersection est :

a. un point. **b.** une droite. **c.** un plan.

5. Si deux plans sont perpendiculaires, alors :

a. tout plan parallèle à l'un est perpendiculaire à l'autre.
b. toute droite appartenant à un plan est perpendiculaire à l'autre plan.
c. toute droite parallèle à un plan est orthogonal à l'autre plan.

6. Si une droite est parallèle à un plan, alors :

a. elle est parallèle à toute droite de ce plan.
b. elle est parallèle à au moins une droite du plan.
c. elle n'a aucun point commun avec ce plan.

7. Si une droite est orthogonale à deux droites sécantes, alors :

a. elle est perpendiculaire au plan contenant ces deux droites.
b. elle est perpendiculaire à chacune des droites.
c. elle est coplanaire avec ces deux droites.

8. La section d'un cube par un plan peut être :

a. un point.
b. un pentagone.
c. un hexagone.

ENTRAÎNEZ-VOUS

CORRIGÉ p. 232

Étudier des positions relatives et des intersections

1 ABCDEFGH est un cube, représenté ci-contre. M est situé au quart du segment [GC] à partir de G. N est situé au quart du segment [AE] à partir de A.

25 min

a. Démontrer que la droite (BG) est orthogonale au plan (CDE).

b. En déduire que (BG) et (DF) sont orthogonales.

c. Déterminer l'intersection du plan (HMN) et du plan (ABC).

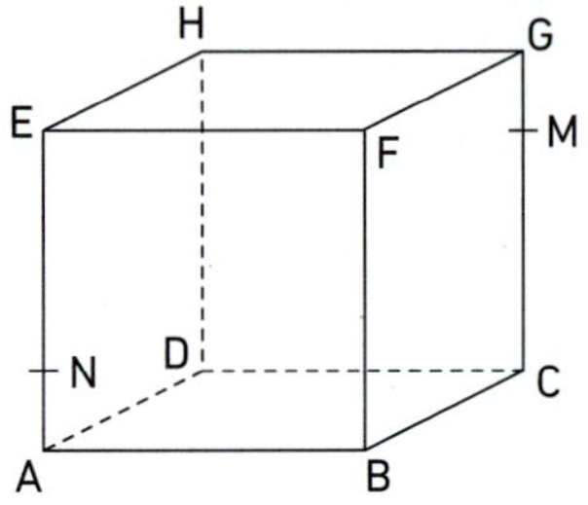

2 ABCD est un tétraèdre, représenté ci-contre.

20 min

M est un point de l'arête [AB] et N un point de l'arête [BC].

a. Démontrer que (CDM) et (ADN) sont sécants.

b. Déterminer l'intersection des plans (CDM) et (ADN).

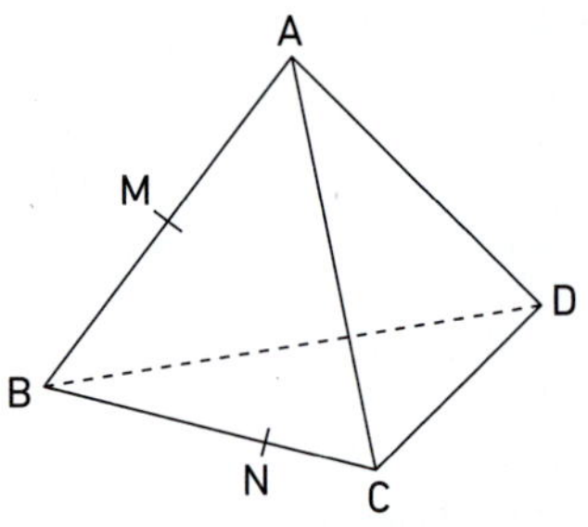

3 SABCD est une pyramide régulière à base carrée. H est le projeté orthogonal de S sur (ABC).

20 min

a. Démontrer que (AC) est orthogonale à (SHB).

b. En déduire que (AC) et (DS) sont orthogonales.

c. Déterminer l'intersection des plans (ABS) et (CDS).

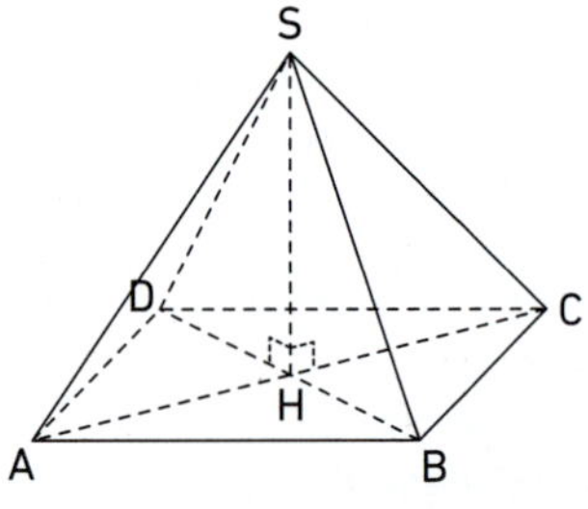

Déterminer des sections de cubes

4 ABCDEFGH est un cube, représenté ci-contre. ●○○ 20 min

N est le milieu de l'arête [BF] et P est le milieu de l'arête [GC].

M est un point de l'arête [EF].

Représenter la section du cube ABCDEFGH par le plan (MNP).

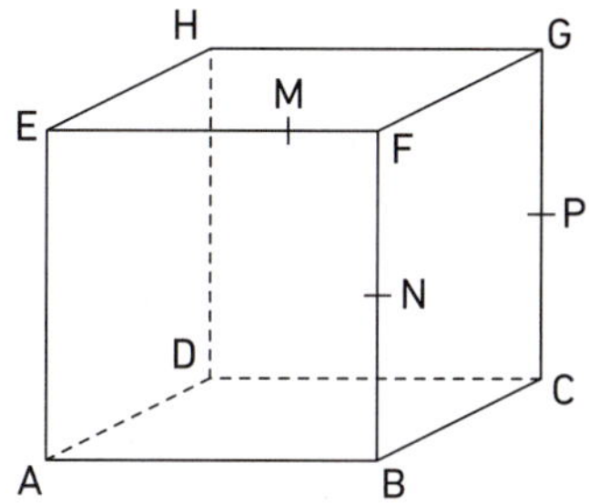

5 ABCDEFGH est un cube, représenté ci-contre. ●●○ 25 min

M est le milieu de l'arête [FG] et N est le milieu de l'arête [GH].

Représenter la section du cube ABCDEFGH par le plan (BMN)

Quelle est la nature de cette section ?

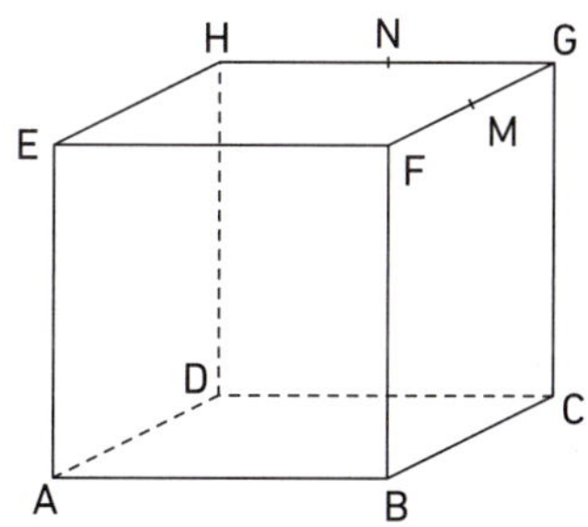

6 ABCDEFGH est un cube, représenté ci-contre. ●●○ 25 min

M est le milieu de l'arête [EH] et N est le milieu de l'arête [GH].

a. Construire l'intersection P de (MN) et de (EF). Tracer la droite (BP).

b. Construire l'intersection Q de (MN) et de (FG). Tracer la droite (BQ).

c. Représenter la section du cube ABCDEFGH par le plan (MBN).

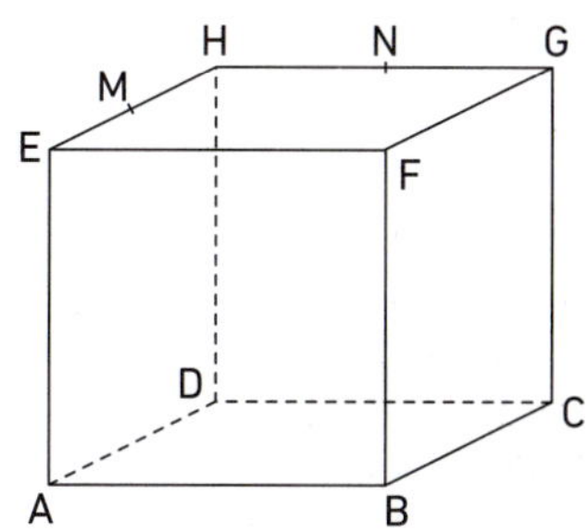

7 Construction d'une section de cube

●●○ 30 min

ABCDEFGH est un cube, représenté ci-contre.

M est le milieu de l'arête [EH], N est le milieu de l'arête [GH] et P est le milieu de l'arête [BC].

Le but du problème est de représenter la section du cube ABCDEFGH par le plan (MNP).

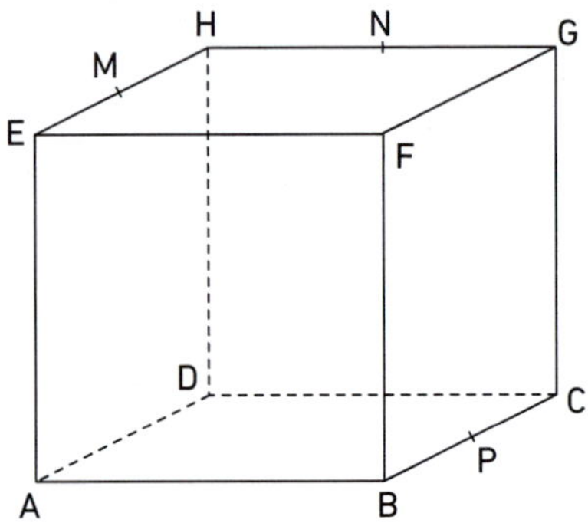

a. Soit R le point d'intersection entre (MNP) et [AB]. Justifier le fait que les droites (PR) et (MN) sont parallèles. En déduire une construction du point R.

b. Déterminer le point d'intersection I de (MN) et (FG). Soit Q le point d'intersection de [GC] et (MNP). Justifier le fait que ce point est également le point d'intersection de (PI) et (GC). En déduire une construction du point Q.

c. D'une manière analogue, expliquer une construction du point S, point d'intersection de (MNP) avec [AE].

d. En déduire la section du cube ABCDEFGH par le plan (MNP).

Problème

8 Construction d'une section d'une pyramide

●●○ 30 min

SABCD est une pyramide telle que la base ABCD soit un parallélogramme.

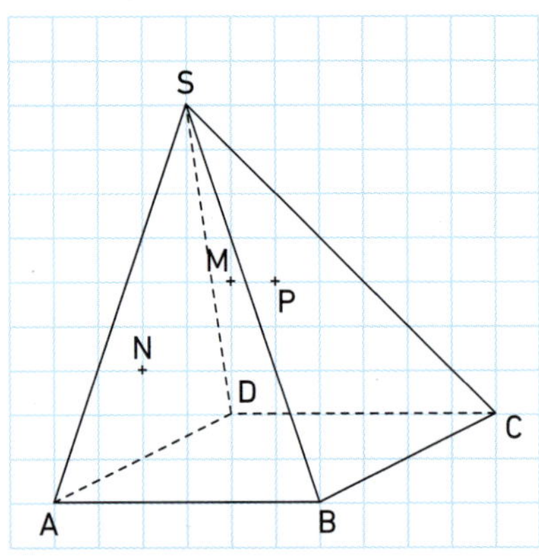

a. Reproduire exactement la figure ci-contre.

b. Tracer l'intersection des plans (SAB) et (SCD).

c. Les points M et N appartiennent à la face SAB et le point P appartient à la face SCD. Tracer le point d'intersection de la droite (MN) et du plan (SCD).

d. En déduire les droites d'intersection du plan (MNP) et des plans (SAB) et (SCD).

e. Tracer la section de la pyramide par le plan (MNP).

Corrigés de *TESTEZ VOS CONNAISSANCES*

1. Réponse c. Si deux droites sont parallèles, il existe un plan qui les contient toutes les deux, de même si elles sont sécantes.

2. Réponse c. Deux droites orthogonales ne sont pas nécéssairement coplanaires. Par exemple, dans le cube ci-contre, (AB) et (A′C′) sont orthogonales, mais aucun plan ne les contient toutes les deux.

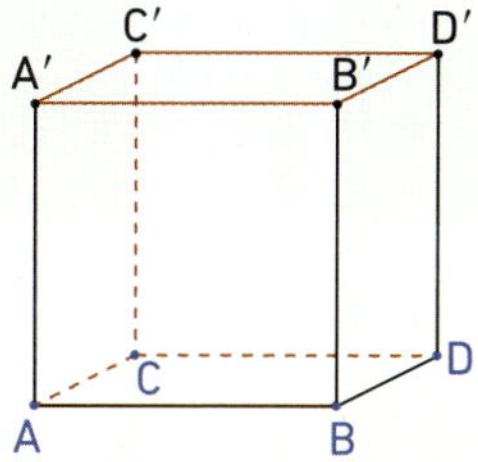

REMARQUE

*On peut remarquer que la réponse **3. c.**, vraie dans le plan, est fausse dans l'espace.*

Dans le cube ci-dessus, (AB) et (AA′) sont perpendiculaires, de même que (AB) et (BD). Pourtant (AA′) et (BD) ne sont pas parallèles.

3. Réponse b. Si deux droites sont perpendiculaires, alors elles sont coplanaires et orthogonales, donc sécantes.

4. Réponse b. cf. *§1*.

5. Réponse a.

REMARQUE

*On peut remarquer que la réponse **5. b.** est fausse : sur le cube ci-dessus, (ABA′) et (ABC) sont perpendiculaires, ces plans contiennent respectivement les faces de devant et de dessous. Pourtant, la droite (AB′) qui appartient à (ABA′) n'est pas perpendiculaire à (ABC).*

*De même, la réponse **c.** est fausse. (C′D′) est parallèle à (ABC) mais n'est pas orthogonale à (ABA′).*

6. Réponse b. Dans l'espace, si une droite est parallèle à un plan, il suffit de tracer l'intersection de ce plan avec un autre plan contenant la droite pour trouver une droite parallèle.

REMARQUE

*La réponse **6. a.** est fausse : sur le cube précédent, (ABC) et (A′B′) sont parallèles, mais (A′B′) n'est pas parallèle à (BC).*

*La réponse **6. c.** est fausse, une droite incluse dans un plan est parallèle à ce plan.*

7. Réponse a. Propriété du *§4*.

8. Réponse a. b. et **c.** Propriété du *§5*.

Corrigés de *ENTRAÎNEZ-VOUS*

CONSEIL

Si une doite est orthogonale à deux droites sécantes d'un plan, alors elle est orthogonale à ce plan.

Pour montrer qu'une droite donnée est orthogonale à un plan, on cherche deux droites sécantes de ce plan orthogonales à la droite donnée (voir le §4).

1 **a.** Montrons que (BG) est orthogonale au plan (CDE).
(CD) est orthogonale au plan (BFG), donc elle est orthogonale à (BG).
(BG) et (CF) sont deux diagonales du carré BCGF, donc (BG) et (CF) sont orthogonales.
(BG) est orthogonale aux deux droites sécantes (CF) et (CD) du plan (CDE). On en déduit que (BG) est orthogonale au plan (CDE).

b. (BG) est orthogonale au plan (CDE), donc elle est orthogonale à toute droite de ce plan (voir le *§4*).
Or, (DF) appartient au plan (CDE). Donc (BG) est orthogonale à (DF).

c. Déterminons l'intersection de (HMN) et de (ABC).

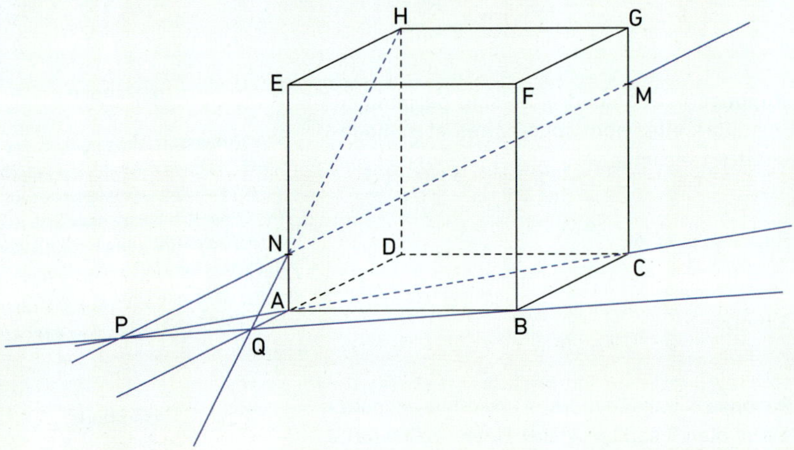

CONSEIL

Pour déterminer l'intersection de deux plans sécants, il suffit, dans certains cas, de déterminer deux points appartenant aux deux plans.

M et N appartiennent au plan (ACG). Donc (AC) et (MN) sont coplanaires. Elles sont sécantes en un point P, que l'on peut représenter en traçant ces deux droites.
(HN) et (AD) sont coplanaires et sécantes. On peut représenter leur intersection Q en traçant ces deux droites. L'intersection de (HMN) et (ABC) est la droite (PQ).

2 **a.** Montrons que (CDM) et (ADN) sont sécants.
(CDM) et (ADN) ont en commun le point D. De plus, le point C n'appartient pas à (ADN), donc (CDM) et (ADN) ne sont pas confondus. Les plans (CDM) et (ADN) ont au moins un point commun et ne sont pas confondus, ils sont donc sécants.
b. Déterminons l'intersection de (CDM) et (ADN). On sait que D est commun aux deux plans. De plus, (CM) et (AN) appartiennent au plan (ABC) et sont sécantes en un point P. P appartient à (CM), donc au plan (CDM). P appartient à (AN), donc au plan (ADN). Par conséquent, P est commun à (ADN) et (CDM).
Conclusion : l'intersection de (ADN) et (CDM) est donc la droite (DP).

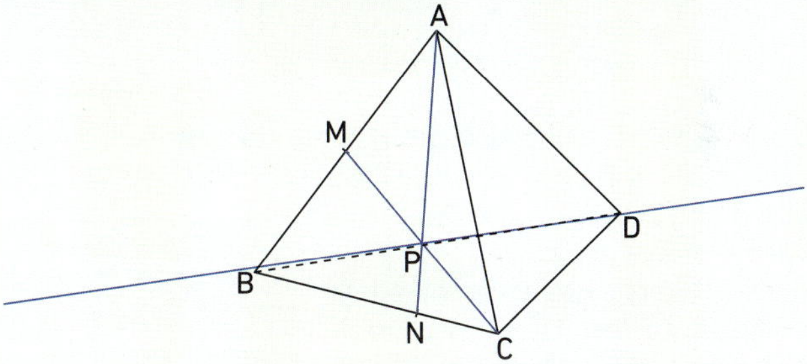

3 **a.** Montrons que la droite (AC) est orthogonale au plan (SHB).
La droite (SH) est orthogonale au plan (ABC). Donc elle est orthogonale à toute droite de ce plan. Donc (SH) et (AC) sont orthogonales.
(AC) et (DB) sont les deux diagonales du carré ABCD, donc (AC) et (DB) sont orthogonales.
Ainsi, (AC) est orthogonale aux deux droites sécantes (SH) et (DB) du plan (SHB). Par conséquent, (AC) est orthogonale au plan (SHB).

CONSEIL
Pour montrer qu'une droite donnée est orthogonale à un plan, on cherche deux droites sécantes de ce plan orthogonales à la droite donnée (cf. §4).

b. (AC) est orthogonale au plan (SHB), donc elle est orthogonale à toute droite de ce plan (cf. *§4*). Or, (DS) appartient à (SHB).
On en déduit que (AC) et (DS) sont orthogonales.
c. (ABS) et (CDS) ont en commun le point S, et ils ne sont pas confondus. Ils sont donc sécants.
De plus, (AB) appartient à (ABS), (CD) appartient à (CDS) et les droites (AB) et (CD) sont parallèles. Donc, d'après le théorème du toit (cf. *§3*), l'intersection des plans (ABS) et (CDS) est une droite parallèle aux deux droites (AB) et (CD).

CONSEIL
Dans certains cas, on ne peut pas déterminer facilement deux points de la droite d'intersection. Le théorème du toit (cf. §3) permet, ici, de déterminer l'intersection.

Conclusion : l'intersection de (ABS) et (CDS) est la droite passant par S et parallèle aux deux droites (AB) et (CD).

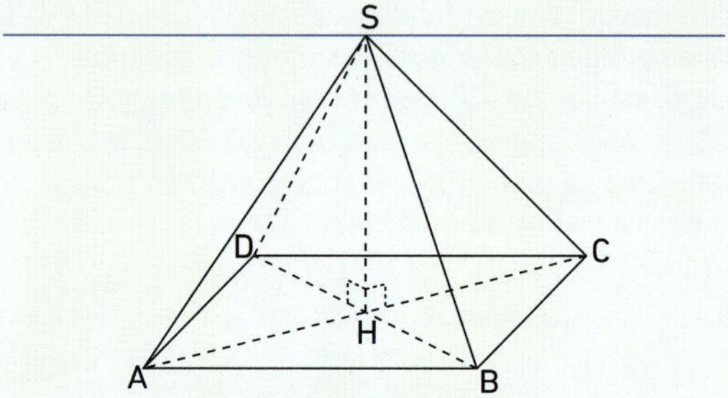

4 Cherchons la section du cube ABCDEFGH par le plan (MNP).

N est le milieu de [NP] et P est le milieu de [CG]. Donc, FGNP est un rectangle, et (FG) et (NP) sont parallèles. Donc la droite (FG) est parallèle au plan (MNP) : le plan (MNP) est parallèle à une des arêtes. On en déduit que la section du cube par (MNP) est un rectangle (cf. *§5*). Il suffit de contruire le quatrième point Q, en traçant la droite parallèle à (NP). Le point Q est le point d'intersection de cette droite avec le segment [HG].

Conclusion : la section cherchée est donc le rectangle MNPQ.

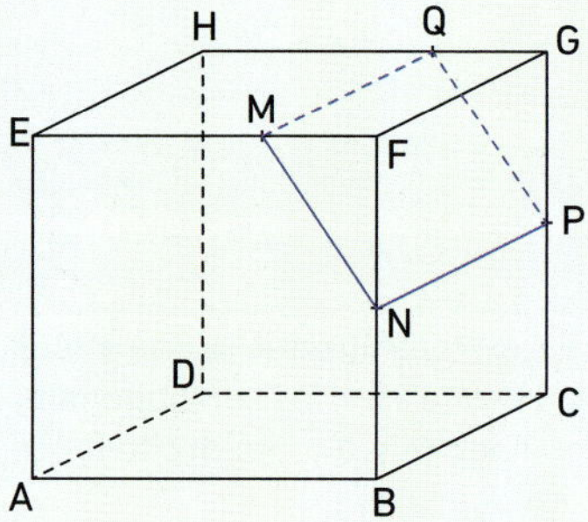

5 Cherchons la section du cube ABCDEFGH par le plan (BMN).

Le plan (BMN) coupe les plans (EFG) et (ABC). Or ces plans sont parallèles : d'après le *§2*, les deux droites d'intersection sont parallèles.

(BMN) coupe le plan (EFG) suivant la droite (MN) : l'intersection de (BMN) avec (ABC) est la droite passant par B et parallèle à (MN).

Or, M est le milieu de [FG] et N est le milieu de [GH]. Dans le triangle FGH, d'après le théorème de la droite des milieux, (MN) et (HF) sont parallèles. Or, (HF) et (BD) sont parallèles. Donc (MN) et (DB) sont parallèles.

> **RAPPEL**
> *Si deux plans sont parallèles, tout plan qui coupe l'un coupe l'autre, et les droites d'intersection sont parallèles.*

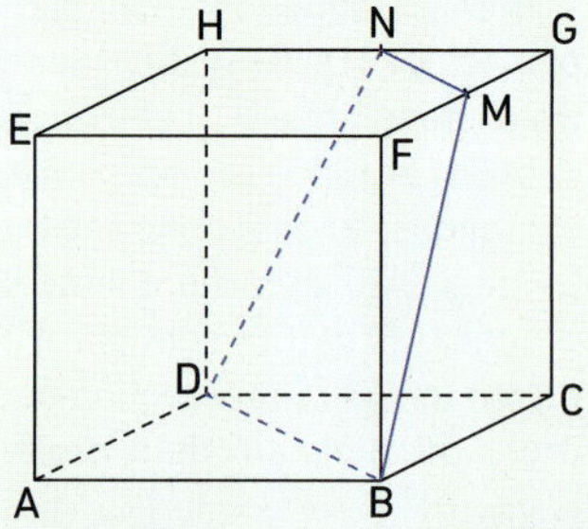

Donc, l'intersection de (BMN) avec (ABC) est la droite (DB).
Conclusion : la section du cube par le plan (BMN) est le trapèze MNDB.

6 Cherchons la section du cube ABCDEFGH par le plan (MBN).
a. Les droites (MN) et (EF) appartiennent au plan (EFG). On trace donc les droites (MN) et (EF) pour déterminer l'intersection P. On trace ensuite la droite (BP).
b. Les droites (MN) et (FG) appartiennent au plan (EFG). On trace donc les droites (MN) et (FG) pour déterminer l'intersection Q. On trace ensuite la droite (BQ).
c. La droite (BP) appartient aux plans (MBN) et (EFB). Appelons P' le point d'intersection de [AE] et (BP). De même, (BQ) appartient aux plans (MBN) et (FGB). Appelons Q′ le point d'intersection de [CG] et (BQ).
Les points M, N, B, P′ et Q′ appartiennent au plan (MBN).
Conclusion : la section du cube ABCDEFGH par le plan (MBN) est le pentagone MP′BQ′N.

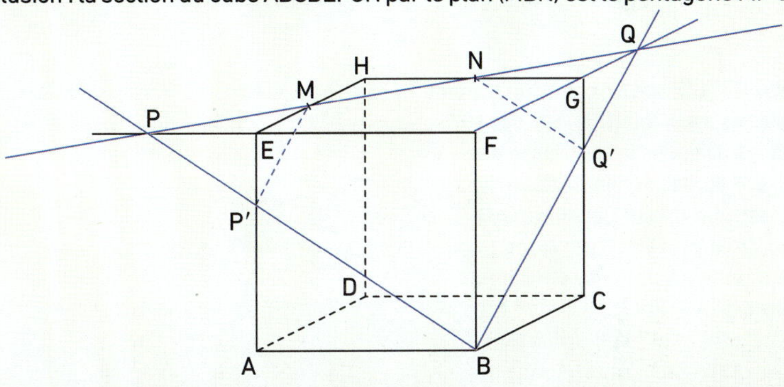

7 Cherchons la section du cube ABCDEFGH par le plan (MNP).
a. Le plan (MNP) coupe les plans (EFG) et (ABC). Or, ces deux plans sont parallèles : les intersections de (MNP) avec ces deux plans sont deux droites parallèles. On en déduit : (MN) et (PR) sont parallèles (voir *§2*).
Pour construire R, on trace la parallèle à (MN) passant par P. L'intersection de cette droite avec le segment [AB] est le point R.
b. (MN) et (FG) appartiennent au plan (EFG). On trace ces deux droites pour obtenir le point d'intersection I. Les points I et P appartiennent aux plans (MNP) et (FGC). Ainsi, (PI) appartient aux plans (MNP) et (FGC), et la droite (PI) coupe [GC] au point Q.
c. D'une manière analogue, on trace l'intersection J de la droite (MN) et de la droite (EF). L'intersection de (RJ) et de [AE] appartient au plan (MNP). C'est le point S cherché.
d. La section du cube ABCDEFGH par le plan (MNP) est l'hexagone MNQPRS.

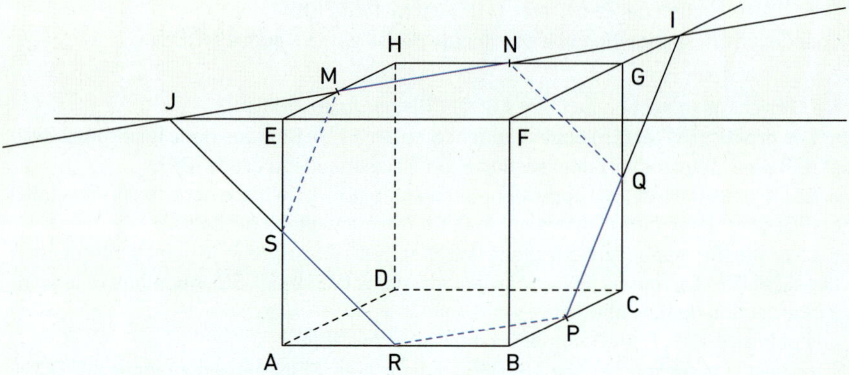

8 **a.** Voir la figure ci-dessous.

b. (SAB) et (SCD) ont en commun le point S. D'autre part, ils contiennent respectivement les droites (AB) et (CD) qui sont parallèles. D'après le théorème du toit (cf. *§3*), l'intersection de (SAB) et (SCD) est une droite parallèle aux droites (AB) et (CD). C'est donc la droite *d* passant par S et parallèle aux droites (AB) et (CD).

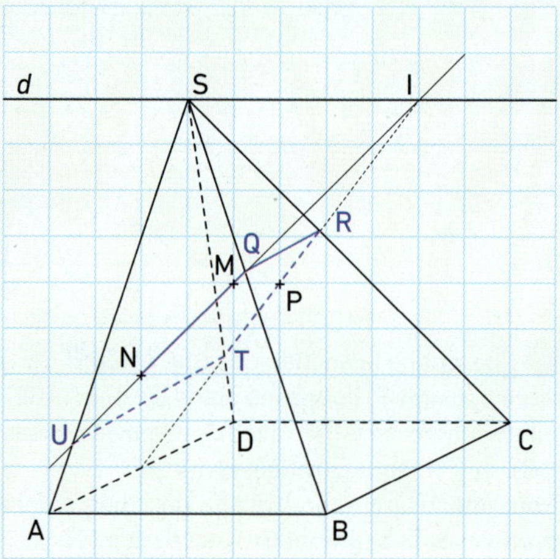

c. Les droites *d* et (MN) appartiennent au plan (SAB) et ne sont pas parallèles. Elles sont donc sécantes en un point I. Ce point I appartient à la droite *d*, par conséquent, il appartient également au plan (SCD). Conclusion : I est le point d'intersection de (MN) et (SCD).

d. M et I appartiennent aux plans (MNP) et (SAB). Donc, (MI) est la droite d'intersection de (MNP) et (SAB).

P et I appartiennent aux plans (MNP) et (SCD). Donc, (PI) est la droite d'intersection de (MNP) et (SCD).

e. On trace la droite (MI) : elle coupe [BS] en Q et [AS] en U. On trace la droite (PI) : elle coupe [CS] en R et [DS] en T.

La section cherchée est le quadrilatère QRTU.

Vecteurs de l'espace

POUR DÉMARRER

- Revoir la **géométrie vectorielle** du plan.
- La géométrie dans l'espace **prolonge** la géométrie du plan. La plupart des propriétés de la géométrie plane restent valables dans l'espace (relation de Chasles, colinéarité, milieu d'un segment, etc.).

1 Vecteurs de l'espace

A. Propriétés

La notion de vecteur du plan s'étend à l'espace.

En particulier, dans l'espace :

- $\overrightarrow{AB} = \overrightarrow{CD}$ si, et seulement si, ABDC est un parallélogramme.
- Pour tous les points A, B et C, $\overrightarrow{AB} + \overrightarrow{BC} = \overrightarrow{AC}$ (relation de Chasles).

B. Définition

Deux vecteurs $\vec{u}$ et $\vec{v}$ sont **colinéaires**, lorsqu'il existe un réel k tel que $\vec{u} = k\vec{v}$ ou $\vec{v} = k\vec{u}$.

REMARQUE

En particulier, le vecteur nul $\vec{O}$ est colinéaire à tout vecteur de l'espace.

C. Alignement, parallélisme

Pour tous points A, B, C et D distincts deux à deux :

- A, B et C sont alignés si, et seulement si, $\overrightarrow{AB}$ et $\overrightarrow{AC}$ sont colinéaires ;
- (AB) et (CD) sont parallèles si, et seulement si, $\overrightarrow{AB}$ et $\overrightarrow{CD}$ sont colinéaires.

2 Couple de vecteurs directeurs d'un plan

A. Propriété et définition

- Soient un point A et deux vecteurs $\vec{u}$ et $\vec{v}$. Si $\vec{u}$ et $\vec{v}$ ne sont pas colinéaires, alors il existe un unique plan $\mathcal{P}$ contenant A, $\vec{u}$ et $\vec{v}$.
- On dit que $(\vec{u}, \vec{v})$ est un **couple de vecteurs directeurs** de $\mathcal{P}$ et que $\mathcal{P}$ est **dirigé** par $\vec{u}$ et $\vec{v}$.

B. Propriétés

- Soient deux vecteurs $\vec{u}$ et $\vec{v}$ non colinéaires. Tous les plans dirigés par $\vec{u}$ et $\vec{v}$ sont parallèles entre eux.
- Un point M appartient au plan $\mathcal{P}$ passant par A et dirigé par les vecteurs non colinéaires $\vec{u}$ et $\vec{v}$ si, et seulement si, il existe deux réels x et y tels que $\overrightarrow{AM} = x\vec{i} + y\vec{j}$.

3 Vecteurs coplanaires. Points coplanaires

A. Définitions

REMARQUE

Deux vecteurs sont nécessairement coplanaires, de même que trois points.

Trois vecteurs $\vec{u}$, $\vec{v}$ et $\vec{w}$ sont **coplanaires**, lorsqu'il existe trois réels α, β et γ tels que $(\alpha ; \beta ; \gamma) \neq (0 ; 0 ; 0)$ et $\overrightarrow{\alpha u} + \overrightarrow{\beta v} + \overrightarrow{\gamma w} = \vec{0}$.

Dans ce cas, si on trace leurs représentants à partir d'un même point A, alors leurs extrémités sont dans un même plan contenant A.

Quatre points sont **coplanaires** lorsqu'ils appartiennent au même plan.

B. Propriété

Les points A, B, C et D sont coplanaires si, et seulement si, les vecteurs $\overrightarrow{AB}$, $\overrightarrow{AC}$ et $\overrightarrow{AD}$ sont coplanaires.

EXEMPLE

Dans le cube ci-contre, $\overrightarrow{ED}$, $\overrightarrow{GF}$ et $\overrightarrow{FB}$ sont coplanaires. En effet, $\overrightarrow{ED} = \overrightarrow{FC}$, et les points F, C, G et B sont coplanaires. $\overrightarrow{FC}$, $\overrightarrow{GF}$ et $\overrightarrow{FB}$ sont coplanaires, donc $\overrightarrow{ED}$, $\overrightarrow{GF}$ et $\overrightarrow{FB}$ sont coplanaires. On a $\overrightarrow{ED} + \overrightarrow{GF} - \overrightarrow{FB} = \vec{0}$. Par contre $\overrightarrow{GF}$, $\overrightarrow{FB}$ et $\overrightarrow{GH}$ ne le sont pas.

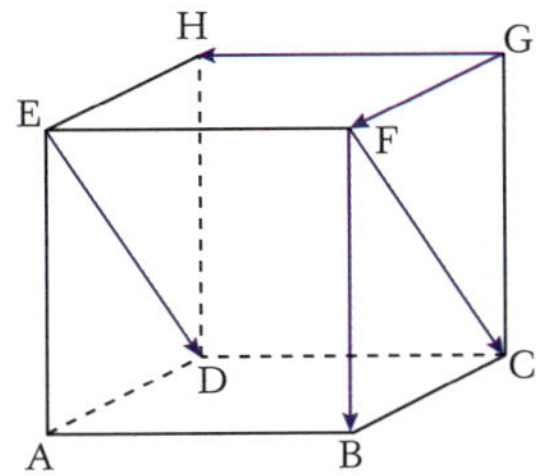

4 Repérage dans l'espace

A. Propriété

Si $\vec{i}$, $\vec{j}$ et $\vec{k}$ sont trois vecteurs non coplanaires, alors, pour tout vecteur $\vec{u}$, il existe un unique triplet de réels $(x\,;y\,;z)$ tel que $\vec{u} = x\vec{i} + y\vec{j} + z\vec{k}$.

On dit que $(x\,;y\,;z)$ sont les **coordonnées** de $\vec{u}$ dans la **base** $(\vec{i}, \vec{j}, \vec{k})$.

B. Définition

Soient O un point et $(\vec{i}, \vec{j}, \vec{k})$ une base. Pour tout point M du plan, les coordonnées du vecteur $\overrightarrow{OM}$ dans la **base** $(\vec{i}, \vec{j}, \vec{k})$ sont les coordonnées du point M dans le **repère** $(O; \vec{i}, \vec{j}, \vec{k})$.

C. Propriété

Le vecteur $\overrightarrow{AB}$ a pour coordonnées $(x_B - x_A\,;y_B - y_A\,;z_B - z_A)$.

5 Représentation paramétrique d'un plan

Propriété

Soient un point $A(x_A\,;y_A\,;z_A)$ et deux vecteurs $\vec{u}(a\,;b\,;c)$ et $\vec{v}(a'\,;b'\,;c')$ non colinéaires.

L'ensemble des points M(x ; y ; z) tels que : $\begin{cases} x = x_A + ak + a'k' \\ y = y_A + bk + b'k' \\ z = z_A + ck + c'k' \end{cases}$ avec $(k, k') \in \mathbb{R}^2$ est le plan $\mathcal{P}$ passant par A et dirigé par $\vec{u}$ et $\vec{v}$.

Ce système est une **représentation paramétrique** du plan $\mathcal{P}$.

6 Représentation paramétrique d'une droite

Propriété

Soient un point A(x_A ; y_A ; z_A) et un vecteur $\vec{u}(a\,;b\,;c)$.

L'ensemble des points M(x ; y ; z) tels que : $\begin{cases} x = x_A + ak \\ y = y_A + bk \\ z = z_A + ck \end{cases}$ avec $k \in \mathbb{R}$ est la droite Δ passant par A et de **vecteur directeur** $\vec{u}$.

Ce système est une **représentation paramétrique** de la droite Δ.

PIÈGES À ÉVITER

- La plupart des raisonnements ou des calculs ne sont pas plus difficiles dans l'espace que dans le plan. Seules les représentations sont souvent difficiles à réaliser. On va souvent faire des raisonnements sans figure.

1 Décomposer un vecteur dans une base

CONSEILS

- Si l'exercice n'est pas guidé, on doit choisir convenablement les trois vecteurs non coplanaires pour décomposer les autres vecteurs.

Exercice

POINT MÉTHODE

✓ On utilise le plus souvent la relation de Chasles. On choisit un point de la figure comme origine commune aux vecteurs.

ABCD est un tétraèdre. E est le milieu du segment [AB]. F est le milieu du segment [BC]. G est le milieu du segment [ED]. H est le milieu du segment [FD].

1 Exprimer $\overrightarrow{BG}$ et $\overrightarrow{BH}$ en fonction de $\overrightarrow{BA}$, $\overrightarrow{BC}$ et $\overrightarrow{BD}$.

2 Démontrer que (AC) et (GH) sont parallèles.

3 a. On se place dans le repère $(B\ ;\ \overrightarrow{BA}, \overrightarrow{BC}, \overrightarrow{BD})$. Donner les coordonnées des points G et H dans ce repère.

b. Donner une représentation paramétrique de la droite (GH).

Comment répondre ?

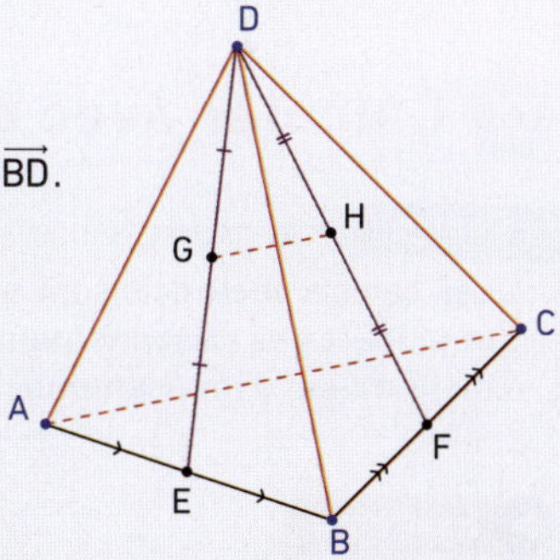

1 E est le milieu de [AB], donc $\overrightarrow{BE} = \frac{1}{2}\overrightarrow{BA}$.

G est le milieu de [ED], donc

$$\overrightarrow{EG} = \frac{1}{2}\overrightarrow{ED} = \frac{1}{2}(\overrightarrow{EB} + \overrightarrow{BD}) = -\frac{1}{2}\overrightarrow{BE} + \frac{1}{2}\overrightarrow{BD} = -\frac{1}{4}\overrightarrow{BA} + \frac{1}{2}\overrightarrow{BD}.$$

Donc, $\overrightarrow{BG} = \overrightarrow{BE} + \overrightarrow{EG} = \frac{1}{2}\overrightarrow{BA} - \frac{1}{4}\overrightarrow{BA} + \frac{1}{2}\overrightarrow{BD}$

$= \frac{1}{4}\overrightarrow{BA} + \frac{1}{2}\overrightarrow{BD}.$

De même, $\overrightarrow{BH} = \overrightarrow{BF} + \overrightarrow{FH} = \frac{1}{2}\overrightarrow{BC} - \frac{1}{4}\overrightarrow{BC} + \frac{1}{2}\overrightarrow{BD}$

$= \frac{1}{4}\overrightarrow{BC} + \frac{1}{2}\overrightarrow{BD}.$

2 $\overrightarrow{GH} = \overrightarrow{GB} + \overrightarrow{BH} = -\frac{1}{4}\overrightarrow{BA} - \frac{1}{2}\overrightarrow{BD} + \frac{1}{4}\overrightarrow{BC} + \frac{1}{2}\overrightarrow{BD} = \frac{1}{4}\overrightarrow{AB} + \frac{1}{4}\overrightarrow{BC}.$

Donc : $\overrightarrow{GH} = \frac{1}{4}\overrightarrow{AC}$. Donc les vecteurs $\overrightarrow{GH}$ et $\overrightarrow{AC}$ sont colinéaires (Cf. ***§1b***).

Donc les droites (AC) et (GH) sont parallèles (Cf. ***§1c***).

3 **a.** On a montré précédemment que $\overrightarrow{BG} = \frac{1}{4}\overrightarrow{BA} + \frac{1}{2}\overrightarrow{BD}$, donc G a pour coordonnées $\left(\frac{1}{4} ; 0 ; \frac{1}{2}\right)$ dans le repère $(B ; \overrightarrow{BA}, \overrightarrow{BC}, \overrightarrow{BD})$.

De même, on montre que $H\left(0 ; \frac{1}{4} ; \frac{1}{2}\right)$.

b. Un vecteur directeur de la droite (GH) est $\overrightarrow{GH}\left(-\frac{1}{4} ; \frac{1}{4} ; 0\right)$. De plus, (GH) passe par le point $G\left(\frac{1}{4} ; 0 ; \frac{1}{2}\right)$.

Donc, d'après le ***§6***, une représentation paramétrique de la droite (GH) est :

$$\begin{cases} x = \frac{1}{4} - \frac{1}{4}k \\ y = 0 + \frac{1}{4}k \\ z = \frac{1}{2} + 0k \end{cases}, k \in \mathbb{R}, \text{ donc, en simplifiant : } \begin{cases} x = \frac{1}{4} - \frac{1}{4}k \\ y = \frac{1}{4}k \\ z = \frac{1}{2} \end{cases}, k \in \mathbb{R}.$$

2 Calculer avec des coordonnées

CONSEILS

- **Les calculs vectoriels sont analogues à ceux dans le plan, ainsi que la plupart des raisonnements concernant l'alignement, le parallélisme ou le milieu d'un segment.**

Exercice

1 **Dans un repère orthonormal $(O ; \vec{i}, \vec{j}, \vec{k})$, placer les points A(2 ; 0 ; 0), B(0 ; 5 ; 0), C(0 ; 0 ; 4), D$\left(-1 ; \frac{5}{2} ; 4\right)$ et E(1 ; 0 ; 2).**

2 **Calculer $\frac{1}{2}\overrightarrow{AB} + \overrightarrow{AC} - \overrightarrow{AD}$. Que peut-on en déduire pour les points A, B, C et D ?**

3 **Calculer $\overrightarrow{AE} + \overrightarrow{CE}$. Que peut-on en déduire pour le point E ?**

POINT MÉTHODE

✓ *L'utilisation d'une feuille quadrillée facilite le placement des points.*

✓ *Si l'on reconnaît une situation de vecteurs coplanaires, on peut utiliser les résultats du §3.*

Comment répondre ?

1 Voir figure ci-dessous.

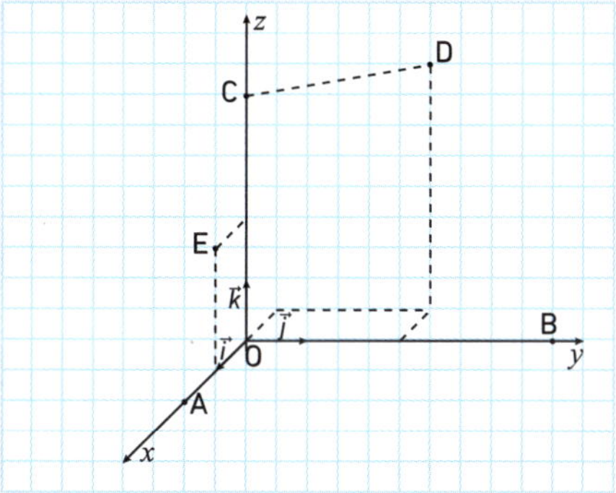

2 D'après le ***§4c***, $\overrightarrow{AB}$ a pour coordonnées $(-2 ; 5 ; 0)$ et $\frac{1}{2}\overrightarrow{AB}\left(-1 ; \frac{5}{2} ; 0\right)$.

De même, $\overrightarrow{AC}(-2 ; 0 ; 4)$ et $\overrightarrow{AD}\left(-3 ; \frac{5}{2} ; 4\right)$, donc $-\overrightarrow{AD}\left(3 ; -\frac{5}{2} ; -4\right)$.

En additionnant les coordonnées, $\frac{1}{2}\overrightarrow{AB} + \overrightarrow{AC} - \overrightarrow{AD}$ a pour coordonnées $(0 ; 0 ; 0)$.

D'après le ***§3a***, puisque $\frac{1}{2}\overrightarrow{AB} + \overrightarrow{AC} - \overrightarrow{AD} = \vec{0}$, $\overrightarrow{AB}$, $\overrightarrow{AC}$ et $\overrightarrow{AD}$ sont coplanaires.

Conclusion : les points A, B, C et D sont coplanaires.

3 $\overrightarrow{AE}$ a pour coordonnées $(-1 ; 0 ; 2)$ et $\overrightarrow{CE}$ $(1 ; 0 ; -2)$. En additionnant les coordonnées, $\overrightarrow{AE} + \overrightarrow{CE}$ a pour coordonnées $(0 ; 0 ; 0)$.

Donc : $\overrightarrow{AE} + \overrightarrow{CE} = \vec{0}$, donc E est le milieu de [AC].

TESTEZ VOS CONNAISSANCES

CORRIGÉ p. 248

1. ABCD est un parallélogramme si, et seulement si :

a. AB = DC. **b.** $\overrightarrow{BA} = \overrightarrow{CD}$. **c.** $\overrightarrow{AB} = \overrightarrow{CD}$.

2. $\vec{u}$ et $\vec{v}$ sont colinéaires si, et seulement si :

a. $\vec{u} = \vec{v}$. **b.** il existe un réel k tel que $\vec{u} = k\vec{v}$ ou $\vec{v} = k\vec{u}$.
c. $\vec{u} = \vec{0}$ ou $\vec{v} = \vec{0}$.

3. Si $\overrightarrow{AC} = \frac{1}{2}\overrightarrow{CD}$, alors :

a. A est le milieu de [CD]. **b.** A ∈ [CD]. **c.** A ∈ (CD).

4. Si $\alpha\vec{u} + \beta\vec{v} + \gamma\vec{w} = \vec{0}$, alors $\vec{u}$, $\vec{v}$ et $\vec{w}$:

a. sont coplanaires. **b.** sont colinéaires. **c.** définissent un plan.

5. Les points A, B, C et D sont coplanaires, si et seulement si :

a. $\overrightarrow{AB} = \overrightarrow{CD}$. **b.** ABCD est un tétraèdre. **c.** $\overrightarrow{AB}$, $\overrightarrow{AC}$ et $\overrightarrow{AD}$ sont coplanaires.

6. Si ABCD est un tétraèdre, alors :

a. A appartient à (BCD). **b.** $(A ; \overrightarrow{AB}, \overrightarrow{AC}, \overrightarrow{AD})$ est un repère de l'espace.
c. $\overrightarrow{AB}$, $\overrightarrow{AC}$ et $\overrightarrow{AD}$ sont coplanaires.

7. Soit $\mathscr{P}$ le plan, dont une représentation paramétrique est : $\begin{cases} x = -2 - k + k' \\ y = 3 + k + k' \\ z = 1 + k \end{cases}$, $(k, k') \in \mathbb{R}^2$.

Plusieurs réponses sont possibles.
a. $\mathscr{P}$ passe par le point de coordonnées (– 2 ; 3 ; 1).
b. $\mathscr{P}$ passe par le point de coordonnées (– 2 ; 5 ; 2).
c. Le vecteur $\vec{u}(-1 ; 1 ; 1)$ est contenu dans P.
d. Le vecteur $\vec{v}(2 ; -2 ; -2)$ est contenu dans P.
e. Le vecteur $\vec{w}(1 ; 1)$ est contenu dans P.

8. Soit Δ la droite, dont une représentation paramétrique est : $\begin{cases} x = 2 + k \\ y = 1 - k \\ z = 1 + 2k \end{cases}$, $k \in \mathbb{R}$.

Plusieurs réponses sont possibles.
a. Δ passe par le point de coordonnées (3 ; 0 ; 3).
b. Le vecteur $\vec{u}(2 ; 1 ; 1)$ est un vecteur directeur de Δ.
c. Le vecteur $\vec{v}(-1 ; 1 ; -2)$ est un vecteur directeur de Δ.
d. La droite Δ est parallèle à la droite (AB) avec A(0 ; 0 ; 1) et B(1 ; –1 ; 3).

ENTRAÎNEZ-VOUS

CORRIGÉ p. 249

Décomposer un vecteur dans une base

1 Un problème d'alignement. ●○○ 25 min

Soit ABDEFH le prisme droit à base triangulaire représenté ci-contre.

a. Reproduire la figure et placer les points P, R et S tels que : $\overrightarrow{AP} = \overrightarrow{AB} + \frac{1}{2}\overrightarrow{AH}$, $\overrightarrow{ER} = \frac{2}{3}\overrightarrow{EH}$ et $\overrightarrow{BS} = \overrightarrow{AB} + \frac{1}{3}\overrightarrow{AD}$.

b. Exprimer $\overrightarrow{AP}$, $\overrightarrow{AR}$ et $\overrightarrow{AS}$ en fonction de $\overrightarrow{AB}$, $\overrightarrow{AD}$ et $\overrightarrow{AE}$.

c. Démontrer que les points P, R et S sont alignés.

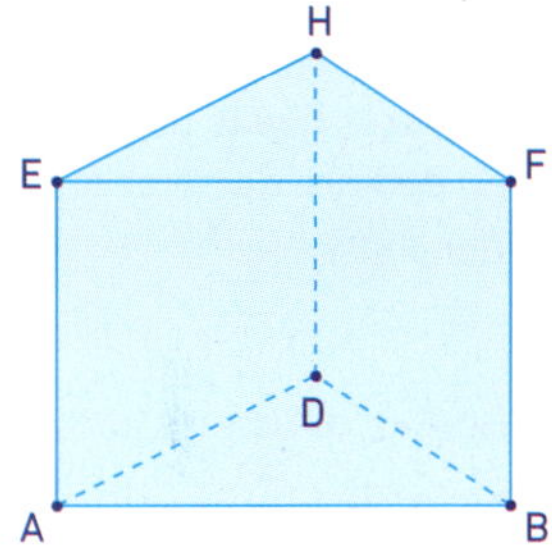

2 Un problème de parallélisme. ●○○ 25 min

Soit ABCDS une pyramide régulière à base carrée ABCD.

a. Reproduire la figure et placer les points E, F et R tels que : $\overrightarrow{AE} = \frac{2}{3}\overrightarrow{AS}$, $\overrightarrow{CF} = \frac{1}{3}\overrightarrow{CS}$ et R est le symétrique de A par rapport à C.

b. Exprimer $\overrightarrow{AE}$, $\overrightarrow{AF}$ et $\overrightarrow{AR}$ en fonction de $\overrightarrow{AB}$, $\overrightarrow{AD}$ et $\overrightarrow{AS}$.

c. Démontrer que les droites (EF) et (SR) sont parallèles.

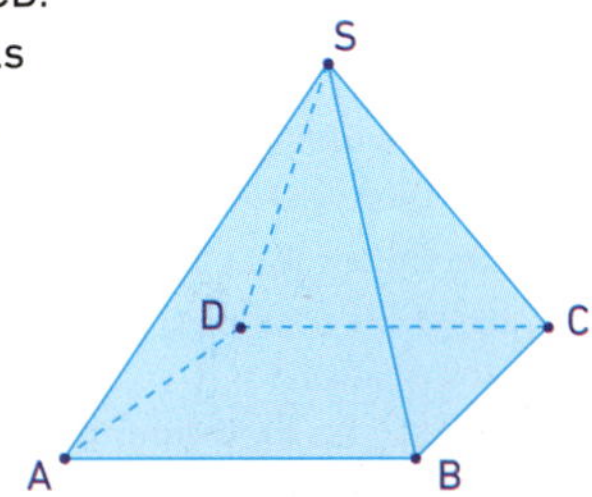

3 Vecteurs et points coplanaires. ●○○ 25 min

Soit ABCDEFGH le pavé droit représenté ci-contre.

I est le milieu de [AE] et J est le milieu de [HF].

a. Exprimer les vecteurs $\overrightarrow{IJ}$, $\overrightarrow{IG}$ et $\overrightarrow{IC}$ en fonction des vecteurs $\overrightarrow{AC}$ et $\overrightarrow{AE}$.

b. Calculer $4\overrightarrow{IJ} - 3\overrightarrow{IG} + \overrightarrow{IC}$. Que peut-on en déduire pour les points I, J, G et C ?

c. Citer deux autres points du plan (IJG).

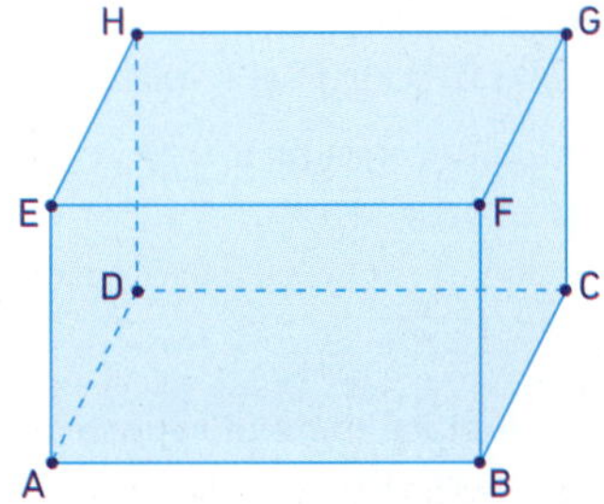

4 Question de cours : démonstration du théorème du toit. ●●○ 20 min

Soit deux droites Δ et Δ' et deux plans P et P′ tels que Δ est contenue dans P, Δ' dans P′ et Δ est parallèle à Δ'. On suppose que P et P′ sont sécants en une droite d.
Le but est de montrer que d est parallèle à Δ et Δ'.

a. Démontrer que Δ et Δ' sont coplanaires.

b. On suppose que d et Δ sont sécantes en un point I (démonstration par l'absurde).
Démontrer que le point I appartient au plan contenant Δ et Δ'.

c. En déduire que Δ et Δ' sont sécantes.

d. Conclure.

Calculer avec des coordonnées

5 **a.** Dans le repère $(O;\vec{i},\vec{j},\vec{k})$, placer les points A(2 ; 2 ; 0), ●○○ 25 min
B(0 ; 2 ; 3), C(0 ; 0 ; 3), $D\left(1\,;0\,;\dfrac{3}{2}\right)$ et $E\left(-1\,;2\,;\dfrac{9}{2}\right)$.

b. Calculer $-\overrightarrow{CA}+\overrightarrow{CB}+2\overrightarrow{CD}$. Que peut-on en déduire pour les points A, B, C et D ?

c. Calculer $2\overrightarrow{AE}-3\overrightarrow{AB}$. Que peut-on en déduire pour les points A, E et B ?

6 **a.** Dans le repère $(O;\vec{i},\vec{j},\vec{k})$, placer les points A(3 ; 2 ; 0), ●○○ 25 min
B(1 ; 3 ; 0) et C(0 ; 2 ; 2).

b. Déterminer les coordonnées du milieu I de [AC].

c. Déterminer les coordonnées du point D tel que ABCD est un parallélogramme.
Placer ce point.

d. Soit E(1 ; 0 ; 4). Démontrer que E appartient à la droite (AD).

e. Que peut-on dire des points A, B, C, D, E et I ?

7 Repérage dans un cube. ●○○ 25 min

ABCDEFGH est un cube. On considère les points O, I, J et M et K tels que :

$\overrightarrow{AO}=\dfrac{1}{2}\overrightarrow{AG}$, $\overrightarrow{DI}=\overrightarrow{DG}+\dfrac{1}{2}\overrightarrow{GF}$, $\overrightarrow{CJ}=\overrightarrow{JG}$, $\overrightarrow{AM}=2\overrightarrow{AB}+\overrightarrow{AE}$

et $\overrightarrow{BK}=\dfrac{1}{2}\overrightarrow{BG}$.

On se place dans le repère orthonormal $(D\,;\overrightarrow{DA},\overrightarrow{DC},\overrightarrow{DH})$.

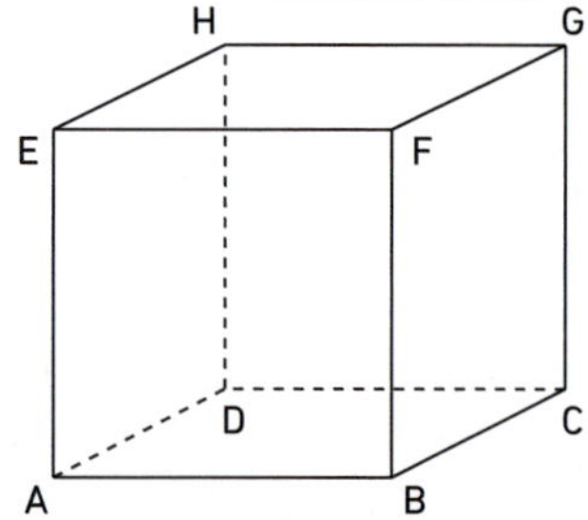

a. Faire une figure précise et déterminer les coordonnées de tous les points de la figure.

b. Démontrer que les points A, J, K et M sont coplanaires.

c. Démontrer que les droites (OI) et (BM) sont parallèles.

d. Démontrer que les points H, I et M sont alignés.

Utiliser des représentations paramétriques

8 Dans le repère $(O;\vec{i},\vec{j},\vec{k})$, on considère les points A(2 ; 0 ; 0), B(0 ; 3 ; 1), C(0 ; 3 ; 3) et D(1 ; 3 ; 0). ●●○ 30 min

a. Démontrer que A, B, C et D ne sont pas coplanaires.

b. Déterminer une représentation paramétrique du plan (BCD).

c. Déterminer une représentation paramétrique du plan P parallèle à (BCD) et passant par A.

d. Déterminer une représentation paramétrique de la droite (AB).

e. Déterminer une représentation paramétrique de la droite Δ parallèle à (AB) et passant par D.

9 Dans le repère $(O;\vec{i},\vec{j},\vec{k})$, on considère les droites d et Δ dont les représentations paramétriques respectives sont les suivantes : ●●○ 30 min

$$\begin{cases} x = 2 - k \\ y = 3 \\ z = 2 + k \end{cases}, k \in \mathbb{R} \text{ et } \begin{cases} x = 0 \\ y = 3k \\ z = 5 - k \end{cases}, k \in \mathbb{R}.$$

a. Pour chacune de ces droites, donner les coordonnées d'un point et les coordonnées d'un vecteur directeur. Les droites sont-elles parallèles ?

b. Démontrer que d et Δ sont coplanaires.

c. Donner une représentation paramétrique du plan contenant d et Δ.

Corrigés de *TESTEZ VOS CONNAISSANCES*

CONSEIL

Pour mémoriser cette propriété sans risque de confusion, on a toujours intérêt à faire une figure dans le plan, deux vecteurs étant toujours coplanaires. On doit aussi s'appliquer à respecter les notations. AB = DC signifie que les longueurs sont égales, mais pas nécessairement les vecteurs.

1. Réponse **b.** Cf. *§1a.*

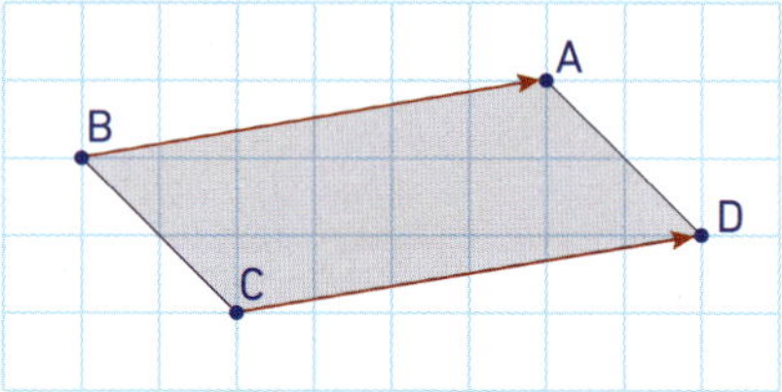

2. Réponse **b.** Cf. *§1b.*

3. Réponse **c.** D'après le *§1c*, les points A, C et D sont alignés. Pour connaître leurs positions relatives, une figure est souvent utile.

ATTENTION

Si $\overrightarrow{AB} = \overrightarrow{CD}$, alors les points A, B, C et D sont coplanaires, mais la réciproque est fausse.

4. Réponse **a.** Cf. *§3a.*

5. Réponse **c.** Cf. *§3b.*

6. Réponse **b.** Cf. *§4.*

Le tétraèdre est le solide le plus simple de l'espace. Dire que ABCD est un tétraèdre siginifie que les points A, B, C et D ne sont pas coplanaires, et donc que $(A ; \overrightarrow{AB}, \overrightarrow{AC}, \overrightarrow{AD})$ est un repère de l'espace.

À RETENIR

$(O ; \vec{i}, \vec{j}, \vec{k})$ est un repère de l'espace lorsque $\vec{i}$, $\vec{j}$ et $\vec{k}$ ne sont pas coplanaires.

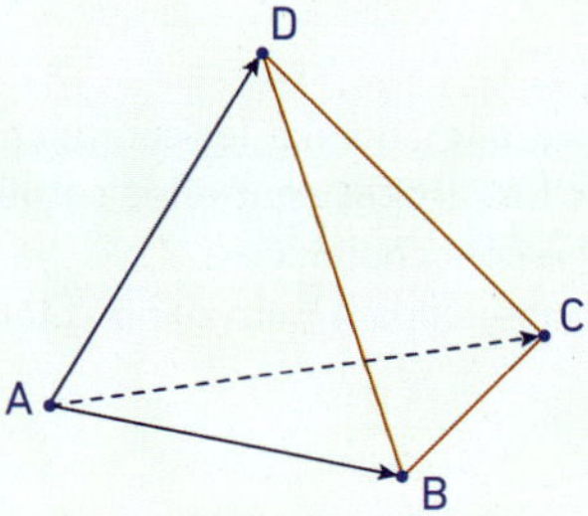

7. Réponses **a**, **b**, **c** et **d**. Cf. *§5.*

Si $k = 0$ et $k' = 0$, alors $\begin{cases} x = -2 \\ y = 3 \\ z = 1 \end{cases}$. Donc $\mathcal{P}$ passe par le point de coordonnées $(-2 ; 3 ; 1)$.

Si $k = 1$ et $k' = 1$, alors $\begin{cases} x = -2-1+1 = -2 \\ y = 3+1+1 = 5 \\ z = 1+1 = 2 \end{cases}$. Donc $\mathcal{P}$ passe par le point de coordonnées $(-2\ ;5\ ;2)$.

Les coefficients de k sont successivement -1, 1, 1 et ceux de k' sont 1, 1, 0. Donc $\vec{u}(-1;1;1)$ et $\vec{t}(1;1;0)$ constituent un couple de vecteurs directeurs de $\mathcal{P}$. Donc $\vec{u}(-1;1;1)$ est contenu dans P. De plus $\vec{v}(2;-2;-2)$ est colinéaire à $\vec{u}$ car $\vec{v} = -2\vec{u}$. Donc $\vec{v}(2;-2;-2)$ est contenu dans $\mathcal{P}$.

Mais $\vec{w}(1\ ;1)$ n'est pas un vecteur de l'espace. Il n'a que deux coordonnées.

8. Réponses **a**, **c** et **d**. Cf. ***§6*** et ***§4c***.

Si $k = 1$, alors $\begin{cases} x = 2+1 = 3 \\ y = 1-1 = 0 \\ z = 1+2 = 3 \end{cases}$. Donc Δ passe par le point de coordonnées $(3\ ;0\ ;3)$.

Les coefficients de k sont successivement 1, -1 et 2. Donc $\vec{w}(1\ ;-1\ ;2)$ est un vecteur directeur de Δ. $\vec{u}(2;1;1)$ et $\vec{w}(1\ ;-1\ ;2)$ ne sont pas colinéaires, donc $\vec{u}(2;1;1)$ n'est pas un vecteur directeur de Δ.

Mais, $\vec{v}(-1;1;-2)$ est l'opposé de $\vec{w}(1\ ;-1\ ;2)$. Donc $\vec{v}$ est un vecteur directeur de Δ.

Le vecteur $\overrightarrow{AB}$ a pour coordonnées $(1-0\ ;-1-0\ ;3-1)$ donc $(1\ ;-1\ ;2)$. Donc $\overrightarrow{AB}$ est égal à $\vec{w}(1\ ;-1\ ;2)$. Donc $\overrightarrow{AB}$ est un vecteur directeur de Δ. Donc (AB) et Δ sont parallèles.

À RETENIR

Le vecteur $\overrightarrow{AB}$ a pour coordonnées $(x_B-x_A\ ;y_B-y_A\ ;z_B-z_A)$.

Corrigés de *ENTRAÎNEZ-VOUS*

1 **a.**

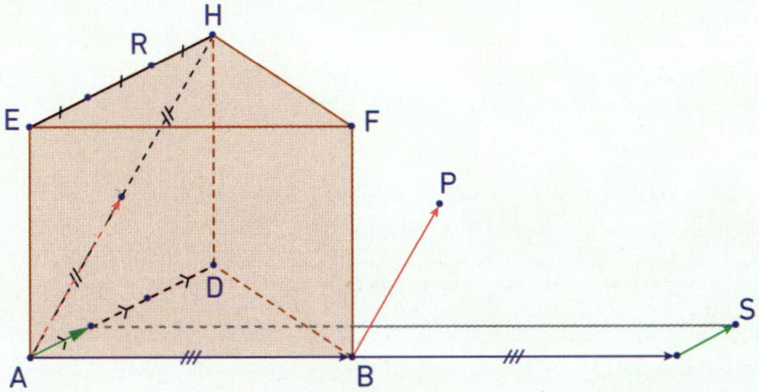

b. $\overrightarrow{AP} = \overrightarrow{AB} + \frac{1}{2}\overrightarrow{AH} = \overrightarrow{AB} + \frac{1}{2}\left(\overrightarrow{AD} + \overrightarrow{AE}\right) = \overrightarrow{AB} + \frac{1}{2}\overrightarrow{AD} + \frac{1}{2}\overrightarrow{AE}$.

$\overrightarrow{AR} = \overrightarrow{AE} + \overrightarrow{ER} = \overrightarrow{AE} + \frac{2}{3}\overrightarrow{EH} = \overrightarrow{AE} + \frac{2}{3}\overrightarrow{AD} = \frac{2}{3}\overrightarrow{AD} + \overrightarrow{AE}$.

$\overrightarrow{AS} = \overrightarrow{AB} + \overrightarrow{BS} = 2\,\overrightarrow{AB} + \frac{1}{3}\overrightarrow{AD}$.

c. $\overrightarrow{AR} = \frac{2}{3}\overrightarrow{AD} + \overrightarrow{AE}$ et $\overrightarrow{AP} = \overrightarrow{AB} + \frac{1}{2}\overrightarrow{AD} + \frac{1}{2}\overrightarrow{AE}$.

Donc $\overrightarrow{RP} = \overrightarrow{RA} + \overrightarrow{AP} = -\frac{2}{3}\overrightarrow{AD} - \overrightarrow{AE} + \overrightarrow{AB} + \frac{1}{2}\overrightarrow{AD} + \frac{1}{2}\overrightarrow{AE} = \overrightarrow{AB} - \frac{1}{6}\overrightarrow{AD} - \frac{1}{2}\overrightarrow{AE}$.

CONSEIL

On remarque que P est le milieu de [RS].

À RETENIR

A, B et C sont alignés si, et seulement si, $\overrightarrow{AB}$ et $\overrightarrow{AC}$ sont colinéaires.

De même, $\overrightarrow{AS} = 2\,\overrightarrow{AB} + \frac{1}{3}\overrightarrow{AD}$.

Donc $\overrightarrow{RS} = \overrightarrow{RA} + \overrightarrow{AS} = -\frac{2}{3}\overrightarrow{AD} - \overrightarrow{AE} + 2\,\overrightarrow{AB} + \frac{1}{3}\overrightarrow{AD}$.

Donc $\overrightarrow{RS} = 2\overrightarrow{AB} - \frac{1}{3}\overrightarrow{AD} - \overrightarrow{AE}$.

On remarque que $\overrightarrow{RS} = 2\overrightarrow{RP}$. Donc, $\overrightarrow{RS}$ et $\overrightarrow{RP}$ sont colinéaires. Donc R, P et S sont alignés.

2 a.

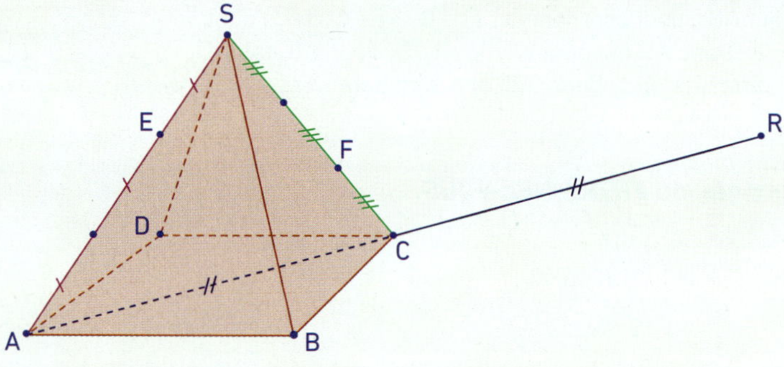

b. $\overrightarrow{AE} = \frac{2}{3}\overrightarrow{AS}$. $\overrightarrow{AF} = \overrightarrow{AC} + \overrightarrow{CF} = \overrightarrow{AC} + \frac{1}{3}\overrightarrow{CS} = \overrightarrow{AC} + \frac{1}{3}\overrightarrow{CA} + \frac{1}{3}\overrightarrow{AS}$.

Donc $\overrightarrow{AF} = \frac{2}{3}\overrightarrow{AC} + \frac{1}{3}\overrightarrow{AS} = \frac{2}{3}\overrightarrow{AB} + \frac{2}{3}\overrightarrow{AD} + \frac{1}{3}\overrightarrow{AS}$.

Et $\overrightarrow{AR} = 2\overrightarrow{AC} = 2\overrightarrow{AB} + 2\overrightarrow{AD}$.

c. $\overrightarrow{AE} = \frac{2}{3}\overrightarrow{AS}$ et $\overrightarrow{AF} = \frac{2}{3}\overrightarrow{AB} + \frac{2}{3}\overrightarrow{AD} + \frac{1}{3}\overrightarrow{AS}$,

donc $\overrightarrow{EF} = \overrightarrow{EA} + \overrightarrow{AF} = -\frac{2}{3}\overrightarrow{AS} + \frac{2}{3}\overrightarrow{AB} + \frac{2}{3}\overrightarrow{AD} + \frac{1}{3}\overrightarrow{AS} = \frac{2}{3}\overrightarrow{AB} + \frac{2}{3}\overrightarrow{AD} - \frac{1}{3}\overrightarrow{AS}$.

D'autre part, $\overrightarrow{SR} = \overrightarrow{SA} + \overrightarrow{AR} = -\overrightarrow{AS} + 2\overrightarrow{AB} + 2\overrightarrow{AD} = 2\overrightarrow{AB} + 2\overrightarrow{AD} - \overrightarrow{AS}$.

Donc $\overrightarrow{EF} = \frac{1}{3}\overrightarrow{SR}$.

Donc, $\overrightarrow{EF}$ et $\overrightarrow{SR}$ sont colinéaires.
Donc les droites (EF) et (SR) sont parallèles.

À RETENIR

(AB) et (CD) sont parallèles si, et seulement si, $\overrightarrow{AB}$ et $\overrightarrow{CD}$ sont colinéaires.

3 **a.** Voir la figure ci-contre.

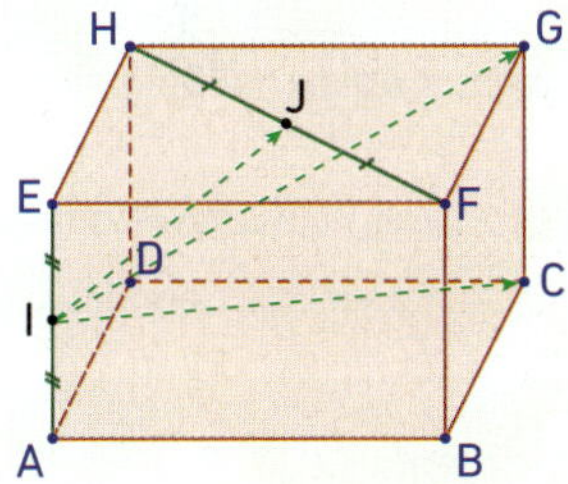

$\overrightarrow{IJ} = \overrightarrow{IE} + \overrightarrow{EJ} = \frac{1}{2}\overrightarrow{AE} + \frac{1}{2}\overrightarrow{EG} = \frac{1}{2}\overrightarrow{AE} + \frac{1}{2}\overrightarrow{AC}$.

$\overrightarrow{IG} = \overrightarrow{IE} + \overrightarrow{EG} = \frac{1}{2}\overrightarrow{AE} + \overrightarrow{AC}$ et $\overrightarrow{IC} = \overrightarrow{IA} + \overrightarrow{AC} = -\frac{1}{2}\overrightarrow{AE} + \overrightarrow{AC}$.

b. En utilisant les résultats précédents,

$4\overrightarrow{IJ} = 2\overrightarrow{AE} + 2\overrightarrow{AC}$, $-3\overrightarrow{IG} = -\frac{3}{2}\overrightarrow{AE} - 3\overrightarrow{AC}$

et $\overrightarrow{IC} = -\frac{1}{2}\overrightarrow{AE} + \overrightarrow{AC}$.

En additionnant : $4\overrightarrow{IJ} - 3\overrightarrow{IG} + \overrightarrow{IC} = \vec{0}$.

D'après le *§3a*, $\overrightarrow{IJ}$, $\overrightarrow{IG}$ et $\overrightarrow{IC}$ sont coplanaires.
Donc, d'après le *§3b*, les points I, J, G et C sont coplanaires.

c. Le plan (IJG) contient les points I, J, G et C.
De plus, E, J, et G sont alignés ; donc E appartient à (IJG).
E, I et A sont alignés ; donc A appartient également à (IJG).

À RETENIR

Trois vecteurs $\vec{u}$, $\vec{v}$ et $\vec{w}$ sont <u>coplanaires</u>, lorsqu'il existe trois réels α, β et γ tels que $(\alpha ; \beta ; \gamma) \neq (0 ; 0 ; 0)$ et $\alpha\vec{u} + \beta\vec{v} + \gamma\vec{w} = \vec{0}$.

4 **a.** Δ et Δ' sont parallèles. Donc elles sont coplanaires.

b. On suppose que d et Δ sont sécantes en un point I. Appelons Q le plan qui contient Δ et Δ'.
Le point I appartient à Δ, et Δ est contenue dans Q. Donc I appartient à Q.

CONSEIL

On relira le <u>§1 du chapitre 8</u>. Si deux droites sont parallèles, alors il existe un plan qui les contient toutes les deux.

À RETENIR

Deux droites sont coplanaires si, et seulement si, elles sont sécantes ou parallèles.

c. Le point I appartient à d, donc il appartient à P et à P′, car P et P′ sont sécants en d.
Donc I appartient à P′ et à Q, d'après le **b.**.
Donc I appartient à l'intersection de P′ et Q.
Donc I appartient à Δ′ car P′ et Q se coupent en Δ′.
Donc I appartient à Δ et à Δ′. Donc Δ et Δ′ sont sécantes en I.

CONSEIL

On a démontré le théorème du toit en utilisant une démonstration par l'absurde. On a supposé que le résultat cherché était faux, et on a montré que cela conduisait à une contradiction avec une des hypothèses de départ.

d. Si on suppose que d et Δ sont sécantes en I, on en déduit que Δ et Δ′ sont sécantes en I. Ceci est en contradiction avec le fait que Δ et Δ′ sont parallèles.
On en conclut que l'hypothèse de départ était fausse donc que d et Δ ne sont pas sécantes. Comme elles sont coplanaires (elles appartiennent à P), alors elles sont parallèles.
On montre de même que d et Δ′ sont parallèles.

5 **a.** Voir la figure ci-contre.

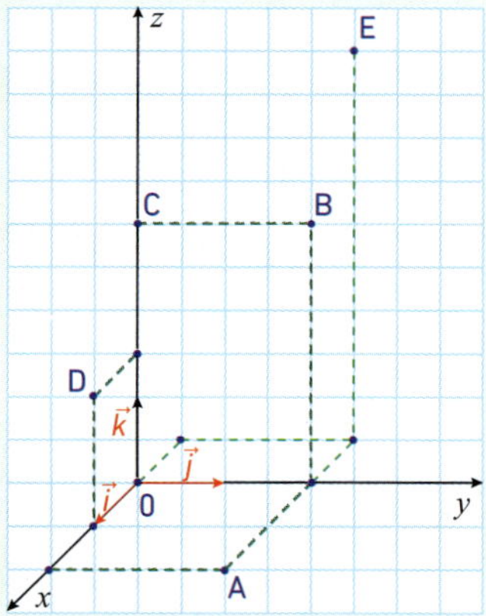

b. $\overrightarrow{CA}$ a pour coordonnées $(x_A - x_C\,;y_A - y_C\,;z_A - z_C)$.
Donc $\overrightarrow{CA}(2\,;2\,;-3)$.

De même, $\overrightarrow{CB}(0\,;2\,;0)$ et $\overrightarrow{CD}\left(1\,;0\,;-\dfrac{3}{2}\right)$.

Donc, $-\overrightarrow{CA}$ a pour coordonnées $(-2\,;-2\,;3)$, $\overrightarrow{CB}$ a pour coordonnées $(0\,;2\,;0)$, $2\overrightarrow{CD}$ a pour coordonnées $(2\,;0\,;-3)$.

En additionnant, $-\overrightarrow{CA} + \overrightarrow{CB} + 2\overrightarrow{CD}$ a pour coordonnées $(0\,;0\,;0)$.

On a : $-\overrightarrow{CA} + \overrightarrow{CB} + 2\overrightarrow{CD} = \vec{0}$. D'après le ***§3a***, les vecteurs $\overrightarrow{CA}$, $\overrightarrow{CB}$ et $\overrightarrow{CD}$ sont coplanaires, donc, d'après le ***§3b***, les points A, B, C et D sont coplanaires.

c. $\overrightarrow{AE}\left(-3\,;0\,;\dfrac{9}{2}\right)$ et $\overrightarrow{AB}(-2\,;0\,;3)$.

$2\overrightarrow{AE}$ a pour coordonnées $(-6\,;0\,;9)$, $-3\overrightarrow{AB}$ a pour coordonnées $(6\,;0\,;-9)$.

En additionnant, $2\overrightarrow{AE} - 3\overrightarrow{AB}$ a pour coordonnées $(0\,;0\,;0)$.

$2\overrightarrow{AE} - 3\overrightarrow{AB} = \vec{0}$, donc $\overrightarrow{AE} = \dfrac{3}{2}\overrightarrow{AB}$. Donc les vecteurs $\overrightarrow{AE}$ et $\overrightarrow{AB}$ sont colinéaires.

Donc, les points A, B et E sont alignés.

6 a. Voir la figure ci-dessous.

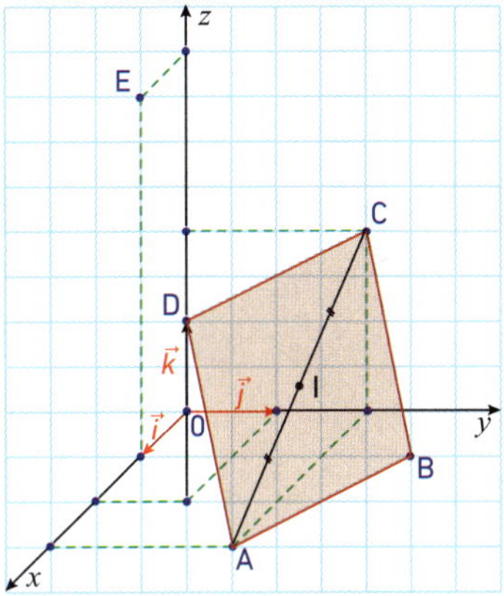

b. Les coordonnées du milieu I de [AC] sont :

$$\left(\frac{x_A + x_C}{2} ; \frac{y_A + y_C}{2} ; \frac{z_A + z_C}{2}\right),$$

donc $I\left(\frac{3}{2} ; 2 ; 1\right)$.

c. $\overrightarrow{AD}(x_D - 3 ; y_D - 2 ; z_D)$ et $\overrightarrow{BC}(-1 ; -1 ; 2)$.

$\overrightarrow{AD} = \overrightarrow{BC} \Leftrightarrow x_D - 3 = -1, y_D - 2 = -1$ et $z_D = 2 \Leftrightarrow x_D = 2$, $y_D = 1$ et $z_D = 2$.

Donc : D(2 ; 1 ; 2).

CONSEIL

ABCD est un parallélogramme si, et seulement si, $\overrightarrow{AD} = \overrightarrow{BC}$ (Cf. §1A).

d. Montrons que E appartient à (AD).

$\overrightarrow{AE}(-2 ; -2 ; 4)$ et $\overrightarrow{AD}(-1 ; -1 ; 2)$, donc $\overrightarrow{AE} = 2\overrightarrow{AD}$.

Donc $\overrightarrow{AE}$ et $\overrightarrow{AD}$ sont colinéaires, donc les points A, E et D sont alignés.

Donc, le point E appartient à la droite (AD).

REMARQUE

On peut remarquer que D est le milieu de [AE].

e. ABCD est un parallélogramme, et I est le milieu des diagonales, donc les points A, B, C, D et I sont coplanaires.

De plus, E appartient à la droite (AD), donc à tout plan contenant A et D.

Conclusion : les points A, B, C, D, E et I sont coplanaires.

7 **a.** Voir ci-dessous.

On a les coordonnées suivantes : D(0 ; 0 ; 0), A(1 ; 0 ; 0), B(1 ; 1 ; 0), C(0 ; 1 ; 0), H(0 ; 0 ; 1), E(1 ; 0 ; 1), F(1 ; 1 ; 1), G(0 ; 1 ; 1).

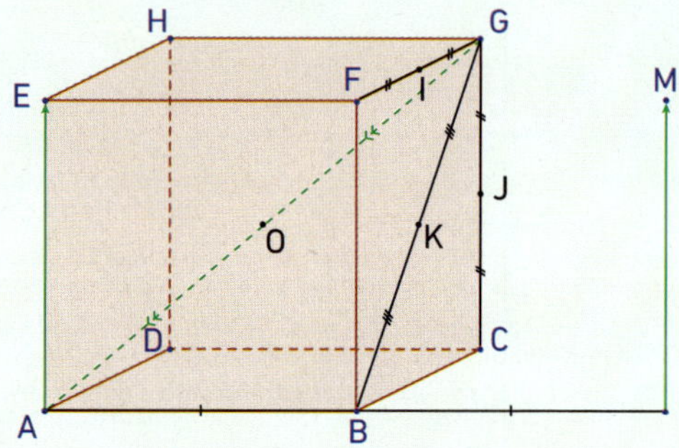

O est le milieu de [AG],

donc $O\left(\frac{1}{2};\frac{1}{2};\frac{1}{2}\right)$.

$\overrightarrow{DI}=\overrightarrow{DG}+\frac{1}{2}\overrightarrow{GF}$, donc $\overrightarrow{DI}\left(\frac{1}{2};1;1\right)$,

donc $I\left(\frac{1}{2};1;1\right)$.

$\overrightarrow{CJ}=\overrightarrow{JG}$, donc J est le milieu de [CG]. Donc $J\left(0;1;\frac{1}{2}\right)$.

$\overrightarrow{AM}=2\overrightarrow{AB}+\overrightarrow{AE}$, donc $\overrightarrow{AM}(0;2;1)$, donc M(1 ; 2 ; 1).

$\overrightarrow{BK}=\frac{1}{2}\overrightarrow{BG}$, or $\overrightarrow{BG}(-1;0;1)$, donc $\overrightarrow{BK}\left(-\frac{1}{2};0;\frac{1}{2}\right)$,

donc $\overrightarrow{DK}\left(\frac{1}{2};1;\frac{1}{2}\right)$. Donc $K\left(\frac{1}{2};1;\frac{1}{2}\right)$.

> **À RETENIR**
>
> *Quatre points A, B, C et D sont coplanaires, si, et seulement si, il existe trois réels α, β et γ tels que $(\alpha;\beta;\gamma)\neq(0;0;0)$ et $\alpha\overrightarrow{AB}+\beta\overrightarrow{AC}+\gamma\overrightarrow{AD}=\vec{0}$.*

b. $\overrightarrow{AJ}\left(-1;1;\frac{1}{2}\right)$, $\overrightarrow{AK}\left(-\frac{1}{2};1;\frac{1}{2}\right)$ et $\overrightarrow{AM}(0;2;1)$.

Montrons qu'il existe au moins un triplet $(\alpha;\beta;\gamma)\neq(0;0;0)$ tel que $\alpha\overrightarrow{AJ}+\beta\overrightarrow{AK}+\gamma\overrightarrow{AM}=\vec{0}$ (Cf. *§3*).

$$\alpha\overrightarrow{AJ}+\beta\overrightarrow{AK}+\gamma\overrightarrow{AM}=\vec{0}\Leftrightarrow\begin{cases}-\alpha-\frac{1}{2}\beta=0\\ \alpha+\beta+2\gamma=0\\ \frac{1}{2}\alpha+\frac{1}{2}\beta+\gamma=0\end{cases}$$

. Or les deux dernières équations sont équivalentes. Donc, le système équivaut à $\begin{cases}\beta=-2\alpha\\ \alpha-2\alpha+2\gamma=0\end{cases}\Leftrightarrow\begin{cases}\beta=-2\alpha\\ \alpha=2\gamma\end{cases}$.

> **À RETENIR**
>
> *Cette méthode est à retenir. Le système, dans ce cas, admet une infinité de solutions. En effet, tous les triplets proportionnels à (2 ; −4 ; 1) conviennent.*

En posant $\gamma=1$, on obtient $\alpha=2$ et $\beta=-4$.

Donc $2\overrightarrow{AJ}-4\overrightarrow{AK}+\overrightarrow{AM}=\vec{0}$. Donc, d'après le *§3*, A, J, K et M sont coplanaires.

c. $\overrightarrow{OI}$ a pour coordonnées $\left(0\,;\frac{1}{2}\,;\frac{1}{2}\right)$ et $\overrightarrow{BM}$ a pour coordonnées $(0\,;1\,;1)$. Donc $\overrightarrow{BM} = 2\overrightarrow{OI}$.

Donc $\overrightarrow{OI}$ et $\overrightarrow{BM}$ sont colinéaires et donc (OI) et (BM) sont parallèles.

d. $\overrightarrow{HI}$ a pour coordonnées $\left(\frac{1}{2}\,;1\,;0\right)$ et $\overrightarrow{HM}$ a pour coordonnées $(1\,;2\,;0)$.
$\overrightarrow{HM} = 2\overrightarrow{HI}$, donc $\overrightarrow{HI}$ et $\overrightarrow{HM}$ sont colinéaires, donc H, I, et M sont alignés.

8 **a.** $\overrightarrow{BA}(2\,;-3\,;-1)$, $\overrightarrow{BC}(0\,;0\,;2)$ et $\overrightarrow{BD}(1\,;0\,;-1)$.

Montrons qu'il n'existe aucun triplet $(\alpha\,;\beta\,;\gamma) \neq (0\,;0\,;0)$ tel que $\alpha\overrightarrow{BA} + \beta\overrightarrow{BC} + \gamma\overrightarrow{BD} = \vec{0}$.

$$\alpha\overrightarrow{BA} + \beta\overrightarrow{BC} + \gamma\overrightarrow{BD} = \vec{0} \Leftrightarrow \begin{cases} 2\alpha + \gamma = 0 \\ -3\alpha = 0 \\ -\alpha + 2\beta - \gamma = 0 \end{cases} \Leftrightarrow \begin{cases} \alpha = 0 \\ \gamma = -2\alpha = 0 \\ 0 + 2\beta - 0 = 0 \end{cases} \Leftrightarrow \begin{cases} \alpha = 0 \\ \beta = 0 \\ \gamma = 0 \end{cases}.$$

Donc, le seul triplet qui convient est $(\alpha\,;\beta\,;\gamma) = (0\,;0\,;0)$.
Donc, les points A, B, C et D ne sont pas coplanaires.

REMARQUE

On remarque que $\overrightarrow{BC}$ et $\overrightarrow{BD}$ ne sont pas colinéaires.

b. Le plan (BCD) passe par B(0 ; 3 ; 1) et est dirigé par les vecteurs $\overrightarrow{BC}(0\,;0\,;2)$ et $\overrightarrow{BD}(1\,;0\,;-1)$.

Donc, d'après le *§5*, une représentation paramétrique

de (BCD) est $\begin{cases} x = 0 + 0k + 1k' \\ y = 3 + 0k + 0k' \\ z = 1 + 2k - 1k' \end{cases}$ avec $(k, k') \in \mathbb{R}^2$,

en simplifiant : $\begin{cases} x = k' \\ y = 3 \\ z = 1 + 2k - k' \end{cases}$, $(k, k') \in \mathbb{R}^2$.

RAPPEL

Une __représentation paramétrique__ du plan P passant par $A(x_A\,;y_A\,;z_A)$ et dirigé par $\vec{u}\,(a\,;b\,;c)$ et $\vec{v}\,(a'\,;b'\,;c')$ est : $\begin{cases} x = x_A + ak + a'k' \\ y = y_A + bk + b'k' \\ z = z_A + ck + c'k' \end{cases}$

avec $(k, k') \in \mathbb{R}^2$.

c. P passe par A(2 ; 0 ; 0) et est dirigé par les vecteurs $\overrightarrow{BC}(0\,;0\,;2)$ et $\overrightarrow{BD}(1\,;0\,;-1)$.
Donc, de la même manière que dans le **b.**, une représentation paramétrique de P est
$\begin{cases} x = 2 + k' \\ y = 0 \\ z = 2k - k' \end{cases}$, $(k, k') \in \mathbb{R}^2$.

d. (AB) passe par A(2 ; 0 ; 0) et est dirigée par le vecteur $\overrightarrow{AB}(-2\,;3\,;1)$.

Donc, d'après le **§6**, une représentation paramétrique de (AB) est $\begin{cases} x = 2 - 2k \\ y = 0 + 3k \\ z = 0 + 1k \end{cases}$, $k \in \mathbb{R}$,

en simplifiant : $\begin{cases} x = 2 - 2k \\ y = 3k \\ z = k \end{cases}$, $k \in \mathbb{R}$.

e. Δ passe par D(1 ; 3 ; 0) et est dirigée par le vecteur $\overrightarrow{AB}(-2 ; 3 ; 1)$.

Donc, une représentation paramétrique de Δ est $\begin{cases} x = 1 - 2k \\ y = 3 + 3k \\ z = k \end{cases}$, $k \in \mathbb{R}$ (Cf. **§6**).

9 **a.** D'après le **§6**, la droite d passe par le point A(2 ; 3 ; 2) et a pour vecteur directeur $\vec{u}(-1 ; 0 ; 1)$.

De même, Δ passe par B(0 ; 0 ; 5) et est dirigée par $\vec{v}(0 ; 3 ; -1)$

Les coordonnées des vecteurs $\vec{u}$ et $\vec{v}$ ne sont pas proportionnelles, donc $\vec{u}$ et $\vec{v}$ ne sont pas colinéaires. On en déduit que d et Δ ne sont pas parallèles.

b. Puisque les droites d et Δ ne sont pas parallèles, pour montrer qu'elles sont coplanaires, montrons qu'elles sont sécantes. On résout le système suivant, d'inconnues k et k'.

$$\begin{cases} 2 - k = 0 \\ 3 = 3k' \\ 2 + k = 5 - k' \end{cases} \Leftrightarrow \begin{cases} k = 2 \\ k' = 1 \\ k = 3 - k' \end{cases} \Leftrightarrow \begin{cases} k = 2 \\ k' = 1 \\ k = 2 \end{cases}.$$

CONSEIL

Pour chercher le point d'intersection de deux droites sécantes, on doit utiliser deux paramètres distincts.

En remplaçant k et k' par leurs valeurs respectives dans les équations paramétriques, on obtient les coordonnées du point d'intersection C(0 ; 3 ; 4).

c. Le plan contenant d et Δ passe par C(0 ; 3 ; 4) et est dirigé par les vecteurs $\vec{u}(-1 ; 0 ; 1)$ et $\vec{v}(0 ; 3 ; -1)$.

Donc, d'après le **§5**, une représentation paramétrique de ce plan est $\begin{cases} x = 0 - 1k + 0k' \\ y = 3 + 0k + 3k' \\ z = 4 + 1k - 1k' \end{cases}$

avec $(k, k') \in \mathbb{R}^2$, en simplifiant : $\begin{cases} x = -k \\ y = 3 + 3k' \\ z = 4 + k - k' \end{cases}$, $(k, k') \in \mathbb{R}^2$.

Produit scalaire

POUR DÉMARRER

Produit scalaire dans le plan

- Le produit scalaire des vecteurs $\vec{u} = \overrightarrow{AB}$ et $\vec{v} = \overrightarrow{CD}$ du plan est un nombre réel noté $\vec{u} \cdot \vec{v}$ tel que :
  - si $\vec{u} = \vec{0}$ ou $\vec{v} = \vec{0}$, alors $\vec{u} \cdot \vec{v} = 0$,
  - si $\vec{u} \neq \vec{0}$ et $\vec{v} \neq \vec{0}$, alors, soit $\overrightarrow{C'D'}$ le projeté orthogonal de $\overrightarrow{CD}$ sur (AB) :
    - si $\overrightarrow{AB}$ et $\overrightarrow{C'D'}$ sont de même sens, alors $\vec{u} \cdot \vec{v} = \overrightarrow{AB} \cdot \overrightarrow{CD} = AB \times C'D'$,
    - si $\overrightarrow{AB}$ et $\overrightarrow{C'D'}$ sont de sens contraire, alors $\vec{u} \cdot \vec{v} = \overrightarrow{AB} \cdot \overrightarrow{CD} = -AB \times C'D'$,
    - si $\overrightarrow{C'D'} = \vec{0}$, alors $\vec{u} \cdot \vec{v} = 0$.
- Dans un repère orthonormal, pour tous $\vec{u}(x\,;y)$ et $\vec{v}(x'\,;y')$, $\vec{u} \cdot \vec{v} = xx' + yy'$.
- $\vec{u} \cdot \vec{v} = \dfrac{1}{2}\left(\|\vec{u}\|^2 + \|\vec{v}\|^2 - \|\vec{u} - \vec{v}\|^2\right)$. En particulier, $\vec{u} \cdot \vec{u} = \vec{u}^2 = \|\vec{u}\|^2$.
- $\overrightarrow{AB} \cdot \overrightarrow{AC} = AB \times AC \times \cos(\widehat{BAC}) = AB \times AC \times \cos\left(\overrightarrow{AB}, \overrightarrow{AC}\right)$.

1 Produit scalaire dans l'espace

A. Définition

Soient deux vecteurs $\vec{u}$ et $\vec{v}$ de l'espace. Soient trois points A, B et C tels que $\vec{u} = \overrightarrow{AB}$ et $\vec{v} = \overrightarrow{AC}$. Le produit scalaire $\vec{u} \cdot \vec{v}$ est égal au produit scalaire $\overrightarrow{AB} \cdot \overrightarrow{AC}$ calculé dans n'importe quel plan contenant A, B et C, en particulier dans le plan (ABC) lorsque A, B et C ne sont pas alignés.

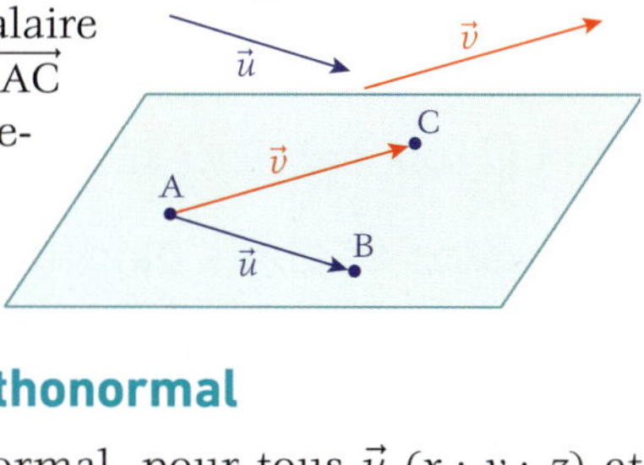

B. Produit scalaire en repère orthonormal

Propriété : Dans un repère orthonormal, pour tous $\vec{u}\ (x\,;\,y\,;\,z)$ et $\vec{v}\ (x'\,;\,y'\,;\,z')$, $\vec{u} \cdot \vec{v} = xx' + yy' + zz'$.

C. Orthogonalité

• Pour tous vecteurs $\vec{u}$ et $\vec{v}$ de l'espace, $\vec{u} \cdot \vec{v} = 0$ si, et seulement si, $\vec{u}$ et $\vec{v}$ sont orthogonaux.

REMARQUE

Le vecteur nul est orthogonal à tout vecteur de l'espace.

• Pour tout points A, B, C et D distincts deux à deux, (AB) et (CD) sont orthogonales si, et seulement si, $\overrightarrow{AB} \cdot \overrightarrow{CD} = 0$.

2 Vecteur normal à un plan

A. Définition

Un vecteur non nul $\vec{n}$ est **normal** à un plan P lorsque $\vec{n}$ est orthogonal à deux vecteurs non colinéaires du plan P.

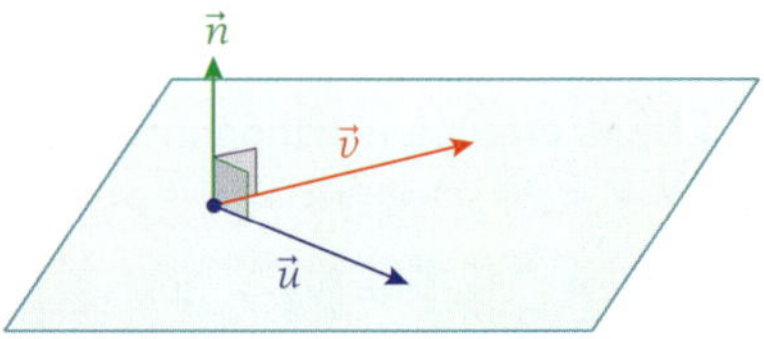

B. Propriété

Si le vecteur $\vec{n}$ est **normal** au plan P, alors $\vec{n}$ est orthogonal à tout vecteur du plan P.

C. Plans parallèles, plans perpendiculaires

Soient deux plans P et P′ dont $\vec{n}$ et $\vec{n}'$ sont deux vecteurs normaux respectifs.

• P et P′ sont perpendiculaires si, et seulement si, $\vec{n}$ et $\vec{n}'$ sont orthogonaux.

• P et P′ sont parallèles si, et seulement si, $\vec{n}$ et $\vec{n}'$ sont colinéaires.

D. Droites et plans parallèles ou perpendiculaires

Soit un plan P de vecteur normal $\vec{n}$ et Δ une droite de vecteur directeur $\vec{u}$.

• P et Δ sont perpendiculaires si, et seulement si, $\vec{n}$ et $\vec{u}$ sont colinéaires.

• P et Δ sont parallèles si, et seulement si, $\vec{n}$ et $\vec{u}$ sont orthogonaux.

3 Équation cartésienne d'un plan

A. Propriété

Soient a, b, c et d quatre réels tels que $(a\ ;\ b\ ;\ c) \neq (0\ ;\ 0\ ;\ 0)$. L'ensemble des points M$(x\ ;\ y\ ;\ z)$ tels que $ax + by + cz + d = 0$ est un plan dont un vecteur normal est $\vec{n}\ (a\ ;\ b\ ;\ c)$.

B. Cas particuliers

Tout plan parallèle au plan (xOy) a une équation de la forme $z = k$, $k \in \mathbb{R}$.

Tout plan parallèle au plan (xOz) a une équation de la forme $y = k$, $k \in \mathbb{R}$.

Tout plan parallèle au plan (yOz) a une équation de la forme $x = k$, $k \in \mathbb{R}$.

C. Plans parallèles

Soient P et P′ deux plans d'équations respectives $ax + by + cz + d = 0$ et $a'x + b'y + c'z + d' = 0$.

P et P′ sont parallèles si, et seulement si, les triplets $(a\ ;\ b\ ;\ c)$ et $(a'\ ;\ b'\ ;\ c')$ sont proportionnels.

PIÈGES À ÉVITER

- Les raisonnements dans l'espace généralisent les raisonnements dans le plan.
- On pourra s'aider de figures simples à main levée pour se faire une idée des positions relatives des objets étudiés (plans, droites, vecteurs).

1 Déterminer une équation cartésienne d'un plan

CONSEIL

- **Souvent la figure n'est pas facilement réalisable et l'exercice se traite uniquement par le calcul.**

Exercice

POINT MÉTHODE

✓ On utilise la propriété (Cf. §1B) $\vec{u}\cdot\vec{v} = xx' + yy' + zz'$ afin de trouver les coordonnées d'un vecteur normal, puis le §3 pour déterminer une équation.

Dans un repère orthonormal $(O ; \vec{i}, \vec{j}, \vec{k})$, on considère les points A(3 ; 0 ; 0), B(0 ; 4 ; 0) et C(0 ; 1 ; 5).

1 Montrer que A, B et C ne sont pas alignés.

2 Déterminer les coordonnées d'un vecteur $\vec{n}$ normal au plan (ABC).

3 Déterminer une équation cartésienne du plan (ABC).

Comment répondre ?

1 $\overrightarrow{AB}(-3 ; 4 ; 0)$ et $\overrightarrow{AC}(-3 ; 1 ; 5)$. Les coordonnées de ces vecteurs ne sont pas proportionnelles, donc A, B et C ne sont pas alignés. Donc, ils définissent le plan (ABC).

2 Soit $\vec{n}(\alpha ; \beta ; \gamma)$ un vecteur non nul.

$$\vec{n} \text{ est normal à ABC} \Leftrightarrow \begin{cases} \vec{n}\cdot\overrightarrow{AB} = 0 \\ \vec{n}\cdot\overrightarrow{AC} = 0 \end{cases} \Leftrightarrow \begin{cases} -3\alpha + 4\beta = 0 \\ -3\alpha + \beta + 5\gamma = 0 \end{cases}$$

$$\Leftrightarrow \begin{cases} \alpha = \frac{4}{3}\beta \\ -4\beta + \beta + 5\gamma = 0 \end{cases} \Leftrightarrow \begin{cases} \alpha = \frac{4}{3}\beta \\ \gamma = \frac{3}{5}\beta \end{cases}.$$

En posant $\beta = 15$, on obtient $\alpha = 20$ et $\gamma = 9$. Donc $\vec{n}(20 ; 15 ; 9)$ est un vecteur normal à (ABC).

3 D'après le *§3*, une équation de (ABC) est de la forme $20x + 15y + 9z + d = 0$.

Or A(3 ; 0 ; 0) appartient à (ABC) donc $20 \times 3 + 15 \times 0 + 9 \times 0 + d = 0$. Donc $d = -60$.

Donc, une équation de (ABC) est $20x + 15y + 9z - 60 = 0$.

2 Chercher des intersections

CONSEIL

- On doit bien distinguer les équations cartesiennes de plans et les représentations paramétriques de droites.

POINT MÉTHODE

✓ Trouver des points d'intersections revient habituellement à résoudre des systèmes.

✓ On relira le chapitre 9 pour les représentations paramétriques.

Exercice

Dans le repère orthonormal $(O ; \vec{i}, \vec{j}, \vec{k})$, on considère le plan P d'équation cartésienne $3x + 2y + 4z + 12 = 0$ et la droite Δ de représentation paramétrique $\begin{cases} x = 5 + 3k \\ y = 2k \\ z = 5 + 4k \end{cases}$, $k \in \mathbb{R}$.

1 **Déterminer l'intersection de P avec chacun des axes de coordonnées.**

2 **Déterminer les coordonnées du point d'intersection H de P et Δ.**

Comment répondre ?

1 L'axe (Ox) est l'intersection des plans d'équation $y = 0$ et $z = 0$. En reportant dans l'équation de P, on obtient : $3x + 2 \times 0 + 4 \times 0 + 12 = 0$.

Donc : $x = -4$. Donc le point d'intersection entre P et (Ox) est $A(-4 ; 0 ; 0)$.

De même, on trouve $B(0 ; -6 ; 0)$ et $C(0 ; 0 ; -3)$.

2 On doit résoudre le système suivant : $\begin{cases} x = 5 + 3k \\ y = 2k \\ z = 5 + 4k \\ 3x + 2y + 4z + 12 = 0 \end{cases}$.

En substituant les trois premières lignes dans la quatrième, on obtient :

$3 \times (5 + 3k) + 2 \times 2k + 4 \times (5 + 4k) + 12 = 0$, donc $29k + 47 = 0$, donc $k = -\dfrac{47}{29}$.

En reportant dans chacune des trois premières équations, on obtient :

$x = 5 + 3 \times \left(-\dfrac{47}{29}\right) = \dfrac{4}{29}$, $y = -\dfrac{94}{29}$ et $z = 5 + 4 \times \left(-\dfrac{47}{29}\right) = -\dfrac{43}{29}$.

Donc, le point d'intersection de P et Δ est $H\left(\dfrac{4}{29} ; -\dfrac{94}{29} ; -\dfrac{43}{29}\right)$.

TESTEZ VOS CONNAISSANCES

CORRIGÉ p. 266

Dans toutes les questions, l'espace est rapporté à un repère orthonormal $(O ; \vec{i}, \vec{j}, \vec{k})$.

1. $\overrightarrow{AB} \cdot \overrightarrow{CD} = 0$ si, et seulement si :

a. $\overrightarrow{AB} = -\overrightarrow{CD}$. **b.** $\overrightarrow{AB} = \vec{0}$ ou $\overrightarrow{CD} = \vec{0}$. **c.** $\overrightarrow{AB}$ et $\overrightarrow{CD}$ sont orthogonaux.

2. Dans un repère orthonormal, soit $\vec{u}(x ; y ; z)$ et $\vec{v}(x' ; y' ; z')$. $\vec{u}$ et $\vec{v}$ sont orthogonaux si, et seulement si :

a. $\vec{u} \cdot \vec{v} = xx' + yy' + zz'$. **b.** $xx' + yy' + zz' = 0$. **c.** $xy' - yx' = 0$.

3. Soient $\vec{u}(2 ; 4 ; 1)$ et $\vec{v}(-1 ; 1 ; 2)$. Alors,

a. $\vec{u} \cdot \vec{v} = 4$. **b.** $\vec{u} \cdot \vec{v} = -4$. **c.** $\vec{u} \cdot \vec{v} = 0$.

4. $\vec{u}(1 ; 3 ; 2)$ et $\vec{w}(x-1 ; y-1 ; z-2)$ sont orthogonaux si, et seulement si :

a. $x + 3y + 2z = 8$. **b.** $(x-1)(y-1)(z-2) = 0$. **c.** $x = 1, y = 1$ et $z = 2$.

5. Soient A, B et C trois points distincts 2 à 2.

a. $\cos(\widehat{BAC}) = \dfrac{\overrightarrow{AB} \cdot \overrightarrow{AC}}{AB \times AC}$. **b.** $\cos(\widehat{BAC}) = \dfrac{AB \times AC}{\overrightarrow{AB} \cdot \overrightarrow{AC}}$. **c.** $\cos(\widehat{BAC}) = AB \times AC$.

6. Le Plan P a pour équation $4x + 6y - 2z + 12 = 0$. Un vecteur normal de P est :

a. $\vec{u}(4 ; 6 ; 2)$. **b.** $\vec{v}(2 ; 3 ; -1)$. **c.** $\vec{w}(6 ; -2 ; 12)$.

7. Le plan P contient A(3 ; 0 ; 0), B(0 ; 3 ; 0) et C(0 ; 0 ; 6). Un vecteur normal à P est :

a. $\vec{u}(1 ; 1 ; -2)$. **b.** $\vec{v}(3 ; 3 ; 6)$. **c.** $\vec{w}(4 ; 4 ; 2)$.

8. Les plans P et P′ ont pour équations respectives $3x + 3y + 6z + 12 = 0$ et $5x + 5y + 10z + 20 = 0$. P et P′ sont

a. perpendiculaires. **b.** confondus. **c.** strictement parallèles.

9. Le plan P a pour équation $x + 3y + z - 6 = 0$ et la droite Δ a pour représentation paramétrique $\begin{cases} x = -1 + 2k \\ y = 2 - k \\ z = 1 + k \end{cases}$, $k \in \mathbb{R}$.

a. P et Δ sont perpendiculaires.

b. Δ est incluse dans P.

c. P et Δ sont strictement parallèles.

ENTRAÎNEZ-VOUS

CORRIGÉ p. 267

Dans tous les exercices, l'espace est rapporté à un repère orthonormal $(O ; \vec{i}, \vec{j}, \vec{k})$.

Déterminer une équation cartésienne d'un plan

1 On considère les points A (3 ; 3 ; 0), B(0 ; 4 ; 4), C(2 ; 0 ; 2) et D(4 ; 6 ; 2). ●○○ 20 min

a. Montrer que A, B et C ne sont pas alignés.

b. Déterminer les coordonnées d'un vecteur $\vec{n}$ normal au plan (ABC).

c. Déterminer une équation cartésienne du plan (ABC).

d. Déterminer une équation cartésienne du plan P passant par D et parallèle à (ABC).

2 On considère les points A(1 ; 5 ; 0), B(−9 ; 0 ; −20) et C(−1 ; 4 ; −4). ●○○ 15 min

a. Pourquoi n'existe-t-il pas de plan (ABC) ?

b. Déterminer une équation cartésienne du plan P passant par A et perpendiculaire à (AB).

3 Le plan P a pour représentation paramétrique ●○○ 15 min

$$\begin{cases} x = 3 + k + 2k' \\ y = 1 + k + k' \\ z = -k \end{cases}, (k, k') \in \mathbb{R}^2.$$

Donner une équation cartésienne de P.

4 La droite Δ a pour représentation paramétrique : ●●○ 25 min

$$\begin{cases} x = 3 + k \\ y = k \\ z = 2 \end{cases}, k \in \mathbb{R}$$ et la droite Δ′ a pour représentation paramétrique :

$$\begin{cases} x = 2k' \\ y = 4 - 2k', k' \in \mathbb{R}. \\ z = k' \end{cases}$$

a. Δ et Δ′ sont-elles orthogonales ? Sont-elles perpendiculaires ?

b. Déterminer une équation du plan P contenant Δ et parallèle à Δ′.

5 Question de cours ●●○ 30 min

Soient a, b, c trois réels tels que $(a ; b ; c) \neq (0 ; 0 ; 0)$.

a. Soient un point $A(x_A ; y_A ; z_A)$ et P le plan passant par A et de vecteur normal $\vec{n}(a ; b ; c)$. Montrer qu'il existe un réel d tel que, si un point $M(x ; y ; z)$ appartient à P, alors $ax + by + cz + d = 0$.

b. Soit d un réel. Soit P l'ensemble des points $M(x ; y ; z)$ tels que $ax + by + cz + d = 0$. En supposant que $a \neq 0$, déterminer un point A appartenant à P, puis montrer que P est le plan passant par A et de vecteur normal $\vec{n}(a ; b ; c)$.

c. Conclure.

Chercher des intersections

6 On considère les plans P_1, P_2 et P_3 d'équations cartésiennes respectives $x + 4y - 2z - 4 = 0$, $y - z = 0$ et $2x - y - z - 2 = 0$. ●○○ 25 min

a. Montrer que P_1 et P_2 sont sécants puis déterminer une représentation paramétrique de la droite Δ d'intersection.

b. Montrer que Δ et P_3 sont perpendiculaires et déterminer les coordonnées du point d'intersection C de Δ et P_3.

c. Quelles sont les positions relatives des trois plans ?

7 On considère les plans P_1, P_2 et P_3 d'équations cartésiennes respectives $4x + y - z - 8 = 0$, $2x - y + z - 10 = 0$ et $4x - 2y + 2z - 10 = 0$. ●○○ 25 min

a. Montrer que P_1 et P_2 sont sécants puis déterminer une représentation paramétrique de la droite Δ d'intersection.

b. Montrer que Δ et P_3 sont parallèles.

c. Quelles sont les positions relatives des trois plans ?

8 On considère les droites d et Δ de représentations paramétriques respectives : ●●○ 30 min

$$\begin{cases} x = 2t \\ y = 2t \\ z = 3 - 3t \end{cases}, t \in \mathbb{R} \text{ et } \begin{cases} x = 4 - 8k \\ y = 4k \\ z = 3k \end{cases}, k \in \mathbb{R}.$$

a. Démontrer que d et Δ sont sécantes et déterminer les coordonnées du point K d'intersection.

b. Déterminer une équation du plan P qui contient d et Δ et montrer que P contient également les points $A(4 ; 0 ; 0)$, $B(0 ; 4 ; 0)$ et $C(0 ; 0 ; 3)$.

c. Démontrer que K est le centre de gravité de ABC.

Repérage dans un cube

9 On considère le cube ABCDEFGH représenté ci-dessous. ●●○ 45 min

1. a. Exprimer plus simplement le vecteur $\overrightarrow{DA} + \overrightarrow{DC} + \overrightarrow{DH}$.

b. En déduire que le produit scalaire $\overrightarrow{DF} \cdot \overrightarrow{EB}$ est nul.

c. Démontrer de même que le produit scalaire $\overrightarrow{DF} \cdot \overrightarrow{EG}$ est nul.

d. Démontrer que la droite (DF) est orthogonale au plan (BEG).

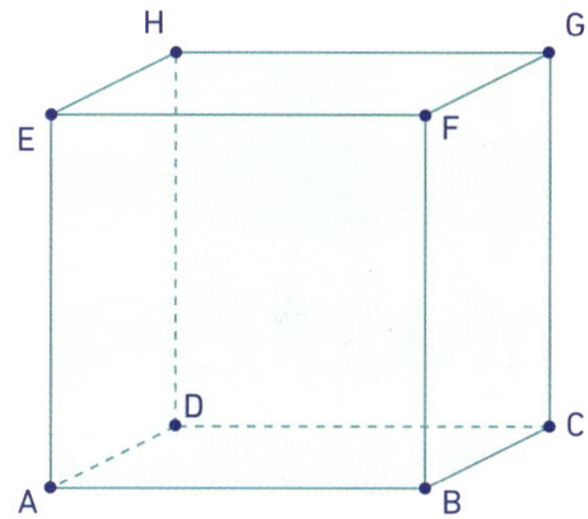

2. Dans cette question et la suivante, l'espace est orienté par le repère orthonormal $(D\ ;\ \overrightarrow{DA}, \overrightarrow{DC}, \overrightarrow{DH})$.

a. Écrire une équation du plan (BEG).

b. Écrire une représentation paramétrique de la droite (DF) et déterminer les coordonnées du point d'intersection I de (BEG) et (DF).

c. Démontrer que I est l'orthocentre du triangle BEG.

Droite perpendiculaire à un plan

10 **Question de cours** ●●○ 30 min

Le but est de démontrer qu'une droite est orthogonale à toute droite d'un plan si, et seulement si, elle est orthogonale à deux droites sécantes de ce plan.

1. Montrer que si une droite est orthogonale à toute droite d'un plan, alors elle est orthogonale à deux droites sécantes de ce plan.

2. Soit P un plan et Δ une droite. On suppose que P contient deux droites d_1 et d_2, sécantes et toutes deux orthogonales à Δ.

a. Soit $\vec{u}$ un vecteur directeur de d_1 et $\vec{v}$ un vecteur directeur de d_2. Démontrer qu'il n'existe aucun couple $(k\ ;\ k')$ de réels différent de $(0\ ;\ 0)$ tels que $k\vec{u} + k'\vec{v} = \vec{0}$.

b. Soit d_3 une droite contenue dans P et $\vec{w}$ un vecteur directeur de d_3. Démontrer qu'il existe deux réel k et k' tels que $\vec{w} = k\vec{u} + k'\vec{v}$.

c. Soit $\vec{n}$ un vecteur directeur de Δ. Déduire de la question **b.** que $\vec{n} \cdot \vec{w} = 0$.
En déduire que Δ est orthogonale à d_3.

3. Conclure.

Corrigés de *TESTEZ VOS CONNAISSANCES*

1. Réponse **c**. Cf. *§1C.*

2. Réponse **b**. Cf. *§1B* et *§1C.*
$\vec{u}$ et $\vec{v}$ sont orthogonaux $\Leftrightarrow \vec{u}\cdot\vec{v} = 0 \Leftrightarrow xx' + yy' + zz' = 0$.

3. Réponse **a**. Cf. *§1B.* $\vec{u}\cdot\vec{v} = 2\times(-1) + 4\times 1 + 1\times 2 = 4$.

4. Réponse **a**. Cf. *§1b* et *§1C.*

$\vec{u}$ et $\vec{v}$ sont orthogonaux $\Leftrightarrow \vec{u}\cdot\vec{v} = 0 \Leftrightarrow 1\times(x-1) + 3\times(y-1) + 2\times(z-2) = 0$
$\Leftrightarrow x + 3y + 2z - 8 = 0 \Leftrightarrow x + 3y + 2z = 8$.

À RETENIR

$\overrightarrow{AB}\cdot\overrightarrow{AC} = AB\times AC\times\cos(\widehat{BAC})$.

5. Réponse **a**. Cf. « Pour démarrer ».
A, B et C sont nécessairement coplanaires, or, dans un plan,
$\overrightarrow{AB}\cdot\overrightarrow{AC} = AB\times AC\times\cos(\widehat{BAC})$, donc $\cos(\widehat{BAC}) = \dfrac{\overrightarrow{AB}\cdot\overrightarrow{AC}}{AB\times AC}$.

CONSEIL

Si on connaît un vecteur normal à un plan, tous les vecteurs non nuls colinéaires à ce vecteur sont aussi des vecteurs normaux.

6. Réponse **b**. Cf. *§3A.* Le plan a pour équation $4x + 6y - 2z + 12 = 0$, donc un vecteur normal a pour coordonnées $(4 ; 6 ; -2)$. Or $\vec{v}\,(2 ; 3 ; -1)$ est colinéaire à ce vecteur normal, donc c'est aussi un vecteur normal à P.

7. Réponse **c**. Cf. *§2A.* $\overrightarrow{AB}(-3 ; 3 ; 0)$ et $\overrightarrow{AC}(-3 ; 0 ; 6)$.
Or $\overrightarrow{AB}\cdot\vec{w} = -3\times 4 + 3\times 4 = 0$ et $\overrightarrow{AC}\cdot\vec{w} = -3\times 4 + 6\times 2 = 0$.
De plus, $\overrightarrow{AB}$ et $\overrightarrow{AC}$ ne sont pas colinéaires. En effet, leurs coordonnées ne sont pas proportionnelles (on peut vérifier, par exemple, que $\dfrac{-3}{-3} \neq \dfrac{0}{3}$).
$\vec{w}$ est donc orthogonal à deux vecteurs non colinéaires du plan P. Donc $\vec{w}$ est normal à P.

REMARQUE

On aurait aussi pu déterminer les coordonnées de deux points de Δ et montrer que ces points vérifient l'équation de P. Par exemple, si k = 0, on obtient le point A(− 1 ; 2 ; 1) et si k = 1, on obtient B(1 ; 1 ; 2). Or $-1 + 3\times 2 + 1 - 6 = 0$ et $1 + 3\times 1 + 2 - 6 = 0$. Donc A et B appartiennent à P, donc la droite (AB) est incluse dans P, donc Δ est incluse dans P.

8. Réponse **b**. $3x + 3y + 6z + 12 = 0$
$\Leftrightarrow x + y + 2z + 4 = 0$ et $5x + 5y + 10z + 20 = 0$
$\Leftrightarrow x + y + 2z + 4 = 0$.
Donc, ces deux équations sont équivalentes. Les plans P et P′ sont confondus.

9. Réponse **b**. Reportons les expressions de x, y et z en fonction du paramètre k dans l'équation de P :
$(-1 + 2k) + 3(2 - k) + (1 + k) - 6 = 0$. Donc, chaque point de Δ vérifie l'équation de P. Donc Δ est incluse dans P.

Corrigés de *ENTRAÎNEZ-VOUS*

1 **a.** $\overrightarrow{AB}(-3\,;1\,;4)$ et $\overrightarrow{AC}(-1\,;-3\,;2)$. Les coordonnées de ces vecteurs ne sont pas proportionnelles (en effet $\frac{-3}{-1} \neq \frac{1}{-3}$), donc A, B et C ne sont pas alignés. Donc, ils définissent le plan (ABC).

b. Soit $\vec{n}(\alpha\,;\beta\,;\gamma)$ un vecteur non nul.

$\vec{n}$ est normal à (ABC) $\Leftrightarrow \begin{cases} \vec{n}\cdot\overrightarrow{AB} = 0 \\ \vec{n}\cdot\overrightarrow{AC} = 0 \end{cases} \Leftrightarrow \begin{cases} -3\alpha + \beta + 4\gamma = 0 \\ -\alpha - 3\beta + 2\gamma = 0 \end{cases}$

$$\Leftrightarrow \begin{cases} -3\alpha + \beta + 4\gamma = 0 \\ 2\alpha + 6\beta - 4\gamma = 0 \end{cases} \Leftrightarrow \begin{cases} -3\alpha + \beta + 4\gamma = 0 \\ -\alpha + 7\beta = 0 \end{cases} \Leftrightarrow \begin{cases} -3\times 7\beta + \beta + 4\gamma = 0 \\ \alpha = 7\beta \end{cases}$$

$$\Leftrightarrow \begin{cases} 4\gamma = 20\beta \\ \alpha = 7\beta \end{cases} \Leftrightarrow \begin{cases} \gamma = 5\beta \\ \alpha = 7\beta \end{cases}.$$

À RETENIR

$\vec{u}\cdot\vec{v} = xx' + yy' + zz'$.

En posant $\beta = 1$, on obtient $\alpha = 7$ et $y = 5$. Donc $n(7\,;1\,;5)$ est un vecteur normal à (ABC).

c. D'après le **§3**, une équation de (ABC) est de la forme $7x + 1y + 5z + d = 0$.

Or A(3 ; 3 ; 0) appartient à (ABC), donc $7 \times 3 + 1 \times 3 + 5 \times 0 + d = 0$. Donc $d = -24$.

Donc, une équation de (ABC) est $7x + y + 5z - 24 = 0$.

d. P est parallèle à (ABC), donc $\vec{n}(7\,;1\,;5)$ est également normal à P. Donc une équation de P est de la forme $7x + y + 5z + d' = 0$.

Or D(4 ; 6 ; 2) appartient à P, donc $7 \times 4 + 1 \times 6 + 5 \times 2 + d' = 0$. Donc $d' = -44$.

Donc, une équation de P est $7x + y + 5z - 44 = 0$.

REMARQUE

On résout un système de deux équations à trois inconnues. Ce système n'admet pas un triplet unique comme solution. En effet, tout triplet proportionnel à (7 ; 1 ; 5) convient, car tout vecteur colinéaire à $\vec{n}(7\,;1\,;5)$ est aussi un vecteur normal à (ABC).

2 **a.** $\overrightarrow{AB}(-10\,;-5\,;-20)$ et $\overrightarrow{AC}(-2\,;-1\,;-4)$. On remarque que $\frac{-10}{-2} = \frac{-5}{-1} = \frac{-20}{-4} = 5$.

Donc $\overrightarrow{AB} = 5\overrightarrow{AC}$. Donc $\overrightarrow{AB}$ et $\overrightarrow{AC}$ sont colinéaires.

Donc, A, B et C sont alignés. Ils ne définissent pas un plan, car une infinité de plans contiennent la droite (AB).

b. Le plan P est perpendiculaire à (AB) donc le vecteur $\overrightarrow{AB}(-10\,;-5\,;-20)$ est normal à P. D'après le *§3*, une équation de P est de la forme $-10x - 5y - 20z + d = 0$.

A(1 ; 5 ; 0) appartient à P, donc $-10 \times 1 - 5 \times 5 - 20 \times 0 + d = 0$.

Donc $d = 35$.

REMARQUE

Trois points non-alignés sont nécessairement coplanaires et définissent un plan unique. En revanche, trois points alignés sont inclus dans une infinité de plans.

CONSEIL

Un plan admet une infinité d'équations équivalentes. Il suffit de multiplier une équation par n'importe quel réel non nul pour en obtenir une autre. On cherche, en général, celle dont les coefficients sont des entiers les plus petits possible.

Donc, une équation de P est $-10x - 5y - 20z + 35 = 0$.
On peut diviser chaque membre de cette égalité par (–5).
On obtient l'équation équivalente :
$2x + y + 4z - 7 = 0$.

RAPPEL

Une représentation paramétrique du plan P passant par $A(x_A ; y_A ; z_A)$ et dirigé par $\vec{u}(a ; b ; c)$ et $\vec{v}(a' ; b' ; c')$ est :

$$\begin{cases} x = x_A + ak + a'k' \\ y = y_A + bk + b'k' \\ z = z_A + ck + c'k' \end{cases} \text{ avec } (k, k') \in \mathbb{R}^2.$$

3 On connaît une représentation paramétrique de P. D'après le chapitre 9 (Cf. *§5*), on connaît ainsi un point et un couple de vecteurs directeurs de P.
P a pour représentation paramétrique

$$\begin{cases} x = 3 + k + 2k' \\ y = 1 + k + k' \\ z = -k \end{cases}, (k, k') \in \mathbb{R}^2,$$ donc P passe par A(3 ; 1 ; 0) et est dirigé par $\vec{u}(1 ; 1 ; -1)$ et $\vec{v}(2 ; 1 ; 0)$.
Pour déterminer une équation de P, on cherche un vecteur normal comme dans l'exercice résolu A.
$(\alpha ; \beta ; \gamma)$ un vecteur non nul.

$$\vec{n} \text{ est normal à P} \Leftrightarrow \begin{cases} \vec{n}\cdot\vec{u} = 0 \\ \vec{n}\cdot\vec{v} = 0 \end{cases}$$

$$\Leftrightarrow \begin{cases} \alpha + \beta - \gamma = 0 \\ 2\alpha + \beta = 0 \end{cases} \Leftrightarrow \begin{cases} \alpha - 2\alpha - \gamma = 0 \\ \beta = -2\alpha \end{cases} \Leftrightarrow \begin{cases} \gamma = -\alpha \\ \beta = -2\alpha \end{cases}.$$

En posant $\alpha = 1$, on obtient $\beta = -2$ et $\gamma = -1$. Donc $\vec{n}(1 ; -2 ; -1)$ est un vecteur normal à P.
D'après le *§3*, une équation de P est de la forme $1x - 2y - 1z + d = 0$.
A(3 ; 1 ; 0) appartient à P, donc $1 \times 3 - 2 \times 1 - 1 \times 0 + d = 0$. Donc $d = -1$.
Donc, une équation de P est $x - 2y - z - 1 = 0$.

4 **a.** On connaît une représentation paramétrique de chacune des droites Δ et Δ', donc, d'après le chapitre 9 (Cf. *§6*), pour chaque droite, on connaît un point et un vecteur directeur.

RAPPEL

Une représentation paramétrique de la droite Δ passant par $A(x_A ; y_A ; z_A)$ et dirigé par $\vec{u}(a ; b ; c)$ est :

$$\begin{cases} x = x_A + ak \\ y = y_A + bk \\ z = z_A + ck \end{cases} \text{ avec } k \in \mathbb{R}.$$

Δ a pour représentation paramétrique $\begin{cases} x = 3 + k \\ y = k \\ z = 2 \end{cases}$, $k \in \mathbb{R}$, donc Δ passe par A(3 ; 0 ; 2) et est dirigée par $\vec{u}(1 ; 1 ; 0)$.

Δ' a pour représentation paramétrique $\begin{cases} x = 2k' \\ y = 4 - 2k', \; k' \in \mathbb{R}, \\ z = k' \end{cases}$ donc Δ' passe par B(0 ; 4 ; 0) et est dirigée par $\vec{v}(2\,;-2\,;1)$.

Or $\vec{u} \cdot \vec{v} = 1 \times 2 + 1 \times (-2) + 0 \times 1 = 0$. Donc $\vec{u}$ et $\vec{v}$ sont orthogonaux.

Donc Δ et Δ' sont orthogonales.
Pour déterminer si Δ et Δ' sont perpendiculaires ou non, on doit savoir si elles sont sécantes ou non.
Pour trouver les points communs éventuels à Δ et Δ', on résout le système :

$$\begin{cases} 3 + k = 2k' \\ k = 4 - 2k' \\ 2 = k' \end{cases} \Leftrightarrow \begin{cases} k = 2 \times 2 - 3 \\ k = 4 - 2 \times 2 \\ k' = 2 \end{cases} \Leftrightarrow \begin{cases} k = 1 \\ k = 0 \\ k' = 2 \end{cases}.$$

Or ce système n'a aucune solution, les deux premières lignes étant contradictoires. Donc Δ et Δ' ne sont pas sécantes. Elles sont donc orthogonales mais ne sont pas perpendiculaires.

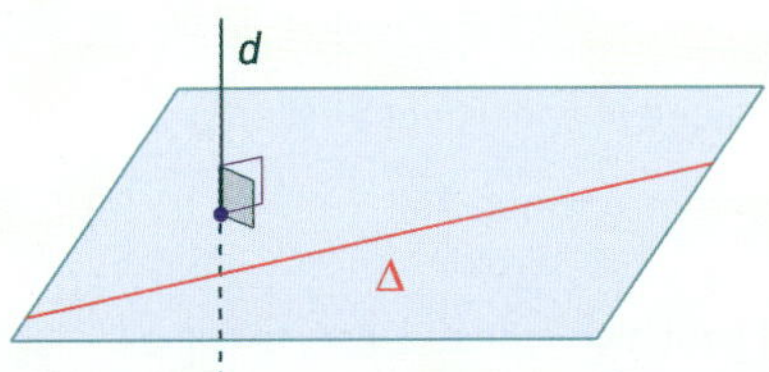

CONSEIL

Dans le plan, deux droites orthogonales sont nécessairement perpendiculaires. Mais ce n'est pas le cas dans l'espace. Deux droites orthogonales non coplanaires ne sont pas perpendiculaires. Voir ci-contre.

b. Le plan P contient Δ et est parallèle à Δ', donc il est dirigé par $\vec{u}(1\,;1\,;0)$ et $\vec{v}(2\,;-2\,;1)$. Pour déterminer une équation de P, on cherche un vecteur normal comme dans l'exercice résolu **A.**
Soit $\vec{n}(\alpha\,;\beta\,;y)$ un vecteur non nul.

$$\vec{n} \text{ est normal à P} \Leftrightarrow \begin{cases} \vec{n} \cdot \vec{u} = 0 \\ \vec{n} \cdot \vec{v} = 0 \end{cases} \Leftrightarrow \begin{cases} \alpha + \beta = 0 \\ 2\alpha - 2\beta + \gamma = 0 \end{cases}$$

$$\Leftrightarrow \begin{cases} \beta = -\alpha \\ 2\alpha + 2\alpha + \gamma = 0 \end{cases} \Leftrightarrow \begin{cases} \beta = -\alpha \\ \gamma = -4\alpha \end{cases}.$$

En posant $\alpha = 1$, on obtient $\beta = -1$ et $\gamma = -4$. Donc $\vec{n}(1\,;-1\,;-4)$ est un vecteur normal à P.

D'après le *§3*, une équation de P est de la forme $1x - 1y - 4z + d = 0$.
A(3 ; 0 ; 2) appartient à Δ, donc à P, donc $1 \times 3 - 1 \times 0 - 4 \times 2 + d = 0$. Donc $d = 5$.
Donc, une équation de P est $x - y - 4z + 5 = 0$.

5 **a.** Soit M(x ; y ; z) un point P.
Le vecteur $\vec{n}(a\,;b\,;c)$ est normal à P, donc il est orthogonal à tout vecteur de P.
Or $\overrightarrow{AM}(x - x_A\,;\,y - y_A\,;\,z - z_A)$ est un vecteur de P. Donc $\overrightarrow{AM}\cdot\vec{n} = 0$, donc
$a \times (x - x_A) + b \times (y - y_A) + c \times (z - z_A) = 0$.
En développant, on obtient : $ax + by + cz - (ax_A + by_A + cz_A) = 0$.
En posant $d = -(ax_A + by_A + cz_A)$, on obtient bien $ax + by + cz + d = 0$.
Donc, il existe un réel d tel que, si M appartient à P, alors $ax + by + cz + d = 0$.

À RETENIR
Tous les points de l'axe (Ox) vérifient $\begin{cases} y = 0 \\ z = 0 \end{cases}$.

b. Supposons que $a \neq 0$. Dans ce cas, on peut chercher le point d'intersection de P avec l'axe (Ox). Si un point A appartient à (Ox), alors il appartient aux plans d'équations $y = 0$ et $z = 0$.
En remplaçant dans l'équation, on obtient :
$ax + b \times 0 + c \times 0 + d = 0$.
Donc $x = -\dfrac{d}{a}$. Donc, P passe par le point $A\left(-\dfrac{d}{a}\,;0\,;0\right)$.

Soit M(x ; y ; z) un point de P. Montrons que M appartient au plan passant par A et de vecteur normal $\vec{n}(a\,;b\,;c)$. Pour cela, montrons que $\overrightarrow{AM}\left(x + \dfrac{d}{a}\,;y\,;z\right)$ et $\vec{n}(a\,;b\,;c)$ sont orthogonaux. $\overrightarrow{AM}\cdot\vec{n} = a\left(x + \dfrac{d}{a}\right) + by + cz$,
donc $\overrightarrow{AM}\cdot\vec{n} = ax + by + cz + d$.
Or M appartient à P, donc $ax + by + cz + d = 0$,
donc $\overrightarrow{AM}\cdot\vec{n} = 0$.
Donc M appartient au plan passant par A et de vecteur normal $\vec{n}$.

REMARQUE
Dans le cas où $a = 0$, on aurait choisit le point $B\left(0\,;-\dfrac{d}{b}\,;0\right)$ si $b \neq 0$, ou le point $C\left(0\,;0\,;-\dfrac{d}{c}\right)$ si $c \neq 0$.
Puisque les trois coefficients a, b et c ne peuvent pas être tous les trois nuls, au moins un de ces points existe.

c. D'après le **a.** et le **b.**, on peut déduire que l'ensemble des points M(x : y ; z) tels que
$ax + by + cz + d = 0$ est un plan dont un vecteur normal est $\vec{n}(a\,;b\,;c)$.

6 **a.** D'après le *§3*, un vecteur normal à P_1 est $\vec{n}_1(1\,;4\,;-2)$ et un vecteur normal à P_2 est $\vec{n}_2(0\,;1\,;-1)$. Or, $\vec{n}_1$ et $\vec{n}_2$ ne sont pas colinéaires, car leurs coordonnées ne sont pas proportionnelles, donc P_1 et P_2 ne sont pas parallèles (*§2C*). Donc, ils sont sécants.

Pour déterminer une représentation paramétrique de la droite d'intersection, on résout le système : $\begin{cases} x+4y-2z-4=0 \\ y-z=0 \end{cases} \Leftrightarrow \begin{cases} x+4z-2z-4=0 \\ y=z \end{cases} \Leftrightarrow \begin{cases} x=4-2z \\ y=z \end{cases}$.

On peut exprimer x et y en fonction de z. En posant $z = k$, on obtient la représentation paramétrique de Δ : $\begin{cases} x=4-2k \\ y=k \\ z=k \end{cases}$, $k \in \mathbb{R}$.

REMARQUE

On résout un système de deux équations à trois inconnues. Ce système ne peut pas avoir une solution unique car deux plans se coupent suivant une droite.

b. D'après le chapitre 9 (Cf. *§6*), la représentation paramétrique de Δ permet de déterminer un point et un vecteur directeur de Δ.
Δ passe par le point A(4 ; 0 ; 0) et admet le vecteur $\vec{u}(-2\ ;1\ ;1)$ comme vecteur directeur.
Or, P_3 a pour équation $2x-y-z-2=0$, donc $\vec{n}_3(2\ ;-1\ ;-1)$ est normal à P_3.
On remarque que $\vec{n}_3 = -\vec{u}$, donc $\vec{u}$ et $\vec{n}_3$ sont colinéaires. Donc Δ est perpendiculaire à P_3.
Pour déterminer les coordonnées du point d'intersection, on résout le système :

$$\begin{cases} x=4-2k \\ y=k \\ z=k \\ 2x-y-z-2=0 \end{cases} \Leftrightarrow \begin{cases} x=4-2k \\ y=k \\ z=k \\ 2(4-2k)-k-k-2=0 \end{cases} \Leftrightarrow \begin{cases} x=4-2k \\ y=k \\ z=k \\ k=1 \end{cases} \Leftrightarrow \begin{cases} x=2 \\ y=1 \\ z=1 \\ k=1 \end{cases}.$$

Donc, P_3 et Δ se coupent en C(2 ; 1 ; 1).

c. P_1 et P_2 sont sécants mais ne sont pas perpendiculaires.
En effet, $\vec{n}_1 \cdot \vec{n}_2 = 1\times 0+4\times 1+(-2)\times(-1)=6 \neq 0$.
P_1 et P_3 sont perpendiculaires. On peut vérifier que $\vec{n}_1 \cdot \vec{n}_3 = 1\times 2+4\times(-1)+(-2)\times(-1)=0$. On peut aussi remarquer que P_1 contient Δ qui est perpendiculaire à P_3. Donc, P_1 et P_3 sont nécessairement perpendiculaires.
De même, $\vec{n}_2 \cdot \vec{n}_3 = 0\times 2+1\times(-1)+(-1)\times(-1)=0$. Donc P_2 et P_3 sont perpendiculaires.
On peut se représenter la situation par la figure ci-dessous.

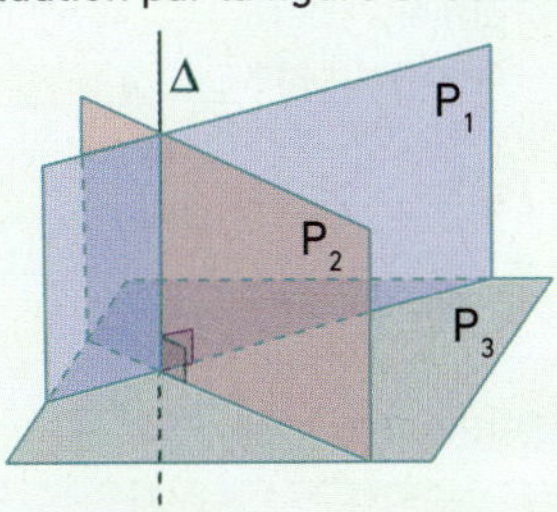

7 **a.** D'après le *§3*, un vecteur normal à P_1 est $\vec{n}_1(4\ ;\ 1\ ;\ -1)$ et un vecteur normal à P_2 est $\vec{n}_2(2\ ;\ -1\ ;\ 1)$. Or, $\vec{n}_1$ et $\vec{n}_2$ ne sont pas colinéaires, car leurs coordonnées ne sont pas proportionnelles, donc P_1 et P_2 ne sont pas parallèles (Cf. *§2C*). Donc, ils sont sécants.
Pour déterminer une représentation paramétrique de la droite d'intersection, on résout le système : $\begin{cases} 4x + y - z - 8 = 0 \\ 2x - y + z - 10 = 0 \end{cases} \Leftrightarrow \begin{cases} 4x + y - z - 8 = 0 \\ 6x - 18 = 0 \end{cases}$

$$\Leftrightarrow \begin{cases} 4 \times 3 + y - z - 8 = 0 \\ x = 3 \end{cases} \Leftrightarrow \begin{cases} y = z - 4 \\ x = 3 \end{cases}.$$

On remarque que x est constant et que l'on peut exprimer y en fonction de z. En posant $z = k$, on obtient la représentation paramétrique de Δ : $\begin{cases} x = 3 \\ y = -4 + k,\ k \in \mathbb{R}. \\ z = k \end{cases}$

b. D'après le chapitre 9 (Cf. *§6*), l'équation paramétrique de Δ permet de déterminer un point et un vecteur directeur de Δ. Δ passe par le point $A(3\ ;\ -4\ ;\ 0)$ et admet le vecteur $\vec{u}(0\ ;\ 1\ ;\ 1)$ comme vecteur directeur.
Or, P_3 a pour équation $4x - 2y + 2z - 10 = 0$, donc $\vec{n}_3(4\ ;\ -2\ ;\ 2)$ est normal à P_3.

REMARQUE
On pourrait aussi remarquer que le point de coordonnées (0 ; 0 ; 5) appartient à P_3 mais pas à P_2.

On remarque que $\vec{n}_3 \cdot \vec{u} = 4 \times 0 + (-2) \times 1 + 2 \times 1 = 0$, donc $\vec{u}$ et $\vec{n}_3$ sont orthogonaux. Donc Δ est parallèle à P_3.

c. P_1 et P_2 sont sécants mais ne sont pas perpendiculaires. En effet, $\vec{n}_1 \cdot \vec{n}_2 = 4 \times 2 + 1 \times (-1) + (-1) \times 1 = 6 \neq 0$.

P_2 et P_3 sont parallèles. On peut vérifier que $\vec{n}_3 = 2\vec{n}_2$. Donc les vecteurs normaux aux deux plans sont colinéaires, donc les plans sont parallèles. Ils ne sont pas confondus, car l'équation de P_3 est $4x - 2y + 2z - 10 = 0$ et équivaut à $2x - y + z - 5 = 0$. Or celle de P_2 est $2x - y + z - 10 = 0$. Les trois premiers coefficients de la première équation sont égaux aux trois premiers de la deuxième, mais c'est faux pour le quatrième coefficient. Donc les plans sont strictements parallèles.
Par conséquent, P_1 et P_3 sont également sécants.
On peut se représenter la situation par la figure ci-dessous.

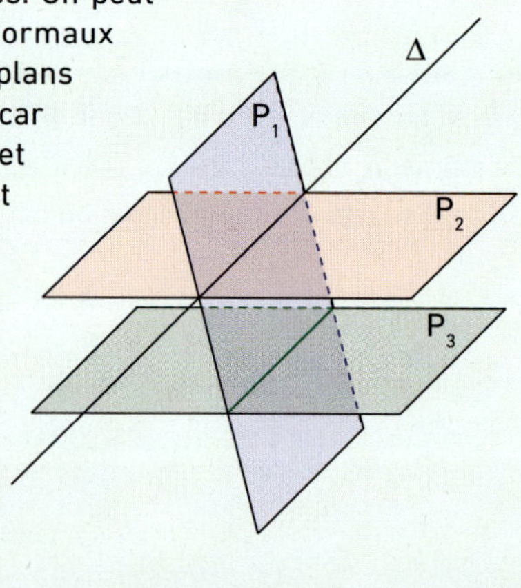

8 **a.** Pour montrer que d et Δ sont sécantes, on résout le système suivant :

$$\begin{cases} 2t = 4 - 8k \\ 2t = 4k \\ 3 - 3t = 3k \end{cases} \Leftrightarrow \begin{cases} 4k = 4 - 8k \\ t = 2k \\ 3 - 6k = 3k \end{cases} \Leftrightarrow \begin{cases} k = \dfrac{1}{3} \\ t = \dfrac{2}{3} \\ k = \dfrac{1}{3} \end{cases}.$$

REMARQUE

Pour chercher l'intersection de deux droites, on doit utiliser deux paramètres distincts. Ici, d est paramétrée par t et Δ par k

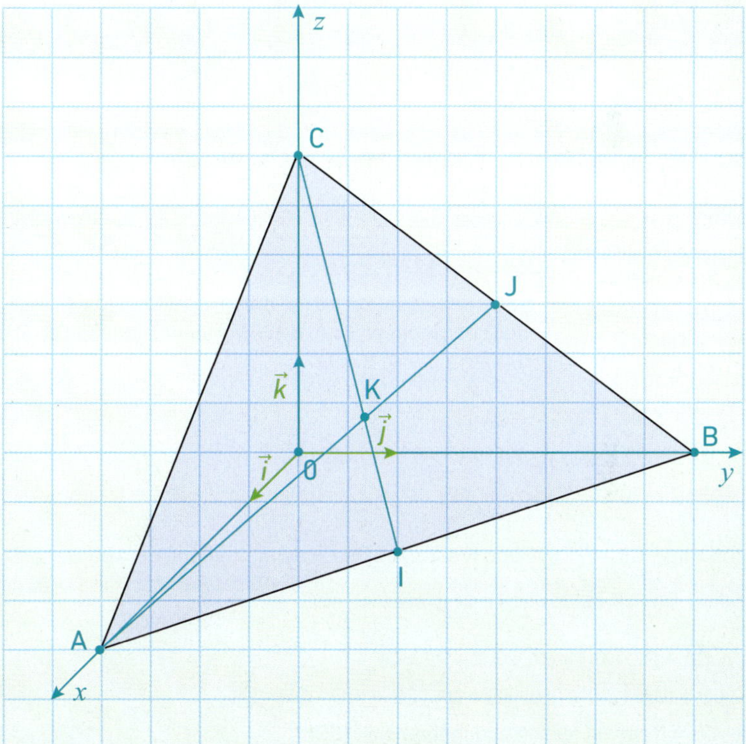

Ce système a un seul couple solution, donc les droites sont sécantes. En remplaçant t et k par leurs valeurs respectives dans les représentations paramétriques, on trouve les coordonnées du point d'intersection : $K\left(\dfrac{4}{3} ; \dfrac{4}{3} ; 1\right)$.

b. d et Δ sont sécantes, donc elles sont coplanaires. Le plan P qui les contient, contient également le point K et les vecteurs directeurs de d et Δ. D'après le chapitre 9 (Cf. *§6*), l'équation paramétrique de d permet de déterminer un vecteur directeur $\vec{u}(2\,;2\,;-3)$, et celle de Δ un vecteur directeur $\vec{v}(-8\,;4\,;3)$.
Pour déterminer une équation de P, on cherche un vecteur $\vec{n}$ normal à P.

$$n \text{ est normal à P} \Leftrightarrow \begin{cases} \vec{n}\cdot\vec{u} = 0 \\ \vec{n}\cdot\vec{v} = 0 \end{cases} \Leftrightarrow \begin{cases} 2\alpha + 2\beta - 3\gamma = 0 \\ -8\alpha + 4\beta + 3\gamma = 0 \end{cases}$$

$$\Leftrightarrow \begin{cases} 2\alpha + 2\beta - 3\gamma = 0 \\ -6\alpha + 6\beta = 0 \end{cases} \Leftrightarrow \begin{cases} \gamma = \frac{4}{3}\beta \\ \alpha = \beta \end{cases}.$$

En posant $\beta = 3$, on obtient $\alpha = 3$ et $\gamma = 4$. Donc $\vec{n}(3\,;3\,;4)$ est un vecteur normal à P.
D'après le *§3*, une équation de P est de la forme $3x + 3y + 4z + d = 0$.

> **CONSEIL**
> *Le centre de gravité d'un triangle est le point de concours des médianes.*
> *Il est situé aux deux-tiers de chaque médiane à partir du sommet.*

$K\left(\frac{4}{3}\,;\frac{4}{3}\,;1\right)$ appartient à P, donc $3 \times \frac{4}{3} + 3 \times \frac{4}{3} + 4 \times 1 + d = 0$.
Donc $d = -12$.
Donc, une équation de P est $3x + 3y + 4z - 12 = 0$.
Les coordonnées de A, B et C vérifient l'équation de P. Donc P passe par A, B et C.

c. Montrons que K est situé aux $\frac{2}{3}$ d'une médiane de ABC à partir d'un sommet.
Soit I le milieu de [AB]. Les coordonnées de I sont (2 ; 2 ; 0)
Donc $\overrightarrow{CI}(2\,;2\,;-3)$. Or $\overrightarrow{CK}\left(\frac{4}{3}\,;\frac{4}{3}\,;-2\right)$.
On vérifie que $\overrightarrow{CK} = \frac{2}{3}\overrightarrow{CI}$. Donc K est situé aux $\frac{2}{3}$ de la médiane de ABC issue de C à partir de C. Donc K est le centre de gravité de ABC.

9 **1. a.** $\overrightarrow{DA} + \overrightarrow{DC} + \overrightarrow{DH} = \overrightarrow{DA} + \overrightarrow{AB} + \overrightarrow{BF} = \overrightarrow{DF}$.
b. $\overrightarrow{DF} \cdot \overrightarrow{EB} = (\overrightarrow{DA} + \overrightarrow{DC} + \overrightarrow{DH}) \cdot \overrightarrow{EB} = \overrightarrow{DA} \cdot \overrightarrow{EB} + (\overrightarrow{DC} + \overrightarrow{DH}) \cdot \overrightarrow{EB}$.
Or $\overrightarrow{DA} \cdot \overrightarrow{EB} = 0$ car $\overrightarrow{DA}$ est orthogonal au plan (EBF).
De plus, $\overrightarrow{DC} + \overrightarrow{DH} = \overrightarrow{DG} = \overrightarrow{AF}$ et $\overrightarrow{AF} \cdot \overrightarrow{EB} = 0$ car (EB) et (AF) sont les diagonales du carré AEFB et sont donc perpendiculaires.
Donc $\overrightarrow{DF} \cdot \overrightarrow{EB} = \overrightarrow{DA} \cdot \overrightarrow{EB} + \overrightarrow{AF} \cdot \overrightarrow{EB} = 0 + 0 = 0$.

c. De même, $\overrightarrow{DF} \cdot \overrightarrow{EG} = (\overrightarrow{DA} + \overrightarrow{DC} + \overrightarrow{DH}) \cdot \overrightarrow{EG} = (\overrightarrow{DA} + \overrightarrow{DC}) \cdot \overrightarrow{EG} + \overrightarrow{DH} \cdot \overrightarrow{EG}$.

Or $\overrightarrow{DA} + \overrightarrow{DC} = \overrightarrow{DB} = \overrightarrow{HF}$ et $\overrightarrow{HF} \cdot \overrightarrow{EG} = 0$ car (HF) et (EG) sont les diagonales du carré EFGH et sont donc perpendiculaires.

De plus, $\overrightarrow{DH} \cdot \overrightarrow{EG} = 0$ car $\overrightarrow{DH}$ est orthogonal au plan (EFG). Donc, $\overrightarrow{DF} \cdot \overrightarrow{EG} = 0$.

d. Le vecteur $\overrightarrow{DF}$ est orthogonal à $\overrightarrow{EB}$ et à $\overrightarrow{EG}$, deux vecteurs non colinéaires du plan (BEG). Donc $\overrightarrow{DF}$ est orthogonal à (BEG), donc (DF) est orthogonale à (BEG).

RAPPEL

Un vecteur non nul $\vec{n}$ est orthogonal à un plan P si, et seulement si, $\vec{n}$ est orthogonal à deux vecteurs non colinéaires du plan P.

2. a. (BEG) passe par B et admet $\overrightarrow{DF}$ (1 ; 1 ; 1) comme vecteur normal, d'après la question **1.** Donc, une équation de (BEG) est de la forme $x + y + z + d = 0$.
De plus B (1 ; 1 ; 0) appartient à (BEG). Donc $1 + 1 + 0 + d = 0$, donc $d = -2$.
Donc, une équation de (BEG) est $x + y + z - 2 = 0$.

b. (DF) passe par D(0 ; 0 ; 0) et est dirigée par $\overrightarrow{DF}$ (1 ; 1 ; 1). Donc une représentation paramétrique de (DF) est $\begin{cases} x = k \\ y = k, k \in \mathbb{R}. \\ z = k \end{cases}$

Pour déterminer le point d'intersection de (DF) et (BEG), on reporte les expressions de x, y et z en fonction de k dans l'équation de (BEG) : $k + k + k - 2 = 0$, donc $k = \frac{2}{3}$. Donc (DF) et (BEG) se coupent en $I\left(\frac{2}{3} ; \frac{2}{3} ; \frac{2}{3}\right)$.

c. Montrons que I appartient à chaque hauteur de BEG.

B(1 ; 1 ; 0) et $I\left(\frac{2}{3} ; \frac{2}{3} ; \frac{2}{3}\right)$, donc $\overrightarrow{BI}$ a pour coordonnées $I\left(-\frac{1}{3} ; -\frac{1}{3} ; \frac{2}{3}\right)$.

E(1 ; 0 ; 1) et G(0 ; 1 ; 1), donc $\overrightarrow{EG}$ a pour coordonnées (– 1 ; 1 ; 0).

Donc $\overrightarrow{BI} \cdot \overrightarrow{EG} = -\frac{1}{3} \times (-1) - \frac{1}{3} \times 1 + \frac{2}{3} \times 0 = 0$. Donc (BI) est perpendiculaire à (EG) dans le plan (BEG). Donc, (BI) est une hauteur de BEG.

On montre de même que $\overrightarrow{EI} \cdot \overrightarrow{BG} = 0$, donc (EI) est une hauteur de BEG.
Donc I appartient à deux hauteurs de BEG, c'est donc l'orthocentre de BEG.

RAPPEL

L'orthocentre d'un triangle est le point de concours des hauteurs.

10 **1.** Si une droite est orthogonale à toutes les droites d'un plan, il suffit de choisir deux droites sécantes de ce plan, et la première droite sera orthogonale à chacune de ces droites.

2. a. Supposons qu'il existe un couple $(k\,;\,k')$ différent de $(0\,;\,0)$ tel que $k\vec{u} + k'\vec{v} = \vec{0}$.
Supposons, par exemple, que $k \neq 0$. Dans ce cas $\vec{u} = -\frac{k'}{k}\vec{v}$, donc u et v sont colinéaires, ce qui est en contradiction avec le fait que d_1 et d_2 sont sécantes.
Le raisonnement est analogue si $k' \neq 0$.

b. d_3 est contenue dans P, donc $\vec{w}$ est contenu dans P. Donc $\vec{u}$, $\vec{v}$ et $\vec{w}$ sont coplanaires. D'après le chapitre 9 (*§3*), il existe trois réels α, β et γ tels que $(\alpha\,;\,\beta\,;\,\gamma) \neq (0\,;\,0\,;\,0)$ et $\alpha\vec{u} + \beta\vec{v} + \gamma\vec{w} = \vec{0}$.
Or, $\gamma \neq 0$. En effet, si $\gamma = 0$, on obtient $\alpha\vec{u} + \beta\vec{v} = \vec{0}$, ce qui est en contradiction avec le **2. a.** Donc $\vec{w} = -\frac{\alpha}{\gamma}\vec{u} - \frac{\beta}{\gamma}\vec{v}$. En posant $k = -\frac{\alpha}{\gamma}$ et $k' = -\frac{\beta}{\gamma}$, on obtient $\vec{w} = k\vec{u} + k'\vec{v}$.

c. $\vec{n}\cdot\vec{w} = \vec{n}\cdot(k\vec{u} + k'\vec{v}) = k\,\vec{n}\cdot\vec{u} + k'\,\vec{n}\cdot\vec{v}$. Or Δ est orthogonale à d_1 et à d_2, donc $\vec{n}\cdot\vec{u} = 0$ et $\vec{n}\cdot\vec{v} = 0$, donc $\vec{n}\cdot\vec{w} = 0$. Donc Δ est orthogonale à d_3.

3. On a montré dans le **1.** que « si une droite est orthogonale à toute droite d'un plan, alors elle est orthogonale à deux droites sécantes de ce plan » et dans le **2.** la réciproque : « si une droite est orthogonale à deux droites sécantes d'un plan, alors elle est orthogonale à toute droite ce plan ».
Donc, une droite est orthogonale à toute droite d'un plan si, et seulement si, elle est orthogonale à deux droites sécantes de ce plan.

Probabilités conditionnelles

POUR DÉMARRER

- Revoir les notions d'**univers**, d'**événement**, d'**événements incompatibles** et d'**équiprobabilité**.
- Il faut connaître la formule $p(A \cup B) = p(A) + p(B) - p(A \cap B)$.

Tous les événements de ce chapitre seront supposés de probabilité non nulle.

1 Arbre pondéré

Pour déterminer des probabilités lorsque l'on réalise une succession d'expériences aléatoires, on peut être amené à construire des arbres dont les branches sont affectées de probabilités.

A. Construction de l'arbre

- Un arbre se construit et se lit de gauche à droite.
- Le premier nœud est appelé la **racine** de l'arbre.
- Les nœuds suivants indiquent les différentes issues de chaque expérience aléatoire.
- Les traits joignant deux nœuds sont appelés des **branches** de l'arbre.
- Tout chemin menant de la racine à un nœud est appelé **trajet**.

B. Pondération des branches

Sur chaque branche est inscrite la probabilité de l'événement auquel il conduit sachant que le trajet menant à son origine a été réalisé.

On note $p_A(B)$, ou encore $p(B/A)$, la probabilité conditionnelle de B sachant A, c'est-à-dire la probabilité que l'événement B soit réalisé sachant que l'événement A a été réalisé.

La somme des probabilités inscrites sur les branches issues d'un nœud est égale à 1.

En particulier, $p_A(B) + p_A(\overline{B}) = 1$.

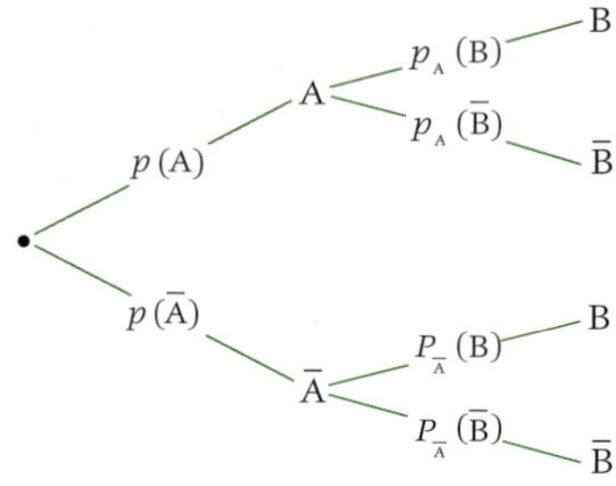

C. Théorèmes

La probabilité d'un trajet est le produit des poids des branches le constituant.

REMARQUE

$p(A \cap B) = p(A) \times p_A(B)$ *équivaut à* $p_A(B) = \dfrac{p(A \cap B)}{p(A)}$.

En particulier, $p(A \cap B) = p(A) \times p_A(B)$.

La probabilité d'un événement associé à plusieurs trajets complets est la somme des probabilités de ces trajets.

En particulier, $p(B) = p(B \cap A) + p(B \cap \overline{A})$.

EXEMPLE

Une urne contient deux boules rouges et une boule verte indiscernables au toucher.

On tire une première boule. Si elle est rouge, on note sa couleur et on la met de côté, si elle est verte, on note sa couleur et on la remet dans l'urne. Puis on tire une deuxième boule.

- Représentons cette situation par un arbre pondéré.

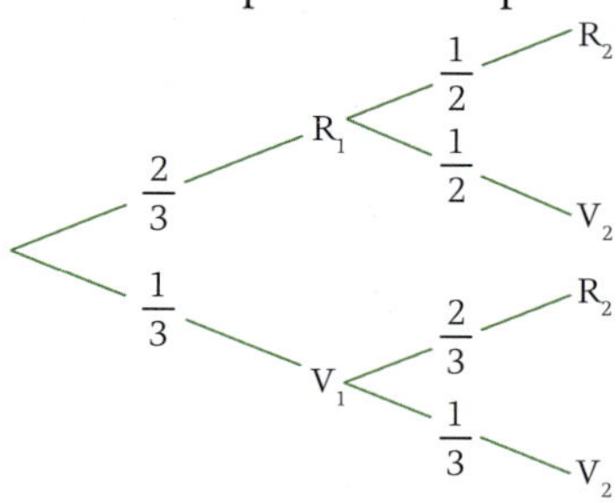

• Calculons la probabilité de tirer une boule verte lors du deuxième tirage.

$$p(V_2) = p(R_1 \cap V_2) + p(V_1 \cap V_2) = \frac{2}{3} \times \frac{1}{2} + \frac{1}{3} \times \frac{1}{3} = \frac{4}{9}.$$

• On a tiré une boule verte au deuxième tirage. On peut calculer la probabilité d'avoir tiré une boule verte au premier tirage ainsi :

$$p_{V_2}(V_1) = \frac{p(V_2 \cap V_1)}{p(V_2)} = \frac{\frac{1}{3} \times \frac{1}{3}}{\frac{4}{9}} = \frac{1}{4}.$$

Il s'agit da le probabilité conditionnelle suivante : « tirer une boule verte au premier tirage sachant qu'on a tiré une boule verte au deuxième tirage ».

2 Événements indépendants

A. Définition

Deux événements A et B sont dits indépendants si le fait que l'un d'entre eux soit réalisé ou non n'influe pas la probabilité que l'autre soit réalisé.

B. Théorème

Deux événements A et B sont indépendants si, et seulement si, ils vérifient l'une des trois conditions équivalentes suivantes :

- $p(A \cap B) = p(A) \times p(B)$.
- $p_B(A) = p(A)$.
- $p_A(B) = p(B)$.

PIÈGES À ÉVITER

- Il ne faut pas confondre la formule $p(A \cup B) = p(A) + p(B) - p(A \cap B)$ qui est toujours valable avec la formule $p(A \cap B) = p(A) \times p(B)$, qui n'est valable que si A et B sont deux événements indépendants.
- Ne pas confondre événements **incompatibles** et événements **indépendants**.

1 Construire et utiliser un arbre de probabilité

CONSEILS

- La plus grande difficulté est de bien lire l'énoncé pour ne pas se tromper en reportant les probabilités sur les branches.
- Un arbre de probabilité permet de justifier tous les résultats, donc il faut vraiment en être certain avant de continuer.

Exercice

On dispose de deux urnes contenant chacune cinq boules, rouges ou noires.

- L'urne 1 contient 2 boules noires et 3 rouges.
- L'urne 2 contient 4 boules noires et 1 rouge.

On lance un dé équilibré :

- si le résultat est inférieur ou égal à 4, alors on tire une boule de l'urne 1 ;
- sinon on tire une boule de l'urne 2.

On note A l'événement « la boule provient de l'urne 1 » et R l'événement « tirer une boule rouge ».

POINT MÉTHODE

✓ *Si l'énoncé ne vous le propose pas, vous pouvez donner un nom aux différents événements.*

✓ *Lors de la construction de l'arbre, n'oubliez pas de vérifier que la somme des probabilités inscrites sur les branches issues d'un même nœud est bien égale à 1.*

1 Représenter la situation à l'aide d'un arbre pondéré.

2 Quelle est la probabilité que la boule soit rouge et provienne de l'urne 1 ?

3 Quelle est la probabilité que la boule soit rouge ?

4 Calculer $p_R(A)$.

Comment répondre ?

1 Il y a 4 entiers inférieur ou égaux à 4, donc $p(A) = \frac{4}{6}$.

Dans l'urne 1, il y a 3 boules rouges sur 5 et dans l'urne 2, il y a 1 boule rouge sur 5.

On obtient l'arbre ci-contre.

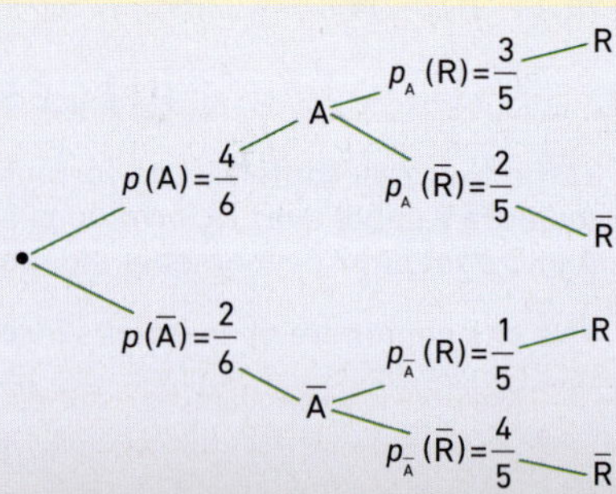

2 La probabilité que la boule soit rouge et provienne de l'urne 1 est
$p(A \cap R) = p(A) \times p_A(R) = \frac{4}{6} \times \frac{3}{5} = \frac{2}{5}$.

3 Il y a deux trajets menant à l'événement R.
Donc, $p(R) = p(A \cap R) + p(\bar{A} \cap R) = \frac{4}{6} \times \frac{3}{5} + \frac{2}{6} \times \frac{1}{5} = \frac{7}{15}$.

4 $p_R(A) = \frac{p(A \cap R)}{p(R)} = \frac{2}{5} \times \frac{15}{7} = \frac{6}{7}$.
La probabilité que la boule provienne de l'urne 1 sachant qu'elle est rouge est égale à $\frac{6}{7}$.

2 Étudier l'indépendance de deux événements

CONSEILS

- Il y a trois égalités qui peuvent nous permettre de déterminer si deux événements sont indépendants. Si vous n'arrivez pas à répondre à la question à l'aide d'une de ces égalités, il faut penser aux deux autres.

Exercice

On tire au hasard une carte dans un paquet de 52 cartes.
On note A l'événement « tirer un As » et C l'événement « tirer un Cœur ».
Les événements A et C sont-ils indépendants ?

POINT MÉTHODE

✓ *Il faut avoir bien en tête les égalités du §2B pour savoir quelles probabilités il sera utile de déterminer.*

Comment répondre ?

Il y a 4 « as », 13 « cœur » et 1 « as de cœur » dans un paquet de 52 cartes, donc :

$p(A) = \frac{4}{52}$; $p(C) = \frac{13}{52}$; $p(A \cap C) = \frac{1}{52}$.

On observe que $p(A) \times p(C) = p(A \cap C)$, donc les événements A et C sont indépendants.

TESTEZ VOS CONNAISSANCES

CORRIGÉ p. 288

1. On tire une carte dans un jeu de 32 cartes, puis on la remet dans le paquet. On tire alors une deuxième carte. La probabilité de tirer la même carte qu'au premier tirage est :

a. $\frac{1}{32}$. **b.** $\frac{1}{32^2}$. **c.** $\frac{13}{32^2}$.

2. A et B sont deux événements tels que $p(A) = 0{,}5$, $p(B) = 0{,}8$ et $p(A \cap B) = 0{,}3$. A et B sont :

a. indépendants. **b.** incompatibles. **c.** ni l'un ni l'autre.

3. Deux événements de probabilité non nulle et incompatibles sont :

a. toujours indépendants. **b.** jamais indépendants. **c.** ça dépend des situations.

4. Un événement certain A est :

a. toujours indépendant d'un autre événement B.

b. jamais indépendant d'un autre événement B.

c. ça dépend des situations.

Dans les questions suivantes, $p(A) = 0{,}3$, $p(B) = 0{,}2$ et $p(A \cup B) = 0{,}4$.

5. $p(A \cap B)$ est égale à :

a. 0,06. **b.** 0,1. **c.** on ne peut pas savoir.

6. $p_A(B)$ est égale à :

a. $\frac{1}{3}$. **b.** $\frac{1}{5}$. **c.** $p_B(A)$.

7. $p_A(A \cup B)$ est égale à :

a. $p(A)$. **b.** $p_A(B)$. **c.** 1.

8. $p_A(A \cap B)$ est égale à :

a. $p(A)$. **b.** $p_A(B)$. **c.** 1.

ENTRAÎNEZ-VOUS

CORRIGÉ p. 288

Probabilités conditionnelles

1 ●○○ 10 min

Deux machines A et B produisent respectivement 60 % et 40 % des circuits électroniques utilisés par une entreprise. Certains de ces circuits sont défectueux.

Les pourcentages de circuits défectueux sont respectivement égaux à 2 % et à 4 %.
Un circuit est prélevé au hasard et testé. Il est défectueux.
Quelle est la probabilité que ce circuit ait été produit par la machine A ?

2 On tire une carte dans un jeu de 32 cartes, puis, sans remettre la première carte, on en tire une deuxième. ●○○ 5 min
Déterminer la probabilité que la deuxième carte soit un Cœur.

3 Une entreprise fabrique des écrans pour ordinateurs. ●○○ 15 min
Une étude statistique indique que 95 % des écrans fabriqués par cette entreprise sont sans défaut. Avant la mise sur le marché chaque écran doit passer un test de contrôle. On constate que :

- quand l'écran est sans défaut alors il est accepté dans 96 % des cas ;
- quand l'écran présente un défaut alors il est rejeté dans 92 % des cas.

a. Calculer la probabilité des événements suivants :
D : « l'écran présente un défaut » ;
E : « l'écran est accepté sachant qu'il présente un défaut » ;
F : « l'écran ne présente pas de défaut et est rejeté par le test de contrôle ».
b. Calculer la probabilité que l'écran soit rejeté à l'issue du test de contrôle.
c. Un écran est rejeté. Quelle est la probabilité que cet écran soit sans défaut ?

4 Une société réalise des sondages par téléphone. Chaque enquêteur a une liste de personnes à contacter. ●●○ 20 min
Lors du premier appel la probabilité que le correspondant soit présent est 0,3.
S'il est absent, l'enquêteur doit le rappeler à une heure différente, et la probabilité que son correspondant soit présent est alors égale à 0,4.
Si la personne est toujours absente lors du second appel on ne tente plus de la contacter.
Sachant que la probabilité pour qu'une personne réponde au questionnaire est toujours de 0,2, déterminer la probabilité des événements suivants :
A : « la personne est absente lors du premier appel » ;
B : « la personne est absente lors du second appel » ;
T : « la personne n'a pas pu être jointe au téléphone » ;
R : « la personne a répondu au questionnaire ».

Événements indépendants

5 Question de cours ●○○ 5 min

Démontrer l'équivalence des trois égalités suivantes :

1. $p(A \cap B) = p(A) \times p(B)$;

2. $p_B(A) = p(A)$;

3. $p_A(B) = p(B)$.

6 Question de cours ●○○ 5 min

Démontrer que si deux événements A et B sont indépendants, alors les événements $\overline{A}$ et B sont aussi indépendants.

7 En utilisant les informations données par l'arbre de probabilité ci-contre, dans lequel la probabilité p est inconnue, déterminer la valeur de p pour laquelle les événements A et B sont indépendants. ●○○ 5 min

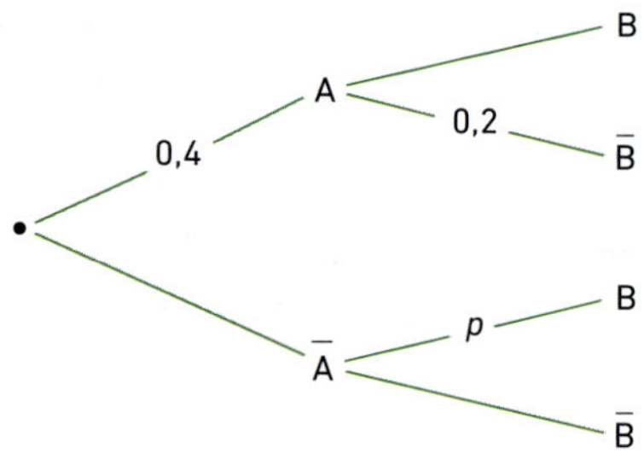

8 E est l'ensemble de tous les entiers entre 1 et 20 (inclus). ●○○ 15 min
On choisit au hasard un de ces entiers.

a. Déterminer la probabilité des événements suivants :

A : « il est pair » ;

B : « c'est un multiple de 5 » ;

C : « c'est un multiple de 6 » ;

D : « il est premier ».

b. Parmi les couples suivants, dire lesquels sont des couples d'événements incompatibles : A et B ; A et D ; B et C.

c. Parmi les couples suivants, dire lesquels sont des couples d'événements indépendants : A et B ; A et D ; B et C.

9 Le tableau ci-dessous donne la répartition des adhérents d'un club sportif selon le sport qu'ils y pratiquent : athlétisme, badminton ou cyclisme. ●●○ 25 min

	Athlétisme	Badminton	Cyclisme
Femme	180	200	70
Homme	250	170	130

a. On tire au hasard la fiche d'un adhérent.

Quelle est la probabilité de chacun des événements suivants :

- F : « l'adhérent est une femme » ?
- B : « l'adhérent pratique le badminton » ?
- $F \cap B$?

b. La fiche était celle d'une femme.

Quelle est la probabilité qu'elle pratique le badminton ?

c. Les événements F et B sont-ils indépendants ?

10 **1.** On considère le dispositif mécanique ci-contre dans lequel un tube se sépare en deux couloirs. ●●○ 40 min

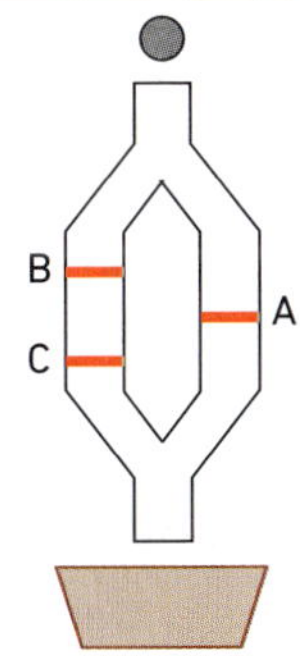

Dans ces couloirs, des portes A, B et C sont ouvertes ou fermées de façon aléatoire et indépendante.

Une bille est lâchée dans le tube. Elle prend aléatoirement le couloir de gauche (portes B et C) ou celui de droite (porte A) avec la même probabilité.

Selon l'état des portes, elle finit sa course dans le panier ou se retrouve bloquée derrière une porte.

Les probabilités pour que les portes A, B et C soient ouvertes sont respectivement égales à 0,4, 0,8 et 0,3.

a. Quelle est la probabilité que les portes B et C soient toutes les deux ouvertes ?

b. Quelle est la probabilité que la bille tombe dans le panier ?

2. On considère le circuit électrique ci-contre dans lequel les trois interrupteurs sont ouverts ou fermés de façon aléatoire et indépendante.

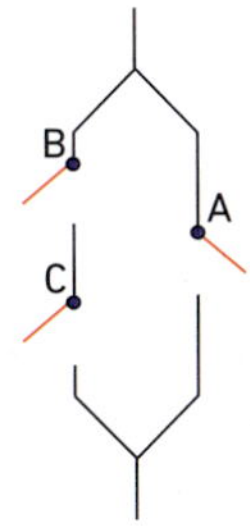

Les probabilités pour que les interrupteurs A, B et C soient ouverts sont respectivement égales à 0,4, 0,8 et 0,3.

Quelle est la probabilité que le courant passe ?

Problèmes

11 Algorithmique

●●○ 40 min

Un jeu oppose deux joueurs A et B qui jettent à tour de rôle un jeton dont les faces sont marquées l'une d'un +1 et l'autre d'un – 1.

Au début de chaque partie un pion est placé dans la case centrale d'une rangée de 11 cases et chaque joueur prend place à l'une des extrémités. À chaque fois que le jeton indique +1 le pion avance d'une case vers le joueur A, et à chaque fois que le jeton indique –1 le pion avance d'une case vers le joueur B.

B 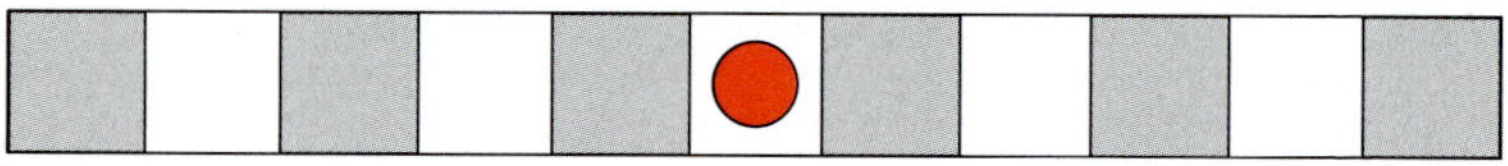 A

Le premier joueur qui attire le pion sur la case à son extrémité de la rangée a gagné.

1. On note *N* le nombre de lancés du jeton avant qu'un vainqueur ne soit déclaré.

N a-t-il une valeur minimale ? une valeur maximale ?

Quelle autre particularité de l'entier *N* peut-on remarquer ?

2. On a mis en œuvre sur AlgoBox l'algorithme suivant permettant de simuler une partie.

```
VARIABLES
   N EST_DU_TYPE NOMBRE
   X EST_DU_TYPE NOMBRE
   J EST_DU_TYPE NOMBRE
DÉBUT_ALGORITHME
   X PREND_LA_VALEUR 0
   N PREND_LA_VALEUR 0
   TANT_QUE (abs(X)<5) FAIRE
      DÉBUT_TANT_QUE
      J PREND_LA_VALEUR pow(-1,ALGOBOX_ALEA_ENT(0,1))
      X PREND_LA_VALEUR X+J
      N PREND_LA_VALEUR N+1
      FIN_TANT_QUE
   AFFICHER "Nombre de lancers : "
   AFFICHER
   AFFICHER "Position finale du pion : "
   AFFICHER
FIN_ALGORITHME
```

a. Sachant que :

• la commande pow(x, n) permet d'élever un nombre x à la puissance n ;

• la commande ALGOBOX_ALEA_ENT(m, n) permet d'obtenir un entier aléatoire compris entre m et n ;

déterminer les résultats possibles de la commande pow(-1,ALGOBOX_ALEA_ENT(0,1)) (ligne 10) et expliquer à quoi sert la variable J.

b. Les variables qui doivent être affichées en sortie de l'algorithme on été effacées des lignes 15 et 17. Quelles sont ces variables ? A quoi servent-elles ?

c. Saisissez cet algorithme dans le logiciel AlgoBox (ou adaptez-le à un autre langage de programmation), et conjecturez le nombre moyen de lancers à effectuer avant d'obtenir un vainqueur.

12 Une fourmi se déplace de façon aléatoire sur les arêtes de la pyramide SABCD de sommet S.

●●○ 40 min

Depuis un sommet quelconque, elle se dirige au hasard (on suppose qu'il y a équiprobabilité) vers un sommet voisin. On dit qu'elle fait un pas.

La fourmi se trouve initialement au point A.

Pour tout entier naturel n strictement positif, on note S_n l'événement : « la fourmi se trouve au sommet S après n pas » et p_n la probabilité de cet événement.

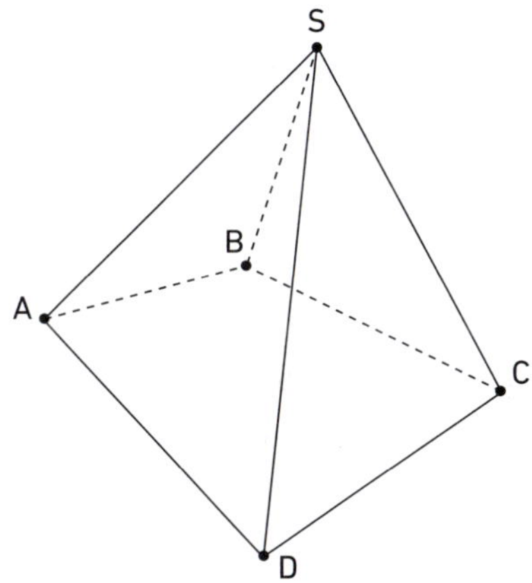

1. Après avoir fait deux pas, quelle est la probabilité qu'elle soit :

• en A ? • en B ? • en C ?

• en D ? • en S ?

2. a. Que vaut p_1 ?

b. Montrer que $S_{n+1} \cap S_n = \varnothing$ et en déduire que $S_{n+1} = S_{n+1} \cap \overline{S_n}$.

c. Montrer que $p_{n+1} = \frac{1}{3}(1 - p_n)$.

3. On considère la suite (p_n) définie par récurrence sur $\mathbb{N}^*$ par : $p_1 = \frac{1}{3}$ et $p_{n+1} = \frac{1}{3}(1 - p_n)$.

a. Démontrer que pour $n \in \mathbb{N}^*$, $p_n = \frac{1}{4}\left(1 - \left(-\frac{1}{3}\right)^n\right)$.

b. Déterminer $\lim\limits_{n \to +\infty} p_n$.

Corrigés de *TESTEZ VOS CONNAISSANCES*

1. Réponse **a.** Il y a équiprobabilité des tirages, donc la probabilité de tirer deux fois la même carte est égale à $\frac{32}{32^2}$ ou encore $\frac{1}{32}$.

À RETENIR

Deux événements A et B sont dits incompatibles (ou disjoints) lorsque la réalisation simultanée de ces événements est impossible, autrement dit si $p(A \cap B) = 0$.

2. Réponse **c.** $p(A \cap B) \neq p(A) \times p(B)$, donc A et B ne sont pas indépendants. De plus $p(A \cap B) \neq 0$, donc A et B ne sont pas incompatibles.

3. Réponse **b.** $p(A \cap B) = 0$, puisque A et B sont incompatibles.
$p(A) \neq 0$ et $p(B) \neq 0$, donc $p(A) \times p(B) \neq 0$.
$p_A(A \cap B) \neq p(A) \times p(B)$, donc A et B ne sont pas indépendants.

4. Réponse **a.** Si A est un événement certain, alors $A \cap B = B$ et $p(A) = 1$.
Alors $p(A \cap B) = p(B) = p(A) \times p(B)$, donc A et B sont indépendants.

À RETENIR

Sans plus de précision concernant l'éventuelle indépendance de A et B, on ne peut pas affirmer que $p(A \cap B) = p(B) = p(A) \times p(B)$.

5. Réponse **b.** $p(A \cap B) = p(A) + p(B) - p(A \cup B)$
$= 0{,}3 + 0{,}2 - 0{,}4 = 0{,}1$.

À RETENIR

Si $p(A) \neq 0$, alors
$p(A \cap B) = p(A) \times p_A(B) \Leftrightarrow p_A(B) = \frac{p(A \cap B)}{p(A)}$.

6. Réponse **a.** $p_A(B) = \frac{p(A \cap B)}{p(A)} = \frac{0{,}1}{0{,}3} = \frac{1}{3}$.

7. Réponse **c.** Si l'événement A est réalisé, alors l'événement $A \cup B$ l'est forcément aussi. Donc $p_A(A \cup B) = 1$.

8. Réponse **b.** $p_A(A \cap B) = \frac{p(A \cap (A \cap B))}{p(A)} = \frac{p(A \cap A \cap B)}{p(A)} = \frac{p(A \cap B)}{p(A)} = p_A(B)$.

Corrigés de *ENTRAÎNEZ-VOUS*

1 Soit A l'événement « le circuit provient de la machine A » et D l'événement « le circuit est défectueux ».
Il s'agit de calculer la probabilité conditionnelle $p_D(A)$.

$$p_D(A) = \frac{p(A \cap D)}{p(D)}.$$

À RETENIR

$p_D(A)$, ou encore $p(A|D)$, est la probabilité que le circuit ait été produit par la machine A sachant qu'il est défectueux.

En utilisant l'arbre de probabilité ci-contre, on a : $p(A \cap D) = p(A) \times p_A(D)$

$p(A \cap D) = 0{,}6 \times 0{,}02 = 0{,}012$ et

$p(D) = p(A \cap D) + p(\overline{A} \cap D)$.

$p(D) = 0{,}6 \times 0{,}02 + 0{,}4 \times 0{,}04 = 0{,}028$.

Ainsi, $p_D(A) = \dfrac{0{,}012}{0{,}028} = \dfrac{3}{7}$.

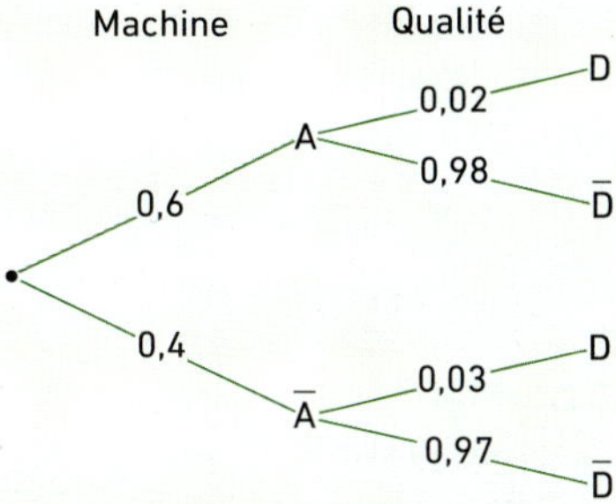

2 Pour répondre à cette question, on peut considérer les deux événements suivants :
C : « la première carte est un Cœur » ;
D : « la deuxième carte est un Cœur ».
8 des 32 cartes sont des Cœurs, donc 24 ne le sont pas.
Si la première carte tirée est un Cœur, alors il en reste 7 sur 31.
On obtient ainsi l'arbre ci-contre.
Il y a deux trajets qui mènent à D, donc
$p(D) = p(C \cap D) + p(\overline{C} \cap D)$.

$p(D) = \dfrac{8}{32} \times \dfrac{7}{31} + \dfrac{24}{32} \times \dfrac{8}{31} = \dfrac{1}{4}$.

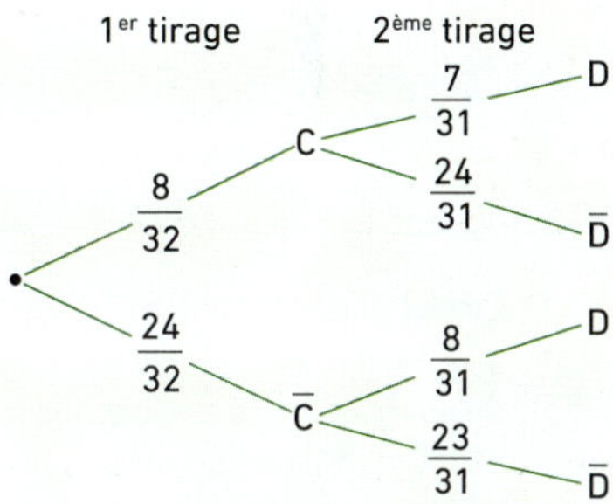

Remarque : si ce résultat peut sembler étonnant, il suffit de se demander pourquoi on aurait plus, ou moins, de chance de tirer un Cœur que toute autre couleur lors du deuxième tirage !

À RETENIR

$p(D) = 1 - p(\overline{D})$.

3 **a.** 95 % des écrans fabriqués sont sans défaut, donc

$p(D) = \dfrac{5}{100} = 0{,}05$

On note R l'événement « l'écran est refusé lors du test de contrôle ».
Quand l'écran présente un défaut alors il est rejeté dans 92 % des cas, donc accepté dans 8 % des cas.

$p(E) = p_D(\overline{R}) = \dfrac{8}{100} = 0{,}08$.

L'arbre ci-contre résume les informations disponibles.

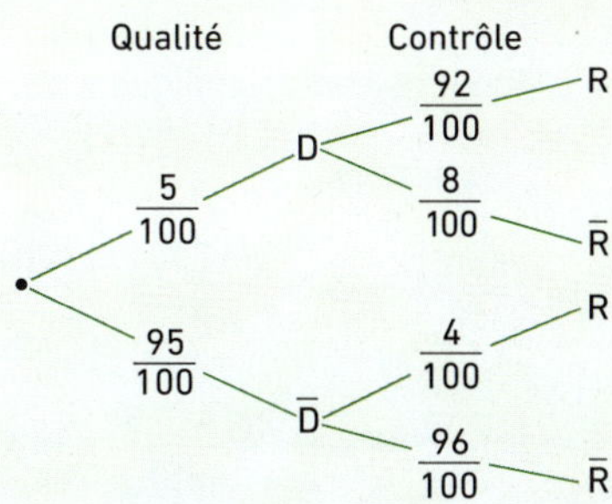

F est l'événement $\overline{D} \cap R$, la probabilité de l'événement F est donc le produit des probabilités indiquées sur les branches le long du trajet passant par $\overline{D}$ et R.

$p(\overline{D} \cap R) = p(\overline{D}) \times p_{\overline{D}}(R) = 0{,}95 \times 0{,}04 = 0{,}038.$

b. Un écran rejeté présente un défaut ou n'en présente pas.

> **À RETENIR**
>
> *On dit que $R \cap D$ et $R \cap \overline{D}$ réalisent une <u>partition</u> de R, bien visible sur un diagramme de Venn.*
>
> 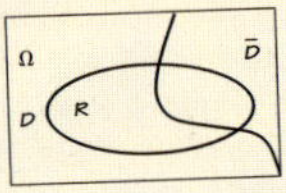
>

On écrit $R = (R \cap D) \cup (R \cap \overline{D})$ et l'on a

$$p(R) = p(R \cap D) + p(R \cap \overline{D})$$
$$= 0{,}05 \times 0{,}92 + 0{,}95 \times 0{,}04$$
$$= 0{,}084.$$

8,4 % des écrans sont donc rejetés par le test de contrôle.

c. Il s'agit de calculer la probabilité $p_R(\overline{D})$.

$$p_R(\overline{D}) = \frac{p(R \cap \overline{D})}{p(R)} = \frac{0{,}95 \times 0{,}04}{0{,}084} = \frac{19}{42}.$$

4 D'après l'énoncé, on a $p(A) = 1 - 0{,}3 = 0{,}7$ et $p(B) = 1 - 0{,}4 = 0{,}6$.

Pour déterminer les probabilités des événements T et R, construisons un arbre de probabilité.

Il n'y a qu'un trajet correspondant à l'événement T, qui est l'événement « A et B ».

$p(T) = 0{,}7 \times 0{,}6 = 0{,}42.$

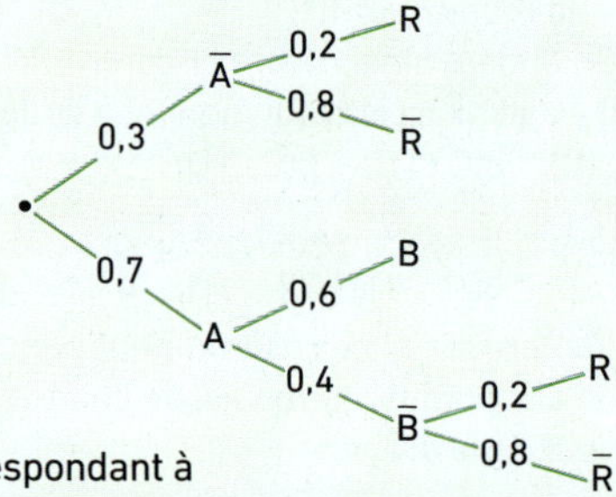

> **ASTUCE**
>
> *Un arbre de probabilité bien construit suffit pour justifier vos résultats.*

Il y a deux trajets correspondant à R, donc $p(R) = 0{,}3 \times 0{,}2 + 0{,}7 \times 0{,}4 \times 0{,}2$

$p(R) = 0{,}116.$

5 Montrons que **1.** implique **2.** :

> **À RETENIR**
>
> $p_A(B) = \dfrac{p(A \cap B)}{p(A)}$ et $p_B(A) = \dfrac{p(A \cap B)}{p(B)}$.

Si $p(A \cap B) = p(A) \times p(B)$, alors

$$p_A(B) = \frac{p(A \cap B)}{p(A)} = \frac{p(A) \times p(B)}{p(A)} = p(B).$$

Montrons que **2.** implique **1.** :

Si $p_B(A) = p(A)$, alors $\dfrac{p(A \cap B)}{p(B)} = p(A)$, autrement dit $p(A \cap B) = p(A) \times p(B)$.

On a donc bien montré que les égalités **1.** et **2.** sont équivalentes.
On procède de même pour les égalités **1.** et **3.**
Remarque : si l'égalité **1.** sert souvent à démontrer que deux événements sont indépendants, les égalités **2.** et **3.** nous permettent de bien comprendre le concept d'indépendance entre événements.

6 Si A et B sont indépendants, alors $p_B(A) = p(A)$.
Montrons que $p_B(\overline{A}) = p(\overline{A})$.

$p_B(\overline{A}) = 1 - p_B(A) = 1 - p(A) = p(\overline{A})$.

$\overline{A}$ et B sont donc bien indépendants.

> **À RETENIR**
>
> $p_B(A) + p_B(\overline{A}) = 1$.

Remarque : on démontre de même que A et $\overline{B}$ sont indépendants, ainsi que $\overline{A}$ et $\overline{B}$.

7 On cherche la probabilité conditionnelle $p_{\overline{A}}(B)$.
Or, si A et B sont indépendants, alors la probabilité que B soit réalisé ne dépend pas du fait que A soit, ou ne soit pas, réalisé.

Donc $p_{\overline{A}}(B) = p_A(B)$.

Ainsi $p_{\overline{A}}(B) = 1 - p_A(\overline{B}) = 1 - 0{,}2 = 0{,}8$.

> **À RETENIR**
>
> A et B sont indépendants si, et seulement si, $p(B) = p_A(B) = p_{\overline{A}}(B)$.

8 **a.** $p(A) = \dfrac{1}{2}$; $p(B) = \dfrac{4}{20} = \dfrac{1}{5}$; $p(C) = \dfrac{3}{20}$; $p(D) = \dfrac{8}{20} = \dfrac{2}{5}$.

b. A et B sont compatibles, car 10 réalise ces deux événements.
A et D sont compatibles, car 2 réalise ces deux événements.
B et C sont incompatibles, car aucun élément de E ne réalise ces deux événements.

c. $p(A) \times p(B) = \dfrac{1}{2} \times \dfrac{1}{5} = \dfrac{1}{10}$ et $p(A \cap B) = \dfrac{2}{20} = \dfrac{1}{10}$.

$p(A \cap B) = p(A) \times p(B)$, donc A et B sont deux événements indépendants.

$p(A) \times p(D) = \dfrac{1}{2} \times \dfrac{2}{5} = \dfrac{1}{5}$ et $p(A \cap D) = \dfrac{1}{20}$.

$p(A \cap D) \neq p(A) \times p(D)$, donc A et D ne sont pas deux événements indépendants.

> **REMARQUE**
>
> Deux événements incompatibles de probabilités non nulles ne sont jamais indépendants. Voir la question 4 du QCM « Testez vos connaissances ».

$p(B) \times p(C) = \dfrac{1}{5} \times \dfrac{3}{20} = \dfrac{3}{100}$ et $p(B \cap C) = 0$.

$p(B \cap C) \neq p(B) \times p(C)$, donc B et C ne sont pas deux événements indépendants.

9 **a.** On peut commencer par compléter le tableau en indiquant le total de chaque ligne et de chaque colonne.

	Athlétisme	Badminton	Cyclisme	Total
Femme	180	200	70	450
Homme	250	170	130	550
Total	430	370	200	1 000

Il y a 450 femmes sur un total de 1 000 adhérents, donc $p(\text{F}) = \dfrac{450}{1\,000} = 0{,}45$.

Il y a 370 badistes sur un total de 1 000 adhérents, donc $p(\text{B}) = \dfrac{370}{1\,000} = 0{,}37$.

Il y a 200 badistes femmes, donc $p(\text{F} \cap \text{B}) = \dfrac{200}{1\,000} = 0{,}2$.

b. Il s'agit de déterminer la probabilité $p_{\text{F}}(\text{B})$.

$$p_{\text{F}}(\text{B}) = \frac{p(\text{F} \cap \text{B})}{p(\text{F})} = \frac{0{,}2}{0{,}45} = \frac{20}{45} = \frac{4}{9}.$$

c. $p(\text{B}) = 0{,}37$ et $p_{\text{F}}(\text{B}) = \dfrac{4}{9}$. Donc $p(\text{B}) \neq p_{\text{F}}(\text{B})$.

Les événements F et B ne sont donc pas indépendants.

10 **1.** On considère les événements suivants :

A : « la porte A est ouverte » ;

B : « la porte B est ouverte » ;

C : « la porte C est ouverte » ;

G : « la bille tombe dans le couloir de gauche ».

a. Les portes sont indépendantes, donc $p(\text{B} \cap \text{C}) = p(\text{B}) \times p(\text{C}) = 0{,}8 \times 0{,}3 = 0{,}24$.

b. L'arbre ci-contre résume la situation.

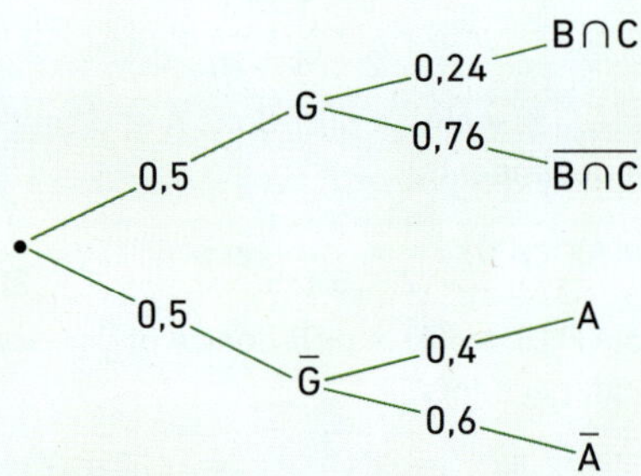

Il y a deux possibilités pour que la bille tombe dans le panier : elle peut passer dans le couloir de gauche et trouver les portes B et C ouvertes, ou dans celui de droite et trouver la porte A ouverte.

Donc la probabilité recherchée est $p = 0{,}5 \times 0{,}24 + 0{,}5 \times 0{,}4 = 0{,}32$.

2. Cette situation est différente puisqu'il faut et il suffit que l'interrupteur A soit fermé ou que les deux interrupteurs B et C soient fermés pour que le courant passe.

Il s'agit donc de déterminer la probabilité suivante :

$p = p(\overline{\text{A}} \cup (\overline{\text{B}} \cap \overline{\text{C}})) = p(\overline{\text{A}}) + p(\overline{\text{B}} \cap \overline{\text{C}}) - p(\overline{\text{A}} \cap \overline{\text{B}} \cap \overline{\text{C}})$.

Les événements A, B et C étant indépendants, les événements $\overline{A}$, $\overline{B}$ et $\overline{C}$ le sont aussi.

On a donc $p = p(\overline{A}) + p(\overline{B}) \times p(\overline{C}) - p(\overline{A}) \times p(\overline{B}) \times p(\overline{C})$.

$p(\overline{A}) = 1 - 0,4 = 0,6$; $p(\overline{B}) = 1 - 0,8 = 0,2$;

$p(\overline{C}) = 1 - 0,3 = 0,7$.

Ainsi $p = 0,6 + 0,2 \times 0,7 - 0,6 \times 0,2 \times 0,7 = 0,656$.

À RETENIR

Si trois événements A, B et C sont indépendants, alors $p(A \cap B \cap C) = p(A) \times p(B) \times p(C)$.

11 **1.** *N* est un entier supérieur ou égal à 5. Il n'a pas de limite maximale.

Remarque : un théorème affirme que la probabilité que le pion n'atteigne jamais un des bords (c'est-à-dire que la partie continue indéfiniment) est nulle.

On remarque qu'en un nombre pair de coups le pion passe toujours d'une case blanche à une autre case blanche. Pour atteindre une des cases grises des extrémités il faut donc jouer un nombre impair de fois.

N est donc un entier impair supérieur ou égal à 5.

2. a. pow(−1,ALGOBOX_ALEA_ENT(0,1)) donne aléatoirement $(-1)^0$ et $(-1)^1$, soit 1 et −1. J est donc le résultat obtenu lors du lancer du jeton.

b. La ligne 11 (X PREND_LA_VALEUR X+J) nous indique que X est la position du pion après chaque lancer du jeton. Au départ (ligne 6) X était égal à 0, puis on ajoute à X soit 1 soit -1 au fur et à mesure des lancers.

Tant que le pion n'est pas arrivé sur la cinquième case à l'une ou l'autre des extrémités (« TANT_QUE (abs(X)<5) » ligne 6) les joueurs font un nouveau lancer, et le nombre total de lancers effectués est relevé dans la variable *N*.

REMARQUE

Lorsque l'on rajoute toujours la même valeur (ici 1) à la variable N, on dit que l'on incrémente cette valeur. Selon les langages, cette incrémentation peut s'écrire « N PREND_LA_VALEUR N+1 », ou encore « N+1 ⟼ N », ou « N := N+1 » par exemple.

c. On peut jouer plusieurs parties et relever (à la main) le nombre de lancers nécessaires dans chaque partie. Ou alors on peut demander à AlgoBox de jouer P parties, de noter dans une liste L le nombre de lancers effectués pendant chaque partie, puis de faire la moyenne M de tous ces nombres.

C'est l'objet du programme suivant, dans lequel on a enlevé les initialisations de X et de N à 0 puisque par défaut AlgoBox initialise toutes les variables à 0.

```
VARIABLES
   N EST_DU_TYPE NOMBRE
   X EST_DU_TYPE NOMBRE
   J EST_DU_TYPE NOMBRE
   P EST_DU_TYPE NOMBRE
   K EST_DU_TYPE NOMBRE
   L EST_DU_TYPE LISTE
```

```
    M EST_DU_TYPE NOMBRE
DEBUT_ALGORITHME
  LIRE P
  POUR K ALLANT_DE 1 A P
    DEBUT_POUR
    TANT_QUE (abs(X)<5) FAIRE
      DEBUT_TANT_QUE
      J PREND_LA_VALEUR pow(-1,ALGOBOX_ALEA_ENT(0,1))
      X PREND_LA_VALEUR X+J
      N PREND_LA_VALEUR N+1
      FIN_TANT_QUE
    L[K] PREND_LA_VALEUR N
    X PREND_LA_VALEUR 0
    N PREND_LA_VALEUR 0
    FIN_POUR
  M PREND_LA_VALEUR ALGOBOX_MOYENNE(L,1,P)
  AFFICHER M
FIN_ALGORITHME
```

En effectuant un grand nombre de parties (AlgoBox par exemple peut en effectuer facilement 100 000) on obtient des moyennes qui sont environ égales à 25.

12 **1.** L'arbre ci-dessous nous permet de déterminer les probabilités demandées :

Il y a trois trajets qui aboutissent en A après deux pas, de probabilités $\frac{1}{3} \times \frac{1}{3} = \frac{1}{9}$, $\frac{1}{9}$ et $\frac{1}{3} \times \frac{1}{4} = \frac{1}{12}$. La probabilité que la fourmi soit en A après deux pas est donc $\frac{1}{9} + \frac{1}{9} + \frac{1}{12} = \frac{11}{36}$.

Il y a un seul trajet qui aboutit en B après deux pas, de probabilité $\frac{1}{3} \times \frac{1}{4} = \frac{1}{12}$.

De même que pour A, il y a trois trajets qui aboutissent en C après deux pas, de probabilités $\frac{1}{9}$, $\frac{1}{9}$ et $\frac{1}{12}$. La probabilité que la fourmi soit en C après deux pas est donc $\frac{11}{36}$.

De même que pour B, il y a un seul trajet qui aboutit en D après deux pas, de probabilité $\frac{1}{12}$.

Il y a deux trajets qui aboutissent en S après deux pas, de probabilités $\frac{1}{3} \times \frac{1}{3} = \frac{1}{9}$ tous les deux. La probabilité que la fourmi soit en S après deux pas est donc $\frac{2}{9}$.

Remarque : on peut calculer cette dernière probabilité en calculant $1 - 2 \times \frac{11}{36} - 2 \times \frac{1}{12}$.

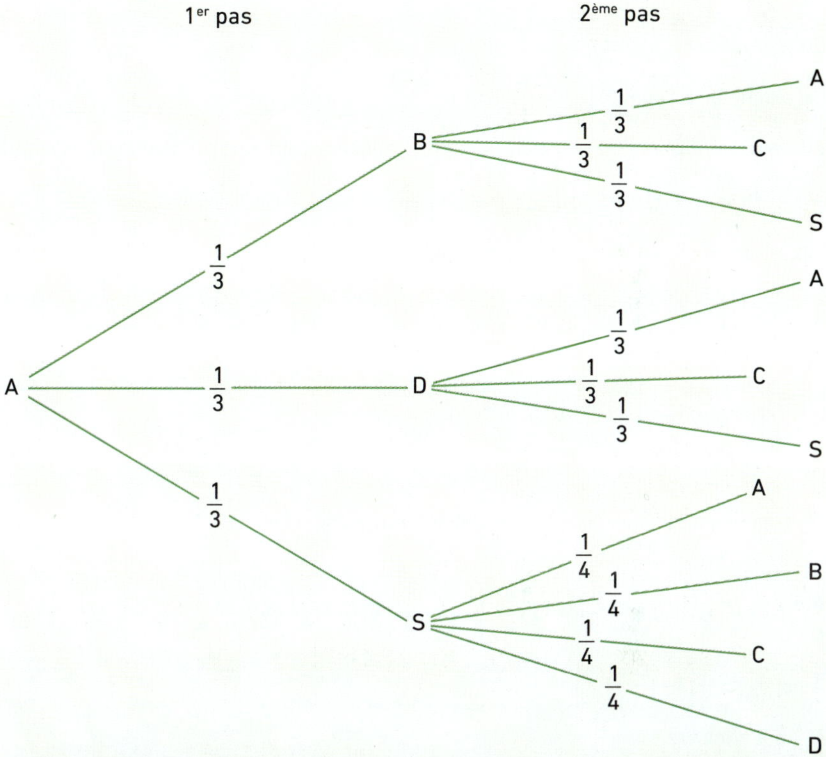

2. a. p_1 est la probabilité de l'événement S_1 : « la fourmi se trouve au sommet S après 1 pas ». $p_1 = \frac{1}{3}$.

b. Il est impossible que la fourmi soit en S au bout de n pas et de n+1 pas. Les événements S_n et S_{n+1} sont donc incompatibles : $S_{n+1} \cap S_n = \varnothing$.

$S_{n+1} = (S_{n+1} \cap S_n) \cup (S_{n+1} \cap \overline{S_n})$.

Or $S_{n+1} \cap S_n = \varnothing$, donc $S_{n+1} = S_{n+1} \cap \overline{S_n}$.

ASTUCE

De même que dans l'exercice 3, on a réalisé une partition de S_{n+1}.

c. Ainsi $p(S_{n+1}) = p(S_{n+1} \cap \overline{S_n}) = p_{\overline{S_n}}(S_{n+1}) \times p(\overline{S_n})$.

Or la probabilité d'aller en S sachant que l'on n'est pas en S est égale à $\frac{1}{3}$, donc $p_{\overline{S_n}}(S_{n+1}) = \frac{1}{3}$.

De plus $p(S_{n+1}) = p_{n+1}$ et $p(\overline{S_n}) = 1 - p(S_n) = 1 - p_n$.

On a donc bien l'égalité $p_{n+1} = \frac{1}{3}(1 - p_n)$.

3. a. Montrons par récurrence que, pour tout entier non nul n, la proposition P_n suivante est vraie : $p_n = \frac{1}{4}\left(1 - \left(-\frac{1}{3}\right)^n\right)$.

Initialisation : montrons que P_1 est vraie.

$p_1 = \frac{1}{3}$ et $\frac{1}{4}\left(1 - \left(-\frac{1}{3}\right)^1\right) = \frac{1}{4} \times \frac{4}{3} = \frac{1}{3}$,

donc $p_1 = \frac{1}{4}\left(1 - \left(-\frac{1}{3}\right)^1\right)$ et P_1 est vraie.

Hérédité : soit n un entier non nul. Montrons que si P_n est vraie, alors P_{n+1} est vraie.

On suppose donc que, pour un certain entier n, $p_n = \frac{1}{4}\left(1 - \left(-\frac{1}{3}\right)^n\right)$.

Alors $p_{n+1} = \frac{1}{3}(1 - p_n) = \frac{1}{3}\left(1 - \frac{1}{4}\left(1 - \left(-\frac{1}{3}\right)^n\right)\right) = \frac{1}{3}\left(\frac{3}{4} + \frac{1}{4}\left(-\frac{1}{3}\right)^n\right) = \frac{1}{4} - \frac{1}{4} \times \left(-\frac{1}{3}\right) \times \left(-\frac{1}{3}\right)^n$.

Ainsi $p_{n+1} = \frac{1}{4}\left(1 - \left(-\frac{1}{3}\right)^{n+1}\right)$.

P_{n+1} est donc vraie.

Conclusion : la proposition P_n est vraie pour $n = 1$ et est héréditaire, donc P_n est vraie pour tout entier non nul n.

b. $\lim_{n \to +\infty} \left(-\frac{1}{3}\right)^n = 0$ car $-1 < -\frac{1}{3} < 1$, donc par somme $\lim_{n \to +\infty} 1 - \left(-\frac{1}{3}\right)^n = 1$ et par produit $\lim_{n \to +\infty} p_n = \frac{1}{4}$.

Remarque : alors qu'il y a 5 sommets sur notre pyramide, la probabilité que la fourmi se trouve en S au bout de n pas tend vers $\frac{1}{4}$. Ceci est dû au fait qu'il y a plus de chemins qui mènent à S qu'aux autres sommets de la pyramide.

Lois continues de probabilité

POUR DÉMARRER

- Une variable aléatoire **discrète** X sur un univers Ω est une fonction qui, à tout élément de Ω , associe un réel.

  Si $\{x_1 ; x_2 ;\dots ; x_m\}$ est l'ensemble des valeurs prises par X, alors on note $p(X = x_i)$ la probabilité que l'événement $\{X = x_i\}$ soit réalisé.
- Revoir la **loi binomiale** (1e S) : la variable aléatoire suit la loi binomiale $B(n, p)$ lorsque, pour tout entier k compris entre 0 et n,

$$P(X = k) = \binom{n}{k} p^k (1 - p)^{n-k}.$$

  L'espérance de la loi binomiale $B(n, p)$ est $E(X) = np$, sa variance est $V(X) = np(1 - p)$ et son écart type est $\sigma = \sqrt{V(x)} = \sqrt{np(1 - p)}$.

1 Fonction densité de probabilité

A. Définition

Une fonction f définie sur un intervalle I est une **fonction densité de probabilité** lorsque f est une fonction positive et continue sur I telle que l'aire du domaine constitué des points $M(x ; y)$ vérifiant $x \in I$ et $0 \leqslant y \leqslant f(x)$ soit égale à 1.

B. Variable aléatoire continue

• Définition

Soit f une fonction densité de probabilité définie sur un intervalle I. **La loi de probabilité de la variable aléatoire** X associée à f est définie ainsi :

pour tous les réels c et d de I tels que $c < d$, $P(c \leqslant X \leqslant d)$ est égale à l'aire du domaine constitué des points $M(x ; y)$ tels que $x \in [c ; d]$ et $0 \leqslant y \leqslant f(x)$.

Ainsi : $P([c ; d]) = P(c \leqslant X \leqslant d) = \int_c^d f(x)dx$.

• *Remarque* : Pour tout réel c de I, $P(X = c) = \int_c^c f(x)dx = 0$. C'est une caractéristique des lois continues. La probabilité d'une valeur isolée est nulle.

Pour cette raison, on peut utiliser indifféremment des inégalités strictes ou larges :

$$P(X \leqslant d) = P(X < d).$$

2 Loi uniforme

A. Définition

Soient deux réels a et b tels que $a < b$. La **loi uniforme** sur $[a ; b]$ est définie par la fonction densité de probabilité f telle que

$$\text{pour tout } x \in [a ; b],\ f(x) = \frac{1}{b - a}.$$

B. Propriété

Si X est la variable aléatoire associée à la loi uniforme sur $[a ; b]$, alors pour tout intervalle $[c ; d]$ contenu dans $[a ; b]$,

$$P([c ;\ d]) = P(c \leqslant X \leqslant d) = \frac{d - c}{b - a}.$$

C. Espérance d'une loi uniforme

L'espérance de la loi uniforme sur $[a ; b]$ est

$$E(X) = \int_a^b x\, f(x)dx = \int_a^b \frac{x}{b - a}dx = \frac{a + b}{2}.$$

3 Loi exponentielle (loi sans vieillissement)

A. Définition

Soit un réel λ strictement positif. La **loi exponentielle** de paramètre λ est définie sur $[0 ; +\infty[$ par la fonction densité de probabilité f telle que $f(x) = \lambda e^{-\lambda x}$.

B. Propriétés

Si T est la variable aléatoire associée à la loi exponentielle de paramètre λ, alors, pour tout réel positif t,

$P([0\ ;\ t]) = P(T \leqslant t)$

$$= \int_0^t \lambda e^{-\lambda x}dx$$

$$= 1 - e^{-\lambda t}$$

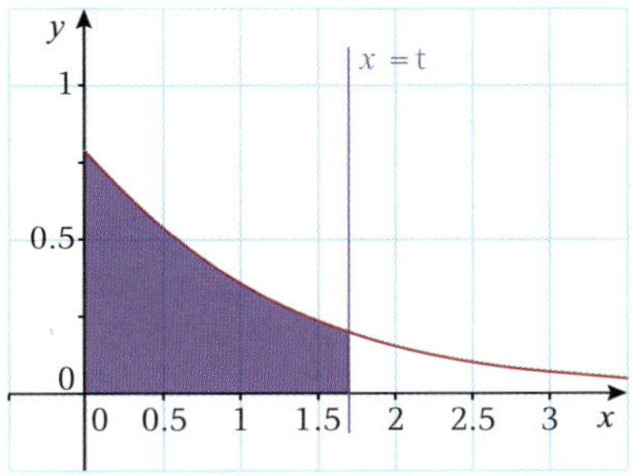

et par conséquent :

$P([t\ ;\ +\infty[) = P(T \geqslant t) = e^{-\lambda t}$.

C. Loi sans vieillissement

Propriété

Dans la loi exponentielle de paramètre λ, pour tous réels positifs t et h, $P_{[t\ ;\ +\infty[}([t+h\ ;\ +\infty[) = P([h\ ;\ +\infty[)$, que l'on peut aussi écrire : $P_{T \geqslant t}(T \geqslant t + h) = P(T \geqslant h)$.

D. Espérance d'une loi exponentielle

L'espérance de la loi exponentielle de paramètre λ est définie par $E(T) = \lim\limits_{t \to +\infty} \int_0^t x\, f(x)dx$ et vérifie $E(T) = \dfrac{1}{\lambda}\cdot$

4 Loi normale centrée réduite $N(0\ ;1)$

A. Définition

La fonction densité de probabilité de la loi normale centrée réduite $N(0\ ;\ 1)$ est définie sur $\mathbb{R}$ par $f(x) = \dfrac{1}{\sqrt{2\pi}}e^{-\frac{x^2}{2}}$.

B. Fonction de répartition

- On note Π la fonction de répartition de la loi normale centrée réduite définie sur $\mathbb{R}$ par $\Pi(x) = P(X \leqslant x) = \dfrac{1}{\sqrt{2\pi}}\int_{-\infty}^{x} e^{-\frac{t^2}{2}}dt$.

- Sur la figure ci-contre, $\Pi(x)$ correspond à l'aire du domaine coloré.
- On a les relations suivantes :
$\Pi(0) = 0{,}5$ et
pour tout reél x, $\Pi(-x) = 1 - \Pi(x)$.

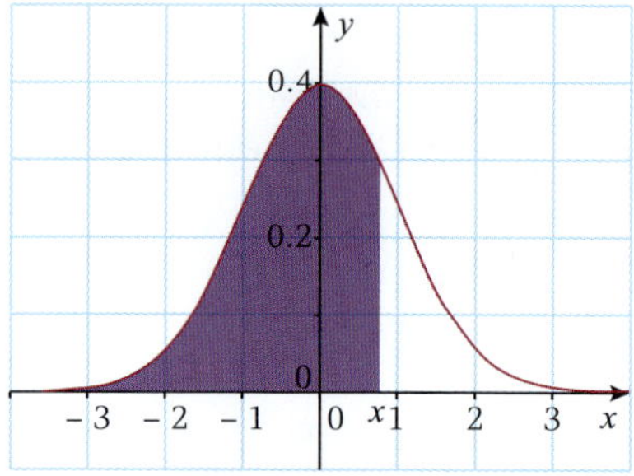

REMARQUE

Il n'existe pas d'expression formelle de cette fonction. On utilisera les tables données en pages 380 et 381 ou la calculatrice pour déterminer des valeurs approchées des résultats cherchés.

C. Propriété

Pour tout intervalle $[c\,;d]$, $P([c\,;d]) = \dfrac{1}{\sqrt{2\pi}}\displaystyle\int_c^d e^{-\frac{t^2}{2}}dt = \Pi(d) - \Pi(c)$.

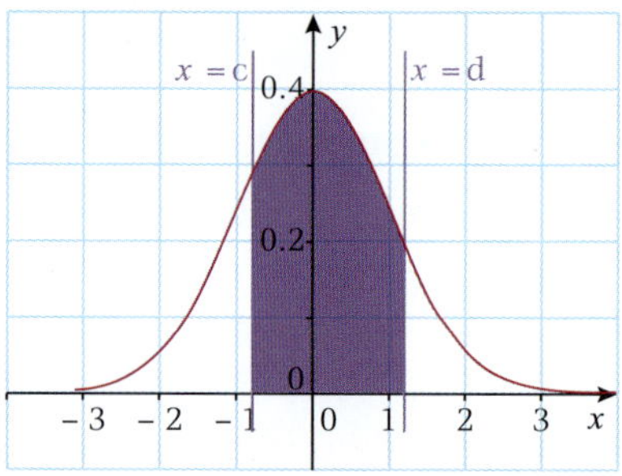

D. Espérance et variance d'une loi normale centrée réduite

L'espérance de la loi $N(0\,;1)$ est définie par :

$$E(X) = \lim_{t\to-\infty}\int_t^0 x\,f(x)dx + \lim_{t\to+\infty}\int_0^t x\,f(x)dx \text{ et vérifie } E(X) = 0.$$

Sa variance, définie par :

$V(X) = E((X - E(X))^2)$, vérifie $V(X) = 1$.

E. Théorème

Pour tout réel α de $]0\,;1[$, il existe un unique réel positif t_α tel que $P([-t_\alpha\,;t_\alpha]) = 1 - \alpha$.

En particulier $t_{0,05} \approx 1{,}96$ et $t_{0,01} \approx 2{,}58$.

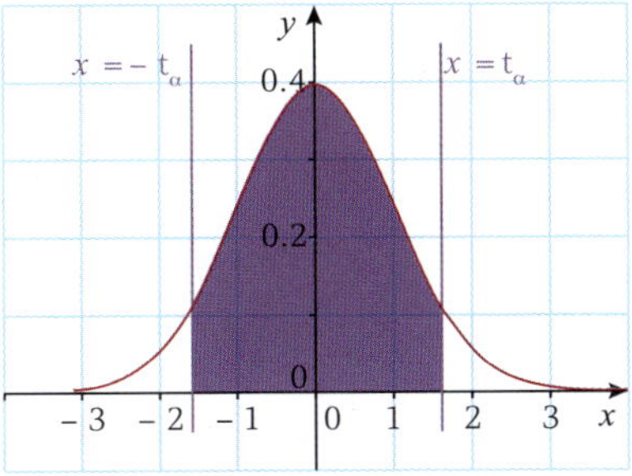

5 Théorème de Moivre Laplace

A. Variable centrée réduite

Propriété et définition

Soit p un réel de $]0\,;1[$ et n un entier naturel. Si X_n est la variable aléatoire suivant la loi binomiale $B(n, p)$, alors la variable aléatoire Z_n telle que $Z_n = \dfrac{X_n - np}{\sqrt{np(1-p)}}$ a pour espérance 0 et pour écart-type 1. On dit que Z_n est la **variable centrée et réduite** associée à X_n.

B. Théorème

Soit p un réel de $]0\,;1[$ et une suite de variables aléatoires (X_n) suivant une loi binomiale $B(n, p)$.

On pose $Z_n = \dfrac{X_n - np}{\sqrt{np(1-p)}}$, variable centrée et réduite associée à X_n.

Pour tous réels a et b tels que $a < b$, on a :

$$\lim_{n \to +\infty} P(a \leqslant Z_n \leqslant b) = \int_a^b \frac{1}{\sqrt{2\pi}} e^{-\frac{x^2}{2}}\,dx.$$

REMARQUE

Le théorème de Moivre Laplace nous permet d'affirmer que, lorsque n est grand, la variable Z_n peut être approximée par la loi normale centrée réduite.

6 Loi normale $N(\mu ; \sigma^2)$

A. Définition

Soient μ et σ deux réels avec $\sigma > 0$. La variable aléatoire X suit la loi normale $N(\mu ; \sigma^2)$ lorsque la variable $\dfrac{X - \mu}{\sigma}$ suit la loi normale centrée réduite $N(0 ; 1)$.

B. Espérance et écart-type

L'espérance de la loi normale $N(\mu ; \sigma^2)$ est égale à μ et son écart-type est σ.

C. Valeurs remarquables

REMARQUE

Ces valeurs remarquables sont à mémoriser. On peut remarquer que la quasi-totalité des valeurs sont comprises entre -3 et +3 écart-types.

Pour tous réels μ et σ, si X suit la loi normale $N(\mu ; \sigma^2)$, alors :

- $P(\mu - \sigma \leqslant X \leqslant \mu + \sigma) \approx 0{,}682\,6\ldots$ Cet intervalle s'appelle la plage de normalité au niveau de confiance 68 % ;
- $P(\mu - 2\sigma \leqslant X \leqslant \mu + 2\sigma) \approx 0{,}954\,4\ldots$ Cet intervalle s'appelle la plage de normalité au niveau de confiance 95 % ;
- $P(\mu - 3\sigma \leqslant X \leqslant \mu + 3\sigma) \approx 0{,}997\,3\ldots$ Cet intervalle s'appelle la plage de normalité au niveau de confiance 99 %.

PIÈGES À ÉVITER

- Lorsqu'une variable aléatoire suit une loi continue, on ne cherche jamais à déterminer la probabilité d'une valeur isolée qui est nécessairement nulle. On cherche en revanche à déterminer la probabilité d'un intervalle.
- L'utilisation d'une calculatrice est fortement encouragée dans ce chapitre, notamment pour les calculs concernant la loi normale. Néanmoins, nous utiliserons systématiquement les tables données en fin de chapitre afin que chacun puisse vérifier ses résultats.

1 Utiliser la loi exponentielle

CONSEIL

- Bien identifier la variable aléatoire et ce qu'elle représente.

Exercice

POINT MÉTHODE

✓ *On retiendra les résultats du §3, en particulier $P([0\,;\,t]) = 1 - e^{-\lambda t}$.*

La durée de vie d'un composant électronique donné est une variable aléatoire notée T qui suit une loi exponentielle de paramètre λ, avec λ réel strictement positif.

1 **Sachant que $P(T > 5) = 0{,}325$, déterminer λ. Pour les questions suivantes, on prendra $\lambda = 0{,}225$.**

2 **Quelle est la probabilité qu'un composant dure moins de 8 ans ? Plus de 8 ans ?**

3 **Quelle est la probabilité qu'un composant dure plus de 8 ans sachant qu'il a déjà duré plus de 3 ans ?**

4 **Quelle est la durée de vie moyenne d'un composant ?**

Comment répondre ?

1 D'après le *§3B*, $P(T > 5) = e^{-5\lambda}$.

Donc, $P(T > 5) = 0{,}325 \Leftrightarrow e^{-5\lambda} = 0{,}325 \Leftrightarrow -5\lambda = \ln(0{,}325) \Leftrightarrow \lambda = -\dfrac{\ln(0{,}325)}{5}$.

Donc, $\lambda = -\dfrac{\ln(0{,}325)}{5} \approx 0{,}224\,786...$

2 D'après le *§3B*, $P(T \leqslant 8) = 1 - e^{-8\lambda} = 1 - e^{-8 \times 0{,}225} = 1 - e^{-1{,}8} \approx 0{,}835$.

Donc, la probabilité qu'un composant dure moins de 8 ans est environ 0,835.

$P(T \geqslant 8) = 1 - P(T \leqslant 8) = e^{-1{,}8} \approx 0{,}165$, car $P(T \geqslant 8)$ et $P(T \leqslant 8)$ sont deux événements contraires.

3 La loi exponentielle est une loi sans vieillissement. Donc, d'après le *§3C*, pour tout réels positifs t et h, $P_{T \geqslant t}(T \geqslant t + h) = P(T \geqslant h)$. Ici $t = 3$ et $t + h = 8$, donc $h = 5$.

Donc, $P_{T \geqslant 3}(T \geqslant 8) = P(T \geqslant 5)$. Or, $P(T \geqslant 5) = P(T > 5) = 0{,}325$ d'après l'énoncé.

Donc, la probabilité qu'un composant dure plus de 8 ans sachant qu'il a déjà duré plus de 3 ans est égale à 0,325.

4 La durée de vie moyenne d'un composant qui suit une loi exponentielle est égale à l'espérance de la variable aléatoire.

Or, $E(T) = \frac{1}{\lambda} = \frac{1}{0{,}225} = \frac{40}{9} \approx 4{,}44$.

Donc, la durée de vie moyenne est d'environ 4,44 années.

2 Utiliser la loi normale

CONSEIL

- **Toutes les situations dans lesquelles une loi normale est utilisée peuvent se ramener à la loi normale centrée réduite grâce à un changement de variable.**

Exercice

Le quotient intellectuel (QI) standard correspond au rang auquel se situe une personne relativement à une population représentée par une loi normale d'espérance 100 et d'écart-type 15.

On considère une personne choisie au hasard dans la population.

1 **Quelle est la probabilité que son QI soit inférieur à 80 ?**

2 **Quelle est la probabilité que son QI soit entre 90 et 110 ?**

3 **En dessous de quel QI se trouve 20 % des personnes ?**

4 **Quel est le QI minimum des 5 % les plus performants ?**

POINT MÉTHODE

✓ *D'après le §5A, la variable aléatoire X suit la loi $N(\mu, \sigma^2)$ lorsque la variable $Z = \frac{X - \mu}{\sigma}$ suit la loi N(0, 1), avec $\mu = 100$ et $\sigma = 15$.*

✓ *On effectue donc un changement de variable. Pour déterminer $P(X \leqslant x)$, on détermine :*

$P(Z \leqslant z)$, avec $z = \frac{x - \mu}{\sigma} = \frac{x - 100}{15}$.

Comment répondre ?

1 X suit la loi $N(100, 15^2)$.

$P(X \leqslant 80) = P\left(Z \leqslant \frac{80 - 100}{15}\right) \approx P(Z \leqslant -1{,}33) = \Pi(-1{,}33)$, dans lequel Z suit la loi $N(0\,;\,1)$.

On utilise une calculatrice, un tableur ou la table de valeurs donnée en **p. 380** pour déterminer $\Pi(-1{,}33) = 1 - \Pi(1{,}33) \approx 1 - 0{,}908\ 24 \approx 0{,}091\ 76$.

Donc, $P(X \leqslant 80) \approx 0{,}091\ 76$.

À la calculatrice, en utilisant la valeur exacte $\Pi\left(\dfrac{80-100}{15}\right)$, on trouve $P(X \leqslant 80) \approx 0{,}091\ 21$.

2 $P(90 \leqslant X \leqslant 110) = P(-0{,}67 \leqslant Z \leqslant 0{,}67) = \Pi(0{,}67) - \Pi(-0{,}67)$.

Or, $\Pi(-0{,}67) = 1 - \Pi(0{,}67)$, donc $P(90 \leqslant X \leqslant 110) = 2\Pi(0{,}67) - 1$.

Or, $\Pi(0{,}67) \approx 0{,}748\ 57$, donc $P(90 \leqslant X \leqslant 110) \approx 0{,}497\ 14$.

À la calculatrice, on trouve $P(90 \leqslant X \leqslant 110) \approx 0{,}495$.

Donc, environ 50 % des personnes ont un QI entre 90 et 110.

3 On cherche la plus grande valeur x telle que $P(X \leqslant x) = 0{,}20$.

Pour cela, on cherche la plus grande valeur de z telle que $P(Z \leqslant z) \leqslant 0{,}20$ dans la table des fractiles de la loi $N(0\ ;\ 1)$ donnée en **p. 380**. On trouve $z \approx -0{,}841\ 6$. On utilise dans la table la colonne de gauche et la ligne supérieure, car $P < 0{,}5$, et le résultat est négatif.

Or, $z = \dfrac{x-100}{15}$. Donc $\dfrac{x-100}{15} \approx -0{,}841\ 6$, donc $x \approx -0{,}841\ 6 \times 15 + 100 \approx 87{,}4$.

Donc, 20 % des personnes ont un QI inférieur à 87,4.

4 On cherche la plus petite valeur x telle que $P(X \geqslant x) = 0{,}05$, ce qui revient à chercher $P(X \leqslant x) = 0{,}95$.

Pour cela, on cherche la plus grande valeur de z telle que $P(Z \leqslant z) \leqslant 0{,}95$ dans la table des fractiles de la loi $N(0\ ;\ 1)$. On utilise dans la table la colonne de droite et la ligne inférieure car $P \geqslant 0{,}5$, et le résultat est positif.

On trouve $z \approx 1{,}644\ 9$.

Or, $z = \dfrac{x-100}{15}$.

Donc, $\dfrac{x-100}{15} \approx 1{,}644\ 9$, donc $x \approx 1{,}644\ 9 \times 15 + 100 \approx 124{,}7$.

Donc 5 % des personnes ont un QI supérieur à 124,7.

TESTEZ VOS CONNAISSANCES

CORRIGÉ p. 311

1. Une variable aléatoire X suit la loi binomiale $B(10\ ;\ 0{,}3)$. $P(X = 2) =$

a. $0{,}3^2 \times 0{,}7^8$. **b.** $\binom{10}{2} \times 0{,}7^2 \times 0{,}3^8$. **c.** $\binom{10}{2} \times 0{,}3^2 \times 0{,}7^8$.

2. Une variable aléatoire X suit une loi binomiale $B(15\ ;\ 0{,}6)$. $E(X) =$

a. $P(X = 0{,}5)$. **b.** 15,6. **c.** 9.

3. Une variable aléatoire X suit la loi binomiale $B(15\ ;\ 0{,}6)$. L'écart-type σ vaut :

a. $3\sqrt{\frac{2}{5}}$. **b.** 3,6. **c.** 1,9.

4. Une variable aléatoire X suit la loi uniforme sur $[0\ ;\ 50]$. $P(X = 10) =$

a. 0,2. **b.** 0. **c.** 0,8.

5. Une variable aléatoire X suit la loi uniforme sur $[10\ ;\ 15]$. $P(11 \leqslant X \leqslant 12) =$

a. 0,8. **b.** 0,2. **c.** 0,1.

6. Une variable aléatoire X suit la loi exponentielle d'espérance 2 500. Le paramètre λ de cette loi vaut :

a. 0,000 4. **b.** $\frac{\ln 2}{2\,500}$. **c.** 2 500.

7. Une variable aléatoire X suit la loi exponentielle de paramètre 0,1. $P(X \leqslant 10) =$

a. 0,5. **b.** $1 - e$. **c.** $1 - e^{-1}$.

8. Une variable aléatoire X suit la loi $N(0\ ;\ 1)$. $P(X \geqslant 0) =$

a. 1. **b.** 0,5. **c.** 0,25.

9. Une variable aléatoire X suit la loi normale $N(\mu, \sigma^2)$.

Dans ce cas, la variable Z qui suit la loi normale centrée réduite est définie par :

a. $Z = \frac{X - \mu}{\sigma}$. **b.** $Z = \frac{X - \sigma}{\mu}$. **c.** $X = \frac{Z - \mu}{\sigma}$.

ENTRAÎNEZ-VOUS

CORRIGÉ p. 312

1 On admet que le temps d'attente en minutes à un guichet peut se modéliser par une variable aléatoire X qui suit la loi uniforme sur l'intervalle $[0\ ;\ 25]$. **25 min**

a. Quelle est la probabilité d'attendre exactement 10 minutes ?

b. Quelle est l'espérance de la variable X ? Interpréter ce résultat.

c. Quelle est la probabilité d'attendre au moins 10 minutes ? Au plus 10 minutes ? Entre 3 et 10 minutes ?

d. Sachant qu'un client a déjà attendu 10 minutes, quelle est la probabilité qu'il attende moins de 10 minutes supplémentaires ?

e. Sachant qu'un client a déjà attendu 20 minutes, quelle est la probabilité qu'il attende plus de 2 minutes supplémentaires ?

2 ●○○ 10 min

Une variable aléatoire X suit la loi exponentielle de paramètre λ ($\lambda > 0$).

Démontrer que $P(X \leqslant a) = P(X \geqslant a) \Leftrightarrow a = \dfrac{\ln 2}{\lambda}$.

3 ●●○ 20 min

Un entreprise produit des composants électroniques dont la durée de vie est une variable aléatoire notée X qui suit une loi exponentielle de paramètre λ ($\lambda > 0$).

a. Sachant que $P(X > 8) = 0{,}125$, déterminer λ. Pour les question suivantes, on prendra $\lambda = 0{,}26$.

b. Quelle est la probabilité qu'un composant dure moins de 12 ans ? Plus de 12 ans ?

c. Quelle est la probabilité qu'un composant dure plus de 12 ans sachant qu'il a déjà duré plus de 4 ans ?

d. Quelle est la durée de vie moyenne d'un composant ?

4 **Question de cours** ●●○ 15 min

Une variable aléatoire T suit une loi exponentielle de paramètre λ ($\lambda > 0$).

Pré-requis : pour tout réel positif t, $P([0\ ;\ t]) = P(T \leqslant t) = \int_0^t \lambda e^{-\lambda x} dx = 1 - e^{-\lambda t}$.

On appelle R la fonction définie sur $[0\ ; +\infty[$ par $R(t) = P(T \geqslant t)$. R est appelée *fonction de fiabilité*.

a. Démontrer que pour tout t de $[0\ ; +\infty[$, $R(t) = e^{-\lambda t}$.

b. Démontrer que la variable T suit une loi sans vieillissement, c'est-à-dire que pour tous réel s et t de $[0\ ; +\infty[$, $P_{T \geqslant t}(T \geqslant t + s)$ ne dépend pas du nombre t.

5 ●●○ 25 min

La durée de vie en jours d'un atome de phosphore 32 est une variable aléatoire X qui suit une loi exponentielle de paramètre λ ($\lambda > 0$).

1. On sait que le temps de demi-vie $t_{\frac{1}{2}}$ du phosphore 32 est de 14,3 jours. Cela signifie que $P(X \leqslant 14{,}3) = 0{,}5$.

a. Interpréter concrètement $P(X \leqslant 14{,}3) = 0{,}5$ par une phrase.

b. Déterminer λ. Pour la suite de l'exercice, on prendra $\lambda = 0{,}048\,5$.

c. Quelle est la probabilité que la durée de vie d'un atome soit supérieure à 30 jours ?

d. Quelle est la durée de vie moyenne d'un atome de phosphore 32 ?

2. En médecine, le phosphore 32 se présente sous forme d'une solution d'hydrogénophosphate de sodium qui s'injecte par voie veineuse pour traiter la polyglobulie primitive (maladie de Vaquez).

On injecte une certaine quantité à un patient. Au bout de combien de jours la proportion de phosphore 32 encore présente dans l'organisme sera-t-elle inférieure à 1 % de la quantité initiale ? à 0,01 % de la quantité initiale ?

6 La variable aléatoire X suit la loi normale centrée réduite $N(0\ ;\ 1)$. ●○○ 20 min

Déterminer les probabilités suivantes, à l'aide des tables ou d'une calculatrice :

a. $P(X \leqslant 0)$. b. $P(X \leqslant 1{,}14)$. c. $P(X \geqslant 0{,}45)$. d. $P(0 \leqslant X \leqslant 0{,}93)$.
e. $P(X \leqslant -0{,}65)$. f. $P(-0{,}3 \leqslant X \leqslant 0{,}7)$. g. $P(|X| \leqslant 2)$. h. $P(|X| \geqslant 3)$.

7 La variable aléatoire X suit la loi normale $N(50\ ;\ 6{,}25)$. ●○○ 25 min

1. Quelle est la moyenne et quel est l'écart-type de cette loi ?
2. Déterminer les probabilités suivantes, à l'aide de tables ou d'une calculatrice :

a. $P(X \leqslant 50)$. b. $P(X \leqslant 49)$. c. $P(X \geqslant 50{,}5)$. d. $P(49{,}1 \leqslant X \leqslant 50{,}9)$.
e. $P(44 \leqslant X \leqslant 50)$. f. $P(|X - 50| \leqslant 4)$. g. $P(|X - 50| \geqslant 8)$.

8 La variable aléatoire X suit la loi normale centrée réduite $N(0\ ;\ 1)$. ●○○ 20 min

À l'aide de tables ou d'une calculatrice, dans chacun des cas suivants, déterminer la valeur de a telle que :

a. $P(X \leqslant a) = 0{,}634$. b. $P(X \leqslant a) = 0{,}217$. c. $P(X \geqslant a) = 0{,}051$.
d. $P(0 \leqslant X \leqslant a) = 0{,}495$. e. $P(-a \leqslant X \leqslant a) = 0{,}95$. f. $P(|X| \geqslant a) = 0{,}1$.

9 La variable aléatoire X suit la loi normale $N(12\,500\ ;\ 1\,600)$. ●○○ 25 min

1. Quelle est la moyenne et quel est l'écart-type de cette loi ?
2. À l'aide de tables ou d'une calculatrice, dans chacun des cas suivants, déterminer la valeur de a telle que :

a. $P(X \leqslant a) = 0{,}528$. b. $P(X \leqslant a) = 0{,}357$. c. $P(X \geqslant a) = 0{,}012$.
d. $P(12\,500 \leqslant X \leqslant a) = 0{,}457$. e. $P(|X - 12\,500| \leqslant a) = 0{,}99$.

10 Les pièces de 1 euro sont composées de deux parties : ●●○ 30 min

l'intérieur est formé de cupronickel, l'extérieur d'un alliage de laiton et de nickel (alliage appelé maillechort). Elles ont un diamètre de 23,25 mm, une épaisseur de 2,33 mm et une masse de 7,5 g. Leurs bords sont constitués de six segments alternés, trois lisses et trois finement striés.

On a pu déterminer que la masse d'une pièce authentique suit une loi normale de paramètres $\mu = 7{,}51$ g et $\sigma = 0{,}014$ g.

a. Un distributeur de boissons accepte uniquement les pièces dont la masse est comprise entre 7,47 g et 7,54 g. Quelle est la probabilité qu'une pièce authentique soit refusée ?

b. Un faux monnayeur fabrique des pièces dont la masse suit une loi normale de paramètres $\mu' = 7{,}5$ g et $\sigma' = 0{,}018$ g. Quelle est la probabilité qu'une fausse pièce soit refusée ?

c. On admet dans cette question que la machine refuse 1,8 % des pièces authentiques et 6,1 % des fausses pièces. On a remarqué que 3 % des pièces sont refusées par la machine. Quel est le pourcentage de fausses pièces parmi celles qui ont été utilisées ? On pourra s'aider d'un arbre pondéré.

11 Dans une production de 80 000 ampoules à basse consommation, on en prélève un lot de 500. La probabilité qu'une ampoule soit défectueuse est 0,02. ●○○ 25 min

1. En utilisant la loi binomiale, calculer la probabilité qu'exactement 10 ampoules soient défectueuses dans le lot.

2. On se propose d'utiliser la loi normale pour calculer une approximation du résultat précédent.

a. Quelles sont l'espérance et la variance de la loi binomiale utilisée en question **1.** ?

b. On note X la variable aléatoire correspondant à la loi normale $N(10\,;\,9{,}8)$. Expliquez pourquoi le résultat cherché n'est pas égal à $P(X = 10)$.

c. Pour approximer le résultat du 1, on se propose de calculer $P(9{,}5 \leqslant X \leqslant 10{,}5)$.

Calculer cette probabilité et comparer avec le résultat de la question **1.**.

3. En utilisant la loi normale $N(10\,;\,9{,}8)$. calculer une approximation de la probabilité que le lot contienne au plus 10 ampoules défectueuses.

12 **Questions de cours** ●●○ 25 min

On considère une variable aléatoire X qui suit la loi normale $N(0\,;\,1)$.

Le but est de démontrer que pour tout réel α de $]0\,;\,1]$, il existe un unique réel positif t_α tel que $P(-t_\alpha \leqslant X \leqslant t_\alpha) = 1 - \alpha$.

Soit α un réel de $]0\,;\,1]$.

Soit la fonction f définie sur $\mathbb{R}$ par $f(x) = \dfrac{1}{\sqrt{2\pi}} e^{-\frac{x^2}{2}}$.

Soit H la fonction définie sur $\mathbb{R}$ par $H(t) = \int_0^t f(x)dx$.

a. Démontrer que pour tout réel positif t, $P(-t \leqslant X \leqslant t) = 2H(t)$.

b. Dresser le tableau de variation de $2H$ sur $[0\,;\,+\infty[$.

c. Démontrer que l'équation $2H(t) = 1 - \alpha$ possède une solution unique dans $[0 ; +\infty[$.

d. En déduire qu'il existe un unique réel positif t_α tel que $P(-t_\alpha \leqslant X \leqslant t_\alpha) = 1 - \alpha$.

e. En utilisant une calculatrice ou une table de valeurs, déterminer une valeur approchée de $t_{0,05}$ et de $t_{0,01}$.

13 Questions de cours

●●○ 25 min

Le but de cette question est de calculer l'espérance de certaines lois continues.

1. Espérance d'une loi uniforme

Soit a et b deux réels tels que $a < b$ et X une variable aléatoire qui suit la loi uniforme sur $[a ; b]$. L'espérance de X est définie par $E(X) = \int_a^b xf(x)dx$.

Déterminer $E(X)$.

2. Espérance d'une loi exponentielle

Soit un réel λ strictement positif. L'espérance de la loi exponentielle de paramètre λ est définie par $E(T) = \lim\limits_{t \to +\infty} \int_0^t \lambda x e^{-\lambda x} dx$.

a. Vérifier que la fonction h définie sur $[0 ; +\infty[$ par $h(x) = \left(-x - \frac{1}{\lambda}\right)e^{-\lambda x}$ est une primitive de la fonction f définie sur $[0 ; +\infty[$ par $f(x) = \lambda x e^{-\lambda x}$.

b. Pour tout t de $[0 ; +\infty[$, en déduire l'expression de $\int_0^t \lambda x e^{-\lambda x} dx$ en fonction de t.

c. En déduire l'espérance $E(T)$ en fonction de λ.

3. Espérance de la loi normale centrée réduite

L'espérance de la loi normale centrée réduite $N(0 , 1)$ est définie par

$$E(X) = \lim_{t \to -\infty} \int_t^0 xf(x)dx + \lim_{t \to +\infty} \int_0^t xf(x)dx, \text{ où } f \text{ est définie sur } \mathbb{R} \text{ par } f(x) = \frac{1}{\sqrt{2\pi}} e^{-\frac{x^2}{2}}.$$

a. Soit t un réel de $[0 ; +\infty[$. Déterminer $\int_0^t xf(x)dx$.

b. En déduire $\lim\limits_{t \to +\infty} \int_0^t xf(x)dx$.

c. De la même manière, déterminer $\lim\limits_{t \to -\infty} \int_t^0 xf(x)dx$.

d. En déduire $E(X)$.

Corrigés de *TESTEZ VOS CONNAISSANCES*

1. Réponse c. Cf. « Pour démarrer ». $P(X = 2) = \binom{10}{2} 0{,}3^2 (1 - 0{,}3)^{10-2}$.

Le nombre $\binom{10}{2}$ est un coefficient binomial. La calculatrice nous donne $\binom{10}{2} = 45$.

Donc, $P(X = 2) = 45 \times 0{,}3^2 \times 0{,}7^8 \approx 0{,}233$.

2. Réponse c. Cf. « Pour démarrer ». $E(X) = np = 15 \times 0{,}6 = 9$.

3. Réponse a. Cf. « Pour démarrer ». La variance est $V(X) = np(1 - p)$ et l'écart type est $\sigma = \sqrt{V(X)} = \sqrt{np(1-p)}$.

Donc, $\sigma = \sqrt{15 \times 0{,}6 \times 0{,}4} = \sqrt{3{,}6} = \sqrt{\frac{18}{5}}$

$= \sqrt{3^2 \times \frac{2}{5}} = 3\sqrt{\frac{2}{5}}$.

4. Réponse b. Ce résultat est valable pour toutes les lois continues. Cf. la remarque du *§1B*.

5. Réponse b. Cf. *§2B*. $P([11\,;12]) = P(11 \leqslant X \leqslant 12) = \frac{12-11}{15-10} = 0{,}2$.

6. Réponse a. Cf. *§3D*. L'espérance est $E(T) = \frac{1}{\lambda}$, donc $\frac{1}{\lambda} = 2\,500$,

donc $\lambda = \frac{1}{2\,500} = 0{,}000\,4$.

> **À RETENIR**
>
> *L'espérance de la loi exponentielle de paramètre λ est $E(T) = \frac{1}{\lambda}$.*

7. Réponse c. Cf. *§3B*. $P([0\,;10]) = P(T \leqslant 10) = 1 - e^{-10\lambda}$.
Or $\lambda = 0{,}1$, donc $P(X \leqslant 10) = 1 - e^{-1}$.

8. Réponse b. Cf. *§4B*. $\Pi(x) = P(X \leqslant x) = \frac{1}{\sqrt{2\pi}} \int_{-\infty}^{x} e^{-\frac{t^2}{2}} dt$.

La courbe est symétrique par rapport à l'axe des ordonnées et l'intégrale sur $\mathbb{R}$ vaut 1.
Donc $P(X \leqslant 0) = P(X \geqslant 0) = \Pi(0) = 0{,}5$.

9. Réponse a. C'est ce changement de variables qui permet de déterminer les valeurs des probabilités de la loi $N(\mu\,;\sigma^2)$ à partir de la loi normale centrée réduite.

Corrigés de *ENTRAÎNEZ-VOUS*

1 **a.** $P(X = 10) = 0$. Une valeur isolée a une probabilité nulle. Ce résultat est valable pour toutes les lois continues. Cf. la remarque du ***§1B***.

b. D'après le ***§2B***, $E(X) = \dfrac{0+25}{2} = 12{,}5$. L'espérance correspond au temps moyen d'attente, en minutes, au guichet.

> **REMARQUE**
>
> *On vérifie que* $P(X \geqslant 10) = 1 - P(0 \leqslant X \leqslant 10)$. *Ce sont deux événements contraires.*

c. D'après le ***§2B***, $P(X \geqslant 10) = P([10\ ;\ 25]) = \dfrac{25-10}{25-0} = 0{,}6$,

et $P([0\ ;\ 10]) = P(0 \leqslant X \leqslant 10) = \dfrac{10-0}{25-0} = 0{,}4$.

De même, $P([3\ ;\ 10]) = P(3 \leqslant X \leqslant 10) = \dfrac{10-3}{25-0} = \dfrac{7}{25}$.

> **À RETENIR**
>
> *Si X est la variable aléatoire associée à la loi uniforme sur [a ; b], alors pour tout intervalle [c ; d] contenu dans [a ; b],* $P([c\ ;\ d]) = P(c \leqslant X \leqslant d) = \dfrac{d-c}{b-a}$.

d. On doit calculer la probabilité conditionnelle suivante : quelle est la probabilité que X soit inférieure à 20 sachant que X est supérieur à 10 ?

$P_{X \geqslant 10}(X \leqslant 20) = P_{[10\ ;\ 25]}([0\ ;\ 20])$.

Or, $P_B(A) = \dfrac{P(A \cap B)}{P(B)}$, d'après le cours sur les probabilités conditionnelles.

Donc $P_{[10\ ;\ 25]}([0\ ;\ 20]) = \dfrac{P([0\ ;\ 20] \cap [10\ ;\ 25])}{P([10\ ;\ 25])} = \dfrac{P([10\ ;\ 20])}{P([10\ ;\ 25])}$.

Donc $P_{[10\ ;\ 25]}([0\ ;\ 20]) = \dfrac{\dfrac{20-10}{25-0}}{\dfrac{25-10}{25-0}} = \dfrac{20-10}{25-10} = \dfrac{2}{3}$.

On peut remarquer qu'il reste 15 minutes d'attente au maximum. On aurait pu considérer qu'on avait une loi uniforme sur [10 ; 25] et calculer la probabilité de l'intervalle [10 ; 20].

e. De même : $P_{[20\ ;\ 25]}([22\ ;\ 25]) = \dfrac{P([22\ ;\ 25] \cap [20\ ;\ 25])}{P([20\ ;\ 25])} = \dfrac{P([22\ ;\ 25])}{P([20\ ;\ 25])}$.

Donc $P_{[20\ ;\ 25]}([22\ ;\ 25]) = \dfrac{\dfrac{25-22}{25-0}}{\dfrac{25-20}{25-0}} = \dfrac{3}{5}$.

Donc, si un client a déjà attendu 20 minutes, la probabilité qu'il attende plus de 2 minutes supplémentaires est égale à $\dfrac{3}{5}$.

2 La variable aléatoire X suit la loi exponentielle de paramètre λ.
Donc, pour tout réel positif t, $P(T \leqslant t) = 1 - e^{-\lambda t}$ (Cf. *§3B*).
De plus, $P(T \geqslant t) = 1 - P(T \leqslant t)$, car ce sont deux événements contraires.
Donc, $P(T \geqslant t) = e^{-\lambda t}$.

Donc, $P(X \leqslant a) = P(X \geqslant a) \Leftrightarrow 1 - e^{-\lambda a} = e^{-\lambda a} \Leftrightarrow e^{-\lambda a} = \dfrac{1}{2} \Leftrightarrow -\lambda a = \ln\left(\dfrac{1}{2}\right)$.

Donc, $P(X \leqslant a) = P(X \geqslant a) \Leftrightarrow -\lambda a = -\ln(2) \Leftrightarrow a = \dfrac{\ln(2)}{\lambda}$.

Conclusion : pour tout réel positif a,

$P(X \leqslant a) = P(X \geqslant a) \Leftrightarrow a = \dfrac{\ln(2)}{\lambda}$.

On peut remarquer que, dans ce cas, $P(X \leqslant a) = 0{,}5$.

À RETENIR

Dans la loi exponentielle de paramètre λ,
$P([0\ ;\ t]) = P(T \leqslant t)$
$= \int_0^t \lambda e^{-\lambda x} dx = 1 - e^{-\lambda t}$.

3 **a.** La variable aléatoire X suit la loi exponentielle de paramètre λ.
Donc, pour tout réel positif t, $P(X \leqslant t) = 1 - e^{-\lambda t}$ et $P(X \geqslant t) = e^{-\lambda t}$ (Cf. *§3B*).
Or $P(X > 8) = 0{,}125$, donc $e^{-8\lambda} = 0{,}125$.

$e^{-8\lambda} = 0{,}125$ donc $-8\lambda = \ln(0{,}125)$, donc $\lambda = -\dfrac{\ln(0{,}125)}{8} \approx 0{,}259\ 9$.

b. $P(X \leqslant 12) = 1 - e^{-12\lambda} = 1 - e^{-12 \times 0{,}26} = 1 - e^{-3{,}12} \approx 0{,}995\ 8$.
Donc, la probabilité qu'un composant dure moins de 12 ans est environ 0,995 8.
$P(X \geqslant 8) = 1 - P(X \leqslant 8) \approx 0{,}044\ 2$.
Donc, la probabilité qu'un composant dure plus de 12 ans est environ 0,044 2.

REMARQUE

On remarque que $P(X > 8) = P(X \geqslant 8)$. Lorsqu'une variable aléatoire suit une loi continue, on utilise indifféremment des inégalités strictes ou larges.

c. On peut calculer cette probabilité de deux manières.
• En utilisant la définition d'une probabilité conditionnelle.

$P_{X \geqslant 4}(X \geqslant 12) = P_{[4\ ;\ +\infty[}([12\ ;\ +\infty[) = \dfrac{P([12\ ;\ +\infty[\cap [4\ ;\ +\infty[)}{P([4\ ;\ +\infty[)} = \dfrac{P([12\ ;\ +\infty[)}{P([4\ ;\ +\infty[)}$.

À RETENIR

Probabilité conditionnelle.

Soient A et B sont deux événements d'un même univers avec $P(B) \neq 0$. $P_B(A) = \dfrac{P(A \cap B)}{P(B)}$.

Or, $P([12\,;+\infty[) = e^{-12\lambda}$ et $P([4\,;+\infty[) = e^{-4\lambda}$.

Donc $P_{X \geqslant 4}(X \geqslant 12) = \dfrac{e^{-12\lambda}}{e^{-4\lambda}} = e^{-12\lambda+4\lambda} = e^{-8\lambda}$.

Donc $P_{X \geqslant 4}(X \geqslant 12) = e^{-8 \times 0{,}26} \approx 0{,}125$.

• En utilisant la propriété de la loi sans vieillissement : pour tous réels positifs t et h,

$P_{[t\,;+\infty[}([t+h\,;+\infty[) = P([h\,;+\infty[)$.

Dans ce cas, $t = 4$ et $h = 8$, donc $P_{[4\,;+\infty[}([4+8\,;+\infty[) = P([8\,;+\infty[)$.

Or, d'après l'énoncé, $P(X \geqslant 8) = 0{,}125$. Donc $P_{X \geqslant 4}(X \geqslant 12) = 0{,}125$.

d. La durée de vie moyenne d'un composant est l'espérance de la loi exponentielle de paramètre λ. Or, $E(X) = \dfrac{1}{\lambda}$ (Cf. ***§3D***).

Donc $E(X) = \dfrac{1}{0{,}26} \approx 3{,}85$, soit environ 3 ans, 10 mois et 6 jours.

4 **a.** La variable aléatoire T suit la loi exponentielle de paramètre λ.

On sait que $P([0\,;\,t]) = P(T \leqslant t) = \int_0^t \lambda e^{-\lambda x}dx$

$$= \left[-e^{-\lambda x}\right]_0^t = -e^{-\lambda t} - (-e^0) = 1 - e^{-\lambda t}.$$

Or, $R(t) = P(T \geqslant t) = 1 - P(T \leqslant t)$, car « $T \geqslant t$ » et « $T \leqslant t$ » sont des événements contraires.

Donc, $R(t) = 1 - (1 - e^{-\lambda t}) = e^{-\lambda t}$.

REMARQUE

On démontre ainsi que la loi exponentielle est une loi sans vieillissement (ou sans mémoire). Quel que soit le temps t écoulé, la probabilité d'un intervalle [t ; t + s] est égale à la probabilité de l'intervalle [0 ; s]. On retrouve cette propriété remarquable dans le cas des isotopes radioactifs. La probabilité qu'un atome se désintègre pendant un intervalle de temps donné est indépendante du temps qui s'est déjà écoulé depuis que cet atome existe. On retrouve également cette propriété dans la durée de vie de certains composants électroniques.

b. Soient deux réels s et t de $[0\,;+\infty[$.

$P_{T \geqslant t}(T \geqslant t+s)$ est une probabilité conditionnelle.

Donc, $P_{T \geqslant t}(T \geqslant t+s) = \dfrac{P[(T \geqslant t+s) \cap (T \geqslant t)]}{P(T \geqslant t)}$.

Or, $(T \geqslant t+s) \cap (T \geqslant t) = (T \geqslant t+s)$, en effet, en écrivant cette intersection sous forme d'intervalles, on aurait : $[t+s\,;+\infty[\cap [t\,;+\infty[= [t+s\,;+\infty[$.

Donc, $P_{T \geqslant t}(T \geqslant t+s) = \dfrac{P(T \geqslant t+s)}{P(T \geqslant t)} = \dfrac{R(t+s)}{R(t)}$.

Donc, $P_{T \geqslant t}(T \geqslant t+s) = \dfrac{e^{-\lambda(t+s)}}{e^{-\lambda t}} = e^{-\lambda(t+s)+\lambda t} = e^{-\lambda s}$.

Ainsi, $P_{T \geqslant t}(T \geqslant t+s) = e^{-\lambda s} = R(s) = P(T \geqslant s)$.

Donc, $P_{T \geqslant t}(T \geqslant t+s)$ ne dépend pas du réel t.

5 **1.** La variable aléatoire X suit la loi exponentielle de paramètre λ.

a. $P(X \leqslant 14{,}3) = 0{,}5$ signifie que la probabilité que la durée de vie de l'atome soit inférieure à 14,3 jours est égale à 0,5.

REMARQUE

La probabilité que l'atome se désintègre avant 14,3 jours est égale à 0,5.

b. $P(X \leqslant 14{,}3) = 1 - e^{-14{,}3\lambda}$ (Cf. §3B).

Donc : $P(X \leqslant 14{,}3) = 0{,}5 \Leftrightarrow 1 - e^{-14{,}3\lambda} = 0{,}5 \Leftrightarrow e^{-14{,}3\lambda} = 0{,}5$

$$\Leftrightarrow -14{,}3\lambda = \ln(0{,}5) \Leftrightarrow \lambda = -\frac{\ln(0{,}5)}{14{,}3}.$$

À RETENIR

Pour tous réels x et y avec $y > 0$, $e^x = y \Leftrightarrow x = \ln(y)$ et $e^x < y \Leftrightarrow x < \ln(y)$.

Or $\ln(0{,}5) = -\ln(2)$, donc $\lambda = \dfrac{\ln 2}{14{,}3}$.

Donc $\lambda \approx 0{,}048\,47...$

On retrouve le résultat de l'exercice 2.

REMARQUE

λ est la constante radioactive du phosphore 32. Son unité est jour^{-1}.

c. $P(X \geqslant 30) = 1 - P(X \leqslant 30) = 1 - (1 - e^{-30\lambda}) = e^{-30\lambda}$.

Donc $P(X \geqslant 30) = e^{-30 \times 0{,}048\,5} = e^{-1{,}455} \approx 0{,}233\,4$.

d. La durée de vie moyenne d'un atome est l'espérance de la loi exponentielle de paramètre λ. Or, $E(X) = \dfrac{1}{\lambda}$ (Cf. §3D). Donc $E(X) \approx \dfrac{1}{0{,}048\,5} \approx 20{,}62$.

La durée de vie moyenne d'un atome de phosphore 32 est environ 20,62 jours, soit 20 jours, 14 heures et 53 minutes.

2. Chaque atome de phosphore 32 suit la même loi exponentielle. Trouver le temps à partir duquel il reste moins de 1 % de la quantité initiale revient à résoudre l'inéquation $P(X \geqslant t) \leqslant \dfrac{1}{100}$.

$$P(X \geqslant t) \leqslant \frac{1}{100} \Leftrightarrow e^{-\lambda t} \leqslant \frac{1}{100} \Leftrightarrow -\lambda t \leqslant \ln\left(\frac{1}{100}\right) \Leftrightarrow -\lambda t \leqslant -\ln(100) \Leftrightarrow t \geqslant \frac{\ln(100)}{\lambda}.$$

Or $\dfrac{\ln(100)}{\lambda} = \dfrac{\ln(100)}{0{,}048\,5} \approx 94{,}95$.

ASTUCE

Le sens de l'inégalité change car on divise par un réel négatif.

Donc, la proportion de phosphore 32 encore présente dans l'organisme sera inférieure à 1 % de la quantité initiale au bout de 95 jours.

De même, $P(X \geqslant t) \leqslant \dfrac{1}{10\,000} \Leftrightarrow t \geqslant \dfrac{\ln(10\,000)}{\lambda}$. Or $\dfrac{\ln(10\,000)}{0{,}048\,5} \approx 189{,}9$.

Donc, la proportion de phosphore 32 encore présente dans l'organisme sera inférieure à 0,01 % de la quantité initiale au bout de 190 jours.

REMARQUE

On peut remarquer que cette proportion est divisée par 100 tous les 95 jours.

ASTUCE

Dans la loi normale centrée réduite,

$$\Pi(x) = P(X \leqslant x) = \frac{1}{\sqrt{2\pi}} \int_{-\infty}^{x} e^{-\frac{t^2}{2}}\, dt.$$

6 La variable aléatoire X suit la loi normale centrée réduite. En utilisant la table donnée en page **380**, on peut déterminer les probabilités demandées. L'utilisation d'une calculatrice permet d'obtenir plus rapidement les réponses.

a. $P(X \leqslant 0) = \Pi(0) = 0{,}5$. Ce résultat est à retenir. Il découle de la symétrie de la courbe de la fonction densité de probabilité par rapport à l'axe des ordonnées.

b. $P(X \leqslant 1{,}14) = \Pi(1{,}14) \approx 0{,}872\,86$. On trouve cette valeur sur la ligne 1,1 dans la colonne 0,04.

c. $P(X \leqslant 0{,}45) = \Pi(0{,}45) \approx 0{,}673\,64$. On trouve cette valeur sur la ligne 0,4 dans la colonne 0,05. Donc $P(X \geqslant 0{,}45) = 1 - P(X \leqslant 0{,}45) \approx 0{,}326\,36$.

d. $P(0 \leqslant X \leqslant 0{,}93) = \Pi(0{,}93) - \Pi(0)$.
Or $\Pi(0{,}93) \approx 0{,}823\,81$. On trouve cette valeur sur la ligne 0,9 dans la colonne 0,03.
Et $\Pi(0) = 0{,}5$. Donc $P(0 \leqslant X \leqslant 0{,}93) \approx 0{,}823\,81 - 0{,}5 \approx 0{,}323\,81$.

e. $P(X \leqslant -0{,}65) = \Pi(-0{,}65)$. On utilise la propriété : $\Pi(-x) = 1 - \Pi(x)$.
Ainsi $\Pi(0{,}65) \approx 0{,}742\,15$, donc $\Pi(-0{,}65) = 1 - 0{,}742\,15 \approx 0{,}257\,85$.
Donc $P(X \leqslant -0{,}65) \approx 0{,}257\,85$.

f. $P(-0{,}3 \leqslant X \leqslant 0{,}7) = \Pi(0{,}7) - \Pi(-0{,}3)$.
$\Pi(0{,}7) \approx 0{,}758\,04$.
De plus $\Pi(-0{,}3) = 1 - \Pi(0{,}3)$ et $\Pi(0{,}3) \approx 0{,}617\,91$, donc $\Pi(-0{,}3) \approx 0{,}382\,09$.
Donc $P(-0{,}3 \leqslant X \leqslant 0{,}7) \approx 0{,}758\,04 - 0{,}382\,09 \approx 0{,}375\,95$.

REMARQUE

On peut remarquer que plus de 95 % des valeurs sont comprises entre – 2 et 2.

g. $P(|X| \leqslant 2) = P(-2 \leqslant X \leqslant 2)$.
Or $P(-2 \leqslant X \leqslant 2) = \Pi(2) - \Pi(-2) = \Pi(2) - (1 - \Pi(2)) = 2\Pi(2) - 1$.
D'après la table, $\Pi(2) \approx 0{,}977\,25$, donc
$P(|X| \leqslant 2) = 2 \times 0{,}977\,25 - 1 \approx 0{,}954\,5$.

h. $P(|X| \geqslant 3) = 1 - P(|X| \leqslant 3) = 1 - P(-3 \leqslant X \leqslant 3)$.
Or $P(-3 \leqslant X \leqslant 3) = 2\Pi(3) - 1$, de manière analogue à la question précédente.
Donc $P(|X| \geqslant 3) = 1 - 2\Pi(3) + 1 = 2 - 2\Pi(3)$.
Or $\Pi(3) \approx 0{,}998\,65$, donc
$P(|X| \geqslant 3) = 2 - 2 \times 0{,}998\,65 \approx 0{,}002\,7$.

REMARQUE

On peut remarquer que moins de 0,3 % des valeurs sont à l'extérieur de l'intervalle [– 3 ; 3].

À RETENIR

La variable aléatoire X suit la loi normale $N(\mu, \sigma^2)$ lorsque la variable $\frac{X-\mu}{\sigma}$ suit la loi normale centrée réduite $N(0, 1)$.

7 **1.** La variable aléatoire X suit la loi normale $N(50\ ;\ 6{,}25)$, donc, par définition (Cf. **§6**), la moyenne est $\mu = 50$ et l'écart-type est $\sigma = \sqrt{6{,}25} = 2{,}5$.

2. Pour pouvoir utiliser les tables de la loi normale centrée réduite, on définit la variable aléatoire $Z = \dfrac{X-\mu}{\sigma}$. On effectue ainsi un changement de variable. Pour déterminer $P(X \leqslant x)$, on détermine $P(Z \leqslant z)$ avec $z = \dfrac{x-\mu}{\sigma} = \dfrac{x-50}{\sqrt{6,25}} = \dfrac{x-50}{2,5}$.

Il est indispensable d'avoir traité l'exercice précédent avant celui-ci.

a. $P(X \leqslant 50) = P(Z \leqslant 0) = 0,5$.

b. $P(X \leqslant 49) = P\left(Z \leqslant \dfrac{49-50}{2,5}\right) = P(Z \leqslant -0,4) = \Pi(-0,4)$.

En utilisant la table donnée en page **380**, on peut déterminer la valeur de $\Pi(-0,4)$.
$\Pi(-0,4) = 1 - \Pi(0,4) \approx 1 - 0,655\,42 \approx 0,344\,58$. Donc $P(X \leqslant 49) \approx 0,344\,58$.

c. $P(X \geqslant 50,5) = P\left(Z \geqslant \dfrac{50,5-50}{2,5}\right) = P(Z \geqslant 0,2) = 1 - P(Z \leqslant 0,2) = 1 - \Pi(0,2)$.

Or $\Pi(0,2) = 0,579\,26$, donc $P(X \geqslant 50,5) = 0,420\,74$.

d. $P(49,1 \leqslant X \leqslant 50,9) = P\left(\dfrac{49,1-50}{2,5} \leqslant Z \leqslant \dfrac{50,9-50}{2,5}\right)$

$= P(-0,36 \leqslant Z \leqslant 0,36) = \Pi(0,36) - \Pi(-0,36)$.

Or $\Pi(-0,36) = 1 - \Pi(0,36)$, donc
$\Pi(0,36) - \Pi(-0,36) = 2\Pi(0,36) - 1$.
$\Pi(0,36) \approx 0,640\,58$, donc
$P(49,1 \leqslant X \leqslant 50,9) \approx 0,28116$.

À RETENIR

Pour tout réel x, $\Pi(-x) = 1 - \Pi(x)$.

e. $P(44 \leqslant X \leqslant 50) = P\left(\dfrac{44-50}{2,5} \leqslant Z \leqslant \dfrac{50-50}{2,5}\right)$

$= P(-2,4 \leqslant Z \leqslant 0) = \Pi(0) - \Pi(-2,4)$.

Or, $\Pi(0) = 0,5$ et $\Pi(-2,4) = 1 - \Pi(2,4)$.
$\Pi(2,4) \approx 0,991\,8$, donc $P(44 \leqslant X \leqslant 50) = \Pi(2,4) - 0,5 \approx 0,491\,8$.

f. $P(|X-50| \leqslant 4) = P(-4 \leqslant X - 50 \leqslant 4) = P(46 \leqslant X \leqslant 54)$.

$P(46 \leqslant X \leqslant 54) = P\left(\dfrac{46-50}{2,5} \leqslant Z \leqslant \dfrac{54-50}{2,5}\right)$

$= P(-1,6 \leqslant Z \leqslant 1,6) = \Pi(1,6) - \Pi(-1,6)$.

Or, $\Pi(-1,6) = 1 - \Pi(1,6)$, donc
$P(46 \leqslant X \leqslant 54) = 2\Pi(1,6) - 1$.
$\Pi(1,6) \approx 0,945\,20$, donc $P(46 \leqslant X \leqslant 54) \approx 0,890\,4$.

REMARQUE

On peut remarquer que plus de 89 % des valeurs sont comprises entre 46 et 54.

REMARQUE

On peut remarquer que moins de 0,2 % des valeurs sont à l'extérieur de l'intervalle [42 ; 58].

g. $P(|X-50| \geqslant 8) = 1 - P(|X-50| \leqslant 8)$.
Or $P(|X-50| \leqslant 8) = P(42 \leqslant X \leqslant 58)$
$= P(-3,2 \leqslant Z \leqslant 3,2)$
$= \Pi(3,2) - \Pi(-3,2) = 2\Pi(3,2) - 1$.
Donc $P(|X-50| \geqslant 8) = 2 - 2\Pi(3,2)$.

Or, $\Pi(3,2) \approx 0,999\,31$, donc $P(|X-50| \geqslant 8) \approx 0,001\,38$.

8 La variable aléatoire X suit la loi normale centrée réduite. En utilisant la table donnée en page **381**, on peut déterminer les valeurs cherchées. L'utilisation d'une calculatrice permet d'obtenir plus rapidement les réponses.

a. $P(X \leqslant a) = 0,634$, on cherche dans la table des fractiles la valeur correspondant à 0,634. $0,634 > 0,5$, donc on cherche 0,63 dans la colonne de droite et sur cette ligne, on cherche la valeur dans la colonne 0,004 (l'intitulé de colonne est dans la ligne inférieure). Ainsi, on trouve : $a \approx 0,342\,5$.

b. $P(X \leqslant a) = 0,217$. $0,217 < 0,5$, donc on utilise la colonne de gauche et la ligne supérieure et le résultat sera négatif. On trouve $a \approx -0,782\,4$.

c. $P(X \geqslant a) = 0,051 \Leftrightarrow 1 - P(X \leqslant a) = 0,051 \Leftrightarrow P(X \leqslant a) = 0,949$.
$0,949 > 0,5$, donc on utilise la colonne de droite et la ligne inférieure et le résultat sera positif. Ainsi, on trouve $a \approx 1,635\,2$.

À RETENIR

$\Pi(0) = P(X \leqslant 0) = 0,5$.

d. $P(0 \leqslant X \leqslant a) = 0,495$. Or $P(0 \leqslant X \leqslant a) = \Pi(a) - \Pi(0)$ et $\Pi(0) = 0,5$.
Donc, $P(0 \leqslant X \leqslant a) = 0,495 \Leftrightarrow \Pi(a) = 0,995 \Leftrightarrow P(X \leqslant a) = 0,995$.
En utilisant la table, on trouve : $a \approx 2,575\,8$.

e. $P(-a \leqslant X \leqslant a) = 0,95 \Leftrightarrow \Pi(a) - \Pi(-a) = 0,95$
$\Leftrightarrow \Pi(a) - (1 - \Pi(a)) = 0,95$
$\Leftrightarrow 2\Pi(a) - 1 = 0,95$
$\Leftrightarrow 2\Pi(a) = 1,95$
$\Leftrightarrow \Pi(a) = 0,975$.

REMARQUE

On peut remarquer que plus de 95 % des valeurs sont comprises entre −1,96 et 1,96.

En utilisant la table, on trouve : $a \approx 1,96$.
Ainsi, $P(-1,96 \leqslant X \leqslant 1,96) = 0,95$.

f. $P(|X| \geqslant a) = 0,1 \Leftrightarrow 1 - P(|X| \leqslant a) = 0,1 \Leftrightarrow P(|X| \leqslant a) = 0,9$.
En suivant un raisonnement analogue à la question précédente, on a donc :
$P(|X| \leqslant a) = 0,9 \Leftrightarrow 2\Pi(a) = 1,9 \Leftrightarrow \Pi(a) = 0,95$.
En utilisant la table, on trouve : $a \approx 1,644\,9$. Ainsi, $P(|X| \geqslant 1,644\,9) = 0,1$.

RAPPEL

L'écart-type est la racine carrée de la variance : $\sigma = \sqrt{V(X)}$.

9 Il faut traiter l'exercice précédent avant celui-ci.

1. La variable aléatoire X suit la loi normale $N(12\,500 ; 1\,600)$, donc par définition, la moyenne est $\mu = 12\,500$ et l'écart-type est $\sigma = \sqrt{1\,600} = 40$.

2. a. Pour pouvoir utiliser les tables de la loi normale centrée réduite, on définit la variable aléatoire $Z = \dfrac{X - \mu}{\sigma}$. On effectue ainsi un changement de variable.

Ainsi : $P(X \leqslant a) = 0{,}528 \Leftrightarrow P\left(Z \leqslant \dfrac{a - 12\,500}{40}\right) = 0{,}528$.

D'après la table des fractiles donnée en page **381**, $\dfrac{a - 12\,500}{40} \approx 0{,}070\,2$,

donc $a \approx 0{,}070\,2 \times 40 + 12\,500 \approx 12\,502{,}808$.

Ainsi, $P(X \leqslant 12\,502{,}808) \approx 0{,}528$.

b. $P(X \leqslant a) = 0{,}357 \Leftrightarrow P\left(Z \leqslant \dfrac{a - 12\,500}{40}\right) = 0{,}357$.

Donc, $\dfrac{a - 12\,500}{40} \approx -0{,}366\,5$, donc $a \approx -0{,}366\,5 \times 40 + 12\,500 \approx 12\,485{,}34$.

Ainsi, $P(X \leqslant 12\,485{,}34) \approx 0{,}357$.

c. $P(X \geqslant a) = 0{,}012 \Leftrightarrow P(X \leqslant a) = 1 - 0{,}012 \Leftrightarrow P\left(Z \leqslant \dfrac{a - 12\,500}{40}\right) = 0{,}988$.

Donc, $\dfrac{a - 12\,500}{40} \approx 2{,}257\,1$, donc $a \approx 2{,}257\,1 \times 40 + 12\,500 \approx 12\,590{,}284$.

Ainsi, $P(X \geqslant 12\,590{,}284) \approx 0{,}012$.

d. $P(12\,500 \leqslant X \leqslant a) = 0{,}457 \Leftrightarrow P\left(\dfrac{12\,500 - 12\,500}{40} \leqslant Z \leqslant \dfrac{a - 12\,500}{40}\right) = 0{,}457$

$$\Leftrightarrow P\left(0 \leqslant Z \leqslant \dfrac{a - 12\,500}{40}\right) = 0{,}457.$$

Or, $P\left(0 \leqslant Z \leqslant \dfrac{a - 12500}{40}\right) = \Pi\left(\dfrac{a - 12500}{40}\right) - \Pi(0) = \Pi\left(\dfrac{a - 12500}{40}\right) - 0{,}5$.

Donc, $P\left(0 \leqslant Z \leqslant \dfrac{a - 12\,500}{40}\right) = 0{,}457 \Leftrightarrow P(Z \leqslant \dfrac{a - 12\,500}{40}) = 0{,}957$.

Donc, $\dfrac{a - 12\,500}{40} \approx 1{,}716\,9$, donc $a \approx 1{,}716\,9 \times 40 + 12\,500 \approx 12\,568{,}676$.

Ainsi, $P(12\,500 \leqslant X \leqslant 12\,568{,}676) = 0{,}457$.

e. $P(|X - 12\,500| \leqslant a) = 0{,}99 \Leftrightarrow P(-a \leqslant X - 12\,500 \leqslant a) = 0{,}99$

$$\Leftrightarrow P(12\,500 - a \leqslant X \leqslant 12\,500 + a) = 0{,}99$$

$\Leftrightarrow P\left(\dfrac{12\,500 - a - 12\,500}{40} \leqslant Z \leqslant \dfrac{12\,500 + a - 12\,500}{40}\right) = 0{,}99$

$\Leftrightarrow P\left(\dfrac{-a}{40} \leqslant Z \leqslant \dfrac{a}{40}\right) = 0{,}99.$

Or, $P\left(\dfrac{-a}{40} \leqslant Z \leqslant \dfrac{a}{40}\right) = \Pi\left(\dfrac{a}{40}\right) - \Pi\left(-\dfrac{a}{40}\right) = \Pi\left(\dfrac{a}{40}\right) - 1 + \Pi\left(-\dfrac{a}{40}\right).$

Donc, $P\left(\dfrac{-a}{40} \leqslant Z \leqslant \dfrac{a}{40}\right) = 2\Pi\left(\dfrac{a}{40}\right) - 1.$

Donc, $P(|12\,500 - X| \leqslant a) = 0{,}99 \Leftrightarrow 2\Pi\left(\dfrac{a}{40}\right) - 1 = 0{,}99 \Leftrightarrow \Pi\left(\dfrac{a}{40}\right) = 0{,}995.$

Donc, $\dfrac{a}{40} \approx 2{,}575\,8$, donc $a \approx 2{,}575\,8 \times 40 \approx 103{,}032.$

Ainsi, $P(|X - 12\,500| \leqslant 103{,}032) = 0{,}99$, ce qui revient à écrire :
$P(12\,396{,}968 \leqslant X \leqslant 12\,603{,}032) = 0{,}99.$

10 **a.** Soit X variable aléatoire qui suit la loi normale $N(7{,}51 ; 0{,}014^2)$. La probabilité qu'une pièce soit acceptée est $P(7{,}47 \leqslant X \leqslant 7{,}54)$.
Pour pouvoir utiliser les tables de la loi normale centrée réduite, on définit la variable aléatoire $Z = \dfrac{X - \mu}{\sigma} = \dfrac{X - 7{,}51}{0{,}014}$. On effectue ainsi un changement de variable.

Ainsi : $P(7{,}47 \leqslant X \leqslant 7{,}54) = P\left(\dfrac{7{,}47 - 7{,}51}{0{,}014} \leqslant Z \leqslant \dfrac{7{,}54 - 7{,}51}{0{,}014}\right).$

Donc, $P(7{,}47 \leqslant X \leqslant 7{,}54) \approx P(-2{,}86 \leqslant Z \leqslant 2{,}14).$
Or, $P(-2{,}86 \leqslant Z \leqslant 2{,}14) = \Pi(2{,}14) - \Pi(-2{,}86).$
D'après la table de la loi normale centrée p. 380,
$\Pi(2{,}14) \approx 0{,}983\,82$ et $\Pi(-2{,}86) \approx 1 - 0{,}997\,88 \approx 0{,}002\,12.$
Donc, $P(-2{,}86 \leqslant Z \leqslant 2{,}14) \approx 0{,}983\,82 - 0{,}002\,12 \approx 0{,}981\,7.$
Donc, la probabilité qu'une pièce soit refusée par la machine est égale à $1 - 0{,}981\,7$, donc à $0{,}018\,3$.
On peut estimer à environ 1,8 % le nombre de pièces refusées parmi les pièces authentiques.

b. Soit Y variable aléatoire qui suit la loi normale $N(7{,}5 ; 0{,}018^2)$. La probabilité qu'une pièce soit acceptée est $P(7{,}47 \leqslant Y \leqslant 7{,}54)$.
De la même manière que dans la question **a.**, on pose $T = \dfrac{Y - 7{,}5}{0{,}018}$:

$P(7{,}47 \leqslant Y \leqslant 7{,}54) = P\left(\dfrac{7{,}47 - 7{,}5}{0{,}018} \leqslant T \leqslant \dfrac{7{,}54 - 7{,}5}{0{,}018}\right).$

Donc, $P(7{,}47 \leqslant Y \leqslant 7{,}54) \approx P(-1{,}67 \leqslant T \leqslant 2{,}22)$.
Or, $P(-1{,}67 \leqslant T \leqslant 2{,}22) = \Pi(2{,}22) - \Pi(-1{,}67)$.
D'après la table, $\Pi(2{,}22) \approx 0{,}986\,79$ et $\Pi(-1{,}67) \approx 1 - 0{,}952\,54 \approx 0{,}047\,46$.
Donc, $P(7{,}47 \leqslant Y \leqslant 7{,}54) \approx 0{,}986\,79 - 0{,}047\,46 \approx 0{,}939\,33$.
Donc, la probabilité qu'une pièce soit refusée par la machine est égale à $1 - 0{,}939\,33 \approx 0{,}060\,67$.
On peut estimer à environ 6,1 % le nombre de pièces refusées parmi les fausses pièces.

c. Modélisons ce problème par un calcul de probabilités. Considérons une pièce prise au hasard parmi les pièces utilisées. Notons F l'événement « la pièce est fausse » et R l'événement « la pièce est refusée par la machine ».
On note $P(\text{F}) = p$. Donc, $P(\overline{\text{F}}) = 1 - p$.
L'énoncé nous donne $P_{\text{F}}(\text{R}) = 0{,}061$ et $P_{\overline{\text{F}}}(\text{R}) = 0{,}018$.
On a l'arbre suivant :

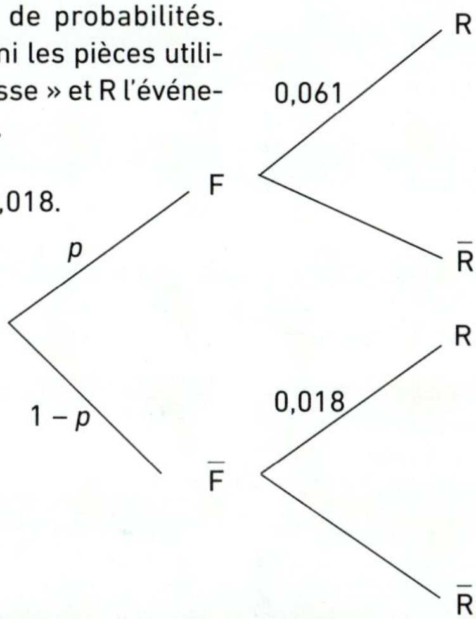

F et $\overline{\text{F}}$ constituent une partition de l'univers, donc d'après la loi des probabilités totales,
$P(\text{R}) = P(\text{F} \cap \text{R}) + P(\overline{\text{F}} \cap \text{R})$.
Donc, $P(\text{R}) = p \times 0{,}061 + (1 - p) \times 0{,}018$.
Donc, $P(\text{R}) = 0{,}043p + 0{,}018$.
Or, $P(\text{R}) = 0{,}03$, d'après l'énoncé.
Donc, $P(\text{R}) = 0{,}043p + 0{,}018$, donc
$0{,}043p = 0{,}012$, donc $p = \dfrac{0{,}012}{0{,}043} = \dfrac{12}{43}$.
Donc, $p \approx 0{,}279$.
Donc, environ 27,9 % des pièces utilisées dans cette machine sont fausses.

11 **1.** Le nombre d'ampoules est très grand. On peut donc considérer que le prélèvement de 500 ampoules est pratiquement équivalent à un tirage de 500 ampoules avec remise et donc que le nombre Y d'ampoules défectueuses est une variable aléatoire qui suit la loi binomiale $B(500\ ;\ 0{,}02)$.

Ainsi, $P(Y = 10) = \dbinom{500}{10} \times (0{,}02)^{10} \times (0{,}98)^{490} \approx 0{,}126\,38$.

2. a. L'espérance de la loi $B(500\ ;\ 0{,}02)$ est $E(X) = 5\,000 \times 0{,}02 = 10$ et la variance est égale à $V(X) = \sigma^2 = 500 \times 0{,}02 \times 0{,}98 = 9{,}8$.

À RETENIR

La variable aléatoire suit la loi binomiale $\text{B}(n, p)$ lorsque pour tout entier k compris entre 0 et n,

$$P(X = k) = \binom{n}{k} p^k (1 - p)^{n-k}.$$

ASTUCE

On rappelle que la variance est le carré de l'écart-type.

b. La loi normale $N(10 ; 9{,}8)$ est une loi continue, donc la probabilité d'une valeur isolée est nulle (Cf. *§1B*). Donc $P(X = 10) = 0$ et ne peut pas être égal au résultat cherché.

c. Pour calculer $P(9{,}5 \leqslant X \leqslant 10{,}5)$ à l'aide des tables de la loi normale, on définit la variable aléatoire $Z = \dfrac{X - \mu}{\sigma} = \dfrac{X - 10}{\sqrt{9{,}8}}$. On effectue ainsi un changement de variable.

$$P(9{,}5 \leqslant X \leqslant 10{,}5) = P\left(\frac{9{,}5 - 10}{\sqrt{9{,}8}} \leqslant Z \leqslant \frac{10{,}5 - 10}{\sqrt{9{,}8}}\right) \approx P(-0{,}16 \leqslant Z \leqslant 0{,}16).$$

> **ASTUCE**
>
> *En général, on utilise la loi normale de même espérance et de même variance que la loi binomiale B(n ; p) dès que les deux conditions suivantes sont remplies : n > 30 et np > 8.*

$$P(-0{,}16 \leqslant Z \leqslant 0{,}16) = \Pi(0{,}16) - \Pi(-0{,}16)$$
$$= \Pi(0{,}16) - 1 + \Pi(0{,}16)$$
$$= 2\Pi(0{,}16) - 1.$$

$\Pi(0{,}16) \approx 0{,}563\,56$.

Donc, $P(9{,}5 \leqslant X \leqslant 10{,}5) \approx 2 \times 0{,}563\,56 - 1$
$\approx 0{,}127\,12$.

Donc, $P(Y = 10) \approx P(9{,}5 \leqslant X \leqslant 10{,}5)$.

> **ASTUCE**
>
> *Dans ce cas, la loi normale est très utile pour calculer une approximation. En effet, l'utilisation de la loi binomiale nous obligerait à calculer $P(Y=0)+P(Y=1)+P(Y=2)+\ldots+P(Y=10)$.*

3. En utilisant la loi normale et le principe d'encadrement des valeurs entières expérimenté ci-dessus, on peut considérer que la valeur cherchée est $P(X \leqslant 10{,}5)$.

Or, $P(X \leqslant 10{,}5) = P(Z \leqslant 0{,}16)$, d'après les calculs ci-dessus.

Donc, $P(X \leqslant 10{,}5) = \Pi(0{,}16) \approx 0{,}563\,56$.

12 **a.** D'après la symétrie de la courbe, on a pour tout réel t,

$$P(-t \leqslant X \leqslant t) = \int_{-t}^{t} \frac{1}{\sqrt{2\pi}} e^{-\frac{x^2}{2}} dx = 2P(0 \leqslant X \leqslant t)$$
$$= 2\int_0^t f(x)dx = 2H(t).$$

On remarque que H est la primitive de f sur $\mathbb{R}$ qui s'annule en 0 (Cf. **ch.6** *§3A*).

> **ASTUCE**
>
> *Si f est une fonction continue sur un intervalle I, alors pour tout réel a de I, la fonction F définie sur I par $F(t) = \int_a^t f(x)dx$ est l'unique primitive de f sur I qui s'annule en a.*

En effet, $H'(t) = f(t) = \dfrac{1}{\sqrt{2\pi}} e^{-\frac{t^2}{2}}$ et

$$H(0) = P(0 \leqslant X \leqslant 0) = \int_0^0 \frac{1}{\sqrt{2\pi}} e^{-\frac{x^2}{2}} dx = 0.$$

b. Pour tout t de $[0 ; +\infty[$, $H'(t) > 0$, donc H est strictement croissante sur $[0 ; +\infty[$.

On a $\lim_{t\to+\infty} H(t) = \frac{1}{2}$, puisque cela correspond à l'aire sous la courbe pour $t \in [0 ; +\infty[$, c'est-à-dire la moitié de l'aire totale située sous la courbe et qui vaut 1 d'après le **§1**.
Donc, on a le tableau de variation suivant pour la fonction $2H$:

t	0	$+\infty$
$2H'(t)$	+	
$2H$	0 ↗	1

c. La fonction $2H$ est continue et strictement croissante de $[0 ; +\infty[$ vers $[0 ; 1[$.
Donc, d'après le théorème de la bijection, pour tout réel α de $]0 ; 1]$, $1-\alpha$ appartient à $[0 ; 1[$ et il existe un unique réel t_α dans $[0 ; +\infty[$ tel que $2H(t_\alpha) = 1-\alpha$.

RAPPEL

Théorème de la bijection :

Si f est une fonction continue et strictement monotone sur $[a ; +\infty[$, alors pour tout réel λ compris entre entre $f(a)$ et $\lim_{+\infty} f$ il existe un unique réel c dans $[a ; +\infty[$ tel que $f(c) = \lambda$.

d. Pour tout t de $[0 ; +\infty[$, $P(-t \leqslant X \leqslant t) = 2H(t)$, donc il existe un unique réel t_α dans $[0 ; +\infty[$ tel que :
$P(-t_\alpha \leqslant X \leqslant t_\alpha) = 1-\alpha$.

e. Déterminons $t_{0,05}$ et $t_{0,01}$ d'après la table des fractiles.
$P(-t_\alpha \leqslant X \leqslant t_\alpha) = \Pi(t_\alpha) - \Pi(-t_\alpha) = \Pi(t_\alpha) - 1 + \Pi(t_\alpha) = 2\Pi(t_\alpha) - 1$.

Donc, $P(-t_\alpha \leqslant X \leqslant t_\alpha) = 1-\alpha \Leftrightarrow 2\Pi(t_\alpha) - 1 = 1-\alpha \Leftrightarrow \Pi(t_\alpha) = 1 - \frac{\alpha}{2}$.

Donc, si $\alpha = 0,05$, $\Pi(t_{0,05}) = 1 - \frac{0,05}{2} = 0,975$. D'après la table : $t_{0,05} \approx 1,96$.

Si $\alpha = 0,01$, $\Pi(t_{0,01}) = 1 - \frac{0,01}{2} = 0,995$. D'après la table :
$t_{0,05} \approx 2,575\,8 \approx 2,58$.

REMARQUE

On retiendra ces résultats remarquables.

13 **1.** La loi uniforme sur $[a ; b]$ a pour fonction densité de probabilité la fonction f définie sur $[a ; b]$ par $f(x) = \frac{1}{b-a}$.

Donc, $E(X) = \int_a^b xf(x)dx = \frac{1}{b-a}\int_a^b xdx = \frac{1}{b-a}\left[\frac{x^2}{2}\right]_a^b = \frac{b^2-a^2}{2(b-a)} = \frac{b+a}{2}$.

2. a. Pour tout x de $[0\ ;+\infty[$, $h'(x) = -1 \times e^{-\lambda x} + \left(-x - \frac{1}{\lambda}\right) \times (-\lambda e^{-\lambda x}) = \lambda x e^{-\lambda x}$.

Donc $h'(x) = f(x)$, donc h est une primitive de f sur $[0\ ;+\infty[$.

b. $\int_0^t \lambda x e^{-\lambda x} dx = h(t) - h(0) = \left(-t - \frac{1}{\lambda}\right) e^{-\lambda t} + \frac{1}{\lambda}$.

c. $E(T) = \lim\limits_{t \to +\infty} \int_0^t \lambda x e^{-\lambda x} dx = \lim\limits_{t \to +\infty} \left[\left(-t - \frac{1}{\lambda}\right) e^{-\lambda t} + \frac{1}{\lambda}\right]$.

Or $\lim\limits_{t \to +\infty} \left(-t - \frac{1}{\lambda}\right) e^{-\lambda t} = 0$ par croissances comparées. Donc, $E(T) = \frac{1}{\lambda}$.

3. a. $\int_0^t x f(x) dx = \frac{1}{\sqrt{2\pi}} \int_0^t x e^{-\frac{x^2}{2}} dx = \frac{1}{\sqrt{2\pi}} \left[-e^{-\frac{x^2}{2}}\right]_0^t = \frac{1}{\sqrt{2\pi}} \left(-e^{-\frac{t^2}{2}} + 1\right)$.

b. $\lim\limits_{t \to +\infty} -\frac{t^2}{2} = -\infty$ et $\lim\limits_{T \to -\infty} e^T = 0$, donc, par composée : $\lim\limits_{t \to +\infty} e^{-\frac{t^2}{2}} = 0$.

Donc $\lim\limits_{t \to +\infty} \frac{1}{\sqrt{2\pi}} \left(-e^{-\frac{t^2}{2}} + 1\right) = \frac{1}{\sqrt{2\pi}}$.

Donc $\lim\limits_{t \to +\infty} \int_0^t x f(x) dx = \frac{1}{\sqrt{2\pi}}$.

REMARQUE

On peut remarquer que la fonction $x \mapsto x f(x)$ est une fonction impaire. Donc, par symétrie, pour tout réel t, $\int_{-t}^t x f(x) dx = 0$.

Donc, $\lim\limits_{t \to +\infty} \int_{-t}^t x f(x) dx = 0$.

c. De même, $\int_{-t}^0 x f(x) dx = \frac{1}{\sqrt{2\pi}} \left(e^{-\frac{t^2}{2}} - 1\right)$ et

$\lim\limits_{t \to +\infty} \int_{-t}^0 x f(x) dx = -\frac{1}{\sqrt{2\pi}}$.

d. Donc, par somme : $E(X) = 0$.

Fluctuations – Estimations

POUR DÉMARRER

- Revoir le chapitre précédent.
- En classe de Seconde, on a montré que, lorsqu'au sein d'une population, on connaît la proportion p des individus qui ont un certain caractère, alors si l'on observe la fréquence f de ce caractère dans un échantillon de taille n ($n \geqslant 25$), cette fréquence f appartient à l'intervalle $\left[p - \frac{1}{\sqrt{n}} ; p + \frac{1}{\sqrt{n}}\right]$ avec une probabilité d'au moins 95 %, à condition que $0{,}2 \leqslant p \leqslant 0{,}8$.
  Cet intervalle est **un intervalle de fluctuation au seuil de 95 %**.
- En Première S, on a montré que si la variable aléatoire suit la loi $B(n ; p)$, alors on peut déterminer deux entiers a et b tels que l'intervalle $\left[\frac{a}{n} ; \frac{b}{n}\right]$ corresponde également à **un intervalle de fluctuation à 95 %**.
  a est le plus petit entier naturel tel que $P(X \leqslant a) > 0{,}025$ et
  b est le plus petit entier naturel tel que $P(X \leqslant b) \geqslant 0{,}975$.

1 Intervalle de fluctuation

Définition

Soit X une variable suivant une loi $B(n ; p)$.

Soit α un réel dans l'intervalle $]0 ; 1[$.

Tout intervalle $[a ; b]$ tel que : $P(X \in [a ; b]) \geqslant 1 - \alpha$ peut être considéré comme **un intervalle de fluctuation de X au seuil $1 - \alpha$**.

EXEMPLE

En posant $\alpha = 0{,}05$, tout intervalle $[a ; b]$ tel que $P(X \in [a ; b]) \geqslant 0{,}95$ est un intervalle de fluctuation à 0,95. Le plus grand est $[0 ; n]$, puisque $P(X \in [0 ; n]) = 1$.

Le but d'un problème peut être, par exemple, de trouver l'intervalle de fluctuation dont l'amplitude est la plus petite.

2 Intervalle de fluctuation asymptotique

A. Propriété

Si la variable aléatoire X_n suit la loi $B(n\ ;p)$ avec p dans $]0\ ;1[$, alors, pour tout réel α de $]0\ ;1[$, $\lim\limits_{n\to+\infty} P\left(\frac{X_n}{n} \in \mathrm{I}_n\right) = 1 - \alpha$, où I_n désigne l'intervalle $\left[p - u_\alpha \frac{\sqrt{p(1-p)}}{\sqrt{n}}\ ;p + u_\alpha \frac{\sqrt{p(1-p)}}{\sqrt{n}}\right]$ et u_α désigne le seul réel tel que $P(-u_\alpha \leqslant Z \leqslant u_\alpha) = 1 - \alpha$ quand Z suit la loi normale $N(0\ ;1)$.

B. Application

Si les conditions suivantes sont remplies : $n \geqslant 30$, $np \geqslant 5$, $n(1-p) \geqslant 5$, alors l'intervalle $\left[p - u_\alpha \frac{\sqrt{p(1-p)}}{\sqrt{n}}\ ;p + u_\alpha \frac{\sqrt{p(1-p)}}{\sqrt{n}}\right]$ est un intervalle de fluctuation « approché » au seuil $1 - \alpha$.

C. Cas remarquable : $1 - \alpha = 0{,}95$

Si on pose $\alpha = 0{,}05$, dans ce cas, comme on l'a vu au chapitre 12, ***§4E***, $u_\alpha \approx 1{,}96$.

Donc, $1 - \alpha = 0{,}95 = 95\ \%$. L'intervalle de fluctuation asymptotique au seuil de 95 % est donc : $\left[p - 1{,}96\frac{\sqrt{p(1-p)}}{\sqrt{n}}\ ;p + 1{,}96\frac{\sqrt{p(1-p)}}{\sqrt{n}}\right]$.

EXEMPLE

Considérons une variable aléatoire X qui suit la loi $B(50\ ;0{,}3)$.

On vérifie que $n = 50$, donc $n > 30$. $p = 0{,}3$, donc $np = 15$ et $n(1-p) = 35$, ces deux nombres étant supérieurs à 5. Donc l'intervalle de fluctuation au seuil de 95 % est : $\left[0{,}3 - 1{,}96\frac{\sqrt{0{,}3\times 0{,}7}}{\sqrt{50}}\ ;0{,}3 + 1{,}96\frac{\sqrt{0{,}3\times 0{,}7}}{\sqrt{50}}\right]$, donc [0,17 ; 0,43].

Cela signifie que $P\left(\dfrac{X}{50} \in [0{,}17\ ;\ 0{,}43]\right) \approx 0{,}95$,

donc, $P(X \in [8{,}5\ ;\ 21{,}5]) \approx 0{,}95$,
donc, finalement, $P(9 \leqslant X \leqslant 21) \approx 0{,}95$.

3 Intervalle de confiance. Estimations

A. Définition

On mesure la fréquence f d'apparition d'un caractère au sein d'un échantillon donné afin de déterminer la proportion p de ce caractère au sein de la population totale.

On appelle intervalle de confiance au seuil de $1 - \alpha$ ($\alpha \in]0, 1[$) tout intervalle I contenant la proportion p avec une probabilité supérieure ou égale à $1 - \alpha$.

B. Propriété

Avec les notations de la définition précédente et en appelant n le nombre d'éléments de l'échantillon, on considère que l'intervalle $\left[f - \dfrac{1}{\sqrt{n}}\ ;\ f + \dfrac{1}{\sqrt{n}}\right]$ est un intervalle de confiance pour la proportion p au seuil de 95 %, dès que les conditions suivantes sont remplies : $n \geqslant 30$, $nf \geqslant 5$, $n(1 - f) \geqslant 5$.

PIÈGES À ÉVITER

- On utilise un intervalle de fluctuation lorsque la proportion p dans la population est **connue ou si l'on fait une hypothèse sur sa valeur**.
- On utilise un intervalle de confiance lorsque l'on veut estimer une proportion **inconnue** dans une population.

1 Déterminer un intervalle de fluctuation

CONSEIL

- Il faut identifier la loi de probabilité qui permet de modéliser la situation. Dans la plupart des cas il s'agit d'une loi binomiale $B(n\ ;\ p)$.

Exercice

Dans la population d'une grande ville, on estime habituellement à 14 % la proportion d'individus allergiques aux pollens. Une étude portant sur 62 personnes a montré que 13 d'entre elles présentaient des signes d'allergie.

POINT MÉTHODE

✓ *On prendra soin de vérifier que les conditions du §2B de l'approximation sont remplies. Puis on vérifie que la fréquence observée est, ou non, dans l'intervalle de fluctuation.*

1 Déterminer l'intervalle de fluctuation asymptotique au seuil de 95 %.

2 Peut-on affirmer, à partir de cette étude, qu'il y a un nombre anormalement élevé de cas d'allergie ?

3 Le résultat obtenu étant très proche d'une des bornes, on veut compléter cette étude sur un échantillon plus important. Quelle devrait être la taille minimale de l'échantillon pour que la fréquence 21 % soit à l'extérieur de l'intervalle de fluctuation asymptotique ?

Comment répondre ?

1 On peut considérer que la variable aléatoire X égale au nombre de cas d'allergie suit une loi binomiale $B(62\ ;\ 0{,}14)$. En effet, la taille de l'échantillon étant petite au regard de la population totale, on peut considérer cette étude comme un tirage avec remise (bien qu'il s'agisse en fait d'un tirage sans remise).

On vérifie que $n = 62$, donc $n > 30$. $p = 0{,}14$, donc $np = 8{,}68$ et $n(1-p) = 53{,}32$, ces deux nombres étant supérieurs à 5.

D'après le *§2C*, l'intervalle de fluctuation asymptotique au seuil de 95 % est donc :

$$\left[p - 1{,}96\frac{\sqrt{p(1-p)}}{\sqrt{n}}\ ;\ p + 1{,}96\frac{\sqrt{p(1-p)}}{\sqrt{n}}\right], \text{ donc}$$

$$\left[0{,}14 - 1{,}96\frac{\sqrt{0{,}14\times 0{,}86}}{\sqrt{62}}\ ;\ 0{,}14 + 1{,}96\frac{\sqrt{0{,}14\times 0{,}86}}{\sqrt{62}}\right], \text{ donc } [0{,}053\ ;\ 0{,}227].$$

2 Or la fréquence observée est $\frac{13}{62} \approx 0,21$. Cette fréquence fait partie de l'intervalle de fluctuation. On ne peut donc pas, au seuil de 95 %, conclure qu'il y a un nombre anormalement élevé de cas d'allergie. Autrement dit, en affirmant qu'il y a dans cette ville un nombre anormalement élevé de cas d'allergie, on a plus de 5 % de chances de se tromper.

3 0,21 est proche de la borne supérieure. Soit n le nombre d'individus dans l'échantillon. On résout l'inéquation suivante :

$0,14 + 1,96\frac{\sqrt{0,14 \times 0,86}}{\sqrt{n}} > 0,21 \Leftrightarrow n > \frac{1,96^2 \times 0,14 \times 0,86}{0,07^2}$. On trouve donc $n \geqslant 95$.

Donc, si l'étude porte sur au moins 95 personnes avec une fréquence d'observation de 21 % (soit 20 personnes), on peut considérer, au seuil de 95 %, qu'il y aurait un nombre anormalement élevé de cas d'allergie. Dans le cas de $n = 95$, l'intervalle de fluctuation serait : [0,0702 ; 0,2098].

2 Déterminer un intervalle de confiance

CONSEIL

- On cherche un intervalle de confiance lorsqu'on observe une fréquence f au sein d'un échantillon de taille n.

Exercice

POINT MÉTHODE

✓ *On détermine la fréquence observée pour chaque sondage et on en déduit l'intervalle de confiance correspondant.*
✓ *Plus n est grand, plus cet intervalle est petit.*

Au cours d'une campagne présidentielle, on effectue un sondage auprès de 200 personnes afin de donner une estimation des intentions de vote concernant les trois candidats en tête des sondages.

Dans l'échantillon, 27 déclarent vouloir voter pour le candidat A, 39 pour le candidat B et 34 pour le candidat C.

1 **Déterminer un intervalle de confiance au seuil de 95 % pour chacun des candidats.**

2 **Le sondage permet-il de départager les candidats ?**

3 **Un deuxième sondage, auprès de 1 500 personnes donne les résultats suivants : 204 pour le candidat A, 293 pour le candidat B et 256 pour le candidat C. Reprendre les questions précédentes dans cette situation.**

4 Un troisième sondage donne 15 % d'intention de vote pour le candidat A, 19,5 % pour le candidat B et 17,1 % pour le candidat C.
Quelle devrait être la taille de l'échantillon pour pouvoir départager les candidats au seuil de 95 % ?

Comment répondre ?

1 Pour chaque candidat, on détermine l'intervalle $\left[f-\frac{1}{\sqrt{n}}\,;f+\frac{1}{\sqrt{n}}\right]$.

Ainsi, pour le A : $\left[\frac{27}{200}-\frac{1}{\sqrt{200}}\,;\frac{27}{200}+\frac{1}{\sqrt{200}}\right]=[0{,}064\,;0{,}206]$,

Pour le B : $\left[\frac{39}{200}-\frac{1}{\sqrt{200}}\,;\frac{39}{200}+\frac{1}{\sqrt{200}}\right]=[0{,}124\,;0{,}266]$.

Pour le C : $\left[\frac{34}{200}-\frac{1}{\sqrt{200}}\,;\frac{34}{200}+\frac{1}{\sqrt{200}}\right]=[0{,}099\,;0{,}241]$.

2 On remarque que les trois intervalles ont une large partie en commun [0,124 ; 0,206]. Donc, ce sondage ne permet pas, à 95 %, de départager les candidats.

3 Comme précédemment, les intervalles de confiance sont : [0,110 ; 0,162] pour A, [0,169 ; 0,222] pour B et [0,144 ; 0,197] pour C. On remarque que l'intervalle de confiance du candidat A est disjoint des deux autres intervalles. Au seuil de 95 %, on peut estimer que les candidats B et C seront présents au second tour, mais pas le candidat A.

4 17,1 % – 15 % = 2,1 % et 19,5 % – 17,1 % = 2,4 %. Pour pouvoir départager les candidats, il faut que les intervalles de confiance au seuil de 95 % soient disjoints. Comme l'écart entre 15 % et 17 % est inférieur à celui entre 17,1 % et 19,5 %, pour que les trois intervalles ci-dessus soient disjoints, il faut et il suffit que $0{,}15+\frac{1}{\sqrt{n}}<0{,}171-\frac{1}{\sqrt{n}}$, soit $\frac{2}{\sqrt{n}}<0{,}021$.

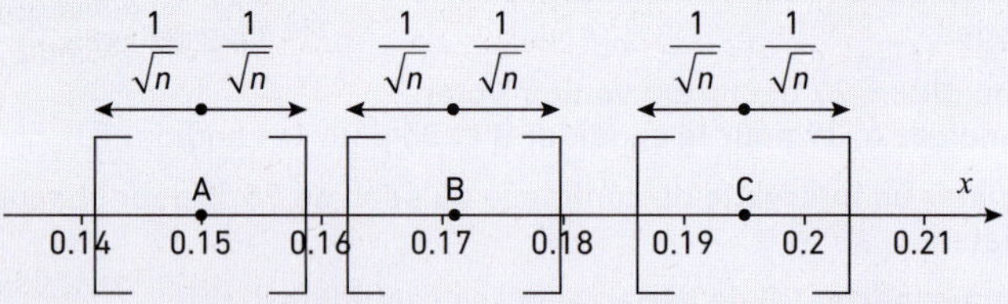

$\frac{2}{\sqrt{n}}<0{,}021 \Leftrightarrow \sqrt{n}>\frac{2}{0{,}021} \Leftrightarrow n \geqslant 9\,071$.

Donc, l'échantillon devrait compter au minimum 9 071 personnes.

TESTEZ VOS CONNAISSANCES

CORRIGÉ p. 336

1. Une variable aléatoire X suit la loi binomiale $B(100\ ;\ 0{,}24)$.
L'intervalle de fluctuation asymptotique au seuil de 0,95 est environ égal à :

a. [0,156 ; 0,324]. **b.** [15,6 ; 32,4]. **c.** [0,14 ; 0,34].

2. Une variable aléatoire X suit la loi binomiale $B(250\ ;\ 0{,}8)$. $P(X \in I) \approx 0{,}95$ lorsque :

a. $I = [0{,}75\ ;\ 0{,}85]$. **b.** $I = [187\ ;\ 213]$. **c.** $I = [184\ ;\ 216]$.

3. Une variable aléatoire X suit la loi binomiale $B(n\ ;\ 0{,}2)$ avec $n > 30$.
L'intervalle de fluctuation asymptotique au seuil de 0,95 est environ égal à :

a. $\left[\dfrac{n - 3{,}92\sqrt{n}}{5n}\ ;\ \dfrac{n - 3{,}92\sqrt{n}}{5n}\right]$. **b.** $\left[0{,}2 - \dfrac{1}{\sqrt{n}}\ ;\ 0{,}2 + \dfrac{1}{\sqrt{n}}\right]$. **c.** [0 ; n].

4. Une variable aléatoire X suit la loi binomiale $B(32\ ;\ p)$. Dans lesquels des cas suivants peut-on affirmer que l'intervalle de fluctuation asymptotique au seuil de 95 % est : $\left[p - 1{,}96\dfrac{\sqrt{p(1-p)}}{\sqrt{n}}\ ;\ p + 1{,}96\dfrac{\sqrt{p(1-p)}}{\sqrt{n}}\right]$?

a. $p = 0{,}14$. **b.** $p = 0{,}91$. **c.** $p = 0{,}16$.

5. On effectue un sondage concernant un produit alimentaire sur un échantillon de 500 personnes. 128 personnes déclarent ne pas aimer le produit.
Un intervalle de confiance au seuil de 95 % pour cette réponse est :

a. [105 ; 150]. **b.** [0,211 ; 0,301]. **c.** [−0,045 ; 0,045].

6. On effectue un sondage sur un échantillon de n personnes.
L'intervalle de confiance a une amplitude d'environ 0,05. On peut affirmer que

a. $n \approx 375$. **b.** $n \approx 1\ 500$. **c.** $n \approx 500$.

ENTRAÎNEZ-VOUS

CORRIGÉ p. 337

1 Une petite salle de spectacles peut accueillir à chaque représentation 130 personnes. Une étude statistique a montré que 20 % des spectateurs ayant réservé ne viennent pas. Soit X la variable aléatoire égale au

●○○ 10 min

nombre de spectateurs qui se présentent au comptoir parmi 130 personnes qui ont réservé.

a. Quelle est la loi de probabilité de X ? Donner son espérance et son écart–type.

b. Donner un intervalle de fluctuation asymptotique au seuil 95 %, permettant d'estimer le nombre de clients à prévoir.

2 Un boulanger vend des pains dont la masse annoncée est de 250 g. Il prétend, après avoir fait une étude sur sa production, que 70 % des pains ont une masse supérieure à 250 g. ●●○ 40 min

1. Un client mathématicien achète un pain par jour pendant une semaine et constate que quatre pains parmi les sept ont une masse inférieure à 250 g et il se demande si le boulanger ne mentirait pas sur les proportions annoncées.

a. Quelle est la probabilité qu'exactement quatre pains sur les sept aient une masse inférieure à 250 g ?

b. Peut-il conclure ?

2. Afin de pouvoir se faire une idée plus précise de l'honnêteté du boulanger, le client achète un pain par jour pendant 31 jours et constate que 14 pains sur les 31 ont une masse inférieure à 250 g.
En déterminant un intervalle de fluctuation asymptotique au seuil de 95 %, le client peut-il conclure que le boulanger lui a menti ?

3. Le client n'étant toujours pas convaincu, il achète un pain par jour pendant n jours ($n > 30$) et constate qu'environ 40 % des pains ont une masse inférieure à 250 g. Au terme de cette période, il affirme que le boulanger ne ment pas, au seuil de 95 %. Quelle est la valeur maximale que peut prendre n pour arriver à une telle conclusion ?

3 Une compagnie aérienne possède des avions d'une capacité de 300 places. ●●○ 30 min

Cette compagnie a vendu n billets pour un vol donné.
On estime que 15 % des acheteurs ne se présentent pas à l'embarquement et que les comportements des acheteurs sont indépendants les uns des autres.
On note X la variable aléatoire désignant le nombre d'acheteurs d'un billet se présentant à l'embarquement.
La compagnie cherche à optimiser le remplissage de l'avion en vendant éventuellement plus de places que la capacité totale de l'avion (surréservation ou surbooking) soit ici $n > 300$.
Comme il y a évidemment un risque que le nombre de passagers munis d'un billet se présentant à l'embarquement excède 300, la compagnie veut maîtriser ce risque.

1. Quelle est la loi de probabilité de X ? Donner son espérance et son écart-type.

2. Écrire l'intervalle de fluctuation asymptotique I_n de la variable X au seuil de 0,95 en fonction de n. Pour la suite de l'exercice, on prendra $I_n = \left[0{,}85 - \frac{0{,}7}{\sqrt{n}} ; 0{,}85 + \frac{0{,}7}{\sqrt{n}}\right]$.

3. Montrer que si $I_n \subset \left[0 ; \frac{300}{n}\right]$, alors la probabilité que le nombre de passagers se présentant à l'embarquement excède 300 est inférieure à 0,05.

4. On cherche à déterminer la valeur de n maximale permettant de satisfaire la condition de l'inclusion $I_n \subset \left[0 ; \frac{300}{n}\right]$.

a. Cette condition est-elle remplie pour $n = 320$? Pour $n = 360$?

b. Démontrer que $I_n \subset \left[0 ; \frac{300}{n}\right]$ si, et seulement si, $0{,}85n + 0{,}7\sqrt{n} - 300 \leqslant 0$.

c. En effectuant le changement de variable $x = \sqrt{n}$, résoudre l'inéquation précédente.

d. En déduire le nombre maximal de places à vendre pour que la probabilité que le nombre de passagers munis d'un billet se présentant à l'embarquement excède 300 reste inférieure à 0,05.

4 On sait que, dans la population française, il y a 46 % d'hommes. ●○○ 15 min

a. Un échantillon est composé de 261 hommes et 259 femmes. Au seuil de 95 % est-il représentatif de la population française en ce qui concerne le sexe des personnes ?

b. Un échantillon est composé de n personnes et contient 54 % d'hommes. On affirme qu'au seuil de 95 % il est représentatif de la population française en ce qui concerne le sexe des personnes. Quelle est la valeur maximale de n ?

5 Lors du second tour d'une élection présidentielle qui met en concurrences deux candidats A et B, deux sondages sont réalisés. Le premier concerne 300 personnes en âge de voter et donne 55 % pour le candidat A et 45 % pour le B. Le deuxième sondage concerne 2 000 personnes en âge de voter et donne 52,2 % pour le candidat A et 47,8 % pour le B. ●○○ 15 min

a. Déterminer l'intervalle de confiance au seuil de 95 % pour chaque sondage et pour chaque candidat.

b. Ces deux sondages permettent-ils de faire une prévision quant à l'issue de l'élection au seuil de 95 % ?

c. Un troisième sondage est effectué sur n personnes en âge de voter et donne les résultats suivants : 52,1 % pour le candidat A et 47,9 % pour le B. L'institut de sondage affirme que le candidat A est élu avec une incertitude de 5 %. Que peut-on en déduire en ce qui concerne la valeur de n ?

6 Un jardinier veut comparer les semences de carottes venant de deux semenciers différents. ●○○ 20 min

Pour cela, il prélève des échantillons dans les lots de semences qu'il a reçus.

1. Dans un premier temps, il fait germer un lot de 100 graines du semencier A et constate que 89 germent, et 100 graines du semencier B et constate que 76 germent.

a. Déterminer un intervalle de confiance au seuil de 95 % pour chacun des cas précédents.

b. À partir de ce test, peut-il conclure que le semencier A est meilleur que le B ?

2. Pour obtenir un résultat plus satisfaisant, il prélève un échantillon de n graines dans chacun des lots des semenciers. Il constate que 87,5 % des semences de provenant du semencier A germent ainsi que 82 % des semences provenant du semencier B.

Quelle est la valeur minimale que doit prendre n pour pouvoir affirmer que le semencier A est meilleur que le B au seuil de 95 % ?

7 Afin dévaluer la qualité d'un test de grossesse, on fait une étude concernant 588 femmes susceptibles d'être enceintes. On obtient les résultats suivants : ●○○ 10 min

	Femmes Enceintes	Femmes non enceintes
Test Positif	132	56
Test Négatif	18	382

1. a. Déterminer la proportion de femmes ayant un test positif parmi celles qui sont effectivement enceintes.

b. Déterminer un intervalle de confiance à 95 % de la proportion de tests positifs lorsque la femme est effectivement enceinte. Cette proportion est appelée **sensibilité** du test diagnostic, c'est-à-dire la probabilité qu'une femme enceinte obtienne un résultat positif au test. Un test diagnostic sera d'autant meilleur que la sensibilité est importante.

2. a. Déterminer la proportion de femmes ayant un test négatif parmi celles qui ne sont pas enceintes.

b. Déterminer un intervalle de confiance à 95 % de la proportion de tests positifs lorsque la femme n'est pas enceinte. Cette proportion est appelée **spécificité** du test diagnostic, c'est-à-dire la probabilité qu'une femme non enceinte obtienne un résultat négatif au test. Un test diagnostic sera d'autant meilleur que la spécificité est importante.

8 Question de cours ●●○ 15 min

En utilisant le théorème de Moivre-Laplace, démontrer le théorème suivant :
Si la variable aléatoire X_n suit la loi $B(n\ ;\ p)$ avec p dans $]0\ ;\ 1[$, alors, pour tout réel α de $]0\ ;\ 1[$, $\lim\limits_{n\to+\infty} P\left(\frac{X_n}{n} \in I_n\right) = 1-\alpha$, où I_n désigne l'intervalle $\left[p - u_\alpha \frac{\sqrt{p(1-p)}}{\sqrt{n}}\ ;\ p + u_\alpha \frac{\sqrt{p(1-p)}}{\sqrt{n}}\right]$ et u_α désigne le seul réel tel que $P(-u_\alpha \leqslant Z \leqslant u_\alpha) = 1 - \alpha$ quand Z suit la loi normale $N(0\ ;\ 1)$.

9 Une variable aléatoire X suit la loi binomiale $B(n\ ;\ p)$ avec $n = 80$ et $p = 0{,}34$. ●○○ 20 min

a. À l'aide d'une calculatrice ou d'un tableur, on obtient le tableau des valeurs cumulées de X. En voici un extrait :

k	…	18	19	20	…	34	35	36	…
$P(X \leqslant k)$	…	0,0176	0,0319	0,0543	…	0,9557	0,9732	0,9845	

À partir de ce tableau, déterminer un intervalle de fluctuation à 0,95.

b. Déterminer l'intervalle de fluctuation asymptotique de X au seuil de 0,95.

c. Déterminer l'intervalle $\left[p - \frac{1}{\sqrt{n}}\ ;\ p + \frac{1}{\sqrt{n}}\right]$.

d. Comparer ces trois intervalles (amplitude, centre).

10 Une variable aléatoire X suit la loi normale centrée $N(0\ ;\ 1)$. ●●● 30 min

1. Montrer que l'intervalle $[-2{,}7\ ;\ 1{,}7]$ est un intervalle de fluctuation au seuil de 0,95. Quelle est son amplitude et son centre ?

2. Soit H la fonction définie sur $[-2\ ;\ +\infty[$ par $H(x) = P(-2 \leqslant X \leqslant x)$.

a. Montrer que l'équation $H(x) = 0{,}95$ possède une unique solution b dans $[-2\ ;\ +\infty[$. En déduire que l'équation $P(-2 \leqslant X \leqslant x) = 0{,}95$ admet une unique solution.

b. Montrer que $1{,}92 < b < 1{,}93$.

3. Démontrer que l'équation $P(-1 \leqslant X \leqslant x) = 0{,}95$ n'a aucune solution.

Corrigés de *TESTEZ VOS CONNAISSANCES*

1. Réponse **a.** Cf. *§2C*.
On vérifie que $n = 100$, donc $n \geqslant 30$. $p = 0{,}24$, donc $np = 24$ et $n(1 - p) = 76$, ces deux nombres étant supérieur à 5. Donc l'intervalle de fluctuation au seuil de 95 % est :
$\left[0{,}24 - 1{,}96\frac{\sqrt{0{,}24 \times 0{,}76}}{\sqrt{100}} ; 0{,}24 + 1{,}96\frac{\sqrt{0{,}24 \times 0{,}76}}{\sqrt{100}}\right]$, donc $[0{,}156 ; 0{,}324]$.

2. Réponse **b.** Cf. *§2C*.
On vérifie que $n = 250$, donc $n \geqslant 30$. $p = 0{,}8$, donc $np \geqslant 5$ et $n(1 - p) \geqslant 5$.
Donc l'intervalle de fluctuation au seuil de 95 % est :
$\left[0{,}8 - 1{,}96\frac{\sqrt{0{,}8 \times 0{,}2}}{\sqrt{250}} ; 0{,}8 + 1{,}96\frac{\sqrt{0{,}8 \times 0{,}2}}{\sqrt{250}}\right]$, donc $[0{,}75 ; 0{,}85]$.

Ainsi, $P\left(\frac{X}{n} \in [0{,}75 ; 0{,}85]\right) \approx 0{,}95$ avec $n = 250$.

Donc $P(X \in [0{,}75 \times 250 ; 0{,}85 \times 250]) \approx 0{,}95$, d'où $P(X \in [187 ; 213]) \approx 0{,}95$.

3. Réponse **a.** Cf. *§2C*.
$n \geqslant 30$. $p = 0{,}2$, donc $np \geqslant 5$ et $n(1 - p) \geqslant 5$. Donc l'intervalle de fluctuation au seuil de 95 % est : $\left[0{,}2 - 1{,}96\frac{\sqrt{0{,}8 \times 0{,}2}}{\sqrt{n}} ; 0{,}2 + 1{,}96\frac{\sqrt{0{,}8 \times 0{,}2}}{\sqrt{n}}\right]$, donc $\left[\frac{1}{5} - \frac{0{,}784}{\sqrt{n}} ; \frac{1}{5} + \frac{0{,}784}{\sqrt{n}}\right]$.

En réduisant au même dénominateur : $\left[\frac{\sqrt{n} - 3{,}92}{5\sqrt{n}} ; \frac{\sqrt{n} + 3{,}92}{5\sqrt{n}}\right]$,

d'où $\left[\frac{n - 3{,}92\sqrt{n}}{5n} ; \frac{n + 3{,}92\sqrt{n}}{5n}\right]$.

4. Réponse **c.** Cf. *§2C*.
On doit vérifier que $n \geqslant 30$, $np \geqslant 5$ et $n(1 - p) \geqslant 5$.
Seule la réponse $p = 0{,}16$ convient.

5. Réponse **b.** Cf. *§3B*.
$\left[f - \frac{1}{\sqrt{n}} ; f + \frac{1}{\sqrt{n}}\right] = \left[\frac{128}{500} - \frac{1}{\sqrt{500}} ; \frac{128}{500} + \frac{1}{\sqrt{500}}\right] \approx [0{,}211 ; 301]$.

6. Réponse **b.** Cf. *§3B*. L'intervalle de confiance est $\left[f - \frac{1}{\sqrt{n}} ; f + \frac{1}{\sqrt{n}}\right]$.

Donc, l'amplitude est égale à $\frac{2}{\sqrt{n}}$. Or $\frac{2}{\sqrt{n}} \approx 0{,}05 \Leftrightarrow \sqrt{n} \approx \left(\frac{1}{0{,}025}\right)^2 \approx 1\,600$.

On peut aussi vérifier que $\frac{2}{\sqrt{1\,500}} \approx 0{,}052 \approx 0{,}05$.

Corrigés de *ENTRAÎNEZ-VOUS*

1 On peut considérer que les choix des spectateurs sont indépendants les uns des autres. Donc X suit la loi binomiale $B(130 ; 0{,}8)$. Son espérance est $E(X) = 130 \times 0{,}8 = 104$ et son écart-type est $\sigma = \sqrt{130 \times 0{,}8 \times 0{,}2} \approx 4{,}56$.

b. On vérifie que $n \geqslant 30$, $np \geqslant 5$ et $n(1-p) \geqslant 5$, donc d'après le *§2C*,

$$\left[0{,}8 - 1{,}96\frac{\sqrt{0{,}8 \times 0{,}2}}{\sqrt{130}} ; 0{,}8 + 1{,}96\frac{\sqrt{0{,}8 \times 0{,}2}}{\sqrt{130}}\right]$$, donc $[0{,}73 ; 0{,}87]$.

Donc $P\left(\frac{X}{n} \in [0{,}73 ; 0{,}87]\right) \approx 0{,}95$, avec $n = 130$.

Donc le nombre de spectateurs est environ compris entre 95 et 113 au seuil de 95 %.

À RETENIR

Si les conditions suivantes sont remplies :
$n \geqslant 30$, $np \geqslant 5$, $n(1-p) \geqslant 5$, *alors*

$$P\left(\frac{X}{n} \in \left[p - 1{,}96\frac{\sqrt{p(1-p)}}{\sqrt{n}} ; p + 1{,}96\frac{\sqrt{p(1-p)}}{\sqrt{n}}\right]\right) \approx 0{,}95.$$

2 **1. a.** Appelons X la variable aléatoire égale au nombre de pains dont la masse est inférieure à 250 g.
On peut modéliser l'achat quotidien d'un pain par un tirage avec remise. Dans ce cas, X suit la loi binomiale $B(7 ; 0{,}3)$, car la probabilité d'acheter un pain dont la masse est inférieure à 250 g est égale à 30 %, donc à 0,3.

Dans ce cas, la probabilité cherchée est $P(X = 4) = \binom{7}{4} \times 0{,}3^4 \times 0{,}7^3 \approx 0{,}097$.

b. La probabilité est d'environ 0,1, soit 10 %. Cette valeur n'est pas négligeable, on ne peut donc pas conclure quant à la franchise du boulanger sur un échantillon aussi petit.

2. On peut considérer que la variable aléatoire X égale au nombre de pains dont la masse est inférieure à 250 g suit une loi binomiale $B(31 ; 0{,}3)$.
On vérifie que $n = 31$, donc $n > 30$. $p = 0{,}3$, donc np et $n(1-p)$ sont supérieurs à 5.
D'après le *§2C*, l'intervalle de fluctuation asymptotique au seuil de 95 % est donc :

$$\left[0{,}3 - 1{,}96\frac{\sqrt{0{,}3 \times 0{,}7}}{\sqrt{31}} ; \ 0{,}3 + 1{,}96\frac{\sqrt{0{,}3 \times 0{,}7}}{\sqrt{31}}\right]$$, donc environ $[0{,}1386 ; 0{,}4613]$.

Or, la proportion observée de pains dont la masse est inférieure à 250 g est égale à $\frac{14}{31}$, soit environ 0,4516.
Ce nombre appartient à l'intervalle de fluctuation asymptotique au seuil de 95 %, donc le client ne peut pas conclure que le boulanger lui a menti.

3. Dans ce cas, la variable aléatoire X égale au nombre de pains dont la masse est inférieure à 250 g suit une loi binomiale $B(n\ ;\ 0{,}3)$.
L'intervalle de fluctuation asymptotique au seuil de 95 % est

donc $\left[0{,}3 - 1{,}96\frac{\sqrt{0{,}3\times0{,}7}}{\sqrt{n}}\ ;\ 0{,}3 + 1{,}96\frac{\sqrt{0{,}3\times0{,}7}}{\sqrt{n}}\right]$.

Le client affirme que le boulanger ne ment pas, donc la proportion de 40 % est contenue dans l'intervalle précédent, donc $0{,}4 \leqslant 0{,}3 + 1{,}96\frac{\sqrt{0{,}3\times0{,}7}}{\sqrt{n}}$.

Donc $\sqrt{n} \leqslant 1{,}96\frac{\sqrt{0{,}3\times0{,}7}}{0{,}1}$, donc $n \leqslant \left(1{,}96\frac{\sqrt{0{,}3\times0{,}7}}{0{,}1}\right)^2$.

Or $\left(1{,}96\frac{\sqrt{0{,}3\times0{,}7}}{0{,}1}\right)^2 \approx 80{,}67$. Donc, la valeur maximale de n est égale à 80.

En conclusion, si le client achète un pain par jour pendant moins de 80 jours et obtient une proportion de 40 % de pains dont la masse est inférieure à 250 g, alors il ne peut pas conclure que le boulanger lui a menti au seuil de 95 %.

3 **1.** On peut considérer que les choix des acheteurs sont indépendants les uns des autres. Donc X suit la loi binomiale $B(n\ ;\ 0{,}85)$. Son espérance est $E(X) = 0{,}85n$ et son écart-type est $\sigma = \sqrt{n\times0{,}85\times0{,}15} \approx 0{,}357\sqrt{n}$.

2. On vérifie que $n \geqslant 30$, $np \geqslant 5$ et $n(1-p) \geqslant 5$, donc d'après le **§2C**, l'intervalle cherché est

$\left[0{,}85 - 1{,}96\frac{\sqrt{0{,}85\times0{,}15}}{\sqrt{n}}\ ;\ 0{,}8 + 1{,}96\frac{\sqrt{0{,}85\times0{,}15}}{\sqrt{n}}\right]$, donc environ $\left[0{,}85 - \frac{0{,}7}{\sqrt{n}}\ ;\ 0{,}85 + \frac{0{,}7}{\sqrt{n}}\right]$.

3. $P\left(\frac{X}{n} \in I_n\right) \approx 0{,}95$. Si $I_n \subset \left[0\ ;\ \frac{300}{n}\right]$, alors $P\left(\frac{X}{n} \in \left[0\ ;\ \frac{300}{n}\right]\right) \geqslant P\left(\frac{X}{n} \in I_n\right)$,

donc $P\left(\frac{X}{n} \in \left[0\ ;\ \frac{300}{n}\right]\right) \geqslant 0{,}95$, donc $P(X \in [0\ ;\ 300]) \geqslant 0{,}95$.

Or, $P(X > 300)$ et $P(X \in [0\ ;\ 300])$ sont les probabilités de deux événements contraires.
Donc, $P(X > 300) = 1 - P(X \in [0\ ;\ 300])$, donc $P(X > 300) \leqslant 0{,}05$.

4. a. Pour $n = 320$, $I_{320} = \left[0,85 - \frac{0,7}{\sqrt{320}} ; 0,85 + \frac{0,7}{\sqrt{320}}\right] \approx [0,81 ; 889]$

et $\left[0 ; \frac{300}{320}\right] \approx [0 ; 0,9375]$.

Donc $I_{320} \subset \left[0 ; \frac{300}{320}\right]$.

Pour $n = 360$, $I_{360} = \left[0,85 - \frac{0,7}{\sqrt{360}} ; 0,85 + \frac{0,7}{\sqrt{360}}\right] \approx [0,813 ; 0,887]$ et $\left[0 ; \frac{300}{360}\right] \approx [0 ; 0,83]$.

Donc $I_{360} \not\subset \left[0 ; \frac{300}{360}\right]$.

Donc, 320 convient mais 360 ne convient pas au seuil de 95 %.

b. $I_n \subset \left[0 ; \frac{300}{n}\right] \Leftrightarrow 0,85 - \frac{0,7}{\sqrt{n}} \geqslant 0$ et $0,85 + \frac{0,7}{\sqrt{n}} \leqslant \frac{300}{n}$.

La première condition est toujours vraie, car $n > 300$.

Donc, $I_n \subset \left[0 ; \frac{300}{n}\right] \Leftrightarrow 0,85n + \frac{0,7}{\sqrt{n}} \times n \leqslant 300 \Leftrightarrow 0,85n + 0,7\sqrt{n} - 300 \leqslant 0$.

c. $0,85n + 0,7\sqrt{n} - 300 \leqslant 0 \Leftrightarrow \begin{cases} x = \sqrt{n} \\ 0,85x^2 + 0,7x - 300 \leqslant 0 \end{cases}$.

On doit trouver les racines d'un polynôme du second degré.
$\Delta = 0,7^2 - 4 \times 0,85 \times (-300) = 1\,020,49$.

ASTUCE

Le signe du polynôme $ax^2 + bx + c$ est celui de a sauf entre ses racines lorsqu'elles existent.

Donc, il y a deux racines :

$x_1 = \frac{-0,7 - \sqrt{1\,020,49}}{1,7}$ et $x_2 = \frac{-0,7 + \sqrt{1\,020,49}}{1,7}$.

Donc, $0,85x^2 + 0,7x - 300 \leqslant 0 \Leftrightarrow x_1 \leqslant x \leqslant x_2$, car le signe du coefficient de x^2 est positif.

d. Puisque $x > 0$, $0,85x^2 + 0,7x - 300 \leqslant 0 \Leftrightarrow x \leqslant x_2 \Leftrightarrow n \leqslant x_2^2$.

Or $x_2^2 = \left(\frac{-0,7 + \sqrt{1\,020,49}}{1,7}\right)^2 \approx 337,8$. Donc, $I_n \subset \left[0 ; \frac{300}{n}\right] \Leftrightarrow n \leqslant 337$.

Donc, 337 est le nombre maximal de places à vendre pour que la probabilité que le nombre de passagers munis d'un billet se présentant à l'embarquement excède 300 reste inférieure à 0,05.

4 **a.** Il y a 520 personnes dans l'échantillon.
Soit X la variable aléatoire égale au nombre d'hommes dans un échantillon de 520 personnes. On peut considérer que X suit la loi binomiale $B(520\,;\,0{,}46)$.
On vérifie que $n \geqslant 30$, $np \geqslant 5$ et $n(1-p) \geqslant 5$, donc d'après le **§2C**, l'intervalle de fluctuation asymptotique au seuil de 95 % est : $\left[0{,}46-1{,}96\dfrac{\sqrt{0{,}46\times0{,}54}}{\sqrt{520}}\,;\,0{,}46+1{,}96\dfrac{\sqrt{0{,}46\times0{,}54}}{\sqrt{520}}\right]$,
donc [0,417 1 ; 0,502 8].
Or, la fréquence observée est $\dfrac{261}{520}\approx 0{,}5019$. Ce nombre appartient à l'intervalle [0,4171 ; 0,5028]. Donc, au seuil de 95 %, on peut considérer que l'échantillon est représentatif de la population française.

b. Comme précédemment, l'intervalle de fluctuation asymptotique au seuil de 95 % est : $\left[0{,}46-1{,}96\dfrac{\sqrt{0{,}46\times0{,}54}}{\sqrt{n}}\,;\,0{,}46+1{,}96\dfrac{\sqrt{0{,}46\times0{,}54}}{\sqrt{n}}\right]$, donc environ

$$\left[0{,}46-\frac{0{,}9769}{\sqrt{n}}\,;\,0{,}46+\frac{0{,}9769}{\sqrt{n}}\right].$$

Donc, l'échantillon est représentatif si, et seulement si, 0,54 appartient à cet intervalle.

On doit résoudre : $0{,}46-\dfrac{0{,}9769}{\sqrt{n}} \leqslant 0{,}54$ et $0{,}54 \leqslant 0{,}46+\dfrac{0{,}9769}{\sqrt{n}}$.

La première inégalité est toujours vraie, donc on résout :

$$0{,}54 \leqslant 0{,}46+\frac{0{,}9769}{\sqrt{n}} \Leftrightarrow \frac{0{,}54-0{,}46}{0{,}9769} \leqslant \frac{1}{\sqrt{n}} \Leftrightarrow \frac{0{,}9769}{0{,}08} \geqslant \sqrt{n} \Leftrightarrow 12{,}21125^2 \geqslant n.$$

Or, $12{,}21125^2 \approx 149{,}11$. Donc l'intervalle est représentatif lorsque $n \leqslant 149$.

On doit aussi vérifier que $n \geqslant 30$, $np \geqslant 5$ et $n(1-p) \geqslant 5$ avec $p = 0{,}46$.

Donc, on doit avoir $n > \dfrac{5}{0{,}54}$ et $n > \dfrac{5}{0{,}46}$, donc $n \geqslant 11$.

Conclusion, l'échantillon est représentatif au seuil de 95 % lorsque $11 \leqslant n \leqslant 149$.

> **REMARQUE**
> *On remarquera malgré tout qu'un échantillon trop petit ne présente pas un grand intérêt statistique.*

5 **a.** L'intervalle de confiance au seuil de 95 % est égal à $\left[f-\dfrac{1}{\sqrt{n}}\,;\,f+\dfrac{1}{\sqrt{n}}\right]$ où f est la fréquence observée et n l'effectif de l'échantillon.
Pour le premier sondage, pour le candidat A :

$$\left[f-\frac{1}{\sqrt{n}}\,;\,f+\frac{1}{\sqrt{n}}\right]=\left[0{,}55-\frac{1}{\sqrt{300}}\,;\,0{,}55+\frac{1}{\sqrt{300}}\right]\approx[0{,}492\,;\,0{,}608].$$

De même, pour le candidat B : [0,392 ; 0,508].
Pour le deuxième sondage, on obtient [0,4996 ; 0,5444] pour A et [0,4556 ; 0,5004] pour B.

b. Aucun des deux sondages ne permet de faire une prévision quant à l'issue de l'élection au seuil de 95 %. En effet, dans chaque cas, les deux intervalles ne sont pas disjoints.

c. Le sondage permet de discriminer les deux candidats. Cela signifie que les deux intervalles de confiance sont disjoints.

Pour A : $\left[0{,}521-\frac{1}{\sqrt{n}} ; 0{,}521+\frac{1}{\sqrt{n}}\right]$, et pour B : $\left[0{,}479-\frac{1}{\sqrt{n}} ; 0{,}479+\frac{1}{\sqrt{n}}\right]$.

Les deux intervalles sont disjoints si, et seulement si, $0{,}479+\frac{1}{\sqrt{n}}<0{,}521-\frac{1}{\sqrt{n}}$.

Or, $0{,}479+\frac{1}{\sqrt{n}}<0{,}521-\frac{1}{\sqrt{n}}$

$\Leftrightarrow \frac{1}{\sqrt{n}}<0{,}021 \Leftrightarrow n>\left(\frac{1}{0{,}021}\right)^2$.

Or $\left(\frac{1}{0{,}021}\right)^2 \approx 2\,267{,}57$, donc le sondage permet de prédire le résultat au seuil de 95 % à condition que $n \geqslant 2\,268$.

À RETENIR

Si f est la fréquence observée d'apparition d'un caractère au sein d'un échantillon de taille n, alors l'intervalle $\left[f-\frac{1}{\sqrt{n}} ; f+\frac{1}{\sqrt{n}}\right]$ est un intervalle de confiance pour la proportion p au seuil de 95 %, dès que les conditions suivantes sont remplies : $n \geqslant 30$, $nf \geqslant 5$, $n(1-f) \geqslant 5$.

6 **1. a.** Les intervalles de confiance sont respectivement $\left[\frac{89}{100}-\frac{1}{\sqrt{100}} ; \frac{89}{100}+\frac{1}{\sqrt{100}}\right]$ et $\left[\frac{76}{100}-\frac{1}{\sqrt{100}} ; \frac{76}{100}+\frac{1}{\sqrt{100}}\right]$, donc [0,79 ; 0,99] et [0,66 ; 0,86].

b. Les deux intervalles ne sont pas disjoints. Donc, au seuil de confiance de 95 %, on ne peut pas affirmer que le semencier A est meilleur que le B.

2. Les deux intervalles sont respectivement $\left[0{,}875-\frac{1}{\sqrt{n}} ; 0{,}875+\frac{1}{\sqrt{n}}\right]$ et $\left[0{,}82-\frac{1}{\sqrt{n}} ; 0{,}82+\frac{1}{\sqrt{n}}\right]$.

Les deux intervalles sont disjoints si, et seulement si, $0{,}82+\frac{1}{\sqrt{n}}<0{,}875-\frac{1}{\sqrt{n}}$.

$$0{,}82+\frac{1}{\sqrt{n}}<0{,}875-\frac{1}{\sqrt{n}} \Leftrightarrow \frac{1}{\sqrt{n}}<0{,}0275 \Leftrightarrow n>\left(\frac{1}{0{,}0275}\right)^2.$$

Or : $\left(\frac{1}{0{,}0275}\right)^2 \approx 1\,322{,}31.$

Donc, n doit être au moins égal à 1 323 pour pouvoir affirmer que le semencier A est meilleur que le B au seuil de 95 %.

7 **1. a.** La proportion cherchée est $\frac{132}{150}=0{,}88.$

b. L'intervalle de confiance à 95 % est $\left[0{,}88-\frac{1}{\sqrt{150}}\,;0{,}88+\frac{1}{\sqrt{150}}\right]\approx[0{,}798\,;0{,}962].$

2. a. La proportion cherchée est $\frac{382}{438}\approx 0{,}872.$

b. L'intervalle de confiance à 95 % est $\left[0{,}872-\frac{1}{\sqrt{438}}\,;0{,}872+\frac{1}{\sqrt{438}}\right]\approx[0{,}824\,;0{,}920].$

8 **1.** Soit p un réel de $]0\,;1[$ et une suite de variables aléatoires (X_n) suivant une loi binomiale $B(n,p)$.

On pose $Z_n=\frac{X_n-np}{\sqrt{np(1-p)}}$, variable centrée et réduite associée à X_n.

Le théorème de Moivre-Laplace affirme que, pour tous réels a et b tels que $a<b$, on a : $\lim\limits_{n\to+\infty}P(a\leqslant Z_n\leqslant b)=\int_a^b\frac{1}{\sqrt{2\pi}}e^{-\frac{x^2}{2}}dx=P(a\leqslant Z\leqslant b)$, où Z suit la loi normale $N(0\,;1)$.

Soit α un réel de $]0\,;1[$ et u_α le seul réel tel que $P(-u_\alpha\leqslant Z\leqslant u_\alpha)=1-\alpha$.

Donc, $\lim\limits_{n\to+\infty}P(-u_\alpha\leqslant Z_n\leqslant u_\alpha)=P(-u_\alpha\leqslant Z\leqslant u_\alpha)=1-\alpha.$

Donc, $\lim\limits_{n\to+\infty}P\left(-u_\alpha\leqslant\frac{X_n-np}{\sqrt{np(1-p)}}\leqslant u_\alpha\right)=1-\alpha.$

Donc, $\lim\limits_{n\to+\infty}P(-u_\alpha\sqrt{n}\sqrt{p(1-p)}\leqslant X_n-np\leqslant u_\alpha\sqrt{n}\sqrt{p(1-p)})=1-\alpha.$

Donc, $\lim\limits_{n\to+\infty}P(np-u_\alpha\sqrt{n}\sqrt{p(1-p)}\leqslant X_n\leqslant np+u_\alpha\sqrt{n}\sqrt{p(1-p)})=1-\alpha.$

Donc, $\lim\limits_{n\to+\infty}P\left(p-u_\alpha\frac{\sqrt{p(1-p)}}{\sqrt{n}}\leqslant\frac{X_n}{n}\leqslant p+u_\alpha\frac{\sqrt{p(1-p)}}{\sqrt{n}}\right)=1-\alpha.$

9 **1.** On cherche les entiers a et b tels que a est le plus petit entier naturel tel que $0{,}025 < P(X \leqslant a)$ et b est le plus petit entier naturel tel que $0{,}975 \leqslant P(X \leqslant b)$ (voir l'encadré « avant de commencer » au début du chapitre).
D'après le tableau, $a = 19$ et $b = 36$.
Or, $P(a \leqslant X \leqslant b) = P(X \leqslant b) - P(X \leqslant a) \approx 0{,}975 - 0{,}025$.

Donc, $P(a \leqslant X \leqslant b) \approx 0{,}95$, donc $P\left(\frac{a}{n} \leqslant \frac{X}{n} \leqslant \frac{b}{n}\right) \approx 0{,}95$.

Donc, l'intervalle $\left[\frac{a}{n};\frac{b}{n}\right]$ est un intervalle de fluctuation asymptotique au seuil de 0,95.

Dans cet exercice, $I_1 = \left[\frac{a}{n};\frac{b}{n}\right] = \left[\frac{19}{80};\frac{36}{80}\right] = [0{,}2375\,;0{,}45]$.

2. On vérifie que $n = 80$, donc $n \geqslant 30$. $p = 0{,}34$, donc $np \geqslant 5$ et $n(1-p) \geqslant 5$.
Donc l'intervalle de fluctuation au seuil de 95 % est :

$\left[0{,}34 - 1{,}96\frac{\sqrt{0{,}34 \times 0{,}66}}{\sqrt{80}}\,;0{,}34 + 1{,}96\frac{\sqrt{0{,}34 \times 0{,}66}}{\sqrt{80}}\right]$, donc $I_2 = [0{,}2361\ ;\ 0{,}4438]$.

3. $I_3 = \left[p - \frac{1}{\sqrt{n}}\,;p + \frac{1}{\sqrt{n}}\right] = \left[0{,}34 - \frac{1}{\sqrt{80}}\,;0{,}34 + \frac{1}{\sqrt{80}}\right] = [0{,}2281;0{,}4518]$.

4. L'amplitude de I_1 est $0{,}45 - 0{,}2375 = 0{,}2125$ et son centre est $\frac{0{,}45 + 0{,}2375}{2} = 0{,}34375$.
L'amplitude de I_2 est $0{,}4438 - 0{,}2361 = 0{,}2077$ et son centre est 0,34, par construction.
L'amplitude de I_3 est $0{,}4518 - 0{,}2281 = 0{,}2237$ et son centre est aussi 0,34.
On remarque que I_1 n'est pas centré sur la valeur de p, et il n'est pas moins étroit que I_2.
I_2 et I_3 sont centrés sur p tous les deux et I_2 est le plus étroit de ces deux intervalles.

10 **1.** $P(-2{,}7 \leqslant X \leqslant 1{,}7) = \Pi(1{,}7) - \Pi(-2{,}7) \approx 0{,}9554 - 0{,}0035$.
Donc $P(-2{,}7 \leqslant X \leqslant 1{,}7) \approx 0{,}9519$. Donc $P(-2{,}7 \leqslant X \leqslant 1{,}7) \geqslant 0{,}95$.
L'amplitude est 4,4 et le centre est $-0{,}5$.

2. a. $H(x) = P(-2 \leqslant X \leqslant x) = \int_{-2}^{x} \frac{1}{\sqrt{2\pi}} e^{-\frac{t^2}{2}}$.

H est la primitive de $t \mapsto \frac{1}{\sqrt{2\pi}} e^{-\frac{t^2}{2}}$ qui s'annule en -2.

Donc sa dérivée est $H'(x) = \frac{1}{\sqrt{2\pi}} e^{-\frac{x^2}{2}}$. Elle est strictement positive, donc H est strictement croissante sur $[-2\,;+\infty[$.

De plus, $\lim\limits_{x \to +\infty} H(x) = \lim\limits_{x \to +\infty} P(-2 \leqslant X \leqslant x) = P(-2 \leqslant X) = 1 - P(X \leqslant -2) = 1 - \Pi(-2) = \Pi(2)$.

Or $\Pi(2) \approx 0{,}9772$, donc $\lim\limits_{x \to +\infty} H(x) \approx 0{,}9772$.

H est continue et strictement croissante sur $[-2\,;+\infty[$. 0,95 est compris entre $H(-2)$ et $\lim\limits_{x \to +\infty} H(x)$, donc, d'après le théorème de la bijection, l'équation $H(x) = 0{,}95$ possède une unique solution b dans $[-2\,;+\infty[$.

De plus $H(x) = 0{,}95 \Leftrightarrow P(-2 \leqslant X \leqslant x) = 0{,}95$, donc cette solution b est l'unique solution de $P(-2 \leqslant X \leqslant x) = 0{,}95$.

b. $H(1{,}92) = P(-2 \leqslant X \leqslant 1{,}92) = \Pi(1{,}92) - \Pi(-2) \approx 0{,}9498$

et $H(1{,}93) = P(-2 \leqslant X \leqslant 1{,}93) = \Pi(1{,}93) - \Pi(-2) \approx 0{,}9505$.

Donc $1{,}92 < b < 1{,}93$.

ASTUCE

Pour la loi N(O ; 1) :

$$P([c\,;d]) = \frac{1}{\sqrt{2\pi}} \int_c^d e^{-\frac{t^2}{2}}\,dt = \Pi(d) - \Pi(c).$$

Pour tout réel x, $\Pi(-x) = 1 - \Pi(x)$.

3. $P(-1 \leqslant X \leqslant x) = \Pi(x) - \Pi(-1) = \Pi(x) - 1 + \Pi(1)$.

Or, pour tout réel x, $\Pi(x) \leqslant 1$,

donc $\Pi(x) - 1 + \Pi(1) \leqslant \Pi(1)$.

Or $\Pi(1) \approx 0{,}8413$, donc $P(-1 \leqslant X \leqslant x) < 0{,}95$.

Donc, l'équation $P(-1 \leqslant X \leqslant x) = 0{,}95$ n'a aucune solution.

Arithmétique

POUR DÉMARRER

- L'arithmétique est la théorie des nombres entiers.
- Il n'est pas inutile de revoir ses tables de multiplication.
- Il pourra aussi être utile d'entrer dans votre calculatrice un programme permettant de déterminer les diviseurs d'un entier et de vous dire s'il est premier.

1 Divisibilité dans $\mathbb{Z}$

A. Diviseurs et multiples

Définitions

Soient a et b deux entiers relatifs.

• S'il existe un entier k tel que $b = ka$, alors on dit que b est un **multiple** de a.

• Si $a \neq 0$ on dit que a **divise** b.
On dit aussi que a est un **diviseur** de b, ou encore que b est **divisible** par a.

• En résumé, on peut écrire :

$$a \mid b \Leftrightarrow \exists k \in \mathbb{Z} \,/\, b = ka.$$

REMARQUE

Le symbole | veut dire « divise », ∃ (E à l'envers) veut dire « il existe » et, dans ce contexte, le symbole / veut dire « tel que ».

Exemples

• 42 est un multiple de -6 car $42 = (-6) \times (-7)$.
• $5|200$; $10|543210$; $11|99$.
• L'ensemble des multiples de 3 est $\{\ldots ; -9 ; -3 ; 0 ; 3 ; 9 ; \ldots\}$.
C'est l'ensemble des nombres de la forme $3k$, avec $k \in \mathbb{Z}$.
On note $3\mathbb{Z}$ cet ensemble.
• Les diviseurs de 6 sont 1, 2, 3, 6 et leurs opposés.

• Dans la suite du cours les entiers a, b, c, d et n seront souvent supposés positifs. Dans tous les cas les théorèmes peuvent facilement être adaptés si ces nombres sont négatifs.

Théorème

• Tout entier naturel n a un nombre fini de diviseurs positifs, compris entre 1 et n.

• Si a est un diviseur de n, alors $b = \frac{n}{a}$ est un autre diviseur de n.

> ***Exemple***
>
> 3 divise 111 (puisque la somme des chiffres de 111 est divisible par 3), donc $\frac{111}{3} = 37$ est aussi un diviseur de 111.

REMARQUE

Il existe beaucoup de relations transitives en mathématiques, par exemple la relation d'ordre : si $a \geqslant b$ et $b \geqslant c$, alors $a \geqslant c$. Par contre la relation « est différent de » n'est pas transitive.

Propriété de transitivité

• Si a divise b et b divise c, alors a divise c.

> ***Exemple***
>
> Tout diviseur de 12 est un diviseur de 36, et tout multiple de 20 est un multiple de 5.

Propriété de combinaison linéaire

• Si a divise b et a divise c, alors a divise toute combinaison linéaire de b et de c ; autrement dit tout entier de la forme $mb + nc$, où m et n sont des entiers relatifs.

REMARQUE

On a démontré que deux entiers consécutifs sont « premiers entre eux ».

> ***Exemple***
>
> Si un entier naturel d divise deux entiers consécutifs n et $n + 1$, alors $d = 1$.
>
> En effet d doit diviser la différence de ces deux nombres d'après la propriété de combinaison linéaire, donc d divise $(n + 1) - n = 1$.
>
> Le seul diviseur positif de 1 est 1, donc $d = 1$.

B. Nombres premiers

REMARQUE

D'après cette définition, 1 n'est pas un nombre premier, puisqu'il n'admet qu'un diviseur.

Définition

• On dit qu'un entier naturel est un **nombre premier** s'il admet exactement deux diviseurs positifs : 1 et lui-même.

Un entier naturel supérieur ou égal à 2 qui n'est pas premier est dit **composé**.

Test de primalité élémentaire

• Si n est un entier naturel qui n'est divisible par aucun des nombres premiers inférieurs ou égaux à $\sqrt{n}$, alors il est premier.

Exemple

Pour savoir si 127 est un nombre premier, on le divise par les nombres premiers inférieurs ou égaux à 11 puisque $\sqrt{127} \simeq 11{,}2$. 127 n'est divisible ni par 2, ni par 3, ni par 5, ni par 7, ni par 11. Il est donc premier.

REMARQUE

Tester la « primalité » d'un entier, c'est déterminer s'il est premier ou non.

Définition

• On dit que deux entiers sont **premiers entre eux** si leur seul diviseur commun positif est 1.

C. Théorèmes fondamentaux de l'arithmétique

Théorème 1

Tout entier supérieur ou égal à 2 admet au moins un diviseur premier.

Théorème 2

Il existe une infinité de nombres premiers.

Théorème 3 : décomposition en produit de facteurs premiers

Soit n un entier naturel supérieur ou égal à 2.

- n se décompose en un produit de facteurs premiers ;
- cette décomposition est unique, à l'ordre des facteurs près.

Exemple

Déterminons la décomposition de 98 010 en produit de facteurs premiers. 98 010 est un multiple de 10, donc on écrit :

$$98\,010 = 10 \times 9\,801 = 2 \times 5 \times 9\,801.$$

Or la somme des chiffres de 9 801 est 18, qui est divisible par 9, donc 9 801 est divisible par 9 : $9\,801 = 9 \times 1\,089$.

Ainsi $98\,010 = 2 \times 5 \times 9 \times 1\,089 = 2 \times 5 \times 3^2 \times 1\,089$. 1 089 est encore divisible par 9 : $1\,089 = 9 \times 121$. On reconnaît $121 = 11^2$.

On a donc $98\,010 = 2 \times 5 \times 3^2 \times 1\,089 = 2 \times 5 \times 3^2 \times 9 \times 11^2$

$= 2 \times 5 \times 3^2 \times 3^2 \times 11^2$.

On termine en regroupant les facteurs premiers et en les classant par ordre croissant : $98\,010 = 2 \times 3^4 \times 5 \times 11^2$.

2 Congruences

A. Division euclidienne

Division dans $\mathbb{N}$

- Soient a et b deux entiers naturels, avec $b \neq 0$.

Il existe un unique couple $(q\,;r)$ d'entiers naturels tels que :

$$a = bq + r \quad \text{avec} \quad 0 \leqslant r < b.$$

a est le **dividende**, b est le diviseur, q est le **quotient** et r est le **reste** de la **division euclidienne** de a par b.

Cas particulier

- a est divisible par b si, et seulement si, le reste de la division de a par b vaut 0.

Division dans $\mathbb{Z}$

- Soient a et b deux entiers relatifs, avec $b \neq 0$.

Il existe un unique couple $(q\,;r)$ avec $q \in \mathbb{Z}$ et $r \in \mathbb{N}$ tels que :

$$a = bq + r \quad \text{avec} \quad 0 \leqslant r < |b|.$$

B. Congruence

Dans tout ce paragraphe, n est un entier naturel non nul.

Entiers congrus modulo n

- Deux entiers relatifs a et b sont dits **congrus modulo n** s'ils ont le même reste dans la division par n.

Dans ce cas on écrit :

$$a \equiv b(n) \quad \text{ou encore} \quad a \equiv b(\text{mod } n).$$

Exemples

- $11 \equiv 8(3)$ et $11 \equiv 2(3)$ car 11, 8 et 2 ont le même reste égal à 2 dans la division euclidienne par 3 : c'est 2.
- $16 \equiv 26(5)$ car 16 et 26 ont le même reste égal à 1 dans la division euclidienne par 5.
- $50 \equiv 0(2)$ car 50 a pour reste 0 dans la division par 2 (50 est divisible par 2).

Propriétés

- $a \equiv b \pmod{n}$ si, et seulement si, n divise $a - b$.
- $a \equiv 0 \pmod{n}$ si, et seulement si, n divise a.

> **REMARQUE**
> *Deux entiers sont congrus modulo n si l'écart entre ces deux nombres est un multiple de n.*

Exemples

- $22 \equiv 10(6)$ car 22 et 10 ont le même reste égal à 4 dans la division euclidienne par 6. Il est équivalent de dire que 6 divise la différence $22 - 10 = 12$.
- $9 \equiv 5 \equiv 1 \equiv -3 \equiv -7 \pmod{4}$ car l'écart entre ces nombres est 4, ou un multiple de 4.
- $n \equiv m(1)$ pour tous entiers n et m, car l'écart entre n et m est toujours un multiple de 1.

> **REMARQUE**
> *Si l'écart entre deux nombres est un multiple de n, alors c'est un multiple de tout diviseur de n.*

Propriété (transitivité)

- Si $a \equiv b(n)$ et $b \equiv c(n)$, alors $a \equiv c(n)$.

Propriété

- Si n' divise n, alors $a \equiv b(n) \Rightarrow a \equiv b(n')$.

C. Congruence et opérations

Propriété

- Soient a, b, a' et b' tels que $a \equiv b(n)$ et $a' \equiv b'(n)$.

Alors :

- $a + a' \equiv b + b'(n)$ et $a - a' \equiv b - b'(n)$.
- $ka \equiv kb(n)$ pour tout $k \in \mathbb{Z}$.
- $aa' \equiv bb'(n)$.
- $a^k \equiv b^k(n)$ pour tout $k \in \mathbb{N}^*$.

> **REMARQUE**
> *À priori, il n'est pas possible de diviser chaque membre d'une congruence par un entier k.*

Exemples

- Si $x \equiv 3\ (7)$, alors $x^2 \equiv 9 \equiv 2\ (7)$ et $x^3 \equiv 3^3 \equiv 27 \equiv -1\ (7)$.
- Si $n \in \mathbb{N}$, alors $5^{2n} - 3^n = (5^2)^n - 3^n = 25^n - 3^n$
et donc $5^{2n} - 3^n \equiv 25^n - 3^n\ (11) \equiv 3^n - 3^n\ (11) \equiv 0\ (11)$.
11 divise donc tout entier de la forme $5^{2n} - 3^n$, où $n \in \mathbb{N}$.

3 PGCD

A. Plus grand diviseur commun

Définition

- Si a et b sont deux entiers relatifs non tous les deux nuls, alors l'ensemble des diviseurs communs à a et b admet un plus grand élément. On l'appelle le **Plus Grand Commun Diviseur** de a et de b et on le note PGCD(a ; b).

> ***Exemple***
> PGCD(–18 ; 12) = PGCD(12 ; 18) = 6.

Propriétés

- Il y a toujours au moins un diviseur positif de a et de b (c'est 1), donc PGCD(a ; b) > 0 pour tous a et b dans $\mathbb{Z}$.
- PGCD(0 ; a) = $|a|$.
- Si b divise a, alors PGCD(a ; b) = b.

Propriétés (réduction)

- PGCD(a ; b) = PGCD($a - b$; b) = PGCD($a - kb$; b) = PGCD(r ; b) pour tout $k \in \mathbb{Z}$ et où r est le reste de la division euclidienne de a par b.

Propriété (homogénéité)

- Soient a et b deux entiers relatifs non tous les deux nuls.
Pour tout $k \in \mathbb{N}^*$, PGCD(ka ; kb) = k PGCD(a ; b).

> ***Exemple***
> PGCD(120 ; 180) = 10 × PGCD(12 ; 18) = 10 × 6 = 60.

Propriété

- Les diviseurs communs à a et b sont les diviseurs de PGCD(a ; b).

B. Calcul du PGCD à l'aide de l'algorithme d'Euclide

Propriété

Soient a et b deux entiers tels que $0 < b \leqslant a$.

- L'algorithme suivant, appelé algorithme d'Euclide, permet de calculer le PGCD de a et b :

(1) calculer le reste r dans la division euclidienne de a par b ;

(2) si $r = 0$, alors PGCD(a ; b) = b ;
(3) sinon, remplacer a par b et b par r et recommencer à partir de (1).
Quand b ne divise pas a, on dit que PGCD(a ; b) est le dernier reste non nul de l'algorithme d'Euclide.

Exemple

On cherche le PGCD de 240 et de 36.
- $240 = 6 \times 36 + 24$
- $36 = 1 \times 24 + 12$
- $24 = 2 \times 12 + 0$.

Ainsi on a obtenu que :
PGCD(240 ; 36) = PGCD(36 ; 24) = PGCD(24 ; 12) = 12.

C. Calcul du PGCD à l'aide de la décomposition en produit de facteurs premiers

Propriété

- Soient a et b deux entiers supérieurs ou égaux à 2.

PGCD(a ; b) = 1 si, et seulement si, a et b sont premiers entre eux.
Sinon, PGCD(a ; b) est égal au produit des facteurs premiers communs aux deux nombres, chacun étant affecté du plus petit exposant avec lequel il figure dans leurs décompositions.

Exemple

On cherche le PGCD de $98\,010 = 2^1 \times 3^4 \times 5^1 \times 11^2$ et de $16\,632 = 2^3 \times 3^3 \times 7^1 \times 11^1$.

2 figure dans la décomposition de ces deux nombres, donc il apparaît dans la décomposition de leur PGCD. Il faut l'élever à la puissance 1, puisque c'est la plus petite des puissances de 2.

3 figure dans la décomposition de ces deux nombres, donc il apparaît dans la décomposition de leur PGCD. Il faut l'élever à la puissance 3, puisque c'est la plus petite des puissances de 3.

5 et 7 ne figurent pas dans la décomposition des **deux** nombres, donc ils n'apparaissent pas dans la décomposition de leur PGCD.

11 figure dans la décomposition de ces deux nombres, donc il apparaît dans la décomposition de leur PGCD. Il faut l'élever à la puissance 1, puisque c'est la plus petite des puissances de 11.

Ainsi PGCD(98 010 ; 16 632) = $2^1 \times 3^3 \times 11^1 = 594$.

4 Bézout et Gauss

A. Théorème de Bézout

Propriété

Soient a et b deux entiers relatifs non tous les deux nuls et $d = \text{PGCD}(a\,;b)$.

- Il existe deux entiers relatifs u et v tels que $au + bv = d$.
- L'ensemble des entiers $au + bv$ (avec $u, v \in \mathbb{Z}$) est l'ensemble des multiples de d.

Théorème

- Deux entiers a et b sont premiers entre eux si, et seulement si, il existe des entiers u et v tels que $au + bv = 1$.

B. Théorème de Gauss

Théorème

- Soient a, b et c trois entiers relatifs non nuls.
Si a divise bc et si a est premier avec b, alors a divise c.

Corollaires

- Si un nombre premier p divise un produit ab, alors p divise a ou p divise b. En particulier, si p divise a^n alors p divise a.

- Si a et b sont premiers entre eux et divisent un entier c, alors leur produit ab divise c.

PIÈGES À ÉVITER

- On ne doit surtout pas diviser chacun des membres d'une congruence par un même entier.

- Au moindre doute sur l'énoncé d'une propriété, prenez le temps de vérifier s'il ne manque pas une hypothèse. Si vous avez besoin de choisir des entiers pour « tester » votre propriété, prenez 2, 3 et 4, qui ont l'avantage d'être assez petits, tout en couvrant les différents cas pair/impair, premier/composé, carré parfait...

1 Faire le lien entre les différentes façons de parler de diviseurs

CONSEILS

Il suffit souvent de reformuler une congruence en termes de diviseurs ou de multiples, ou de traduire un énoncé contenant le mot divisible en utilisant une congruence, pour qu'une méthode ou une piste de résolution du problème posé s'ouvre à nous.

Exercice

POINT MÉTHODE

✓ *Les écritures en termes de congruences permettent d'utiliser les règles sur les sommes, produits et puissances du paragraphe 2.C.*

1 **a.** n est divisible par 7. Écrire cette information en utilisant le mot « multiple ».

b. n est un multiple de 8. Écrire cette information en utilisant le mot « diviseur ».

c. 2012 est un multiple de 4. Écrire cette information en utilisant une congruence.

d. $n \equiv 3 \pmod 5$. Écrire cette information en utilisant le mot « diviseur ».

e. $n+6$ est divisible par 13. Écrire cette information en utilisant une congruence.

f. L'écart entre x et y est un multiple de 9. Écrire cette information en utilisant une congruence.

g. a est un diviseur de b. Écrire cette information en utilisant une congruence.

h. $2\,013^{2\,014} \equiv 1 \pmod 4$. Écrire cette information en utilisant le mot « reste ».

2 **a.** Calculer 2013 modulo 4.

b. En déduire la congruence donnée dans la question **1** **h.**

Comment répondre ?

1 **a.** n est un multiple de 7.

b. 8 est un diviseur de n.

c. $2\,012 \equiv 0 \pmod 4$.

d. 5 est un diviseur de $n-3$.

e. $n+6 \equiv 0 \pmod{13}$ ou encore $n \equiv -6 \pmod{13}$.

f. $x-y \equiv 0 \pmod 9$ ou encore $x \equiv y \pmod 9$.

g. $b \equiv 0 \pmod a$.

h. Le reste de la division euclidienne de $2\,013^{2\,014}$ par 4 est égal à 1.

2 **a.** $2\,012 \equiv 0 \pmod 4$, donc $2\,013 \equiv 0 + 1 \pmod 4$, soit $2\,013 \equiv 1 \pmod 4$.

b. On en déduit que $2\,013^{2\,014} \equiv 1^{2\,014} \pmod 4$.
Or $1^{2\,014} = 1$, donc $2\,013^{2\,014} \equiv 1 \pmod 4$.

À RETENIR

Si $a \equiv b\,(n)$, alors $a^k \equiv b^k\,(n)$ pour tout entier k.

2 Utiliser les propriétés des nombres premiers

CONSEIL

Les nombres premiers sont souvent comparés aux atomes de l'arithmétique. Une fois connue la décomposition d'un entier en produit de facteurs premiers, on connaît toutes les décompositions de cet entier en produit de facteurs, mais aussi tous les diviseurs de ce nombre ainsi que beaucoup de ses propriétés.

Exercice

Soit *p* un nombre premier. Le but de ce problème est de déterminer s'il existe un entier naturel *n* tel que *n* et *n* + *p* soient simultanément des carrés.

POINT MÉTHODE

✓ *Si un nombre premier est le produit de deux entiers, alors l'un de ces entiers est égal à 1.*

1 **Montrer que $n = 0$ n'est jamais une solution du problème.**

2 **Montrer que si *n* est le carré d'un entier *a* et que $n + p$ est le carré d'un entier *b*, alors *a* et *b* sont des entiers consécutifs.**

3 **En déduire, lorsque c'est possible, une expression de *n* en fonction de *p*.**

4 **Si $p = 3$, le problème admet-il une solution ? Et si $p = 7$? Et si $p = 97$?**

Comment répondre ?

1 0 est bien un carré, mais $0 + p$ ne l'est jamais car *p* est un nombre premier.

2 Supposons qu'il existe deux entiers *a* et *b* tels que $n = a^2$ et que $n + p = b^2$.
Alors $(n + p) - n = b^2 - a^2$, donc $p = (b - a)(b + a)$.

$b - a$ et $b + a$ sont deux entiers positifs ($b > a$ puisque $n + p > n$).

Or p est un nombre premier, il ne peut donc être le produit de deux nombres entiers différents de 1.

Puisque $b - a < b + a$, c'est donc que $b - a = 1$ et $b + a = p$.

On en déduit que $b = a + 1$, autrement dit a et b sont deux entiers consécutifs.

3 D'après la question précédente, a et b sont solutions du système $\begin{cases} b-a=1 \\ b+a=p \end{cases}$

En soustrayant la première ligne de la deuxième, on en déduit que $2a = p - 1$, autrement dit : $a = \dfrac{p-1}{2}$.

On remarque que si $\boldsymbol{p} = 2$, alors $a \notin \mathbb{N}$, et donc que le problème n'admet pas de solution. Autrement dit, il n'existe pas de carrés distants de 2.

Supposons maintenant que p est un nombre premier impair.

Dans ce cas, $a \in \mathbb{N}$ et $n = a^2 = \left(\dfrac{p-1}{2}\right)^2$.

On a donc démontré que :

si p est un nombre premier impair, il existe deux carrés distants de p : $n = \dfrac{(p-1)^2}{4}$ et $n+p = \dfrac{(p-1)^2}{4} + p = \dfrac{(p-1)^2 + 4p}{4} = \dfrac{(p+1)^2}{4}$.

4 Si $p = 3$, alors on obtient les deux carrés $n = \dfrac{(p-1)^2}{4} = \dfrac{(3-1)^2}{4} = 1$ et $n + 3 = 4$.

Si $p = 7$, alors on obtient les deux carrés $n = \dfrac{(p-1)^2}{4} = \dfrac{(7-1)^2}{4} = 9$ et $n + 7 = 16$.

Si $p = 97$, alors on obtient les deux carrés $n = \dfrac{(p-1)^2}{4} = \dfrac{(97-1)^2}{4} = 2\,304 = 48^2$ et $n + 97 = 2\,401 = 49^2$.

3 Utiliser une disjonction des cas avec les congruences

CONSEIL

Alors qu'il existe une infinité de nombres entiers, il n'existe qu'un nombre fini de restes modulo un certain entier. Il est donc possible d'étudier tous les cas associés à chacun de ces restes.

Exercice

1 **Dans la division euclidienne par 4, quels sont les restes possibles ?**

2 **a. Soient a et b deux entiers tels que : $a \equiv 2 \pmod 4$ et $b \equiv 3 \pmod 4$.**

Calculer a^2, b^2, puis $a^2 + b^2$ modulo 4.

b. Compléter le tableau suivant avec la valeur de $a^2 + b^2$ modulo 4 :

b \ a	0	1	2	3
0				
1				
2				
3				

3 **La somme de deux carrés peut-elle être un nombre de la forme $4k + 3$?**

POINT MÉTHODE

✓ *Faire un tableau, même s'il n'est pas demandé, vous permettra de faire une synthèse claire et efficace des différents cas possibles.*

Comment répondre ?

1 Les restes possibles sont 0, 1, 2 et 3.

En effet, dans la division euclidienne d'un entier a par 4, on a $a = 4q + r$ avec $0 \leqslant r < 4$.

À RETENIR

Si $a \equiv b \pmod n$ et $a' \equiv b' \pmod n$, alors $a + a' \equiv b + b' \pmod n$.

2 **a.** Si $a \equiv 2 \pmod 4$, alors $a^2 \equiv 2^2 \equiv 0 \pmod 4$.

De même, si $b \equiv 3 \pmod 4$, alors $b^2 \equiv 3^2 \equiv 1 \pmod 4$.

Ainsi $a^2 + b^2 \equiv 0 + 1 \equiv 1 \pmod 4$.

b. On obtient ainsi le tableau suivant, avec les restes de la division de $a^2 + b^2$ par 4 :

b \ a	0	1	2	3
0	0	1	0	1
1	1	2	1	2
2	0	1	0	1
3	1	2	1	2

3 La somme de deux carrés peut donc avoir un reste, dans la division euclidienne par 4, égal à 0, 1, ou 2. Cette somme peut donc être de la forme $4k$ (reste égal à 0), de la forme $4k + 1$ (reste égal à 1), ou de la forme $4k + 2$ (reste égal à 2).

On remarque qu'il n'est pas possible d'obtenir une somme de carrés qui soit congrue à 3 modulo 4. Cette somme ne peut donc par être de la forme $4k + 3$, avec $k \in \mathbb{Z}$.

TESTEZ VOS CONNAISSANCES

CORRIGÉ p. 363

1. Si a divise bc, où a, b et c sont trois entiers, alors :

a. a divise b ou c.

b. a divise b et c.

c. il est possible que a ne divise ni b ni c.

2. Si la somme des diviseurs positifs de n est égale à $n + 1$, alors :

a. n est premier. **b.** n est impair. **c.** n est un carré.

3. La somme de deux nombres premiers :

a. est toujours un nombre premier.

b. n'est jamais un nombre premier.

c. est parfois un nombre premier.

4. Le produit de deux nombres premiers :

a. est toujours un nombre premier.

b. n'est jamais un nombre premier.

c. est parfois un nombre premier.

5. Dans le système décimal, le reste de la division euclidienne d'un entier naturel par 10 est :

a. la somme de ses chiffres.

b. son chiffre des unités.

c. 0 ou 1.

6. Modulo 5, 4 est congru à :

a. 10. **b.** -1. **c.** -4.

7. Si $a \equiv b(n)$, alors :

a. n divise $a - b$. **b.** n divise a et b. **c.** n divise a ou b.

8. a et b sont deux nombres pairs et $a \equiv b(n)$. Combien des trois congruences suivantes sont vraies : $-a \equiv -b(n)$; $a - 2 \equiv b - 2(n)$; $\frac{a}{2} \equiv \frac{b}{2}(n)$?

a. 0 ou 1. **b.** 2. **c.** 3.

9. Modulo 5, $1\,789^{42}$ est congru à :

a. 1. **b.** 2. **c.** 4.

10. Si $2x \equiv 10 \pmod{12}$, alors :

a. $2x \equiv 10 \pmod{6}$. **b.** $2x \equiv 10 \pmod{24}$. **c.** $x \equiv 5 \pmod{12}$.

ENTRAÎNEZ-VOUS

CORRIGÉ p. 364

Diviseurs et multiples

1 On note $S(n)$ la somme des diviseurs positifs d'un entier n. ●○○ 15 min

a. Calculer $S(7)$, $S(9)$, $S(10)$ et $S(125)$.

b. Soit p un nombre premier. Déterminer $S(p)$, $S(p^2)$ et $S(p^n)$ pour $n \in \mathbb{N}^*$.

c. Soit p et q deux nombres premiers distincts.
Déterminer un lien entre $S(p)$, $S(q)$ et $S(p \times q)$.

2 Un « triplet pythagoricien » est un triplet d'entiers naturels non nuls $(x ; y ; z)$ tels que $x^2 + y^2 = z^2$. ●○○ 25 min

1. a. Vérifier que le triplet (3 ; 4 ; 5) est pythagoricien.

b. Trouver deux autres triplets pythagoriciens.

c. Montrer qu'il existe une infinité de triplets pythagoriciens.

2. Démontrer que $z > x$ et $z > y$.

3. a. Montrer qu'il n'existe pas de triplet pythagoricien de la forme $(1 ; y ; z)$.

b. Que pouvez-vous dire des triplets de la forme $(2 ; y ; z)$? Et $(3 ; y ; z)$?

3 **a.** Soit a un nombre entier strictement supérieur à 1. ●●○ 20 min
Exprimer $a^n - 1$ en fonction de la somme $1 + a + a^2 + ... + a^{n-1}$.

b. En déduire que si $a^n - 1$ est un nombre premier, alors $a = 2$.

c. En déduire aussi que, si n est composé, alors $2^n - 1$ est composé.

d. Si n est premier, le nombre $2^n - 1$ est-il toujours premier ?

Congruences

4 **a.** Dans la division d'un entier par 6, quels sont les restes possibles ? ●○○ 10 min

b. Compléter le tableau suivant avec les restes modulo 6 :

$n \equiv$	$n + 1 \equiv$	$2n + 1 \equiv$	$n(n + 1)(2n + 1) \equiv$
0			
1			
2			
3			
4			
5			

c. Si n est un entier, que peut-on déduire de la question précédente concernant le produit $n(n + 1)(2n + 1)$?

5 **1. a.** En utilisant des congruences, montrer qu'un entier est pair si, et seulement si, son carré est pair. ●○○ 15 min

b. Montrer que si un entier est impair, alors son carré est congru à 1 modulo 4.

2. Comme dans l'exercice 2, on considère un « triplet pythagoricien », c'est-à-dire un triplet d'entiers naturels non nuls $(x ; y ; z)$ tel que $x^2 + y^2 = z^2$.
Montrer que les deux entiers x et y ne peuvent pas tous les deux être impairs.

6 On souhaite résoudre dans $\mathbb{Z}$ l'équation $x^2 - x + 4 \equiv 0 \pmod 6$. ●○○ 15 min

a. Montrer que cette équation admet deux solutions entre 0 et 5.

b. En déduire toutes les solutions de cette équation.

PGCD et nombres premiers entre eux

7 Montrer que si a et b sont deux entiers premiers entre eux, alors, pour tous entiers n et m, a^n et b^m sont premiers entre eux. ●○○ 10 min

8 Pour tout entier naturel n, on définit deux entiers a et b par $a = 2n + 1$ et $b = 3n + 4$. ●○○ 20 min

Le but de cet exercice est de déterminer les valeurs possibles du PGCD de a et de b.

1. Dans la feuille de tableur ci-dessous on a fait afficher les valeurs de a et de b pour n compris entre 0 et 5, ainsi que le PGCD de a et b dans la colonne D.

	A	B	C	D
1	n	a	b	PGCD(a,b)
2	0	1	4	1
3	1	3	7	1
4	2	5	10	5
5	3	7	13	1
6	4	9	16	1
7	5	11	19	1

a. Quelles formules a-t-on pu saisir en B2, C2 et D2 avant de les recopier vers le bas ?

b. Recopier ces formules dans un tableur et faire une conjecture sur les valeurs possibles du PGCD de a et b.
Comment pourrait-on caractériser les valeurs de n telles PGCD(a ; b) = 5 ?

2. a. Pourquoi tout diviseur commun de a et b est-il un diviseur de $2b - 3a$?
En déduire les valeurs possibles de PGCD(a ; b).

b. En raisonnant par disjonction des cas, déterminer les valeurs de n pour lesquelles PGCD(a ; b) = 5.

9 **a.** En utilisant la propriété d'homogénéité du PGCD, ●●○ 30 min

démontrer que le PGCD de deux entiers *a* et *b* est égal à *d* si, et seulement si, il existe deux entiers *a'* et *b'* premiers entre eux tels que $a = da'$ et $b = db'$.

b. Résoudre dans $\mathbb{N}^2$ le système $\begin{cases} x^2 - y^2 = 1\,404 \\ \text{PGCD}(x\ ;\ y) = 6 \end{cases}$

Théorèmes de Bézout et Gauss

10 **1.** *On suppose connu le théorème de Bézout.* ●○○ 15 min

Soient *a*, *b* et *c* trois entiers non nuls.

On suppose que *a* et *b* sont premiers entre eux et que *a* divise *bc*.

a. Écrire deux égalités traduisant les deux informations de l'énoncé.

b. En déduire que *c* est un multiple de *a*.

c. Quel théorème venez-vous de démontrer ?

2. Déterminer les couples d'entiers $(m\ ;\ n)$ tels que $13m = 7n$.

11 **1.** Résoudre l'équation $x + 2 \equiv 5 \pmod 7$ dans $\mathbb{Z}$. ●○○ 15 min

2. Le but de cette question est de résoudre dans $\mathbb{Z}$ l'équation $2x \equiv 5(7)$.

a. Montrer que 6 est une solution de cette équation et trouver une autre solution de cette équation entre 10 et 15.

b. On dit que *a* est un inverse de 2 modulo 7 si $a \times 2 \equiv 1 \pmod 7$.
Montrer que 2 admet un inverse *a* modulo 7.

c. En déduire toutes les solutions de l'équation $2x \equiv 5(7)$.

12 Le but de cet exercice est de trouver les solutions entières ●●○ 30 min

du système $(S) : \begin{cases} n \equiv 1\ (3) \\ n \equiv 2\ (4) \end{cases}$

1. Dans la feuille de tableur ci-dessous on a fait afficher les valeurs modulo 3 et 4 des entiers entre −4 et 4, ainsi qu'un test conditionnel qui affiche « Oui » ou « Non » dans la colonne D selon que *n* est une solution ou pas du système (*S*).

	A	B	C	D
1	n	Modulo 3	Modulo 4	Solution ?
2	-4	2	0	Non
3	-3	0	1	Non
4	-2	1	2	Oui : n=-2
5	-1	2	3	Non
6	0	0	0	Non
7	1	1	1	Non
8	2	2	2	Non
9	3	0	3	Non
10	4	1	0	Non

Les fonctions utilisées sont les suivantes :

– la fonction **MOD**(nombre ; diviseur), qui renvoie le reste d'une division ;

– la fonction **SI**(test ; valeur_si_vrai ; valeur_si_faux), sachant que pour afficher du texte il faut le mettre en guillemets.

– la fonction **ET**(argument1 ; argument2), qui renvoie Vrai si tous les arguments sont vrais.

a. Quelles formules a-t-on pu saisir en B2, C2 et D2 avant de les recopier vers le bas ?

b. Recopier ces formules dans un tableur et en déduire quatre solutions de (S).

2. a. Soit n_0 une des solutions trouvées précédemment.

Montrer que n est une solution de (S) si, et seulement si, $n - n_0 \equiv 0 \pmod{12}$.

b. Conclure.

Problèmes

13 **Le but de cet exercice est de démontrer qu'il existe une infinité de nombres premiers.** ●●○ 20 min

1. Pour chacun des nombres suivants, dire s'il est premier ou donner la liste de ses diviseurs premiers.

a. $N = 2 \times 3 \times 5 + 1$. **b.** $N = 3 \times 5 \times 7 + 1$.

c. $N = 3 \times 7 \times 11 + 1$. **d.** $N = 2 \times 3 \times 5 \times 7 + 1$.

2. Supposons que l'on connaisse une liste $p_1, p_2, p_3, \ldots, p_n$ de n nombres premiers.

On note $N = p_1 \times p_2 \times p_3 \times \ldots \times p_n + 1$.

a. Supposons que N est premier. Montrer que N est un nouveau nombre premier, c'est-à-dire un nombre premier qui n'est pas dans la liste $p_1, p_2, p_3, \ldots, p_n$.

b. Supposons que N ne soit pas premier, autrement dit qu'il admette un diviseur premier p autre que lui-même.

Montrer que p ne peut pas être l'un des nombres p_i de la liste initiale.

c. Conclure.

14 **1. a.** Dresser un tableau avec les valeurs du reste de la division de 4^n par 6, où n est un entier compris entre 0 et 4. ●●○ 30 min

b. Démontrer que, pour tout entier $n \geqslant 1$, $4^n \equiv 4(6)$.

c. En déduire la valeur de $4^{2\,014}$ modulo 6.

2. a. De même que dans la question précédente, conjecturer les restes possibles dans la division euclidienne de 4^n par 7 si $n \in \mathbb{N}$ à l'aide d'un tableau, puis démontrer cette conjecture.

b. En déduire la valeur de $4^{2\,014}$ modulo 7.

15 Soient a et b deux entiers naturels non nuls et E l'ensemble des entiers de la forme $ax + by$ où x et y sont deux entiers relatifs. ●●● 60 min

Ainsi $E = \{ax + by \ / \ x \in \mathbb{Z}, y \in \mathbb{Z}\}$.

Le but de cet exercice est de démontrer que cet ensemble est l'ensemble de tous les multiples du PGCD de a et de b.

1. a. Démontrer que l'ensemble E* des éléments strictement positifs de E est non vide.

b. En déduire que cet ensemble admet un plus petit élément, noté d.

c. Pourquoi existe-t-il deux entiers x_0 et y_0 tels que $d = ax_0 + by_0$?

d. Démontrer que tout multiple de d est un élément de E.

2. a. Soit N un élément de E et r le reste de la division euclidienne de N par d.
Démontrer que r est aussi un élément de E.

b. En déduire que tout élément de E est un multiple de d.

3. a. Montrer que a et b sont des éléments de E.
En déduire que d est un diviseur commun de a et b.

b. Démontrer que si d' est un diviseur commun positif de a et b alors, d' divise d et que $d' \leqslant d$.
Que peut-on en déduire sur d ?

4. Conclure, en faisant le bilan de toutes les informations disponibles sur E.

Corrigés de *TESTEZ VOS CONNAISSANCES*

1. Réponse **c.** 6 divise 3×4, pourtant 6 ne divise ni 3 ni 4.

ATTENTION

D'après le théorème de Gauss, a doit être premier avec b (ou c) pour pouvoir affirmer que a divise c (ou b). Ici 6 n'est premier ni avec 3 ni avec 4.

2. Réponse **a.** n est toujours un diviseur de n, donc si la somme des diviseurs positifs de n est égale à $n + 1$ c'est que le seul autre diviseur de n est 1. Autrement dit n est premier.

3. Réponse **c.** $2 + 3 = 5$, donc la somme de deux nombres premiers peut être un nombre premier. En revanche la somme de deux nombres premiers impairs est un nombre pair supérieur à 3. Il n'est donc jamais premier.

REMARQUE

Si p et q sont deux nombres premiers, la condition « l'un de ces deux nombres est égal à 2 » est nécessaire, mais pas suffisante, pour que p + q soit premier.

4. Réponse **b.** Si p et q sont deux nombres premiers, alors ils sont strictement supérieurs à 1, et leur produit $p \times q$ est strictement supérieur à p.

Or $p \times q$ est divisible par 1, p, q et pq si p et q sont distincts, et par 1, p et p^2 si p est égal à q. Dans tous les cas il existe un diviseur de $p \times q$ qui n'est ni 1 ni $p \times q$. Ce nombre n'est donc pas premier.

5. Réponse **b.** Un entier naturel n peut toujours s'écrire sous la forme $n = 10 \times a + b$ avec $0 \leqslant b < 10$, donc son reste dans la division par 10 est b, qui est son chiffre des unités.

6. Réponse **b.** Modulo 5, 4 est congru à $4 + 5 = 9$, à $4 + 2 \times 5 = 14$, à $4 + 3 \times 5 = 19$... ou encore à $4 - 5 = -1$, à $4 - 2 \times 5 = -6$, à $4 - 3 \times 5 = -11$...
Ni 10 ni -4 ne sont dans cette liste.
On peut aussi dire que ni $4 - 10 = -6$ ni $4 - (-4) = 8$ ne sont divisibles par 5, alors que $4 - (-1) = 5$, qui lui est divisible par 5.

REMARQUE

Il faut penser « à 5 près » quand on calcule modulo 5.

7. Réponse **a.** Voir le paragraphe 2.B.

8. Réponse **b.** Voir le paragraphe 2.C. La réponse **c** est fausse car on n'a pas forcément $\frac{a}{2} \equiv \frac{b}{2}(n)$. Par exemple $4 \equiv 14(10)$, car $14 - 4$ est divisible par 10, mais $\frac{4}{2} \not\equiv \frac{14}{2}(10)$, car $7 - 2$ n'est pas divisible par 10.

9. Réponse **a.** $1\,789 = 1\,785 + 4$. Or 1 785 est divisible par 5, donc il est congru à 0 modulo 5. Ainsi $1\,789 \equiv 0 + 4 \equiv 4(5)$. On en déduit que $1\,789^{42} \equiv 4^{42}\ (5)$.
Or $4 \equiv -1\ (5)$ car $4 - (-1)$ est divisible par 5. Ainsi $1\,789^{42} \equiv 4^{42} \equiv (-1)^{42}\ (5)$.
42 est pair, donc $(-1)^{42} = 1$ et $1\,789^{42} \equiv 1(5)$.

10. Réponse **a.** Si $2x \equiv 10 \pmod{12}$, alors il existe un entier k tel que $2x = 10 + 12k$.
Alors $2x = 10 + 6 \times (2k)$. $2k$ est un entier, donc $2x \equiv 10 \pmod 6$.
En revanche les deux autres propositions peuvent être fausses.
Par exemple si $x = 11$, alors $2x = 22$ donc $2x \equiv 10$ (12) mais :
- $2x \not\equiv 10 \pmod{24}$ car $2x = 22$ et $22 - 10$ n'est pas divisible par 24 ;
- $x \not\equiv 5$ (12) car $11 - 5$ n'est pas divisible par 12.

Corrigés de *ENTRAÎNEZ-VOUS*

Diviseurs et multiples

1 **a.** Les diviseurs positifs de 7 sont 1 et 7, donc $S(7) = 1 + 7 = 8$.
Les diviseurs positifs de 9 sont 1, 3 et 9, donc $S(9) = 1 + 3 + 9 = 13$.
Les diviseurs positifs de 10 sont 1, 2, 5 et 10, donc $S(10) = 1 + 2 + 5 + 10 = 18$.
$125 = 5^3$ donc les diviseurs positifs de 125 sont 1, 5, 5^2 et 5^3.
Donc $S(125) = 1 + 5 + 25 + 125 = 156$.
b. Les diviseurs positifs d'un nombre premier p sont 1 et p, donc $S(p) = 1 + p$.
Les diviseurs positifs de p^2 sont 1, p et p^2, donc $S(p^2) = 1 + p + p^2$.
Les diviseurs positifs de p^n sont 1, p, p^2, ..., p^{n-1}, p^n.
Donc $S(p^n) = 1 + p + p^2 + ... + p^{n-1} + p^n$.

REMARQUE
On peut vérifier que $S(5^3) = \frac{5^4 - 1}{5 - 1} = \frac{624}{4} = 156.$

On reconnaît une somme de termes d'une suite géométrique de premier terme 1 et de raison p. Donc $S(p^n) = \frac{p^{n+1} - 1}{p - 1}$.

c. Les diviseurs positifs de $p \times q$ sont 1, p, q et $p \times q$ puisque p et q sont distincts.
Donc $S(p \times q) = 1 + p + q + p \times q = (1 + p) \times (1 + q) = S(p) \times S(q)$.

2 **1. a.** (3 ; 4 ; 5) est un triplet pythagoricien car $3^2 + 4^2 = 5^2$.
b. (6 ; 8 ; 10) et (5 ; 12 ; 13) sont deux autres triplets pythagoriciens car $6^2 + 8^2 = 10^2$ et $5^2 + 12^2 = 13^2$.
c. À partir du triplet (3 ; 4 ; 5) on peut construire une infinité de triplets en multipliant chacune des trois valeurs par la même constante (non nulle) k.
En effet, $(3k)^2 + (4k)^2 = (3^2 + 4^2) \times k^2 = 5^2 \times k^2 = (5k)^2$.

2. x, y et z sont des entiers naturels non nuls.

Or $z^2 = x^2 + y^2$, donc $z^2 > x^2$, puis $z > x$.

On montre de même que $z > y$.

3. a. $(1 ; y ; z)$ est un triplet pythagoricien si, et seulement si, $1^2 + y^2 = z^2$.

$1^2 + y^2 = z^2 \Leftrightarrow z^2 - y^2 = 1 \Leftrightarrow (z - y)(z + y) = 1$.

Or $z - y$ et $z + y$ sont deux entiers strictement positifs.

Donc $(z - y)(z + y) = 1 \Leftrightarrow z - y = z + y = 1$

$\Leftrightarrow y = 0$ et $z = 1$.

Or y est non nul par hypothèse.

Donc il n'existe pas de triplet pythagoricien de la forme $(1 ; y ; z)$.

> **REMARQUE**
>
> *Les rôles de x et de y sont symétriques dans cette équation : on démontre exactement de la même façon qu'il n'existe pas de triplet pythagoricien de la forme $(x ; 1 ; z)$.*

b. • $(2 ; y ; z)$ est un triplet pythagoricien si, et seulement si, $2^2 + y^2 = z^2$.

$2^2 + y^2 = z^2 \Leftrightarrow z^2 - y^2 = 4 \Leftrightarrow (z - y)(z + y) = 4$.

Or $z - y$ et $z + y$ sont deux entiers strictement positifs et $z - y < z + y$.

$4 = 1 \times 4 = 2 \times 2$ sont les seules décompositions de 4 en produit d'entiers positifs, donc pour déterminer les solutions de l'équation $(z - y)(z + y) = 4$ il faut et il suffit de résoudre les systèmes $(S_1)\begin{cases} z - y = 1 \\ z + y = 4 \end{cases}$ et $(S_2)\begin{cases} z - y = 2 \\ z + y = 2 \end{cases}$

$\begin{cases} z - y = 1 \\ z + y = 4 \end{cases} \Leftrightarrow \begin{cases} 2z = 5 \\ 2y = 3 \end{cases}$ en faisant la somme et la différence des deux lignes.

Or y et z sont des entiers, donc ce système n'admet pas de solution.

$\begin{cases} z - y = 2 \\ z + y = 2 \end{cases} \Leftrightarrow \begin{cases} z = 2 \\ y = 0 \end{cases}$

Or y est non nul, donc ce système n'admet pas non plus de solution.

Il n'existe donc pas de triplet pythagoricien de la forme $(2 ; y ; z)$.

• $(3 ; y ; z)$ est un triplet pythagoricien si, et seulement si, $3^2 + y^2 = z^2$.

$3^2 + y^2 = z^2 \Leftrightarrow z^2 - y^2 = 9 \Leftrightarrow (z - y)(z + y) = 9$.

Or $z - y$ et $z + y$ sont deux entiers strictement positifs et $z - y < z + y$.

$9 = 1 \times 9 = 3 \times 3$ sont les seules décompositions de 9 en produit d'entiers positifs, donc pour déterminer les solutions de l'équation $(z - y)(z + y) = 9$ il faut et il suffit de résoudre les systèmes $(S_1)\begin{cases} z - y = 1 \\ z + y = 9 \end{cases}$ et $(S_2)\begin{cases} z - y = 3 \\ z + y = 3 \end{cases}$

$\begin{cases} z - y = 1 \\ z + y = 9 \end{cases} \Leftrightarrow \begin{cases} 2z = 10 \\ 2y = 8 \end{cases} \Leftrightarrow \begin{cases} z = 5 \\ y = 4 \end{cases}$ en faisant la somme et la différence des deux lignes.

On retrouve ainsi le triplet pythagoricien (3 ; 4 ; 5).

$\begin{cases} z-y=3 \\ z+y=3 \end{cases} \Leftrightarrow \begin{cases} z=3 \\ y=0 \end{cases}$. Or y est non nul, donc ce système n'admet pas de solution.

Il n'existe donc qu'un triplet pythagoricien de la forme (3 ; y ; z), c'est celui de la question **1. a.**

3 **a.** $1 + a + a^2 + ... + a^{n-1}$ est la somme de termes d'une suite géométrique de raison $a \neq 1$: $1+a+a^2+\cdots+a^{n-1} = \dfrac{a^n-1}{a-1}$.

On en déduit que $a^n - 1 = (1 + a + a^2 + ... + a^{n-1}) \times (a - 1)$.

b. Ainsi, si $a^n - 1$ est un nombre premier, alors l'un des deux facteurs, $a - 1$ ou $1 + a + a^2 + ... + a^{n-1}$, est égal à 1.

$1 + a + a^2 + ... + a^{n-1} > 1$, donc c'est $a - 1$ qui est égal à 1, autrement dit $a = 2$.

> **RAPPEL**
>
> *Un nombre composé est un nombre qui n'est pas premier. Dans l'écriture $n = pq$ les nombres p et q ne sont pas forcément premiers.*

c. Si n est composé, alors il existe deux entiers p et q strictement supérieurs à 1 tels que $n = pq$.

$2^n - 1 = 2^{pq} - 1 = (2^p)^q - 1 = (1 + 2^p + (2^p)^2 + ... + (2^p)^{q-1}) \times (2^p - 1)$ d'après la question **a**.

$1 + 2^p + (2^p)^2 + ... + (2^p)^{q-1} > 1$.

De plus $p > 1$, donc $2^p - 1 > 1$.

$2^n - 1$ est donc le produit de deux entiers strictement supérieurs à 1, c'est donc un nombre composé.

d. Si $n = 2$, alors $2^2 - 1 = 3$ qui est premier.

De même, les nombres $2^3 - 1 = 7$, $2^5 - 1 = 31$ et $2^7 - 1 = 127$ sont premiers.

Par contre, si $n = 11$, alors $2^{11} - 1 = 2\,047$, qui n'est pas premier, car $2\,047 = 23 \times 89$.

On a donc démontré que, pour que $2^n - 1$ soit premier il faut que n soit premier, mais que cette condition, nécessaire, n'est pas suffisante.

Congruences

4 **a.** Dans la division d'un entier par 6, les restes possibles sont 0, 1, 2, 3, 4 et 5.

b. Restes modulo 6 :

> **REMARQUE**
>
> *Ce produit apparaît dans la somme des carrés des n premiers entiers :*
> $1^2 + 2^2 + ... + n^2 = \dfrac{n(n+1)(2n+1)}{6}$.

$n \equiv$	$n + 1 \equiv$	$2n + 1 \equiv$	$n(n + 1)(2n + 1) \equiv$
0	1	1	0
1	2	3	0
2	3	5	0
3	4	1	0
4	5	3	0
5	0	5	0

c. Si n est un entier, quel que soit son reste dans la division par 6, le produit $n(n + 1)(2n + 1)$ est toujours congru à 0 modulo 6 ; autrement dit il est toujours divisible par 6.

5 **1. a.** Soit n un entier.

Si n est pair, alors $n \equiv 0(2)$. Alors $n^2 \equiv 0^2 \equiv 0(2)$. Donc n^2 est pair.

Réciproquement, supposons que n^2 est pair. Alors $n^2 \equiv 0(2)$. Si n était impair alors on aurait $n \equiv 1(2)$, et donc $n^2 \equiv 1^2 \equiv 1(2)$.

Comme ceci n'est pas le cas, n doit être pair.

b. Soit n un entier impair.

Alors n peut s'écrire sous la forme $2k + 1$ avec $k \in \mathbb{N}$.

Ainsi $n^2 = (2k + 1)^2 = 4k^2 + 4k + 1 = 4(k^2 + k) + 1$.

$n^2 - 1$ est donc un multiple de 4 : $n^2 \equiv 1(4)$.

> **RAPPEL**
>
> *La congruence $n^2 \equiv 1(2)$ est immédiate d'après les propriétés du paragraphe 2.C. Mais ceci n'impliquait pas forcément que n^2 soit aussi congru à 1 modulo 4.*

2. $(x ; y ; z)$ est un triplet pythagoricien, donc $x^2 + z^2 = z^2$.

Si x et y sont impairs, alors $x^2 \equiv 1(4)$ et $y^2 \equiv 1(4)$ d'après la question précédente.

Donc $x^2 + y^2 \equiv 1 + 1 \equiv 2(4)$.

On a donc montré que, dans ce cas, $z^2 \equiv 2(4)$.

Par ailleurs, si x et y sont impairs, alors leurs carrés sont impairs, donc la somme de leurs carrés est paire. z^2 serait donc pair, ce qui, d'après la question **1. a.**, implique que z est pair. Mais si z est pair alors, de même que dans la question **1. b.**, on peut écrire que $z = 2k$ avec $k \in \mathbb{N}$, donc $z^2 = (2k)^2 = 4k^2$, et $z^2 \equiv 0(4)$.

z ne peut pas être à la fois congru à 0 modulo 4 et à 2 modulo 4.

x et y ne peuvent donc pas être impairs tous les deux.

> **RAPPEL**
>
> *Un entier a est divisible un entier n si, et seulement si, $a \equiv 0 \pmod{n}$.*

6 On note (E) l'équation $x^2 - x + 4 \equiv 0 \pmod 6$.

a. $2^2 - 2 + 4 = 6$, donc $x^2 - x + 4 \equiv 0 \pmod 6$ si $x = 2$.

$5^2 - 5 + 4 = 24$, donc $x^2 - x + 4 \equiv 0 \pmod 6$ si $x = 5$.

Pour tout autre entier x compris entre 0 et 5, on a $x^2 - x + 4 \equiv 4 \pmod 6$.

2 et 5 sont donc les seules solutions de l'équation $x^2 - x + 4 \equiv 0 \pmod 6$ comprises entre 0 et 5.

b. Montrons que x est une solution de (E) si, et seulement si, $x \equiv 2(6)$ ou $x \equiv 5(6)$.

Pour cela nous pouvons raisonner par disjonction des cas, puisqu'il n'y a que 6 restes possibles dans la division par 6.

Tableau des restes modulo 6 :

$x \equiv$	$x^2 \equiv$	$x^2 - x + 4 \equiv$
0	0	4
1	1	4
2	4	0
3	3	4
4	4	4
5	1	0

Les solutions dans $\mathbb{Z}$ de l'équation $x^2 - x + 4 \equiv 4 \pmod 6$ sont donc les entiers de la forme $2 + 6k$ ou de la forme $5 + 6k$, avec $k \in \mathbb{Z}$.

PGCD et nombres premiers entre eux

7 Notons $a = p_1^{\alpha_1} \times p_2^{\alpha_2} \times p_3^{\alpha_3} \times \ldots \times p_i^{\alpha_i}$ et $b = q_1^{\beta_1} \times q_2^{\beta_2} \times q_3^{\beta_3} \times \ldots \times q_j^{\beta_j}$ la décomposition en facteurs premiers a et b.

a et b sont premiers entre eux, donc aucun des facteurs premiers de a n'est un facteur premier de b.

En élevant a à la puissance n, les entiers α_k sont multipliés par n, mais les diviseurs premiers de a ne changent pas.

De même, en élevant b à la puissance m, les entiers β_k sont multipliés par m, mais les diviseurs premiers de b ne changent pas.

Ainsi, aucun des facteurs premiers de a^n n'est un facteur premier de b^m, ces nombres sont donc premiers entre eux.

8 **1. a.** Formule en B2 : « =2*A2+1 ».

Formule en C2 : « =3*A2+4 ».

Formule en D2 : « =PGCD(B2 ; C2) ».

b. On remarque que les seules valeurs observées dans la colonne D (celle du PGCD de a et b) sont 1 et 5, et que la valeur 5 est obtenue lorsque $n = 2$, puis $n = 7$, puis $n = 12$... autrement dit lorsque $n = 2 + 5k$ avec $k \in \mathbb{N}$.

RAPPEL

Une combinaison linéaire de deux entiers a et b est un nombre de la forme $ma + nb$ où m et n sont deux entiers relatifs.

2. a. D'après la propriété de combinaison linéaire du paragraphe 1.A., tout diviseur commun de a et de b divise une combinaison linéaire de ces entiers, donc en particulier divise $2b - 3a$.

Or $2b - 3a = 2(3n + 4) - 3(2n + 1) = 5$.

Un diviseur commun de a et de b doit donc diviser 5 : il ne peut s'agir que de 1 et 5.

Ainsi, les valeurs possibles pour PGCD(a ; b) sont uniquement 1 et 5, valeurs que l'on a observées dans le tableau de la question **1. a**.

b. D'après notre conjecture, PGCD(a ; b) = 5 lorsque $n = 2 + 5k$ avec $k \in \mathbb{N}$, autrement dit lorsque $n \equiv 2 \pmod 5$.

Démontrons ceci en raisonnant par disjonction des cas, en complétant un tableau avec les restes modulo 5 :

$n \equiv$	$a = 2n + 1 \equiv$	$b = 3n + 4 \equiv$	$a \equiv 0(5)$ et $b \equiv 0(5)$?
0	1	4	Non
1	3	2	Non
2	0	0	Oui
3	2	3	Non
4	4	1	Non

Donc on a bien que PGCD(a ; b) = 5 si, et seulement si, $n \equiv 2 \pmod 5$.
Dans tous les autres cas le PGCD de a et b est égal à 1.

9 **a.** S'il existe deux entiers a' et b' premiers entre eux tels que $a = da'$ et $b = db'$, alors
PGCD(a ; b) = PGCD(da' ; db') = d PGCD(a' ; b') = d
puisque PGCD(a' ; b') = 1.

> **À RETENIR**
> *a' et b' sont premiers entre eux si, et seulement si, leur PGCD vaut 1.*

Réciproquement, si d = PGCD(a ; b) alors d est un diviseur de a et b, donc il existe deux entiers a' et b' tels que $a = da'$ et $b = db'$.
Ainsi d = PGCD(da' ; db') = d PGCD(a' ; b') d'après la propriété d'homogénéité du PGCD.
En simplifiant par d on obtient 1 = PGCD(a' ; b'), autrement dit a' et b' sont premiers entre eux.

b. Si PGCD(x ; y) = 6 alors, d'après la question précédente, il existe deux entiers u et v premiers entre eux tels que $x = 6u$ et $y = 6v$.

Alors $x^2 - y^2 = 1\,404 \Leftrightarrow (6u)^2 - (6v)^2 = 1\,404 \Leftrightarrow 36u^2 - 36v^2 = 1\,404$,
donc $x^2 - y^2 = 1\,404 \Leftrightarrow u^2 - v^2 = 39 \Leftrightarrow (u + v)(u - v) = 3 \times 13$.

Puisque $u - v \leqslant u + v$ (en effet on recherche les solutions dans $\mathbb{N}^2$), il s'agit donc de résoudre l'un des systèmes suivants :

> **REMARQUE**
> *$\mathbb{N}^2$ est l'ensemble des couples d'entiers naturels.*

$$(S_1)\begin{cases} u - v = 1 \\ u + v = 39 \end{cases} \quad \text{et} \quad (S_2)\begin{cases} u - v = 3 \\ u + v = 13 \end{cases}$$

$$\begin{cases} u - v = 1 \\ u + v = 39 \end{cases} \Leftrightarrow \begin{cases} 2u = 40 \\ 2v = 38 \end{cases} \Leftrightarrow \begin{cases} u = 20 \\ v = 19 \end{cases} \quad \text{et} \quad \begin{cases} u - v = 3 \\ u + v = 13 \end{cases} \Leftrightarrow \begin{cases} 2u = 16 \\ 2v = 10 \end{cases} \Leftrightarrow \begin{cases} u = 8 \\ v = 5 \end{cases}$$

Ainsi, si le couple $(x\ ;\ y)$ est solution du système $\begin{cases} x^2 - y^2 = 1\,404 \\ \text{PGCD}(x\ ;\ y) = 6 \end{cases}$,

alors $\begin{cases} x = 6u = 6 \times 20 = 120 \\ y = 6v = 6 \times 19 = 114 \end{cases}$ ou $\begin{cases} x = 6u = 6 \times 8 = 48 \\ y = 6v = 6 \times 5 = 30 \end{cases}$

Réciproquement, vérifions que les couples (120 ; 114) et (48 ; 30) sont bien des solutions du système (*S*) :

$$\begin{cases} 120^2 - 114^2 = 1\,404 \\ \text{PGCD}(120\ ;\ 114) = 6 \end{cases} \text{ et } \begin{cases} 48^2 - 30^2 = 1\,404 \\ \text{PGCD}(48\ ;\ 30) = 6 \end{cases}$$

Conclusion : les solutions du système (*S*) sont les couples (120 ; 114) et (48 ; 30).

Théorèmes de Bézout et Gauss

10 **a.** a et b sont premiers entre eux, donc, d'après le théorème de Bézout, il existe deux entiers u et v tels que $au + bv = 1$.

De plus a divise bc donc il existe un entier k tel que $bc = ka$.

b. En multipliant chaque membre de l'égalité $au + bv = 1$ par c, on obtient $acu + bcv = c$.

Or $bc = ka$, donc $acu + kav = c$, soit $a(cu + kv) = c$.

c est donc un multiple de a.

c. On a démontré que : si a, b et c sont trois entiers non nuls tels que a et b sont premiers entre eux et que a divise bc, alors a divise c. C'est le théorème de Gauss.

2. Si $13m = 7n$, alors 13 divise $7n$. Or 13 est premier avec 7, donc 13 divise n d'après le théorème de Gauss.

n est donc un entier de la forme $n = 13k$ avec $k \in \mathbb{Z}$.

De même, 7 divise $13m$. Or 7 est premier avec 13, donc 7 divise m d'après le théorème de Gauss.

m est donc un entier de la forme $m = 7k'$ avec $k' \in \mathbb{Z}$.

> **REMARQUE**
> *On ne peut pas affirmer sans preuve que $k' = k$.*

Ainsi $13m = 7n \Rightarrow 13 \times 7k' = 7 \times 13k \Rightarrow k' = k$.

Donc les couples $(m\ ;\ n)$ solutions de l'équation $13m = 7n$ sont les couples de la forme $(7k\ ;\ 13k)$ avec $k \in \mathbb{Z}$.

11 **1.** $x + 2 \equiv 5 \pmod 7 \Leftrightarrow x + 2 - 2 \equiv 5 - 2 \pmod 7 \Leftrightarrow x \equiv 3 \pmod 7$.

Les solutions de l'équation $x + 2 \equiv 5 \pmod 7$ sont donc les entiers de la forme $3 + 7k$, avec $k \in \mathbb{Z}$.

2. a. 6 est une solution de l'équation $2x \equiv 5(7)$ car $2 \times 6 \equiv 12 \equiv 5(7)$.

$2 \times 10 \equiv 6(7)$; $2 \times 11 \equiv 1(7)$; $2 \times 12 \equiv 3(7)$; $2 \times 13 \equiv 5(7)$.

13 est donc une autre solution de cette équation.

b. 2 et 7 sont premiers entre eux. D'après le théorème de Bézout, il existe donc deux entiers relatifs u et v tels que $2u + 7v = 1$.

Ainsi $2u = 1 - 7v$, autrement dit : $2u \equiv 1(7)$.

Après quelques essais, on trouve que l'on peut prendre $u = 4$: en effet $2 \times 4 \equiv 8 \equiv 1(7)$.

Donc 4 est un inverse de 2 modulo 7.

> **REMARQUE**
> *Un entier a n'admet pas toujours d'inverse modulo n. Le théorème de Bézout nous dit quand il en admet un. De plus cet entier n'est pas unique. Par exemple 11 est aussi un inverse de 2 modulo 7.*

c. $2x \equiv 5(7) \Rightarrow 4 \times 2x \equiv 4 \times 5(7)$

Or $4 \times 2 \equiv 1(7)$. Donc $4 \times 2x \equiv 4 \times 5(7) \Rightarrow x \equiv 20 \equiv 6(7)$.

Réciproquement, si $x \equiv 6(7)$, alors $2x \equiv 12 \equiv 5(7)$.

Les solutions de l'équation $2x \equiv 5 \pmod 7$ sont donc les entiers de la forme $6 + 7k$ avec $k \in \mathbb{Z}$.

12 **1. a.** Formule en B2 : « =MOD(A2;3) ».

Formule en C2 : « =MOD(A2;4) ».

En D2, une formule simple serait « =SI(ET(B2=1;C2=2);"Oui";"Non") ».

Pour obtenir, comme sur la copie d'écran de l'énoncé, un rappel de la solution n trouvée, on peut améliorer la formule de la façon suivante, en utilisant le caractère &, qui permet de concaténer le texte « Oui : n= » avec la valeur de la cellule A2 : « =SI(ET(B2=1;C2=2);"Oui : n="&A2;"Non") ».

b. En plus de la solution $n = -2$ visible dans la copie d'écran, on trouve les solutions suivantes : $n = 10$, $n = 22$ et $n = 34$.

2. a. Soit n_0 une solution du système (S), donc un entier tel que $\begin{cases} n_0 \equiv 1\ (3) \\ n_0 \equiv 2\ (4) \end{cases}$

Si $n - n_0 \equiv 0 \pmod{12}$, alors $n \equiv n_0 \pmod{12}$, donc il existe un entier k tel que $n = n_0 + 12k$.

Or $n_0 \equiv 1(3)$ et $12k \equiv 0(3)$ car 12 est un multiple de 3, donc $n \equiv 1 + 0 \equiv 1(3)$.

De même, $n_0 \equiv 2(4)$ et $12k \equiv 0(4)$ car 12 est un multiple de 4, donc $n \equiv 2 + 0 \equiv 2(4)$.

On a démontré que, si $n - n_0 \equiv 0 \pmod{12}$, alors n est une solution du système (S).

Réciproquement, montrons que si n est une solution de (S) alors $n - n_0 \equiv 0 \pmod{12}$.

n et n_0 sont des solutions du système (S), donc $n \equiv n_0 \equiv 1(3)$ et $n \equiv n_0 \equiv 2(4)$.

$n \equiv n_0(3)$, donc 3 divise $n - n_0$.

$n \equiv n_0(4)$, donc 4 divise $n - n_0$.

D'après le corollaire du théorème de Gauss (paragraphe 4.B), comme 3 et 4 sont premiers entre eux, 3×4 doit aussi diviser $n - n_0$.
Autrement dit, on a bien $n - n_0 \equiv 0 \pmod{12}$.
b. Conclusion : on a démontré qu'un entier n est une solution du système (S) si et seulement si $n - n_0 \equiv 0 \pmod{12}$, où n_0 est une solution de (S).
En prenant par exemple $n = 10$, on peut dire que les solutions du système (S) sont les entiers congrus à 10 modulo 12, c'est-à-dire les entiers de la forme $10 + 12k$, avec $k \in \mathbb{Z}$.

Problèmes

13 **1. a.** $N = 2 \times 3 \times 5 + 1 = 31$ est premier.
b. $N = 3 \times 5 \times 7 + 1 = 106 = 2 \times 53$.
2 et 53 sont ses diviseurs premiers.
c. $N = 3 \times 7 \times 11 + 1 = 232 = 2^3 \times 29$.
2 et 29 sont ses diviseurs premiers.
d. $N = 2 \times 3 \times 5 \times 7 + 1 = 211$ est premier.

RAPPEL
Si a et b sont deux entiers, alors $[\![a ; b]\!]$ est l'ensemble des entiers compris entre a et b.

2. a. $N = p_1 \times p_2 \times p_3 \times \ldots \times p_n + 1$
donc $N > p_1 \times p_2 \times p_3 \times \ldots \times p_n$.
Or, pour tout entier i compris entre 1 et n, $p_i \geqslant 2$.
Ainsi $N > p_i$ pour tout $i \in [\![1 ; n]\!]$.
Donc si N est premier, c'est bien un nombre premier différent de tous les p_i utilisés pour calculer N.
b. Supposons que N admette un diviseur premier p autre que lui-même.
S'il existe un $i \in [\![1 ; n]\!]$ tel que $p = p_i$, alors p divise N et le produit $p_1 \times p_2 \times p_3 \times \ldots \times p_n$.
Donc p divise la différence de ces deux nombres.
Or $N - p_1 \times p_2 \times p_3 \times \ldots \times p_n = 1$, donc p doit diviser 1.
Or ceci est impossible, car p est un nombre premier.
p ne peut donc pas être l'un des nombres p_i de la liste initiale.
c. Ainsi, à partir de toute liste donnée de nombres premiers, on peut construire un entier N qui :
– soit est un nouveau nombre premier ;
– soit admet un diviseur premier qui est aussi un nouveau nombre premier.
Dans chaque cas on a obtenu un nouveau nombre premier.
C'est donc qu'il y a une infinité de nombres premiers.

14 **1. a.** Tableau de restes de 4^n modulo 6 :

$n =$	$4^n =$	$4^n \equiv$
0	1	1
1	4	4
2	16	4
3	64	4
4	256	4

b. Démontrons par récurrence que, pour tout entier $n \geqslant 1$, $4^n \equiv 4(6)$.

Initialisation. $4^1 \equiv 4(6)$.

Hérédité. Supposons que $4^n \equiv 4(6)$ pour un entier n non nul fixé.

Montrons que $4^{n+1} \equiv 4(6)$.

$4^n \times 4 \equiv 4 \times 4 \equiv 16 \equiv 4(6)$, donc on a bien $4^{n+1} \equiv 4(6)$.

Conclusion. La proposition « $4^n \equiv 4(6)$ » est vraie pour $n = 1$ et est héréditaire.

Donc, pour tout entier naturel non nul n, $4^n \equiv 4(6)$.

c. En particulier, $4^{2\,014} \equiv 4(6)$.

2. a. Tableau de restes de 4^n modulo 7 :

$n =$	$4^n =$	$4^n \equiv$
0	1	1
1	4	4
2	16	2
3	64	1
4	256	4
5	1024	2

À RETENIR

Un tableur récent peut calculer des valeurs approchées de puissances de 4 jusqu'à quelques centaines (par exemple $4^{500} \approx 10^{301}$) mais il lui est impossible de calculer le reste de 4^{15} dans la division par 7.

Cette fois les valeurs de 4^n modulo 7 ne sont pas toujours les mêmes.

Plus précisément, il semblerait que :

– si $n \equiv 0(3)$, alors $4^n \equiv 1(7)$;

– si $n \equiv 1(3)$, alors $4^n \equiv 4(7)$;

– si $n \equiv 2(3)$, alors $4^n \equiv 2(7)$.

b. Démontrons ces trois implications.

• Montrons que si $n \equiv 0(3)$, alors $4^n \equiv 1(7)$:

si $n \equiv 0(3)$, alors il existe un entier k tel que $n = 0 + 3k = 3k$.

Donc $4^n = 4^{3k} = (4^3)^k = 64^k$.

Or $64 = 63 + 1 = 9 \times 7 + 1$, donc $64 \equiv 1(7)$ et $64^k \equiv 1^k(7)$.

Ainsi on a bien démontré que $4^n \equiv 64^k \equiv 1(7)$ si $n \equiv 0(3)$.

• Montrons que si $n \equiv 1(3)$, alors $4^n \equiv 4(7)$:

si $n \equiv 1(3)$, alors il existe un entier k tel que $n = 1 + 3k$.

Donc $4^n = 4^{3k+1} = 4^{3k} \times 4^1 = (4^3)^k \times 4 = 64^k \times 4$.

Or $64 \equiv 1(7)$, donc $64^k \times 4 \equiv 1^k \times 4 \equiv 4(7)$.

Ainsi on a bien démontré que $4^n = 4(7)$ si $n \equiv 1(3)$.

• Montrons que si $n \equiv 2(3)$, alors $4^n \equiv 2(7)$:

si $n \equiv 2(3)$, alors il existe un entier k tel que $n = 2 + 3k$.

Donc $4^n = 4^{3k+2} = (4^3)^k \times 4^2 = 64^k \times 16$.

De même que précédemment, $64^k \times 16 \equiv 1^k \times 16 \equiv 2(7)$.

Ainsi on a bien démontré que $4^n \equiv 2(7)$ si $n \equiv 2(3)$.

Conclusion : comme il n'y a pas d'autre reste possible dans la division euclidienne de n par 3, on a bien déterminé toutes les valeurs possibles de 4^n modulo 7 :

– si $n \equiv 0(3)$, alors $4^n \equiv 1(7)$;

– si $n \equiv 1(3)$, alors $4^n \equiv 4(7)$;

– si $n \equiv 2(3)$, alors $4^n \equiv 2(7)$.

c. Pour réduire $4^{2\,014}$ modulo 7, il nous faut donc déterminer la valeur du reste de 2 014 dans la division par 3.

$2\,014 = 2\,013 + 1 = 3 \times 671 + 1$.

Ainsi $2\,014 \equiv 1(3)$ donc, d'après la question précédente, $4^{2\,014} \equiv 4(7)$.

15 **1. a.** En prenant, par exemple, $x = 1$ et $y = 1$, on obtient $ax + by = a + b$, qui est un élément strictement positif de E puisque a et b sont des entiers strictement positifs.

ASTUCE

Contrairement à un intervalle de réels, un ensemble de nombres entiers naturels admet toujours un plus petit élément.

b. E^+ est donc un ensemble d'entiers positifs (par définition) non vide (puisqu'il contient par exemple $a + b$), il contient donc un plus petit élément.

On note d cet élément.

c. d appartient à E, donc il peut s'écrire sous la forme $ax_0 + by_0$, où x_0 et y_0 sont deux entiers relatifs.

d. Soit kd un multiple de d (avec $k \in \mathbb{Z}$).

Alors $kd = k(ax_0 + by_0) = a(kx_0) + b(ky_0)$.

En posant $x_1 = kx_0$ et $y_1 = ky_0$, on a bien démontré que kd peut s'écrire sous la forme :

$$ax + by \text{ avec } x = x_1 \text{ et } y = y_1.$$

Tout multiple de d est donc un élément de E.

> **REMARQUE**
> *On a démontré que l'ensemble des multiples de d est inclus dans l'ensemble E.*

2. a. N est un élément de E. Donc il existe deux entiers x et y tels que :

$$N = ax + by.$$

Par ailleurs, il existe un entier q et un entier r tels que :

$$N = dq + r \text{ avec } 0 \leqslant r < d.$$

r est le reste de la division euclidienne de N par d.

Or $d = ax_0 + by_0$, donc on peut écrire :

$$N = dq + r = (ax_0 + by_0)q + r.$$

Comme $N = ax + by$, on a $ax + by = (ax_0 + by_0)q + r$.

On en déduit que :

$$r = ax + by - (ax_0 + by_0)q = a(x - qx_0) + b(y - qy_0).$$

Autrement dit, il est possible d'écrire r sous la forme $ax + by$. r est donc un élément de E.

b. Dans la question précédente on a trouvé un élément r de E tel que $0 \leqslant r < d$.

Or d est le plus petit élément strictement positif de E.

C'est donc que $r = 0$.

On a bien démontré que $N = dq$ et donc que N est un multiple de d.

Tout élément N de E est donc un multiple de d.

> **REMARQUE**
> *On a démontré que l'ensemble E est inclus dans l'ensemble des multiples de d.*

3. a. $a = a \times 1 + b \times 0$, donc a est un élément de E (avec $x = 1$ et $y = 0$).

$b = a \times 0 + b \times 1$, donc b est un élément de E (avec $x = 0$ et $y = 1$).

Or, d'après la question précédente, tous les éléments de E sont des multiples de d, donc a et b sont des multiples de d, et d est un diviseur commun de a et b.

b. Si d' est un diviseur commun de a et b, alors il divise toute combinaison linéaire de a et de b, en particulier il divise $ax_0 + by_0$.

Donc d' divise d, et en particulier il est inférieur à d.

> **À RETENIR**
> *Si d' est un diviseur de d, alors $d' \leqslant d$.*

On peut en déduire que tout diviseur commun à a et b est inférieur à d. Comme d lui-même est un diviseur commun à a et b, on a montré que d est donc le plus grand des diviseurs communs à a et b :

$$d = \text{PGCD}(a\,;\,b).$$

4. Dans la question **1**, on a démontré que tout multiple de d est un élément de E.

Dans la question **2**, on a démontré que tout élément de E est un multiple de d.

Donc E est l'ensemble des multiples de d, où d est le plus petit élément strictement positif de E.

Dans la question **3**, on a démontré que d est le PGCD de a et b.

En conclusion, on peut affirmer que l'ensemble des entiers de la forme $ax + by$, avec $x \in \mathbb{Z}$ et $y \in \mathbb{Z}$, est l'ensemble des multiples de d, avec $d = \text{PGCD}(a\ ;\ b)$.

Matrices et suites

POUR DÉMARRER

- Revoir les chapitres d'enseignement spécifique concernant les suites numériques et les probabilités conditionnelles.

1 Matrices

A. Cas général

Définition

- Soient m et n deux entiers naturels non nuls.
- Une **matrice** de taille $m \times n$, ou de dimension $m \times n$, est un tableau de nombres réels constitué de m lignes et n colonnes.

$$\begin{pmatrix} a_{11} & a_{12} & a_{13} & \dots & a_{1n} \\ a_{21} & a_{22} & a_{23} & \dots & a_{2n} \\ \dots & \dots & \dots & \dots & \dots \\ a_{m1} & a_{m2} & a_{m3} & \dots & a_{mn} \end{pmatrix}.$$

REMARQUE

Quand les nombres m et n sont petits, on note les coefficients a_{ij}. Si l'un des deux est supérieur à 10, on doit ajouter une virgule entre les indices i et j : et on note : $a_{i,j}$.

Les nombres a_{ij} sont les **coefficients** de la matrice. Le premier indice i est le numéro de la ligne, et le second j celui de la colonne.

Exemple

$\begin{pmatrix} -2 & 1 & 15 & -3 \\ 12 & 8 & -4 & 4 \end{pmatrix}$ est une matrice de taille 2×4.

On a $a_{12} = 1$ et $a_{23} = -4$.

B. Matrices lignes et matrices colonnes

Définitions

- Une matrice ayant une seule ligne est une **matrice ligne**.
- Une matrice ayant une seule colonne est une **matrice colonne**.

C. Matrices carrées

Une matrice de taille $n \times n$ est une **matrice carrée** de taille n.

2 Opérations sur les matrices

A. Somme de matrices

Définition

• Soient A et B deux matrices de même taille. La somme A+B des matrices A et B est la matrice dont chaque coefficient est égal à la somme du coefficient de A et de celui de B situés à la même position.

Exemple

Si $A = \begin{pmatrix} 5 & -4 \\ -1 & 8 \end{pmatrix}$ et $B = \begin{pmatrix} 3 & 1 \\ -2 & -7 \end{pmatrix}$,

alors $A + B = \begin{pmatrix} 5+3 & -4+1 \\ -1-2 & 8-7 \end{pmatrix} = \begin{pmatrix} 8 & -3 \\ -3 & 1 \end{pmatrix}$.

B. Produit d'une matrice par un réel

Définition

• Soient A une matrice et k un réel. Le produit kA de A par k est la matrice de même taille que A dont chaque coefficient est égal au coefficient de A situé à la même position multiplié par k.

Exemple

Si $A = \begin{pmatrix} 5 & -4 \\ -1 & 8 \end{pmatrix}$, alors $-3A = \begin{pmatrix} -3\times 5 & -3\times(-4) \\ -3\times(-1) & -3\times 8 \end{pmatrix} = \begin{pmatrix} -15 & 12 \\ 3 & -24 \end{pmatrix}$.

REMARQUE

Ces deux propriétés sont analogues à la distributivité sur les réels.

Propriétés

Pour tous réels k et k' et pour toutes matrices A et B de même taille,

• $(k + k')A = kA + k'A$ et $k(A + B) = kA + kB$.

• $k(k'A) = k'(kA) = (kk')A$.

C. Produit d'une matrice carrée par une matrice colonne

Définition

• Soient A une matrice carrée de taille n et B une matrice colonne de taille n.

Le produit AB (ou A × B) de A par B est la matrice colonne telle que :

$$\text{Si } A = \begin{pmatrix} a_{11} & a_{12} & \dots & a_{1n} \\ a_{21} & a_{22} & \dots & a_{2n} \\ \dots & \dots & \dots & \dots \\ a_{n1} & a_{n2} & \dots & a_{nn} \end{pmatrix} \text{ et } B = \begin{pmatrix} b_1 \\ b_2 \\ \dots \\ b_n \end{pmatrix}, \text{ alors}$$

$$AB = \begin{pmatrix} a_{11} \times b_1 + a_{12} \times b_2 + \dots + a_{1n} \times b_n \\ a_{21} \times b_1 + a_{22} \times b_2 + \dots + a_{2n} \times b_n \\ \dots \\ a_{n1} \times b_1 + a_{n2} \times b_2 + \dots + a_{nn} \times b_n \end{pmatrix}.$$

Exemple

$$\text{Si } A = \begin{pmatrix} 5 & -4 \\ -1 & 8 \end{pmatrix} \text{ et } B = \begin{pmatrix} 10 \\ 25 \end{pmatrix},$$

$$\text{alors } AB = \begin{pmatrix} 5 \times 10 - 4 \times 25 \\ -1 \times 10 + 8 \times 25 \end{pmatrix} = \begin{pmatrix} -50 \\ 190 \end{pmatrix}.$$

D. Produit d'une matrice ligne par une matrice carrée

Définition

- Soient L une matrice ligne de taille n et A une matrice carrée de taille n.

Le produit LA (ou L × A) de L par A est la matrice ligne telle que :

$$\text{Si } L = \begin{pmatrix} l_1 & l_2 & \dots & l_n \end{pmatrix} \text{ et } A = \begin{pmatrix} a_{11} & a_{12} & \dots & a_{1n} \\ a_{21} & a_{22} & \dots & a_{2n} \\ \dots & \dots & \dots & \dots \\ a_{n1} & a_{n2} & \dots & a_{nn} \end{pmatrix},$$

alors $LA = \begin{pmatrix} r_1 & r_2 & \dots & r_n \end{pmatrix}$ avec $r_1 = l_1 \times a_{11} + l_2 \times a_{21} + \dots + l_n \times a_{n1}$, $r_2 = l_1 \times a_{12} + l_2 \times a_{22} + \dots + l_n \times a_{n2}$, $r_n = l_1 \times a_{1n} + l_2 \times a_{2n} + \dots + l_n \times a_{nn}$.

Exemple

$$\text{Si } L = \begin{pmatrix} 12 & 3 \end{pmatrix} \text{ et } A = \begin{pmatrix} 5 & -4 \\ -1 & 8 \end{pmatrix}, \text{ alors}$$

$$L \times A = \begin{pmatrix} 12 \times 5 + 3 \times (-1) & 12 \times (-4) + 3 \times 8 \end{pmatrix} = \begin{pmatrix} 57 & -24 \end{pmatrix}.$$

E. Produit de deux matrices carrées

Définition

• Soient A et B, deux matrices carrées de taille n. Le produit AB (ou $A \times B$) de A par B est la matrice carrée de taille n dont chaque colonne est égale au produit de la matrice A par la colonne correspondante de B.

Exemple

Si $A = \begin{pmatrix} 5 & -4 \\ -1 & 8 \end{pmatrix}$ et $B = \begin{pmatrix} 10 & 6 \\ 25 & -1 \end{pmatrix}$,

alors $AB = \begin{pmatrix} 5\times 10 - 4\times 25 & 5\times 6 - 4\times(-1) \\ -1\times 10 + 8\times 25 & -1\times 6 + 8\times(-1) \end{pmatrix} = \begin{pmatrix} -50 & 34 \\ 190 & -14 \end{pmatrix}$.

Et $BA = \begin{pmatrix} 10\times 5 + 6\times(-1) & 10\times(-4) + 6\times 8 \\ 25\times 5 - 1\times(-1) & 25\times(-4) - 1\times 8 \end{pmatrix} = \begin{pmatrix} 44 & 8 \\ 126 & -108 \end{pmatrix}$.

On remarque que, dans ce cas, $AB \neq BA$.

REMARQUE

La multiplication de matrices carrées n'est pas commutative. Dans le cas général $A \times B \neq B \times A$.

Propriétés

• Pour toutes les matrices A, B et C dont la taille permet les calculs ci-dessous, et pour tout réel k.

$(AB)C = A(BC)$ que l'on notera ABC.

$A(B + C) = AB + AC$

$(A + B)C = AC + BC$

$(kA)B = A(kB) = k(AB)$ que l'on notera kAB.

3 Matrices inversibles

A. Matrices diagonales

Définition

• Une **matrice diagonale** est une matrice carrée dont tous les coefficients sont nuls sauf ceux situés sur la diagonale qui va du coin supérieur gauche au coin inférieur droit.

Exemple

$\begin{pmatrix} 5 & 0 & 0 \\ 0 & -2 & 0 \\ 0 & 0 & 4 \end{pmatrix}$ est une matrice diagonale de taille 3.

B. Matrice identité de taille *n*

Définition

• Soit n un entier non nul. La **matrice unité** de taille n est la matrice diagonale de taille n dont tous les coefficients de la diagonale sont égaux à 1. On la note I ou parfois I_n.

> ***Exemple***
>
> $I_2 = \begin{pmatrix} 1 & 0 \\ 0 & 1 \end{pmatrix}$ est la matrice unité de taille 2.

Propriétés

• Pour tout entier non nul n, pour toute matrice carrée A, pour toute matrice ligne L et pour toute matrice colonne C de taille n,

- $AI = IA = A$
- $IC = C$
- $LI = L$.

> **REMARQUE**
>
> *La matrice identité I est analogue au nombre 1 dans la multiplication de nombres réels.*

C. Inverse d'une matrice

Définition

• Soit A une matrice carrée de taille n. On dit que A est une **matrice inversible** lorsqu'il existe une matrice carrée B de même taille telle que $AB = BA = I$.

> **REMARQUE**
>
> *On admet que si $AB = I$, alors $BA = I$.*

• Lorsque A est inversible, on note A^{-1} la matrice telle que $A \times A^{-1} = A^{-1} \times A = I$. On dit que A^{-1} est l'inverse de A.

> ***Exemple***
>
> Si $A = \begin{pmatrix} 3 & 1 \\ 4 & 2 \end{pmatrix}$ et $B = \begin{pmatrix} 1 & -0{,}5 \\ -2 & 1{,}5 \end{pmatrix}$ alors $AB = BA = \begin{pmatrix} 1 & 0 \\ 0 & 1 \end{pmatrix}$.
>
> Donc $B = A^{-1}$.

Propriétés

• L'inverse d'une matrice inversible est unique.

• Une matrice carrée n'est pas nécessairement inversible.

4 Systèmes linéaires

A. Écriture matricielle d'un système linéaire

Propriété

- Considérons le système linéaire d'inconnues $(x\,;\,y)$: $\begin{cases} ax + by = c \\ a'x + b'y = c' \end{cases}$
- Ce système est équivalent à l'équation suivante : $\begin{pmatrix} a & b \\ a' & b' \end{pmatrix}\begin{pmatrix} x \\ y \end{pmatrix} = \begin{pmatrix} c \\ c' \end{pmatrix}$.

REMARQUE

Cette propriété reste vraie pour n'importe quel système de n équations à n inconnues.

En posant $A = \begin{pmatrix} a & b \\ a' & b' \end{pmatrix}$, $X = \begin{pmatrix} x \\ y \end{pmatrix}$ et $B = \begin{pmatrix} c \\ c' \end{pmatrix}$,

on obtient l'écriture matricielle du système $AX = B$.

B. Résolution d'un système linéaire

Propriété

- Soit un système linéaire écrit sous forme matricielle $AX = B$.
- Si la matrice A est inversible, alors le système admet une unique solution $X = A^{-1}B$.

Exemple

Posons $A = \begin{pmatrix} 3 & 1 \\ 4 & 2 \end{pmatrix}$, $X = \begin{pmatrix} x \\ y \end{pmatrix}$ et $B = \begin{pmatrix} 5 \\ 6 \end{pmatrix}$.

Dans ce cas $AX = B$ est équivalent au système $\begin{cases} 3x + y = 5 \\ 4x + 2y = 6 \end{cases}$

Or A est inversible et $A^{-1} = \begin{pmatrix} 1 & -0{,}5 \\ -2 & 1{,}5 \end{pmatrix}$ (voir l'exemple du paragraphe 3C). Donc le système a une unique solution :

$X = A^{-1}B = \begin{pmatrix} 1 & -0{,}5 \\ -2 & 1{,}5 \end{pmatrix}\begin{pmatrix} 5 \\ 6 \end{pmatrix} = \begin{pmatrix} 2 \\ -1 \end{pmatrix}$. Donc $x = 2$ et $y = -1$.

5 Puissances de matrices carrées

A. Cas général

Définition

• On définit les puissances d'une matrice carrée comme les puissances de nombres réels.

$A^1 = A$. Et pour tout entier n, $A^{n+1} = A^n \times A$.
Ainsi $A^2 = A \times A$, $A^3 = A \times A \times A$, etc.
Pour toute matrice carrée A, non nulle, $A^0 = I$.

B. Puissances de matrices diagonales

Propriété

• Si D est une matrice diagonale, alors, pour tout entier naturel n non nul, D^n est la matrice diagonale obtenue en élevant à la puissance n chaque coefficient de D.

Exemple

Si $D = \begin{pmatrix} 0{,}8 & 0 \\ 0 & -0{,}4 \end{pmatrix}$, alors, pour tout n de $\mathbb{N}^*$, $D^n = \begin{pmatrix} 0{,}8^n & 0 \\ 0 & (-0{,}4)^n \end{pmatrix}$.

6 Suites de matrices

A. Relation de récurrence $U_{n+1} = AU_n + B$

Définition

• Si U_n et B sont des matrices colonnes et A une matrice carrée, alors la matrice $U_{n+1} = AU_n + B$ est aussi une **matrice colonne** et cette relation de récurrence permet de définir une suite (U_n) de matrices colonnes.

Exemple

Posons $A = \begin{pmatrix} 0{,}3 & 0{,}4 \\ 0{,}7 & 0{,}6 \end{pmatrix}$, $U_n = \begin{pmatrix} u_n \\ v_n \end{pmatrix}$ et $B = \begin{pmatrix} 1{,}2 \\ 0{,}9 \end{pmatrix}$.

De plus, on pose $U_0 = \begin{pmatrix} 3 \\ 2 \end{pmatrix}$.

Dans ce cas $U_{n+1} = AU_n + B$ est équivalent au système de relations de récurrence suivant :

$$\begin{cases} u_{n+1} = 0,3u_n + 0,4v_n + 1,2 \\ v_{n+1} = 0,7u_n + 0,6v_n + 0,9 \end{cases}$$

avec $u_0 = 3$ et $v_0 = 2$.

B. Convergence d'une suite de matrices colonnes

Définition

- Un suite de matrices converge lorsque toutes les suites constituant les coefficients de cette matrice convergent.

Exemple

Si $U_n = \begin{pmatrix} 1+0,2^n \\ 2-0,4^n \end{pmatrix}$, alors la suite (U_n) converge vers la matrice $L = \begin{pmatrix} 1 \\ 2 \end{pmatrix}$. En effet, 0,2 et (−0,4) appartiennent à]−1,1[.

Donc $\lim\limits_{n\to+\infty} 0,2^n = 0$ et $\lim\limits_{n\to+\infty} (-0,4)^n = 0$.

C. Suites et puissances de matrices

REMARQUE

Cette propriété est analogue à celle concernant les suites géométriques.

Propriété

- Si une suite (U_n) de matrices colonnes est définie par une relation de la forme $U_{n+1} = AU_n$, alors, pour tout entier n, $U_n = A^nU_0$.

PIÈGES À ÉVITER

- La plupart des calculs se font à la calculatrice. Il faut apprendre à vous en servir rapidement et efficacement.
- Toutes les propriétés valables dans l'ensemble des réels ne sont pas forcément valables dans l'ensemble des matrices. Par exemple le produit matriciel n'est pas commutatif, ou encore le produit de deux matrices peut être nul sans qu'aucune des matrices ne soit nulle.
- Pour qu'une matrice soit inversible, il faut qu'elle soit carrée. Mais cela ne suffit pas. Une matrice carrée n'est pas nécessairement inversible.

1 Calculer avec des matrices

CONSEILS

- On doit s'assurer avant de commencer les calculs que les tailles des matrices sont compatibles avec les opérations demandées.
- Dans une multiplication, une matrice ligne est toujours à gauche d'une matrice carrée et une matrice colonne à droite d'une matrice carrée. Sinon, le calcul n'est pas possible.

Exercice

On considère les matrices suivantes :

$A=\begin{pmatrix} 2 & -1 \\ 3 & 4 \end{pmatrix}$, $B=\begin{pmatrix} 0{,}5 & 0 \\ 0 & -1 \end{pmatrix}$, $C=\begin{pmatrix} 12 \\ 15 \end{pmatrix}$ et $D=\begin{pmatrix} 0{,}8 & 0{,}75 \end{pmatrix}$.

Effectuer les calculs suivant sans calculatrice.

1 $A+B$ **2** AB **3** BA **4** AC **5** DA.

POINT MÉTHODE

✓ Additionner deux matrices revient à additionner les coefficients.

✓ La seule opération qui présente des difficultés est la multiplication. On prendra le temps de détailler les calculs en utilisant la propriété du paragraphe 2C.

Comment répondre ?

1 $A+B=\begin{pmatrix} 2+0{,}5 & -1+0 \\ 3+0 & 4-1 \end{pmatrix}=\begin{pmatrix} 2{,}5 & -1 \\ 3 & 3 \end{pmatrix}$.

2 $AB=\begin{pmatrix} 2 & -1 \\ 3 & 4 \end{pmatrix}\times\begin{pmatrix} 0{,}5 & 0 \\ 0 & -1 \end{pmatrix}=\begin{pmatrix} 2\times 0{,}5-1\times 0 & 2\times 0-1\times(-1) \\ 3\times 0{,}5+4\times 0 & 3\times 0+4\times(-1) \end{pmatrix}=\begin{pmatrix} 1 & 1 \\ 1{,}5 & -4 \end{pmatrix}$.

3 $BA=\begin{pmatrix} 0{,}5 & 0 \\ 0 & -1 \end{pmatrix}\times\begin{pmatrix} 2 & -1 \\ 3 & 4 \end{pmatrix}$

$=\begin{pmatrix} 0{,}5\times 2+0\times 3 & 0{,}5\times(-1)+0\times 4 \\ 0\times 2-1\times 3 & 0\times(-1)-1\times 4 \end{pmatrix}=\begin{pmatrix} 1 & -0{,}5 \\ -3 & -4 \end{pmatrix}$.

REMARQUE

On remarque que $AB \neq BA$. La multiplication n'est pas commutative.

4 $AC=\begin{pmatrix} 2 & -1 \\ 3 & 4 \end{pmatrix}\times\begin{pmatrix} 12 \\ 15 \end{pmatrix}=\begin{pmatrix} 2\times 12-1\times 15 \\ 3\times 12+4\times 15 \end{pmatrix}=\begin{pmatrix} 9 \\ 96 \end{pmatrix}$

5 $DA=\begin{pmatrix} 0{,}8 & 0{,}75 \end{pmatrix}\begin{pmatrix} 2 & -1 \\ 3 & 4 \end{pmatrix}$

$=\begin{pmatrix} 0{,}8\times 2+0{,}75\times 3 & 0{,}8\times(-1)+0{,}75\times 4 \end{pmatrix}=\begin{pmatrix} 3{,}85 & 2{,}2 \end{pmatrix}$.

REMARQUE

Ces calculs peuvent se réaliser aisément à la calculatrice, mais l'entraînement à des calculs manuels est indispensable pour comprendre ces opérations.

2 Résoudre un système linéaire

CONSEILS

- Bien identifier le nombre d'inconnues et la matrice colonne correspondante.
- Prendre le temps de vérifier les calculs à la calculatrice.

Exercice

On considère le système linéaire (S) suivant :

$$\begin{cases} 2x+3y=56 \\ y+2z=22 \\ 2x+y+z=37 \end{cases}$$

1 Écrire (S) sous forme matricielle : AX = B.

2 À l'aide d'une calculatrice, montrer que A est inversible et calculer A^{-1}.

3 En déduire la résolution du système (S).

POINT MÉTHODE

✓ *A est la matrice carrée qui contient sur chaque ligne les coefficients qui multiplient respectivement x, y et z dans chaque équation.*

✓ *X est la matrice colonne qui contient les trois inconnues et B la matrice colonne qui contient le deuxième membre de chaque équation.*

Comment répondre ?

1 (S) est équivalent à $\begin{pmatrix} 2 & 3 & 0 \\ 0 & 1 & 2 \\ 2 & 1 & 1 \end{pmatrix}\begin{pmatrix} x \\ y \\ z \end{pmatrix}=\begin{pmatrix} 56 \\ 22 \\ 37 \end{pmatrix}$.

On vérifie aisément qu'en effectuant la multiplication de la matrice carrée A par la matrice colonne X, on retrouve les trois égalités du système.

2 La calculatrice utilisée ici est une TI-83. On se reportera au corrigé de l'exercice 3 pour l'utilisation d'une calculatrice de marque CASIO.

On appuie sur la touche MATRIX et on entre les valeurs de la matrice A.

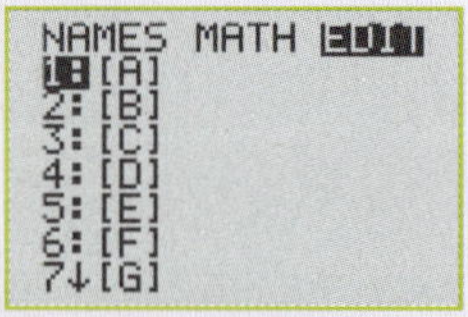

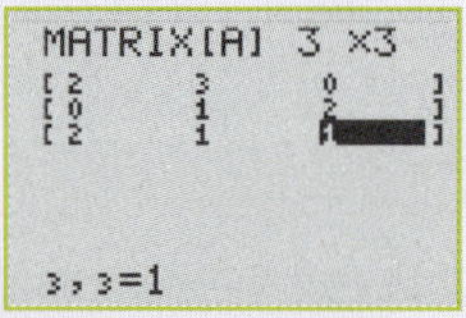

On appuie ensuite sur QUIT puis à nouveau sur MATRIX pour calculer A^{-1}.

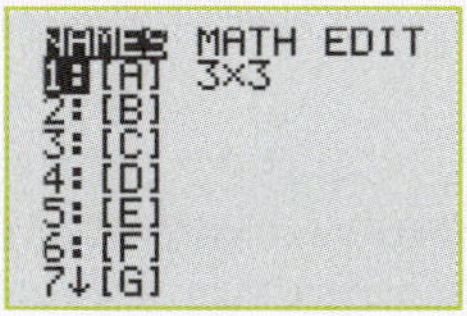

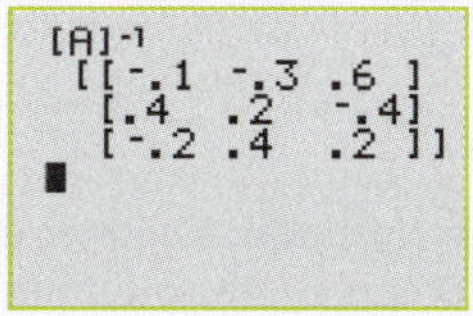

Le calcul est possible. Donc A est inversible et son inverse est la matrice :

$$A^{-1} = \begin{pmatrix} -0{,}1 & -0{,}3 & 0{,}6 \\ 0{,}4 & 0{,}2 & -0{,}4 \\ -0{,}2 & 0{,}4 & 0{,}2 \end{pmatrix}.$$

Cette matrice vérifie $AA^{-1} = A^{-1}A = I_3$, où I_3 est la matrice identité définie dans le paragraphe 3B.

3 $AX = B \Leftrightarrow A^{-1}AX = A^{-1}B \Leftrightarrow I_3X = A^{-1}B$. Or $I_3X = X$.

Donc $AX = B \Leftrightarrow X = A^{-1}B$.

REMARQUE

Il faut bien détailler la résolution de l'équation matricielle.
Ici, on effectue la multiplication $A^{-1}B$, car on a multiplié les deux membres de l'équation par A^{-1} à gauche pour faire apparaître I_3.

On utilise à nouveau la calculatrice. Pour définir la matrice B puis pour calculer $A^{-1}B$.

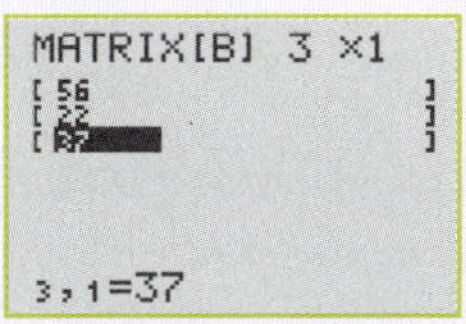

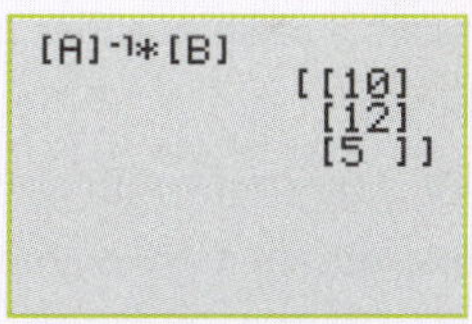

Donc $\begin{pmatrix} x \\ y \\ z \end{pmatrix} = \begin{pmatrix} 10 \\ 12 \\ 5 \end{pmatrix}$. Finalement $S = \{(10 ; 12 ; 5)\}$.

3 Calculer la puissance $n^{\text{ième}}$ d'une matrice

CONSEIL

En général, une calculatrice permet de montrer rapidement qu'une matrice est inversible. On préférera cette méthode à des calculs manuels qui risquent de nous faire perdre du temps.

Exercice

POINT MÉTHODE

Les puissances d'une matrice sont, en général, difficiles à calculer directement. Pour pouvoir calculer des puissances de matrices simplement, il faut pouvoir exprimer ces matrices grâce à des matrices diagonales, ou, éventuellement, des matrices triangulaires. En général, les questions de l'exercice nous guident dans cette recherche.

On considère la matrice $A=\begin{pmatrix} 0,6 & 0,2 \\ 0,4 & 0,8 \end{pmatrix}$. Le but de l'exercice est de calculer A^n où n est un entier naturel non nul et d'étudier la convergence de la suite (A^n).

1 À l'aide d'une calculatrice, calculer A^{10} et A^{20}. Quelle conjecture peut-on faire concernant la convergence de (A^n) ?.

2 Soit $D=\begin{pmatrix} 1 & 1 \\ 2 & -1 \end{pmatrix}$. Calculer D^2. En déduire que D est inversible et déterminer D^{-1}.

3 Calculer $B=D^{-1}AD$.

4 Démontrer que, pour tout entier naturel n non nul, $A^n=DB^nD^{-1}$.

5 En déduire l'expression de A^n en fonction de n.

6 Montrer que la suite (A^n) converge et déterminer sa limite.

Comment répondre ?

1 La calculatrice nous donne : $A^{10}\simeq\begin{pmatrix} 0,3334 & 0,3333 \\ 0,6666 & 0,6667 \end{pmatrix}$ et $A^{20}\simeq\begin{pmatrix} 0,333\ldots & 0,333\ldots \\ 0,666\ldots & 0,666\ldots \end{pmatrix}$.

On peut conjecturer que (A^n) converge vers $\begin{pmatrix} \frac{1}{3} & \frac{1}{3} \\ \frac{2}{3} & \frac{2}{3} \end{pmatrix}$.

2 En utilisant la calculatrice, $D^2 = \begin{pmatrix} 3 & 0 \\ 0 & 3 \end{pmatrix} = 3\begin{pmatrix} 1 & 0 \\ 0 & 1 \end{pmatrix}$. Donc $\frac{1}{3}D^2 = I$.

Donc $\left(\frac{1}{3}D\right)D = D\left(\frac{1}{3}D\right) = I$. Donc $D^{-1} = \frac{1}{3}D = \begin{pmatrix} \frac{1}{3} & \frac{1}{3} \\ \frac{2}{3} & -\frac{1}{3} \end{pmatrix}$.

3 Avec la calculatrice, on trouve $B = D^{-1}AD = \begin{pmatrix} 1 & 0 \\ 0 & 0{,}4 \end{pmatrix}$.

4 D'après le **2**, $B = D^{-1}AD$, donc $DBD^{-1} = DD^{-1}ADD^{-1} = A$.

Montrons que, pour tout entier naturel n non nul, $A^n = DB^nD^{-1}$.

Initialisation. $A^1 = DB^1D^{-1}$.

Hérédité. Supposons que, pour un entier n non nul fixé, $A^n = DB^nD^{-1}$.

Montrons que $A^{n+1} = DB^{n+1}D^{-1}$.

$D^{-1}D = I$, matrice identité.

$A^n = DB^nD^{-1}$ donc $A^{n+1} = DB^{n+1}D^{-1}DBD^{-1} = DB^n \times I \times BD^{-1} = DB^{n+1}D^{-1}$.

Conclusion. Par récurrence, pour tout entier naturel n non nul, $A^n = DB^nD^{-1}$.

5 Pour tout n non nul, on démontre rapidement par récurrence que :

$B^n = \begin{pmatrix} 1^n & 0 \\ 0 & 0{,}4^n \end{pmatrix} = \begin{pmatrix} 1 & 0 \\ 0 & 0{,}4^n \end{pmatrix}$.

Donc $A^n = DB^nD^{-1} = \begin{pmatrix} 1 & 1 \\ 2 & -1 \end{pmatrix}\begin{pmatrix} 1 & 0 \\ 0 & 0{,}4^n \end{pmatrix} \times \frac{1}{3}\begin{pmatrix} 1 & 1 \\ 2 & -1 \end{pmatrix}$.

Donc $A^n = \begin{pmatrix} 1 & 0{,}4^n \\ 2 & -0{,}4^n \end{pmatrix} \times \frac{1}{3}\begin{pmatrix} 1 & 1 \\ 2 & -1 \end{pmatrix} = \frac{1}{3}\begin{pmatrix} 1+2\times 0{,}4^n & 1-0{,}4^n \\ 2-2\times 0{,}4^n & 2+0{,}4^n \end{pmatrix}$.

6 $-1 < 0{,}4 < 1$, donc $\lim\limits_{n\to+\infty} 0{,}4^n = 0$. Donc chaque coefficient de A^n converge.

Donc $\lim\limits_{n\to+\infty} A^n = \frac{1}{3}\begin{pmatrix} 1 & 1 \\ 2 & 2 \end{pmatrix} = \begin{pmatrix} \frac{1}{3} & \frac{1}{3} \\ \frac{2}{3} & \frac{2}{3} \end{pmatrix}$.

4 Déterminer la matrice de transition d'une marche aléatoire

CONSEIL

La modélisation d'une situation par une marche aléatoire est une démarche très courante. Si le graphe n'est pas donné, il est conseillé de le représenter au brouillon.

Exercice

Le graphe ci-dessous est constitué de trois sommets qui représentent trois états possibles. Sur chaque flèche est indiquée la probabilité de passer d'un état à un autre par un déplacement.

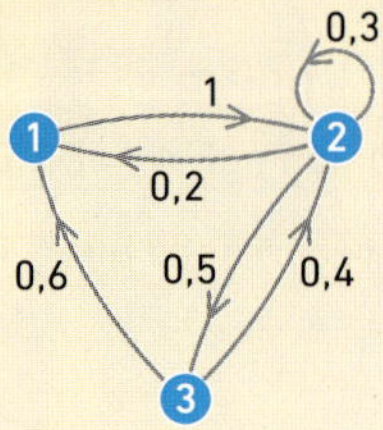

POINT MÉTHODE

✓ *On n'est pas obligé de passer par la question* **1** *pour déterminer la matrice de transition. Lorsque l'on modélise le problème par une relation de la forme $X_{n+1} = A \times X_n$, le coefficient situés sur la ligne i et la colonne j est la probabilité d'arriver en i en étant parti de j.*

À chaque instant n, on note respectivement x_n, y_n et z_n la probabilité de se trouver dans l'état 1, 2 ou 3.

On suppose qu'à l'instant initial, on est dans l'état 1.

1 Pour tout entier n, exprimer x_{n+1}, y_{n+1} et z_{n+1} en fonction de x_n, y_n et z_n. On écrira la réponse sous la forme d'un système de trois égalités.

2 Pour tout entier n, on note X_n la matrice colonne $\begin{pmatrix} x_n \\ y_n \\ z_n \end{pmatrix}$.

Déterminer la matrice de transition A, c'est-à-dire la matrice carrée telle que, pour tout entier n, $X_{n+1} = A \times X_n$.

3 Quelle est la probabilité d'être dans l'état 1 après 1, 2 puis 10 déplacements ?

Comment répondre ?

1 On peut arriver dans l'état 1 depuis l'état 2 avec une probabilité de 0,2 et depuis l'état 3 avec une probabilité de 0,6. Donc $x_{n+1} = 0{,}2y_n + 0{,}6z_n$.

De même, on peut arriver dans l'état 2 depuis l'état 1 avec une probabilité de 1, depuis l'état 2 avec une probabilité de 0,3 et depuis l'état 3 avec une probabilité de 0,4. Donc $y_{n+1} = x_n + 0{,}3y_n + 0{,}4z_n$.

Et on peut arriver à l'état 3 uniquement depuis l'état 2 avec une probabilité de 0,5. Donc $z_{n+1} = 0{,}5y_n$.

> **REMARQUE**
> *On remarque qu'on peut rester dans l'état 2 après un déplacement.*
> *Graphiquement, cela se traduit par une flèche qui part de 2 pour arriver à 2.*

On a donc le système suivant : $\begin{cases} x_{n+1} = 0{,}2y_n + 0{,}6z_n \\ y_{n+1} = x_n + 0{,}3y_n + 0{,}4z_n \\ z_{n+1} = 0{,}5y_n \end{cases}$

2 Le système peut s'écrire sous forme matricielle ainsi :

$$\begin{pmatrix} x_{n+1} \\ y_{n+1} \\ z_{n+1} \end{pmatrix} = \begin{pmatrix} 0 & 0{,}2 & 0{,}6 \\ 1 & 0{,}3 & 0{,}4 \\ 0 & 0{,}5 & 0 \end{pmatrix} \begin{pmatrix} x_n \\ y_n \\ z_n \end{pmatrix}. \text{ Donc } A = \begin{pmatrix} 0 & 0{,}2 & 0{,}6 \\ 1 & 0{,}3 & 0{,}4 \\ 0 & 0{,}5 & 0 \end{pmatrix}.$$

On vérifie que la somme des valeurs de chaque colonne de la matrice A vaut 1, c'est bien une matrice de transition.

3 À l'état initial on est dans l'état 1. Donc $X_0 = \begin{pmatrix} 1 \\ 0 \\ 0 \end{pmatrix}$.

Donc $X_1 = A \times X_0$. Avec la calculatrice, on trouve $X_1 = \begin{pmatrix} 0 \\ 1 \\ 0 \end{pmatrix}$.

Donc, la probabilité d'être dans l'état 1 après un déplacement est $x_1 = 0$.

De même, $X_2 = A \times X_1 = A^2 \times X_0$. Donc $X_2 = \begin{pmatrix} 0{,}2 \\ 0{,}3 \\ 0{,}5 \end{pmatrix}$. Donc $x_2 = 0{,}2$.

Au bout de 10 déplacements, $X_{10} = A^{10} \times X_0$.

Donc $X_{10} \simeq \begin{pmatrix} 0{,}2485 \\ 0{,}4998 \\ 0{,}2517 \end{pmatrix}$.

Donc, la probabilité d'être dans l'état 1 après 10 déplacements est environ égale à 0,2485.

> **REMARQUE**
> *Ce type de suite de matrices peut faire penser aux suites géométriques.*

TESTEZ VOS CONNAISSANCES

CORRIGÉ p. 398

Dans les questions ci-dessous, on considère les matrices suivantes.

$A=\begin{pmatrix}4 & 11\\ 1 & 3\end{pmatrix}$, $B=\begin{pmatrix}2 & -3\\ 1 & -2\end{pmatrix}$, $C=\begin{pmatrix}4\\ 2\end{pmatrix}$, $L=\begin{pmatrix}4 & 2\end{pmatrix}$, $X=\begin{pmatrix}x\\ y\end{pmatrix}$ et $Y=\begin{pmatrix}x & y\end{pmatrix}$.

1. Quels sont les calculs possibles ?

a. $A\times B$. **b.** $A\times C$. **c.** $C\times B$. **d.** $A\times L$. **e.** $L\times A$. **f.** $B\times X$.

2. $A\times B=$

a. $\begin{pmatrix}19 & -34\\ 5 & -9\end{pmatrix}$. **b.** $\begin{pmatrix}8 & -33\\ 1 & -6\end{pmatrix}$. **c.** $\begin{pmatrix}5 & 13\\ 2 & 5\end{pmatrix}$.

3. $A\times C=$

a. $\begin{pmatrix}16 & 44\\ 2 & 6\end{pmatrix}$. **b.** $\begin{pmatrix}16 & 22\\ 4 & 6\end{pmatrix}$. **c.** $\begin{pmatrix}38\\ 10\end{pmatrix}$.

4. $L\times A=$

a. $\begin{pmatrix}16 & 22\\ 4 & 6\end{pmatrix}$. **b.** $\begin{pmatrix}38\\ 10\end{pmatrix}$. **c.** $\begin{pmatrix}18 & 50\end{pmatrix}$.

5. $A^{-1}=$

a. $\begin{pmatrix}1 & 0\\ 0 & 1\end{pmatrix}$. **b.** $\begin{pmatrix}\frac{1}{4} & \frac{1}{11}\\ 1 & \frac{1}{3}\end{pmatrix}$. **c.** $\begin{pmatrix}3 & -11\\ -1 & 4\end{pmatrix}$.

6. $B^3=$

a. B. **b.** B^{-1}. **c.** A.

7. Le système $\begin{cases}4x+y=4\\ 11x+3y=2\end{cases}$ peut s'écrire sous forme matricielle :

a. $A\times X=C$. **b.** $A\times Y=L$. **c.** $Y\times A=L$.

8. La solution de l'équation $AX=C$ est la matrice :

a. $\frac{C}{A}$. **b.** $C\times A^{-1}$. **c.** $A^{-1}\times C$.

ENTRAÎNEZ-VOUS

CORRIGÉ p. 399

Calculer avec des matrices

1 On considère les matrices suivantes : ●○○ 15 min

$A=\begin{pmatrix} 2 & 0 \\ -1 & 1 \end{pmatrix}$, $B=\begin{pmatrix} 1 & -2 \\ 1 & 0 \end{pmatrix}$, $C=\begin{pmatrix} x \\ y \end{pmatrix}$ et $D=\begin{pmatrix} x & y \end{pmatrix}$.

Calculer :

a. $A+B$. **b.** $2A-3B$. **c.** AB. **d.** BA **e.** AC. **f.** DA.

Matrices inversibles et systèmes

2 **a.** Soit $A=\begin{pmatrix} 3 & 7 \\ 4 & 9 \end{pmatrix}$. Sans utiliser de calculatrice, déterminer les coefficients de la matrice $C=\begin{pmatrix} a & b \\ c & d \end{pmatrix}$ de manière à ce que C soit l'inverse de A. ●○○ 20 min

b. Soit $B=\begin{pmatrix} 3 & 6 \\ 2 & 4 \end{pmatrix}$. Montrer que B n'est pas inversible.

3 Soit $\mathscr{P}$ la parabole d'équation $y=ax^2+bx+c$ où a, b et c sont trois réels fixés avec $a \neq 0$. ●○○ 15 min

$\mathscr{P}$ passe par les points de coordonnées (1 ; 8), (2 ; 5) et (3 ; −2).

Déterminer un système linéaire permettant de trouver a, b et c et le résoudre en utilisant les matrices (voir la méthode 2).

4 Soit $A=\begin{pmatrix} 2 & 1 & 0 \\ 0 & 1 & 2 \\ 2 & 3 & 4 \end{pmatrix}$ et $B=\begin{pmatrix} -9 \\ 8 \\ -10 \end{pmatrix}$. ●○○ 15 min

Résoudre l'équation $AX+B=X$.

Marche aléatoire

5 Une personne dîne chaque soir soit à la maison (chez elle), soit au restaurant. ●○○ 15 min

Le premier soir elle dîne au restaurant.

Si un soir elle dîne au restaurant, alors la probabilité qu'elle dîne au restaurant le lendemain soir est 0,2. Si un soir elle dîne à la maison, alors la probabilité qu'elle dîne au restaurant le lendemain soir est 0,4.

a. On note R l'état « la personne mange au restaurant » et M l'état « la personne mange à la maison ».

Compléter le graphe ci-contre.

b. Écrire la matrice de transition de cette marche aléatoire.

c. Déterminer la probabilité qu'il dîne au restaurant le 7e soir.

6 Une personne s'est inscrite à un club de sport. ●●○ 60 min

Elle a la possibilité d'y aller au plus deux fois par semaine, mais certaines semaines, par manque de temps ou de motivation, elle n'y va pas ou n'y va qu'une seule fois.
La première semaine, elle y est allée deux fois.
Si, au cours d'une semaine, elle y va deux fois, dans 60 % des cas elle ira deux fois la semaine suivante et dans 40 % des cas elle ira une seule fois.
Si, au cours d'une semaine, elle y va une seule fois, dans 30 % des cas elle ira deux fois la semaine suivante, dans 60 % des cas elle ira une seule fois et dans 10 % des cas, elle ira zéro fois.
Si, au cours d'une semaine, elle n'y va pas, dans 60 % des cas elle n'ira pas la semaine suivante et dans 40 % des cas elle ira une seule fois.
On note Z l'état « la personne ne va pas au club de sport», U l'état « la personne y va une seule fois » et D l'état « la personne y va deux fois ».

1. a. Compléter le graphe ci-dessous.

Pour tout entier naturel n non nul, on note z_n, la probabilité que la personne n'aille pas au club de sport la $n^{\text{ième}}$ semaine, u_n la probabilité qu'elle y aille une fois et d_n la probabilité qu'elle y aille deux fois. Ainsi $z_1 = 0$, $u_1 = 0$ et $d_1 = 1$.

b. Justifier que, pour tout $n \geqslant 2$, $\begin{cases} z_{n+1} = 0{,}6z_n + 0{,}1u_n \\ u_{n+1} = 0{,}4z_n + 0{,}6u_n + 0{,}4d_n \\ d_{n+1} = 0{,}3u_n + 0{,}6d_n \end{cases}$

c. Pour tout entier naturel n non nul, on pose $X_n = \begin{pmatrix} z_n \\ u_n \\ d_n \end{pmatrix}$.
À quoi est égal X_1 ?

d. Écrire la matrice de transition T de cette marche aléatoire, c'est-à-dire la matrice telle que, pour tout entier naturel n non nul, $X_{n+1} = TX_n$.

e. Démontrer par récurrence que, pour tout $n \geqslant 1$, $X_n = T^{n-1} \times X_1$.

2. a. Soit la matrice $P = \begin{pmatrix} 1 & 1 & 1 \\ 4 & -4 & 0 \\ 3 & 3 & -1 \end{pmatrix}$. Calculer P^{-1}, puis la matrice $D = P^{-1}TP$.

b. Exprimer D^{n-1} en fonction de n, puis donner, sans la démontrer, une relation permettant de calculer T^{n-1} en fonction de D^{n-1}. Le calcul de T^{n-1} n'est pas demandé.

c. On admet que, pour tout $n \geqslant 1$, $X_n = \frac{1}{8}\begin{pmatrix} 1+0{,}2^{n-1}-2\times(0{,}6^{n-1}) \\ 4-4\times 0{,}2^{n-1} \\ 3+3\times(0{,}2^{n-1})+2\times(0{,}6^{n-1}) \end{pmatrix}$.

Étudier la convergence de la suite (X_n).
En déduire les limites respectives de (z_n), (u_n) et (d_n).

Modèle proie-prédateur

7 Dans une région donnée, on se propose de modéliser le nombre de lièvres et le nombre de lynx de la manière suivante. ●●● 60 min

On note respectivement u_n et v_n les effectifs de lièvres et de lynx au cours de l'année n.
On admet que les suites (u_n) et (v_n) suivent les relations suivantes :

$$\begin{cases} u_{n+1} = 1{,}05u_n - 0{,}0005u_nv_n \\ v_{n+1} = 0{,}96v_n + 0{,}00004u_nv_n \end{cases}$$

1. a. On suppose le nombre de lièvres est nul au départ, donc que $u_0 = 0$.
Que se passe-t-il pour la population de lynx ?

b. De même, que se passe-t-il si la population de lynx est nulle au départ ?

c. On suppose que $u_0 = 1\,200$ et $v_0 = 125$. Calculer u_1 et v_1.

2. Montrer qu'il existe un état d'équilibre, c'est-à-dire un couple de valeurs $(u_0\ ;\ v_0)$ différent de $(0\ ;\ 0)$ tels que les suites (u_n) et (v_n) soient stationnaires.

3. On définit deux suites (x_n) et (y_n) par $x_n = u_n - 1\,000$ et $y_n = v_n - 100$.

a. Exprimer x_{n+1} et y_{n+1} en fonction de x_n et y_n.

b. On suppose que u_n est proche de 1 000 et v_n proche de 100. Expliquez pourquoi on peut considérer que $x_{n+1} \approx x_n - 0{,}5y_n$ et $y_{n+1} \approx 0{,}004x_n + y_n$.

4. Dans cette question, on considère que l'on est proche de l'état d'équilibre, donc que x_n et y_n sont proches de zéro. On admet que l'on peut modéliser la situation par les relations suivantes :

$$\begin{cases} x_{n+1} = x_n - 0{,}5y_n \\ y_{n+1} = 0{,}004x_n + y_n \end{cases}$$

Pour tout entier naturel n, on définit X_n la matrice colonne égale à $\begin{pmatrix} x_n \\ y_n \end{pmatrix}$.

a. Avec ce modèle, reprendre la question **1. c.**

b. Déterminer la matrice A telle que $X_{n+1} = AX_n$.

c. Toujours avec ce modèle et en supposant $u_0 = 990$ et $v_0 = 105$, déterminer u_{10} et v_{10}.

D'après les urnes d'Ehrenfest

8 Deux chats, Arsène (noté A) et Bergamote (notée B) habitent le même appartement. ●●○ 60 min

À l'état initial, Arsène a trois puces et Bergamote n'a aucune puce. À chaque instant n, une des puces au hasard saute d'un chat à l'autre, de façon imprévisible. Deux puces ne peuvent pas sauter en même temps. Pour chaque puce, la probabilité de sauter d'un chat à l'autre à un instant n est donc égale à $\frac{1}{3}$.

On définit, pour tout entier naturel n, la variable aléatoire X_n égale au nombre de puces sur le chat A après n transferts. Ainsi, $X_0 = 3$.

Pour tout entier naturel n, on note U_n la matrice ligne telle que :

$$U_n = \begin{pmatrix} P(X_n = 0) & P(X_n = 1) & P(X_n = 2) & P(X_n = 3) \end{pmatrix}.$$

1. a. Représenter la situation par un arbre de probabilité jusqu'à $n = 4$.

b. À l'aide de cet arbre, justifier que :

$U_0 = \begin{pmatrix} 0 & 0 & 0 & 1 \end{pmatrix}$, $U_1 = \begin{pmatrix} 0 & 0 & 1 & 0 \end{pmatrix}$, $U_2 = \begin{pmatrix} 0 & \frac{2}{3} & 0 & \frac{1}{3} \end{pmatrix}$, $U_3 = \begin{pmatrix} \frac{2}{9} & 0 & \frac{7}{9} & 0 \end{pmatrix}$

et $U_4 = \begin{pmatrix} 0 & \frac{20}{27} & 0 & \frac{7}{27} \end{pmatrix}$.

2. a. Compléter le graphe ci-dessous.

b. Justifier que la matrice de transition du graphe précédent, c'est-à-dire la matrice telle que $U_{n+1} = U_n \times T$, est :

$$T = \begin{pmatrix} 0 & 1 & 0 & 0 \\ \frac{1}{3} & 0 & \frac{2}{3} & 0 \\ 0 & \frac{2}{3} & 0 & \frac{1}{3} \\ 0 & 0 & 1 & 0 \end{pmatrix}.$$

c. À l'aide d'une calculatrice, déterminer U_9 et U_{10}.

3. Pour tout entier n, on note $u_n = P(X_n = 3)$.

On admet que si n est pair, alors $P(X_n = 0) = 0$ et $P(X_n = 2) = 0$ et que si n est impair, alors $P(X_n = 1) = 0$ et $P(X_n = 3) = 0$.

a. Calculer T^2.

b. En déduire que, pour tout entier naturel p, $u_{2p+2} = \frac{2}{9} + \frac{1}{9}u_{2p}$.

c. Démonter que la suite (v_p) définie par $v_p = u_{2p}$ est minorée par $\frac{1}{4}$. En déduire qu'elle est convergente et déterminer sa limite.

Sujet de Bac

9 On étudie l'évolution dans le temps du nombre de jeunes et d'adultes dans une population d'animaux. ●●○ 60 min

Pour tout entier naturel n, on note j_n le nombre d'animaux jeunes après n années d'observation et a_n le nombre d'animaux adultes après n années d'observation.

Il y a, au début de la première année de l'étude, 200 animaux jeunes et 500 animaux adultes.

Ainsi $j_0 = 200$ et $a_0 = 500$.

On admet que pour tout entier naturel n on a : $\begin{cases} j_{n+1} = 0{,}125 j_n + 0{,}525 a_n \\ a_{n+1} = 0{,}625 j_n + 0{,}625 a_n \end{cases}$

On introduit les matrices suivantes :

$A = \begin{pmatrix} 0{,}125 & 0{,}525 \\ 0{,}625 & 0{,}625 \end{pmatrix}$ et, pour tout entier naturel n, $U_n = \begin{pmatrix} j_n \\ a_n \end{pmatrix}$.

1. a. Montrer que pour tout entier naturel n, $U_{n+1} = A \times U_n$.

b. Calculer le nombre d'animaux jeunes et d'animaux adultes après un an d'observation puis après deux ans d'observation (résultats arrondis à l'unité près par défaut).

c. Pour tout entier naturel n non nul, exprimer U_n en fonction de A^n et de U_0.

2. On introduit les matrices suivantes $Q = \begin{pmatrix} 7 & 3 \\ -5 & 5 \end{pmatrix}$ et $D = \begin{pmatrix} -0{,}25 & 0 \\ 0 & 1 \end{pmatrix}$.

a. On admet que la matrice Q est inversible et que $Q^{-1} = \begin{pmatrix} 0{,}1 & -0{,}06 \\ 0{,}1 & 0{,}14 \end{pmatrix}$.
Montrer que $Q \times D \times Q^{-1} = A$.

b. Montrer par récurrence sur n que, pour tout entier naturel n non nul, $Q \times D^n \times Q^{-1} = A^n$.

c. Pour tout entier naturel n non nul, déterminer D^n en fonction de n.

3. On admet que pour tout entier naturel n non nul,

$$A^n = \begin{pmatrix} 0{,}3 + 0{,}7 \times (-0{,}25)^n & 0{,}42 - 0{,}42 \times (-0{,}25)^n \\ 0{,}5 - 0{,}5 \times (-0{,}25)^n & 0{,}7 + 0{,}3 \times (-0{,}25)^n \end{pmatrix}.$$

a. En déduire les expressions de j_n et a_n en fonction de n et déterminer les limites de ces deux suites.

b. Que peut-on en conclure pour la population d'animaux étudiée ?

Corrigés de *TESTEZ VOS CONNAISSANCES*

1. Réponse a., b., e. et f..

Quand on multiplie deux matrices, le nombre de colonnes de celle de gauche doit être égal au nombre de lignes de celle de droite. On ne peut donc pas effectuer le calcul $A \times L$, mais le calcul $L \times A$ est possible.

> **REMARQUE**
>
> *On effectuera le plus souvent les calculs à l'aide d'une calculatrice. Cependant, il est indispensable de comprendre de quelle manière s'effectue le calcul.*

2. Réponse a.

$$A \times B = \begin{pmatrix} 4 & 11 \\ 1 & 3 \end{pmatrix} \times \begin{pmatrix} 2 & -3 \\ 1 & -2 \end{pmatrix}$$

$$= \begin{pmatrix} 4\times 2+11\times 1 & 4\times(-3)+11\times(-2) \\ 1\times 2+3\times 1 & 1\times(-3)+3\times(-2) \end{pmatrix} = \begin{pmatrix} 19 & -34 \\ 5 & -9 \end{pmatrix}.$$

La réponse **c.** est égale au produit $B \times A$, qui, en général n'est pas égal à $A \times B$. La multiplication de matrices n'est pas commutative.

> **REMARQUE**
>
> *Le produit d'une matrice carrée par une matrice colonne est une matrice colonne.*
> *Le produit d'une matrice ligne par une matrice carrée est une matrice ligne.*

3. Réponse c.

$$A \times C = \begin{pmatrix} 4 & 11 \\ 1 & 3 \end{pmatrix} \times \begin{pmatrix} 4 \\ 2 \end{pmatrix} = \begin{pmatrix} 4\times 4+11\times 2 \\ 1\times 4+3\times 2 \end{pmatrix} = \begin{pmatrix} 38 \\ 10 \end{pmatrix}.$$

4. Réponse c.

$$L \times A = \begin{pmatrix} 4 & 2 \end{pmatrix} \times \begin{pmatrix} 4 & 11 \\ 1 & 3 \end{pmatrix}$$

$$= \begin{pmatrix} 4\times 4+2\times 1 & 4\times 11+2\times 3 \end{pmatrix} = \begin{pmatrix} 18 & 50 \end{pmatrix}.$$

5. Réponse c.

On peut vérifier que :

$$\begin{pmatrix} 4 & 11 \\ 1 & 3 \end{pmatrix} \times \begin{pmatrix} 3 & -11 \\ -1 & 4 \end{pmatrix} = \begin{pmatrix} 4\times 3+11\times(-1) & 4\times(-11)+11\times 4 \\ 1\times 3+3\times(-1) & 1\times(-11)+3\times 4 \end{pmatrix} = \begin{pmatrix} 1 & 0 \\ 0 & 1 \end{pmatrix}.$$

> **REMARQUE**
>
> *On a vérifié que $A \times A^{-1} = I$.*
> *On admet que si cette égalité est vraie, alors $A^{-1} \times A = I$.*

Donc $\begin{pmatrix} 3 & -11 \\ -1 & 4 \end{pmatrix}$ est bien l'inverse de $\begin{pmatrix} 4 & 11 \\ 1 & 3 \end{pmatrix}$.

6. Réponse a.

On vérifie à la calculatrice que $B^3 = B$.

On peut aussi remarquer que $B^2 = I = \begin{pmatrix} 1 & 0 \\ 0 & 1 \end{pmatrix}$. Donc $B^3 = B^2 \times B = I \times B = B$.

7. Réponse c.

Le produit A × X est égal à $\begin{pmatrix} 4x+11y \\ x+3y \end{pmatrix}$. Donc A × X = L équivaut à $\begin{cases} 4x+11y=4 \\ x+3y=2 \end{cases}$

En revanche, le produit Y × A est égal à $\begin{pmatrix} 4x+y & 11x+3y \end{pmatrix}$.

Donc Y × A = L équivaut à $\begin{cases} 4x+y=4 \\ 11x+3y=2 \end{cases}$

8. Réponse c.

$A \times X = C \Leftrightarrow A^{-1} \times A \times X = A^{-1} \times C$

$\Leftrightarrow I \times X = A^{-1} \times C \Leftrightarrow X = A^{-1} \times C.$

> **REMARQUE**
>
> *Dans $\mathbb{R}$, $\frac{x}{y} = x \times \frac{1}{y} = \frac{1}{y} \times x$, mais pour les matrices $\frac{A}{C}$ n'est pas clairement défini : est-ce $C^{-1} \times A$ ou $A \times C^{-1}$?*

Corrigés de *ENTRAÎNEZ-VOUS*

Calculer avec des matrices

1 a. $A+B = \begin{pmatrix} 2+1 & 0-2 \\ -1+1 & 1+0 \end{pmatrix} = \begin{pmatrix} 3 & -2 \\ 0 & 1 \end{pmatrix}$.

b. $2A-3B = \begin{pmatrix} 2\times2-3\times1 & 2\times0-3\times(-2) \\ 2\times(-1)-3\times1 & 2\times1-3\times0 \end{pmatrix} = \begin{pmatrix} 1 & 6 \\ -5 & 2 \end{pmatrix}$.

c. $AB = \begin{pmatrix} 2 & 0 \\ -1 & 1 \end{pmatrix}\begin{pmatrix} 1 & -2 \\ 1 & 0 \end{pmatrix} = \begin{pmatrix} 2\times1+0\times1 & 2\times(-2)+0\times0 \\ -1\times1+1\times1 & -1\times(-2)+1\times0 \end{pmatrix} = \begin{pmatrix} 2 & -4 \\ 0 & 2 \end{pmatrix}$.

d. $BA = \begin{pmatrix} 1 & -2 \\ 1 & 0 \end{pmatrix}\begin{pmatrix} 2 & 0 \\ -1 & 1 \end{pmatrix}$

$= \begin{pmatrix} 1\times2-2\times(-1) & 1\times0-2\times1 \\ 1\times2+0\times(-1) & 1\times0+0\times1 \end{pmatrix} = \begin{pmatrix} 4 & -2 \\ 2 & 0 \end{pmatrix}$.

> **REMARQUE**
>
> *On note, ici encore, que $AB \neq BA$.*

e. $AC = \begin{pmatrix} 2 & 0 \\ -1 & 1 \end{pmatrix}\begin{pmatrix} x \\ y \end{pmatrix} = \begin{pmatrix} 2x+0y \\ -1x+1y \end{pmatrix} = \begin{pmatrix} 2x \\ -x+y \end{pmatrix}$.

f. $DA = \begin{pmatrix} x & y \end{pmatrix}\begin{pmatrix} 2 & 0 \\ -1 & 1 \end{pmatrix} = \begin{pmatrix} 2x-1y & 0x+1y \end{pmatrix} = \begin{pmatrix} 2x-y & y \end{pmatrix}$.

Matrices inversibles et systèmes

2 a. Soit $C = \begin{pmatrix} a & b \\ c & d \end{pmatrix}$. Déterminons les coefficients de C pour que AC = I.

$AC = I \Leftrightarrow \begin{pmatrix} 3 & 7 \\ 4 & 9 \end{pmatrix}\begin{pmatrix} a & b \\ c & d \end{pmatrix} = \begin{pmatrix} 1 & 0 \\ 0 & 1 \end{pmatrix} \Leftrightarrow \begin{pmatrix} 3a+7c & 3b+7d \\ 4a+9c & 4b+9d \end{pmatrix} = \begin{pmatrix} 1 & 0 \\ 0 & 1 \end{pmatrix}$.

Donc $AC = I \Leftrightarrow \begin{cases} 3a+7c=1 \\ 3b+7d=0 \\ 4a+9c=0 \\ 4b+9d=1 \end{cases} \Leftrightarrow \begin{cases} 12a+28c=4 \\ 12b+28d=0 \\ -12a-27c=0 \\ -12b-27d=-3 \end{cases} \Leftrightarrow \begin{cases} c=4 \\ d=-3 \\ a=-9 \\ b=7 \end{cases}$

REMARQUE

Vous pourrez vérifier que la solution du système obtenu à partir de l'égalité CA = I est la même que celle obtenue à partir de AC = I.

Donc $AC = I \Leftrightarrow C = \begin{pmatrix} -9 & 7 \\ 4 & -3 \end{pmatrix}$.

On a admis dans le cours que, si AC = I, alors CA = I.

Donc $A^{-1} = \begin{pmatrix} -9 & 7 \\ 4 & -3 \end{pmatrix}$.

b. Soit $D = \begin{pmatrix} a & b \\ c & d \end{pmatrix}$.

Cherchons si on peut trouver les coefficients de D pour que BD = I.

$BD = I \Leftrightarrow \begin{pmatrix} 3 & 6 \\ 2 & 4 \end{pmatrix}\begin{pmatrix} a & b \\ c & d \end{pmatrix} = \begin{pmatrix} 1 & 0 \\ 0 & 1 \end{pmatrix} \Leftrightarrow \begin{pmatrix} 3a+6c & 3b+6d \\ 2a+4c & 2b+4d \end{pmatrix} = \begin{pmatrix} 1 & 0 \\ 0 & 1 \end{pmatrix}$.

Donc $BD = I \Leftrightarrow \begin{cases} 3a+6c=1 \\ 3b+6d=0 \\ 2a+4c=0 \\ 2b+4d=1 \end{cases} \Leftrightarrow \begin{cases} 3a+6c=1 \\ 3b+6d=0 \\ 3a+6c=0 \\ 3b+6d=1{,}5 \end{cases}$

Ce système n'a aucune solution.

Donc, on ne peut pas trouver de matrice D telle que BD = I.

Cela signifie que B n'est pas inversible.

3 La parabole $\mathscr{P}$ passe par les points (1 ; 8), (2 ; 5) et (3 ; –2), on a donc le système suivant :

$\begin{cases} a\times 1^2 + b\times 1 + c = 8 \\ a\times 2^2 + b\times 2 + c = 5 \\ a\times 3^2 + b\times 3 + c = -2 \end{cases}$, équivalent à $\begin{cases} a+b+c=8 \\ 4a+2b+c=5 \\ 9a+3b+c=-2 \end{cases}$

Posons $A = \begin{pmatrix} 1 & 1 & 1 \\ 4 & 2 & 1 \\ 9 & 3 & 1 \end{pmatrix}$, $X = \begin{pmatrix} a \\ b \\ c \end{pmatrix}$ et $B = \begin{pmatrix} 8 \\ 5 \\ -2 \end{pmatrix}$.

Le système est équivalent à AX = B.

Utilisons la calculatrice pour montrer que A est inversible et déterminer A^{-1}.

Le modèle utilisé ici est un modèle CASIO. Pour voir comment faire sur une calculatrice TI, se reporter à la méthode 2.

Dans le menu 1 (RUN MAT), appuyer sur F1 pour obtenir le sous-menu « matrices », puis choisir les dimensions de A et entrer les coefficients.

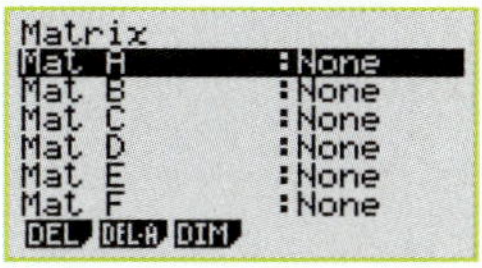

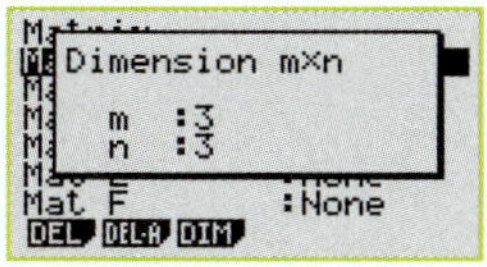

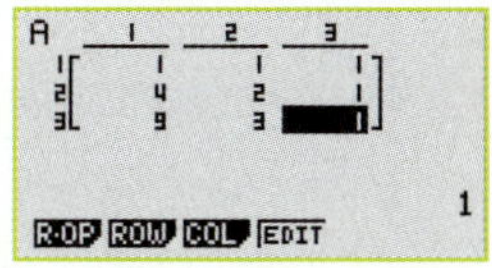

Appuyer sur ESC puis OPTN-F2 et MAT pour pouvoir écrire Mat A^–1 afin d'obtenir l'inverse de A (et montrer également que A est inversible).

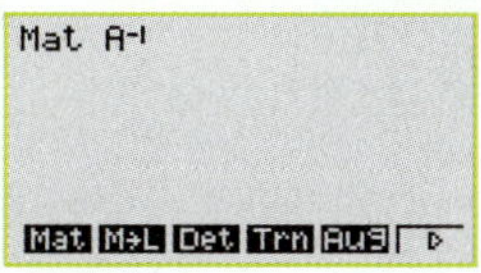

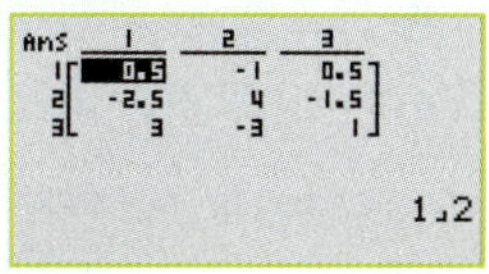

A est inversible, donc AX = B équivaut à $X = A^{-1}B$.

Entrons la matrice B dans la calculatrice et calculons $A^{-1}B$.

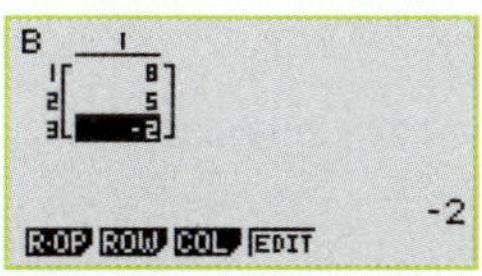

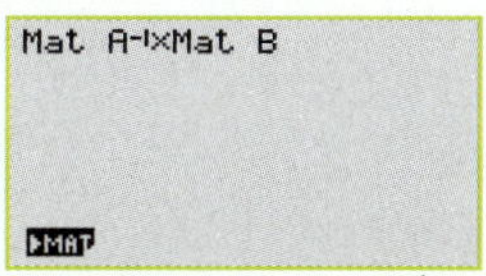

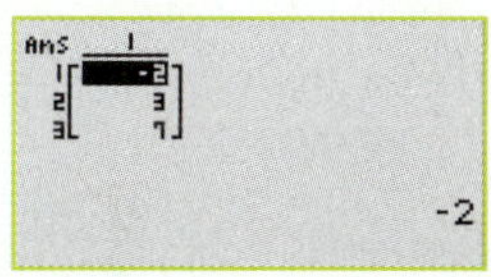

On en déduit que $X = A^{-1} \times B = \begin{pmatrix} -2 \\ 3 \\ 7 \end{pmatrix}$. Donc $a = -2$, $b = 3$ et $c = 7$.

Donc, la parabole a pour équation $y = -2x^2 + 3x + 7$.

REMARQUE

B est une matrice colonne de taille 3, donc X également.

4 Posons $X = \begin{pmatrix} x \\ y \\ z \end{pmatrix}$ et $I = \begin{pmatrix} 1 & 0 & 0 \\ 0 & 1 & 0 \\ 0 & 0 & 1 \end{pmatrix}$ la matrice identité de taille 3.

ASTUCE

Pour factoriser par X, on écrit $AX + X = AX + IX = (A + I)X$.

On sait que IX = X. Donc :

$AX + B = X \Leftrightarrow AX - X = -B$

$\Leftrightarrow AX - IX = -B \Leftrightarrow (A - I)X = -B$.

Posons $C = A - I = \begin{pmatrix} 1 & 1 & 0 \\ 0 & 0 & 2 \\ 2 & 3 & 3 \end{pmatrix}$. D'après la calculatrice $C^{-1} = \begin{pmatrix} 3 & 1{,}5 & -1 \\ -2 & -1{,}5 & 1 \\ 0 & 0{,}5 & 0 \end{pmatrix}$.

Donc C est inversible, et l'équation est équivalente à $CX = -B$ donc à $X = -C^{-1}B$.

D'après la calculatrice $X = \begin{pmatrix} 5 \\ 4 \\ -4 \end{pmatrix}$.

Marche aléatoire

5 **a.** On a le graphe ci-dessous.

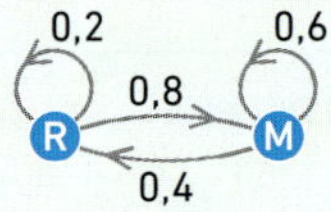

b. On note respectivement r_n et m_n les probabilités que la personne aille au restaurant et que la personne dîne à la maison le $n^{\text{ième}}$ soir. Soit $U_n = \begin{pmatrix} r_n \\ m_n \end{pmatrix}$.

La matrice de transition est la suivante (on pourra revoir la méthode 4) :

$$T = \begin{pmatrix} 0,2 & 0,4 \\ 0,8 & 0,6 \end{pmatrix}.$$

Ainsi, on vérifie que pour tout n, $U_{n+1} = T \times U_n$.

> **REMARQUE**
> *Comme pour les suites géométriques, si le terme initial est U_1 alors, pour tout $n \geqslant 1$, $U_n = T^{n-1} \times U_1$.*

c. $U_1 = \begin{pmatrix} 1 \\ 0 \end{pmatrix}$ puisque la personne dîne au restaurant le premier soir.

Donc : $U_2 = T \times U_1$, $U_3 = T \times U_2 = T^2 \times U_1$, ..., $U_7 = T^6 \times U_1$.

Avec la calculatrice, $U_7 = \begin{pmatrix} 0,333376 \\ 0,666624 \end{pmatrix}$. Donc $r_7 \simeq 0,3334$.

La probabilité qu'elle dîne au restaurant le 7e soir est environ 0,3334.

6 **1. a.**

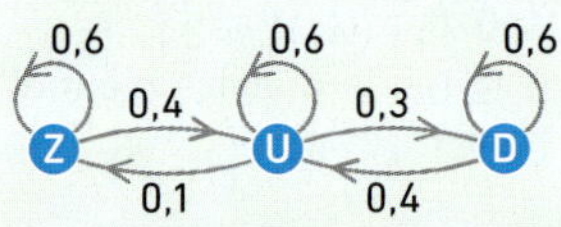

b. D'après le graphe précédent, si la personne n'est pas allée au club de sport la $n^{\text{ième}}$ semaine, elle n'ira pas au club de sport la semaine suivante avec une probabilité de 0,6. Si elle y est allée une seule fois, elle n'ira pas au club de sport la semaine suivante avec une probabilité de 0,1. Donc $z_{n+1} = 0,6z_n + 0,1u_n$.

On montre de même que $u_{n+1} = 0,4z_n + 0,6u_n + 0,4d_n$ et $d_{n+1} = 0,3u_n + 0,6d_n$.

c. La personne va deux fois au club la première semaine, donc $X_1 = \begin{pmatrix} 0 \\ 0 \\ 1 \end{pmatrix}$.

d. D'après le système précédent, $T = \begin{pmatrix} 0{,}6 & 0{,}1 & 0 \\ 0{,}4 & 0{,}6 & 0{,}4 \\ 0 & 0{,}3 & 0{,}6 \end{pmatrix}$.
On vérifie que $X_{n+1} = TX_n$.

ASTUCE

On remarque que la somme des coefficients de chaque colonne est égale à 1.

e. *Initialisation*. Pour $n = 1$, $T^0 = I$. Donc $X_1 = T^{1-1} \times X_1$.
Hérédité. Supposons que $X_n = T^{n-1} \times X_1$ pour une valeur fixée de $n \geqslant 1$.
Montrons que $X_{n+1} = T^n \times X_1$
$X_{n+1} = TX_n$, donc, $X_{n+1} = T \times T^{n-1} \times X_1 = T^n \times X_1$.
Conclusion. La proposition « $X_n = T^{n-1} \times X_1$ » est vraie pour $n = 1$ et est héréditaire, donc, pour tout $n \geqslant 1$, $X_n = T^{n-1} \times X_1$.

2. a. $P^{-1} = \begin{pmatrix} 0{,}125 & 0{,}125 & 0{,}125 \\ 0{,}125 & -0{,}125 & 0{,}125 \\ 0{,}75 & 0 & -0{,}25 \end{pmatrix}$ et $D = \begin{pmatrix} 1 & 0 & 0 \\ 0 & 0{,}2 & 0 \\ 0 & 0 & 0{,}6 \end{pmatrix}$.

On utilise la calculatrice pour trouver ces résultats.

b. D est une matrice diagonale donc, pour tout $n \geqslant 1$, $D^{n-1} = \begin{pmatrix} 1 & 0 & 0 \\ 0 & 0{,}2^{n-1} & 0 \\ 0 & 0 & 0{,}6^{n-1} \end{pmatrix}$.
$D = P^{-1}TP$, donc $T = PDP^{-1}$.
On peut montrer par récurrence que, pour tout $n \geqslant 1$, $T^{n-1} = PD^{n-1}P^{-1}$.

REMARQUE

Voir la méthode 3 pour la démonstration.

c. $X_n = \dfrac{1}{8}\begin{pmatrix} 1 + 0{,}2^{n-1} - 2 \times (0{,}6^{n-1}) \\ 4 - 4 \times (0{,}2^{n-1}) \\ 3 + 3 \times (0{,}2^{n-1}) + 2 \times (0{,}6^{n-1}) \end{pmatrix}$.

Or 0,2 et 0,6 appartiennent à $]-1\,;\,1[$.

Donc $\lim\limits_{n \to +\infty} 0{,}2^{n-1} = \lim\limits_{n \to +\infty} 0{,}6^{n-1} = 0$. Donc, $\lim\limits_{n \to +\infty} X_n = \dfrac{1}{8}\begin{pmatrix} 1 \\ 4 \\ 3 \end{pmatrix}$.

Donc $\lim\limits_{n \to +\infty} z_n = \dfrac{1}{8}$, $\lim\limits_{n \to +\infty} u_n = \dfrac{4}{8} = \dfrac{1}{2}$ et $\lim\limits_{n \to +\infty} d_n = \dfrac{3}{8}$.

Modèle proie-prédateur

7 **1. a.** Si on suppose que $u_0 = 0$, on remarque que la suite (u_n) est nulle d'après la relation de récurrence $u_{n+1} = 1{,}05u_n - 0{,}0005u_nv_n = (1{,}05 - 0{,}0005v_n) \times u_n$.
Donc, la deuxième relation devient $v_{n+1} = 0{,}96v_n$. La suite (v_n) est donc une suite géométrique dont la raison appartient à $]0\,;\,1[$. Elle est donc décroissante et elle converge vers 0.

En l'absence de proie, la population de lynx tend donc à disparaître.

b. Si on suppose $v_0 = 0$, alors la suite (v_n) est nulle puisque $v_{n+1} = (0,96 + 0,00004\,u_n) \times v_n$. La première relation devient donc $u_{n+1} = 1,05u_n$. La suite (v_n) est donc une suite géométrique dont la raison appartient à $]1\,;+\infty[$. Elle est donc croissante et elle diverge vers $+\infty$.

Donc, en l'absence de prédateur, la population de lièvres ne cesse jamais de croître.

c. $u_0 = 1\,200$ et $v_0 = 125$, donc $\begin{cases} u_1 = 1{,}05 \times 1\,200 - 0{,}0005 \times 1\,200 \times 125 = 1\,185 \\ v_{n+1} = 0{,}96 \times 125 + 0{,}00004 \times 1\,200 \times 125 = 126 \end{cases}$

2. (u_n) et (v_n) sont stationnaires si, et seulement si, pour tout entier n,

$$u_n = 1{,}05u_n - 0{,}0005u_n v_n \text{ et } v_n = 0{,}96v_n + 0{,}00004u_n v_n.$$

On résout donc $\begin{cases} u_0 = 1{,}05u_0 - 0{,}0005u_0v_0 \\ v_0 = 0{,}96v_0 + 0{,}00004u_0v_0 \end{cases}$

On a supposé que u_0 et v_0 sont tous les deux non nuls.

Donc, le système équivaut à $\begin{cases} 1 = 1{,}05 - 0{,}0005v_0 \\ 1 = 0{,}96 + 0{,}00004u_0 \end{cases}$, donc à $\begin{cases} v_0 = 100 \\ u_0 = 1000 \end{cases}$

Réciproquement,
si $u_n = 1\,000$ et $v_n = 100$, alors $\begin{cases} u_1 = 1{,}05 \times 1\,200 - 0{,}0005 \times 1\,200 \times 125 = 1\,185 \\ v_1 = 0{,}96 \times 125 + 0{,}00004 \times 1\,200 \times 125 = 126 \end{cases}$

Donc, par récurrence, on montre ainsi que les suites (u_n) et (v_n) sont stationnaires.

Conclusion : si à l'instant initial $u_0 = 1\,000$ et $v_0 = 100$, alors les suites (u_n) et (v_n) sont stationnaires.

3. a. $x_n = u_n - 1\,000$ et $y_n = v_n - 100$ donc $u_n = x_n + 1\,000$ et $v_n = y_n + 100$.

$x_{n+1} = u_{n+1} - 1\,000 = 1{,}05u_n - 0{,}0005\,u_n v_n - 1\,000$.

Donc $x_{n+1} = 1{,}05(x_n + 1\,000) - 0{,}0005(x_n + 1\,000)\,(y_n + 100) - 1\,000$.

Donc $x_{n+1} = 1{,}05x_n + 1\,050 - 0{,}0005[x_n y_n + 100x_n + 1\,000y_n + 10^5] - 1\,000$.

Donc $x_{n+1} = 1{,}05x_n + 1\,050 - 0{,}0005x_n y_n - 0{,}05x_n - 0{,}5y_n - 50 - 1\,000$.

Donc $x_{n+1} = x_n - 0{,}5y_n - 0{,}0005x_n y_n$.

De même, $y_{n+1} = 0{,}96(y_n + 100) + 0{,}00004(x_n + 1\,000)\,(y_n + 100) - 100$.

Donc $y_{n+1} = 0{,}96y_n + 96 + 0{,}00004x_n y_n + 0{,}004x_n + 0{,}04y_n + 4 - 100$.

Donc $y_{n+1} = 0{,}004x_n + y_n + 0{,}00004x_n y_n$.

Conclusion : $\begin{cases} x_{n+1} = x_n - 0{,}5y_n - 0{,}0005x_n y_n \\ y_{n+1} = 0{,}004x_n + y_n + 0{,}00004x_n y_n \end{cases}$

b. Si u_n est proche de 1 000 et v_n proche de 100, alors x_n et y_n sont proches de zéro. Donc on peut négliger les termes $-0{,}0005x_n y_n$ et $0{,}00004x_n y_n$ qui seront petits par rapports aux autres termes. Donc $x_{n+1} \simeq x_n - 0{,}5y_n$ et $y_{n+1} \simeq 0{,}004x_n + y_n$.

4. a. $u_0 = 1\ 200$ et $v_0 = 125$, donc $x_0 = 200$ et $v_0 = 25$.

Donc $\begin{cases} x_1 = 200 - 0{,}5 \times 25 \\ y_1 = 0{,}004 \times 200 + 25 \end{cases}$, donc $\begin{cases} x_1 = 187{,}5 \\ y_1 = 25{,}8 \end{cases}$, donc $\begin{cases} u_1 \simeq 1\,187{,}5 \\ v_1 \simeq 125{,}8 \end{cases}$

On retrouve à peu près les résultats de la question **1. c.**, $u_1 = 1\ 185$ et $v_1 = 126$.

b. $A = \begin{pmatrix} 1 & -0{,}5 \\ 0{,}004 & 1 \end{pmatrix}$.

c. $u_0 = 990$ et $v_0 = 105$, donc $x_0 = -10$ et $y_0 = 5$. Finalement $X_0 = \begin{pmatrix} -10 \\ 5 \end{pmatrix}$.

Or, $X_{10} = A^{10}X_0$. En utilisant la calculatrice, on trouve : $X_{10} \simeq \begin{pmatrix} -34 \\ 4 \end{pmatrix}$.

Donc $u_{10} \simeq 1\ 000 - 34 \simeq 966$ et $v_{10} \simeq 100 + 4 \simeq 104$.

D'après les urnes d'Ehrenfest

8 **1. a.** On note dans cet arbre, pour chaque étape, la valeur de X_n.

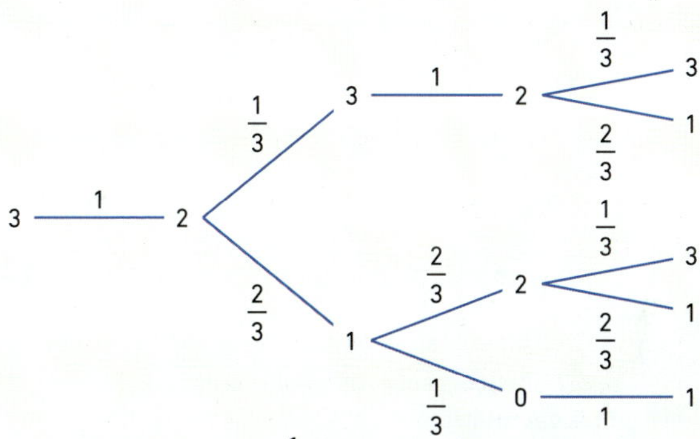

Chaque puce a une probabilité de $\frac{1}{3}$ de passer d'un chat à l'autre. Donc, s'il y a 3 puces sur A, la probabilité qu'il y en ait 2 après le premier transfert est 1.

S'il y a deux puces sur A, chaque puce de A peut passer en B, donc il y a une probabilité de $\frac{2}{3}$ qu'il y ait une puce sur A après le deuxième transfert. Mais la puce de B peut revenir en A, donc il y a une probabilité de $\frac{1}{3}$ qu'il y ait trois puces sur A après le deuxième transfert. On peut construire l'arbre ainsi de suite.

b. D'après l'arbre, Pour $n = 0$ et $n = 1$, il n'y a qu'une valeur possible pour X_n.

Ainsi, $P(X_0 = 3) = 1$ et $P(X_1 = 2) = 1$. Les autres probabilités sont nulles.

Donc $U_0 = \begin{pmatrix} 0 & 0 & 0 & 1 \end{pmatrix}$ et $U_1 = \begin{pmatrix} 0 & 0 & 1 & 0 \end{pmatrix}$.

Pour $n = 2$, X_2 ne peut prendre que deux valeurs, 1 et 3. En suivant les chemins et en multipliant les probabilités rencontrées, on trouve $P(X_2 = 3) = \frac{1}{3}$ et $P(X_2 = 1) = \frac{2}{3}$.

Donc $U_2 = \begin{pmatrix} 0 & \frac{2}{3} & 0 & \frac{1}{3} \end{pmatrix}$.

Pour $n = 3$, X_3 ne peut prendre que deux valeurs, 0 et 2.

En ajoutant les probabilités des chemins menant à chacun de ces événements, on trouve $P(X_3 = 2) = \frac{1}{3} + \frac{2}{3} \times \frac{2}{3} = \frac{7}{9}$ et $P(X_3 = 0) = \frac{2}{3} \times \frac{1}{3} = \frac{2}{9}$.

Donc $U_3 = \begin{pmatrix} \frac{2}{9} & 0 & \frac{7}{9} & 0 \end{pmatrix}$.

Pour $n = 4$, de même, $P(X_4 = 3) = \frac{1}{3} \times \frac{1}{3} + \frac{2}{3} \times \frac{2}{3} \times \frac{1}{3} = \frac{7}{27}$ et $P(X_4 = 1) = 1 - P(X_4 = 3) = \frac{20}{27}$.

Donc $U_4 = \begin{pmatrix} 0 & \frac{20}{27} & 0 & \frac{7}{27} \end{pmatrix}$.

2. a. On a le graphe suivant :

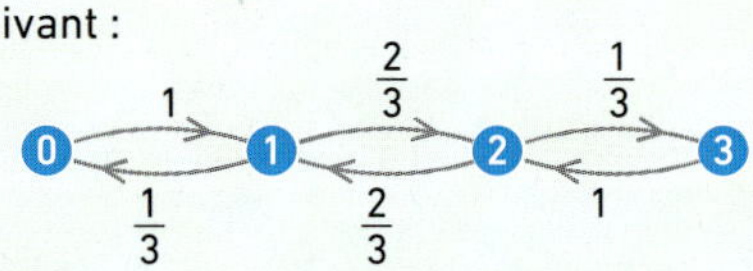

ATTENTION

Dans cet exercice, on utilise une suite de matrices lignes et non de matrices colonnes. Cette fois c'est la somme des lignes qui vaut 1.

b. $P(X_{n+1} = 0) = \frac{1}{3} P(X_{n+1} = 1)$, $P(X_{n+1} = 1) = P(X_n = 0) + \frac{2}{3} P(X_n = 2)$,

$P(X_{n+1} = 2) = \frac{2}{3} P(X_n = 1) + P(X_n = 3)$ et $P(X_{n+1} = 3) = \frac{1}{3} P(X_n = 2)$.

On trouve bien la matrice de transition T de l'énoncé.

c. Par récurrence, on peut montrer que $U_n = U_0 \times T^n$. Donc, avec la calculatrice :

$U_9 \simeq \begin{pmatrix} 0{,}24996 & 0 & 0{,}75004 & 0 \end{pmatrix}$ et $U_{10} \simeq \begin{pmatrix} 0 & 0{,}74999 & 0 & 0{,}25001 \end{pmatrix}$.

3. a. À la calculatrice, on trouve $T^2 = \begin{pmatrix} \frac{1}{3} & 0 & \frac{2}{3} & 0 \\ 0 & \frac{7}{9} & 0 & \frac{2}{9} \\ \frac{2}{9} & 0 & \frac{7}{9} & 0 \\ 0 & \frac{2}{3} & 0 & \frac{1}{3} \end{pmatrix}$.

b. Pour tout entier p, $2p$ est pair et $U_{2p+2} = U_{2p} \times T^2$.

$U_{2p} = \begin{pmatrix} P(X_{2p}=0) & P(X_{2p}=1) & P(X_{2p}=2) & P(X_{2p}=3) \end{pmatrix}$.

Or $u_{2p} = P(X_{2p}=3)$ et puisque $2p$ est pair, $P(X_{2p}=0)$ et $P(X_{2p}=2)$ sont nulles.

Donc $(X_{2p}=3)$ et $(X_{2p}=1)$ sont des événements contraires.

Donc $U_{2p} = \begin{pmatrix} 0 & 1-u_{2p} & 0 & u_{2p} \end{pmatrix}$.

En multipliant U_{2p} par T^2, la 4e colonne du produit sera égale à : $u_{2p+2} = \frac{2}{9}(1-u_{2p}) + \frac{1}{3}u_{2p}$.

Donc $u_{2p+2} = \frac{2}{9} - \frac{2}{9}u_{2p} + \frac{1}{3}u_{2p}$ et finalement $u_{2p+2} = \frac{2}{9} + \frac{1}{9}u_{2p}$.

c. Pour tout entier p, $v_p = u_{2p}$, donc $v_{p+1} = u_{2(p+1)} = u_{2p+2}$. Donc, $v_{p+1} = \frac{2}{9} + \frac{1}{9}v_p$.

Montrons, par récurrence, que, pour tout entier p, $v_p \geqslant \frac{1}{4}$.

Initialisation. $v_0 = 1$, donc $v_0 \geqslant \frac{1}{4}$.

Hérédité. Supposons que, pour un entier p fixé, $v_p \geqslant \frac{1}{4}$. Montrons que $v_{p+1} \geqslant \frac{1}{4}$.

$v_p \geqslant \frac{1}{4}$, donc $\frac{2}{9} + \frac{1}{9}v_p \geqslant \frac{2}{9} + \frac{1}{9} \times \frac{1}{4}$ car $x \mapsto \frac{2}{9} + \frac{1}{9}x$ est une fonction croissante.

Or $v_{p+1} \geqslant \frac{1}{4}$. Donc $v_{p+1} \geqslant \frac{1}{4}$.

Conclusion. La proposition « $v_p \geqslant \frac{1}{4}$ » est vraie pour $p = 0$ et est héréditaire, donc, pour tout entier p, $v_p \geqslant \frac{1}{4}$. Donc, la suite (v_p) est minorée par $\frac{1}{4}$.

Or $\frac{2}{9} + \frac{1}{9} \times \frac{1}{4} = \frac{1}{4}$ donc $v_{p+1} - v_p \leqslant 0$.

Donc (v_p) est décroissante et minorée, donc elle converge.

Soit ℓ sa limite. $\lim\limits_{p \to +\infty} v_{p+1} = \frac{2}{9} + \frac{1}{9}\ell$. Or $\lim\limits_{p \to +\infty} v_{p+1} = \ell$.

Donc $\ell = \frac{2}{9} + \frac{1}{9}\ell$, donc $\ell = \frac{1}{4}$. Donc $\lim\limits_{p \to +\infty} v_p = \frac{1}{4}$.

Sujet de Bac

9 **1. a.** $A \times U_n = \begin{pmatrix} 0{,}125 & 0{,}525 \\ 0{,}625 & 0{,}625 \end{pmatrix}\begin{pmatrix} j_n \\ a_n \end{pmatrix} = \begin{pmatrix} 0{,}125j_n + 0{,}525a_n \\ 0{,}625j_n + 0{,}625a_n \end{pmatrix}$ et $U_{n+1} = \begin{pmatrix} j_{n+1} \\ a_{n+1} \end{pmatrix}$.

Or $\begin{cases} j_{n+1} = 0{,}125j_n + 0{,}525a_n \\ a_{n+1} = 0{,}625j_n + 0{,}625a_n \end{cases}$, donc on a bien $U_{n+1} = A \times U_n$.

b. En utilisant la calculatrice, $U_1 = A \times U_0 = A \times \begin{pmatrix} 200 \\ 500 \end{pmatrix} = \begin{pmatrix} 287{,}5 \\ 437{,}5 \end{pmatrix}$.

Et $U_2 = A \times U_1 = A \times \begin{pmatrix} 287{,}5 \\ 437{,}5 \end{pmatrix} = \begin{pmatrix} 265{,}625 \\ 453{,}125 \end{pmatrix}$.

Donc, après un an on peut prévoir 287 jeunes et 437 adultes, et après deux ans, 265 jeunes et 453 adultes.

c. Une récurrence simple permet de montrer que $U_n = A^n \times U_0$.

2. a. $Q \times D = \begin{pmatrix} 7 & 3 \\ -5 & 5 \end{pmatrix}\begin{pmatrix} -0{,}25 & 0 \\ 0 & 1 \end{pmatrix} = \begin{pmatrix} 7\times(-0{,}25) & 3\times 1 \\ -5\times(-0{,}25) & 5\times 1 \end{pmatrix} = \begin{pmatrix} -1{,}75 & 3 \\ 1{,}25 & 5 \end{pmatrix}$

et $(Q \times D) \times Q^{-1} = \begin{pmatrix} -1{,}75 & 3 \\ 1{,}25 & 5 \end{pmatrix}\begin{pmatrix} 0{,}1 & -0{,}06 \\ 0{,}1 & 0{,}14 \end{pmatrix}$.

Donc $(Q \times D) \times Q^{-1} = \begin{pmatrix} -1{,}75\times 0{,}1 + 3\times 0{,}1 & -1{,}75\times(-0{,}06) + 3\times 0{,}14 \\ 1{,}25\times 0{,}1 + 5\times 0{,}1 & 1{,}25\times(-0{,}06) + 5\times 0{,}14 \end{pmatrix}$.

Finalement $Q \times D \times Q^{-1} = A$.

b. *Initialisation.* $Q \times D^1 \times Q^{-1} = A^1$.

REMARQUE

Dans la question 1.c. le mot « Exprimer » invite à une rédaction courte et sans (trop de) démonstration, alors que dans la question 2.b. la question demande explicitement une démonstration (par récurrence).

Hérédité. Supposons que, pour un entier n non nul fixé, $Q \times D^n \times Q^{-1} = A^n$.

Montrons que $Q \times D^{n+1} \times Q^{-1} = A^{n+1}$.

$Q \times D^n \times Q^{-1} \times Q \times D \times Q^{-1} = A^n \times A$.

Or $Q^{-1} \times Q \times D = I \times D = D$,

donc $Q \times D^n \times D \times Q^{-1} = A^{n+1}$.

Donc $Q \times D^{n+1} \times Q^{-1} = A^{n+1}$.

Conclusion. La proposition « $Q \times D^n \times Q^{-1} = A^n$ » est vraie pour $n = 1$ et est héréditaire, donc, pour tout entier n non nul, $Q \times D^n \times Q^{-1} = A^n$.

c. D est une matrice diagonale, donc $D^n = \begin{pmatrix} (-0{,}25)^n & 0 \\ 0 & 1 \end{pmatrix}$.

3. Par produit de matrices,

$$U_n = A^n \times U_0 = \begin{pmatrix} \left[0{,}3 + 0{,}7\times(-0{,}25)^n\right]\times 200 + \left[0{,}42 - 0{,}42\times(-0{,}25)^n\right]\times 500 \\ \left[0{,}5 - 0{,}5\times(-0{,}25)^n\right]\times 200 + \left[0{,}7 + 0{,}3\times(-0{,}25)^n\right]\times 500 \end{pmatrix}.$$

Donc $\begin{pmatrix} j_n \\ a_n \end{pmatrix} = \begin{pmatrix} 270 - 70\times(-0{,}25)^n \\ 450 + 50\times(-0{,}25)^n \end{pmatrix}$.

Or $(-0{,}25)$ appartient à $]-1\,;\,1[$, donc $\lim_{n\to+\infty}(-0{,}25)^n = 0$.

Donc $\lim_{n\to+\infty} j_n = 270$ et $\lim_{n\to+\infty} a_n = 450$.

b. La population de jeunes et d'adultes tend à se stabiliser respectivement à 270 et 450 individus.

SUJET 1

EXERCICE 1

4 points 50 min

Soit f la fonction définie sur l'intervalle $]-1\,;+\infty[$ par $f(x) = 3 - \dfrac{4}{x+1}$.

On considère la suite (u_n) définie pour tout $n \in \mathbb{N}$ par : $\begin{cases} u_0 = 4 \\ u_{n+1} = f(u_n) \end{cases}$.

1. On a tracé, ci-dessous, la courbe $\mathscr{C}_f$ représentative de la fonction f sur l'intervalle $[0\,;+\infty[$ et la droite D d'équation $y = x$.

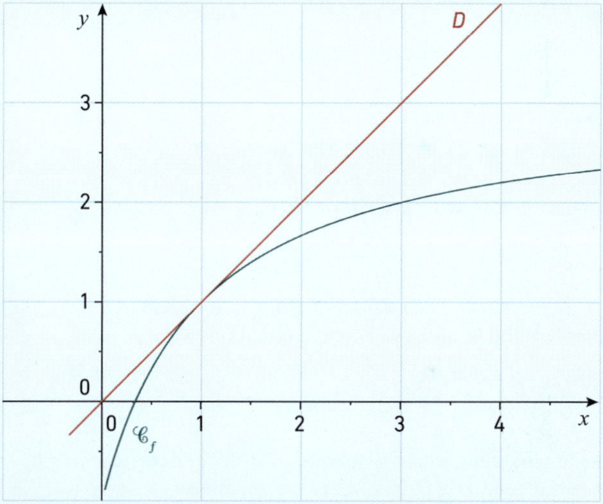

a. Sur le graphique, placer sur l'axe des abscisses, u_0, u_1, u_2 et u_3. Faire apparaître les traits de construction.

b. Que peut-on conjecturer sur le sens de variation et la convergence de la suite (u_n) ?

2. Dans cette question, nous allons démontrer les conjectures formulées à la question **1. b.**

a. Démontrer par un raisonnement par récurrence que $u_n \geqslant 1$ pour tout $n \in \mathbb{N}$.

b. Montrer que la fonction f est croissante sur $[0\,;+\infty[$. En déduire que pour tout entier naturel n, on a : $u_{n+1} \leqslant u_n$.

c. Déduire des questions précédentes que la suite (u_n) est convergente et calculer sa limite.

EXERCICE 2 4 points ●○○ 45 min

Une urne contient trois dés équilibrés. Deux d'entre eux sont verts et possèdent six faces numérotées de 1 à 6. Le troisième est rouge et possède deux faces numérotées 1 et quatre faces numérotées 6.

On prend un dé au hasard dans l'urne et on le lance. On note :

- V l'évènement « le dé tiré est vert » ;
- R l'évènement « le dé tiré est rouge » ;
- S_1 l'évènement « on obtient 6 au lancer du dé ».

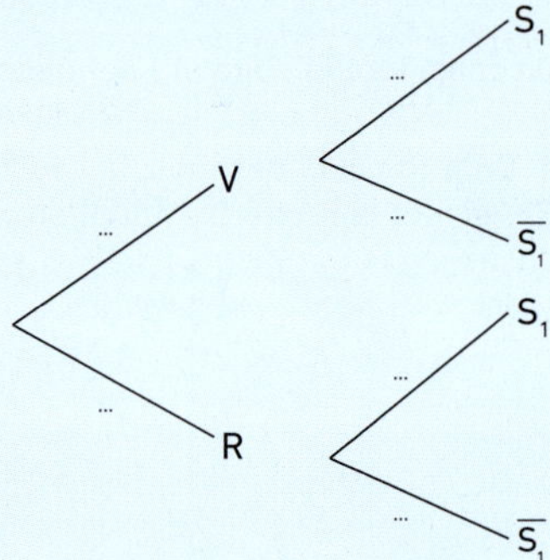

1. On tire au hasard un dé et on effectue un lancer de celui-ci.

a. Recopier et compléter l'arbre de probabilités ci-contre.

b. Calculer la probabilité $P(S_1)$.

2. On tire au hasard un dé de l'urne. On lance ensuite ce dé n fois de suite. On note S_n l'évènement : « on obtient 6 à chacun des n lancers ».

a. Démontrer que : $P(S_n) = \frac{2}{3} \times \left(\frac{1}{6}\right)^n + \frac{1}{3} \times \left(\frac{2}{3}\right)^n$.

b. Pour tout entier naturel n non nul, on note p_n la probabilité d'avoir tiré le dé rouge, sachant qu'on a obtenu le numéro 6 à chacun des n lancers.

Démontrer que : $p_n = \dfrac{1}{2 \times \left(\frac{1}{4}\right)^n + 1}$.

c. Déterminer le plus petit entier n_0 tel que $p_n \geqslant 0{,}999$ pour tout $n \geqslant n_0$.

EXERCICE 3 4 points ●○○ 50 min

On considère la fonction g définie sur $]0\,;+\infty[$ par $g(x) = x^2(1 - \ln x)$.

Partie A : Étude de la fonction g

1. Déterminer la limite de g en $+\infty$.

2. Déterminer la limite de g en 0.

3. Étudier les variations de la fonction g sur l'intervalle $]0\,;+\infty[$.

4. En utilisant les résultats précédents, étudier le signe de la fonction g sur l'intervalle $]0\,;+\infty[$.

Partie B : Représentation graphique et aire sous la courbe

Soit $\mathscr{C}_g$ la courbe représentative de la fonction g.

1. Tracer $\mathscr{C}_g$ dans un repère orthonormal ayant pour unité graphique 5 cm. On représentera la portion de courbe correspondant approximativement à l'intervalle $]0\ ;\ 3]$.

2. Déterminer une équation de la tangente à la courbe $\mathscr{C}_g$ au point d'abscisse 1. La tracer sur le graphique.

3. a. Vérifier que la fonction h définie par $h(x) = \dfrac{1}{9}x^3(4 - 3\ln x)$ est une primitive de g sur $]0\ ;\ +\infty[$.

b. Calculer l'aire en unités d'aire du domaine délimité par la courbe $\mathscr{C}_g$, l'axe des abscisses et les droites d'équations respectives $x = 1$ et $x = e$.

EXERCICE 4

3 points — 35 min

1. Résoudre dans $\mathbb{C}$ l'équation $z^2 - 2z + 5 = 0$.

2. Le plan complexe est rapporté à un repère orthonormal direct $(O\ ;\vec{u}\ ,\vec{v})$ d'unité graphique 2 cm.
On considère les points A, B, C, D et E d'affixes respectives $z_A = 1 + 2i$, $z_B = \overline{z_A}$, $z_C = 1 + \sqrt{3} + i$, $z_D = \overline{z_C}$ et $z_E = 1$.

a. Placer les points A, B et E dans le repère $(O\ ;\vec{u}\ ,\vec{v})$.

b. Écrire chacun des nombres suivants sous forme exponentielle : $z_A - z_E$, $z_B - z_E$, $z_C - z_E$ et $z_D - z_E$.

c. En déduire que les points A, B, C et D appartiennent à un même cercle Γ dont on précisera le centre et le rayon.

d. Quelle est la nature du triangle ABC ?

3. Construire les points C et D dans le repère $(O\ ;\vec{u}\ ,\vec{v})$.

Expliquer la construction proposée.

EXERCICE 5

5 points — 60 min

Pour chacune des propositions suivantes, indiquer si elle est vraie ou fausse et donner une justification de la réponse choisie. Une réponse non justifiée ne rapporte aucun point. Toutefois, toute trace de recherche, même incomplète, ou d'initiative, même non fructueuse, sera prise en compte dans l'évaluation.

L'espace est rapporté à un repère orthonormal $(O\ ;\vec{i}, \vec{j}, \vec{k})$. On considère le point A de coordonnées $(-1\ ;-1\ ;\ 1)$ et les droites D et D' de représentations paramétriques :

$$D\begin{cases}x=2t-1\\ y=-3t+2,\ t\in\mathbb{R}\\ z=t\end{cases}\quad \text{et}\quad D'\begin{cases}x=3t'\\ y=t'+2\ ,\ t'\in\mathbb{R}.\\ z=3t'-2\end{cases}$$

Proposition 1 : « Le point A appartient à la droite D ».

Proposition 2 : « Le plan P perpendiculaire à la droite D passant par le point O a pour équation : $2x - 3y + z = 0$ ».

Proposition 3 : « Les droites D et D' sont orthogonales ».

Proposition 4 : « Les droites D et D' sont coplanaires ».

Proposition 5 : « Le point d'intersection de D et de P a pour coordonnées $\left(\frac{1}{7};\frac{2}{7};\frac{4}{7}\right)$ ».

Corrigé du *SUJET 1*

EXERCICE 1 **Revoir le chapitre 1 : Suites numériques.**

1. a. Voir le dessin ci-dessous.

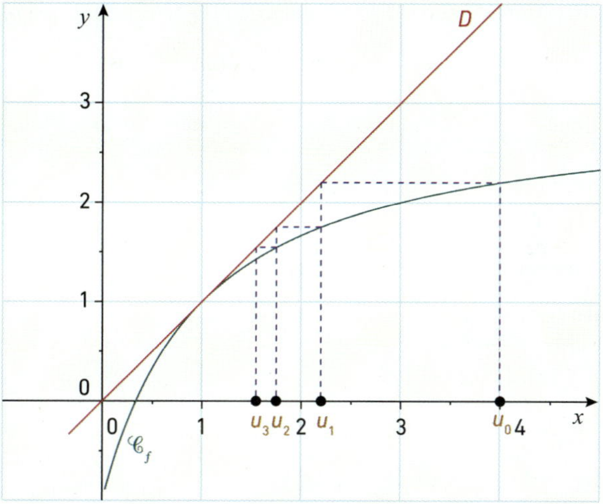

b. D'après le graphique ci-dessus, on peut conjecturer que la suite (u_n) est décroissante et convergente. Sa limite semble être 1.

2. a. Pour $n = 0$, $u_0 = 4$, donc $u_0 \geqslant 1$.

Soit n un entier naturel. Supposons que $u_n \geqslant 1$ et montrons que $u_{n+1} \geqslant 1$.

$u_n \geqslant 1$, donc $u_n + 1 \geqslant 2$, donc $\dfrac{4}{u_n+1} \leqslant 2$, donc $-\dfrac{4}{u_n+1} \geqslant -2$, donc $3-\dfrac{4}{u_n+1} \geqslant 1$.

Donc, $u_{n+1} \geqslant 1$.

Conclusion : la proposition « $u_n \geqslant 1$ » est vraie pour $n = 0$ et est héréditaire, donc pour tout $n \in \mathbb{N}$, $u_n \geqslant 1$.

b. La fonction f est dérivable sur $]-1\ ;+\infty[$ comme quotient et somme de fonctions dérivables et $f'(x) = \dfrac{4}{(x+1)^2}$. Donc, pour tout x de $]-1\ ;+\infty[$, $f'(x) > 0$. Donc f est strictement croissante sur $]-1\ ;+\infty[$.

De plus, $u_0 = 4$ et $u_1 = f(u_0) = 3 - \dfrac{4}{4+1} = \dfrac{11}{5}$, donc $u_1 \leqslant u_0$.

Soit n un entier naturel. Supposons que $u_{n+1} \leqslant u_n$ et montrons que $u_{n+2} \leqslant u_{n+1}$.

La fonction f est croissante sur $]-1\ ;+\infty[$, donc $f(u_{n+1}) \leqslant f(u_n)$, donc $u_{n+2} \leqslant u_{n+1}$.

Conclusion : la proposition « $u_{n+1} \leqslant u_n$ » est vraie pour $n = 0$ et est héréditaire, donc pour tout $n \in \mathbb{N}$, $u_{n+1} \leqslant u_n$.

c. La suite (u_n) est décroissante et minorée, donc elle converge. Soit l sa limite.

$\lim\limits_{n\to+\infty} u_n = l$, or f est continue sur $]-1\ ;+\infty[$, donc $\lim\limits_{n\to+\infty} f(u_n) = f(l)$, donc $\lim\limits_{n\to+\infty} u_{n+1} = f(l)$.

Or, $\lim\limits_{n\to+\infty} u_{n+1} = \lim\limits_{n\to+\infty} u_n = l$.

Donc, $f(l) = l$. Donc $3 - \dfrac{4}{l+1} = l$, donc $3l + 3 - 4 = l^2 + l$, donc $l^2 - 2l + 1 = 0$.

Donc $(l-1)^2 = 0$, donc $l = 1$. Donc $\lim\limits_{n\to+\infty} u_n = 1$.

EXERCICE 2 **Revoir les chapitres 11 et 12.**

1. a. Voir l'arbre ci-contre.

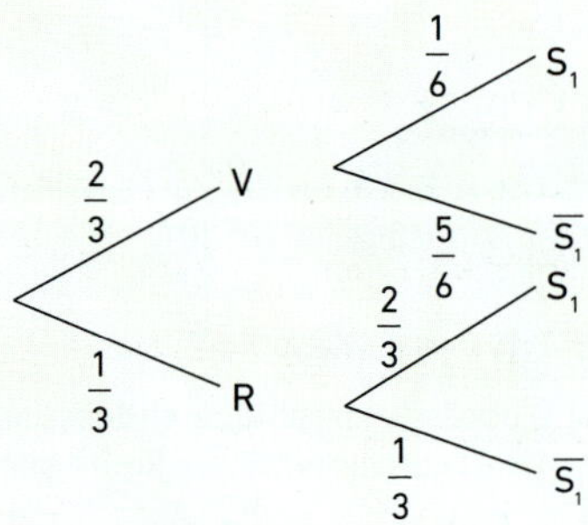

b. V et R sont deux événements disjoints.

Donc, $P(S_1) = P(V \cap S_1) + P(R \cap S_1)$.

Donc $P(S_1) = \dfrac{2}{3} \times \dfrac{1}{6} + \dfrac{1}{3} \times \dfrac{2}{3} = \dfrac{1}{3}$.

2. a. Les lancers successifs de chaque dé sont indépendants.

Donc, $P_V(S_n) = \left(\dfrac{1}{6}\right)^n$ et $P_R(S_n) = \left(\dfrac{2}{3}\right)^n$.

> **RAPPEL**
>
> *Lorsque $P(B) \neq 0$, $P_B(A) = \dfrac{P(A \cap B)}{P(B)}$.*

Donc, $P(S_n) = P(V) \times P_V(S_n) + P(R) \times P_R(S_n)$

$$= \frac{2}{3} \times \left(\frac{1}{6}\right)^n + \frac{1}{3} \times \left(\frac{2}{3}\right)^n.$$

b. $p_n = P_{S_n}(R) = \dfrac{P(R \cap S_n)}{P(S_n)} = \dfrac{\frac{1}{3} \times \left(\frac{2}{3}\right)^n}{\frac{2}{3} \times \left(\frac{1}{6}\right)^n + \frac{1}{3} \times \left(\frac{2}{3}\right)^n}$.

Donc, $p_n = \dfrac{1}{\left[\frac{2}{3} \times \left(\frac{1}{6}\right)^n + \frac{1}{3} \times \left(\frac{2}{3}\right)^n\right] \times 3 \times \left(\frac{3}{2}\right)^n} = \dfrac{1}{2 \times \left(\frac{1}{4}\right)^n + 1}$.

c. $p_n \geqslant 0{,}999 \Leftrightarrow \dfrac{1}{2\times\left(\dfrac{1}{4}\right)^n+1} \geqslant 0{,}999 \Leftrightarrow \dfrac{1}{0{,}999} \geqslant 2\times\left(\dfrac{1}{4}\right)^n+1$

$$\Leftrightarrow \frac{1}{2}\left(\frac{1}{0{,}999}-1\right) \geqslant \left(\frac{1}{4}\right)^n \Leftrightarrow \ln\left[\frac{1}{2}\left(\frac{1}{0{,}999}-1\right)\right] \geqslant n\ln\left(\frac{1}{4}\right)$$

$$\Leftrightarrow n \geqslant \frac{\ln\left[\frac{1}{2}\left(\frac{1}{0{,}999}-1\right)\right]}{-\ln(4)}, \text{ car } \ln\left(\frac{1}{4}\right) = -\ln(4) \text{ et } -\ln(4) < 0.$$

Or $\dfrac{\ln\left[\frac{1}{2}\left(\frac{1}{0{,}999}-1\right)\right]}{-\ln(4)} \approx 5{,}482...$ Donc, $p_n \geqslant 0{,}999$ dès que $n \geqslant 6$.

> **RAPPEL**
> *Pour tout réel $a > 0$, $\ln\left(\dfrac{1}{a}\right) = -\ln a$.*

EXERCICE 3 Revoir les chapitres 2, 4 et 5.

Partie A 1. $\lim\limits_{x\to+\infty} \ln(x) = +\infty$, donc $\lim\limits_{x\to+\infty} 1-\ln(x) = -\infty$.

$\lim\limits_{x\to+\infty} x^2 = +\infty$, donc, par produit, $\lim\limits_{x\to+\infty} g(x) = -\infty$.

2. $g(x) = x^2(1 - \ln x) = x^2 - x^2 \ln x$. $\lim\limits_{x\to 0} x^2 \ln(x) = 0$, limite de référence.

Donc, par somme $\lim\limits_{x\to 0} g(x) = 0$.

> **RAPPEL**
> *Pour tout entier naturel non nul n,*
> $\lim\limits_{x\to+\infty} \dfrac{\ln x}{x^n} = 0$ *et* $\lim\limits_{\substack{x\to 0\\x>0}} x^n \ln x = 0$.

3. g est dérivable sur $]0\,;+\infty[$ comme produit de fonctions dérivables.

$$g'(x) = 2x\times(1-\ln x) + x^2\times\left(-\frac{1}{x}\right)$$
$$= x - 2x\ln x = x(1-2\ln x).$$

Pour tout x de $]0\,;+\infty[$, $x > 0$. Donc, $g'(x)$ est du signe de $1 - 2\ln x$.

$1-2\ln x = 0 \Leftrightarrow \ln x = \dfrac{1}{2} \Leftrightarrow x = e^{\frac{1}{2}}$ et

$1-2\ln x > 0 \Leftrightarrow \ln x < \dfrac{1}{2} \Leftrightarrow x < e^{\frac{1}{2}}$.

Donc g est strictement croissante sur $\left]0\,; e^{\frac{1}{2}}\right]$ et strictement décroissante sur $\left[e^{\frac{1}{2}}\,;+\infty\right[$.

x	0		$e^{\frac{1}{2}}$		$+\infty$
$g'(x)$		$+$	0	$-$	
$g(x)$	0	↗	$\dfrac{e}{2}$	↘	$-\infty$

4. D'après l'étude précédente, g est strictement positive sur $\left]0\,;\,e^{\frac{1}{2}}\right]$ et change de signe sur $\left[e^{\frac{1}{2}}\,;\,+\infty\right[$.

De plus $g(x) = 0 \Leftrightarrow 1 - \ln x = 0 \Leftrightarrow x = e$.

Donc, $g(x)$ est strictement positif sur $]0\,;\,e[$ et strictement négatif sur $]e\,;\,+\infty[$.

Partie B 1. Courbe (échelle réduite)

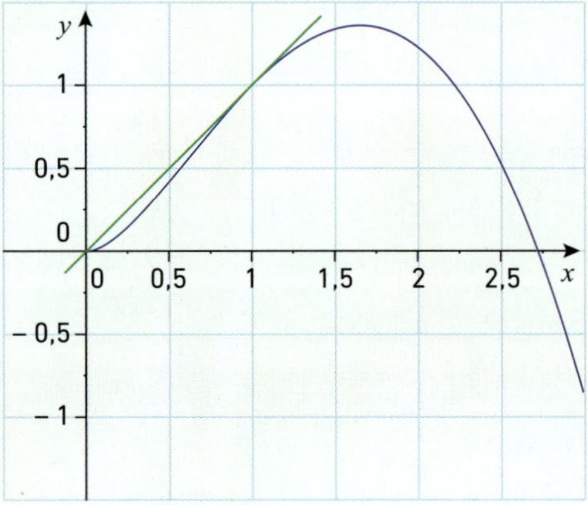

2. L'équation de la tangente est $y = g'(1)(x-1) + g(1)$.

Or $g'(1) = 1 \times (1 - 2\ln 1) = 1$ et $g(x) = 1^2(1 - \ln 1) = 1$.

Donc, l'équation est $y = x$.

3. a. h est dérivable sur $]0\,;\,+\infty[$ comme produit de fonctions dérivables.

$$h'(x) = \frac{1}{9} \times 3x^2 \times (4 - 3\ln x) - \frac{1}{9}x^3 \times \frac{3}{x} = x^2 - x^2 \ln x.$$

Donc, $h'(x) = g(x)$.

Donc h est une primitive de g sur $]0\,;\,+\infty[$.

b. La fonction h est continue et positive sur $[1\,;\,e]$, donc l'aire cherchée, en unités d'aire, est $\int_1^e g(t)dt = \left[h(t)\right]_1^e = h(e) - h(1)$.

Or $h(e)=\frac{1}{9}e^3(4-3\ln e)=\frac{1}{9}e^3$ et $h(1)=\frac{1}{9}\times 1^3(4-3\ln 1)=\frac{4}{9}$.

Donc l'aire est égale à $\frac{1}{9}e^3-\frac{4}{9}$ unités d'aires.

EXERCICE 4 Revoir le chapitre 7 : Nombres complexes.

1. Résolvons dans $\mathbb{C}$ l'équation $z^2-2z+5=0$.
$\Delta=(-2)^2-4\times 1\times 5=-16$. $\Delta<0$, donc l'équation admet deux racines complexes conjuguées : $z_1=\frac{2+i\sqrt{16}}{2}=1+2i$ et $z_2=\overline{z_1}=1-2i$.

2. a. Figure (voir ci-contre).

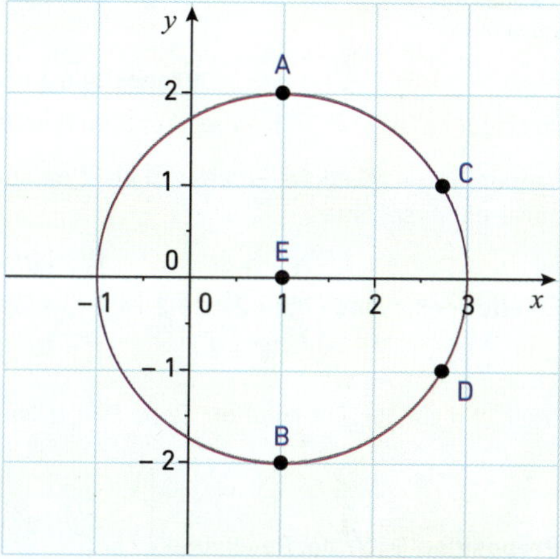

b. $z_A-z_E=2i=2e^{i\frac{\pi}{2}}$, $z_B-z_E=-2i=2e^{-i\frac{\pi}{2}}$.

$z_C-z_E=\sqrt{3}+i$.

Donc $|z_C-z_E|=\sqrt{\sqrt{3}^2+1^2}=2$.

Posons $\theta=\arg(z)+2k\pi$, $k\in\mathbb{Z}$.

$\cos\theta=\frac{\sqrt{3}}{2}$ et $\sin\theta=\frac{1}{2}$,

donc, $\theta=\frac{\pi}{6}+2k\pi$, $k\in\mathbb{Z}$.

Donc, $z_C-z_E=2e^{i\frac{\pi}{6}}$.

$z_D-z_E=\sqrt{3}-i=\overline{(z_C-z_E)}$,

donc, $z_D-z_E=2e^{-i\frac{\pi}{6}}$.

c. On remarque que z_A-z_E, z_B-z_E, z_C-z_E et z_D-z_E ont tous le même module 2.

Donc EA = EB = EC = ED = 2. Donc A, B, C et D appartiennent au cercle de centre E et de rayon 2.

> **RAPPEL**
>
> *Pour tout nombre complexe z non nul,* $|\overline{z}|=|z|$ *et* $\arg(\overline{z})=-\arg(z)+2k\pi$, $k\in\mathbb{Z}$.

d. $\frac{z_A+z_B}{2}=z_E$, donc [AB] est un diamètre du cercle.

Ainsi, ABC est un triangle inscrit dans le cercle de diamètre [AB]. Donc, ABC est rectangle en C.

3. Pour construire C et D, on trace le cercle de centre E et de rayon 2. C est sur le cercle, a pour ordonnée 1 et son abscisse est positive. D est son symétrique par rapport à l'axe des abscisses.

EXERCICE 5 **Revoir les chapitres 9 et 10.**

Proposition 1 : Fausse. En effet, si l'on résout le système $\begin{cases} 2t-1=-1 \\ -3t+2=-1, \\ t=1 \end{cases}$

on obtient $\begin{cases} t=0 \\ t=1 \\ t=1 \end{cases}$, donc le système n'a aucune solution.

> **RAPPEL**
> *Le plan d'équation $ax+by+cz+d=0$ admet le vecteur $\vec{n}(a\,;b\,;c)$ pour vecteur normal.*

Proposition 2 : Vraie. En effet, un vecteur directeur de D est $\vec{u}(2\,;-3\,;1)$. Le plan est perpendiculaire à D, donc $\vec{u}$ est un vecteur normal au plan. Son équation est donc de la forme : $2x-3y+z+d=0$. Or le plan passe par O, donc $2\times 0-3\times 0+0+d=0$, donc $d=0$.

Proposition 3 : Fausse. En effet, $\vec{u}(2\,;-3\,;1)$ est un vecteur directeur de D et $\vec{v}(3\,;1\,;3)$ un vecteur directeur de D'. Donc : $\vec{u}\cdot\vec{v}=2\times3-3\times1+1\times3=6\neq0$

Proposition 4 : Fausse. En effet, D et D' ne sont ni parallèles ($\vec{u}$ et $\vec{v}$ ne sont pas colinéraires) ni sécantes.

En effet, résolvons $\begin{cases} 2t-1=3t' \\ -3t+2=t'+2 \\ t=3t'-2 \end{cases} \Leftrightarrow \begin{cases} 2\times(3t'-2)-1=3t' \\ -3\times(3t'-2)+2=t'+2 \\ t=3t'-2 \end{cases} \Leftrightarrow \begin{cases} t'=\dfrac{5}{3} \\ t'=0{,}6 \\ t=3t'-2 \end{cases}$.

Donc, il n'y a aucune solution. Donc D et D' ne sont pas coplanaires.

Proposition 5 : Vraie. Résolvons $\begin{cases} x=2t-1 \\ y=-3t+2 \\ z=t \\ 2x-3y+z=0 \end{cases}$.

En reportant dans la dernière équation les expressions des lignes précédentes :

$2\times(2t-1)-3\times(-3t+2)+t=0 \Leftrightarrow t=\dfrac{4}{7}$.

Donc : $x=2\times\dfrac{4}{7}-1=\dfrac{1}{7}$, $y=-3\times\dfrac{4}{7}+2=\dfrac{2}{7}$ et $z=\dfrac{4}{7}$.

SUJET 2

EXERCICE 1

Pour chacune des quatre questions, **4 points** ●●○ 40 min
une seule des quatre propositions est exacte.
Le candidat indiquera sur la copie le numéro de la question et la lettre correspondant à la réponse choisie, sans justification.
Il sera attribué un point si la réponse est exacte, zéro sinon.

1. On désigne par A et B deux évènements indépendants d'un univers muni d'une loi de probabilité p.

On sait que $p(A \cup B) = \frac{4}{5}$ et $p(\bar{A}) = \frac{3}{5}$.

La probabilité de l'évènement B est égale à :

a. $\frac{2}{5}$. **b.** $\frac{2}{3}$. **c.** $\frac{3}{5}$. **d.** $\frac{1}{2}$.

2. On note X une variable aléatoire continue qui suit une loi exponentielle de paramètre $\lambda = 0{,}04$.
On rappelle que pour tout réel t positif, la probabilité de l'évènement $(X \leqslant t)$, notée $p(X \leqslant t)$, est donnée par $p(X \leqslant t) = \int_0^t \lambda e^{-\lambda x} \mathrm{d}x$.

La valeur approchée de $p(X > 5)$ à 10^{-2} près par excès est égale à :

a. 0,91. **b.** 0,18. **c.** 0,19. **d.** 0, 82.

3. Dans ma rue, il pleut un soir sur quatre.
S'il pleut, je sors mon chien avec une probabilité égale à $\frac{1}{10}$; s'il ne pleut pas, je sors mon chien avec une probabilité égale à $\frac{9}{10}$.

Je sors mon chien ; la probabilité qu'il ne pleuve pas est égale à :

a. $\frac{9}{10}$. **b.** $\frac{27}{40}$. **c.** $\frac{3}{4}$. **d.** $\frac{27}{28}$.

4. 28 % des habitants d'un pays disposent d'une connexion haut débit à Internet.
L'intervalle de fluctuation asymptotique au seuil de 95 % de la proportion d'habitants disposant d'une connexion haut débit dans un échantillon de taille 100 est :
a. [0,192 ; 0,368].
b. [0,18 ; 0,38].
c. [0,19 ; 0,37].
d. [0,202 ; 0,358].

EXERCICE 2 On considère la fonction f **7 points** ●●○ 1 h 20 min

définie sur $\mathbb{R}$ par $f(x) = \ln(1 + e^{-x}) + \frac{1}{3}x$.

La courbe $(\mathscr{C})$ représentative de la fonction f dans le plan muni d'un repère orthogonal est donnée ci-dessous.

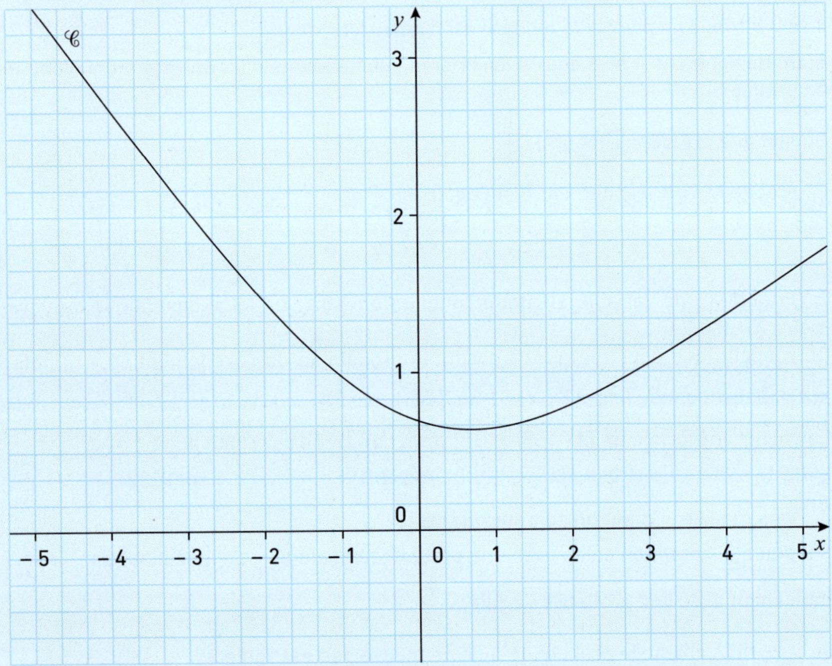

Partie A

1. a. Déterminer la limite de la fonction f en $+\infty$.

b. Montrer que la droite (D) d'équation $y = \frac{1}{3}x$ est asymptote à la courbe $(\mathscr{C})$. Tracer (D).

c. Étudier la position relative de (D) et de $(\mathscr{C})$.

d. Montrer que pour tout réel x, $f(x) = \ln(e^{x} + 1) - \frac{2}{3}x$.

e. En déduire la limite de f en $-\infty$.

2. a. On note f' la fonction dérivée de la fonction f.

Montrer que pour tout x réel, $f'(x) = \dfrac{e^x - 2}{3(e^x + 1)}$.

b. En déduire les variations de la fonction f.

Partie B

Soit n un entier naturel non nul. On appelle d_n, l'aire, en unités d'aire, du domaine du plan délimité par la courbe ($\mathscr{C}$), la droite (D) d'équation $y = \dfrac{1}{3}x$ et les droites d'équations $x = 0$ et $x = n$.

1. Justifier que pour tout entier naturel n non nul, $d_n = \int_0^n \ln(1 + e^{-x})\mathrm{d}x$.

2. On admet que pour tout réel x, $\ln(1 + e^{-x}) \leqslant e^{-x}$.
Montrer que pour tout entier naturel n supérieur ou égal à 1, $d_n \leqslant 1$.

3. $(d_n)_{n \geqslant 1}$ est-elle convergente ?

Partie C

Dans cette partie, on cherche à mettre en évidence une propriété de la courbe ($\mathscr{C}$).
On note (T) la tangente à la courbe ($\mathscr{C}$) au point d'abscisse 0.

1. Calculer le coefficient directeur de (T) puis construire (T) sur le graphique.

2. *Dans cette question, toute trace de recherche, même incomplète, ou d'initiative, même non fructueuse, sera prise en compte dans l'évaluation.*
Soient M et N deux points de la courbe ($\mathscr{C}$) d'abscisses non nulles et opposées.
Montrer que la droite (MN) est parallèle à la droite (T).

EXERCICE 3

5 points ●●● 60 min

On considère un cube ABCDEFGH d'arête de longueur 1.
On désigne par I le milieu de [EF] et par J le symétrique de E par rapport à F.
Dans tout l'exercice, l'espace est rapporté au repère orthonormal $(A ; \overrightarrow{AB}, \overrightarrow{AD}, \overrightarrow{AE})$.

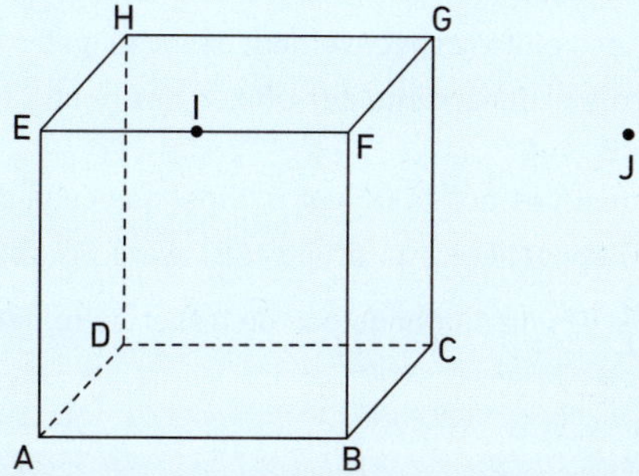

1. a. Déterminer les coordonnées des points I et J.
b. Vérifier que le vecteur $\overrightarrow{DJ}$ est un vecteur normal au plan (BGI).
c. En déduire une équation cartésienne du plan (BGI).
d. Tracer la section du cube par le plan (BGI) puis par le plan parallèle au plan (BGI) passant par E.

2. On note (Δ) la droite passant par F et orthogonale au plan (BGI).
a. Donner une représentation paramétrique de la droite (Δ).
b. Montrer que la droite (Δ) passe par le centre K de la face ADHE.
c. Montrer que la droite (Δ) et le plan (BGI) sont sécants en un point, noté L, de coordonnées $\left(\frac{2}{3}, \frac{1}{6}, \frac{5}{6}\right)$.
d. *Dans cette question, toute trace de recherche, même incomplète, sera prise en compte dans l'évaluation.*
Le point L est-il l'orthocentre du triangle BGI ?

EXERCICE 4 — 4 points — ●●○ 60 min

Le plan complexe est rapporté à un repère orthonormal direct $(O\,;\vec{u}, \vec{v})$ (unité graphique : 2 cm).

On considère les points A, B et C d'affixes respectives : $z_A = -\frac{3}{2} + i\frac{\sqrt{3}}{2}$, $z_B = \overline{z_A}$ et $z_C = -3$.

Partie A

1. Écrire les nombres complexes z_A et z_B sous forme exponentielle.
2. Placer les points A, B et C.
3. Démontrer que le triangle ABC est équilatéral.

Partie B

Soit f l'application qui, à tout point M du plan d'affixe z, associe le point M′ d'affixe $z' = \frac{1}{3}iz^2$.

On note O′, A′, B′ et C′ les points respectivement associés par f aux points O, A, B et C.
1. a. Déterminer la forme exponentielle des affixes des points A′, B′ et C′.
b. Placer les points A′, B′ et C′.
c. Démontrer l'alignement des points O, A et B′ ainsi que celui des points O, B et A′.
2. Démontrer que si M appartient à la droite (AB) alors M′ appartient à la parabole d'équation $y = -\frac{1}{3}x^2 + \frac{3}{4}$. (On ne demande pas de tracer cette parabole).

Corrigé du *SUJET 2*

EXERCICE 1 Chapitres 11 à 13 : Probabilités

1. Réponse **b.** $p(\bar{A}) = \frac{3}{5}$, donc $p(A) = 1 - p(\bar{A}) = 1 - \frac{3}{5} = \frac{2}{5}$.

A et B sont indépendants, donc $p(A \cap B) = p(A) \times p(B) = \frac{2}{5} \times p(B)$.

De plus $p(A \cap B) = p(A) + p(B) - p(A \cup B)$, donc $\frac{2}{5}p(B) = \frac{2}{5} + p(B) - \frac{4}{5}$.

On en déduit que $\frac{2}{5} = \frac{3}{5} \times p(B)$, soit $p(B) = \frac{2}{3}$.

À RETENIR

Une primitive de $u'e^u$ est e^u.

2. Réponse **d.** $p(X > 5) = 1 - p(X \leqslant 5) = 1 - \int_0^5 0{,}04\mathrm{e}^{-0{,}04x}\mathrm{d}x$.

Or $x \mapsto e^{-0{,}04x}$ est une primitive de $x \mapsto -0{,}04e^{-0{,}04x}$, donc

$p(X > 5) = 1 + \left[e^{-0{,}04x}\right]_0^5 = 1 + (e^{-0{,}04 \times 5} - e^0) = e^{-0{,}2} \approx 0{,}82$

à 10^{-2} près par excès.

3. Réponse **d.** On note P l'événement « il pleut dans ma rue ce soir » et S l'événement « je sors mon chien ce soir ».

La probabilité qu'il ne pleuve pas, sachant que je sors mon chien, est notée $p_S(\bar{P})$.

Avec les données de l'énoncé on peut construire l'arbre ci-contre.

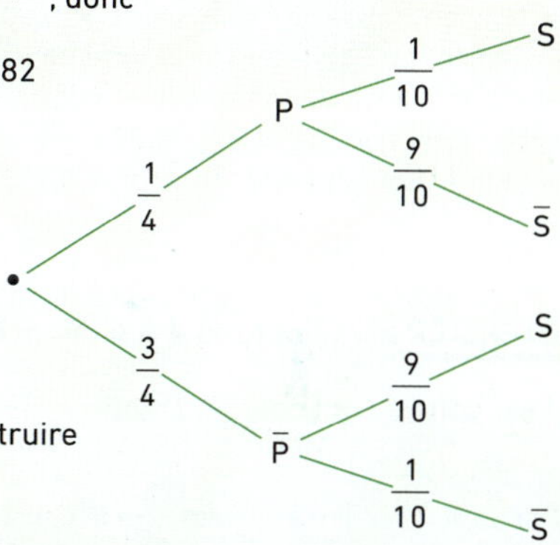

$p_S(\bar{P}) = \frac{p(\bar{P} \cap S)}{p(S)}$.

D'une part, $p(\bar{P} \cap S) = p(\bar{P}) \times p_{\bar{P}}(S) = \frac{3}{4} \times \frac{9}{10} = \frac{27}{40}$.

D'autre part, $p(S) = p(P \cap S) + p(\bar{P} \cap S) = \frac{1}{4} \times \frac{1}{10} + \frac{3}{4} \times \frac{9}{10} = \frac{28}{40}$.

Donc, $p_S(\bar{P}) = \frac{\frac{27}{40}}{\frac{28}{40}} = \frac{27}{28}$.

4. Réponse **a.** Si on note $p = 0,28$ la proportion de connectés au haut débit dans la population, l'intervalle de fluctuation asymptotique au seuil de 95 % de la proportion d'habitants disposant d'une connexion haut débit dans un échantillon de taille $n = 100$ est $\left[p - 1{,}96\frac{\sqrt{p(1-p)}}{\sqrt{n}} ; p + 1{,}96\frac{\sqrt{p(1-p)}}{\sqrt{n}}\right]$.

L'intervalle recherché est donc [0,192 ; 0,368].

On peut remarquer que les deux intervalles proposés dans les réponses **b.** et **c.** sont deux autres intervalles de fluctuation à 95 % :

- l'intervalle [0,18 ; 0,38] est l'intervalle $\left[p - \frac{1}{\sqrt{n}} ; p + \frac{1}{\sqrt{n}}\right]$ obtenu en classe de Seconde ;
- l'intervalle [0,19 ; 0,37] est l'intervalle $\left[\frac{a}{n} ; \frac{b}{n}\right]$ obtenu en classe de Première : si X est une variable aléatoire qui suit la loi binomiale $B(100 ; 0{,}28)$ alors on trouve dans la table ci-contre que le plus entier a tel que $P(X \leqslant a) > 0{,}025$ est $a = 19$ et que le plus entier b tel que $P(X \leqslant b) \geqslant 0{,}975$ est $b = 37$.

	A	B
1	k	P(X <= k)
20	18	0,014 4
21	19	0,025 9
22	20	0,044 0
38	36	0,968 4
39	37	0,980 7
40	38	0,988 7

EXERCICE 2 Chapitres 4 à 6 : Fonctions ln et exp et intégration

f est définie sur $\mathbb{R}$ par $f(x) = \ln(1 + e^{-x}) + \frac{1}{3}x$.

Partie A 1. a. $\lim\limits_{x \to +\infty} e^{-x} = \lim\limits_{x \to +\infty} \frac{1}{e^x} = 0$ car $\lim\limits_{x \to +\infty} e^x = +\infty$.

Donc, $\lim\limits_{x \to +\infty} 1 + e^{-x} = 1$ et $\lim\limits_{x \to +\infty} \ln(1 + e^{-x}) = \ln(1) = 0$, puisque la fonction ln est continue en 1.

De plus, comme $\lim\limits_{x \to +\infty} \frac{1}{3}x = +\infty$, donc $\lim\limits_{x \to +\infty} f(x) = +\infty$.

b. $f(x) - \frac{1}{3}x = \ln(1 + e^{-x})$. Or $\lim\limits_{x \to +\infty} \ln(1 + e^{-x}) = 0$ d'après la question précédente.

Donc la droite (D) est bien asymptote à la courbe ($\mathscr{C}$) en $+\infty$.

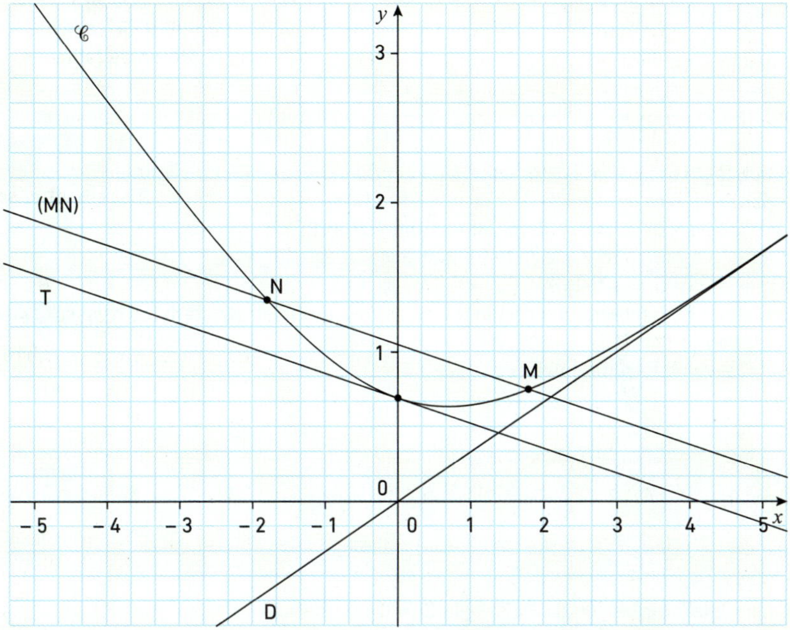

c. $f(x) - \dfrac{1}{3}x = \ln(1 + e^{-x})$. Or $1 + e^{-x} > 1$ pour tout réel x.

Donc $f(x) - \dfrac{1}{3}x > 0$ pour tout réel x.

On en déduit que la courbe ($\mathscr{C}$) est toujours au-dessus de (D).

À RETENIR

Pour comparer deux nombres ou deux fonctions, on étudie le signe de leur différence.

d. Pour tout réel x, $\ln(1+e^{-x}) = \ln\left(1+\dfrac{1}{e^x}\right) = \ln\left(\dfrac{e^x+1}{e^x}\right) = \ln(e^x+1) - \ln(e^x) = \ln(e^x+1) - x$.

Ainsi $f(x) = \ln(1+e^{-x}) + \dfrac{1}{3}x = \ln(e^x+1) - x + \dfrac{1}{3}x = \ln(e^x+1) - \dfrac{2}{3}x$.

e. $\lim\limits_{x\to-\infty} e^x + 1 = 1$, donc $\lim\limits_{x\to-\infty} \ln(e^x+1) = \ln(1) = 0$.

De plus, $\lim\limits_{x\to-\infty} -\dfrac{2}{3}x = +\infty$, donc $\lim\limits_{x\to-\infty} f(x) = +\infty$.

2. a. La dérivée de $x \mapsto 1 + e^x$ est $x \mapsto e^x$ et celle de ln(u) est $\dfrac{u'}{u}$ si u est une fonction dérivable.

Donc, $f'(x) = \dfrac{e^x}{e^x+1} - \dfrac{2}{3} = \dfrac{3e^x - 2(e^x+1)}{3\times(e^x+1)} = \dfrac{e^x-2}{3(e^x+1)}$ pour tout réel x.

b. Pour tout réel x, $e^x + 1 > 0$, donc $f'(x)$ est du signe de son numérateur, $e^x - 2$.

$e^x - 2 = 0 \quad \Leftrightarrow \quad e^x = 2 \quad \Leftrightarrow \quad x = \ln(2)$

et $e^x - 2 > 0 \quad \Leftrightarrow \quad e^x > 2 \quad \Leftrightarrow \quad \ln(e^x) > \ln(2)$

puisque la fonction ln est strictement croissante sur $]0\,;+\infty[$.

Ainsi, $e^x - 2 > 0 \Leftrightarrow x > \ln(2)$.

f est donc strictement décroissante sur $]-\infty\,; \ln(2)]$ et strictement croissante sur $[\ln(2)\,;+\infty[$.

Son tableau de variation est :

x	$-\infty$	$\ln(2)$	$+\infty$
f	$+\infty$	0,64	$+\infty$

$f(\ln(2)) = \ln(e^{\ln(2)}+1) - \dfrac{2}{3}\ln(2) = \ln(3) - \dfrac{2}{3}\ln(2) \approx 0{,}64.$

Partie B 1. Comme la courbe ($\mathscr{C}$) est au-dessus de la droite (D), l'aire d_n du domaine du plan délimité par la courbe ($\mathscr{C}$), la droite (D) d'équation $y = \dfrac{1}{3}x$ et les droites d'équations $x = 0$ et $x = n$ est bien $d_n = \displaystyle\int_0^n \left(f(x) - \frac{1}{3}x\right)\mathrm{d}x = \int_0^n \ln(1+e^{-x})\,\mathrm{d}x$.

2. Pour tout réel x, $\ln(1 + e^{-x}) \leqslant e^{-x}$, donc $\displaystyle\int_0^n \ln(1+e^{-x})\,\mathrm{d}x \leqslant \int_0^n e^{-x}\,\mathrm{d}x$.

Or, $\displaystyle\int_0^n e^{-x}\,\mathrm{d}x = \left[-e^{-x}\right]_0^n = 1 - e^{-n}$.

Pour tout entier naturel n supérieur ou égal à 1, $e^{-n} > 0$.

Donc $\displaystyle\int_0^n e^{-x}\,\mathrm{d}x < 1$ et l'on a bien $d_n \leqslant 1$.

3. Montrons que $(d_n)_{n\geqslant 1}$ est une suite croissante.

$d_{n+1} - d_n = \displaystyle\int_0^{n+1} \ln(1+e^{-x})\,\mathrm{d}x - \int_0^n \ln(1+e^{-x})\,\mathrm{d}x = \int_n^{n+1} \ln(1+e^{-x})\,\mathrm{d}x.$

Or, sur l'intervalle $[n \,;\, n+1]$, la fonction $x \mapsto \ln(1+e^{-x})$ est positive, car $1 + e^{-x} > 1$.
L'intégrale d'une fonction positive étant positive, $d_{n+1} - d_n \geqslant 0$ pour tout entier n non nul, donc $(d_n)_{n \geqslant 1}$ est bien une suite croissante.
La suite $(d_n)_{n \geqslant 1}$ est donc croissante et majorée (par 1) : elle est convergente.

> **À RETENIR**
>
> *La relation de Chasles pour les intégrales est $\int_a^b f(x)dx + \int_b^c f(x)dx = \int_a^c f(x)dx$.*
>
> *De plus $\int_b^a f(x)dx = -\int_a^b f(x)dx$.*

Partie C 1. Le coefficient directeur de (T) est $f'(0)$.

$$f'(0) = \frac{e^0 - 2}{3(e^0+1)} = \frac{1-2}{3 \times (1+1)} = -\frac{1}{6}.$$

2. Soit M un point de la courbe ($\mathscr{C}$) d'abscisse non nulle x et N le point de ($\mathscr{C}$) d'abscisse $-x$.
Le coefficient directeur de la droite (MN) est :

$$\frac{y_M - y_N}{x_M - x_N} = \frac{f(x) - f(-x)}{x - (-x)} = \frac{\left(\ln(1+e^{x}) - \dfrac{2}{3}x\right) - \left(\ln(1+e^{-(-x)}) + \dfrac{1}{3} \times (-x)\right)}{2x}$$

$$= \frac{-\dfrac{1}{3}x}{2x} = -\frac{1}{6}.$$

Les droites (MN) et (T) ont même coefficient directeur : elles sont parallèles.

EXERCICE 3 Chapitres 8 à 10 : Géométrie dans l'espace

Dans tout l'exercice, l'espace est rapporté au repère orthonormal $(A ; \overrightarrow{AB}, \overrightarrow{AD}, \overrightarrow{AE})$.

1. a. $\overrightarrow{AI} = \frac{1}{2}\overrightarrow{AB} + 0\overrightarrow{AD} + 1\overrightarrow{AE}$, donc I a pour coordonnées $\left(\frac{1}{2} ; 0 ; 1\right)$.

$\overrightarrow{EJ} = 2\overrightarrow{EF}$, donc $\overrightarrow{AI} = 2\overrightarrow{AB} + 0\overrightarrow{AD} + 1\overrightarrow{AE}$ et J a pour coordonnées $(2 \,;\, 0 \,;\, 1)$.

b. Montrons que $\overrightarrow{DJ}$ est orthogonal à deux vecteurs non colinéaires du plan (BGI).

$D(0 \,;\, 1 \,;\, 0)$ et $\overrightarrow{DJ}(x_J - x_D \,;\, y_J - y_D \,;\, y_J - y_D)$, donc $\overrightarrow{DJ}(2 ; -1 ; 1)$.

$B(1 \,;\, 0 \,;\, 0)$, $G(1 \,;\, 1 \,;\, 1)$, et $I\left(\frac{1}{2} ; 0 ; 1\right)$, donc $\overrightarrow{BG}(0 ; 1 ; 1)$ et $\overrightarrow{BI}\left(-\frac{1}{2} ; 0 ; 1\right)$.

Dans le repère orthonormal $(A ; \overrightarrow{AB}, \overrightarrow{AD}, \overrightarrow{AE})$:

$\overrightarrow{DJ} \cdot \overrightarrow{BG} = 2 \times 0 + (-1) \times 1 + 1 \times 1 = 0$ et $\overrightarrow{DJ} \cdot \overrightarrow{BI} = 2 \times \left(-\frac{1}{2}\right) + (-1) \times 0 + 1 \times 1 = 0.$

Les vecteurs $\overrightarrow{BI}$ et $\overrightarrow{BG}$ n'étant pas colinéaires, on a montré que $\overrightarrow{DJ}$ est orthogonal à deux vecteurs non colinéaires du plan (BGI) : $\overrightarrow{DJ}$ est bien un vecteur normal au plan (BGI).

À RETENIR

Si $\vec{n}\,(a\,;b\,;c)$ est un vecteur normal à un plan P, alors une équation de P est $ax+by+cz+d=0$, où d est généralement obtenu en utilisant un point du plan P.

c. Une équation cartésienne du plan (BGI) est donc de la forme $2x - y + z + d = 0$.

Ce plan passe par le point B de coordonnées (1 ; 0 ; 0) donc $2 \times 1 - 0 + 0 + d = 0$ soit $d = -2$.

Une équation cartésienne du plan (BGI) est donc $2x - y + z - 2 = 0$.

d. Le plan (BGI) coupe le cube selon les droites (BG), (GI) et (IB).

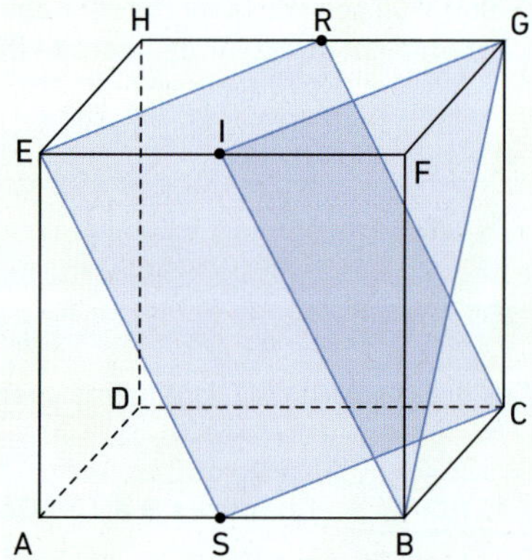

Soit (P) le plan parallèle à (BGI) passant par E. Deux plans parallèles coupent un plan selon deux droites parallèles donc (P) coupe les faces (EFGH) et (EFBA) selon deux droites (ER) et (ES) telles que (ER) soit parallèle à (IG) et (ES) soit parallèle à (IB). Comme I est le milieu de [EF], les points R et S sont les milieux respectifs des segments [HG] et [AB]. Un plan coupe deux plans parallèles selon deux droites parallèles, donc on trace la parallèle à (ER) passant par S et la parallèle à (ES) passant par R. Ces droites se coupent en C, l'intersection du plan (P) avec le cube est donc le quadrilatère (ERCS).

2. On note (Δ) la droite passant par F et orthogonale au plan (BGI).

a. $\overrightarrow{DJ}$ est un vecteur directeur de (Δ) et F a pour coordonnées (1 ; 0 ; 1).

Donc, une représentation paramétrique de la droite (Δ) est $\begin{cases} x = 1 + 2 \times t \\ y = 0 - 1 \times t \\ z = 1 + 1 \times t \end{cases}$ ou encore

$\begin{cases} x = 1 + 2t \\ y = -t \\ z = 1 + t \end{cases}$, avec $t \in \mathbb{R}$.

b. Le centre K de la face ADHE a pour coordonnées $\left(0\,;\dfrac{1}{2}\,;\dfrac{1}{2}\right)$.

Le système $\begin{cases} 1+2t=0 \\ -t=\frac{1}{2} \\ 1+t=\frac{1}{2} \end{cases}$ a bien une solution, qui est $t=-\frac{1}{2}$.

Donc la droite (Δ) passe bien par le point K.

c. Une équation cartésienne du plan (BGI) est $2x - y + z - 2 = 0$ et une équation paramétrique de (Δ) est $\begin{cases} x=1+2t \\ y=-t \\ z=1+t \end{cases}$, avec $t \in \mathbb{R}$.

Il s'agit donc de résoudre l'équation

$2 \times (1 + 2t) - (-t) + (1 + t) - 2 = 0$, qui a une unique solution : $t=-\frac{1}{6}$. Le point L a donc pour coordonnées $\left(1+2\times\left(-\frac{1}{6}\right);-\left(-\frac{1}{6}\right);1+\left(-\frac{1}{6}\right)\right)$.

La droite (Δ) et le plan (BGI) sont donc bien sécants en un point L de coordonnées $\left(\frac{2}{3},\frac{1}{6},\frac{5}{6}\right)$.

d. L appartient au plan (BGI).

Montrons que les droites (BG) et (IL) sont perpendiculaires.

$I\left(\frac{1}{2};0;1\right)$ et $L\left(\frac{2}{3},\frac{1}{6},\frac{5}{6}\right)$, donc $\overrightarrow{IL}\left(\frac{1}{6};\frac{1}{6};-\frac{1}{6}\right)$. De plus $\overrightarrow{BG}(0;1;1)$.

Ainsi $\overrightarrow{IL}\cdot\overrightarrow{BG}=\frac{1}{6}\times 0+\frac{1}{6}\times 1-\frac{1}{6}\times 1=0$: les droites (BG) et (IL) sont bien perpendiculaires.

Montrons que les droites (BI) et (GL) sont perpendiculaires.

G(1 ; 1 ; 1) et $L\left(\frac{2}{3},\frac{1}{6},\frac{5}{6}\right)$, donc $\overrightarrow{GL}\left(-\frac{1}{3};-\frac{5}{6};-\frac{1}{6}\right)$. De plus $\overrightarrow{BI}\left(-\frac{1}{2};0;1\right)$.

Ainsi $\overrightarrow{GL}\cdot\overrightarrow{BI}=-\frac{1}{3}\times\left(-\frac{1}{2}\right)-\frac{5}{6}\times 0-\frac{1}{6}\times 1=0$: les droites (BI) et (GL) sont bien perpendiculaires.

Les droites (IL) et (GL) sont donc des hauteurs du triangle BGI : L est l'orthocentre du triangle BGI.

EXERCICE 4 **Chapitre 7 : Nombres complexes**

Partie A 1. $z_A = -\frac{3}{2} + i\frac{\sqrt{3}}{2}$.

À RETENIR

$|a+ib| = \sqrt{a^2+b^2}$.

Module de z_A : $|z_A| = \sqrt{\left(-\frac{3}{2}\right)^2 + \left(\frac{\sqrt{3}}{2}\right)^2} = \sqrt{\frac{9+3}{4}} = \sqrt{3}$.

Argument de z_A : posons $\theta = \arg(z_A) + 2k\pi$, $k \in \mathbb{Z}$.

$$\cos(\theta) = \frac{x_A}{|z_A|} = \frac{-\frac{3}{2}}{\sqrt{3}} = -\frac{3}{2\sqrt{3}} = -\frac{\sqrt{3}}{2} \text{ et } \sin(\theta) = \frac{y_A}{|z_A|} = \frac{\frac{\sqrt{3}}{2}}{\sqrt{3}} = \frac{1}{2}.$$

À RETENIR

Si $\theta = \arg(z) + 2k\pi$, alors

$\cos(\theta) = \frac{Re(z)}{|z|}$ et $\sin(\theta) = \frac{Im(z)}{|z|}$.

Sur le cercle trigonométrique, le point de coordonnées $\left(-\frac{\sqrt{3}}{2} ; \frac{1}{2}\right)$ correspond à $\frac{5\pi}{6}$.

Donc, $\arg(z_A) = \frac{5\pi}{6} + 2k\pi$, $k \in \mathbb{Z}$, et la forme exponentielle de z_A est $z_A = \sqrt{3}e^{i\frac{5\pi}{6}}$.

La forme exponentielle de $z_B = \overline{z_A}$ est alors $z_B = \sqrt{3}e^{-i\frac{5\pi}{6}}$.

2. Voir la figure ci-dessous.

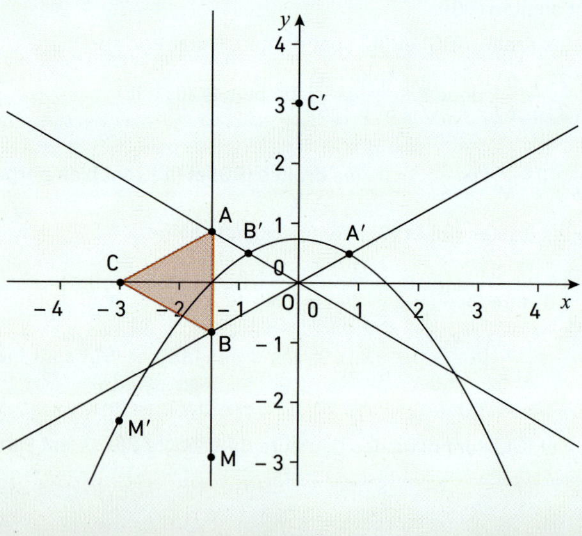

3. z_A et z_B sont des complexes conjugués donc l'axe des abscisses est la médiatrice de [AB]. C appartient à l'axe des abscisses, donc il est à égale distance de A et de B. Ainsi CA = CB.

Montrons que AB = AC.

$$AB = |z_B - z_A| = \left|\left(-\frac{3}{2} - i\frac{\sqrt{3}}{2}\right) - \left(-\frac{3}{2} + i\frac{\sqrt{3}}{2}\right)\right| = |-i\sqrt{3}| = |-i|\sqrt{3} = \sqrt{3}.$$

$$AC = |z_C - z_A| = \left|-3 - \left(-\frac{3}{2} + i\frac{\sqrt{3}}{2}\right)\right| = \left|-\frac{3}{2} - i\frac{\sqrt{3}}{2}\right| = \left|\frac{3}{2} + i\frac{\sqrt{3}}{2}\right|$$
$$= \sqrt{\left(\frac{3}{2}\right)^2 + \left(\frac{\sqrt{3}}{2}\right)^2} = \sqrt{3}.$$

On a démontré que AB = AC = BC, donc le triangle ABC est équilatéral.

Partie B 1. a. $z_A' = \frac{1}{3}iz_A^{\ 2} = \frac{1}{3}i \times \left(\sqrt{3}e^{i\frac{5\pi}{6}}\right)^2 = ie^{i\frac{5\pi}{6}\times 2} = ie^{i\frac{5\pi}{3}}.$

Or $i = e^{i\frac{\pi}{2}}$ et $e^{i\frac{5\pi}{3}} = e^{-i\frac{\pi}{3}}$ donc $z_A' = e^{i\frac{\pi}{2}} \times e^{-i\frac{\pi}{3}} = e^{i\left(\frac{\pi}{2} - \frac{\pi}{3}\right)} = e^{i\frac{\pi}{6}}.$

À RETENIR

$i = e^{i\frac{\pi}{2}}$ *et* $-i = e^{-i\frac{\pi}{2}}.$

De même $z_B' = \frac{1}{3}iz_B^{\ 2} = \frac{1}{3}i \times \left(\sqrt{3}e^{-i\frac{5\pi}{6}}\right)^2 = ie^{-i\frac{5\pi}{6}\times 2}$

$$= ie^{-i\frac{5\pi}{3}} = e^{i\frac{\pi}{2}} \times e^{i\frac{\pi}{3}} = e^{i\left(\frac{\pi}{2} + \frac{\pi}{3}\right)} = e^{i\frac{5\pi}{6}}.$$

$z_C' = \frac{1}{3}iz_C^{\ 2} = \frac{1}{3}i \times (-3)^2 = 3i = 3e^{i\frac{\pi}{2}}.$

b. A′ et B′ ont un module égal à 1, ils sont sur le cercle unité. C′ a une partie réelle nulle, il appartient à l'axe des ordonnées. Voir graphique ci-dessus.

c. $\arg(z_A) = \frac{5\pi}{6} + 2k\pi = \arg(z_{B'})$, les angles $(\vec{u}, \overrightarrow{OA})$ et $(\vec{u}, \overrightarrow{OB'})$ ont donc même mesure à 2π près : les points O, A et B′ sont alignés.

$\arg(z_B) = -\frac{5\pi}{6} + 2k\pi$ et $\arg(z_{A'}) = \frac{\pi}{6} + 2k\pi$. Or $\frac{\pi}{6} - \pi = -\frac{5\pi}{6}$, donc les angles $(\vec{u}, \overrightarrow{OB})$ et $(\vec{u}, \overrightarrow{OA'})$ ont même mesure à π près : les points O, B et A′ sont alignés.

2. A et B sont deux complexes conjugués, de partie réelle égale à $-\frac{3}{2}$.

La droite (AB) a donc pour équation $x = -\frac{3}{2}$.

Soit M un point de la droite (AB), d'affixe $z = -\frac{3}{2} + it$, où t est un réel.
Alors l'affixe de M′, image de M par f, est

$$z' = \frac{1}{3}i\left(-\frac{3}{2} + it\right)^2 = \frac{1}{3}i\left(\frac{9}{4} - 3it - t^2\right) = t + i\left(\frac{3}{4} - \frac{1}{3}t^2\right).$$

Si on note $(x\,;\,y)$ les coordonnées de M′, alors on remarque que :

$$y = \frac{3}{4} - \frac{1}{3}t^2 = \frac{3}{4} - \frac{1}{3}x^2 = -\frac{1}{3}x^2 + \frac{3}{4}.$$

M′ appartient donc bien à la parabole d'équation $y = -\frac{1}{3}x^2 + \frac{3}{4}$.

SUJET 3

EXERCICE 1

4 points 50 min

On se propose de calculer les premiers termes d'une suite (u_n) à l'aide d'un algorithme afin de conjecturer ses variations et sa limite.

On considère l'algorithme suivant :

```
VARIABLES
  Un EST_DU_TYPE NOMBRE
  Un1 EST_DU_TYPE NOMBRE
  Un2 EST_DU_TYPE NOMBRE
  n EST_DU_TYPE NOMBRE
  nMax EST_DU_TYPE NOMBRE
  n2 EST_DU_TYPE NOMBRE
DEBUT_ALGORITHME
  n PREND_LA_VALEUR 0
  Un PREND_LA_VALEUR 0
  Un1 PREND_LA_VALEUR 3
  nMax PREND_LA_VALEUR 5
  TANT_QUE (n<nMax) FAIRE
    DEBUT_TANT_QUE
    Un2 PREND_LA_VALEUR (Un+Un1)/2
    n2 PREND_LA_VALEUR n+2
    AFFICHER "U("
    AFFICHER n2
    AFFICHER ")="
    AFFICHER Un2
    Un PREND_LA_VALEUR Un1
    Un1 PREND_LA_VALEUR Un2
    n PREND_LA_VALEUR n+1
    FIN_TANT_QUE
FIN_ALGORITHME
```

Les variables sont les suivantes : Un est le terme u_n, Un1 est le terme u_{n+1} et Un2 est le terme u_{n+2}.

1. a. Quelles sont les valeurs de u_0 et de u_1 ?

b. Quels sont les affichages successifs réalisés par l'algorithme ?

c. Quelle est la relation de récurrence existe-t-il entre u_n, u_{n+1} et u_{n+2} ?

d. Quelle conjecture peut-on faire quant à la convergence de (u_n) ? Cette suite est-elle monotone ?

2. Pour la suite de l'exercice, on prendra $u_0 = 0$, $u_1 = a$ où a est un réel strictement positif et, pour tout entier naturel n, $u_{n+2} = \dfrac{u_n + u_{n+1}}{2}$.

Démontrer par récurrence, que pour tout entier n, $u_{n+1} = -\dfrac{1}{2}u_n + a$.

3. Soit (v_n) la suite définie, pour tout entier naturel n, par $v_n = u_n - \dfrac{2}{3}a$.

Démontrer que (v_n) est une suite géométrique de raison $-\dfrac{1}{2}$.

4. Déterminer la limite de la suite (v_n), puis celle de la suite (u_n).
La conjecture émise dans la question **1. d.** est-elle vérifiée ?

EXERCICE 2 Les cinq questions sont indépendantes. — 5 points — ●●○ 60 min

Pour chaque question une affirmation est proposée. Indiquer si elle est vraie ou fausse,en justifiant la réponse. Une réponse qui n'est pas justifiée ne sera pas prise en compte. Toute justification incomplète sera valorisée.

Question 1

On considère l'équation $2\sqrt{3}z^2 - 12z + 8\sqrt{3} = 0$.
Affirmation : Les solutions dans $\mathbb{C}$ de cette équation ont toutes pour module $\sqrt{3}$.

Question 2

On considère, dans le plan complexe muni d'un repère orthonormal direct $(O\,;\vec{u}, \vec{v})$, les points A, B et C d'affixes respectives : $a = 1 + i$, $b = 3i$, $c = \left(\sqrt{3} + \dfrac{1}{2}\right) + i\left(\sqrt{3} + 2\right)$.

Affirmation : Le triangle ABC est un triangle équilatéral.

Question 3

On considère le nombre complexe $a = (-\sqrt{3} + i)^{2013}$.
Affirmation : Le nombre complexe a est un nombre imaginaire pur.

Question 4

L'espace est rapporté à un repère orthonormal $(O\,;\vec{i}, \vec{j}, \vec{k})$. On considère les droites D et D' de représentations paramétriques :

$$D\begin{cases} x = 3 + t \\ y = 4 + 2t, \; t \in \mathbb{R} \\ z = 1 - t \end{cases} \text{ et } D'\begin{cases} x = 1 + 2t' \\ y = 4t' \\ z = t' \end{cases}, \; t' \in \mathbb{R}.$$

Affirmation : D et D' sont coplanaires.

Question 5

L'espace est rapporté à un repère orthonormal $(O ; \vec{i}, \vec{j}, \vec{k})$. On considère les points A(2 ; 0 ; 0), B(0 ; 3 ; 0) et C(0 ; 2 ; 2).

Affirmation : Le vecteur $\vec{n}(3 ; 2 ; 1)$ est normal au plan (ABC).

EXERCICE 3

5 points 50 min

Les deux parties A et B peuvent être traitées indépendamment.

Dans un pays, il y a 2 % de la population contaminée par un virus.

PARTIE A

Les résultats seront donnés sous forme décimale en arrondissant à 10^{-4}.

On dispose d'un test de dépistage de ce virus qui a les propriétés suivantes :

• La probabilité qu'une personne contaminée ait un test positif est de 0,99 (sensibilité du test).

• La probabilité qu'une personne non contaminée ait un test négatif est de 0,97 (spécificité du test).

On fait passer un test à une personne choisie au hasard dans cette population.

On note V l'évènement « la personne est contaminée par le virus » et T l'évènement « le test est positif ». $\overline{V}$ et $\overline{T}$ désignent respectivement les évènements contraires de V et T.

1. a. Préciser les valeurs des probabilités $P(V)$, $P_V(T)$, $P_{\overline{V}}(\overline{T})$. Traduire la situation à l'aide d'un arbre de probabilités.

b. En déduire la probabilité de l'évènement $V \cap T$.

2. Démontrer que la probabilité que le test soit positif est 0,0492.

3. a. Justifier par un calcul la phrase : « Si le test est positif, il n'y a qu'environ 40 % de « chances » que la personne soit contaminée ».

b. Déterminer la probabilité qu'une personne ne soit pas contaminée par le virus sachant que son test est négatif.

PARTIE B

Les résultats seront donnés sous forme décimale en arrondissant à 10^{-2}.

On considère un échantillon de 1 000 personnes dans la population du pays.

On appelle X la variable aléatoire qui donne le nombre de personnes contaminées par le virus parmi ces 1 000 personnes. Le nombre de personnes étant élevé, on peut considérer que X suit la loi normale $\mathcal{N}(20 ; 19{,}6)$.

1. Combien valent l'espérance et l'écart-type de cette variable aléatoire ?

2. Calculer la probabilité qu'il y ait au moins 15 personnes contaminées parmi les 1 000.

3. Déterminer la plus petite valeur entière de a tel que $P(X \leqslant a) > 0{,}95$.

EXERCICE 4 **6 points** 1 h 20 min

Soient f et g les fonctions définies sur l'ensemble $\mathbb{R}$ des nombres réels par :

$$f(x) = xe^{1-x} \text{ et } g(x) = x^2e^{1-x}.$$

Les courbes représentatives des fonctions f et g dans un repère orthogonal $(O ; \vec{i}, \vec{j})$ sont respectivement notées $\mathscr{C}_f$ et $\mathscr{C}_g$.
Elles sont représentées ci-dessous.

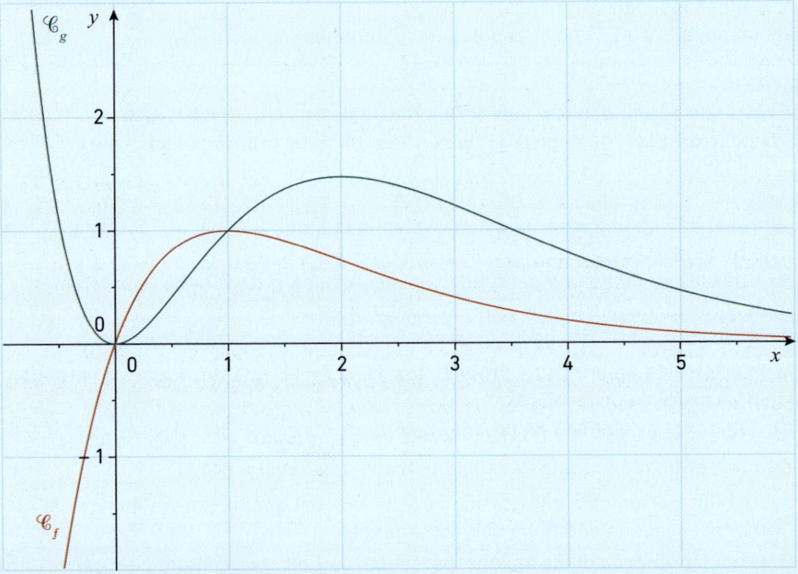

1. Étude des fonctions f et g

a. Déterminer les limites des fonctions f et g en $-\infty$.

b. Justifier le fait que les fonctions f et g ont pour limite 0 en $+\infty$.

c. Étudier le sens de variation de chacune des fonctions f et g et dresser leurs tableaux de variation respectifs.

2. Calcul d'intégrales

Pour tout entier naturel n, on définit l'intégrale I_n par :

$$I_0 = \int_0^1 e^{1-x}\,dx \text{ et, si } n \geqslant 1, I_n = \int_0^1 x^n e^{1-x}\,dx.$$

a. Calculer la valeur exacte de I_0.

b. Soit n un entier naturel et H la fonction définie sur $\mathbb{R}$ par $H(x) = -x^{n+1}e^{1-x}$.

Calculer la dérivée $H'(x)$ et montrer que $\int_0^1 H'(x)dx = I_{n+1} - (n+1)I_n$.

c. Déduire de la question précédente que, pour tout entier naturel n, $I_{n+1} = -1 + (n+1)I_n$.

d. En déduire la valeur exacte de I_1, puis celle de I_2.

3. Calcul d'une aire plane

a. Étudier la position relative des courbes $\mathscr{C}_f$ et $\mathscr{C}_g$.

b. On désigne par $\mathscr{A}$ l'aire, exprimée en unité d'aire, de la partie du plan comprise d'une part entre les courbes $\mathscr{C}_f$ et $\mathscr{C}_g$, d'autre part entre les droites d'équations respectives $x = 0$ et $x = 1$.

En exprimant $\mathscr{A}$ comme différence de deux aires que l'on précisera, démontrer l'égalité : $\mathscr{A} = 3 - e$.

4. Étude de l'égalité de deux aires

Soit a un réel strictement supérieur à 1.

On désigne par $S(a)$ l'aire, exprimée en unités d'aire, de la partie du plan comprise d'une part entre les courbes $\mathscr{C}_f$ et $\mathscr{C}_g$, d'autre part entre les droites d'équations respectives $x = 1$ et $x = a$.

On admet que $S(a)$ s'exprime par : $S(a) = 3 - e^{1-a}(a^2 + a + 1)$

L'objectif de cette question est de prouver qu'il existe une et une seule valeur de a pour laquelle les aires $\mathscr{A}$ et $S(a)$ sont égales.

a. Démontrer que l'équation $S(a) = \mathscr{A}$ est équivalente à l'équation : $e = a^2 + a + 1$.

b. *Dans cette question, toute trace d'argumentation, même incomplète, ou d'initiative, même non fructueuse, sera prise en compte dans l'évaluation.*

Conclure, quant à l'existence et l'unicité du réel a, solution du problème posé.

Corrigé du *SUJET 3*

EXERCICE 1 Revoir le chapitre 1 : Suites numériques

1. a. $u_0 = 0$ et $u_1 = 3$. Ces valeurs sont fixées en lignes 10 et 11.

CONSEIL

Il est conseillé de programmer cet algorithme et de l'exécuter « pas à pas » afin d'en comprendre parfaitement le fonctionnement.

b. nMax prend la valeur 5 et n prend la valeur 0 au commencement. Le bloc « tant que » se répète tant que n < nMax, et la valeur de n est incrémentée à chaque passage en ligne 23. Donc n prendra successivement les valeurs 0, 1, 2, 3, 4 et 5, mais le bloc « Tant que » ne sera pas exécuté quand n sera égal à 5. Donc les valeurs calculées sont celles correspondant à n + 2 dans chacun des cas cités. Donc u_2, u_3, u_4, u_5 et u_6.

L'algorithme va afficher successivement les résultats suivants :
U(2) = 1.5 ; U(3) = 2.25 ; U(4) = 1.875 ; U(5) = 2.0625 ; U(6) = 1.96875.

c. À la ligne 15, on trouve la relation de récurrence : $u_{n+2} = \dfrac{u_n + u_{n+1}}{2}$.

d. La suite semble converger vers un réel compris entre 1,96875 et 2,0625, probablement 2.
La suite n'est pas monotone. On vérifie que $u_0 < u_1$ et $u_2 < u_1$.

2. Montrons par récurrence, que pour tout entier n, $u_{n+1} = -\dfrac{1}{2}u_n + a$.

Pour $n = 0$: $u_0 = 0$ et $u_1 = a$, donc $u_{0+1} = -\dfrac{1}{2}u_0 + a$.

Soit n un entier naturel. Supposons que $u_{n+1} = -\dfrac{1}{2}u_n + a$.

Montrons que $u_{n+2} = -\dfrac{1}{2}u_{n+1} + a$.

$u_{n+1} = -\dfrac{1}{2}u_n + a$, donc $u_n = -2u_{n+1} + 2a$.

Donc, $u_{n+2} = \dfrac{u_n + u_{n+1}}{2} = \dfrac{1}{2}(-2u_{n+1} + 2a + u_{n+1}) = -\dfrac{1}{2}u_{n+1} + a$.

La proposition « $u_{n+1} = -\dfrac{1}{2}u_n + a$ » est vraie pour $n = 0$ et est héréditaire, donc pour tout entier n, $u_{n+1} = -\dfrac{1}{2}u_n + a$.

3. Pour tout entier n, $v_{n+1} = u_{n+1} - \dfrac{2}{3}a = -\dfrac{1}{2}u_n + a - \dfrac{2}{3}a = -\dfrac{1}{2}\left(u_n - \dfrac{2}{3}a\right) = -\dfrac{1}{2}v_n$.

Donc (v_n) est une suite géométrique de raison $-\dfrac{1}{2}$ et de terme initial $v_0 = -\dfrac{2}{3}a$.

4. La raison de (v_n) appartient à $]-1\,;1[$, donc (v_n) converge vers 0 et, par somme, (u_n) converge vers $\dfrac{2}{3}a$.

La conjecture de la question **1. d** est vérifiée. La suite converge vers $\dfrac{2}{3}a$, avec $a = 3$, donc elle converge vers 2.

EXERCICE 2 **Revoir les chapitre 7, 9 et 10.**

Question 1. Faux. En effet, résolvons $2\sqrt{3}z^2 - 12z + 8\sqrt{3} = 0$.

$\Delta = (-12)^2 - 4 \times 2\sqrt{3} \times 8\sqrt{3} = -48$. $\Delta < 0$, donc il y a deux racines complexes conjuguées.

$$z_1 = \frac{12 + i\sqrt{48}}{4\sqrt{3}} = \frac{12\sqrt{3} + i\sqrt{144}}{4 \times 3} = \sqrt{3} + i \text{ et } z_2 = \overline{z_1} = \sqrt{3} - i.$$

Donc $|z_1| = |z_2| = \sqrt{\sqrt{3}^2 + 1^2} = 2$.

> **À RETENIR**
>
> *Les racines du polynôme $az^2 + bz + c$ lorsque $\Delta < 0$ sont $z_1 = \frac{-b + i\sqrt{-\Delta}}{2a}$ et $z_2 = \frac{-b - i\sqrt{-\Delta}}{2a} = \overline{z_1}$.*

Remarque : on peut aussi utiliser le produit des racines sans avoir à calculer ces racines. Si le polynôme est $az^2 + bz + c$, alors le produit des racines est : $z_1z_2 = \frac{c}{a} = \frac{8\sqrt{3}}{2\sqrt{3}} = 4$. Donc les deux racines ne peuvent avoir pour module $\sqrt{3}$, sinon le produit aurait pour module 3.

Question 2. Faux. En effet :

$$AB = |b - a| = |-1 + 2i| = \sqrt{(-1)^2 + 2^2} = \sqrt{5}$$

$$AC = |c - a| = \left|\left(\sqrt{3} - \frac{1}{2}\right) + i\left(\sqrt{3} + 1\right)\right| = \sqrt{\left(\sqrt{3} - \frac{1}{2}\right)^2 + \left(\sqrt{3} + 1\right)^2}$$

Donc $AC = \sqrt{3 - \sqrt{3} + \frac{1}{4} + 3 + 2\sqrt{3} + 1} = \sqrt{\frac{29}{4} + \sqrt{3}}$.

$AB \neq AC$, donc ABC n'est pas équilatéral.

Question 3. Vrai. En effet : écrivons $-\sqrt{3} + i$ sous forme exponentielle.

$|-\sqrt{3} + i| = \sqrt{\left(-\sqrt{3}\right)^2 + 1^2} = 2$. Posons $\theta = \arg(-\sqrt{3} + i) + 2k\pi$, $k \in \mathbb{Z}$.

Dans ce cas, $\cos\theta = \frac{-\sqrt{3}}{2}$ et $\sin\theta = \frac{1}{2}$. Donc $\theta = \frac{5\pi}{6} + 2k\pi$, $k \in \mathbb{Z}$.

Donc, $-\sqrt{3} + i = 2e^{i\frac{5\pi}{6}}$. Donc $(-\sqrt{3} + i)^{2013} = 2^{2013}e^{i\frac{5\pi}{6} \times 2013} = 2^{2013}e^{i\frac{3355\pi}{2}}$.

Or, $\frac{3355}{2}\pi = 3355 \times \frac{\pi}{2}$. Donc $2^{2013}e^{i\frac{3355\pi}{2}}$ est un imaginaire pur.

Question 4. Vrai. Les droites D et D' ont pour vecteurs directeurs respectifs $\vec{u}\begin{pmatrix}1\\2\\-1\end{pmatrix}$ et $\vec{v}\begin{pmatrix}2\\4\\1\end{pmatrix}$. Ces vecteurs ne sont pas colinéaires, donc D et D' ne sont pas parallèles.

Montrons qu'elles sont sécantes.

Résolvons le système $\begin{cases} 3+t=1+2t' \\ 4+2t=4t' \\ 1-t=t' \end{cases}$.

$\begin{cases} 3+t=1+2t' \\ 4+2t=4t' \\ 1-t=t' \end{cases} \Leftrightarrow \begin{cases} 3+t=1+2(1-t) \\ 4+2t=4(1-t) \\ 1-t=t' \end{cases} \Leftrightarrow \begin{cases} t=0 \\ t=0 \\ t'=1 \end{cases}$. Donc ce système a un unique couple de solutions. Donc D et D' sont sécantes au point de coordonnées (3 ; 4 ; 1). Donc, elles sont coplanaires.

Question 5. Vrai. $\overrightarrow{AB}(-2\,;3\,;0)$ et $\overrightarrow{AC}(-2\,;2\,;2)$. On vérifie que les coordonnées de ces vecteurs ne sont pas proportionnelles. Donc ils ne sont pas colinéaires. De plus $\vec{n}\cdot\overrightarrow{AB} = 3\times(-2)+2\times3+1\times0=0$ et $\vec{n}\cdot\overrightarrow{AC} = 3\times(-2)+2\times2+1\times2=0$.

Dans un repère orthonormal, si $\vec{u}(x\,;y\,;z)$ et $\vec{v}(x'\,;y'\,;z')$, alors $\vec{u}\cdot\vec{v}=xx'+yy'+zz'$

Donc, $\vec{n}$ est orthogonal à deux vecteurs non colinéaires du plan (ABC). Il est donc normal à (ABC).

EXERCICE 3 Revoir les chapitres 11 et 12.

PARTIE A

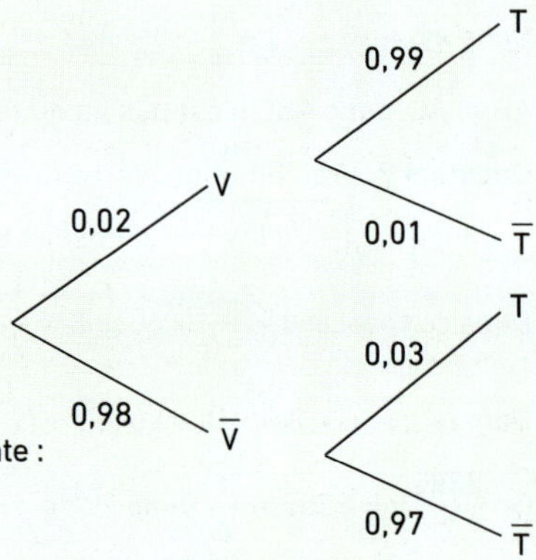

1.a. D'après l'énoncé, $P(V)=0{,}02$, $P_V(T)=0{,}99$, $P_{\overline{V}}(\overline{T})=0{,}97$.

b. $P(V\cap T)=P(V)\times P_V(T)$.

Donc, $P(V\cap T)=0{,}02\times0{,}99=0{,}0198$.

2. $P(T)=P(V\cap T)+P(\overline{V}\cap T)$.

Donc, $P(T)=0{,}198+0{,}98\times0{,}03=0{,}0492$.

3. a. Calculons la probabilité conditionnelle suivante :

$P_T(V)=\dfrac{P(V\cap T)}{P(T)}=\dfrac{0{,}0198}{0{,}0492}\approx0{,}4024$.

Donc, si le test est positif, la probabilité que la personne soit contaminée est d'environ 40 %.

REMARQUE

On peut remarquer que le test est très fiable dans le cas où le résultat est négatif, mais très peu fiable dans le cas où le résultat est positif.

b. $P_{\overline{T}}(\overline{V})=\dfrac{P(\overline{V}\cap\overline{T})}{P(\overline{T})}=\dfrac{0{,}98\times0{,}97}{1-0{,}0492}\approx0{,}9998$.

Donc, si le test est négatif, la probabilité que la personne ne soit pas contaminée est d'environ 0,9998, soit 99,98 %.

PARTIE B

1. X suit la loi normale $N(20 ; 19{,}6)$. Donc, l'espérance vaut 20 et l'écart-type vaut $\sqrt{19{,}6}$, soit environ 4,4272.

2. Soit Z la variable aléatoire définie par $Z = \dfrac{X-20}{\sqrt{19{,}6}}$. Z suit la loi normale centrée réduite $N(0 ; 1)$ et $P(X \geqslant 15) = P\left(Z \geqslant \dfrac{15-20}{\sqrt{19{,}6}}\right) = P(Z \geqslant -1{,}13)$.

Or $P(Z \geqslant -1{,}13) = 1 - P(Z \leqslant -1{,}13) = 1 - \Pi(-1{,}13)$
$= \Pi(1{,}13)$.

Or $\Pi(1{,}13) \approx 0{,}87$, d'après les tables.

> **À RETENIR**
>
> *Pour tout réel x, $\Pi(-x) = 1 - \Pi(x)$.*

Donc, la probabilité qu'il y ait au moins 15 personnes contaminées parmi les 1 000 est environ 0,87, soit 87 %.

3. $P(X \leqslant a) > 0{,}95 \Leftrightarrow P\left(Z \leqslant \dfrac{a-20}{\sqrt{19{,}6}}\right) > 0{,}95$.

En utilisant la table des fractiles, on trouve $\dfrac{a-20}{\sqrt{19{,}6}} > 1{,}6449$, donc
$a > 1{,}6449 \times \sqrt{19{,}6} + 20$, donc $a > 27{,}28$.

Donc, la plus petite valeur entière de a est 28 : $P(X \leqslant 28) > 0{,}95$.
Il y a donc au moins 95 % de chances d'avoir moins de 28 personnes infectées.

EXERCICE 4 Revoir les chapitres 2, 4, 5 et 6.

1. a. Étudions les limites en $-\infty$.

$\lim\limits_{x\to-\infty} 1-x = +\infty$ et $\lim\limits_{X\to+\infty} e^X = +\infty$, donc, par composée : $\lim\limits_{x\to-\infty} e^{1-x} = +\infty$.

Or $\lim\limits_{x\to-\infty} x = -\infty$, donc, par produit, $\lim\limits_{x\to-\infty} f(x) = -\infty$.

Et $\lim\limits_{x\to-\infty} x^2 = +\infty$, donc, par produit, $\lim\limits_{x\to-\infty} g(x) = +\infty$.

b. Étudions les limites en $+\infty$.

$f(x) = xe^{1-x} = xe^{-x} \times e = \dfrac{x}{e^x} \times e$. Or $\lim\limits_{x\to+\infty} \dfrac{e^x}{x} = +\infty$ (limite de référence),

donc $\lim\limits_{x\to+\infty} \dfrac{x}{e^x} = 0$, donc $\lim\limits_{x\to+\infty} f(x) = 0$.

De même, $g(x) = \dfrac{x^2}{e^x} \times e$ et $\lim\limits_{x\to+\infty} \dfrac{e^x}{x^2} = +\infty$, donc $\lim\limits_{x\to+\infty} g(x) = 0$.

> **À RETENIR**
>
> *Pour tout entier naturel n,*
> $\lim\limits_{x\to+\infty} \dfrac{e^x}{x^n} = +\infty$ *et* $\lim\limits_{x\to+\infty} x^n e^{-x} = 0$.

c. Les fonctions f et g sont dérivables sur $\mathbb{R}$ comme composées et produits de fonctions dérivables.

$f'(x) = 1 \times e^{1-x} + x \times (-e^{1-x}) = (1-x)e^{1-x}$ et $g'(x) = 2x \times e^{1-x} + x^2 \times (-e^{1-x}) = (2x - x^2)e^{1-x}$.

Or, pour tout réel x, $e^{1-x} > 0$, donc $f'(x)$ a le signe de $(1-x)$ et $g'(x)$ a le signe de $(2x - x^2)$ et $(2x - x^2)$ est négatif sauf entre ses racines 0 et 2.

On a donc les tableaux suivants :

x	$-\infty$		1		$+\infty$
$f'(x)$		+	0	−	
f			1		
	$-\infty$				0

x	$-\infty$		0		2		$+\infty$
$g'(x)$		−	0	+	0	−	
g	$+\infty$				$\frac{4}{e}$		
			0				0

2. a. $I_0 = \int_0^1 e^{1-x}dx = \left[-e^{1-x}\right]_0^1 = -e^{1-1} + e^{1-0} = e - 1.$

b. H est dérivable sur $\mathbb{R}$ comme composée et produit de fonctions dérivables.

$H'(x) = -(n+1)x^n e^{1-x} + (-x^{n+1})(-e^{1-x}).$

Donc $H'(x) = x^{n+1}e^{1-x} - (n+1)x^n e^{1-x}.$

Or, toutes ces fonctions sont continues sur $\mathbb{R}$, donc :

$\int_0^1 H'(x)dx = \int_0^1 x^{n+1}e^{1-x}dx - (n+1)\int_0^1 x^n e^{1-x}dx.$

À RETENIR

Si f est une fonction continue sur $[a ; b]$ et F une primitive de f sur $[a ; b]$, alors $\int_a^b f(x)dx = [F(x)]_a^b = F(b) - F(a)$

Donc $\int_0^1 H'(x)dx = I_{n+1} - (n+1)I_n.$

c. $\int_0^1 H'(x)dx = [H(x)]_0^1 = H(1) - H(0)$

$= -1^{n+1}e^{1-1} + 0^{n+1}e^{1-0} = -1.$

Donc $-1 = I_{n+1} - (n+1)I_n$, donc $I_{n+1} = -1 + (n+1)I_n$.

d. $I_1 = -1 + 1 \times I_0 = -1 + e - 1 = e - 2.$ $I_2 = -1 + 2 \times I_1 = -1 + 2(e-2) = 2e - 5.$

3. a. $g(x) - f(x) = x^2e^{1-x} - xe^{1-x} = (x^2 - x)e^{1-x}$. Or $e^{1-x} > 0$. Donc $g(x) - f(x)$ est du signe de $x^2 - x$, donc positive sauf entre ses racines 0 et 1. Donc, $\mathscr{C}_g$ est au-dessus de $\mathscr{C}_f$ sauf sur $[0 ; 1]$. Et les courbes se coupent en $(0 ; 0)$ et $(1 ; 1)$.

b. L'aire cherchée est : $\int_0^1 f(x) - g(x)dx = \int_0^1 f(x)dx - \int_0^1 g(x)dx = I_0 - I_1 = (e-2) - (2e-5) = 3 - e.$

4. a. $S(a) = \mathscr{A} \Leftrightarrow 3 - e^{1-a}(a^2 + a + 1) = 3 - e$

$$\Leftrightarrow -e \times e^{-a}(a^2 + a + 1) = -e \Leftrightarrow a^2 + a + 1 = e^a.$$

Donc $S(a) = \mathscr{A} \Leftrightarrow a^2 + a + 1 = e^a$.

b. La fonction S définie sur $[1 ; +\infty[$ par $S(x) = 3 - e^{1-x}(x^2 + x + 1)$ est strictement croissante sur $[1 ; +\infty[$.

En effet, sa dérivée est $S'(x) = e^{1-x}(x^2 + x + 1) - e^{1-x}(2x + 1) = e^{1-x}(x^2 - x)$.

Donc, pour tout $x > 1$, $S'(x) > 0$.

De plus, $S(1) = 0$ et $S(2) = 3 - 7e^{-1} \approx 0{,}425$. Donc $S(1) > 3 - e$.
La fonction S est continue et strictement croissante de $[1 ; 2]$ vers $[0 ; 3 - 7e^{-1}]$.
Or, $3 - e$ appartient à $[0 ; 3 - 7e^{-1}]$. Donc, d'après le théorème de la bijection, il existe une unique valeur a dans $[1 ; 2]$ telle que $S(a) = 3 - e$.

Comme S est strictement croissante sur $[1 ; +\infty[$, cette valeur est unique sur cet intervalle. La calculatrice nous donne $a \approx 1{,}793$.
Sur la figure ci-dessous, les deux domaines coloriés ont la même aire.

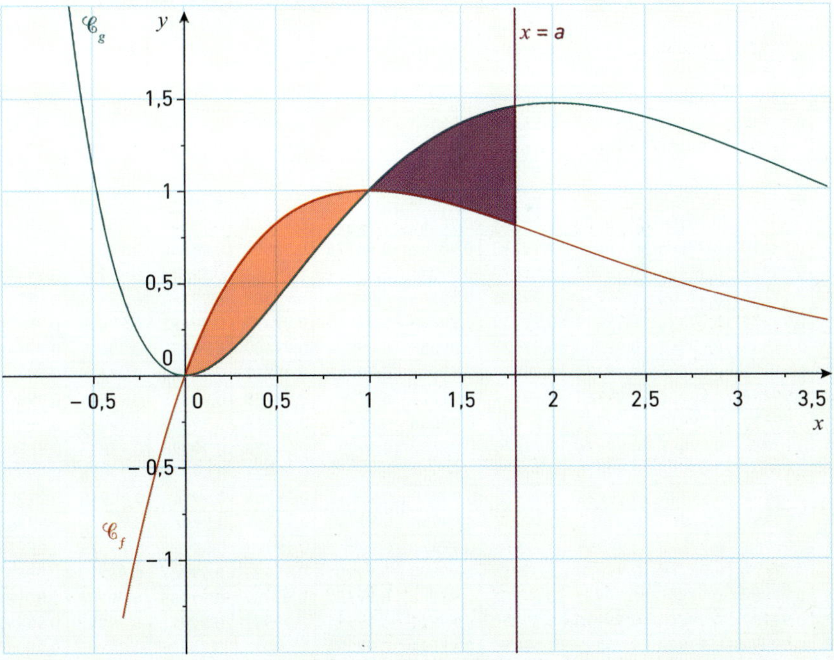

Table de la loi Normale Centrée Réduite $N(0\ ;\ 1)$

$$\Pi(x) = P(X \leqslant x) = \frac{1}{\sqrt{2\pi}} \int_{-\infty}^{x} e^{-\frac{t^2}{2}}\, dt.$$

$$\Pi(-x) = 1 - \Pi(x).$$

x	0,00	0,01	0,02	0,03	0,04	0,05	0,06	0,07	0,08	0,09
0,0	0,50000	0,50399	0,50798	0,51197	0,51595	0,51994	0,52392	0,52790	0,53188	0,53586
0,1	0,53983	0,54380	0,54776	0,55172	0,55567	0,55962	0,56356	0,56749	0,57142	0,57535
0,2	0,57926	0,58317	0,58706	0,59095	0,59483	0,59871	0,60257	0,60642	0,61026	0,61409
0,3	0,61791	0,62172	0,62552	0,62930	0,63307	0,63683	0,64058	0,64431	0,64803	0,65173
0,4	0,65542	0,65910	0,66276	0,66640	0,67003	0,67364	0,67724	0,68082	0,68439	0,68793
0,5	0,69146	0,69497	0,69847	0,70194	0,70540	0,70884	0,71226	0,71566	0,71904	0,72240
0,6	0,72575	0,72907	0,73237	0,73565	0,73891	0,74215	0,74537	0,74857	0,75175	0,75490
0,7	0,75804	0,76115	0,76424	0,76730	0,77035	0,77337	0,77637	0,77935	0,78230	0,78524
0,8	0,78814	0,79103	0,79389	0,79673	0,79955	0,80234	0,80511	0,80785	0,81057	0,81327
0,9	0,81594	0,81859	0,82121	0,82381	0,82639	0,82894	0,83147	0,83398	0,83646	0,83891
1,0	0,84134	0,84375	0,84614	0,84849	0,85083	0,85314	0,85543	0,85769	0,85993	0,86214
1,1	0,86433	0,86650	0,86864	0,87076	0,87286	0,87493	0,87698	0,87900	0,88100	0,88298
1,2	0,88493	0,88686	0,88877	0,89065	0,89251	0,89435	0,89617	0,89796	0,89973	0,90147
1,3	0,90320	0,90490	0,90658	0,90824	0,90988	0,91149	0,91309	0,91466	0,91621	0,91774
1,4	0,91924	0,92073	0,92220	0,92364	0,92507	0,92647	0,92785	0,92922	0,93056	0,93189
1,5	0,93319	0,93448	0,93574	0,93699	0,93822	0,93943	0,94062	0,94179	0,94295	0,94408
1,6	0,94520	0,94630	0,94738	0,94845	0,94950	0,95053	0,95154	0,95254	0,95352	0,95449
1,7	0,95543	0,95637	0,95728	0,95818	0,95907	0,95994	0,96080	0,96164	0,96246	0,96327
1,8	0,96407	0,96485	0,96562	0,96638	0,96712	0,96784	0,96856	0,96926	0,96995	0,97062
1,9	0,97128	0,97193	0,97257	0,97320	0,97381	0,97441	0,97500	0,97558	0,97615	0,97670
2,0	0,97725	0,97778	0,97831	0,97882	0,97932	0,97982	0,98030	0,98077	0,98124	0,98169
2,1	0,98214	0,98257	0,98300	0,98341	0,98382	0,98422	0,98461	0,98500	0,98537	0,98574
2,2	0,98610	0,98645	0,98679	0,98713	0,98745	0,98778	0,98809	0,98840	0,98870	0,98899
2,3	0,98928	0,98956	0,98983	0,99010	0,99036	0,99061	0,99086	0,99111	0,99134	0,99158
2,4	0,99180	0,99202	0,99224	0,99245	0,99266	0,99286	0,99305	0,99324	0,99343	0,99361
2,5	0,99379	0,99396	0,99413	0,99430	0,99446	0,99461	0,99477	0,99492	0,99506	0,99520
2,6	0,99534	0,99547	0,99560	0,99573	0,99585	0,99598	0,99609	0,99621	0,99632	0,99643
2,7	0,99653	0,99664	0,99674	0,99683	0,99693	0,99702	0,99711	0,99720	0,99728	0,99736
2,8	0,99744	0,99752	0,99760	0,99767	0,99774	0,99781	0,99788	0,99795	0,99801	0,99807
2,9	0,99813	0,99819	0,99825	0,99831	0,99836	0,99841	0,99846	0,99851	0,99856	0,99861
3,0	0,99865	0,99869	0,99874	0,99878	0,99882	0,99886	0,99889	0,99893	0,99896	0,99900
3,1	0,99903	0,99906	0,99910	0,99913	0,99916	0,99918	0,99921	0,99924	0,99926	0,99929
3,2	0,99931	0,99934	0,99936	0,99938	0,99940	0,99942	0,99944	0,99946	0,99948	0,99950
3,3	0,99952	0,99953	0,99955	0,99957	0,99958	0,99960	0,99961	0,99962	0,99964	0,99965
3,4	0,99966	0,99968	0,99969	0,99970	0,99971	0,99972	0,99973	0,99974	0,99975	0,99976
3,5	0,99977	0,99978	0,99978	0,99979	0,99980	0,99981	0,99981	0,99982	0,99983	0,99983
3,6	0,99984	0,99985	0,99985	0,99986	0,99986	0,99987	0,99987	0,99988	0,99988	0,99989
3,7	0,99989	0,99990	0,99990	0,99990	0,99991	0,99991	0,99992	0,99992	0,99992	0,99992
3,8	0,99993	0,99993	0,99993	0,99994	0,99994	0,99994	0,99994	0,99995	0,99995	0,99995
3,9	0,99995	0,99995	0,99996	0,99996	0,99996	0,99996	0,99996	0,99996	0,99997	0,99997

Fractiles de la loi Normale Centrée Réduite $N(0\ ;\ 1)$

On cherche la valeur de x telle que $P(X \leqslant x) = P$

Pour $P < 0{,}5$ (colonne de gauche et ligne supérieure), les fractiles sont négatifs.

Pour $P \geqslant 0{,}5$ (colonne de droite et ligne inférieure), les fractiles sont positifs.

P	**0**	**0,001**	**0,002**	**0,003**	**0,004**	**0,005**	**0,006**	**0,007**	**0,008**	**0,009**	**0,01**	
0	∞	3,0902	2,8782	2,7478	2,6521	2,5758	2,5121	2,4573	2,4089	2,3656	2,3263	**0,99**
0,01	2,3263	2,2904	2,2571	2,2262	2,1973	2,1701	2,1444	2,1201	2,0969	2,0748	2,0537	**0,98**
0,02	2,0537	2,0335	2,0141	1,9954	1,9774	1,9600	1,9431	1,9268	1,9110	1,8957	1,8808	**0,97**
0,03	1,8808	1,8663	1,8522	1,8384	1,8250	1,8119	1,7991	1,7866	1,7744	1,7624	1,7507	**0,96**
0,04	1,7507	1,7392	1,7279	1,7169	1,7060	1,6954	1,6849	1,6747	1,6646	1,6546	1,6449	**0,95**
0,05	1,6449	1,6352	1,6258	1,6164	1,6072	1,5982	1,5893	1,5805	1,5718	1,5632	1,5548	**0,94**
0,06	1,5548	1,5464	1,5382	1,5301	1,5220	1,5141	1,5063	1,4985	1,4909	1,4833	1,4758	**0,93**
0,07	1,4758	1,4684	1,4611	1,4538	1,4466	1,4395	1,4325	1,4255	1,4187	1,4118	1,4051	**0,92**
0,08	1,4051	1,3984	1,3917	1,3852	1,3787	1,3722	1,3658	1,3595	1,3532	1,3469	1,3408	**0,91**
0,09	1,3408	1,3346	1,3285	1,3225	1,3165	1,3106	1,3047	1,2988	1,2930	1,2873	1,2816	**0,90**
0,10	1,2816	1,2759	1,2702	1,2646	1,2591	1,2536	1,2481	1,2426	1,2372	1,2319	1,2265	**0,89**
0,11	1,2265	1,2212	1,2160	1,2107	1,2055	1,2004	1,1952	1,1901	1,1850	1,1800	1,1750	**0,88**
0,12	1,1750	1,1700	1,1650	1,1601	1,1552	1,1503	1,1455	1,1407	1,1359	1,1311	1,1264	**0,87**
0,13	1,1264	1,1217	1,1170	1,1123	1,1077	1,1031	1,0985	1,0939	1,0893	1,0848	1,0803	**0,86**
0,14	1,0803	1,0758	1,0714	1,0669	1,0625	1,0581	1,0537	1,0494	1,0451	1,0407	1,0364	**0,85**
0,15	1,0364	1,0322	1,0279	1,0237	1,0194	1,0152	1,0110	1,0069	1,0027	0,9986	0,9945	**0,84**
0,16	0,9945	0,9904	0,9863	0,9822	0,9782	0,9741	0,9701	0,9661	0,9621	0,9581	0,9542	**0,83**
0,17	0,9542	0,9502	0,9463	0,9424	0,9385	0,9346	0,9307	0,9269	0,9230	0,9192	0,9154	**0,82**
0,18	0,9154	0,9116	0,9078	0,9040	0,9002	0,8965	0,8927	0,8890	0,8853	0,8816	0,8779	**0,81**
0,19	0,8779	0,8742	0,8706	0,8669	0,8632	0,8596	0,8560	0,8524	0,8488	0,8452	0,8416	**0,80**
0,20	0,8416	0,8381	0,8345	0,8310	0,8274	0,8239	0,8204	0,8169	0,8134	0,8099	0,8064	**0,79**
0,21	0,8064	0,8030	0,7995	0,7961	0,7926	0,7892	0,7858	0,7824	0,7790	0,7756	0,7722	**0,78**
0,22	0,7722	0,7688	0,7655	0,7621	0,7588	0,7554	0,7521	0,7488	0,7454	0,7421	0,7388	**0,77**
0,23	0,7388	0,7356	0,7323	0,7290	0,7257	0,7225	0,7192	0,7160	0,7128	0,7095	0,7063	**0,76**
0,24	0,7063	0,7031	0,6999	0,6967	0,6935	0,6903	0,6871	0,6840	0,6808	0,6776	0,6745	**0,75**
0,25	0,6745	0,6713	0,6682	0,6651	0,6620	0,6588	0,6557	0,6526	0,6495	0,6464	0,6433	**0,74**
0,26	0,6433	0,6403	0,6372	0,6341	0,6311	0,6280	0,6250	0,6219	0,6189	0,6158	0,6128	**0,73**
0,27	0,6128	0,6098	0,6068	0,6038	0,6008	0,5978	0,5948	0,5918	0,5888	0,5858	0,5828	**0,72**
0,28	0,5828	0,5799	0,5769	0,5740	0,5710	0,5681	0,5651	0,5622	0,5592	0,5563	0,5534	**0,71**
0,29	0,5534	0,5505	0,5476	0,5446	0,5417	0,5388	0,5359	0,5330	0,5302	0,5273	0,5244	**0,70**
0,30	0,5244	0,5215	0,5187	0,5158	0,5129	0,5101	0,5072	0,5044	0,5015	0,4987	0,4958	**0,69**
0,31	0,4958	0,4930	0,4902	0,4874	0,4845	0,4817	0,4789	0,4761	0,4733	0,4705	0,4677	**0,68**
0,32	0,4677	0,4649	0,4621	0,4593	0,4565	0,4538	0,4510	0,4482	0,4454	0,4427	0,4399	**0,67**
0,33	0,4399	0,4372	0,4344	0,4316	0,4289	0,4261	0,4234	0,4207	0,4179	0,4152	0,4125	**0,66**
	0,01	**0,009**	**0,008**	**0,007**	**0,006**	**0,005**	**0,004**	**0,003**	**0,002**	**0,001**	**0**	**P**

P	0	0,001	0,002	0,003	0,004	0,005	0,006	0,007	0,008	0,009	0,01	
0,34	0,4125	0,4097	0,4070	0,4043	0,4016	0,3989	0,3961	0,3934	0,3907	0,3880	0,3853	**0,65**
0,35	0,3853	0,3826	0,3799	0,3772	0,3745	0,3719	0,3692	0,3665	0,3638	0,3611	0,3585	**0,64**
0,36	0,3585	0,3558	0,3531	0,3505	0,3478	0,3451	0,3425	0,3398	0,3372	0,3345	0,3319	**0,63**
0,37	0,3319	0,3292	0,3266	0,3239	0,3213	0,3186	0,3160	0,3134	0,3107	0,3081	0,3055	**0,62**
0,38	0,3055	0,3029	0,3002	0,2976	0,2950	0,2924	0,2898	0,2871	0,2845	0,2819	0,2793	**0,61**
0,39	0,2793	0,2767	0,2741	0,2715	0,2689	0,2663	0,2637	0,2611	0,2585	0,2559	0,2533	**0,60**
0,40	0,2533	0,2508	0,2482	0,2456	0,2430	0,2404	0,2378	0,2353	0,2327	0,2301	0,2275	**0,59**
0,41	0,2275	0,2250	0,2224	0,2198	0,2173	0,2147	0,2121	0,2096	0,2070	0,2045	0,2019	**0,58**
0,42	0,2019	0,1993	0,1968	0,1942	0,1917	0,1891	0,1866	0,1840	0,1815	0,1789	0,1764	**0,57**
0,43	0,1764	0,1738	0,1713	0,1687	0,1662	0,1637	0,1611	0,1586	0,1560	0,1535	0,1510	**0,56**
0,44	0,1510	0,1484	0,1459	0,1434	0,1408	0,1383	0,1358	0,1332	0,1307	0,1282	0,1257	**0,55**
0,45	0,1257	0,1231	0,1206	0,1181	0,1156	0,1130	0,1105	0,1080	0,1055	0,1030	0,1004	**0,54**
0,46	0,1004	0,0979	0,0954	0,0929	0,0904	0,0878	0,0853	0,0828	0,0803	0,0778	0,0753	**0,53**
0,47	0,0753	0,0728	0,0702	0,0677	0,0652	0,0627	0,0602	0,0577	0,0552	0,0527	0,0502	**0,52**
0,48	0,0502	0,0476	0,0451	0,0426	0,0401	0,0376	0,0351	0,0326	0,0301	0,0276	0,0251	**0,51**
0,49	0,0251	0,0226	0,0201	0,0175	0,0150	0,0125	0,0100	0,0075	0,0050	0,0025	0,0000	**0,50**
	0,01	**0,009**	**0,008**	**0,007**	**0,006**	**0,005**	**0,004**	**0,003**	**0,002**	**0,001**	**0**	**P**

INDEX DES NOTIONS

Direction de projet : Gaëlle Mauduit Éditions
Édition : Marc Bousquet et Julien Lionnet
Maquette : Graphème
Mise en pages : Nord Compo et Soft Office
Soft Office : pages 345 à 408

IMPRIM'VERT®

Imprimé en France par Clerc à Saint-Amand-Montrond
N° d'imprimeur : 14160 – Dépôt légal : juin 2015
N° d'édition : 70119458-01